通信与导航系列规划教材



# 频谱管理与监测

## （第2版）

# Spectrum Management and Monitoring

## Second Edition

翁木云　吕庆晋　谢绍斌　刘正锋　编著

電子工業出版社

Publishing House of Electronics Industry

北京・BEIJING

## 内 容 简 介

为了适应电磁频谱管理（无线电管理）的快速发展，本书在第一版的基础上进行了大面积的更新和修订。在频谱管理方面强化法律法规依据，在频谱监测方面既强调系统性、理论性又强调工程应用的实践性。全书共 12 章，全面介绍了频谱管理和频谱监测的基本理论知识和工程实践知识。详细阐述频谱管理的机构、法规，管理的内容、过程和方法，频谱监测测向定位的基本原理、系统设备组成分类，以及频谱监测和频谱检测的主要参数的测试原理、方法和要求。

本书可作为无线电频谱管理、无线电监测、电子对抗、通信工程、频谱工程等相关专业或方向的高年级本科生和研究生教材，也可作为从事与频谱管理与监测有关的管理人员和工程技术人员的参考书或案头常备手册。



**图书在版编目（CIP）数据**

频谱管理与监测/翁木云等编著. —2 版. —北京：电子工业出版社，2017.1
通信与导航系列规划教材
ISBN 978-7-121-30441-5

Ⅰ. ①频… Ⅱ. ①翁… Ⅲ. ①电磁波－频谱－无线电管理－高等学校－教材 Ⅳ. ①TN92

中国版本图书馆 CIP 数据核字（2016）第 284584 号

责任编辑：张来盛（zhangls@phei.com.cn）
印　　刷：北京捷迅佳彩印刷有限公司
装　　订：北京捷迅佳彩印刷有限公司
出版发行：电子工业出版社
　　　　　北京市海淀区万寿路 173 信箱　　邮编：100036
开　　本：787×1092　1/16　印张：22.5　字数：576 千字
版　　次：2009 年 1 月第 1 版
　　　　　2017 年 1 月第 2 版
印　　次：2023 年 8 月第 9 次印刷
定　　价：58.00 元

凡所购买电子工业出版社图书有缺损问题，请向购买书店调换。若书店售缺，请与本社发行部联系，联系及邮购电话：（010）88254888，88258888。

质量投诉请发邮件至 zlts@phei.com.cn，盗版侵权举报请发邮件至 dbqq@phei.com.cn。

本书咨询联系方式：（010）88254467。

# 《通信与导航系列规划教材》总序

互联网和全球卫星导航系统被称为是二十世纪人类的两个最伟大发明，这两大发明的交互作用与应用构成了这套丛书出版的时代背景。近年来，移动互联网、云计算、大数据、物联网、机器人不断丰富着这个时代背景，呈现出缤纷多彩的人类数字化生活。例如，基于位置的服务集成卫星定位、通信、地理信息、惯性导航、信息服务等技术，把恰当的信息在恰当的时刻、以恰当的粒度（信息详细程度）和恰当的媒体形态（文字、图形、语音、视频等）、送到恰当的地点、送给恰当的人。这样一来通信和导航就成为通用技术基础，更加凸显了这套丛书出版的意义。

由空军工程大学信息与导航学院组织编写的 14 部专业教材，涉及导航、密码学、通信、天线与电波传播、频谱管理、通信工程设计、数据链、增强现实原理与应用等，有些教材在教学中已经广泛采用，历经数次修订完善，更趋成熟；还有一些教材汇集了学院近年来的科研成果，有较强的针对性，内容新颖。这套丛书既适合各类专业技术人员进行专题学习，也可作为高校教材或参考用书。希望丛书的出版，有助于国内相关领域学科发展，为信息技术人才培养做出贡献。

中国工程院院士：李德毅

# 《通信与导航系列规划教材》编委会

# 第 2 版前言

自本书第一版出版以来，电磁频谱（无线电）管理与监测发展迅猛，新制定或更新了不少管理方面的法规制度和技术标准。监测技术和设备也发展很快，不断推陈出新，用频系统和设备更是飞速发展。用频需求增长迅速，供需矛盾更加尖锐，干扰影响日益严重。为了更好地满足广大读者的需求，我们在第一版的基础上，结合多年的教学科研实际，参考频谱管理与技术方面的最新资料，对书中主要内容进行了全面的更新和修订。

本书第 2 版共 12 章，主体可分为频谱管理和频谱监测两大部分，其中第 1~5 章为频谱管理部分，第 6~12 章为频谱监测部分。具体如下：第 1 章介绍电磁频谱、电磁空间、电磁环境、电磁管理等基本概念，以及国内外电磁管理的发展情况。第 2 章介绍各波段电磁波的传播特性和场强计算；第 3 章介绍国际电信联盟、国家无线电管理机构的组织结构及主要职责，以及有关频谱管理的国际、国内法规与技术标准；第 4 章介绍无线电频率的划分、规划、分配、指配与卫星轨道资源管理；第 5 章介绍无线电台站的设置、使用与资料，以及无线电设备的型号核准等；第 6 章介绍频谱监测常用参数的概念和计算方法；第 7 章介绍噪声以及各种无线电干扰产生与消除的基本原理；第 8 章介绍无线电监测的基本内容、系统设备组成分类，以及干扰分级、干扰查处原则程序与干扰分析判断方法；第 9 章介绍无线电测向系统的组成分类，以及各种测向技术体制与无线电定位原理；第 10 章介绍频谱监测中所涉及的主要参数的测量原理、方法和设备要求；第 11 章介绍频谱检测中所涉及的主要参数的测量方法和步骤；第 12 章简要介绍各种调制信号及其频谱特性，方便于频谱监测时对信号的分析识别。另外，附录 A 为频谱管理的常用术语与定义；附录 B 为国际保护频率，包括遇险和安全通信频率、（卫星）标准频率和时间信号业务频段。

本书可作为频谱管理、无线电监测、电子对抗、通信工程、频谱工程等相关专业或方向的高年级本科生和研究生教材，也可作为从事与频谱管理与监测有关的管理人员和工程技术人员的参考书或案头常备手册。

本书由翁木云主编，其中第 1、3、4、9、11 章、习题、附录 A 由翁木云修订，第 2、5、12 章、附录 B 由吕庆晋修订，第 6、7 章由谢绍斌修订，第 8、10 章由刘正锋修订。全书由翁木云统稿。

本书在编写和修订过程中得到了空军工程大学信息与导航学院和空军电磁频谱管理中心的领导和同事们的支持和帮助，特别是得到了黄国策、郭建新两位教授的热情帮助和指导，沈国勤、李昊成、臧帆、王锋、黄清艳、狄闵珉、刘芸江等同志提供了宝贵的资料和修改意见，书中还引用了其他作者的一些研究内容和研究成果，在此表示衷心的感谢。

频谱管理与监测发展非常迅速，由于编著者水平有限，书中难免有不妥之处，恳请各位读者和同行批评指正。

编著者

2016 年 10 月

# 第1版前言

随着社会信息化进程的加快，各种通信、广播、电视、雷达、导航、遥测遥控、射电天文等无线电业务的需求迅速增长，电磁环境越来越复杂，电磁频谱供需矛盾日益尖锐。电磁频谱资源与水、土地、矿藏等资源一样，是人类共享的有限自然资源，也是关系国民经济和社会可持续发展的重要战略资源。合理、有效、经济地使用电磁频谱资源，保障各种用频业务的正常开展，维护空中电波秩序，直接关系到国家的政治、经济、军事和文化发展。因此，为了适应国家和军队对电磁频谱管理（也称无线电管理）实践的需要，强化电磁频谱意识，普及电磁频谱知识，提高电磁频谱管理与监测水平，我们编著了这本书。

本书强调系统性、理论性和工程应用的实践性，全面介绍了频谱管理和频谱监测的基本理论知识和工程实践知识，详细描述了频谱管理的内容、过程、方法和手段，以及频谱监测、检测、测量所涉及的主要参数的测试原理、方法和要求。

本书共13章，分为频谱管理和频谱监测两部分。其中频谱管理部分共5章（第1～5章），包括电磁频谱管理的基本概念，各波段电磁波的传播特性及场强计算，国际、国家及军队电磁频谱管理机构，无线电频率的划分、规划、分配、指配与卫星轨道管理，以及用频台站设备管理。频谱监测部分共8章（第6～13章），包括频谱监测常用参数的概念及计算，噪声与各种无线电干扰，无线电监测的基本概念，无线电测向系统的组成及各种测向技术体制，无线电定位原理和卫星定位，频谱监测中所涉及的主要参数的测量方法和要求，无线电设备（特别是发射机）的参数检测方法和过程，以及各种调制信号及其频谱特性。

本书可作为电磁频谱管理、无线电监测、频谱工程、通信侦查、电子对抗、通信工程及相关专业或方向的高年级本科生和研究生（包括工程硕士）的教材，也可作为从事与电磁频谱管理与监测有关的工程技术人员和管理人员的参考书或案头常备的查询手册。

本书由翁木云主持编写，其中第1、2、6、8、9、11章、习题、附录A由翁木云编写，第3、4章、附录B、附录C由张其星编写，第5、10章由谢绍斌编写，第7章由刘芸江编写，第12章由刘正锋编写，第13章由计同钟编写。全书由翁木云统稿。

本书由国家无线电监测中心李明高工担任主审，他在百忙之中审阅了本书的主要内容和提纲，并提出了一些中肯的意见和建议，特此致谢。

本书的出版得到了空军工程大学电讯工程学院许多同志的支持和帮助，特别是得到了黄国策、达新宇两位教授的热情帮助和指导，吕庆晋提供了许多宝贵资料，书中还引用了其他作者的一些内容和研究成果，在此表示衷心的感谢。

频谱管理与监测发展非常迅速，由于编著者水平有限，书中难免有错误和失之偏颇之处，敬请各位读者批评指正。

# 目　录

# 第1章 绪　论

社会信息化进程的发展，促进了世界范围内无线电业务需求的迅速增长；反过来，无线电技术又成为信息产业发展的重要先导技术和推动力量。各种通信、广播、电视、雷达、导航、遥测、遥控、射电天文等用频业务的应用遍及国防、公共安全、工业和商业等领域，业务量增长非常迅速。无线电业务的迅猛发展对频谱资源的需求与日俱增，电磁频谱供需日益紧张和电磁环境日益复杂的矛盾越来越尖锐，对电磁频谱的管理提出了巨大的挑战，也提出了更新更高的要求。无线电频率和卫星轨道是人类共享的有限自然资源，它与水、土地、矿藏等资源一样，是关系国民经济和社会可持续发展的重要战略资源，具有稀缺性，归国家所有。

电磁频谱管理又称无线电管理，其主要任务就是合理规划和分配无线电频率资源和卫星轨道资源，科学管理各类无线电台站，为各类无线电业务的正常开展保驾护航。做好电磁频谱管理工作，对保障国家安全和人民生命财产安全，以及推动科学研究，促进社会与经济进步都具有重要意义。

要对电磁频谱进行科学、合理的管理，首先需要了解电磁频谱的基本特性。

## 1.1　电磁频谱及其特性

### 1.1.1　电磁频谱

由电磁感应原理可知，交变的电场产生磁场，交变的磁场产生电场，变化的电场和磁场之间相互联系、相互依存、相互转化。以场能的形式存在于空间的电场能和磁场能按一定的周期不断进行转化，形成具有一定能量的电磁场。这种在空间或媒质中以波动形式传播的随时间变化的电磁场，就称为电磁波。以光的形式传播的称为光波，以射线形式传播的称为粒子射线，它们的传播方式与电磁波相似，是一类特殊的电磁波。

电磁波包括的范围很广，可以从零频率到无穷大。为了对各种电磁波有全面的了解，人们按照波长或频率的顺序把电磁波排列起来所形成的谱系，就是电磁频谱。

电磁波的属性主要包括幅度、频率（或波长）、相位、传播速度以及极化方式等。

电磁波的电场或磁场随时间变化，具有周期性。电磁波在单位时间内重复变化的次数，称为电磁波频率，一般用 $f$ 表示，单位为 Hz（赫），常用单位还有 kHz（千赫）、MHz（兆赫）和 GHz（吉赫）。

电磁波在单个周期内传播的距离（行程）称为波长，一般用 $\lambda$ 表示，单位是 m（米），常用的单位还有 cm（厘米）、mm（毫米）、μm（微米）、nm（纳米）。电磁波的波长可以长至上万千米，也可以短至数埃（A°，1 A° $=10^{-10}$m）。

电磁波在单位时间内传播的距离称为电磁波的传播速度，一般用 $v$ 表示，单位是 m/s（米/秒）。电磁波在自由空间中的传播速度是恒定的，为光速 $3\times10^8$ m/s，即每秒 30 万千米。电磁波的频率 $f$、波长 $\lambda$ 与速度 $v$ 的关系如下：

$$f = v/\lambda \tag{1-1}$$

### 1.1.2　电磁频谱划分

为了使用方便，按照其不同的属性及传播特性将电磁频谱划分为不同的波段，依频率增加的顺序依次为：无线电波、红外线、可见光、紫外线、X 射线和 γ（伽马）射线。如图 1.1 和表 1.1 所示。频率在 3 000 GHz 以下的电磁波称为无线电波，也可简称为电波，国际电联目前对无线电波已划分到 275 GHz。不同波段的电磁波具有不同的属性，如可见光波用人的眼睛可以感觉到，而无线电波人眼是看不见的。

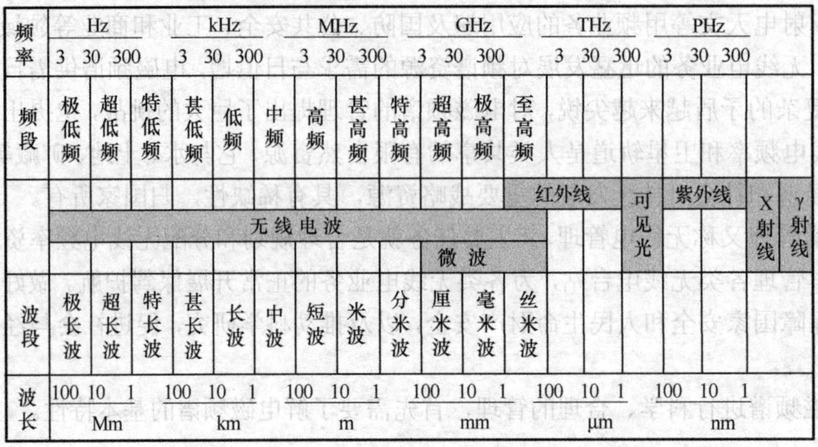

频率
Hz　kHz　MHz　GHz　THz　PHz
3 30 300　3 30 300　3 30 300　3 30 300　3 30 300　3 30 300
频段
极低频　超低频　特低频　甚低频　低频　中频　高频　甚高频　特高频　超高频　极高频　至高频
红外线　可见光　紫外线　X射线　γ射线
无线电波
微波
波段
极长波　超长波　特长波　甚长波　长波　中波　短波　米波　分米波　厘米波　毫米波　丝米波
波长
100 10 1　100 10 1　100 10 1　100 10 1　100 10 1　100 10 1
Mm　km　m　mm　μm　nm


图 1.1　电磁频谱的波段划分

**表 1.1　电磁波各波段的频率范围**

| 波段名称 | 频率范围/GHz | 波长范围/μm |
|---|---|---|
| 无线电波 | 0~3 000 | ≥100 |
| 红外线波 | 300~4×10$^{5}$ | 0.75~1 000 |
| 可见光波 | 3.84×10$^{5}$~7.69×10$^{5}$ | 0.39~0.78 |
| 紫外线波 | 7.69×10$^{5}$~3×10$^{8}$ | 10$^{-3}$~0.39 |
| X 射线 | 3×10$^{8}$~5×10$^{10}$ | 6×10$^{-6}$~10$^{-3}$ |
| γ射线 | 约 10$^{9}$ 以上 | 约 3×10$^{-4}$ 以下 |

在电磁频谱中，具有某个具体值的电磁波频率，被称为频率点或频点。由电磁频谱中的两个频率点限定的一段频谱称为频带或频段。起限定作用的这两个频率点称为上限频率和下限频率。两端界限频率之差的绝对值称为频带宽度，简称带宽。通常用预定的字母或数字代码来标明特定的无线电频带，称为频道。通信系统中信源与信宿之间的传输通道或路径，称为信道。无线电信号传输速率与该无线电业务所占用的带宽成正比。

《中华人民共和国无线电频率划分规定》把 3 000 GHz 以下的电磁频谱（无线电波）按十倍方式划分为 14 个频带（有时也划分为 12 个频带，不包括-1 和 0 频带），其频带序号、频带名称、频率范围以及波段名称、波长范围规定如表 1.2 所示。常用的字母代码所表示的业务频段如表 1.3 所示。

**表 1.2　无线电频带与波段的命名**

| 序号 | 频带名称 | 频率范围 | 波段名称 | 波长范围 |
|---|---|---|---|---|
| −1 | 至低频（TLF） | 0.03～0.3 Hz | 至长波或千兆米波 | 10000～1000 Mm |

（续表）

| 序号 | 频带名称 | 频率范围 | 波段名称 | | 波长范围 |
|---|---|---|---|---|---|
| 0 | 至低频（TLF） | 0.3～3 Hz | 至长波或百兆米波 | | 1000～100 Mm |
| 1 | 极低频（ELF） | 3～30 Hz | 极长波 | | 100～10 Mm |
| 2 | 超低频（SLF） | 30～300 Hz | 超长波 | | 10～1 Mm |
| 3 | 特低频（ULF） | 300～3000 Hz | 特长波 | | 1000～100 km |
| 4 | 甚低频（VLF） | 3～30 kHz | 甚长波 | | 100～10 km |
| 5 | 低频（LF） | 30～300 kHz | 长波 | | 10～1 km |
| 6 | 中频（MF） | 300～3000 kHz | 中波 | | 1000～100 m |
| 7 | 高频（HF） | 3～30 MHz | 短波 | | 100～10 m |
| 8 | 甚高频（VHF） | 30～300 MHz | 米波（超短波） | | 10～1 m |
| 9 | 特高频（UHF） | 300～3000 MHz | 微波 | 分米波 | 10～1 dm |
| 10 | 超高频（SHF） | 3～30 GHz | | 厘米波 | 10～1 cm |
| 11 | 极高频（EHF） | 30～300 GHz | | 毫米波 | 10～1 mm |
| 12 | 至高频（THF） | 300～3000 GHz | | 丝米波或亚毫米波 | 1～0.1 mm |

注：频率范围均含上限，不含下限；波长范围含下限，不含上限。

**表 1.3　常用的字母代码所表示的业务频段对应表**

| 字母代码 | 雷　达 | | 空间无线电（卫星）通信 | |
|---|---|---|---|---|
| | 频段/GHz | 举　例 | 标称频段 | 举　例 |
| L | 1～2 | 1.215～1.4 GHz | 1.5 GHz 频段 | 1.525～1.710 GHz |
| S | 2～4 | 2.3～2.5 GHz<br>2.7～3.4 GHz | 2.5 GHz 频段 | 2.5～2.690 GHz |
| C | 4～8 | 5.25～5.85 GHz | 4/6 GHz 频段 | 3.4～4.2 GHz，4.5～4.8 GHz，5.85～7.075 GHz |
| X | 8～12 | 8.5～10.5 GHz | | |
| Ku | 12～18 | 13.4～14.0 GHz<br>15.3～17.3 GHz | 11/14 GHz 频段<br>12/14 GHz 频段 | 10.7～13.25 GHz，14.0～14.5 GHz |
| K | 18～27 | 24.05～24.25 GHz | 20 GHz 频段 | 17.7～20.2 GHz |
| Ka | 27～40 | 33.4～36.0 GHz | 30 GHz 频段 | 27.5～30.0 GHz |
| V | 40～75 | 46～56 GHz | 40 GHz 频段 | 37.5～42.5 GHz，47.2～50.2 GHz |

注：（1）对于空间无线电通信，K 和 Ka 频段一般只用字母代码 Ka 表示；

（2）“u”表示不吸收（unabsorbed）或在 K 以下（under K），“a”表示吸收（absorption）或在 K 以上（above K）。

在《中华人民共和国无线电频率划分规定》中，对于频率单位的表达方式规定为：3 000 Hz 以下（包括 3 000 Hz）以 Hz（赫）表示；3 kHz 以上至 3 000 kHz（包括 3 000 kHz）以 kHz（千赫）表示；3 MHz 以上至 3 000 MHz（包括 3 000 MHz）以 MHz（兆赫）表示；3 GHz 以上至 3 000 GHz（包括 3 000 GHz）以 GHz（吉赫）表示。

### 1.1.3　电磁频谱特性

电磁频谱是一种有限的自然资源，与其他自然资源相比有许多不同的特性。正确认识和把握这些特性，对于频谱资源的科学管理和有效利用有着非常重要的作用。

### 1．有限性

电磁频谱在一定的空间、时间和频段内是有限的，不是取之不尽用之不竭的。电磁频谱虽然还包括红外线、可见光、X射线等，但作为无线电通信所使用的频谱资源，是很有限的。国际电联将3 000 GHz以下的电磁频谱称之为无线电波的频谱。3 000 GHz以上的频谱，由于受不能超过可见光的最大使用范围限制，其开发使用还在研究探索中。目前，国际上只划分出9 kHz～275 GHz的无线电频谱使用范围，而实际上使用的无线电频段通常只在几十吉赫以下。虽然无线电频谱可以重复使用，如可通过在频率、时间、空间、码字上复用来进行重复使用，但就某一个频点或某一段频率来说，在一定的时域和空域上都是有限的。国际电信联盟（ITU）在公约中指出："各成员国在使用无线电频率时，须牢记无线电频率和静止卫星轨道是有限的自然资源。"

### 2．非消耗性

电磁频谱资源同其他自然资源，如地表、水系、矿山、森林一样，属国家所有。但它又不同于其他的自然资源，是一种非常特殊的自然资源，具有非消耗性。也不存在再生或非再生的问题。任何用户只是在一定时间或空间内"占用"频率，用毕之后该频率依然存在。因此，对频谱资源不使用或者使用不当都是一种浪费。

### 3．三维性

电磁频谱资源具有时间、空间和频率的三维特性。也可以加上以不同的伪随机码来区分的码域，共四维特性；或者加上其他区分方式的多维特性。因此，怎样根据电磁频谱在时域、频域和空域方面的三维特性或多维特性，按照一维、二维、三维、多维或者其任意的组合，实现频率资源的合理使用，提高频谱的有效利用率，为有限的资源拓展出更大的可用空间，是频谱资源管理和使用研究的重点。

### 4．易受污染性

空间电磁信号传播的范围不受任何行政区域限制，既无省界也无国界。无线电波在空中传播易受自然噪声和人为噪声的干扰，如宇宙射线、太阳黑子及各种无线电设备辐射的电磁波。除此之外，许多非无线电设备也辐射电磁波，如高压输电线和工、科、医电子设备，都可能产生干扰，对正常的无线电业务造成影响。对频率使用管理不当，设备就不能正常工作和准确地传递信息。发射设备性能不符合要求，或台（站）布局不合理，也会产生同频干扰、邻频干扰、谐波干扰、互调干扰等，影响其他无线电设备的正常工作。

### 5．共享性

电磁频谱资源是一种人类共有的资源，也应该属于全人类共享的自然资源。任何国家、军队或组织都不可能独自占有。但由于其有限性和传播范围不受任何行政区域、国家边界的限制，因此，必须在全球范围内制定电磁频谱管理与使用的统一规则。

电磁频谱资源的以上特性说明，必须对电磁频谱进行统一规划、科学管理使用。否则，随着信息技术的发展和人民生活的改善，使用电磁频谱资源的用户逐年大幅度地增加，如果任何一个国家、部门、地区或个人随意使用无线电频率，都可能对其他国家、部门、个人造成危害。无线电信号就会相互交织、相互干扰，造成任何信息系统都无法正常运行。

## 1.2 电磁空间与电磁环境

电磁空间就是由电磁波构成的物理空间，它是自然界的有机组成部分。电磁环境是电磁空间的一种表现形式，是存在于给定场所的所有电磁现象的总和。

### 1.2.1 电磁空间

人类活动空间的利用由陆向海、向空、向太空发展，在人类活动空间一步步地拓展的过程中，电磁活动如影随行，愈演愈烈。电磁空间渗透于陆、海、空、天，对它的制约性越来越强。

电磁空间主要特性为：

（1）物质性。电磁空间是物质的，它是由各种用频设备发射的电磁波和自然界中辐射的电磁波构成。如可见光，可以用人的肉眼直接感受到。其他电磁波，虽然不可见，但可以通过科学仪器进行观测，并使用频率、波长以及信号强度进行度量。

（2）无限性。电磁波无处不在，充满整个宇宙空间。宇宙空间的无限性，决定了电磁空间是无限的。

（3）可利用性。人类可以在电磁空间内进行信息的发射与接收和能量的传递，同时也可使用专门的设备影响局部电磁空间，如在局部空间进行电磁干扰。

电磁空间安全主要指各类电磁应用活动，特别是与国计民生相关的国家重大电磁应用活动能够在国家主权以及国际共享区的电磁空间范围内，不被侦察、不被利用、不受威胁、不受干扰地正常进行，同时国家秘密频谱信息和重要目标信息能够得到可靠的电子防护。电磁空间安全成为国家安全的重要组成部分。

电磁空间安全是一种具有特别内涵，需要采取特别手段加以维护的安全领域，它关系到国家政治稳定和社会安定，关系到国民经济建设的顺利进行，更关系到陆海空天各个战场空间的安全。经济越发展，社会越进步，对电磁空间的依赖程度越高。电磁空间安全形势的发展将对国家和军队建设产生重大影响。新的历史条件下，维护和巩固国家海洋、太空、电磁空间安全，成为国防和军队建设的重要任务。同样，军队信息化程度越高，战争的科技含量越大，对电磁活动的依赖程度也就越强。世界各国都把加快发展电子信息技术、努力提高军队信息化水平，作为基本的战略思想。可以预见，未来战争中争夺信息优势——制电磁权的斗争必然更加激烈，将日渐成为战场新的“制高点”。夺取制电磁权，是夺取制天权、制空权、制海权、制陆权乃至战争主导权的先决条件。

需要指出的是，尽管维护电磁空间安全主要是和平时期的使命任务，但战争时期由于其安全环境会受到严重破坏，无法再用常规的手段和措施来提供安全保障，必须像保卫领空、领海、领土安全一样，以战争手段保护电磁空间安全。电磁空间安全是信息时代提出的一个新课题，是新的安全观的重要内容。

当前，随着信息化建设的推进，大量用频装备不断研制和运用，继陆、海、空、天四维空间后，电磁空间逐步发展成第五维空间。为有效利用电磁空间，我们必须加强电磁空间应用研究，高度重视电磁空间安全。一是加强电磁空间的控制能力。针对电磁空间和频谱资源竞争激烈的现状，利用一切手段维护我国电磁空间的安全。重视新技术的研究和运用，提高对电磁空间的使用与控制能力。二是提高电磁空间中的防护能力。针对自然界、电磁污染、电磁泄漏和电子侦察与攻击对电磁空间影响的特点、规律，综合运用各种手段，采取战术和技术措施，提高在电磁空间中的防护能力。

空间和环境互为依存，有着内在的联系。电磁空间是电磁环境的依托，关注电磁空间安全，必然要研究电磁环境问题。

### 1.2.2 电磁环境

电磁环境，由自然电磁环境和人为电磁环境构成。它反映的是具体事物与周边的一种电磁关系；体现的是电子系统或装备在执行规定任务时，可能遇到的各种电磁辐射强度在不同频率、时间、空间范围内的分布状况。电磁环境无处不在，它像空气一样存在于一切事物的周围，甚至比空气所覆盖、渗透的范围还要广，在深海、在太空也存在电磁现象，人类生活已离不开电磁环境。

在电磁环境中，产生电磁波的各种辐射源、传输电磁波的各种媒介和接收电磁波的各种设备，组合在一起，构成了电磁环境的物理系统。电磁环境具有广泛性、复杂性、可控性和对抗性的特征。

复杂电磁环境是指“电磁辐射源种类多、辐射强度差别大、信号分布密集、信号形式多样，能对作战行动、武器装备运用产生严重威胁和影响的电磁环境”。

复杂电磁环境通常涵盖敌方因素、我方因素、民用因素及自然环境因素，主要由自然电磁辐射、我方电子设备辐射、民用电子设备辐射和敌方电磁干扰四个方面的电磁辐射构成。其中，自然电磁辐射是基础，我方和民用电子设备辐射是主体，敌方电磁干扰是重要组成因素。

1．自然电磁辐射

自然电磁辐射是生成复杂电磁环境的背景条件，它是自然界自发的电磁辐射。自然电磁辐射是指来自于自然界的辐射源产生的电磁辐射。主要包括静电、雷电以及电子噪声、地磁场、宇宙射线、太阳黑子活动等其他自然电磁辐射。不同的地区和季节，其自然电磁干扰是不同的。自然电磁干扰对无线电设备通常不会造成严重影响。但严重的电离层闪烁、骚动和地磁暴等自然现象，可在短时间内对短波通信、卫星通信、卫星导航系统产生一定的影响。

1）静电

静电是自然环境中最普遍的电磁辐射源。特别是在干燥地区，物体所带的静电可能会达数千伏，静电的潜在危害无处不在，且不容易消除。它不仅对人体有危害，它对电子设备也会产生不良影响。静电放电过程的不同突出表现为：电流波形在时间特性上差异很大，而且幅度也会在1～200 A 范围内变化。静电放电时产生的瞬间能量很大，频率很高（有时高达 5 GHz），电子设备对静电放电的响应很难预测。静电放电产生的热效应瞬时可引起易燃易爆气体或物品等燃烧爆炸；可以使微电子器件、电磁敏感电路过热，造成局部热损伤，电路性能变坏或失效，如：可使半导体器件熔断损坏。静电放电引起的射频干扰，对信息化设备造成电噪声、电磁干扰，使其产生误动作或功能失效，也可以形成累积效应，埋下潜在的危害，使电路或设备的可靠性降低。静电放电时的高电位、强电场，引起的强电流可产生强磁场，也可能干扰电子设备的正常工作。

设备漏电，尤其是不会对人造成触电伤害的微弱漏电虽然不属于静电放电现象，但其性能却与静电放电类似。大多数情况下人们几乎感觉不到设备漏电，但由于其普遍性（任何电器设备多少总有些漏电）和高内阻的特点，产生幅度接近于电源电压（100～400 V）、时间很短的尖峰电脉冲，仍足以对静电敏感器件造成电气过载（EOS）损害。所以，一般将设备漏电也纳入静电防护体系中考虑。

2）雷电

雷电是自然界中最为强烈的一种瞬间电磁辐射，它的能量非常大，不仅会伤害人，而且会破坏电子设备。雷电发生在从对流层以下大气层范围直至地表之下的整个空间范围内，雷电对电磁环境的影响是全方位的。大气中雷电辐射借助导体的放电会产生巨大的雷电流，雷电流具有以下几个特点：冲击电流非常大，其电流高达几万至几十万安；持续时间短，一般雷击分为3个阶段，即先导放电、主放电和余光放电，整个过程一般不会超过60 s；雷电流变化梯度大，有的可达10 kA/s；冲击电压高，强大的电流产生交变磁场，其感应电压可高达上亿伏。

雷电对电子信息系统和武器系统的影响分为直击雷与电磁脉冲的两种损害。直击雷是带电的云层与大地上某一点之间发生迅猛的放电现象。直击雷产生的雷电辐射对电子设备的影响主要表现在：雷电流在闪电中直接进入金属管道或导线，并沿导线传送到电子设备中，由于形成的电流非常强，很容易烧毁电子设备。通常，电子设备在使用时要考虑地形影响和采取避雷措施。

与直击雷造成的损害相比，电磁脉冲所引起的新技术设备的损坏可能会更严重。无论是闪电在空间的先导通道或回击通道中产生的迅变电磁场，还是闪电通过避雷系统以后所产生的迅变电磁场，都会在空间一定范围内产生电磁作用。它可以是电磁感应作用，也可以是脉冲电磁辐射。它在三维空间范围内将对一切电子设备发生作用，既可以对闭合的金属回路产生感应电流，也可以在不闭合的导体回路内产生感应电动势，且由于其迅变时间极短，感应电压会很高。现代电子信息系统和武器装备都大量采用微电子技术，在现代超大规模集成电路（VLSI）中，数十万元件集成在一块小小的芯片上。它的能耗极小、灵敏度极高、体积很小，使得电磁脉冲足以对它发生作用，甚至毁坏它。当雷电电磁场脉冲强度超过0.07高斯时就会引起微机失效；当雷电电磁场脉冲强度超过2.4高斯时，集成电路将发生永久性损坏。电子信息系统大量采用VLSI，使得系统被损坏的概率极大增加。

因此，要注意电子设备的防雷击问题，特别是在经常有雷雨天气的地区。

3）其他自然电磁辐射

自然电磁辐射源的种类非常多，除了上述静电、雷电之外，主要还有电子噪声、地磁场（大地表面的磁场、大地磁层、大地表面的电场、大地内部的电场、大气中的电流电场）、宇宙射线、太阳黑子活动等。

电子噪声主要来自设备内部的元器件，是决定接收机噪声系数的重要因素。常见的电子噪声源包括热噪声、散弹噪声、分配噪声、1/f 噪声和天线噪声等。热噪声具有极宽的频谱，能量随温度而变化，温度越低，噪声越小。绝对温度为零度时，热噪声为零。散弹噪声出现于遵循泊松统计分布的任何粒子流过程中，是一种频率范围很宽的噪声。分配噪声是由于电子器件各电极之间电流分配的随机起伏而造成的。1/f 噪声是晶体管在低频段产生的一种噪声，其功率与频率成反比关系。天线周围的介质微粒处于热运动状态时，它产生的电磁波被天线接收后又辐射出去，当天线处于热平衡状态时，产生的热噪声即天线噪声。

众所周知，在地球表面存在着地磁场，它是一种自然场。只要拿一枚小小的磁针就能观察到它的存在。根据观测已知：地磁场的场强分布基本上是轴对称的，磁轴和地轴不重合，它们之间偏移的一个角度，称为磁偏角。磁极的位置是在缓慢周期性变化的，就现时而言，南极位于南极洲地区，北极位于北美洲，磁极处的场强最强，地磁赤道处的场强大约只有磁极处的一半。地磁场主要是由地心深处的物质所决定的，在地球表面，地磁场存在局部异常和微小变化，对电磁波的远距离传播起到特别重要的作用。

宇宙射线主要来自太阳辐射和银河系辐射。太阳辐射能量频谱主要集中在 30 MHz 以下，对地球上短波以下的无线电通信影响较大，在太阳黑子剧烈活动期的辐射强度比静止期大 60 dB。银河系辐射频谱对 200 MHz 以下频段内的无线电影响比较明显，它们会使航天飞行器发生一些随机失效和异常现象，还可能造成通信和遥测中断。

由太阳飞出的带电粒子引起磁场的改变就是地球上的磁暴。另一个突发性的太阳辐射变化现象是太阳耀斑。太阳耀斑是出现在色球层中太阳黑子附近的一种爆发，常常引起电波吸收和 E 层电离度的增加。1981 年 5 月南京紫金山天文台观察到两次奇异的双带太阳耀斑，曾导致全球无线电通信中断两小时。

### 2. 民用电磁辐射

民用电子设备主要包括民用通信、导航、广播、电视、民航、交通等系统的用频设备，以及辐射电磁波的工、科、医等设备，用频多集中在 3 MHz～3 GHz 频段，还有一部分卫星设备工作在相应的 C、Ku 波段等卫星频段，其地面站主要分布在人口密集的城镇地区。这些都是在现实生活中无意的人为的电磁辐射，比如交流高压线路、医疗磁共振、氦弧电焊机、射频电热器、转换开关、微波炉、电动机、电视机、计算机等，都会产生一些电磁辐射。它们虽构成了电磁环境，但一般不会对用频设备产生太大的影响，在它们发生故障时，也可能造成电磁干扰。平时，民用电子设备的辐射应处于可控范围之内；战时，由于用频武器装备随作战地域、作战任务进程的变化而动态变化，民用电子设备与武器装备的用频矛盾将会突出显现，需要通过征用部分民用频谱资源和关闭部分民用台站以满足作战的需要。

### 3. 敌方电磁辐射

电子对抗装备作为电子战的主要武器，具有发射功率大、干扰频段宽、干扰样式多等特点。为争夺战场的制电磁权，敌方必将在战场上投入大规模的电子战部队，使用空中和地面干扰装备对我通信导航、预警探测、指挥控制等系统实施大范围、高强度电磁干扰，势必造成战场电磁环境急剧恶化，大面积提高作战地域电子干扰信号的密度，会影响到主战武器装备效能的有效发挥。

电磁干扰按作用性质可以分为欺骗性干扰和压制性干扰。欺骗性干扰又称迷惑性干扰，它通过模拟敌方的通信信号来欺骗敌方，使其做出错误的判断和决策。压制性通信干扰就是人为地发射干扰电磁波，使敌方的通信接收设备难以或完全不能正常接收通信信息。

通信干扰按同时干扰信道的数目可分为：瞄准式干扰和拦阻式干扰。按干扰机所在的平台分类，有便携式、车载式、机载式、舰载式、摆放式、投掷式干扰机等。

美国生产和装备部队使用的电子干扰设备有 290 多种型号，干扰频率范围达 0.5～20 GHz，干扰功率达上百千瓦，脉冲峰值功率可达兆瓦级以上。无源干扰的箔条厚度仅 0.000 8 mm，镀铝玻璃纤维直径为 0.025 mm，下降速度约在每秒 0.35～2 m 之间。目前国际上通信干扰装备从针对潜艇通信的超长波到卫星通信的 Ka 波段的各种干扰装备应有尽有，连续波等效干扰辐射功率从几瓦到数百千瓦，干扰距离甚至达到数千千米。各种电子对抗装备在全频域的范围内可对各种军用电子设备构成有威胁的电磁环境。

美军的“网络中心协同目标瞄准（NCCT）”系统能在数秒内高精度地定位敌方辐射源。美军在 EA-6B 电子战飞机上充分采用了软硬一体化的设计，装有多个主动和自卫电子干扰系统，可对雷达和通信辐射源实施电子压制和欺骗，同时还可装载 AGM-88 哈姆高速反辐射导弹，具备进行反辐射攻击的“硬杀伤”能力。

美军能实施随队干扰的电子战飞机 EA-18G，是美军新一代最重要的电子战武器之一。其对射频信号的无源探测距离可达 482.8 km，超过了 F-22 的 ALQ-94，可在 217.26 km 的距离对敌辐射源进行精确定位，精度足以引导反辐射导弹。

美军海军专用的信号情报收集平台 EP-3E 飞机，已经服役三十多年，经历了多次改进。美海军计划在 EP-3E 电子侦察飞机功能的基础上发展 EP-X，EP-X 将具有精确的定位和目标截获能力，同时还可能具有网络攻击和高功率微波武器的能力。

**4．我方军用电磁辐射**

我方军用电磁辐射是由作战区域内我陆军、海军、空军、火箭军、战略支援部队等的电子设备工作辐射产生的。涉及情报侦察、预警探测、指挥通信、导航定位、武器制导以及电子对抗等武器装备数百种。在现代战场上，电磁辐射源相当密集，所形成的电磁环境就特别复杂。例如，一个部署在地域面积 50 km×60 km 范围内的部队单位，通信电台的数量可达 3 000 部。且其中很多通信电台的部署还是不均匀的，许多地域的电台密度可达每平方千米几十部。电磁辐射源数量直接决定了信号密度的大小。例如，在机载雷达对抗侦察中，如果侦察天线受到 100 部雷达的照射，每部雷达的脉冲重复频率平均为 1 kHz，那么，信号密度可达每秒 10 万个脉冲。

另外，我军电子对抗装备覆盖短波、超短波、微波和卫星等频段，可对敌通信、导航、预警探测、指挥控制等系统实施多波次的瞄准式、阻塞式或跟踪式干扰。参战部队向前推进过程中，因军用电子装备用频重叠比较严重、可用频率显得严重不足，会造成部分武器装备作战效能下降。作战地区由于用频装备部署密集和大功率电子设备强电磁辐射产生的多次谐波干扰，极易使近距离部署的同频或异频大功率用频装备之间相互产生影响。此外，我方电子对抗装备在压制敌方用频装备的同时，也可能对我军同频段用频装备产生一定影响，需在在作战中集中管控、协调运用。

## 1.3 电磁频谱管理基本概念

### 1.3.1 电磁频谱管理的定义和特点

电磁频谱管理是国家通过专门机关，运用法律、行政、技术、经济等手段，对电磁频谱和卫星轨道资源的研究、开发、使用所实施的，以实现公平合理、经济有效利用电磁频谱和卫星轨道资源的行为和活动，也称无线电管理。也就是由各级电磁频谱管理（无线电管理）机构，运用各种手段，对无线电业务的频率使用，无线电设备的研制、生产、进口与销售，无线电台站的设置与使用，非无线电设备的无线电波辐射等与电磁频谱和卫星轨道资源的使用有关的事务实施的管理。目的是避免和消除无线电频率使用中的相互干扰，维护空中电波秩序，使有限的电磁频谱和卫星轨道资源得到合理、有效的利用。在复杂的电磁环境下电磁频谱管理尤显重要。

电磁频谱管理的特点如下：

（1）电磁频谱管理是一种行政行为，是由国家所授权的政府机关、相关部门或军事指挥机构来实施的活动；

（2）电磁频谱管理的对象是研究、开发、使用电磁频谱和卫星轨道资源的各种行为活动；

（3）电磁频谱管理的最终目的是维护空中电波秩序，以及保证合理、有效地利用电磁频谱和卫星轨道资源；

（4）电磁频谱管理工作必须综合运用法律、行政、经济和技术的手段，以保证其最终目的的实现。

### 1.3.2 电磁频谱管理的主要内容

电磁频谱管理的主要内容包括：频率的划分、规划、分配和指配；对无线电设备的研制、生产、销售和进口实施管理；审批无线电台（站）的布局规划和台（站）地址；监测和监督检查无线电信号；协调和处理无线电有害干扰；依法实施无线电检测和无线电管制；制定或拟订电磁频谱管理的方针、政策、行政法规和技术标准；参加电磁频谱管理方面的双边和多边国际活动等。其中重点内容如下：

（1）频率管理。无线电频率是一种有限的、非再生的、可重复使用的自然资源，具有重要的使用价值，其所有权、支配权属于国家。为充分发挥其效能，维护无线电波的秩序，保证各种无线电业务的正常开展，必须由电磁频谱管理机构对无线电频率进行划分、规划、分配和指配。

（2）设备管理。电磁频谱管理机构对研制、生产、销售和进口的无线电设备进行管理，是为了规范设备使用的频率以及电磁兼容技术指标，保证各类无线电设备的正常使用。

（3）无线电台（站）管理。为了避免无线电台（站）间的有害干扰，设置无线电台（站）必须遵循无线电台（站）设置原则，符合设台条件，办理设台审批手续；使用无线电台（站）必须办理使用审批手续，并严格按电磁频谱管理有关规定使用。

（4）无线电监测与干扰查处。无线电监测包括对各种无线电业务台（站）的发射参数（频率、场强、谐波、杂散发射、信号带宽、调制度等）进行监测，对非法无线电台（站）和干扰源进行测向和定位。无线电监测可为合理、有效地指配频率与消除各种有害干扰提供技术依据。

（5）无线电检测。无线电检测是依据有关法规和规定以及国家的有关技术标准，对生产、销售、进口的无线电设备质量实施的一种监督活动。在电磁频谱管理工作的干扰协调中，大多数的干扰来自设备本身。必须加强对无线电设备的检测工作，保证其技术指标符合相关规定要求，以减小使用时的相互干扰。工、科、医领域的非无线电设备也易对无线电业务产生有害干扰，必要时也要对其进行检测。

（6）无线电管制。为了维护国家安全和社会公共利益，保障国家重大任务、处置重大突发事件等需要，国家可以实施无线电管制。管制时机通常包括军队作战，军事演习，尖端武器试验，飞船、卫星、导弹发射等军事活动，也包括和平时期的重要科学、商业、政治和社会活动等。

（7）非无线电设备的电磁辐射管理。对辐射无线电波的非无线电设备的选址定点、有害干扰实施的管理。辐射无线电波的非无线电设备指工业、科学、医疗等电器设备以及各种电气器械和装置。包括电气化运输系统、高压电力线等。非无线电设备的电波辐射管理的内容包括：测试对正常无线电业务产生有害干扰的非无线电设备的辐射频率范围、辐射功率等指标，审查、协调可能影响正常无线电业务的非无线电工程设施的选址定点，查找并按规定处理非无线电设备对正常无线电业务造成的有害干扰。

（8）电磁频谱管理法规和技术标准。电磁频谱管理法规是为规范、调整无线电领域各种关系和行为而制定的法律和规定，电磁频谱管理技术标准是为满足电磁兼容要求而对无线电设备提出的技术要求。管理法规是依法管理的准则，技术标准是依法管理的依据，制定电磁频谱管理法规和技术标准是电磁频谱管理机构的重要任务。

（9）无线电涉外管理。无线电设备的广泛使用和无线电业务的不断扩展，对无线电频率资源和卫星轨道资源的需求使双边与多边国家（地区）的交流日趋增多，参与各种双边与多边电磁频谱管理活动、维护国家权益是各级电磁频谱管理机构的一项经常性工作。

电磁频谱管理系统示意图如图 1.2 所示。

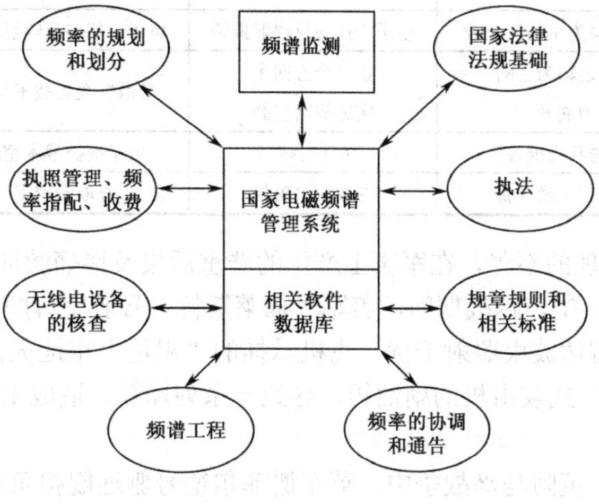


图 1.2　电磁频谱管理系统示意图

### 1.3.3　电磁频谱管理的地位和作用

科学技术的飞速发展和应用，使电子信息技术设备广泛地渗透到社会生活各个领域，如航空通信、移动通信频谱的有序使用与管理就与每个人密切相关，如果管理使用不好将直接影响到每个人的工作生活，在抢险、救灾、抗震中其作用已非常明显。特别是军事上，战场上各种武器装备，各种作战手段和指挥控制都离不开电磁频谱。从侦察、监视到预警，从通信、指挥到控制，从情报处理到作战决策，都离不开电子信息技术设备；武器系统的先进程度主要取决于其电子信息系统是不是先进，从而引发了新的军事技术革命如国防信息化、信息化战争、数字化部队等。正由于电子信息技术设备被广泛应用于作战的各个领域，因此，敌我双方争夺电磁频谱使用权和控制权的斗争将异常激烈，为现代作战开辟了一个崭新的战场——电磁战场，并贯穿于战争的全过程。因此，电磁频谱管理是确保电磁空间安全有序的重要支撑，在军事上是信息化战争制胜的重要因素。

现代战争中电子系统高度密集，敌我双方的电子干扰、电子侦察、电子防御、高性能的通信导航装备、雷达定位等高科技电子产品充满整个战场，如果不进行战场电磁频谱管理，那么军队对战场频谱资源就不可能有清楚的了解，就不可能科学规划、分配、指配频率，就不能实现频率的协调和组织形式的多变，就丧失了最基本的电子防御能力，这样敌方不仅很容易实施干扰，使我方电子系统致聋、致盲、致哑，并遭受敌人的反辐射打击，而且我方各电子系统间甚至系统内由于频率使用也可能发生碰撞而相互产生有害干扰，致使系统失灵，结果完全丧失战场制电磁权，导致战争失败。

这一点在海湾战争中得到了充分体现，见表 1.4。因此，在海湾战争中，美军“进攻首先就瞄准伊拉克的频谱使用，伊拉克的雷达和通信”（摘自 1996 年 7 月 16 日美军国防部长助理就美军频谱管理的讲话），结果伊军被美军摧毁的第一个目标就是防空雷达站，被美军发射的第一枚巡航导弹击中的就是通信大楼。夺得电磁频谱控制权是美军以微小代价取得战争胜利的重要原因之一。

表 1.4　海湾战争的四个阶段

| 阶段序号 | 1 | 2 | 3 | 4 |
|---|---|---|---|---|
| 起止时间 | 1990.8.07～1991.1.16 | 1991.1.17～1991.1.19 | 1991.1.20～1991.2.24 | 1991.2.24～1991.2.27 |
| 主要作战行动 | 以电子侦察为主的情报战 | 电子干扰与反辐射摧毁 | 电子干扰与反辐射摧毁 | 地面部队进攻 |
|  | 以海空运输为主的兵力展开 | 在三个方向上实施战略空袭 | 分散空袭各战术目标 | 海空军及电子战协同进攻 |
| 作战行动特征 | 电子与兵力准备 | $C^3I$ 对抗 | 电子掩护战术空袭 | 五维作战 |
| 作战行动目的 | 为火力突击做准备 | 夺取制电磁权 | 夺取制空权 | 夺取胜利 |

而由于电磁频谱管理的不善，在军事上产生的严重后果及惨痛教训也不胜枚举。

1967 年 7 月 29 日上午，越战期间，美军“福莱斯特”号航空母舰的舰载 F-4“幽灵（鬼怪）”式战机，受该舰雷达波束照射干扰，飞机悬挂的“祖尼”空地火箭被意外点火发射，击中舰上 1 架 A-4“天鹰”式攻击机的副油箱，导致一系列爆炸，造成 134 人丧生、64 人重伤、27 架飞机损毁。

1982 年 5 月 4 日，英阿马岛战争中，英军谢菲尔德号驱逐舰担负航母群攻击阿军某机场时的警戒任务。没想到却被阿军一架单座单发“超级军旗”战机（法国产）发射一枚“飞鱼”反舰导弹击中，配有先进雷达警戒系统、造价达两亿美元的谢菲尔德号驱逐舰竟来不及反应就被击沉，英军伤亡失踪 78 人。事后的调查分析表明，谢菲尔德号驱逐舰被击沉的主要原因是该舰研制之初，忽视了舰载雷达警戒系统与舰载卫星通信系统的电磁兼容性，两个系统同时工作时相互干扰，导致舰载卫星通信系统工作时雷达无法及时发现来袭导弹。

1982 年 6 月 9 日，第 5 次中东战争中，以色列空军对驻守在贝卡谷地的叙利亚防空部队先进行电子欺骗，引诱叙军发射“萨姆”导弹，同时派出预警机，接收叙军雷达和导弹的发射频率参数。作战中，以空军利用截获的叙军频谱参数，仅 6 分钟就将叙军的 19 个“萨姆”防空导弹阵地彻底摧毁。

在未来高科技条件下的局部战争中，电磁频谱管理问题是每一个作战部队都无法避免的问题。打赢高科技条件下的局部战争，如果没有电磁频谱管理部门的参与，以科学的手段管理、使用战场上的电磁频谱，保证战场上各武器装备、通信设施的有效使用，作战部队的战斗力将受到大大影响，可以毫不夸张地说：电磁频谱管理是现代高技术战斗力的基本保障手段，是保证战争胜利的“杀手锏”之一。

因此，电磁频谱是国家不可或缺的战略资源，事关国家信息化建设、国防电磁空间安全和军队打赢信息化战争的军事战略目标的实现，其地位和作用十分重要。

## 1.4　电磁频谱管理发展历史

### 1.4.1　国外电磁频谱管理及其发展

世界各国的电磁频谱管理首先和重点都是军事电磁频谱管理，世界上一些军事强国普遍认为，电磁频谱是唯一能支持机动作战、分散作战和高强度作战的重要媒体。外军评论认为：“频谱是一种无形的战斗力，并且是可与火力机械动力相提并论的新型战斗力。”甚至预言：“21

世纪将是频谱战的时代”；“战时频率资源如同弹药、油料一样重要，是作战的必需物资基础”。各国的电磁频谱管理均以军事电磁频谱管理为重点。美军的电磁频谱管理是以军事行动需求为指导的，现代战争是陆、海、空、天、电磁五维一体的联合作战。战场处在广阔的电磁环境之中，无线电频率已经成为影响战争全局的不可或缺的重要战略、战术资源和力量。

以美军为代表的外国军队普遍认为：“频谱是军队作战电子体系中的关键因素”，“频率和子弹一样重要”；“电磁频谱是军事活动不可或缺的资源，对军队来说，电磁频谱资源的不足就意味着军队总体作战效能的降低，军队有效执行任务的能力将受到巨大的影响，丧失频谱就如失去其他资源一样，代价是巨大的”。因此，外军高度重视电磁频谱管理。

#### 1．美军频谱管理体制

美军从统帅部到野战师都设有专门的频谱管理机构，从国防部、联合参谋部到各军兵种，建立了一整套完整的联合战役频谱管理体系，形成了成熟的管理机制。其机构的设置按照由上至下可分为三级，分别为:国防部级，联合司令部、军种司令部级，军、师（及师以下）级。

国防部频谱管理机构主要由军事通信电子委员会、联合频率小组、网络与信息综合助理国防部长办公室、其他国防频谱机构组成。目前，美军频谱管理的高层领导机构是参谋长联席会议、军事通信电子委员会和联合频谱管理小组。在参谋长联席会议的领导下，通信电子委员会和联合频谱管理小组负责陆、海、空军的频谱分配、调整、检查和使用，而隶属于联合频谱管理小组的联合频谱中心则负责频谱规划和业务研究，为高层领导机构的频谱管理提供技术支持。

联合司令部、军种司令部频谱管理机构。主要组成有：联合频率管理办公室、联合频谱管理分队和军种频谱管理机构（包括空军频谱管理办公室、陆军频谱管理办公室、海军和海军陆战队频谱中心）。各主要作战方向均设有战区频谱管理机构，战区频谱管理机构与国家频谱管理机构平行，如果在频谱使用过程中发生冲突，战区频谱管理机构可以直接与国家频谱管理机构协调解决。按照美军的频谱管理规程，在由两个军种以上组成的所有海外司令部中，其频谱管理由各军种组成的最高联合指挥部负责，参谋长联席会议给予指导。此外，参谋长联席会议主席和负责通信电子的助理国防部长还对国防部电磁兼容中心、陆军和空军的频谱管理中心等给予直接的政策指导，从而保证了对无线电频率的协调管理。

军、师（及师以下）单位频谱管理机构。美军在军这一级别设立通信旅，由旅长统一领导频谱管理军官和军无线电系统军官；在师这一级别设立通信营，由营长作为师的通信军官负责师范围内的战场频谱管理。

#### 2．俄军频谱管理体制

近年来，俄军坚持把加强无线电管理作为建设信息化部队的重要任务，把提高电磁频谱管理能力作为实施信息作战的关键环节。目前，俄军从国防部、武装力量总参谋部到诸军兵种都设有相应级别的无线电频谱管理机构，并赋予各级指挥官相应的无线电管理职能，形成了一套较为完善的无线电管理体制。

总参谋部下设通信兵主任局，局长最高军衔为上将，对俄军无线电进行归口管理，并负责无线电管理工作。各军兵种总司令部和司令部都设有通信兵局，各军区、舰队司令部也设有通信局。俄军军团均编有定额的通信部队：陆军军区编有独立通信旅，集团军编有独立通信团，摩步（坦克）师编有独立通信营；空军集团军和空防集团军均编有独立通信团；海军舰队也编有独立通信团。各级通信兵主任均为该级部门无线电管理的主要领导。

俄军军种总司令部和独立兵种司令部在总参谋部的指导下，负责对本军、兵种电磁频谱的使用进行总体管理与控制。俄《国防部条例》明确规定：国防部根据国防需要规定使用无线电频谱的程序，协调其他联邦执行权力机关保障国防需要使用无线电频谱的活动。根据《总参谋部条例》，在国防部领导下，俄武装力量总参谋部为国防需要制定无线电频谱的使用计划，组织武装力量的通信。以军团的无线电管理为例，俄军军团司令和参谋长对军团无线电管理进行全面领导，而直接指挥则由通信兵主任（无线电技术保障主任）实施。通信兵主任与司令部各部（处）、各兵种司令、各专业兵主任、主管后勤装备的副司令及其司令部保持经常的协同运作。军队无线电频谱管理由武装力量通信兵主任局全面负责。

### 3．美军频谱管理系统的发展

世界各国（特别是发达国家）军队十分重视战场频谱管理系统建设。从20世纪70年代开始，世界各国（特别是发达国家）军队开始下大力加强战场频谱管理系统建设，其中主要有美国、苏联、法国和以色列等国家军队。而美军从20世纪30年代初开始，就已涉足战场频谱管理方面的理论研究，80 年代中期形成了较为成熟的战场频谱管理系统。美军现在部署在海外的近百个武器系统（包括在韩国的“爱国者”导弹、在欧洲的“捕食者”无人飞行器和遍及全球的许多主要监测飞机和卫星）与所驻国电子系统经常发生频率冲突，有的部分丧失效能，有的甚至全部丧失效能。为此，美军已把战场电磁频谱管理纳入参谋长联席会议管理渠道，并且开发了一系列战场电磁频谱管理系统。据报导，中国台湾“国防部”的极度机密计划中，就有一项是频谱管理计划。

美国作为世界第一军事和科技大国，在战场频谱管理系统的研究、开发与使用方面一直走在世界前列。美军战场频谱管理系统的发展大致经历了 5 个阶段。

20世纪80年代以前，战场频谱管理处于初级发展阶段。由于当时的无线电频谱并不十分紧张，战场频谱管理的重点是提高通信装备的抗干扰能力，保障通信装备在战场上充分发挥作用。初期的战场频谱管理系统实际上只是跳频或自适应通信装置，功能单一，仅用于自身使用频率的管理，其代表性产品是“频率管理组”（Frequency Management Group）。

80 年代中期，战场频谱管理系统的发展进入了第二阶段。与第一阶段相比，系统的特点是自成一体，能够对战场的短波频率进行实时探测。代表性的系统是 AN/TRQ 系列产品。该系列产品有实时探测短波（HF）频率、预报最佳频率的功能，但不能进行频率指配，只适用于集团军以下战术单位。

90 年代初期，美军的战场频谱管理系统研究进入了第三阶段。开发了不同种类、功能较为齐全、适用频谱范围广的战场频谱管理系统，初步解决了联合作战中的频率指配问题，提高了战场频谱管理水平，增强了部队的作战能力。其代表是 RBECS（Revised Battlefield Electronic CEOI System）系统。RBECS 系统能够自动完成联合通信电子作业指令（JCEOI），包括陆军的通信作业指令（SOI）、海军陆战队的电子作业指令（CEOI）、海军的作战任务通信指令（OPTASKCOM）和空军的空中任务命令（ATO）等。过去，电子作业指令（通信呼号-频率分配表）靠手工制作后分发给部队使用。随着联合作战电子装备的大量使用，美军发现传统的制作方式已无法适应需要，尤其是制作周期过长，有时在战争结束时，电子作业指令还没有全部制作出来。在海湾战争中，美军使用 RBECS 系统，大为节省了电子作业指令的制作时间，提高了效率。但第三阶段的各种战场频谱管理系统还存在着互不兼容等问题。

90 年代后期，美军进入战场频谱管理系统研究的第四阶段，重点解决各种频谱管理系统互不兼容问题。美军开发的战场频谱管理系统最多，如短波频率管理系统（AN/TRQ-35v，AN/TRQ-42），该系统发射、接收 Chirp 信号进行电离层信道探测，辅以干扰监测系统测量干扰频谱，从而确定短波优质频率。基于 Chirp 信号探测的这种短波频率管理系统，实质上是一种频率自适应通信系统。这种系统用于远离国土的海外战场，特别是深入敌区的远距离应急通信，是行之有效的。但这种系统也是有一定缺陷的。首先，由于发射 Chirp 信号，不仅更加增大战场电磁污染，而且要增加设备。其次，Chirp 信号探测只适于天波，仅仅基于这种探测确定的频率不适于地波传播情况下的短波系统。再如自动化战术频率工程系统（ATFES），该系统为车载式，用于陆军战场频率规划和管理，装备于战区和军团等层次，其中包括 20 余种软件和数字地图，可以进行电波传播和电磁兼容性评估，频率分配和指配。改进型战场电子作业指令系统（RBECS）实际上是一种频率指配联络文件生成系统，指令包括呼号、呼叫字、指配频率和后缀，其中的指配频率经过电磁兼容性分析，呼号、呼叫字和后缀使指令安全、保密。此系统在海湾战争中得到了应用，保证了多国部队多军兵种的联合作战。其他的系统还有自动化频谱规划工程与协调系统（ASPECTS）、联合频谱管理系统（JSMS）等。美军这些战场频谱管理系统都是针对个别方面的特殊要求开发的，这在战场上应用是有缺陷的。现在的作战部队也不能逃避这种缺陷所带来的不良后果。

为了获得 21 世纪频谱优势，美军先后制定了一系列频谱管理标准和计划。美军先是制定了《2010 年联合频谱构想》，提出了 21 世纪频谱管理指导方针。近期又出台了电磁频谱管理计划，明确了美军对频谱资源的需求和美国国防部电磁频谱管理的目标。《21 世纪联合频谱使用和管理》、《电磁频谱联合行动》（2012 年）等频谱管理原则，对提高频谱规划、系统采购、模拟仿真、操作支持和信息系统的能力提出了具体规划标准，为计划、协调和控制频谱资源提供了理论支持。开发了自动化战场频谱管理系统，如 SPECTRUM XXI 系统、联合自动化通信电子作业指令系统（JACS）、全球电磁频谱信息系统（GEMSIS）等。其中频谱 SPECTRUM XXI 系统是美国国防部使用的一种标准的自动化频谱管理工具，用来支援作战计划的制定及无线电频谱的近实时管理，重点是分配兼容频率和完成频谱工程任务，其下一步的发展是全球电磁频谱信息系统（GEMSIS）。

其他国家和军队也十分重视并积极开发战场频谱管理系统，用以提高战场频谱管理的水平和作战能力。例如以色列的 ACMS 系统及 IRIS 系统、德国的 FARCOS 系统、英国的 SD 系统、加拿大的 FPT 系统等，而法国的综合战术通信频谱管理系统（Alcatel 101）可以完成对视距无线电接力线路和单信道网的频率分配、发布与管理。但是这些系统也是为了适应部分需求而开发的，系统的标准化程度低，没有综合考虑所有部队的频谱需求，不能进行全频段的频谱规划和管理，不适应多军兵种联合作战中频谱管理的需要。外军的战场频谱管理系统正向标准化、专业化、全频段、多业务、适合于联合作战的方向发展。

### 1.4.2 我国电磁频谱管理发展历史

我国的电磁频谱管理是伴随着军事无线电通信业务的发展而发展起来的。

#### 1. 无线电管理起步

军队无线电业务始于 1931 年的无线电通信队，由一部半电台起家发展成为军事通信的主要手段。在管理体制上，无线电业务从一开始就自成体系，一部电台即为一个分队，由各级司令部首长直接领导。抗日战争时期，设立集中台的办法，将收、发信机分别集中配置，解决电台功率大而相互干扰的矛盾。解放战争时期，为适应大兵团作战需要，对无线电通信联络做了调整，除设置固定通信基地外，各战略区、二级军区以上机关也普遍设有通信部门和无线电大（中）队，团以上部队设有无线电区队或无线电分队。

新中国成立初期，无线电台数量很少，没有统一的电磁频谱管理机构。由军队通信兵建立的全国短波电台机要通信网承担着党政军系统的通信任务，无线电台主要集中在军队。1951年4月，中共中央、政务院、中央军委在北京召开无线电控制和管理会议，决定成立天空控制组，对无线电台实现军事管制，进行全国性的电台登记。1951年4月，军委通信部为入朝参战的志愿军空军规定了地空通信专用频率。1954年空军开始换装超短波多波道对空台和塔台后，对频段和波道的使用进行了划分。

### 2．中央无线电管理委员会成立

1959年1月3日，中央广播事业局、邮电部和解放军通信兵部联合发布了《划分大中城市无线电收发信区域和选择电台场地暂行规定》。这是中华人民共和国颁布的第一部法规性的无线电管理文件。1962年7月，中共中央决定成立中央无线电管理委员会（简称中央无委）和各中央局无线电管理委员会（简称中央局无委）。中央无委在中共中央、国务院的直接领导下，统一管理全国无线电频率的划分和使用，审定固定无线电台的建设和布局，负责战时通信保密和对广播电台的无线电管制。中央无委办事机构设在中国人民解放军通信兵部。无线电管理实现“少设严管”的方针。1965年7月14日，中央无线电管理委员会颁布试行《无线电频率使用管理规定》，制定了“无线电频率划分表”。1966年文化大革命开始后，各级无委的工作陷入瘫痪状态。1967年9月23日，毛泽东主席签发了《关于取缔私设电台、广播电台、报话机的命令》，在全国范围内清查、取缔私设电台。

### 3．国家无线电管理委员会成立

1971年5月，国务院、中央军委及省、区、市无线电管理委员会恢复成立。国务院、中央军委无线电管理委员会称为全国无线电管理委员会，办公室设在中国人民解放军通信兵部；各大军区成立无委，由各大军区党委领导；各省、市、自治区恢复无委，由省、市、自治区党委和省军区党委领导，以军队为主，办公室设在军队通信部门。1984年4月，全国无线电管理委员会改称国家无线电管理委员会（简称国家无委），办公室设在总参谋部通信部。省级无委办事机构由军队通信部门转到政府办公厅，实行军地联合办公。同年7月，国家无线电监测计算总站成立，无线电管理技术手段的建设走向正规。

### 4．中国人民解放军无线电管理委员会成立

1986年11月，国务院、中央军委决定调整无线电管理体制，按照统一领导、分工管理的原则，国家无委办事机构由军队转到政府。1987年，改设到邮电部的国家无委办事机构开始对外办公，承办国家无委的日常工作，并具体负责党政民系统的无线电管理工作；同年中国人民解放军无线电管理委员会（简称全军无委）正式成立，办公室设在总参通信部，负责军事系统的无线电管理工作。1993年9月11日，国务院、中央军委联合颁布《中华人民共和国无线电管理条例》，无线电管理进入了依法管理的新阶段。无线电管理的指导方针调整为“科学管理、促进发展”，以保证科学合理地使用频谱资源。全军无委与国家无委共同制定了《军地无线电管理协调规定》，明确了军地协调的原则、内容和方法；组织拟制了一系列军用电磁频谱管理技术标准。

1994 年 12 月，总参谋部颁发了《中国人民解放军无线电管理条例》，明确了军队电磁频谱管理的原则、方针，规定了军队各级无线电管理机构的职责以及军队无线电管理的内容、程序和方法。1996 年 11 月，总参谋部颁发了《中国人民解放军驻香港部队无线电管理暂行规定》。

**5．国家无线电办公室转到信息产业部又转到工业和信息化部**

1998 年，国务院机构改革后，国家无委及其办公室的行政职能，由信息产业部无线电管理局（国家无线电办公室）承担。全军无委与国家无委建立必要的协调议事机制，涉及军地双方有关无线电管理的重大事项，由信息产业部、总参谋部联合上报国务院、中央军委决定。2008 年根据十一届全国人大一次会议批准的国务院机构方案，原信息产业部的职责整合划入工业和信息化部。无线电管理局（国家无线电办公室）整体划归工业和信息化部主管。

**6．中国人民解放军电磁频谱管理委员会成立**

2005 年 5 月 9 日，中央军委颁布命令将中国人民解放军无线电管理委员会改称为中国人民解放军电磁频谱管理委员会（简称全军频管委），其办事机构改称为中国人民解放军电磁频谱管理委员会办公室（简称全军频管办）。军兵种、军区无线电管理机构都相应的改称为电磁频谱管理机构。2007 年 7 月，总参谋部颁发新的《中国人民解放军电磁频谱管理条例》。

随着武器装备信息化水平大幅提高和军队建设转型，军事领域对电磁频谱使用的范围、规模、数量迅速扩大，原有的无线电管理条例难以适应新形势下电磁频谱管理的内涵和要求，传统的无线电管理必须向更大范围的电磁频谱管理拓展。

# 第2章　电 波 传 播

无线电信息传输时，无线电波由发射天线辐射出去后，经过一定的传播路径才能到达接收点，被接收天线接收。电波传播路径中会涉及各种各样的传播媒介，例如地面、水面、对流层大气、电离层、星际空间等，电波的传播过程就是电波与媒介相互作用的物理过程。电波在媒介中基本上是以光速传播的。因此，无论是通信、广播、雷达、导航、遥测遥控等任何与无线电波有关的设备，其性能均与所使用的无线电频率及其电波传播方式密切相关。电波在传播过程中，有两个方面需要进行研究。一是电波传播的物理机制和传播模式，包括吸收、折射、反射、绕射、散射、多径和多普勒效应等物理过程，这些过程的形成由媒介特性和电波特性共同决定。二是信号的传播特性。无线电信号在传播过程中，可能遭受到衰减、衰落、极化偏移和时域、频域畸变等效应。这些效应可能对信息传输的质量和可靠性产生影响。研究电波传播特性，是理解各种用频设备特性的基础。

在本章中，2.1 节介绍大气层与电离层，2.2 节简要介绍几种电波传播方式，2.3 节主要介绍自由空间传播损耗的概念和计算，2.4～2.7 节分别详细介绍几种主要的电波传播特性以及场强计算理论与计算方法，2.8 节以移动通信设计为例介绍电波传播模型的选择与应用方法。

## 2.1　地球大气层和电离层

### 2.1.1　大气层

电磁波主要在地球大气层中传播。大气层又叫大气圈，厚度大约在 1 000 km 以上，但没有明显的界限。整个大气层随高度不同表现出不同的特点，分为对流层、平流层、中间层、暖层和散逸层，大气层之外就是星际空间，如图 2.1 所示。

对流层位于大气的最低层，其下界与地面相接，上界高度随地理纬度和季节而变化。在低纬度地区平均高度为 17～18 km，在中纬度地区平均为 10～12 km，极地平均为 8～9 km；夏季高于冬季。由于地面吸收太阳辐射（红外、可见光及波长大于 300 nm 的紫外波段）能量，转化为热能而向上传输，引起大气强烈的对流，因此称为对流层。对流层空气的温度下面高上面低，顶部气温约为-50 ℃。对流层集中了约 3/4 的全部大气质量和 90%以上的水汽，几乎所有的气象现象（如雨、雪、雷、电、云、雾等）都发生在对流层内。对流层也是无线电传播的最主要途径。

对流层以上是平流层，大约距地球表面 20～50 km。气体温度随高度的增加而略有上升，但气体的对流现象减弱，主要是沿水平方向流动，故称为平流层。平流层中水汽与沙尘含量均很低，大气透明度高，很少出现像对流层中的气象现象。而平流层对电波传播影响很小。

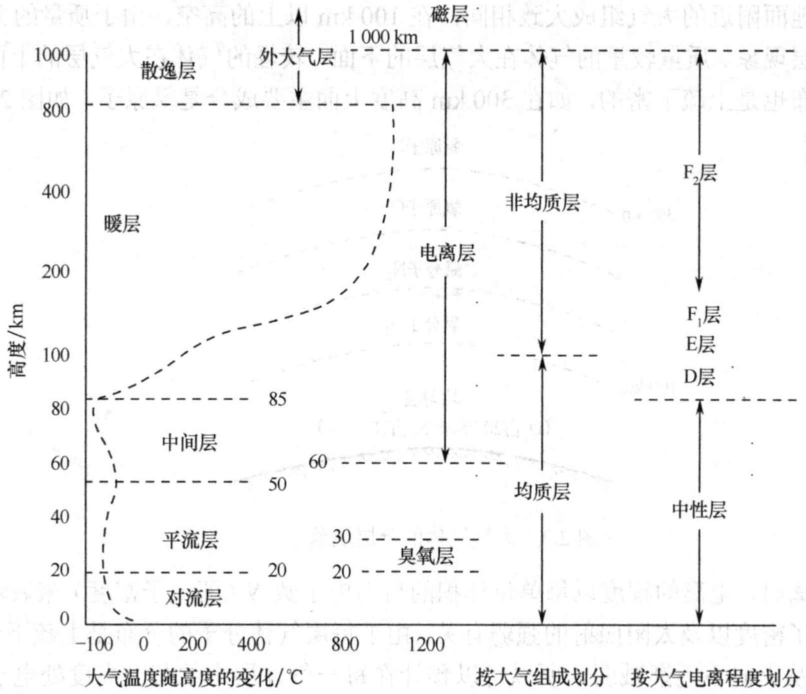


图 2.1 地球大气层

平流层以上是中间层，大约距地球表面 50～85 km。中间层以上是暖层，大约距地球表面 100～800 km。散逸层在暖层之上，由带电粒子所组成。

从平流层以上直到 1 000 km 的区域称为电离层。电离层是高空中的气体，被太阳光的紫外线照射，电离成带电荷的正离子和负离子及部分自由电子而形成的。电离层对电磁波影响很大，我们可以利用电磁短波能被电离层反射回地面的特点，来实现电磁波的远距离通信。

从电离层至几万千米的高空存在着由带电粒子组成的两个辐射带，称为磁层。磁层顶是地球磁场作用所及的最高处，出了磁层顶就是太阳风横行的空间。在磁层顶以下，地磁场起了主宰的作用，地球的磁场就像一堵墙挡住了太阳风，磁层是保护人类生存环境的第一道防线。而电离层吸收了太阳辐射的大部分 X 射线及紫外线，从而成为保护人类生存环境的第二道防线。平流层内含有极少量的臭氧，太阳辐射的电磁波进入平流层时，尚存在不少数量的紫外线，这些紫外线在平流层中被臭氧大量吸收，气温上升。在距地面 20～30 km 高度，臭氧含量最多，所以常常称这一区域为臭氧层。臭氧吸收了有害人体的紫外线，组成了保护人类生存环境的第三道防线。臭氧含量极低，其含量只占该臭氧层内空气总量的四百万分之一，臭氧的含量容易受外来因素的影响。

## 2.1.2 电离层

### 1. 电离层结构与变化

电离层是地球高空大气层的一部分，分布高度从 60 km 一直延伸到大约 1 000 km。在这个范围内，主要有太阳的紫外辐射及高能微粒辐射等，使得大气分子部分游离，形成由电子，正、负离子和中性分子、原子等组成的等离子体，这种被电离了的区域就叫电离层。

电离层的结构与大气的特性有关。距离地面 100 km 以内的大气情况由于上升与下降气流的混合作用，与地面附近的大气组成大致相同；在 100 km 以上的高空，由于质量的关系，大气气体形成了分层现象。质量较重的气体在大气层的下面，较轻的气体在大气层的上面，每一层气体密度的分布也是上疏下密的，如在 300 km 高度上面主要成分是氮原子，如图 2.2 所示。

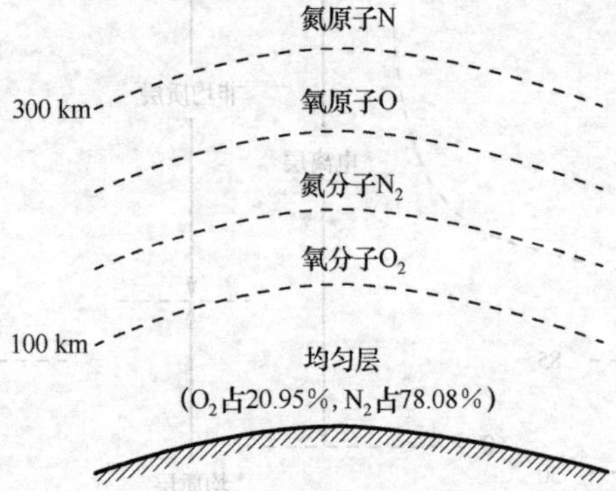


图 2.2 大气气体的分层现象

当大气被电离时，电离的程度以每单位体积的自由电子数 $N$（即电子密度）来表示。它与被电离气体的分子密度以及太阳照射的强弱有关。由于每层气体分子的分布是上疏下密，而太阳辐射的能量是从上向下逐渐减弱，所以可以预计在每一气体层中的某一高度处电子密度最大。根据地面电离层观测站的间接探测和利用火箭、卫星等进行直接探测的结果证实，电离层中电子密度的高度分布有几个峰值区域，按照这些峰值区域出现的高度，整个电离层又相应地分为四个区域，从低向高分别称为 D 层、E 层、$F_1$ 层和 $F_2$ 层，如图 2.3 所示。各层之间没有明显的分界线，也没有非电离的空气间隙。每一层都有一个电子密度的最大值，整个电离层的最大电子密度就在 $F_2$ 层，$F_2$ 层以上的电子密度随高度增加而缓慢减小。各层的主要数据列于表 2.1。表中的半厚度是指电子密度下降到最大值一半时之间的厚度，临界频率是指垂直向上发射的电波能被电离层反射下来的最高频率。各层反射电波的大致情况如图 2.4 所示。

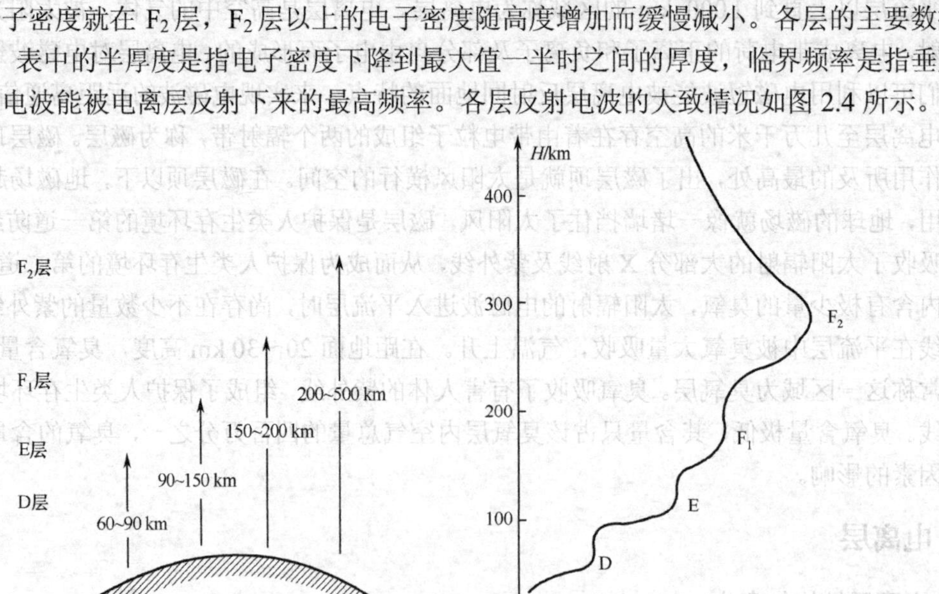


图 2.3 夏季白天电离层的分层（a）和电子密度的高度分布示意图（b）

表 2.1　电离层各层主要参数

| 参数＼层别 | D | E | $F_1$ | $F_2$ |
|---|---|---|---|---|
| 夏季白天高度/km | 60～90 | 90～150 | 150～200 | 200～500 |
| 夏季夜间高度/km | 消失 | 90～140 | 消失 | 150 以上 |
| 冬季白天高度/km | 60～90 | 90～150 | 160～180（经常消失） | 170 以上 |
| 冬季夜间高度/km | 消失 | 90～140 | 消失 | 150 以上 |
| 最大电子密度出现的高度/km | ≈80 | ≈115 | ≈180 | 200～350 |
| 白天最大电子密度/（个/$cm^3$） | $\approx 2\times10^3$ | $5\times10^4\sim1.5\times10^5$ | $2\times10^5\sim4\times10^5$ | $8\times10^5\sim2\times10^6$ |
| 夜间最大电子密度/（个/$cm^3$） | 消失 | $10^3\sim5\times10^3$ | 消失 | $10^5\sim3\times10^5$ |
| 中性原子和分子密度/（个/$cm^3$） | $\approx 2\times10^{15}$ | $\approx 6\times10^{12}$ | $\approx 10^{10}$ | $\approx 10^8$ |
| 半厚度/km | 10 | 20～25 | 50 | 100～200 |
| 碰撞频率/（次/s） | $10^6\sim10^8$ | $10^5\sim10^6$ | $10^4$ | $10\sim10^3$ |
| 白天的临界频率/MHz | < 0.4 | < 3.6 | < 5.6 | < 12.7 |
| 夜间的临界频率/MHz | – | < 0.6 | – | < 5.5 |

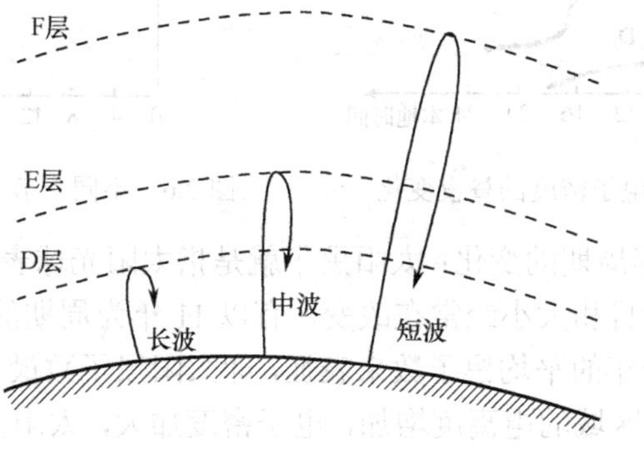


图 2.4　长、中、短波从不同高度反射

D 层是电离层的最低层，因为空气密度较大，电离产生的电子平均仅几分钟就与其他粒子复合而消失，因此到夜间没有日照，D 层就消失了。D 层在日出后出现，并在中午时达到最大电子密度，之后又逐渐减小。由于该层中的气体分子密度大，被电波加速的自由电子和大气分子之间的碰撞使电波在这个区域损耗较多的能量。D 层变化的特点是在固定高度上电子密度随季节有较大的变化。

E 层是电离层中高度大约在 90～150 km 间的区域，可反射几兆赫的无线电波，在夜间其电子密度可以降低一个量级。

F 层在夏季白天又分为上、下两层，150～200 km 高度为 $F_1$ 层，200 km 高度以上称 $F_2$ 层。在晚上，$F_1$ 与 $F_2$ 合并为一层。$F_2$ 层的电子密度是各层中最大的，在白天可达 $2\times10^{12}$ 个/$m^3$，冬天最小，夏天达到最大。$F_2$ 层空气极其稀薄，电子碰撞频率极低，电子可存在几小时才与其他粒子复合而消失。$F_2$ 层的变化很不规律，其特性与太阳活动性紧密相关。

### 2. 电离层的变化

电离层的形成既然主要是由于太阳的辐射，因此各层的电子密度、高度等参数，就和各地点的地理位置、季节、时间以及太阳活动等有密切关系。其变化可分为较规则的变化和随机的不规则的变化两种。

1）电离层的规则变化

（1）日夜变化：指昼夜 24 小时之内的变化情况。白天各层电子密度高而夜晚明显降低，如图 2.5 所示。D 层和 $F_1$ 层白天出现，夜晚 D 层由于电子和离子不断复合而逐渐消失，$F_1$ 层和 $F_2$ 层合并。$F_2$ 层的情况较为复杂，极小值出现在黎明前，而极大值多出现在午后，这反映形成 $F_2$ 层的原因很复杂。

（2）季节变化：由于地球环绕太阳公转引起季节性的周期变化。一般来说，夏季的电子密度大些，但 $F_2$ 层变化比较特殊。冬季日夜变化大，夏季日夜变化较缓慢，在许多地方冬天的电子密度 $N_{max}$ 反而比夏天的大些，如图 2.6 所示。

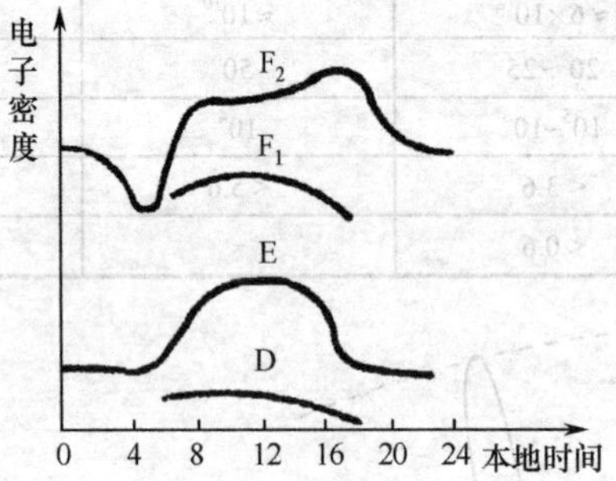


图 2.5 各层电子密度的昼夜变化

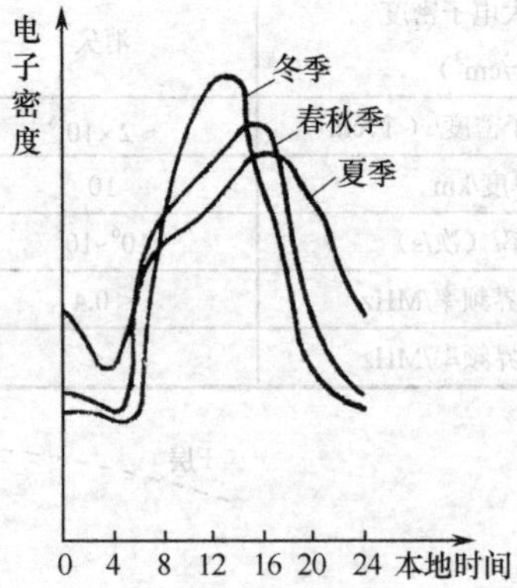


图 2.6 不同季节 $F_2$ 层昼夜变化情况

（3）随太阳黑子 11 年周期的变化：太阳黑子就是指太阳光球表面经常出现的黑斑或黑点。根据天文观测，黑子的数目和大小经常在改变，有以 11 年为周期的变化规律，如图 2.7 所示。太阳活动性一般以太阳一年的平均黑子数来表征，即太阳黑子数最多的年份，也就是太阳活动性强的年份，电离层中各区域的电离度增加，电子密度加大，太阳活动性弱的年份，电子密度减小，使之也具有 11 年周期性。

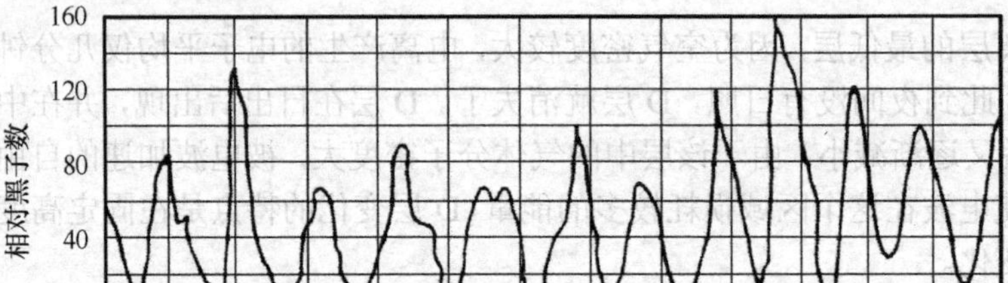

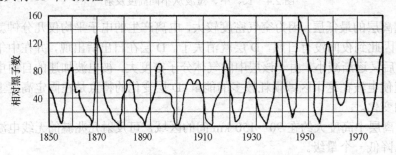

图 2.7 太阳黑子相对数的年平均观测曲线

（4）随地理位置的变化：纬度越高，太阳照射越弱，电子密度越小。我国处于北半球，南方的电子密度就比北方的大。

2）电离层的不规则变化

电离层除了上述的几种规则变化外，有时还发生一些电离状态随机的、非周期的、突发的急剧变化，称为不规则变化，主要有以下几种现象：

（1）突发 $E_S$ 层。在 E 层高度上会发生一种常见的较为稳定的不均匀结构，由于它的出现不太有规律，故称为突发 $E_S$ 层。目前对 $E_S$ 层的初步认识是：它是一些彼此被弱电离气体分开的电子密度很高的“电子云块”，像网状似的聚集而成的电离薄层。其厚度较薄约 0.5～5 km 左右，而水平扩展范围从数米到 2 000 km 左右。$E_S$层出现虽然是偶发的，但形成后在一定时间内很稳定。

夏季出现较多，白天和晚上出现的概率相差不大：赤道地区 $E_S$层主要在白天出现，无明显的季节变化。从全球区域来看，远东地区 $E_S$层出现的概率最大，我国地区上空 $E_S$层强而且多，特别是夏季出现频繁。$E_S$ 层对电波有时呈半透明性质，即入射波的部分能量遭到反射，部分能量将穿透 $E_S$层，因此产生附加损耗。有时入射电波受到 $E_S$层的全反射而达不到 $E_S$层以上的区域，形成所谓的“遮蔽”现象，这样就使得借助 $F_2$层反射的短波定点通信遭到中断，但由于 $E_S$层的电子密度很高，有时比正常高出几个数量级，因此充分认识和利用 $E_S$层对电波的反射作用来提高天波通信的工作频率，应用于短波通信是有益的。

（2）电离层骚扰（sudden ionospheric disturbances）。太阳黑子区常常爆发耀斑，即太阳上“燃烧”的氢气发生巨大爆炸，辐射出极强的 X 射线和紫外线，还喷射出大量的带电微粒子流，以光速向外传播，到达地球大气层后，使白天的电离度增强，尤其是 D 层的电子密度可比正常值大 10 倍以上，大大地增加了对电波的吸收，可造成短波通信的中断。由于耀斑爆发时间很短，一般经过几分钟即可恢复正常。

电离层骚扰所产生的通信中断现象仅发生于白昼。一般在低纬度线传播的电波较在高纬度线所受的影响大。

（3）电离层暴（ionospheric storm）。太阳发生耀斑时，除辐射较强的紫外线和 X 射线外，还喷射出大量带电微粒流（即太阳风），速度为几百或上千千米每秒，到达地球需要 30 h 左右。当带电粒子接近地球时，大部分被挡在地球磁层之外绕道而过，只有一小部分穿过磁层顶到达磁层。带电粒子的运动和地球磁场相互作用使地球磁场产生变动，比较显著的变动称作磁暴。带电粒子穿过磁层到达电离层，使电离层正常的电子分布产生激烈变动，这种电离层状态的异常变化称为电离层暴。电离层暴使 F 层、E 层和 D 层依次受到影响。F 层受影响时，电子密度最大值下降，最大电子密度所处高度上升。为了维持通信，必须相应降低通信频率。但同时受到影响的 D 层和 E 层对电波的吸收增大，降低频率的结果使得接收信号电平严重减弱，甚至使通信中断。由于电离层暴持续时间长，且范围广，所以对短波通信的危害性极大。但耀斑爆发喷出的带电微粒在空间的散布范围比紫外线和 X 射线要窄小得多，所以电离层骚扰发生后并不一定随之发生电离层暴。

由于磁暴经常伴随着电离层暴，且又比电离层暴早出现，所以目前它是电离层暴预报的重要依据之一。在发生磁暴时由于地磁场的急剧变化，会在大地产生感应电流，这种地电流会在电报通信电路中引起严重干扰。

电离层的异常变化中对电波传播影响最大的是电离层骚扰和电离层暴。例如，2001 年 4 月份多次出现太阳耀斑爆发，发生近年来最强烈的 X 射线爆发，出现极其严重的电离层骚扰和电离层暴，造成我国满洲里、重庆等电波观测站发射出去的探测信号全频段消失，即较高频率部分的信号因电子密度的下降而穿透电离层飞向宇宙空间，较低频率部分的电波因遭受电离层的强烈吸收而衰减掉。其他电波观测站的最低起测频率比正常值上升 3～5 倍，临界频率下降了 50%。电离层暴致使短波通信、卫星通信、短波广播、航天航空、长波导航、雷达测速定位等信号质量大大下降甚至中断。

电离层的高度及电离密度不稳定，随着年份、季节、昼夜的不同而不断地变化。所以，为了保证通信的质量，使用的频率也应随之变化，特别在拂晓和黄昏的时候，如果频率改变得不及时或不恰当，甚至可能导致通信中断。

## 2.2 电波传播方式

电波传播的方式主要有以下几种：

- 地波传播；
- 天波传播；
- 视距传播；
- 散射传播；
- 波导电波传播。

### 2.2.1 地波（地表面波）传播

地波传播（propagation of ground wave）是指电磁波沿着地球表面进行传播的方式，地波传播也称地表面波传播，如图 2.8 所示。

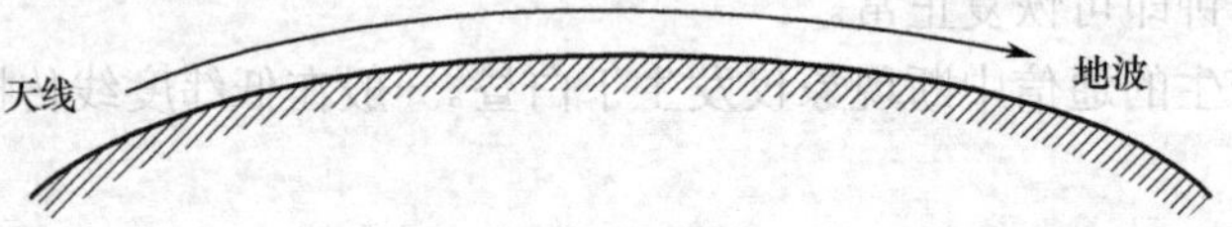


图 2.8 地波传播

地波传播情况主要取决于地面条件。地面的性质、地物地貌都对地波传播产生很大的影响。主要表现在两个方面：一是地面的不平坦性，二是地面的地质情况。前者对电波传播的影响与无线电波的波长有关，如对于长波（波长 1～10 km）来说，除了高山外都可将地面看成是平坦的；而对于分米波（波长 10 cm～1 m）、厘米波（波长 1～10 cm）来说，即使是水面上的小波浪或田野上丛生的植物，也应看成是地面有严重的不平度，对电波传播有不同程度的阻碍作用。而后者则是从地面土壤的电气性质（地面的电参数）来研究其对电波传播的影响的。

地波传播的特点是：电波波长愈长，传播损耗愈小。因此超长波、长波、中波沿地表面可以传很远的距离，而短波、超短波及波长更短的电波沿地表面传播时，衰减很快，作用距离近。地面电导率越大电波场强衰减越慢，但当电波在土壤或海水中间传播时，电导率越大对电波的吸收越严重，场强衰减也就越快。但波长越长，在地下或海水中传播的越远。如在干土中，中波（300 m）衰减到 1/1000 时，传播距离为 115 m，而超长波（30 km）衰减到 1/1000 时，传播距离为 1 151 m。在海水中，中波（300 m）衰减到 1/1000 时，传播距离为 1.74 m，而超长波（30 km）衰减到 1/1000 时，传播距离为 17.4 m。另外，地面曲率和地面的障碍对电波传播有绕射损耗，绕射损耗与地形的起伏度和波长的比值有关，若障碍物的高度与波长的比值愈大，则绕射损耗愈大，甚至使通信中断。一般来说长波绕射能力最强，中波次之，短波较小，而超短波绕射能力很弱。

由于地表面的电性能和地貌地物等不随时间很快的发生变化，并且基本上不受气候条件的影响，因此信号稳定，这是地面波传播的突出优点。应该指出的是地波的损耗与波的极化方式有很大关系，水平极化波要比垂直极化波传播损耗高 60 dB 左右，因此。地面波传播采用垂直极化波。这种传播方式主要用于无线电导航及广播等方面，军用短波超短波等小型移动电台进行近距离通信也应用这种传播方式。

## 2.2.2 天波传播

天波传播（ionosphere radio wave propagation）通常是指自发射天线发出的电波，在高空被电离层反射或折射后到达接收点的这种传播方式，有时也称为电离层电波传播，如图 2.9 所示。长、中、短波都可以利用天波进行通信。

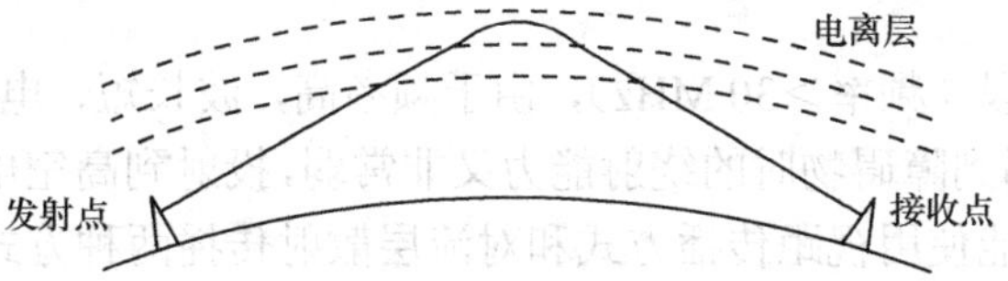


图 2.9　天波传播

### 1. 长波天波传播

波长为 1～10 km（频率 30～300 kHz）的无线电波称为长波。

长波主要靠地面波传播，但也可以利用天波传播。长波白天由 D 层下缘反射，而夜间 D 层消失，由 E 层下缘反射，经过一跳或多跳传播，作用距离可达几千 km 或上万 km。一般来说，在 200～300 km 以内地面波占优势，在 2 000～3 000 km 以外天波占优势，在两者之间，地波天波同时存在形成干扰场。

由于电离层的电气特性对长波好像是一层良导体，地面的土壤和海水也是长波的良导体，因此，长波传输损耗小，传播非常稳定，但长波频带窄，天线大，设备较贵。长波传播主要应用于远距离精密无线电导航、标准频率和时间信号的广播、低电离层的研究等。

### 2. 中波天波传播

波长为 100～1 000 m（频率 300 kHz～3 MHz）的无线电波称为中波。

中波可以通过地波和天波两种方式进行传播通信。地面波传播时，与长波相比，波长较短，地面损耗大，绕射能力较差，传播的有效距离比长波近，但比短波远，一般为几百 km，而短波一般十几 km。中波也在电离层临界频率以下，因此电离层也能反射中波，通常在 E 层反射。由于白天电离层吸收较大，大多数情况中波不可能用天波传播，白天中波主要靠地面波传播。到了晚上，D 层消失，E 层的电离程度减小，电离层对电波的吸收减小，E 层的反射增强。所以中波晚上既有地面波又有天波。这也是中波波段的广播电台信号到夜晚突然增多的原因。535～1 605 kHz 是国际规定的中波广播段。

### 3. 短波天波传播

短波是指波长为 10～100 m（频率 3～30 MHz）的无线电波。短波利用天波传播有两个优点：一是电离层抗毁性好，不易被彻底永久破坏；二是传播损耗小，能以较小的功率进行远距离的通信。短波通信设备简单，成本低，建立链路机动灵活。短波一般从 F 层反射下来，受电离层的变化影响较大，信号不够稳定，衰落现象严重，有时甚至造成通信中断。频率愈低，电离层吸收愈大，信号电平愈低，噪声电平却愈强。短波天波传播有最高可用频率和最低可用频率的限制。为了更好地保证通信，短波日频和夜频采用不同的频率，一般日频高于夜频。

天波传播主要特点是：由于电离层经常变化，天波传播不很稳定，但传输损耗小，传播距离可以很远。主要用于中波和短波通信，尤其是目前短波无线电通信和广播所采用的主要传播方式。

### 2.2.3 视距传播

视距传播（line-of-sight radio wave propagation）是指电波在发射天线和接收天线互相“看得见”的视距内进行电波传播，是电波由发射点中间无大的阻挡而直线传播到接收点（有时包括地面反射波）的一种传播方式，又称直接波传播。主要是地对地传播、地对空传播，也可以是空对空传播。

从超短波到微波波段（频率＞30 MHz），由于频率高，波长短，电波沿地面传播时由于大地的吸收而急剧衰减，遇到障碍物时的绕射能力又非常弱，投射到高空电离层时又反射不回来，所以这一波段的电波只能使用视距传播方式和对流层散射传播两种方式。

地对地的传播方式要求收、发天线高架（高度远大于波长）在地面上，电波是在靠近地面的低空大气层中传播的，如图 2.10（a）所示。接收点场强是直射波和反射波的叠加。它主要用于米波至微波波段的通信及电视广播。

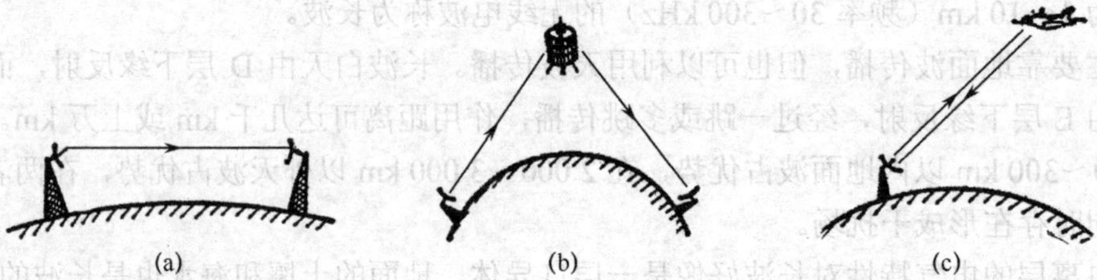

(a)　　(b)　　(c)

图 2.10　视距传播

地面和飞机、导弹、卫星之间的无线电联络是地对空的传播方式，如图 2.10（b）、（c）所示。雷达及星间通信等都采用视距传播方式。

### 2.2.4 散射传播

散射传播（scattered propagation of radio wave）是指电波在低空对流层和高空电离层中传播时，遇到其中分布不均匀的“介质团”就会产生散射，被散射的电波有一部分到达接收点，这种传播方式称为散射传播，如图 2.11 所示。利用散射传播进行通信就称为散射通信。

电离层和对流层都能散射微波和超短波无线电波，并且可以把它们散射到很远的地方去，从而实现超视距通信。电离层散射主要用于 30～100 MHz 频段，对流层散射主要用于 100 MHz 以上的频段。电离层比对流层高，故电离层散射用于距离大于 1 000 km 的传播，而对流层用于距离小于 800 km 的传播。

一般来讲，散射信号很弱，进行散射通信要求使用大功率发射机，高灵敏度接收机和方向性很强的天线，并采用分集接收技术。

### 2.2.5 波导电波传播

在分层介质中，各层之间可能出现类似于金属波导中的传播，这种电波传播方式称为波导电波传播（waveguide radio wave propagation）。这种“波导”是自然环境中形成的，比如在某些气象条件下，对流层中可以形成具有一定强度和厚度的准水平大尺度层结。频率足够高的无线电波，在适当的发射方向上，可在相当大的程度上进入其内，如同在波导管中一样，以异常低的衰减进行传播，此为对流层波导传播。对流层波导出现的概率很小，不可能应用于可靠的通信系统，但可用于电子侦察和干扰系统。

目前已得到实际应用的是长波和超长波在电离层和地面之间形成的波导传播及超短波在地下坑道中形成的波导传播（如图 2.12 所示），电波在地面和电离层之间连续反射向前传播。这种波导的结构、变化复杂，其理论求解和特性分析比一般金属波导复杂得多。但是，对于甚低频和极低频电波，两壁介质具有良好的反射特性，且大量扰动的尺度比波长小，因此对传播特性影响不大。所以，甚低频和极低频地-电离层波导传播仍具有传播距离远和相位稳定两个突出优点，可应用于远距离通信、导航、频率和时间标准的传送。例如，美国于 20 世纪 70 年代建成的工作频段为 10～15 kHz 的奥米加导航系统，规模巨大，有 8 个发射台，可覆盖全球。苏联在此期间也建立了包括 3 个发射台的类似系统。

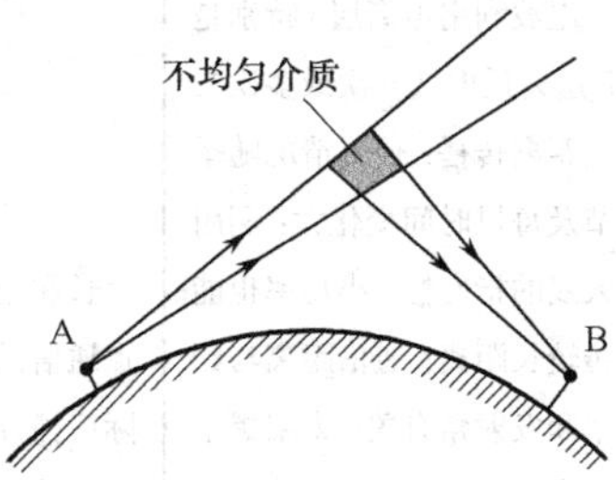

图 2.11　散射波传播图

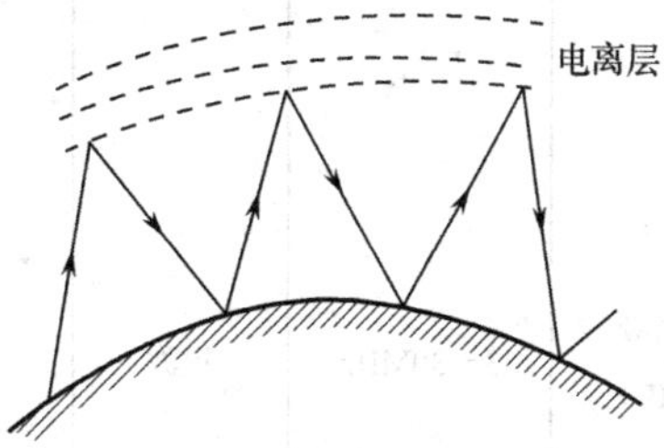

图 2.12　波导传播

以上 5 种传播方式，在实际通信中往往是取其一种作为主要的传播途径，但不排除某些条件下几种传播途径并存的可能性。例如中波广播业务，在某些地区即可收到经电离层反射的天波信号，同时又可以收到沿地表传来的地面波成分。但通常情况下，要根据使用波段的特点，利用天线的方向性来限定一种主要的传播方式。

## 2.2.6　各波段电波传播特性及代表性业务表

各波段电波传播特性及代表性业务如表 2.2 所示。

表 2.2　各波段电波传播特性及代表性业务

| 带号 | 频带名称 | 频率范围 | 波段名称 | 波长范围 | 传播特性 | 代表性业务 |
|---|---|---|---|---|---|---|
| -1 | 至低频（ELF） | 0.03～0.3Hz | 至长波或千兆米波 | 10 000～1 000 Mm | 电波沿地球表面长距离传播；全年衰减小，可靠性高；可利用电离层与地表形成的波导层进行远距离传播；地波与天波并存；使用垂直天线 | 世界范围极长距离的点对点通信；无线电导航和潜艇通信；感应式防盗报警系统 |
| 0 | 至低频（ELF） | 0.3～3Hz | 至长波或百兆米波 | 1000～100 Mm | | |
| 1 | 极低频（ELF） | 3～30Hz | 极长波 | 100～10 Mm | | |
| 2 | 超低频（ELF） | 30～300Hz | 超长波 | 10～1 Mm | | |
| 3 | 特低频（ULF） | 300～3000Hz | 特长波 | 1000～100 km | | 长距离的点对点通信；无线电导航和潜艇通信；感应式防盗报警系统 |
| 4 | 甚低频（VLF） | 3～30kHz | 甚长波 | 100～10 km | | |
| 5 | 低频（LF） | 30～300kHz | 长波 | 10～1 km | | |

（续表）

| 带号 | 频带名称 | 频率范围 | 波段名称 | 波长范围 | 传播特性 | 代表性业务 |
|---|---|---|---|---|---|---|
| 6 | 中频（MF） | 300～3000kHz | 中波 | 1000～100 m | 电波日间沿地表较短距离传播；电波夜间靠电离层 E 层长距离传播；日间及夏季衰减较夜间及冬季大；地波与天波并存；使用垂直天线 | 中距离的点对点通信；中波广播；航空无线电导航业务；水上移动业务；无线电定位和固定业务，业余业务 |
| 7 | 高频（HF） | 3～30MHz | 短波 | 100～10 m | 电波利用电离层（特别是 F 层）反射（一次或多次）远距离传播；传播情况随季节及每日时间变化大；利用天线的指向性，小功率也能传较长距离；通信距离与频率和发射角有关；太阳黑子越多，电离层密度越大，位置越高，则最高可用频率（MUF）也越高，通信距离越长，反之相反；地波传播距离较短；使用水平天线 | 长和短距离的点对点通信；短波广播（国际广播）；移动业务；航空移动业务 |
| 8 | 甚高频（VHF） | 30～300MHz | 米波 | 10～1 m | 穿越电离层，不受其影响；以空间波做视距（LOS）通信；20～65MHz 也可利用 E 层进行超视距通信；使用垂直天线和水平天线（较多） | 中和短距离的点对点通信；声音和电视广播；移动业务；无线电定位业务；航空移动和导航业务；个人通信 |
| 9 | 特高频（UHF） | 300～3000MHz | 分米波 | 10～1 dm | 视距通信；以空间波接近直线传播 | 短距离的点对点通信；无线接力机；声音和电视广播；移动业务；LAN；气象业务；航空移动和导航业务；蜂窝公众通信和卫星通信 |
| 10 | 超高频（SHF） | 3～30GHz | 厘米波 | 10～1 cm | 视距通信；方向性极高，发射功率小；频率越高受雨、雾、雪、雹及空气中的气体吸收衰减越大；遇阻挡衰减大 | 短距离的点对点通信；微波接力通信；移动业务；LAN；无线电定位、航空和水上导航；卫星通信 |
| 11 | 极高频（EHF） | 30～300GHz | 毫米波 | 10～1 mm | 视距通信，通信距离较短；方向性极高，发射功率小；频率受雨、雾、雪、雹及空气中的气体吸收衰减大；遇阻挡衰减较大 | 短距离的点对点通信；微波接力通信；无线电定位；微蜂窝；LAN；卫星通信；卫星地球探测；射电天文 |
| 12 | 至高频（THF） | 300～3000 GHz | 丝米波或亚毫米波 | 10～1 dmm | | |

后续几节先讨论无线电波在自由空间中的传播，然后详细讨论三种主要的电波传播方式与场强计算。

## 2.3 自由空间传播

所谓自由空间是指充满均匀、无耗媒质的无限大空间。该空间具有各向同性、电导率为零、相对介电常数和相对磁导率均恒为1的特点。严格来说应指真空，但实际上是不可能获得这种条件的。因此，自由空间是一种理想情况。无线电波在自由空间中的传播简称为自由空间传播。

实际上电波传播总是要受到媒质或障碍物的不同程度的影响。在研究具体的电波传播方式时，为了能够比较各种传播情况，提供一个比较标准，并简化各种信道传输损耗的计算，引出自由空间传播的概念是很有意义的。自由空间传播过程中没有反射、折射、绕射、散射和吸收等现象，只有扩散引起的传输损耗。本节主要讨论无线电波在自由空间内传播时场强及传输损耗的计算公式。

### 2.3.1 自由空间传播时的场强及接收功率

设有一天线置于自由空间中，若天线辐射功率为 $P_{\mathrm{r}}$，方向系数为 $D$，则在距天线 $r$ 处的最大辐射方向上的场强为：

$$|E_{\max}| = \frac{\sqrt{60P_{\mathrm{r}}(\mathrm{W})D}}{r(\mathrm{m})} \ (\mathrm{V/m}) \tag{2-1}$$

或

$$|E_{\max}| = \frac{245\sqrt{P_{\mathrm{r}}(\mathrm{kW})D}}{r(\mathrm{km})} \ (\mathrm{mV/m}) \tag{2-2}$$

式中，$P_{\mathrm{r}}D$ 称为发射天线的等效辐射功率。若以发射天线的输入功率 $P_{\mathrm{T}}$ 和发射天线增益 $G_{\mathrm{T}}$ 来表示，则有 $P_{\mathrm{r}}D=P_{\mathrm{T}}G_{\mathrm{T}}$。上面两式又可写成：

$$|E_{\max}| = \frac{\sqrt{60P_{\mathrm{T}}(\mathrm{W})G_{\mathrm{T}}}}{r(\mathrm{m})} \ (\mathrm{V/m}) \tag{2-3}$$

或

$$|E_{\max}| = \frac{245\sqrt{P_{\mathrm{T}}(\mathrm{kW})G_{\mathrm{T}}}}{r(\mathrm{km})} \ (\mathrm{mV/m}) \tag{2-4}$$

设发射天线在最大辐射方向产生的功率密度为 $p_{\max}$，接收天线的有效面积为 $S_{\mathrm{e}}$，则天线的接收功率 $P_{\mathrm{R}}$ 为

$$P_{\mathrm{R}} = p_{\max}S_{\mathrm{e}} \tag{2-5}$$

其中 $p_{\max}$ 和 $S_{\mathrm{e}}$ 的表达式分别为

$$p_{\max} = \frac{1}{2}\frac{|E_0|^2}{120\pi} = \frac{P_{\mathrm{T}}G_{\mathrm{T}}}{4\pi r^2} \tag{2-6}$$

$$S_{\mathrm{e}} = \frac{\lambda^2}{4\pi}G_R \tag{2-7}$$

式中，$G_{\mathrm{R}}$ 为接收天线增益，$\lambda$ 为波长。

将式（2-6）和式（2-7）代入式（2-5），得：

$$P_{\rm R} = \left(\frac{\lambda}{4\pi r}\right)^2 P_{\rm T} G_{\rm T} G_{\rm R} \tag{2-8}$$

此即天线与接收机匹配时送至接收机的输入功率。

### 2.3.2 自由空间传播损耗

自由空间传播损耗，是指电波在自由空间内传播时扩散引起的功率损失。通常自由空间传播损耗 $L_0$ 定义为：在自由空间中，当发射天线与接收天线为两个理想点源天线（增益系数 $G_{\rm T} = G_{\rm R} = 1$ 的天线）时，发射天线的输入功率（发射功率）与接收天线的输出功率（接收功率）之比，则根据式（2-8）可得：

$$L_0 = \frac{P_{\rm T}}{P_{\rm R}} = \left(\frac{4\pi r}{\lambda}\right)^2 \tag{2-9}$$

通常将发射天线与接收天线之间的距离用 $d$（单位为 km）来表示，则上式变成以 dB 为单位后表示为：

$$L_0({\rm dB}) = 10\lg\frac{P_{\rm T}}{P_{\rm R}} = 20\lg\left(\frac{4\pi {\rm d}}{\lambda}\right) \tag{2-10}$$

或

$$\begin{aligned} L_0({\rm dB}) &= 32.45\ {\rm dB} + 20\ \lg(f\ /{\rm MHz}) + 20\ \lg(d/{\rm km}) \\ &= 92.45\ {\rm dB} + 20\ \lg(f\ /{\rm MHz}) + 20\ \lg(d/{\rm km}) \end{aligned} \tag{2-11}$$

式中，$f$ 为工作频率。这是一个非常有用的计算公式。

前面已经提到过，实际上自由空间是理想媒质，自由空间的传播损耗是指球面波在传播过程中，随着传播距离的增大，能量的自然扩散而引起的损耗，它反映了球面波的扩散损耗。由式（2-11）可见，自由空间基本传播损耗 $L_0$ 只与频率 $f$ 和传播距离 $d$ 有关，当频率增加 1 倍或距离扩大 1 倍时，$L_0$ 分别增加 6 dB。

雷达的基本功能是利用目标对电磁波的散射而发现目标，并测定目标的空间位置。雷达系统空间传播路径通常包括发射机到探测物体和从探测物体到接收机这两条路径，当发射机和接收机使用同一副天线时，雷达系统自由空间基本损耗 $L_{\rm br}$ 可以表示为：

$$L_{\rm br} = 103.4\ {\rm dB} + 20\ \lg(f\ /{\rm MHz}) + 40\ \lg(d\ /{\rm km}) - 10\ \lg(\sigma/{\rm m}^2) \tag{2-12}$$

式中，$f$ 为工作频率，$d$ 为传播距离，$\sigma$ 为雷达的截面积。

## 2.4 地波传播及场强计算

地波传播是无线电波沿地球表面的传播，其特点是信号比较稳定。在讨论地面波传播时，一般将对流层视为均匀介质，电离层的影响暂不考虑，主要考虑地球表面对无线电波传播的影响。地球表面通常呈半导体性，使得地波的垂直电场强度远大于水平电场强度。因此地波传播一般用于较低的频率范围，采用垂直极化波传播。

对地面波传播的理论分析是相当复杂的，这里给出一些基本的结论。地波传播具有如下基本特性：

（1）受到大地的吸收。当电波沿地面传播时，它在地面要产生感应电流。由于大地不是理想导电体，所以感应电流在地面流动要消耗能量，这个能量是由电磁波供给的。这样一来，电波在传播过程中，就有一部分能量被大地所吸收。大地对电波能量吸收的大小与下列因素有关：

- 地面的导电性能愈好，吸收愈小，即电波传播损耗愈小。因为电导率愈大，地电阻愈小，故电波沿地面传播的热损耗愈小。电波在海洋上传播损耗最小，在湿土和江河湖泊上的损耗次之，在干土和岩石上的损耗最大。
- 电波频率愈低，损耗愈小。因为地电阻与电波频率有关，频率愈高，由于趋肤效应，感应电流更趋于表面流动，使流过电流的有效面减小，地电阻增大，故损耗增大。

例如，若一直立天线的辐射功率为 1 000 W，传播途径的地质为干土，并假定保持接收点场强不低于 50 μV/m，则不同频率的通信距离约为：150 kHz，670 km；300 kHz，350 km；1 000 kHz，95 km；2 000 kHz，52 km；5 000 kHz，22 km。

由上面的结果看出，这种传播方式适用于超长波、长波和中波，军用短波和超短波小电台在采用这种传播方式时，只能进行近距离通信。

- 垂直极化波较水平极化波衰减小。这是因为水平极化波的电场与地面平行，致使地面感应电流大，故产生较大的衰减。

（2）产生波前倾斜。理论分析指出，沿实际半导体表面传播的垂直极化波是横磁波（TM）波，即沿电波传播方向有电场纵向分量。地面波传播过程中的波前倾斜现象具有很大的实用意义。可以采用相应型式的天线以便有效地接收。在某些场合由于受到条件的限制，也可以利用低架水平天线接收，但要注意提高接收天线的有效长度，并且天线附近的地质宜选择 $\varepsilon_r$ 和 $\sigma$ 较小的干燥地为宜。

（3）具有绕射损失。电波的绕射能力与其波长和地形的起伏有关。波长越长，绕射能力越强；障碍物越高，绕射能力越弱。在地面波通信中，长波的绕射能力最强，中波次之，短波较小，超短波绕射能力最弱。当通信距离较远时，必须考虑地球曲率的影响，此时到达接收点的地面波是沿着地球弧形表面绕射传播的。此外，地面的障碍物对电波有一定的阻碍作用，因此有绕射损失。

（4）传播稳定。地波是沿地表面传播的，由于地表面的电性能及地貌、地物等并不随时间很快的变化，所以在传播路径上地波传播基本上可认为不随时间变化，接收点的场强较稳定。

### 2.4.1 地球表面的特性

描述大地电磁性质的主要参数是介电常数 $\varepsilon(\varepsilon=\varepsilon_r\varepsilon_0)$、电导率 $\sigma$ 和导磁系数 $\mu$（一般非铁磁性物质 $\mu=\mu_0$）。表 2.3 给出了经测量及统计求得的几种不同地质的平均电参数。

表 2.3 几种典型地面的电参数

| 电参数 / 地面种类 | 相对介电常数 $\varepsilon_r$ | 电导率 $\sigma$/（S/m） |
|---|---|---|
| 海水 | 80 | 4 |
| 淡水 | 80 | $5\times10^{-3}$ |
| 湿土 | 20 | $10^{-2}$ |
| 干土 | 4 | $10^{-3}$ |
| 高原、沙土 | 10 | $2\times10^{-3}$ |
| 山地 | — | $10^{-4}$ |
| 大城市 | 3 | $10^{-4}$ |

由于大地是半导电媒质，因此必须考虑电导率 $\sigma$ 对电波传播的影响。在交变电磁场的作用下，大地土壤内既有位移电流又有传导电流，位移电流密度为 $\omega\varepsilon E$，传导电流密度为 $\sigma E$。通常把传导电流密度和位移电流密度的比值 $\sigma/\omega\varepsilon=60\lambda_0\sigma/\varepsilon_r=1$ 看作导体和电介质的分界线，若 $60\lambda_0\sigma\geqslant\varepsilon_r$，则介质具有导体性质；若 $60\lambda_0\sigma\leqslant\varepsilon_r$，则介质具有电介质性质。表 2.4 给出了在各种地质中，比值 $60\lambda_0\sigma/\varepsilon_r$ 随频率变化的情况。

表 2.4　各种地质中，不同频率电波的比值（$60\lambda_0\sigma/\varepsilon_r$）

| $60\lambda_0\sigma/\varepsilon_r$ 频率 / 地质 | 300 MHz | 30 MHz | 3 MHz | 300 kHz | 30 kHz | 3 kHz |
|---|---|---|---|---|---|---|
| 海水 $\begin{pmatrix}\varepsilon_r=80\\ \sigma=4\end{pmatrix}$ | 3 | $3\times10$ | $3\times10^2$ | $3\times10^3$ | $3\times10^4$ | $3\times10^5$ |
| 湿土 $\begin{pmatrix}\varepsilon_r=20\\ \sigma=10^{-2}\end{pmatrix}$ | $3\times10^{-2}$ | $3\times10^{-1}$ | 3 | $3\times10$ | $3\times10^2$ | $3\times10^3$ |
| 干土 $\begin{pmatrix}\varepsilon_r=4\\ \sigma=10^{-3}\end{pmatrix}$ | $1.5\times10^{-2}$ | $1.5\times10^{-1}$ | 1.5 | 15 | $1.5\times10^2$ | $1.5\times10^3$ |
| 岩石 $\begin{pmatrix}\varepsilon_r=6\\ \sigma=10^{-7}\end{pmatrix}$ | $10^{-6}$ | $10^{-5}$ | $10^{-4}$ | $10^{-3}$ | $10^{-2}$ | $10^{-1}$ |

表 2.4 中给出的是平均数值。由表 2.4 可见，海水在中波波段的电性质类似良导体，在微波波段则类似电介质。湿土和干地在中、长波波段都呈良导体特性。

在实际工作中，使用地面波传播方式时，发射天线一般采用直立天线，并在沿地面方向上产生较强的辐射较大的 $E_{1z}$ 分量。现在我们来讨论在远区场强 $E_{1z}$ 的计算问题。

## 2.4.2　地波沿平面地面传播时场强的计算

首先讨论地波沿平面地面传播的场强计算问题。我们知道，从场源——直立天线辐射出的电磁波是以球面波的形式向外传播的，并在传播过程中又不断地遭到媒质的吸收。因此，接收点场强极大值 $E_{1z}$ 和有效值 $E_{\max,e}$ 分别为：

$$E_{1z}=\frac{245\sqrt{P_r(\mathrm{kW})D_T}}{r(\mathrm{km})}\cdot W\quad(\mathrm{mV/m})\tag{2-13a}$$

$$E_{\max,e}=E_{1z}/\sqrt{2}=\frac{173\sqrt{P_r(\mathrm{kW})D_T}}{r(\mathrm{km})}\cdot W\quad(\mathrm{mV/m})\tag{2-13b}$$

式中：第一项因子表示由于电波能量的球面扩散作用，而使场强随距离 $r$ 增大而减小。其中 $P_r$ 是发射天线的辐射功率；$D_T$ 是考虑了地面作用后发射天线的方向系数，对于短直立天线（$<\lambda/4$）有 $D_T\approx3$。第二项因子 $W$ 表示地面的吸收作用，故称为地面波衰减因子。

地面波衰减因子完全由大地的电参数决定，而大地的电参数与频率有关。所以衰减因子在一般情况下，应该是距离 $r$、大地参数 $\varepsilon$、$\sigma$、$\mu$ 以及频率 $f$ 的函数，即

$$W=W(r,\varepsilon,\mu,\sigma,f)\tag{2-14}$$

从物理意义上可知道函数 $W$ 的模值小于 1，而当大地理想导电时，$|W|=1$。所以其工程计算公式为

$$W\approx\frac{2+0.3x}{2+x+0.6x^2}\tag{2-15}$$

式中，$x$ 为辅助参量，称为数值距离，无量纲。$x$ 值由下式决定：

$$x=\frac{\pi r}{\lambda_0}\cdot\frac{\sqrt{(\varepsilon_r-1)^2+(60\lambda_0\sigma)^2}}{\varepsilon_r^2+(60\lambda_0\sigma)^2} \tag{2-16}$$

当 $60\lambda_0\sigma \gg \varepsilon_r$ 时

$$x\approx\frac{\pi r(\text{m})}{60\lambda_0^2\sigma}=\frac{100\pi r(\text{km})}{6\lambda_0^2\sigma} \tag{2-17}$$

将 $x$ 值代入式（2-15），即可求出相应的 $W$ 值。当 $x>25$ 时，即属于劣质传导性的土壤和较短波长的状态。这时式（2-15）可简化为

$$W\approx\frac{1}{2x} \tag{2-18}$$

式（2-18）说明，当数值距离 $x$ 很大时，$W$ 与 $x$ 约成倒数关系。也就是说，此时地面波的场强振幅随传播距离的变化规律由 $\frac{1}{r}$ 近似变为 $\frac{1}{r^2}$。

**例 2-1**　某 $\lambda_0=1\,000$ m 的中波电台，辐射功率为 30 kW，天线使用短直立天线（$D_T=3$），电波沿湿土地面（$\varepsilon_r=10, \sigma=10^{-2}$ S/m）传播，求距天线 250 km 处的场强（有效值）。

**解**　由于 $60\lambda_0\sigma=600\gg\varepsilon_r$，由式（2-17）可得：

$$x=\frac{100\pi\times250}{6\times1000^2\times10^{-2}}=1.31$$

将 $x$ 值代入式（2-15），得

$$W=\frac{2+0.3\times1.31}{2+1.31+0.6\times(1.31)^2}=0.55$$

由式（2-13b）计算出接收点场强（有效值）

$$E_{\text{max,e}}=\frac{173\sqrt{30\times3}}{250}\times0.55(\text{mV/m})=3.61\ \text{mV/m}$$

式（2-13）是在电波传播的主要区域内的地面是平面这一假设条件下建立的。严格地说处于地表面上的通信点，只有当波长比较长和传播距离比较近时才能把球形地面当作小范围内的平面地面来处理，这时理论计算值和实验数据比较一致。表 2.5 列出了实际地面可以看成平面地面的限制距离，在这个距离范围内可以采用式（2-13）来计算场强。

**表 2.5　可以作为平面地面的限制距离**

| 波长/m | 极限距离/km |
|---|---|
| 200～20000 | 300～400 |
| 50～200 | 50～100 |
| 10～50 | 10 |

可见，在平面地面上的电波传播理论在距离较大的情况下是不适用的。当通信距离超越限制距离时，就必须依照球形地面来考虑地面对电波传播的影响。

### 2.4.3　地波沿球形地面传播时场强的计算

地面波能够传播到较远的距离是电波的绕射现象。电波的绕射是比较复杂的问题，因为很难再直接求解满足球形地面边界条件的麦克斯韦方程。

国际电联建议书 ITU-R P.368-8《10 kHz～30 MHz 地波传播曲线》推荐了一组地波传播曲

线，用于计算 10 kHz～30 MHz 频段电波沿不同电特性地面传播的地波场强大小。利用该组传播曲线可以大致得到，离位于理想导电地面上、幅射功率为 1 kW 的短垂直单极子发射天线任意距离处的地波场强值。如需要精确计算，则可采用 GRWAVE 软件，该软件可以从国际电联网站上得到。

图 2.13 和图 2.14 给出了一套地面波传播曲线中的地面沿海水及干地表面传播的场强计算的两组曲线。该曲线的使用条件是：

（1）假设地面是光滑的，地质是均匀的；

（2）发射天线使用短于 $\lambda/4$ 的直立天线（其方向系数 $D_T \approx 3$），辐射功率 $P_r$ 为 1 kW；

（3）计算距离为 $r$ 处的地面上（$z^+ \approx 0$）横向电场分量 $E_{1z}$。

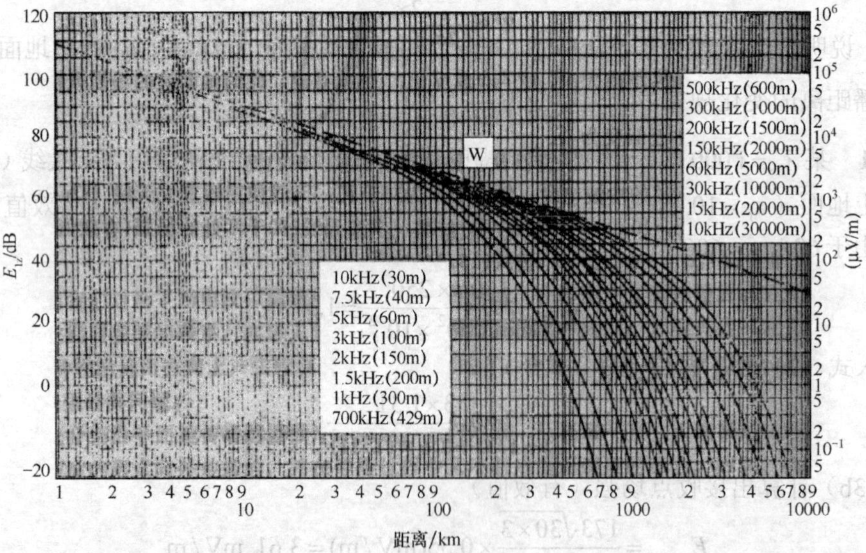


图 2.13 地面波传播曲线（一）

（海水：$\sigma = 4$ S/m，$\varepsilon_r = 80$）

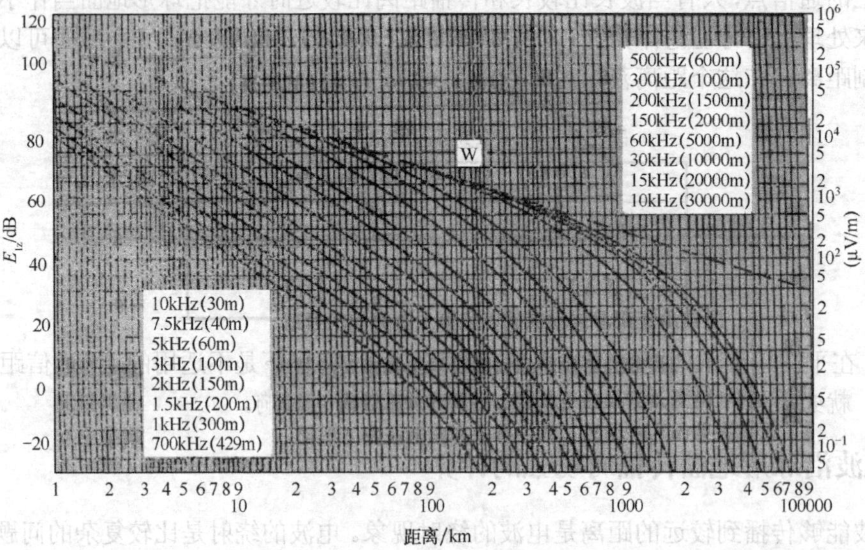


图 2.14 地面波传播曲线（二）

（干地：$\sigma=10^{-3}$ S/m，$\varepsilon_r = 4$）

图 2.13 和图 2.14 中纵坐标代表电场强度 $E_{1z}$（有效值），以 μV/m 或 dB 表示。（1μV/m 相应于 0 dB）。

在使用这些图表时，如果发射天线的辐射功率不是 1 kW，则可以按照 $\sqrt{P}$ 的比例关系进行换算，若使用天线不同，也可按照 $\sqrt{D}$ 的关系换算。即

$$E=\sqrt{PD}E_{1z} \quad (\mu V/m) \tag{2-19}$$

**例 2-2** 若工作频率为 500 kHz，辐射功率为 250 W，天线使用短直立天线，电波沿干燥地面（$\sigma$=$10^{-3}$ S/m，$\varepsilon_r=4$）传播，试求 400 km 处的电场强度。

**解** 查图 2.14，在 $f=5\,000$ kHz 曲线上查出 400 km 的场强为 1.78 μV/m。当辐射功率为 250 W 时，电场强度为

$$E=\sqrt{\frac{250}{1000}}\times 1.78\,(\mu V/m)=0.89\,(\mu V/m)$$

或

$$E=20\lg 0.89\approx -1\,(dB)$$

若欲求地表面的其他各场分量，可按其介面关系式进行计算。

利用上述图表，也可以求出在各种地质情况下的衰减因子 $W$ 值。注意到每张图中的上端均有一条虚线，它表示电波在自由空间中传播时接收点 $r$ 处的场强（有效值），它等于

$$E_{max,e}=\frac{173\sqrt{P_r(km)D_T}}{r(km)}=\frac{173\sqrt{1\times 3}}{r(km)} \quad (\mu V/m)$$
$$=\frac{3\times 10^5}{r(km)} \quad (\mu V/m) \tag{2-20}$$

若按 dB 值计算，则实线与虚线间的差值，就是衰减因子 $W$ 的 dB 数。表 2.6 列出了当 $r=1000$ km 时，在不同频率、不同地质的情况下衰减因子 $W$ 值的大小。

**表 2.6 $W$ 值与 $\lambda$ 和 $\sigma$ 的关系（$r$=1 000 km）**

| 土壤 / $W$/dB / 频率 | 海水 | 湿土 | 干土 |
|---|---|---|---|
| | （$\sigma=4$ S/m，$\varepsilon_r=80$） | （$\sigma=10^{-2}$ S/m，$\varepsilon_r=4$） | （$\sigma=10^{-3}$S/m，$\varepsilon_r=4$） |
| 15 kHz | −5.5 | −5.8 | −6 |
| 30 kHz | −8 | −8.5 | −9 |
| 150 kHz | −16 | −18 | −43 |
| 300 kHz | −22.5 | −34 | −95 |
| 1 500 kHz | −41 | <−34 | <−65 |
| 3 000 kHz | −55 | | |

由表 2.6 可以看出，波长愈长，地质电导率 $\sigma$ 愈大，则衰减因子 $W$ 值愈大，说明传输损耗愈小，当波长很大时，$W$ 值与地质电参数的依从关系愈不明显，特别是在超长波和极长波波段，$W$ 值几乎与地质的电导率 $\sigma$ 无关（这是因为当波长很长时，无论是海水或岩石均可视为良导体，它们在电气性质上已无明显的差别）。因此当传播路径中的地质结构发生较明显的变化时，对传播的影响也不大，具有较高的传播稳定性。其次，从地面波传播曲线中还可以看出，当电波频率及地质情况一定时，随着距离的增加，场强衰减很快，即 $W$ 值迅速减小。这是因为当距离较近时（在可以使用平面地场强计算公式的范围内），电波能量的球面扩散以及

土壤的吸收作用，使场强近似随距离的平方反比例地减小；当距离进一步增大时，电波沿球形地面传播还必须考虑绕射损失，距离愈远，绕射损失愈大。这种现象对微波传播的影响更为严重，这也是微波不能用于地面波传播的原因。

### 2.4.4 地下和水下传播

随着科学技术、国民经济及国防建设的需要，除了利用电波在地球上层空间内传播用以完成信息传递、探测、遥控等任务外，还需要对地下或水下进行科学研究，完成诸如探测、定位及通信等任务，因此就有一个地下和水下电波传播的问题。这里对此仅做一般概念性的介绍。

当电波在地面上传播时，波长越长，地电导率越大，电波场强衰减越慢。但当电波在土壤或海水内传播时，电导率越大对电波的吸收愈严重，场强衰减也就越快。表 2.7 和 2.8 分别列出不同频率电波在干土和海水内传播时的衰减常数，并列出了场强衰减到 1/1000 时所传播的距离。

表 2.7 干土中不同波长的衰减常数

| 波　长 | 频　率 | 衰减常数 $\beta$ | | 衰减到 1/1000 时的距离 |
|---|---|---|---|---|
| | | /（N/m） | /（dB/m） | |
| 300km（极长波） | 1kHz | 0.002 | 0.017 | 3744m |
| 30km（超长波） | 10kHz | 0.006 | 0.055 | 1151m |
| 3km（长波） | 100kHz | 0.02 | 0.17 | 348m |
| 300m（中波） | 1000kHz | 0.063 | 0.55 | 115m |

表 2.8 海水中不同波长的衰减常数

| 波　长 | 频　率 | 衰减常数 $\beta$ | | 衰减到 1/1000 时的距离 |
|---|---|---|---|---|
| | | /（N/m） | /（dB/m） | |
| 300km（极长波） | 1kHz | 0.13 | 1.09 | 55m |
| 30km（超长波） | 10kHz | 0.40 | 3.45 | 17.4m |
| 3km（长波） | 100kHz | 1.26 | 10.9 | 5.5m |
| 300m（中波） | 1000kHz | 3.97 | 34.5 | 1.74m |

可以看出，波长越长，电波在地下或水中传播的越远，因此地下或水中通信通常使用的频率范围是长波和超长波波段。

通常，地下通信的电波传播方式主要有浅地层的超越传播方式和“地下波导”传播方式两种。

对于浅地层的超越传播方式，它是将收、发天线分别水平埋设在浅层地壳中，深度可为几米或十几米。发射天线所辐射的无线电波，在地层内垂直向上传播，其场强是按指数规律衰减的，称为“穿透损耗”。当电波到达地表面后，电波在两种媒质分界面处产生折射，电波传播方向改变同时产生“折射损耗”。电波穿出地层后，或是沿着地表面以地面波传播方式传播；或是以一定仰角向高空辐射，经电离层反射后到达较远的地点，在接收点附近的地区，电波进入地层，以几乎垂直向下的方向向地下传播而到达接收系统。当然，电波在沿地表面或在地面上层空间内传播时也是有损耗的。这种传播方式又称为“上-越-下”传播方式，其传播路径示意图如图 2.15 所示。

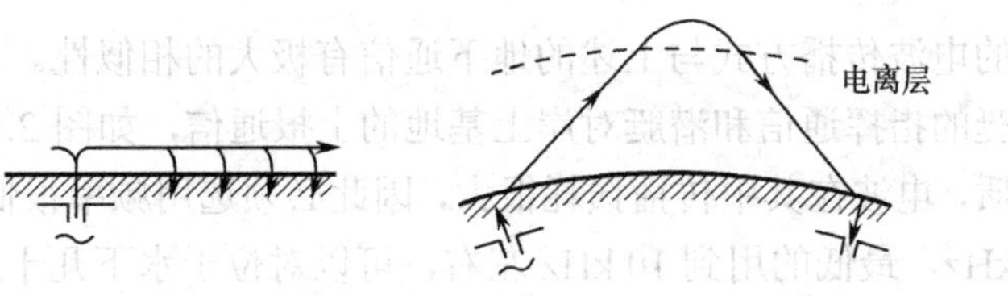


图 2.15 “上-越-下”传播方式示意图

这种传播方式的主要优点是：天线不需要埋得太深，在工程上较易实现。此外，由于电波主要是通过低空大气层、电离层，或是沿着空气与大地的分界面处传播的，因而传播损耗较之“地下波导”传播方式要小，发射功率不用太大就可以达到一定的通信距离。但这种传播方式由于电波要穿出地层，因而仍然要受到天电干扰及其他信号干扰的影响，对提高信噪比来说没有显示出更多的优越性。

而“地下波导”传播方式，收发设备及天线均埋在深层地壳中，电波完全在地层内传播。其传播损耗包括两部分：一部分是球面波传播的扩散损耗，另一部分是由于岩石层对电波能量吸收而引起的介质损耗，特别是后者使得接收点处的场强相当微弱。但是，由于地表面的冲积层相对于岩石层而言是一种电导率较高的地质，它对地面上的大气噪声（这是低频、甚低频频段的主要噪声来源）也起到了很好的屏蔽作用。这就是说，地面处于大气噪声电平虽然很高，但经过冲积层衰减后，到达地下接收系统处的噪声电平却很低。这样，尽管地下接收信号电平较低，但就信噪比来说，地下通信系统处的信噪比有可能高于地面系统的信噪比，这不仅使这种传播方式成为可能，而且提高了通信质量。此外，由于电波几乎不穿出地层，对信号的保密性以及克服核爆炸等人为干扰和天电、电离层骚扰等自然干扰也具有地面通信系统所难以比拟的优越性，即通信稳定可靠。

对于这种方式的传播机制，当前倾向性的看法是认为应用地下波导理论较合适。认为地表面是一层电导率较高（$\sigma \approx 10^{-1} \sim 10^{-3}\text{S/m}$）的冲积层，中间是电导率较低（$\sigma < 10^{-3}$ S/m）的岩石层，其下是高温的导电层，这样就在地下 3～25 km 处形成一个地下波导电波并沿着由两个较高电导率层所构成的波导传播而到达接收点。理论估算，当电波频率为 1 kHz 时，在岩石层（$\sigma = 10^{-7}\text{S/m}$，$\varepsilon_r = 6$）内传播，衰减率约为 40dB/1000km。

这种传播方式也存在问题：一是由于地下传播损耗很大，要达到一定的通信距离，需要很大的发射功率，以及由此带来的供电、冷却、工程等一系列问题；二是如何保持这种波导在水平方向上的连续性问题，地壳中的某些地区可能出现的深陷或断裂都将破坏电波传播预定的正常途径。因此，地下波导传播方式仍处于理论探讨和模拟试验阶段。目前实用中，电波实际上是沿混合路径传播的，如图 2.16（a）所示。电波先是在地面上传播，到接收点区域再垂直进入地下。

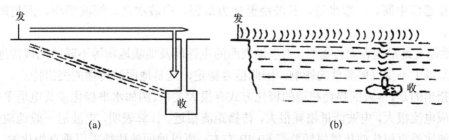

图 2.16 电波沿混合路径传播

至于水下通信的电波传播方式与上述的地下通信有极大的相似性。目前水下无线电通信，主要是指岸上对潜艇的指挥通信和潜艇对岸上基地的上报通信，如图 2.16（b）所示。由于海水是高导电率的媒质，电波在其中传播损耗很大，因此必须选用频率很低的波段，有的导航系统使用频率约 100 kHz，最低的用到 10 kHz 左右，可以对位于水下几十米的潜艇进行导航。

此外，丛林通信（指在热带、亚热带丛林地区进行的通信）的电波传播方式也类似上述情况。在热带、亚热带丛林中，由于山高林密，丛林的浓密枝叶对电波的吸收很大，天线置于其中，类似置于半导电的媒质之内。因此，电波传播的主要途径是“上-越-下”方式，即电波穿出丛林，或沿着丛林顶以地面方式传播，或是经高空电离层反射后到达接收区域附近，而后再进入丛林为接收系统所接收。这种通信主要特点是：（1）丛林属高导电性媒质，对电波能量吸收很大，因而通信距离大大缩短；（2）热带、亚热带地区雷电多、天电干扰大，严重影响信噪比。

由以上讨论，我们可以得出有关电波传播的一些重要概念：

（1）垂直极化波沿地面传播时，产生了沿传播方向的电场纵向分量 $E_{1x}$，造成大地对电波能量的吸收，因此可以用 $E_{1x}$ 值大小来说明传输损耗的情况。当地面电导率 $\sigma$ 越高或电波频率越低，则 $E_{1x}$ 就愈小，说明传输损耗也就愈小。故地面传播方式特别适宜于长波或超长波波段，短波和米波小型电台采用这种传播方式工作时只能进行几十千米或几千米的近距离通信。

（2）地面波传播过程中的波前倾斜现象具有很大的实用意义。可以采用相应的天线以便有效地接收 $E_{1z}$、$E_{1x}$、$E_{2x}$ 等电场分量。

在空气中由于电场垂直分量远大于水平分量，因此在接收地上电波时，多采用直立天线接收 $E_{1z}$ 分量。当在某些场合，由于受到条件的限制，也可用低架或铺地水平天线来接收 $E_{1x}$ 分量。在接收水平分量的水平天线附近宜选择 $\varepsilon_r$ 和 $\sigma$ 较小的干燥地，以利于提高微弱信号 $E_{1x}$ 分量。

当在地下或水下接收电波（如坑道通信和潜艇通信）时，由于 $E_{2x} \gg E_{2z}$，所以必须用水平天线接收 $E_{2x}$ 分量。但要注意随着地下深度的增加，地下传播的场强振幅将依指数规律迅速衰减，因此接收天线不能埋得过深，同样埋地天线的地质也应该选择电导率低的干燥地为好。

（3）地面波的传播特性与整个传播路径的地质有关，特别是和发射、接收天线附近地质的电参数关系密切。根据地面波的“起飞-降落”现象，在实际工作中应力求把收、发天线架设在电导率大的地面上。

另外，由于地面波是紧贴地表面传播的，除了大地吸收使电波场强随距离的增加而迅速衰减外，地球曲率和地面的障碍物对电波传播也有一定的阻碍作用，产生绕射损失。电波的绕射损失与地形的起伏和波长的比值有关，若障碍物高度与波长的比值愈大，则绕射损失愈大，甚至使通信中断。一般来说，长波绕射能力最强，中波次之，短波较小，而超短波绕射能力最弱。

（4）地面波是沿地表面传播的，由于地表面的电性能及地貌地物等不随时间很快地发生变化，并且基本上不受气候条件的影响，因此信号稳定，这是地面波传播的突出特点。

应该指出的是，地波的损耗和波的极化方式有很大关系。例如水平极化波其电场平行地面，则地面感应电流很大，电波能量损耗很大，传播距离很近。计算表明，电波沿一般地质传播时，水平极化波比垂直极化波传播损耗要高 60 dB 左右。所以地面波传播采用垂直极化波，一般都使用直立天线。

# 2.5 天波传播及场强计算

## 2.5.1 电波在电离层中的传播

电波在电离层中的传播问题，实际上是一个电波在不均匀媒质中的传播问题。通常认为中、短波波段的无线电波在正常情况下的电离层中的传播，是满足几何光学近似条件的，因而可以用射线理论来分析。

### 1. 电波在电离层中的折射与反射

我们已经知道电离层可等效为一个电导率不为零的半导电媒质，其等效相对介电常数为

$$\varepsilon_{\mathrm{r}} = 1 - 80.8\frac{N}{f^2} \tag{2-21}$$

或

$$n = \sqrt{\varepsilon_{\mathrm{r}}} = \sqrt{1 - 80.8\frac{N}{f^2}} \tag{2-22}$$

式中：$N$ 的单位为“电子个数/$\mathrm{cm}^3$”，$f$ 的单位为 kHz，$n$ 为电离层媒质的折射率。

由于电离层中的电子密度是随高度而变化的，若当 $N$ 随高度增加而加大时，折射率 $n$ 将随高度的增加而减小，因此射入电离层的无线电波将不沿着直线传播而连续产生折射。为了便于分析，我们将电离层分成许多厚度极薄的平行薄片层，如图 2.17 所示。在每一薄片层中，电子密度认为是均匀的，设第一层电子密度为 $N_1$，第二层电子密度为 $N_2$，依次类推，相应的折射率分别为 $n_1$、$n_2$……

若

$$0 < N_1 < N_2 < \cdots < N_n < N_{n+1}$$

则

$$n_0 > n_1 > n_2 > \cdots > n_n > n_{n+1}$$

当频率为 $f$ 的电波以一定的入射角 $\theta_0$ 从空气射入电离层后，电波在通过每一薄片层时折射一次，当薄片层无限多时，电波的轨迹就变成一条光滑的曲线，如图 2.17 所示。

根据折射定理，可得

$$n_0 \sin\theta_0 = n_1 \sin\theta_1 = \cdots = n_n \sin\theta_n \tag{2-23}$$

由于随着高度的增加 $n$ 值逐渐减小，因此电波进入电离层后将连续地沿着折射角大于入射角的轨迹传播，即 $\theta_0 < \theta_1 < \theta_2 < \cdots < \theta_n$。当电波深入到电离层的某一高度时，该处电子密度 $N_n$ 的值恰使折射角 $\theta_n = 90°$，即电波轨迹到达最高点，而后射线将沿着折射角逐渐减小的轨迹由电离层深处逐渐折回地面。由于电子密度随高度的分布是连续变化的，因此电波的轨迹是一条光滑的曲线。根据式（2-23）就可得出电波从电离层中全反射下来的条件。

因为

$$n_0 \sin\theta_0 = n_n \sin\theta_n$$

将 $n_0 = 1$，$\theta_n = 90°$ 代入上式，得

$$\sin\theta_0 = n_n = \sqrt{1 - 80.8\frac{N_n}{f^2}} \tag{2-24}$$

该式表示欲使电波从电离层返回地面，电波频率 $f$、入射角 $\theta_0$ 和反射点的电子密度 $N_n$ 之间的关系。可以看出：

（1）当频率为 $f$ 的电波以一定的入射角 $\theta_0$ 进入电离层时，一直要深入到使电离层的 $N$ 能满足式（2-24）所要求的数值时，才能由该点反射回来，若电离层的最大电子密度 $N_{\max}$ 尚不能满足式（2-24）所要求的数值，则电波穿出电离层而不能反射；

（2）对于频率 $f$ 一定的电波，入射角 $\theta_0$ 愈大，进入电离层后其相应的折射角也愈大，稍经折射电波射线就能满足 $\theta_n = 90°$ 的条件，使电波容易从电离层中反射下来，如图 2.18 所示。

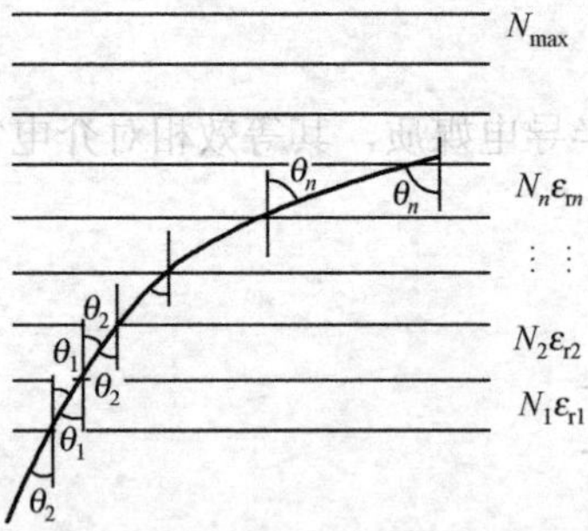


图 2.17　电波在电离层中的折射

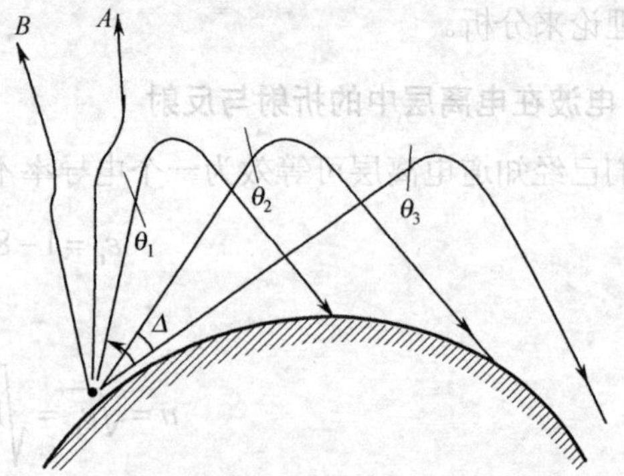


图 2.18　不同入射角时电波反射情况

（3）当电波以一定的入射角 $\theta_0$ 进入电离层时，频率 $f$ 愈高，使电波折回所需的 $N$ 愈大，即电波愈深入电离层（电子密度比低层大）。当频率高至某一值 $f_{\max}$ 时，电波将深入到电离层电子密度最大值 $N_{\max}$ 处，当频率高于此值时，则电波将穿出电离层。如图 2.19 所示，因此要使电波能从电离层反射回来，频率应小于最高频率 $f_{\max}$。

现在我们来求电波能从电离层反射的最高频率。

将全反射条件式（2-24）中的 $N_n$ 用 $N_{\max}$ 来代替，即得最高频率的表示式：

$$f_{\max} = \sqrt{\frac{80.8N_{\max}}{1-\sin^2\theta_0}} = \frac{\sqrt{80.8N_{\max}}}{\cos\theta_0} \tag{2-25}$$

由于在实际工作中，常用仰角 $\Delta$ 而不用入射角 $\theta_0$，故需将式（2-25）中的 $\theta_0$ 用 $\Delta$ 来表示。$\theta_0$ 与 $\Delta$ 的关系可由图 2.20 求得。由正弦定理

$$\frac{\sin(90 + \Delta)}{R+h} = \frac{\sin\theta_0}{R} \tag{2-26}$$

（其中 $R$ 为地球半径）可得

$$\sin\theta_0 = \frac{\cos\Delta}{1+h/R} \tag{2-27}$$

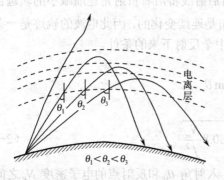

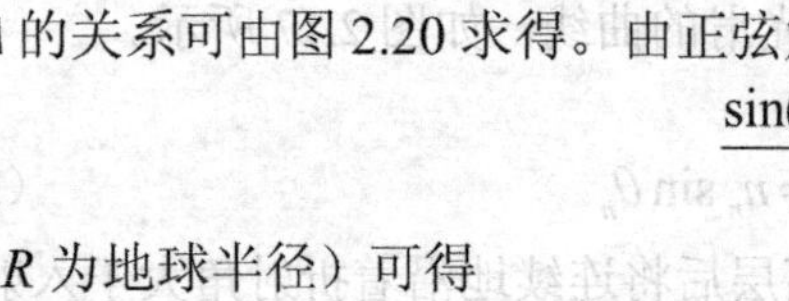

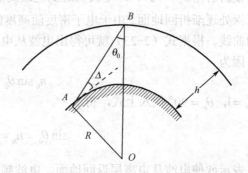


图 2.19　入射角 $\theta_0$ 相同，不同频率电波的反射情况

图 2.20　仰角与入射角的关系

即

$$\sin^2\theta_0=\frac{\cos^2\varDelta}{1+2h/R} \tag{2-28}$$

代入式（2-25），得

$$f_{\max}=\sqrt{\frac{80.8N_{\max}(1+2h/R)}{\sin^2\varDelta+2h/R}} \tag{2-29}$$

当仰角 $\varDelta=\pi/2(\theta_0=0)$ 时，即相当于垂直投射的情况：

$$f_{\max}=f_c=\sqrt{80.8N_{\max}} \tag{2-30}$$

式中，$f_c$ 称为临界频率，它是电波垂直投射时能够从已知的电离层反射回来的最高频率。

将式（2-30）再代回式（2-29），可得

$$f_{\max}=f_c\sqrt{\frac{1+2h/R}{\sin^2\varDelta+2h/R}} \tag{2-31}$$

或

$$f_{\max}=f_c\sec\theta_0 \tag{2-32}$$

式（2-32）称为电离层的正割定律。它说明斜投射时的最高频率 $f_{\max}$ 和临界频率 $f_c$ 在同一高度处反射时，这两个频率之间应满足的关系。由此可见，当反射点电子密度 $N_{\max}$ 一定（即 $f_c$ 一定）时，通信距离 $r$ 愈大，$\theta_0$ 也就愈大，则所允许使用的频率也就愈高。

**2．电波在电离层中的吸收**

在电离层中，除了自由电子外还有大量的中性分子和离子存在，它们都处于不规则的热运动中。当电波入射到电离层后，自由电子受电波电场力加速而往返运动，运动的电子与离子及中性分子相碰撞，就把从电波得到的能量传递给中性分子或离子，这样无线电波的一部分能量在电子碰撞时就转化为热能而被损耗掉了，这种现象就称为电离层对电波的吸收。吸收的大小可用衰减常数 $\beta$ 来表示，而电波在电离层中传播的整个路径所受的吸收可表示为

$$L=\int_l\beta\cdot\mathrm{d}l$$

由电磁场理论中关于损耗媒质内平面波的讨论可知，电波在半导电媒质中传播时，其衰减常数 $\beta$ 的表示式为

$$\beta=\frac{2\pi}{\lambda}\sqrt{\frac{1}{2}\left[\sqrt{\varepsilon_r^2+(60\lambda\sigma)^2}-\varepsilon_r\right]} \tag{2-33}$$

而电离层的等效相对介电常数和电导率分别为

$$\varepsilon_r=1-\frac{Ne^2}{\varepsilon_0 m\left(\omega^2+\gamma^2\right)}$$

$$\sigma=\frac{Ne^2\gamma}{m\left(\omega^2+\gamma^2\right)}$$

对于具有实际意义的短波传播情况，$\omega^2\gg\gamma^2,\varepsilon_r^2\gg(60\lambda\sigma)^2$，则有

$$\beta\approx\frac{60\pi\sigma}{\sqrt{\varepsilon_r}}=\frac{60\pi Ne^2\gamma}{\sqrt{\varepsilon_r}m\left(\omega^2+\gamma^2\right)}\approx\frac{60\pi Ne^2\gamma}{\sqrt{\varepsilon_r}m\omega^2} \tag{2-34}$$

故

$$L = \int_l \frac{60\pi N e^2 \gamma}{\sqrt{\varepsilon_r} m \omega^2} \mathrm{d}l \tag{2-35}$$

可见，电离层对电波的吸收不仅决定于衰减常数 $\beta$，还决定于电波在电离层中所经的途径。因此吸收的大小与入射角 $\theta_0$、工作频率 $f$、电离层的参数（如电子密度 $N$ 及碰撞次数 $\gamma$ 等）都有关系。电子密度大，碰撞次数多，对电波的吸收就严重，D 层、E 层虽然电子密度不大，但离子及中性分子或原子的密度比 $F_1$ 层、$F_2$ 层大，碰撞的次数还是多，故 D 层、E 层对电波吸收大；电波工作频率较低时，电子受到加速的时间长，电子从电波获得能量多，电子运动的路程也长，碰撞的机会也多，故电离层对电波吸收就严重些；若电波工作频率较高，情况正相反，即电子加速时间短，获能少，运动路程也短，碰撞机会也少，电离层对电波吸收就小些。这说明天波传播应尽可能采用较高的工作频率。然而工作频率过高时，电波需到达电子密度很大的地方才能开始返回地面，即电波要射入到电离层更高的地方，这样大大增长了电波在电离层中的传播距离，虽然频率越高，衰减常数 $\beta$ 越小，但电离层对电波的总衰减量还是随路程的大大增长而增大。因此正确的选用通信频率，对提高通信质量是十分重要的。

此外，频率为 1.4 MHz 的电波，可与电离层中自由电子振动发生谐振，产生较大的谐振吸收。因此，1.4 MHz 的电波不宜采用天波传播方式。

## 2.5.2 短波天波传播

波长为 10～100 m（相应的频率为 3～30 MHz）的无线电波称短波，又称高频无线电波。

短波使用天波传播方式时，具有以下两个突出优点：一是电离层这种传播媒质抗毁性好，不易被彻底地永久地摧毁，只有在高空核爆炸时才会在一定时间内遭到一定程度的破坏；二是传播损耗小，因此能以较小的功率进行远距离通信，通信设备简单，成本低，建立电路机动灵活。因此直至今日，短波天波传播仍然是重要的无线电波传播方式之一，在无线电通信技术中仍占有相当重要的地位。但由于短波无线电波，能比较深入地进入电离层，一般都是从 F 层反射下来，因此受电离层的变化影响较大，信号不够稳定，衰落现象严重，特别是受到电离层随机因素的影响，有时甚至造成通信中断。下面我们介绍短波传播中遇到的几个主要问题和特性。

### 1. 传输模式

短波天波传输模式通常是指短波从发射点辐射后传播到接收点的传播路径。由于短波天线波束较宽，射线发散性较大；同时电离层是分层的，电波传播时可能有多次反射。因此，在一条通信线路中存在着多种传播路径，即存在着多种传输模式。

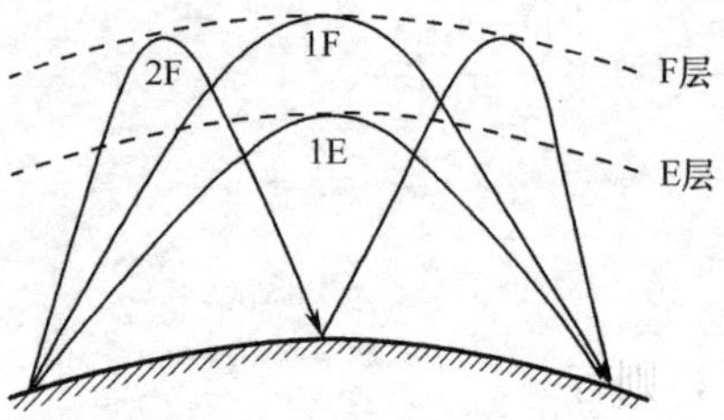


图 2.21 传输模式示意图

当电波以与地球表面相切的方向发射时，可以得到一跳最长的地面上通信距离。平均来说，以 E 层反射的一跳（记为 1E）最远距离约为 2 000 km，以 F 层发射的一跳（记为 1F）最远距离约为 4 000 km。若通信距离更远时，必须经过几跳才能达到，如图 2.21 所示。表 2.9 列出了在各种距离上可能存在的几种传输模式。

表 2.9　各种距离可能存在的传输模式

| 通信距离/km | 可能的模式 |
|---|---|
| 0～2000 | 1E，1F，2E |
| 2000～4000 | 2E，1F，2F，1F+1E |
| 4000～6000 | 3E，4E，2F，4F，1E+1F，2E+1F |
| 6000～8000 | 4E，2F，3F，4F，1E+2F，2E+2F |

对于一定的地面距离（$r < 4\,000$ km），即使是 1F 型传播模式，一般也可以有两条传播路径：其射线仰角分别为 $\Delta_1$ 和 $\Delta_2$，如图 2.22 所示。

上述情况说明，对于一定的传播距离而言，可能存在着几种传输模式和几条射线路径，这种现象就称为多径传输。特别是电离层的随机变异性，使得沿各条路径传输的信号场强及路径长度都是随机的，其结果会使接收电平有严重的快衰落现象并引起传输失真。另外，在对某一固定通信线路进行场强计算时，也必须确定存在的传输模式并找出对接收点场强起主要作用的主导模式。因此，无论是对线路进行电平估算或研究信号的传输特性，了解短波传输模式都是十分必要的。

## 2．衰落现象

衰落（fading）是指接收点信号振幅忽大忽小不规则的变化现象，如图 2.23 所示。通常衰落分为慢衰落与快衰落两种情况，慢衰落的周期（即两个相邻最大值或最小值之间的时间）从几分钟到几小时甚至更长时间，而快衰落的周期是在十分之几秒到几秒之间。

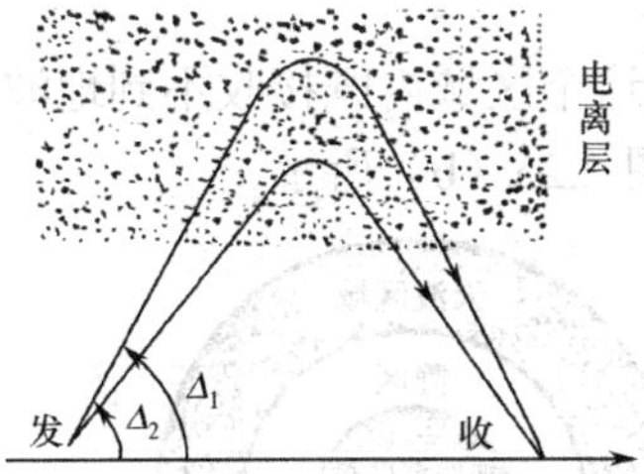


图 2.22　高角波和低角波示意图

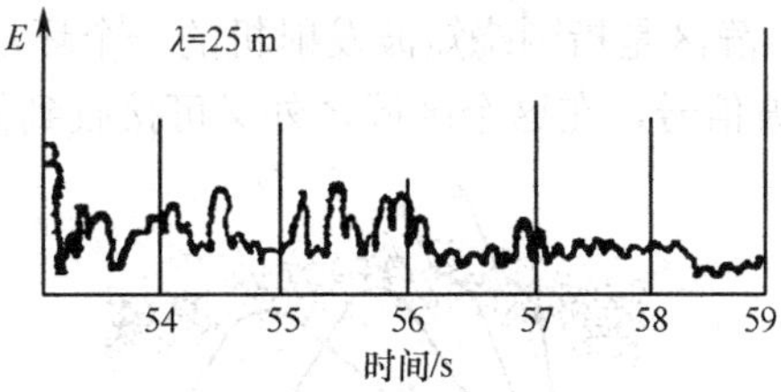


图 2.23　短波的衰落现象

慢衰落是一种吸收型衰落。它是电离层电子密度和高度的变化所造成的电离层吸收的变化而引起的，由于其变化周期较长，故也称为信号电平的慢变化。

快衰落是一种干涉性衰落。它是由电波随机多径传输现象引起的，由于电波传输所走的路径不同，到达接收点的相位也不同，同时它们的相位由于电离层电子密度不断的随机变化，致使接收点合成信号场强发生随机起伏，这种变化比较快，故称为快衰落。

衰落给接收无线电波带来很大的困难。在电话接收中衰落的影响不但使接收机的输出强度发生变化，而且会引起失真。因为在接收调幅波时，由于不同频率有不同的波径，衰落的影响将使信号中各频率的幅度和相互之间的相位都不断地互不相干的变动。最严重的是载波发生选择性衰落的时候，因为这样会产生过度调幅的现象。其他的失真还有边频选择性衰落所引起的失真，载波或边频的相位变动所引起的失真。在传真电报的接收中，由于信号是一连串的为时只有千分之几秒的脉冲，因此在这种情况下除了应该考虑漫射干涉所引起的衰落之外，还应该考虑到经过不同反射次数的电波不同时到达接收地点所引起的邻近回波现象。

抗衰落通常采用的方法有：（1）增加信号噪声比，如提高发射功率，提高接收机灵敏度，提高接收天线的方向系数等；（2）在接收机内装特殊电路和改变调制方式；（3）分集接收。其中，采用分集接收是抗快衰落的最有效的办法。所谓分集接收，就是对信号进行分散接收再集中处理。原来尽管各点的接收信号都产生衰落，但互相离开一定距离的两点上信号衰落却完全不相关，即一处信号最小时，另一处未必最小。这样，如果再两点各架设一副天线，分别将信号接收下来，再将信号进行集中处理，比如简单地择优选用，如图 2.24 所示，就可以使信号质量大大提高。这种靠不同空间位置的两副以上天线同时接收信号的方法叫空间分集。同样道理，也可利用两个不同频率传递一路信号，这就叫频率分集。分集效果的好坏，取决于分集信号之间的相关程度。实践证明，只要相关系数$|P| \leqslant 0.6$时，就能得到较明显的分集效果。

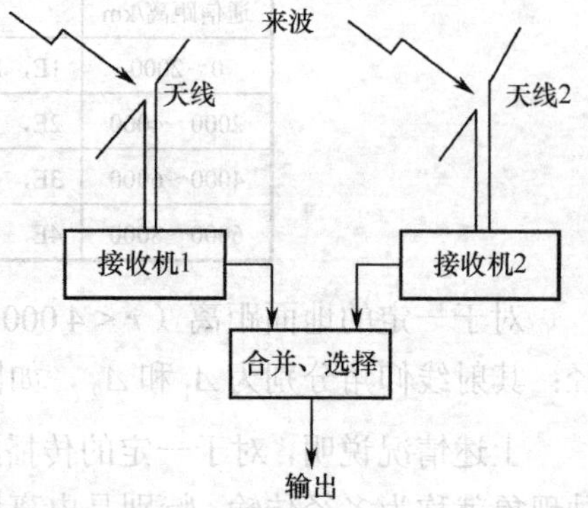


图 2.24　分集接收示意图

### 3. 短波传播中的静区

短波传播中的静区的形成是由于短波传播时，地波的衰减很快，在离开发射机不远处的 *B* 点，地波就接收不到，如图 2.25（a）所示。而对于一定的频率，短波天波高仰角的射线会穿出电离层，低仰角射线所能到达的最近距离都在 *C* 点以外。这样在地面 *BC* 段内既收不到地波，又收不到天波，就形成了所谓的静区。

因此，静区是指围绕短波发射机的一个环形区域，在这个区域内既接收不到地波信号又接收不到天波信号，在这个区域之外又可接收到信号，如图 2.25（b）所示。

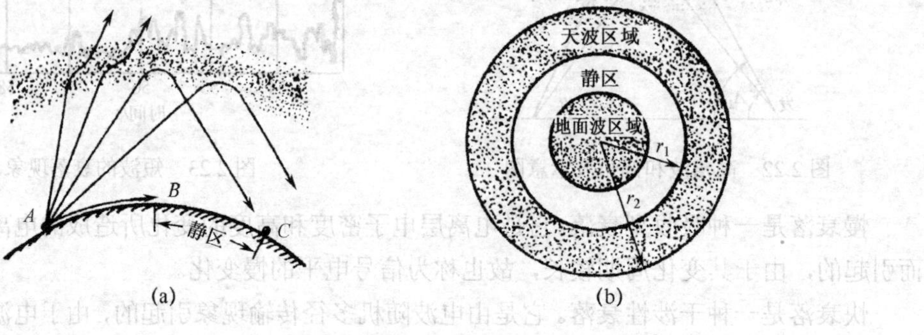


图 2.25　短波通信中的静区

静区的大小决定于它的内半径 $r_1$ 及外半径 $r_2$。$r_1$ 由地面波的传播条件决定，与昼夜时间无关，随着频率的增高，地面波衰减增大，$r_1$ 减小。$r_2$ 与昼夜时间及频率都有关系。白天由于反射层电子密度大，可用较高的仰角 $\Delta$ 发射电波，故 $r_2$ 较小；对于不同的频率，为了保证电波从电离层反射回来，随着频率的增加，发射的仰角 $\Delta$ 应减小，因此 $r_2$ 增大。通常短波传播在 20～200 km 范围内时就要考虑静区的影响。

减小静区的措施有：（1）降低工作频率，使得仰角较大的电波能被反射下来，同时也加大了地波传播；（2）增大辐射功率，使地波传播的距离增加；（3）在通信中为了保证 0～30 km 的较近距离的通信，常使用高射天线和较低频率，使电波经电离层反射回到天线周围附近地区。

这些措施都可使静区范围缩小。随着天线技术的进步，加上其他参数合适的选择，短波静区范围正在逐步缩小甚至可以基本消失。

### 4．短波天波通信工作频率的选择与确定

短波利用天波传播方式通信，可用于几百到一两万千米距离甚至环球通信。从电离层对无线电波的反射和吸收规律来看，欲建立可靠的短波通信，从这个波段内任意选用一个频率是不行的。对于每一条无线线路来说，都有它自己的工作频段。若频率太高，接收点落入静区；若频率太低，电离层吸收增大，不能保证必需的信噪比。因此短波天波通信，必须正确选择工作频率。一般来说，选择工作频率应根据下述原则考虑：

（1）不能高于最高可用频率。能使经由电离层反射的电波到达接收点的最高频率称为最高可用频率，用 MUF 表示。如果所取频率大于最高可用频率，电波即使能从电离层反射回来，由于反射波束不能到达接收点，因而接收点收不到信号，构不成通信。应注意不要把最高频率 $f_{max}$ 与最高可用频率 MUF 相混淆。$f_{max}$ 是入射角 $\theta_0$ 一定时，电离层能反射回来的最高频率。但此时反射波束不一定到达接收点，只有 $f_{max}$ 的反射波束恰好到达接收点的情况下，二者才相等，通常最高可用频率小于最高反射频率。

从正割定理知，最高可用频率与电子密度及电波入射角有关。电子密度愈大，MUF 值也就愈高，这是不言而喻的。而电子密度随时间（年份、季节、昼夜）、地点等因素而变化。其次，对于一定的电离层高度，通信距离愈远则电波入射角 $\theta_0$ 也就愈大（仰角愈低），MUF 也就愈高。图 2.26 示出了对于不同的通信距离，MUF 昼夜变化的一般规律。

注意，对于一条预定的通信线路而言，最高可用频率是个预报值，它是根据地面电离层观测站所提供的电离层参数的小时月中值确定的，这样得出的最高可用频率 MUF 的小时月中值只能保证通信时间 50%的利用率。也就是说，如果直接用最高可用频率作为工作频率，则在一个月中仅有 50%的电波可以从电离层反射下来到达预定的接收点。通常是将最高可用频率的月中值乘以 0.85 作为“最佳工作频率”，以 OWF 表示。这里所谓的最佳频率，并不是指信号最强或多径时延（多径传播中最大的传输时延与最小的传输时延之差）最小的频率，而只是指使用最佳工作频率时，在一个月内天波大约有 90%的概率能到达指定的接收点。

$$\mathrm{OWF} \approx 0.85 \times \mathrm{MUF} \tag{2-36}$$

式中，0.85 称为最佳频率因子。根据测量表明，最佳频率因子不是固定值，它是随地理纬度、太阳活动性、季节、时间的不同而变化的。图 2.27 给出了某条线路最佳工作频率的昼夜变化曲线。因此在频率选择上较为确切的说法是：短波工作频率应等于或略低于最佳工作频率，而决不能高于最高可用频率。

（2）不能低于最低可用频率。在短波通信中，频率愈低，电离层吸收愈大，信号电平愈低；而噪声电平却随频率的降低而增强（这是因为短波波段噪声以外部噪声为主，而外部噪声——人为噪声、天电噪声等，其功率谱密度随频率降低而加大），结果使信噪比变坏，通信线路的可靠性降低。我们定义能保证最低所需信噪比的频率为最低可用频率，以 LUF 表示。它与发射机功率、天线增益、接收机灵敏度和接收点噪声电平等因素有关。为保证正常接收，频率不能低于某一个最低可用频率。通信距离越远，电波在电离层中经过距离越长，最低可用频率越高。最低可用频率有和电子密度相同的变化规律，电子密度增大，最低可用频率亦应升高，以免吸收过大而影响通信。

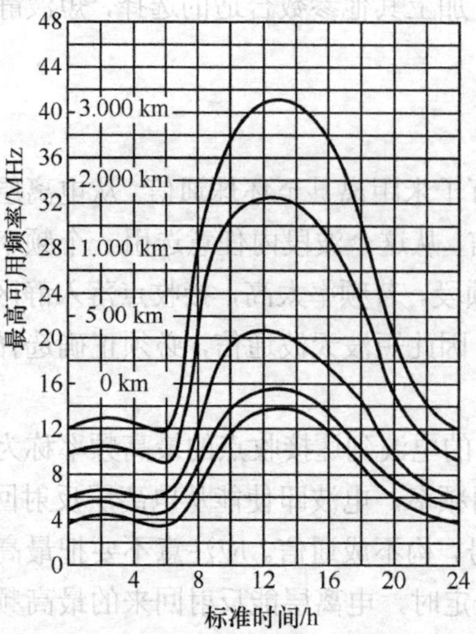

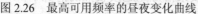

图 2.26　最高可用频率的昼夜变化曲线

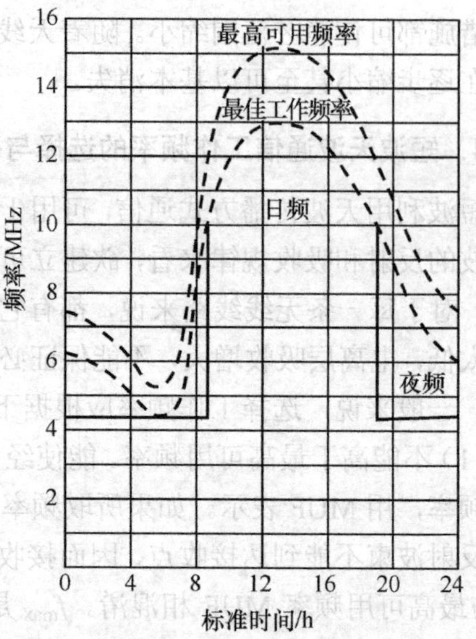


图 2.27　最佳工作频率昼夜变化曲线

（3）一日之内改变工作频率。由于 MUF、OWF 和 LUF 在一昼夜之间是连续变化的，而电台的工作频率则不可能随时变化。为了工作方便，在一昼夜之间选用的频率应尽可能地少，因此一般仅选择两个或三个频率作为该线路的工作频率。选定白天适用的频率称为日频，夜间适用的频率称为夜频。显然日频是高于夜频的，如图 2.27 所示。在实际工作中特别要注意换频时间的选择，通常是在电离层电子密度急剧变化的黎明和黄昏时刻适时地改换工作频率，否则会造成通信中断。例如在黎明时分，若过早地将夜频改为日频，则有可能由于频率过高而使接收点落入静区，造成通信中断；若换频时间过晚，则会因工作频率太低，电离层吸收大，信号电平过低而不能维持通信。同样，若日频不能适时地换为夜频，也难保持正常通信。至于换频的具体时间，则应根据通信线路的实际情况，通过实践掌握好每条线路不同季节的最佳换频时间。

上面介绍的选择工作频率的方法，是目前我国广泛使用的一种方法。这种方法存在的问题主要有两个：一是这种方法的 MUF 值是以地面电离层观测站所预测的电离层参数的月中值为依据的，而不是以通信时刻电离层的即时状况来确定工作频率的。二是这里所说的最佳工作频率的含义也只是从统计的观点保证一个月内天波约有 90%的概率能达到指定的接收点，而对其他特性如信噪比、多径时延、多普勒频移等均未予以特别注意。总之，由于电离层参数的时变性及各种干扰的随机性，根据这种方法选择的工作频率，无法保证短波通信经常处于优质状态。

从 20 世纪 60 年代开始，国际上采用实时选频技术来提高短波通信系统的效能。一般实时选频系统中至少测量三个参数：（1）信号能量；（2）多径时延；（3）噪声功率。有些系统还测量多普勒频移和空间分集的相关度等。这种系统的基本原理是：探测发射机以脉冲状态工作，所发射的探测信号是一串不同频率的脉冲信号，如图 2.28 所示。例如每个频率点上发射四个脉冲，相邻频率的间隔为 200 kHz，扫频一次可探测 80 个频率点，因此扫频覆盖 16 MHz，扫频一次 32 s。探测信号通过电离层传播到达接收点，由探测接收机接收，通过计算机对探测信号、干扰和噪声等进行取样和数据处理，判定出有最佳信道特性——信号电平高、多径时延小，并处于无干扰或弱干扰情况下的频率。采用这项对电离层状态进行实时测量和频率预报的先进技术，大大提高了短波通信的可靠性。

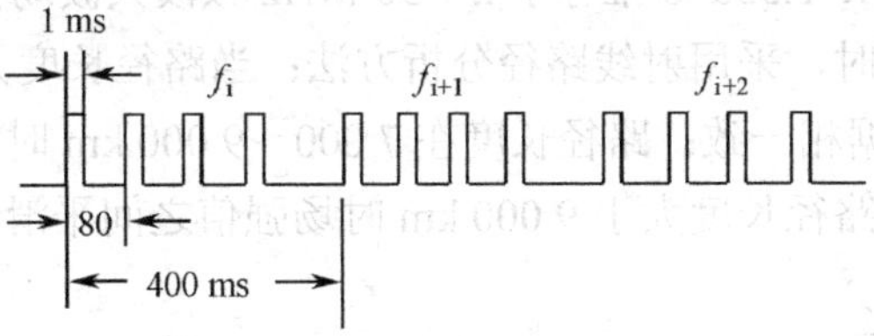


图 2.28　探测信号示意图

### 2.5.3　中、长波天波场强计算

国际电联建议书 ITU-R P.1147-3 给出了 150～1 700 kHz 频段天波场强的预测方法，预测发射天线为一定功率的一个或多个垂直辐射天线时，位于地面上的环形天线接收到的夜间天波场强值，且环形天线的环面垂直于到发射机的大圆弧路径。此方法基于在广播业务频段进行的测量，尤其适用于 LP 和 MF 频段路径长度在 50～12 000 km 范围内的天波传播。

场强计算关键就是传播损耗的计算。该模型考虑了如下几种损耗：

（1）自由空间传播损耗。

（2）电离层吸收损耗。

（3）过度极化耦合损耗。天线辐射的垂直极化波与电离层耦合效率造成的损耗称为极化耦合损耗。通常情况下极化耦合损耗很小，忽略不计。在地磁赤道附近地区，当传播路径接近东西方向时，极化耦合损耗大大增加，称之为过度极化耦合损耗。

（4）时间损耗因子。日出后，电离层的电子密度逐渐增大到最大值，随后逐渐减小，并在日落后一段时间内达到最小值。电离层对电波的吸收会随着电子密度的变化由小到大，然后由大到小。日落及日出前后电离层对电波的吸收大于夜间电离层吸收的数值，称为时间损耗因子。时间损耗因子在日落前和日落后 1 小时内，达到最大值为 30 dB。

（5）极盖吸收损耗：当太阳活动剧烈时，尤其是耀斑发生时，太阳射出的高能量质子到达地球后，在地球磁场的作用下，向地磁极两极运动，因而影响极区的电离层，造成高纬度地区的无线电通信的骚扰甚至中断，称为极盖吸收或极光带吸收。

另外，当发射天线和接收天线位于海洋附近时，天线效率会有所提高，从而使接收场强增加，这种效应称之为海增益。海增益随路径长度和天线与海洋间距离的变化而变化，其数值可以达到 10 dB。

根据建议书，年平均夜间场强预测值由下式给出：

$$E = V + G_s - L_p + A - 20\lg p - L_u - L_t - L_r \tag{2-37}$$

式中：$E$ 为当发射机波动势为 $V$ 时，表示在相对日落或日出时间 $t$ 时的半小时平均场强的年平均值（dBμV/m）；$V$ 为大于参考波动势 300 V 的值（dB）；$C_s$ 为海增益修正值（dB）；$L_p$ 为过度极化耦合损耗（dB）；$A$ 为常量，在长波波段 $A$=110.2，在中波波段，当传播路径中点位于第 3 区的 11° S 以南时，$A$ 取 110，除此之外 $A$ 取 107；$L_a$ 为电离层吸收损耗（dB）；$L_t$ 为时间损耗因子（dB）；$L_r$ 为极盖吸收或极光带吸收损耗（dB）。

### 2.5.4 短波天波场强计算

国际电联建议书ITU-R P.533-8推荐了2～30 MHz频段天波场强 $E$ 月均值的预测方法。当路径长度小于7 000 km时，采用射线路径分析方法；当路径长度大于9 000 km时，采用经验公式，使之与测量的数据相一致；路径长度在7 000～9 000 km时，场强值通过在路径长度小于7 000 km时场强值和路径长度大于9 000 km时场强值之间平滑过渡得到。

1．7 000 km以下路径

由于短波传播存在多径传播（或多模式传播），所以接收场强为到达接收点的各传播模式电波场强的合成。建议书ITU-R P.533-7，假设电波沿发射机和接收机位置间的大圆弧路径通过E层（路径长度小于4 000 km时）和 $F_2$ 层（任意路径长度时）反射传播。考虑的传播模式从最低阶模式一直到3E（只有当路径长度小于4 000 km时）和 $6F_2$ 传播模式。

根据该建议，接收场强可按如下步骤计算得到：

（1）计算传播损耗。短波传播损耗通常是指电波在实际媒质中传输时，由于能量扩散和媒质对电波的吸收、反射、散射等作用而引起的电波能量衰减，主要包括自由空间传播损耗、电离层吸收损耗、地面反射损耗、极盖吸收损耗等。另处，由于MUF是基于月均值的，所以当工作频率大于MUF时，电波也有可能返回地面。但由于此时电波需要从较高层电离层反射，电离层对电波的吸收增加。频率越高，吸收越大。

根据建议，传播损耗计算公式如下：

$$L_t = L - G_t + L_i + L_m + L_g + L_h + L_z \tag{2-38}$$

式中，$L$ 为自由空间传播损耗，$L = 32.45\ \text{dB} + 20\lg f + 20\lg P'$；$f$ 为电波频率（MHz）；$P'$ 为斜向传播路程（km）；$G_t$ 为发射天线在所要求的方位角和仰角（$\Delta$）上相对于全向天线的增益（dBi）；$L_i$ 为电离层吸收损耗（dB）；$L_m$ 为工作频率大于基本MUF时的电离层吸收损耗（dB）；$L_g$ 为地面反射损耗（dB）；$L_h$ 为极盖吸收或极光带吸收损耗（dB）；$L_z$ 为天波传播中除该方法中包含的损耗外的其他损耗，推荐值为9.9 dB。

（2）计算每一个传播模式的平均场强。

$$E_{tw} = 136.6\ \text{dB} + 20\lg f + P_t - L_t \tag{2-39}$$

式中：$E_{tw}$ 为平均场强（dBμV / m）；$P_t$ 为发射机功率（dBkW）；$f$ 为发射频率（MHz）；$L_t$ 为第一步计算得到的路径传播损耗（dB）。

（3）计算接收场强。忽略被E层屏蔽的传播模式，合成的等价天波平均场强为 $N$ 个传播模式场强的均方根值：

$$E_{ts} = 10\lg \sum_{w=1}^{N} 10^{E_{tw}/10} \tag{2-40}$$

式中，$E_{ts}$ 为均方根场强（dBμV / m）；$N$ 的选择，必须保证包含3个最强的 $F_2$ 层传播模式，且当路径长度小于4 000 km时，也必须包含2个最强的E层传播模式。

2．9 000 km以上路径

当路径长度大于9 000 km时，采用经验公式计算接收场强。把传播路径等分为 $n$ 段，其中每一段的长度均不超过4 000 km，取满足该条件的最小 $n$ 值。

合成的天波平均场强由下式确定：

$$E_{tl}=E_0\left\{1-\frac{(f_M+f_H)^2}{(f_M+f_H)^2+(f_L+f_H)^2}\left[\frac{(f_L+f_H)^2}{(f+f_H)^2}+\frac{(f+f_H)^2}{(f_M+f_H)^2}\right]\right\}-36.4\text{ dB}+P_t+G_{tl}+G_{ap}-L_{ly}$$

（2-41）

式中：$E_0$为 3 mW 时的自由空间场强（dBμV/m）；$G_{tl}$为发射天线在要求的方位角和仰角 0°～8° 范围内的最大增益（dBi）；$G_{ap}$为由于聚焦在远距离而引起的场强的增加（dBi）；$L_y$与$L_z$相似，推荐值为-3.7 dB；$f_M$为控制点电子旋转频率的均值；$f_H$为电离层上限参考频率；$f_L$为电离层下限参考频率。

3．7 000～9 000 km 之间路径

路径长度在 7 000～9 000 km 时的天波平均场强$E_{ti}$，通过在$E_{ts}$和$E_{tl}$之间内插得到。由式（2-40）、式（2-41）得到：

$$E_{ti}=100\lg X_i \qquad (2\text{-}42)$$

$$X_i=X_s+\frac{D-7000}{2000}(X_l-X_s) \qquad (2\text{-}43)$$

式中：$E_{ti}$为平均场强，dBμV/m； $X_s=10^{0.01E_{ts}};X_l=10^{0.01E_{tl}}$。这里$E_{ts}$和$E_{tl}$分别由式（2-40）和式（2-41）确定。

## 2.6 视距传播及计算

从超短波到微波波段，由于频率很高，电波沿地面传播时由于大地的吸收而急剧衰减，遇到障碍时绕射能力很弱，投射到高空电离层时又不能被反射回地面，所以，这一波段的电波只能使用视距传播和对流层散射传播两种方式。

视距传播是指在收发天线间相互能“看见”的距离内，电波直接从发射点传播到接收点（有时包括有地面反射波）的一种传播方式。它应用甚广，例如接力通信、对空通信、卫星通信、电视广播、雷达等都采用这种传播方式。

### 2.6.1 视线距离

由于地面是球形的，故当地面上的收发天线高度确定后，就有一相应的视线所能达到的最远距离（视线距离），如图 2.29（a）所示。设发射天线$A$和接收天线$B$的高度分别为$h_1$和$h_2$，连线$AB$与地球表面相切于$E$点，则$r$即为直射波所能到达的最远距离称为视线距离。

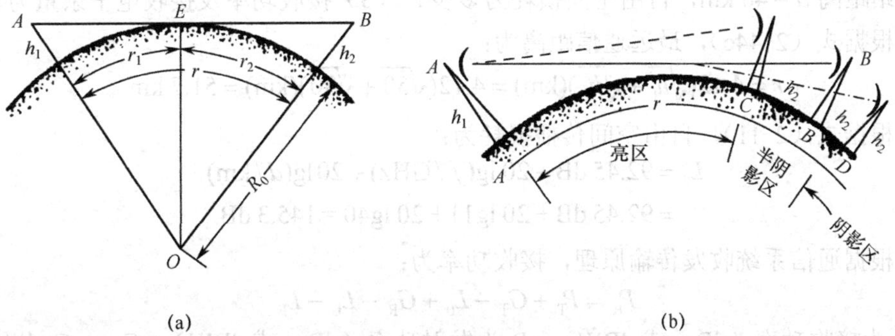


图 2.29 视线距离

设地球平均半径为 $R_0$，天线高度分别为 $h_1$ 和 $h_2$。在直角三角形 $AEO$ 中，

$$AE = \sqrt{AO^2 - EO^2} = \sqrt{(R_0 + h_1)^2 - R_0^2} = \sqrt{2R_0 h_1 + h_1^2}$$

在直角三角形 $BEO$ 中，

$$BE = \sqrt{BO^2 - EO^2} = \sqrt{(R_0 + h_2)^2 - R_0^2} = \sqrt{2R_0 h_2 + h_2^2}$$

由于 $R_0 \gg h_1(h_2)$，上式中可略去 $h_1^2$ 和 $h_2^2$，得：

$$AE \approx \sqrt{2R_0 h_1}, BE \approx \sqrt{2R_0 h_2}$$

则视线距离 $r$ 为

$$r = r_1 + r_2 = \sqrt{2R_0 h_1} + \sqrt{2R_0 h_2} = \sqrt{2R_0}\left(\sqrt{h_1} + \sqrt{h_2}\right) \tag{2-44a}$$

将 $R_0 = 6\,370\text{ km}$ 代入，$h_1$、$h_2$ 单位为 m，则

$$r(\text{km}) = 3.57(\sqrt{h_1} + \sqrt{h_2}) \tag{2-44b}$$

后面将介绍，考虑了大气折射效应后，视距传播距离修正公式为：

$$r(\text{km}) = 4.12(\sqrt{h_1} + \sqrt{h_2}) \tag{2-44c}$$

可见，在地球表面传播是收发天线架设越高，传播距离越远。因此，要尽量利用地形地物架高天线，提高视距传播距离。

在地球表面上，接收点与发射点之间的距离不同，场强的变化规律也不同。为分析方便起见，我们通常依据距发射天线的距离远近将通信线路分成三个区域：亮区、阴影区和半阴影区。

设接收点到发射点的距离为 $d$，视线距离为 $r$，如图 2.29（b）所示，则：

- $d < 0.7r$ 的区域称为亮区，图 2.29（b）中的 $C$ 点位置就属亮区范围；
- $d > (1.2 \sim 1.4)r$ 的区域称为阴影区，$D$ 点位置即在阴影区；
- $0.7r < d < (1.2 \sim 1.4)r$ 的区域称为半阴影区。

当然上述标准是近似的，在利用视距传播时，应尽量选择合适的天线高度，使接收点处于亮区。

在视距波传播中，除了从发射天线直接到达接收点的直射波外，还可能存在从发射天线经由地面反射到达接收点的反射波，则接收点的场是直射波与反射波的叠加。

**例 2-3** 某 11 GHz 微波通信设备，发射机功率为 2 W，收发天线增益均为 30 dB，接收机门限电平为-85 dBm，收发天线高度分别为 50 m 和 30 m，两端的馈损各 1 dB，分路损耗共 2.5 dB。问：（1）在考虑到大气折射情况下，该设备在地面上最远通信距离为多少？（2）若接收站离发射站距离 $d = 40$ km，自由空间损耗为多少？（3）接收功率及接收电平余量为多少？

（1）根据式（2-44c），最远通信距离为：

$$r = 4.12(\sqrt{h_1} + \sqrt{h_2})(\text{km}) = 4.12(\sqrt{50} + \sqrt{30})(\text{km}) = 51.7\text{ km}$$

（2）根据式（2-11），自由空间传播损耗为：

$$\begin{aligned} L_0 &= 92.45\text{ dB} + 20\lg(f/\text{GHz}) + 20\lg(d/\text{km}) \\ &= 92.45\text{ dB} + 20\lg 11 + 20\lg 40 = 145.3\text{ dB} \end{aligned}$$

（3）根据通信系统收发传输原理，接收功率为：

$$P_R = P_T + G_T - L_0 + G_R - L_L - L_F \tag{2-45}$$

式中：$P_R$ 为接收功率（dBm 或 dBW）；$P_T$ 为发射功率（dBm 或 dBW）；$G_R$、$G_T$ 分别为收、发天线增益（dB）；$L_L$ 为各种馈线损耗之和（dB）；$L_F$ 为分路损耗等其他损耗。

$$P_R = 10\lg 2000 + (30 - 145.3 + 30 - 1 - 1 - 2.5)\ \text{dB} = -56.8\ \text{dBm}$$

接收电平余量为：

$$P_M = P_R - P_{th} \tag{2-46}$$

$$P_M = -56.8\ \text{dBm} - (-85\ \text{dBm}) = 28.2\ \text{dB}$$

式中：$P_M$为接收电平余量（dB）；$P_{th}$为接收机门限电平（dBm 或 dBW）。

## 2.6.2 地形地貌对微波传播的影响

前面推导场强计算公式时，一般都认为地球表面是光滑的，实际上地球表面是起伏不平的。地面起伏情况对电波传播的影响程度与波长和地面起伏高度之比有关。例如，起伏高度为几百米的丘陵地带，对超长波来说可以认为是十分平坦的地面。但对分米波特别是厘米波来说，即使地面有一微小的起伏，它就能与波长相比拟，而对电波传播产生重大的影响。

衡量地球表面的不平坦性的标准是雷利准则。可视为光滑地面的条件所能允许的地面最大起伏高度为：

$$\Delta h_{max} = \frac{\lambda}{(8 \sim 32)\sin \varDelta} \tag{2-47}$$

式中，$\varDelta$为电波与投射地面的夹角。

### 1. 电波传播的菲涅尔区

#### 1）直线传播时的菲涅尔区

在收发天线之间，存在着对传输能量起主要作用的空间区域。如果在这一区域中符合自由空间的传播条件，则可以认为电波是在自由空间中传播。这个区域被称为电波传播的主要空间区域，它是根据惠更斯-菲涅尔原理求出的，所以又称为菲涅尔区，如图 2.30 所示。

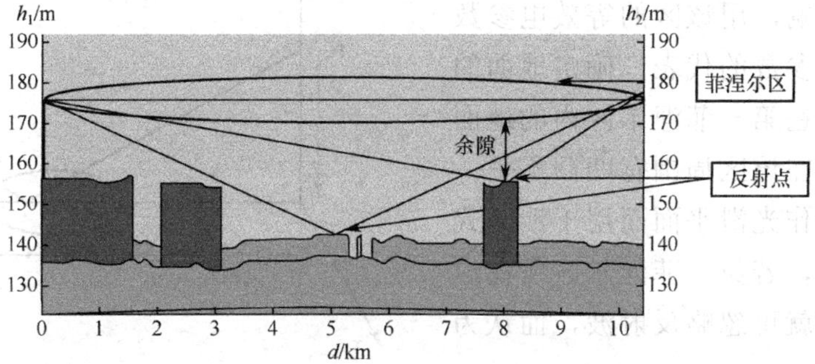


图 2.30　直线传播的菲涅尔区与余隙

根据相关电波传播理论，菲涅尔区的半径为 $F$，第 $n$ 个菲涅尔区的半径可表示为：

$$F_n = \sqrt{\frac{n\lambda r_1 + r_2}{r_1 + r_2}} \tag{2-48}$$

式中，$r_1$、$r_2$为电波传播路径中的任一计算点到收、发天线的水平距离。

为了获得自由空间传播条件，只要保证一定的菲涅尔区不受地形、地物的阻挡就可以了。根据以上的讨论可以知道，1/3 个第一菲涅尔区产生的场强恰好等于自由空间场强增幅，因此在工程上又将其称为“最小菲涅尔区”。这个区域作为对电波传播起主要作用的区域，只要不被阻挡，就可以获得近似的自由空间传播条件。令“最小菲涅尔区”半径为 $F_0$，则根据定义可表示为：

$$F_0 = 0.577\sqrt{\frac{\lambda r_1 r_2}{r_1 + r_2}} \tag{2-49}$$

它表示接收点能得到与自由空间传播相同的信号场强时，所需要的最小空间半径。

2）地面反射时的菲涅尔区

粗糙不平的地面对电波的反射不再是几何光学的镜面反射，而是向各个方向都有反射即漫反射。漫反射使得反射波能量发散到各个方向，其作用相当于反射系数的降低。如果地面十分粗糙，则可以忽略反射波，而只考虑直射波在接收点产生的场强。对于光滑地面，可以用几何光学的射线理论来计算接收点的场强。理论上可以证明，起决定性影响的只是整个地面中的一部分区域，如图 2.31 所示，这一区域被称为第一菲涅尔区，它是一个椭圆。此椭圆的中心点（一般情况不在反射点）在

$$y_0 \approx \frac{r}{2}\frac{\lambda r + 2h_1(h_1 + h_2)}{\lambda r + (h_1 + h_2)^2} \tag{2-50}$$

它在 $y$ 方向的长半轴为：

$$a \approx \frac{r}{2}\frac{\sqrt{\lambda r + (\lambda r + 4h_1 h_2)}}{\lambda r + (h_1 + h_2)^2} \tag{2-51}$$

在 $x$ 方向的短半轴为：

$$b \approx \frac{a}{r}\sqrt{\lambda r + (h_1 + h_2)^2} \tag{2-52}$$

因此，在考虑地面不平的影响时，可根据第一菲涅尔区所在地面的粗糙程度，估计粗糙不平的影响，用该区的等效电参数作为地面等效电参数的代表，确定地面的反射系数。如果在第一菲涅尔区内的地面是光滑的，即使在该区周围有凹凸不平，仍可以将地面看作光滑平面而用干涉公式直接计算；反之，若第一菲涅尔区所在地面非常粗糙，则就可忽略反射波，而认为仅有直射波。

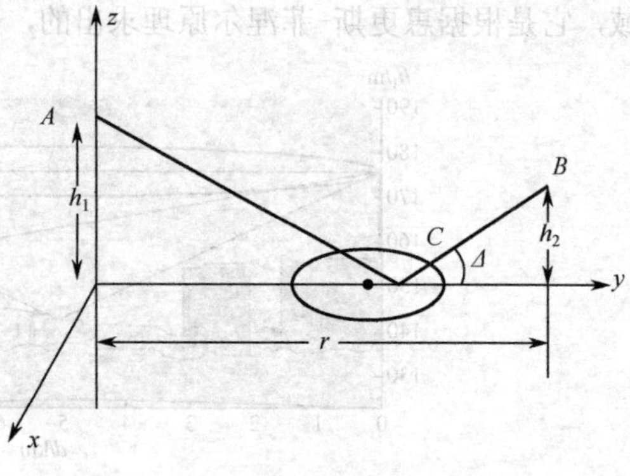

图 2.31　地面反射时的第一菲涅尔区域

因此，在微波视距通信系统中进行路由设计和选择时，为使接收点信号场强稳定：一是希望直射波不受到影响，则视线传播区中式（2-48）所确定的“最小菲涅尔区”内不希望有其他遮挡物（比如山脊）；二是希望尽可能地利用起伏不平的地面以减弱地面反射波场强，使反射波的成分愈小愈好。若能十分合理地选择反射点附近（第一菲涅尔区）的地理条件，充分利用地形地物，使反射场明显削弱或改变反射波的传播方向，使其不能到达接收点，就可以保证接收点场强稳定。

**2．山脊的影响及传播余隙**

实际工作中有时必须把天线安装在峭壁和山岗附近，或者线路要跨越山脊，等等。这时山

脊或高大建筑物就成为通信线路中的障碍，因此必须考虑障碍物对电波传播的影响。由于地形是多种多样的，下面仅用一个典型的楔形山脊加以说明。

如图 2.32 所示，在收、发两点之间有一楔形障碍，它与这两点的距离分别为$r_1$和$r_2$，收发两点连线与障碍物顶点之距离为 $h$，图（a）为$h>0$，图（b）为$h<0$，则接收点的场强可由下式求出：

$$E = E_{\max} F \tag{2-53}$$

式中：$E_{\max}$ 为没有山脊阻挡电波在自由空间传播时的最大辐射方向场强；$F$ 叫绕射因子，它与山脊高度、山脊位置以及工作波长有关，由绕射理论可以得出，它的变化范围为 0～1.165，与中间变量 $u$ 有如下关系：

$$u = \sqrt{\frac{2(r_1 + r_2)}{\lambda r_1 r_2}} h \tag{2-54}$$

$F$ 与 $u$ 的关系有专门的图表可查。图 2.32（c）绘出了 $F$ 与 $u$ 的关系曲线。

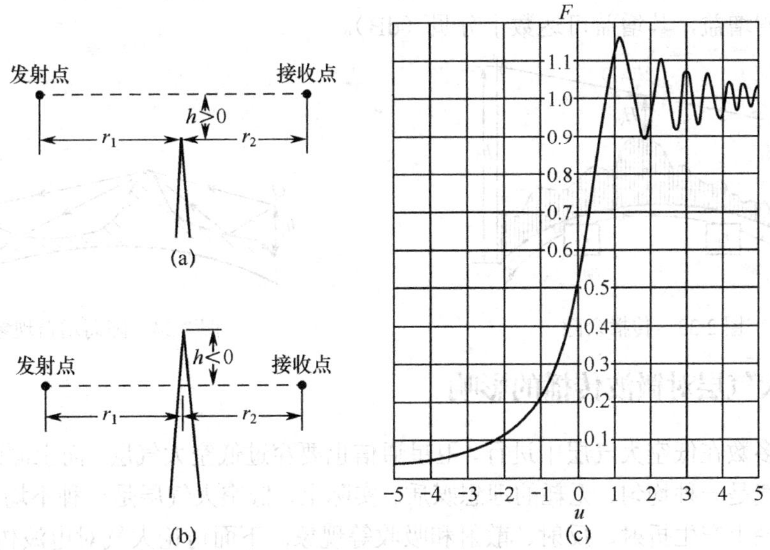


图 2.32　楔形山脊对传播的影响

分析图 2.32 可以看出，当电波通过楔形障碍时，接收点场强有以下特点：

（1）接收点场强与障碍物高度有明显关系。当$h>0$，即山脊低于收发两点连线时，场强呈波动状态；这是由于直射波与自山脊顶端所发射的二次场在接收点处相互干涉的结果，当 $h$ 增大时，山脊影响减小，场强波动减小，逐渐趋近于自由空间的场强，也即$F \to 1$。当$h<0$，即山脊高出收发连线时，场强随障碍物的增高而单调下降；这是由于山脊高度增大，电波绕射能力减弱之故。当$h=0$，即线路擦山脊而过时，场强恰为自由空间场强的一半，即$E = 0.5E_{\max}$。

（2）接收点场强与使用频率有关。当$h<0$视线受阻时，对于一定高度的障碍物，波长愈短，绕射损失愈大，即接收场强愈小；当$h>0$时，波长愈短愈容易出现波动现象。

因此，在选择传播路径时，既不能让障碍物高出收发连线，也不能使收发连线刚好与障碍物取平，而应使收发天线的连线高出线路上最高障碍物一段距离。我们把收发两天线的连线与地形障碍物最高点之间的垂直距离 $H_c$ 称为传播余隙，如图 2.33 所示。

传播余隙一般大一些好，但也不能太大，因为太大，势必要求天线架得很高。一般 $H_c$ 取为 1/3～1 个第一菲涅尔区半径，即：

$$H_c = 0.577\sqrt{\frac{\lambda r_1 r_2}{r_1 + r_2}} \sim \sqrt{\frac{\lambda r_1 r_2}{r_1 + r_2}} \tag{2-55}$$

此外，近几十年来发现在米波传播途中有楔形障碍时，在山后接收点场强有时不是减小而是增大。也就是说，在超短波传播路径中的山峰等障碍物，在某种条件下反而会促使远距离传播，即这时有楔形障碍接收点的场强反而比自由空间传播时的场强值要大，这种现象称为“障碍增益”。如图 2.34 所示的情况，障碍物挡住了收发两点间的视线，但范围较窄，且山脊两边比较开阔而平坦。如果设计得当，使干涉场因折射波和反射波的同相叠加而获得最大值，就有可能在抵消了由障碍物挡住视线而产生的绕射损失之后，接收点的总场强仍大于自由空间传播时的场强值。于是就可以利用这种“障碍增益”现象达到远距离通信的目的，从而可以减少中继站的数量。在实际线路中要经过精密的线路勘测、选择天线高度甚至改造地形等工作，才能获得稳定的障碍增益，其增益可达数十分贝（dB）。

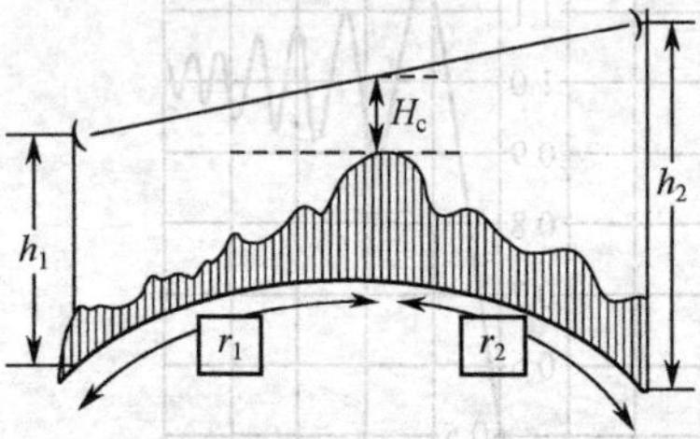

图 2.33　传播余隙

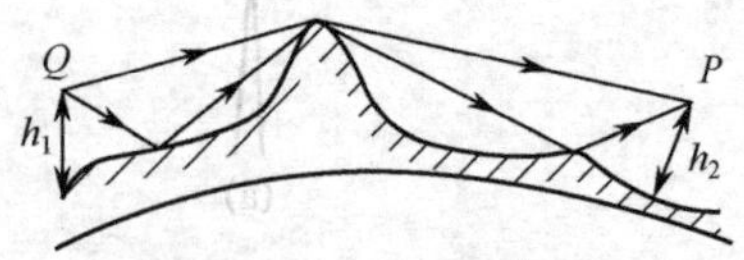

图 2.34　障碍增益现象

## 2.6.3　低空大气层对微波传播的影响

视距传播多数在低空大气层中进行，卫星通信也要穿过低空大气层。而上面的讨论是假定地球周围的大气是一种均匀、无耗的理想媒质。实际上，低空大气层是一种不均匀的媒质，电波在其传播路径上产生折射、反射、散射和吸收等现象。下面讨论大气对电波传播的影响。

### 1. 对流层和大气折射

对流层是指靠近地球表面的低空大气层，其平均厚度为十多千米，空气的主要成分是氮气和氧气。在太阳照射下，对流层很少直接吸收太阳辐射的热量，主要是地面受热。及至地面受热后，通过地面热辐射和空气对流，对流层才被地面自下而上地依次加热。正因为如此，对流层温度平均说来是随高度下降的。对流层中的水汽，是靠地面上的水分蒸发形成的，因此，其湿度也是随高度下降的，而且下降速度较快。由于大气密度分布特点，大气压强也是随高度递减的。正是由于大气的压强、温度及湿度都随高度而变化的这种物理现象，导致对流层的介电常数是高度的函数，在标准大气层情况下，对流层的相对介电常数随高度的增加将逐渐减少而更加趋近于 1。因此，大气对电波的折射率（$n = \sqrt{\varepsilon_r}$）随高度的增加逐渐减小而趋近于 1。

我们将地球的大气层分成许多薄层，如图 2.35（a）所示，每一薄层的厚度为 $\Delta h$，若令 $\Delta h$ 足够小，则每层中的 $\varepsilon_r$ 可视为均匀的，但各薄层的 $\varepsilon_r$ 不同，使各层具有不同的折射率 $n$，并随高度的增加而减小，即 $n_1 > n_2 > n_3 > \cdots > n_n$。和讨论电离层情况一样，电波在对流层中也要产生连续折射，称为大气折射，结果使传播路径发生弯曲。下面我们求射线的曲率半径。

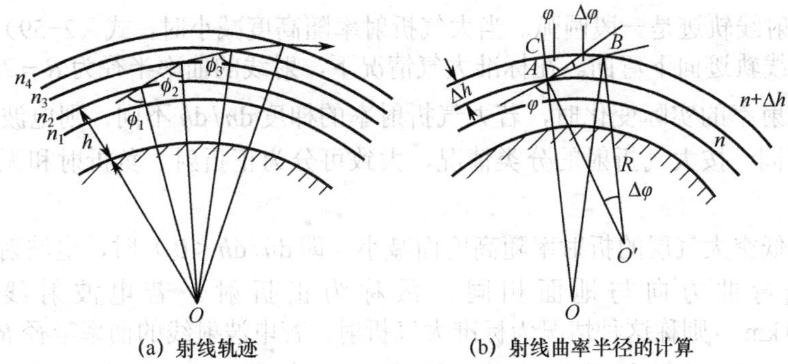


图 2.35　大气对电波的折射

如图 2.35（b）所示，入射角为$\varphi$，相邻一层折射角为$\phi=\varphi+\Delta\varphi$。作入射点$A$、$B$处的法线，两线相交于$O'$点，有$\angle O'=\Delta\varphi$。根据曲率半径的定义，射线的曲率半径为

$$R=\lim_{\Delta h\to 0}\frac{AB}{\Delta\varphi}$$

在$\triangle ABC$中，

$$AB\approx\frac{\Delta h}{\cos(\varphi+\Delta\varphi)}\approx\frac{\Delta h}{\cos\varphi}$$

则

$$R=\lim_{\Delta h\to 0}\frac{\Delta h}{\Delta\varphi\cos\varphi} \tag{2-56}$$

根据折射定律

$$\frac{\sin\varphi}{\sin(\varphi+\Delta\varphi)}=\sqrt{\frac{\varepsilon_2}{\varepsilon_1}}=\frac{n+\Delta n}{n}$$

即

$$n\sin\varphi=(n+\Delta n)\sin(\varphi+\Delta\varphi)=(n+\Delta n)(\sin\varphi\cos\Delta\varphi+\cos\varphi\sin\Delta\varphi)$$

由于$\Delta\varphi\to 0$，可以近似认为$\sin\Delta\varphi\approx\Delta\varphi,\cos\Delta\varphi\approx 1$，并忽略二阶小量$\Delta n\sin\Delta\varphi\cos\varphi$。上式可简化为

$$n\sin\varphi=n\sin\varphi+n\Delta\varphi\cos\varphi+\Delta n\sin\varphi$$

由此得

$$\Delta\varphi\cos\varphi=-\frac{\Delta n\sin\varphi}{n} \tag{2-57}$$

将式（2-57）代入式（2-56），得

$$R=-\lim_{\Delta h\to 0}\frac{n\Delta h}{\Delta n\sin\varphi}=-\lim_{\Delta h\to 0}\frac{n}{\dfrac{\Delta n}{\Delta h}\sin\varphi}=-\frac{n}{\sin\varphi\dfrac{\mathrm{d}n}{\mathrm{d}h}} \tag{2-58}$$

对于微波视距传播来说，射线传播方向（即入射角）$\varphi\approx 90°$，通常有$n\approx 1$，此时式（2-58）可化简为

$$R=-1/\frac{\mathrm{d}n}{\mathrm{d}h} \tag{2-59}$$

式（2-59）说明：在低空大气层内传播的电波，其射线的曲率半径不是由折射率$n$的大小确定，而是由折射率的梯度$\mathrm{d}n/\mathrm{d}h$确定的。当大气折射率随高度变化，即$\mathrm{d}n/\mathrm{d}h$为常数时，$R$

也为常数，因而射线轨迹是一段圆弧。当大气折射率随高度减小时，式（2-59）中的负号使 $R$ 为正值，电波射线轨迹向下弯曲。在标准大气情况下，射线的曲率半径为 $R = 25\,000$ km。

考虑大气折射率的实际变化时，若大气折射率的梯度 $\mathrm{d}n/\mathrm{d}h$ 不同，则电波在大气层中的传播轨迹也就不同。按大气折射的分类情况，大致可分为正折射、负折射和无折射三种，如图 2.36 所示。

**正折射**：当低空大气层的折射率随高度而减小（即 $\mathrm{d}n/\mathrm{d}h<0$）时，电波射线轨迹向下弯曲。因为射线弯曲方向与地面相同，故称为正折射。若电波射线的曲率半径 $R \approx 4R_0 = 25\,000$ km，则称这种情况为标准大气折射。若电波射线的曲率半径 $R = R_0$，射线轨迹恰好与地球地平行，称为临界折射。若大气折射能力急剧加强，$R < R_0$，使电波在一定高度的大气层内呈现连续折射的现象，俗称波导效应，或称为超折射现象。当波导效应产生时，可使超短波传播到很远的距离，这也就是在某些情况下分米波和厘米波为什么可以传播到极远距离（甚至可达数百千米）的原因所在。但必须明确，由波导效应而产生的超短波远距离传播现象不是经常发生的，只在低空大气中“波导”发生时才能够传播，因而利用波导效应不能保证经常的可靠的通信联络。

**负折射**：如果在低空大气层中气压、温度和湿度随高度的分布情况使折射率随高度而增加（即 $\mathrm{d}n/\mathrm{d}h>0$），电波折射的曲率半径 $R$ 为负值，说明射线轨迹下凹，其结果使视线距离及超短波传播距离都要减小。

**无折射**：大气折射率不随高度变化（即 $\mathrm{d}n/\mathrm{d}h=0$），大气为均匀介质，射线轨迹为一直线，相当于电波射线的曲率半径 $R=\infty$ 的情况。

由于对流层是不均匀的，使得波在其中传播的轨迹发生弯曲。为了能直接应用前面导出的场强计算公式，我们引入等效地球半径这一概念：认为电波在大气中仍沿直线传播，但不是在实际地球上空，而是在等效地球面上空传播，如图 2.37 所示。

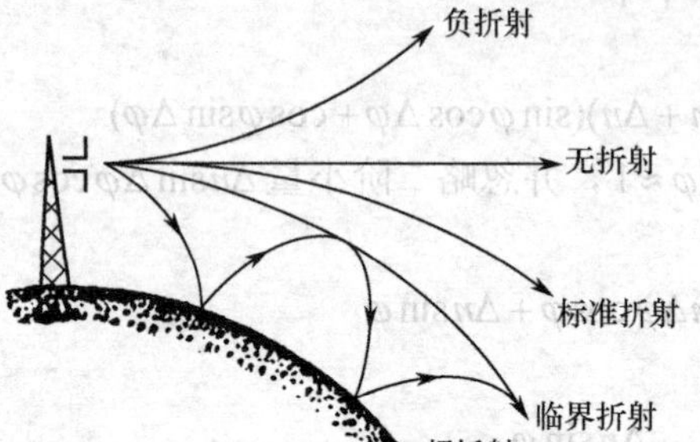


图 2.36　大气折射的类型

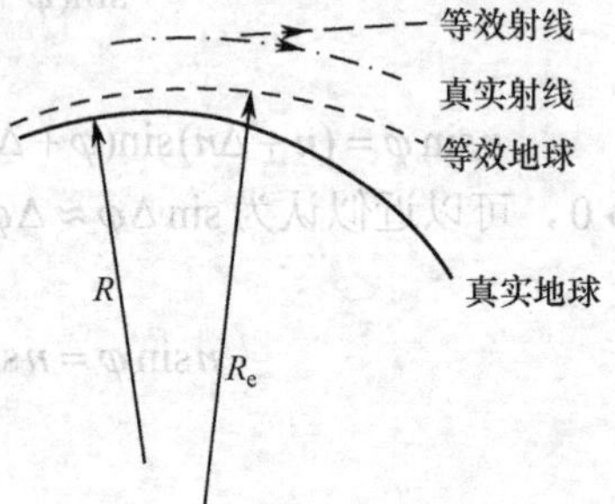


图 2.37　等效地球半径概念

为了保证图 2.37 中两种情况是等效的，必须使等效地球面上的直线轨迹上任一点到等效地球面的距离等于真实球面上的弯曲轨迹的该点到真实地面的距离。根据几何定理，如两组曲线的曲率之差相等，则它们之间的距离相等。设真实射线的弯曲半径为 $R$，则它的曲率为 $1/R$。地球半径为 $R_0$，它们的曲率差等于 $1/R_0 - 1/R$，图中虚线表示等效的直线轨迹和等效的地球，由于直线的曲率半径为无限大，所以它的曲率等于零。设等效地球半径为 $R_e$，则它们之间的曲率差为 $1/R_e$。令两组曲线的曲率差相等，得

$$\frac{1}{R_0}-\frac{1}{R}=\frac{1}{R_e}$$

即

$$R_e = \frac{R_0}{1 - R_0 / R} = KR_0 \tag{2-60}$$

式中，$K = \frac{1}{1 - R_0 / R}$ 称为等效地球半径因子，它表示等效地球半径与实际地球半径之比。将式（2-59）代入式（2-60），得

$$K = \frac{1}{1 + \frac{dn}{dh} R_0} \tag{2-61}$$

当 $\frac{dn}{dh} < 0$ 时，$K > 1$；当 $\frac{dn}{dh} > 0$ 时，$K < 1$。一般来讲，$K$ 的平均值在4/3附近，这也是通常把 $K = 4/3$ 时的大气折射称为标准折射的原因。

采用上面的等效方法，在考虑大气折射的情况下，我们只要把电波在均匀大气中传播时所得到的一系列计算公式中，所有的地球半径 $R_0$ 用 $R_e = KR_0$ 来代替，则电波就好像在无折射大气中一样，沿直线传播了。这样就可得到考虑大气折射时的一系列计算公式。如视线距离公式应修正为

$$r(\text{km}) = \sqrt{2R_e}(\sqrt{h_1} + \sqrt{h_2}) = 4.12(\sqrt{h_1} + \sqrt{h_2}) \tag{2-62}$$

**2．大气电波的衰减**

大气对电波的衰减有两个方面：一是云、雾、雨、雪、冰、雹等小水滴对电波的热吸收以及水分子、氧分子对电波的谐振吸收；二是云、雾、雨等小水滴对电波的散射。

热吸收是当电波投射到这些水凝物（大气中水汽凝聚而成的云、雾、雨、冰、雹等物的总称）粒子时，由于水凝物粒子内部的分子之间或分子与离子之间的相互作用产生的阻尼效应，使一部分电波功率转化为热能而消耗掉，这就形成了对电波能量的吸收。它与水凝物的浓度有关。谐振吸收是由于任何物质都由带电粒子组成，这些粒子有故有的电磁谐振频率，当通过此物质的电磁波频率接近其谐振频率时，这些物质就会对电磁波产生强烈的共振吸收作用。大气中的氧分子具有故有的磁偶极矩，水汽分子具有故有的电偶极矩，它们都能从电波中吸收能量，产生吸收衰减。谐振吸收与工作波长有关，其中水分子的谐振吸收发生在1.35 cm与1.6 mm的波长上，氧分子的谐振吸收发生在5 mm与2.5 mm的波长上。散射衰减则是由于这些水凝物随外场频率振荡产生二次辐射，从而将投射到它上面的一部分功率散射出去。无论是吸收或散射作用，其效果都是使电波在传播方向上遭到衰减。就云雾雨雪等对微波传播的影响来说，其中降雨引起的衰减是最为严重的。

总的来讲，电波的工作频率愈高，大气衰减愈严重，在一般气象条件下，波长长于3～5 cm时衰减很小（100 km衰减不超过1 dB），波长大于10 cm时，可以不用考虑大气对电波的衰减；但波长小于3 cm衰减明显增加，毫米波波段衰减更加严重。

ITU-R建议书P.676-6《大气衰减》定义了在电磁波在大气中传播时受到的衰减，衰减由下式定义：

$$A = \gamma r_0 = (\gamma_0 + \gamma_w) r_0 \tag{2-63}$$

式中：$A$ 为大气引起的衰减（dB）；$r_0$ 为路径长度（km）下 $\gamma_0$、$\gamma_w$ 为分别为干燥空气和水汽带来的衰减（dB/m）。

根据建议书相关的图示可以分别得到不同空气条件下 $\gamma_0$、$\gamma_w$ 的取值，从而计算出大气传播带来的损耗。

ITU-R P.838-3 建议书《传播预测中的雨衰损耗模型》定义了电磁波在一定雨强（$R$）条件下传播时受到的衰减（简称雨衰），它由下式定义：

$$\gamma_R = kR^{\alpha} \tag{2-64}$$

式中：$\gamma_R$ 为雨衰（dB/km）；$k$、$\alpha$ 为系数。

根据建议书相关图示，可以得到不同频率、不同极化的 $k$、$\alpha$ 值，从而计算雨衰损耗。

## 2.7 对流层散射的传播损耗计算

对流层散射传播中，接收点场强不是发射天线辐射场直接产生的，而是由散射体的二次辐射产生的。为了表征对流层对电波的散射能力，通常引入散射截面的概念。所谓散射截面，是在单位功率密度照射下单位散射体积在给定方向上单位立体角内散射的功率，散射截面的一般形式为：

$$\sigma = A\lambda^n\theta^{-m}\mathrm{e}^{-rh} \tag{2-65}$$

式中：$A$、$m$、$n$ 是与气候、气象条件和介质结构有关的参数；$\lambda$ 是波长；$\theta$ 为散射角；$h$ 为离地面高度；$r$ 为相对介电参数起伏或其梯度变化的均方值随高度分布的指数。

对流层散射传播损耗与大圆路径长度 $d$（km）、频率 $f$（MHz）、发射天线增益 $G_\mathrm{t}$、接收天线增益 $G_\mathrm{r}$、发射地平线角 $\theta_\mathrm{t}$（mrad）和接收水平角 $\theta_\mathrm{r}$（mrad）等有关。

根据 ITU-R P.617 建议《超视距无线接力系统传播预测技术和数据要求》，可以根据以下步骤计算不超过百分比时间 $q$（>50%）的平均中值传输损耗 $L(q)$。

（1）确定合适的气候区。根据地理位置和水汽分布，全球范围内可以分为 9 个气候区。分别为赤道（气候区 1）、大陆亚热带（气候区 2）、海洋亚热带（气候区 3）、沙漠（气候区 4）、地中海式（气候区 5）、大陆性温带气候（气候区 6）、海洋性气候（气候区 7a 和 7b）、极地（气候区 8）。

（2）根据气候区选取气象因子 $M$ 和对流层不均性随高度的指数衰减系数 $\gamma$，对于地中海式气候（C4）和极地（C8），分别对应 4 和 7a，如表 2.10 所示。

表 2.10　气象参数

| 气候区 | 1 | 2 | 3 | 4 | 6 | 7a | 7b |
|---|---|---|---|---|---|---|---|
| $M$/dB | 39.60 | 29.73 | 19.30 | 38.50 | 29.73 | 33.20 | 26.00 |
| $\gamma$/km$^{-1}$ | 30.33 | 20.27 | 10.32 | 30.27 | 20.27 | 30.27 | 20.27 |

（3）计算散射角：

$$\theta = \theta_\mathrm{e} + \theta_\mathrm{t} + \theta_\mathrm{r} \tag{2-66}$$

式中：$\theta_\mathrm{t}$ 和 $\theta_\mathrm{r}$ 分别为发射天线和接收天线的水平线角；$\theta_\mathrm{e}$ 由下式确定：

$$\theta_\mathrm{e} = \mathrm{d}\times 10^3/(ka) \tag{2-67}$$

其中 $d$ 为距离（km），$k$ 为有效地球半径因子（$k=4/3$），$a=6\,370$ km 是地球半径。

（4）计算传播损耗因子：

$$L_\mathrm{N} = 20\lg(5+\gamma H) + 4.34\gamma h$$

式中：$H = 10^{-3}\theta d/4$；$h = 10^{-6}\theta^2 ka/8$。

（5）计算时间因子：

$$Y(q)=C(q)Y(90)$$

对于气候区 2、6 和 7a，$Y(90)=-2.2-(8.1-2.3\times10^{-4}f)\exp(-0.137h)$；对于气候区 7b，$Y(90)=-9.5-3\exp(-0.137h)$；对于气候区 1、3、4，Y（90）由图 2.38 决定，图中 $d_s=\theta ka/1000$。

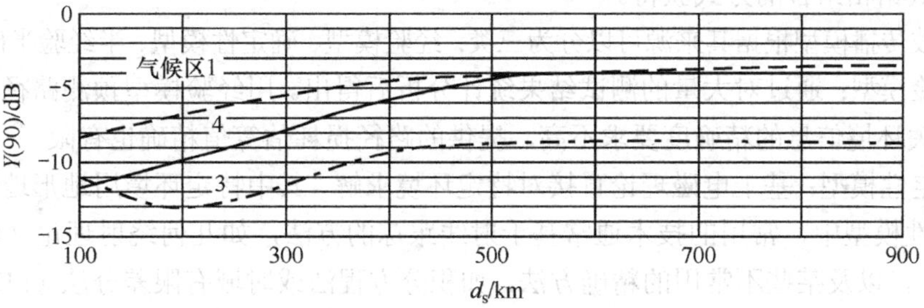


图 2.38　气候区 1、3、4 的 Y（90）

$C(q)$可以由表 2.11 查出。

**表 2.11　C(q)值**

| $q$ | 50 | 90 | 99 | 99.9 |
|---|---|---|---|---|
| $C(q)$ | 50 | 91 | 91.82 | 92.4 |

（6）计算耦合损耗：

$$L_c=0.07\times\exp[0.055\times(G_t+G_r)] \tag{2-68}$$

（7）评估百分比时间的路径损耗：

$$L(q)=M+30\lg f+10\lg d+30\lg\theta+L_N+L_C-G_t-G_r-Y(q) \tag{2-69}$$

式中：$L(q)$为不超过百分比时间 $q$（>50%）的平均中值传输损耗（dB）；$f$为工作频率（MHz）；$d$为电路长度（km）；$\theta$为散射角（mrad）；$L_N$为传播损耗因子（dB）；$L_C$为天线口面介质耦合损耗（dB）；$G_t$、$G_r$分别为发射、接收天线增益（dBi）；$Y(q)$为时间因子修正（dB）。

## 2.8　常用传播模型

在确定无线电系统实际通信距离、覆盖范围和无线电干扰影响范围时，无线电传播损耗是一个关键参数。无线电通信系统若不进行科学的频率指配和严格的系统设计与场强预测，会使系统之间产生严重干扰而不能正常工作。为了保证无线电通信用户的通信质量，确保无线电系统发射的业务覆盖服务区和电波传播的可靠程度，必须仔细地计算从接收天线到发射天线之间的传播损耗。

前面已经从理论上对理想情况下各种传播方式的电波传播损耗进行了计算。但是在确定无线电系统实际通信距离、覆盖范围和无线电干扰影响范围时，同时还要考虑在传播路径上存在着各种各样的影响，如高空电离层影响，高山、湖泊、海洋、地面建筑、植被以及地球曲面的影响等，电波可能同时具有反射、绕射、散射和波导传播等传播方式。在研究电波传播特性时，通常以数学表达式来描述这些传播损耗特性，即所谓的数学模型。无线电波传播数学模型通常是很复杂的，必须对不同的频段不同的系统应用不同的电波传播模型，以预测电台覆盖和传播场强。在工程设计计算时，往往依据一些经验模型。

### 2.8.1 传播模型的选择

精确描述复杂环境中传播信号的变化非常困难，为了预测电波的传播，很多专家、公司都推出了自己的传播模型。传播模型是预测和计算电波传播的一种数学模型，一般通过电磁理论推算和实测数据相结合的方式获得。

无线电波传播模型根据其来源可以分为三类：经验模型、确定性模型、半经验半确定性模型。

（1）经验模型：通过对大量的测试结果统计分析后得出。用经验模型预测路径损耗的方法很简单，相关环境信息的精确度要求不高，提供的路径损耗估算值精确也有限。

（2）确定性模型：基于电磁理论直接对特定环境求解，其中特定环境用地形地貌数据库描述。在确定性模型中，常用的技术通常基于射线跟踪的方法，如几何绕射理论（GTD）和物理光学（PO），以及某些不常用的精确方法，如积分方程法或时域有限差分法（FDTD）。利用确定性模型进行无线传播预测非常复杂，计算量非常大。

（3）半经验半确定性模型：根据测试结果修正后得到的模型。

在设计和选择电波传播模型时需要考虑很多的因素，包括：功能设计、准确性和有效性、简单易用、对计算资源的需求、数据的需求、模型间关系、公认度和可接受性、运算速度、通用度等。而其中最重要的是模型的可接受性，当在研究中出现相互矛盾的结果时，公认性就显得十分重要了。因此，国际电信联盟无线局推荐了很多不同频段不同系统应用应该采用的电波传播模型及计算方法，可作为大家实际使用时的参考。详细模型及其介绍可以查阅 ITU-R 相应的建议。

下面仅以移动通信为例说明传播模型的选择问题。在移动通信系统设计中，有奥村-哈塔模型、Cost-231 模型、EGLI 模型等传播模型。由于移动通信所处环境的多样性，每种传播模型都有其特定的适用环境。蜂窝小区可以分为宏蜂窝、微蜂窝和微微蜂窝三类。通常情况下，经验模型适用于宏蜂窝；经验模型和半经验模型适用于具有均匀特性的宏蜂窝；半经验模型适用于均匀的微蜂窝；确定性模型适用于微蜂窝和微微蜂窝，不适用于宏蜂窝，因为这种环境所需的运算量太大，效率太低。

下面以移动通信奥村-哈塔模型为例，对模型的应用计算进行介绍。

### 2.8.2 奥村-哈塔（Okumura-Hata）模型

在陆地移动通信系统的覆盖范围预测中，应用最广泛的是奥村模型以及它的推广（哈塔模型）。奥村（Okumura）在大量测量数据的基础上将他的研究成果总结为曲线的形式，阐明了不同传播环境的传播路径损耗特性。

哈塔模型根据奥村模型的图表数据，经曲线拟合得出一组经验公式。它以准平滑地形的市区路径传播损耗为基准，其余各区的影响均以校正因子的形式进行修正，并考虑了建筑物密度、天线高度等的影响。奥村模型成为国际上移动通信系统设计和分析的重要手段，是计算无线电波的传播损耗的理想工具。奥村-哈塔模型的使用条件：

- 通信距离 $d = 1 \sim 100$ km；
- 基站的有效天线高度 $h_1=20 \sim 100$ m；
- 移动台有效天线高度 $h_2=1 \sim 10$ m；
- 使用频率范围为 100～3 000 MHz；
- 适合的环境包括城区、郊区及以不同地形起伏的乡村。

Okumura-Hata 模型传播损耗公式为：

$$L_{\mathrm{T}}(\mathrm{dB}) = 69.55\ \mathrm{dB} + 26.16\lg f - 13.82\lg h_{\mathrm{b}} - \alpha(h_{\mathrm{m}}) + (44.9 - 6.55\lg h_{\mathrm{b}})\lg d + C_{\mathrm{cell}} + K_{\mathrm{T}} \tag{2-70}$$

式中：$f$ 为工作频率（MHz）；$h_{\mathrm{b}}$ 为基站天线有效高度（m）；$h_{\mathrm{m}}$ 为移动台有效天线高度（m）；$d$ 为基站天线和移动台天线之间的水平距离（km）；$a(h_{\mathrm{m}})$ 为有效天线修正因子，它是覆盖区大小的函数：

$$\alpha(h_{\mathrm{m}}) = \begin{cases} (1.11\lg f - 0.7)h_{\mathrm{m}} - (1.56\lg f - 0.8), & \text{中小城市} \\ 8.29(\lg 1.54 h_{\mathrm{m}})^2 - 1.1, & \text{大城市郊区乡村，} f \leqslant 300\ \mathrm{MHz} \\ 3.2(\lg 1.75 h_{\mathrm{m}})^2 - 4.7, & \text{大城市郊区乡村，} f \geqslant 300\ \mathrm{MHz} \end{cases} \tag{2-71}$$

$C_{\mathrm{cell}}$ 为小区类型校正因子：

$$C_{\mathrm{cell}} = \begin{cases} 0, & \text{城市} \\ -2[\lg(f/28)]^2 - 5.4, & \text{郊区} \\ -4.78(\lg f)^2 + 18.33\lg f - 40.98, & \text{乡村开阔地} \end{cases} \tag{2-72}$$

$K_{\mathrm{T}}$ 为各种环境增益修正因子。合理的增益修正因子可以通过传播模型的测试和校正得到，也可以由用户输入。对于郊区，Hata 模型修正因子为：

$$K_{\mathrm{mr}} = -\lg(f/28) - 5.4 \tag{2-73}$$

对于农村，Hata 模型的修正因子为：

$$K_{\mathrm{r}} = -\lg^2(f/28) - 2.39\lg^2 f + 9.17\lg f - 23.17 \tag{2-74}$$

另外，除了郊区农村修正因子外，还有很多环境修正因子，例如开阔地修正因子 $Q_{\mathrm{o}}$、准开阔地修正因子 $Q_{\mathrm{r}}$、街道修正因子 $K_{\mathrm{street}}$、丘陵地修正因子 $K_{\mathrm{h}}$、一般倾斜地形修正因子 $K_{\mathrm{sp}}$、孤立山峰修正因子 $K_{\mathrm{m}}$、海湖混合路径修正因子 $K_{\mathrm{s}}$、建筑物密度修正因子 $S$（a）等，具体数值可以查阅相关资料。

# 第3章 电磁频谱管理机构及法规标准

电磁频谱的管理也必须由其管理机构组织实施。电磁频谱资源是一种全人类共享的资源，其传播范围不受国界边界的限制，因此必须有一个全球范围内的管理机构，这就是国际电信联盟（ITU）。我国电磁频谱管理是在国务院、中央军委的统一领导下，贯彻军队和政府分工管理的原则。国家无线电管理机构负责全国民用系统的无线电管理工作，军事电磁频谱管理机构负责军事系统的电磁频谱管理工作。

电磁频谱管理法规，是规范、调整国家和军队在电磁频谱管理领域各种行为和关系而制定的法规性文件。电磁频谱管理技术标准，是根据相应的电磁频谱管理法规而制定并以特定形式发布的一系列技术性法规文件。电磁频谱管理的基本法规，主要有国际上的《无线电规则》，我国的《中华人民共和国无线电管理条例》，军队的《中国人民解放军电磁频谱管理条例》。电磁频谱管理技术标准，国际上主要是 ITU-R SM 系列建议，我国主要是与电磁频谱管理有关的国标和军标。

## 3.1 国际电信联盟

### 3.1.1 国际电信联盟成立发展

国际电信联盟（International Telecommunication Union，ITU）简称国际电联，从属于联合国，创立于 1865 年，是世界上历史最早的政府间国际组织之一。目前是联合国负责国际电信事务的专门机构，负责协调各国政府电信主管部门之间电信方面的事务，包括无线电频率和卫星轨道资源的使用协调和管理。截止到 2015 年底，国际电联有成员国 193 个，部门成员、部门准成员和学术成员（电信运营商、设备制造商、电信研发机构以及国际性和区域性电信组织等）700 多个。

国际电联的前身是 1865 年 5 月 17 日成立的国际电报联盟。当时，为了顺利实现国际有线电报通信，法、德、俄、意、奥等 20 个欧洲国家的代表在巴黎签订了《国际电报公约》，国际电报联盟（International Telegraph Union，ITU）宣告成立。随着无线电报的出现与发展，1906 年，德、英、法、美、日等 27 个国家的代表在柏林签订了《国际无线电报公约》。1932 年，70 多个国家的代表在西班牙马德里召开会议，将《国际电报公约》与《国际无线电报公约》合并，制定了《国际电信公约》，并决定自 1934 年 1 月 1 日起正式将国际电报联盟改称为“国际电联”，同时将 1924 年在巴黎成立的国际电话咨询委员会（CCIF）、1925 年在巴黎成立的国际电报咨询委员会（CCIT）和 1927 在华盛顿成立的国际无线电咨询委员会（CCIR）并入国际电联。1947 年 10 月 15 日，经联合国同意，国际电联成为联合国的一个专门机构，总部由瑞士伯尔尼迁至日内瓦。同年在美国亚特兰大召开的国际电联大会上决定建立理事会，并设立国际频率登记委员会（IFRB），作为国际无线电频率管理的常设机构。1956 年，国际电话咨询委员会和国际电报咨询委员会合并成为国际电报电话咨询委员会（CCITT），1985 年成立了电信发展中心，1989 年成立了电信发展局。1992 年 12 月，国际电联在日内瓦召开了全权代表大会，通过了国际电联的机构改革方案：国际电报电话咨询委员会（CCITT）与国际无线电咨询委员会（CCIR）中从事标准工作的部门合并成电信标准化部门（ITU-T）；国际频率登记委员会（IFRB）与国际无线电咨询委员会（CCIR）的其余部分合并成无线电通信部门（ITU-R）；电信发展中心与电信发展局合并成电信发展部门（ITU-D）。

中国于1920年9月1日加入国际电报联盟，1932年派代表参加了在马德里召开的国际电联全权代表大会，国际电联成立后，中国自然成为其会员国，按国际惯例，以1920年9月1日作为中国加入国际电联的日期。1947年在美国亚特兰大召开的全权代表大会上被选为行政理事会的理事国和国际频率登记委员会委员。1972年5月30日，国际电联第27届行政理事会通过决议，确立了中华人民共和国在国际电联的合法权利和席位。1972年10月25日，中国决定加入《国际电信公约》。1973年，中国被选为国际电联理事国。

中国作为国际电联的成员国，并签署了《国际电信公约》，意味着我国承诺遵守相关的国际法律规范，声明保留的条款除外。因此，国际电联的《国际电信公约》、《国际电信联盟组织法》、《无线电规则》也是我国无线电开发、利用和管理中必须遵守的法律规范中重要的一部分。

《国际电信联盟组织法》规定：在使用无线电业务的频带时，各成员国应牢记，无线电频率和任何相关的卫星轨道，包括对地静止卫星轨道是有限的自然资源，必须依照《无线电规则》的规定合理而有效率地节省使用，以使各国或国家集团可以在照顾发展中国家和某些国家的地理位置的特殊需要的同时，公平地使用无线电频率和卫星轨道。

《无线电规则》对无线电领域的最基本的概念做出了标准的定义，规定了无线电业务的定义，对各种无线电业务所使用频率的规划、指配、使用做出了规定，并对国际各国间无线电资料的交换及无线电干扰的国际间协调做出了规定。

国际电信联盟各机构之间通力合作，以促进电信事业的发展。国际电信联盟章程在各成员国批准以后，各条款才会生效。国际电信联盟每个成员国在它的管辖范围内可制定全国的管理法。除了国际电信联盟章程上没有清楚标出或各国用于特殊用途的频段外，这些法规必须遵守最新的无线电规则。

### 3.1.2 国际电信联盟组织结构

国际电信联盟是目前国际上最高的电磁频谱管理机构，国际电信联盟组织结构如图3.1所示。

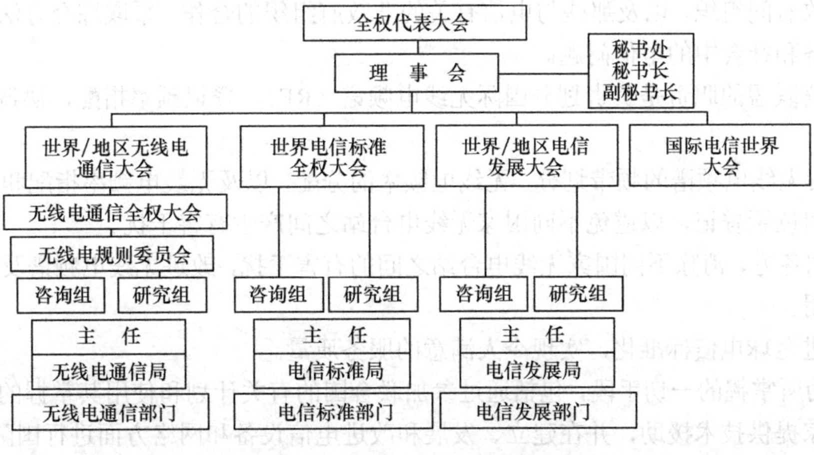


图3.1 国际电信联盟组织结构

（1）全权代表大会——国际电信联盟的最高权力机构，通常每 4 年召开一次，各会员国代表团参加。它负责解释全面政策，确定预算指导方针，选举成员，以及与其他国际通信组织之间的协调。

（2）理事会——由全权代表大会选举的 43 个会员国的代表组成。每年召开 1 次。在两届全权代表大会之间，作为国际电联的管理机构，代表全权代表大会行使职权。

（3）总秘书处——由秘书长领导，在各部门的协助下，拟定国际电联的战略政策和规则，协调各项活动，在行政和财务方面对理事会负责。秘书长是国际电联的合法代表。中国的赵厚麟于 2014 年 10 月 23 日当选国际电信联盟秘书长，2015 年 1 月 1 日上任，任期 4 年。

（4）国际电信世界大会——根据全权代表大会的决定召开，通常 2 年或 3 年召开一次，可以部分地或在特殊情况下全部地修订国际电信规则和处理其职责范围内与其议程有关的具有世界性的任何问题。

（5）无线电通信部门（ITU-R）——由世界无线电通信大会、无线电通信全会、无线电规则委员会、无线电通信顾问组、无线电通信研究组和无线电通信局组成。主要负责维护和修订《无线电规则》；按照《无线电规则》，协调和管理各国对无线电频谱和对地静止卫星轨道的使用；开展不受频率范围限制的研究工作，并就有关无线电通信问题刊发建议。世界无线电通信大会通常 2 年或 3 年召开一次，无线电通信全会与世界无线电通信大会在同一地点同时举行。无线电通信部门的日常工作由无线电通信局承担。

（6）电信标准化部门（ITU-T）——由世界电信标准化全会、电信标准化顾问组、电信标准化研究组和电信标准化局组成。主要负责研究技术、操作和资费问题，制定全球性的电信标准。世界电信标准化全会通常 4 年召开一次。电信标准化部门的日常工作由电信标准化局承担。

（7）电信发展部门（ITU-D）——由世界电信发展大会、电信发展顾问组、电信发展研究组和电信发展局组成。通过提供、组织和协调技术合作及援助活动，促进电信业的发展。世界电信发展大会通常 4 年召开一次。电信发展部门的日常工作由电信发展局承担。

### 3.1.3 国际电联的宗旨与职能

国际电联的宗旨是：维护和扩大会员国之间的国际合作，以改进和合理地使用电信资源；在电信领域内促进向发展中国家提供技术援助；促进新技术的发展和应用，扩大技术设施的使用，提高电信业务的效率；使世界上所有居民更广泛地得益于新的电信技术；通过与其他世界性和区域性政府间组织，以及那些与电信有关的非政府组织的合作，采取综合方法，促进解决全球信息经济和社会中的电信问题。

国际电信联盟的职责是负责划分国际无线电频谱（RF），登记频率指配，协调解决干扰。具体如下：

（1）负责无线电频谱的频带划分，无线电频率的分配，以及无线电频率指配和对地静止卫星轨道的轨道位置登记，以避免不同国家无线电台站之间产生有害干扰。

（2）协调各方，消除不同国家无线电台站之间的有害干扰，改进无线电频谱及对地静止卫星轨道的利用。

（3）促进全球电信标准化，实现令人满意的服务质量。

（4）借助所掌握的一切手段，包括通过参加联合国的有关计划和使用其掌握的资金，鼓励向发展中国家提供技术援助，并在建立、发展和改进电信设备和网络方面进行国际合作。

（5）协调各方，在保持财政独立的基础上，制定出与服务相称的尽可能低廉的费率。

（6）通过电信业务的合作，促进采取各种保证生命安全的措施。

（7）对各种电信问题进行研究，制定规则，通过决议，编拟建议和意见，以及收集、出版资料。

（8）与国际金融和发展机构一起，促进确定优惠的信贷额度，用于发展具有社会效益的项目，将电信业务扩展至世界上最不发达地区。

### 3.1.4 国际频率登记

国际频率登记是按照国际电联《无线电规则》规定的有关频率指配的通知与登记程序，将各国无线电频率指配记录在国际频率登记总表内的过程。国际频率登记原由国际电联频率登记委员会（IFRB）负责，1992 年以后由新成立的国际电联无线电通信局负责。

#### 1．国际频率登记的范围

（1）可能对另一个国家的任何无线电业务产生有害干扰的频率指配，如卫星电台的频率、轨位等各种技术参数；

（2）用于国际无线电通信的频率指配；

（3）需得到国际保护的频率指配，如射电天文电台频率与位置等。

#### 2．国际频率登记的作用

（1）国际承认与保护。符合《无线电规则》的频率指配，在国际频率登记总表中登记后可受到国际承认与保护。对其造成有害干扰的频率使用，主管部门在收到国际电联的通知后应立即采取措施消除干扰。

（2）国际通知。不符合《无线电规则》频率划分及其他条款的频率指配，但不会对符合《无线电规则》的频率指配造成有害干扰，如需各国主管部门考虑该频率指配正在使用，也可在国际频率登记总表中登记，但得不到国际保护。

#### 3．国际频率登记的程序

各国电信主管部门对于需进行国际频率登记的频率指配分别按照国际电联规定的技术参数和统一表格以及时限要求，向国际电联无线电通信局寄送电台频率指配通知单。国际电联无线电通信局收到电台频率指配通知单后，首先审查其资料是否完整，不完整的立即退回。对资料完整的，40 日内在电联出版的周报中予以公布，征求相关国家的意见，同时逐一进行技术审查。凡是有可能对已登入国际频率登记总表内的频率指配产生有害干扰的，退回原主管部门。对审查合格的，国际电联无线电通信局将该频率指配及收到频率指配通知的日期一并记入国际频率登记总表，并注记临时标志。自频率指配启用后的 30 日内，提出指配的主管部门应通知国际电联无线电通信局该项指配已启用。国际电联无线电通信局从国际频率登记总表中删除该项频率指配的临时标志。频率指配的启用日期可根据主管部门的要求最多比计划推迟 6 个月。在规定期限内未启用的频率指配将被国际电联无线电通信局取消登记。在国际频率登记总表中登记的频率指配定期在国际电联秘书处出版的《国际频率表》（IFL）中公布。

对已记录在国际频率登记总表中的频率指配，使用主管部门如要改变其主要参数，应向国际电联寄送变更主要参数的频率指配通知单，由国际电联重新进行技术审查和登记修改。国际电联定期对国际频率登记总表进行复审，如从获得的资料中发现某记录未按照原登记的技术参数进行工作，应向有关主管部门提出查询，根据查询结果进行修改或删除处理。国际电联也可应会员国主管部门的要求对指配记录进行复审，并按《无线电规则》的规定进行修改。

## 3.2 国家无线电管理机构

### 3.2.1 组织结构

我国电磁频谱管理实行统一领导、统一规划、分工管理、分级负责的原则，贯彻科学管理、促进发展的方针。无线电频谱资源属国家所有，国家对无线电频谱实行统一规划、合理开发、科学管理、有偿使用的原则。

国家无线电管理机构，在国务院、中央军委的统一领导下负责全国民用系统的无线电管理工作。中国人民解放军电磁频谱管理机构在国务院、中央军委领导下负责军事系统的电磁频谱管理工作。

目前国家无线电管理机构组织结构如图3.2所示。

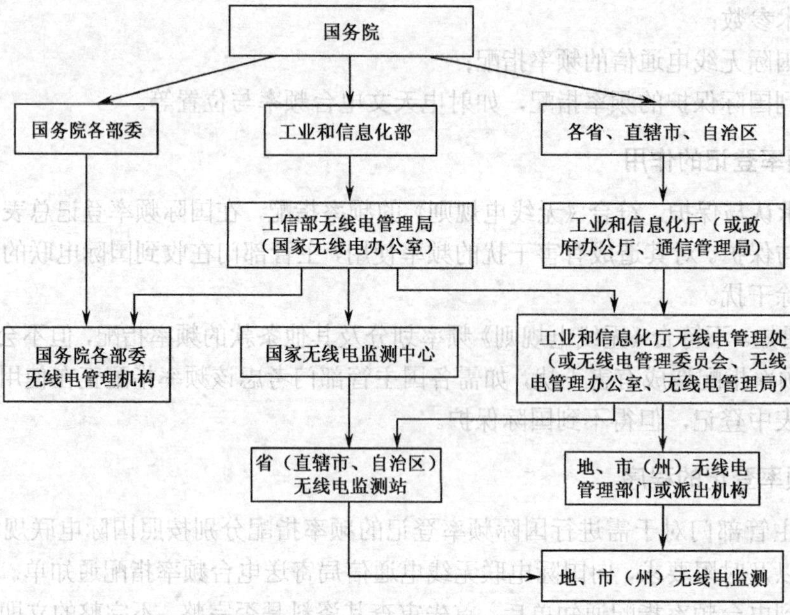


图3.2 国家无线电管理机构组织结构

工业和信息化部为国家无线电管理行政主管部门，在工业和信息化部设无线电管理局（国家无线电办公室），负责全国民用系统的无线电管理工作。其内部机构包括：综合处、地面业务处、空间业务处、频率规划处、监督检查处、无线电安全处。负责完成日常无线电管理工作。

国家无线电监测中心（国家无线电频谱管理中心）是国家无线电管理技术机构，为工业和信息化部直属事业单位。在国家无线电管理机构的领导下，负责对无线电信号实施监测和无线电管理技术保障。中心下设14个处室、9个国家级监测站及2个下属单位。14个处室由办公室、人事处、财务处、科技处、频谱工程处、信息管理处、无线电监测处、设备检测处、台站管理处、卫星频谱轨道工程处（卫星频谱与轨道技术研究室）、频谱管理研究处、建设处、无线电管理政策研究室、行政管理处等部门组成。9个国家级监测站为北京监测站、哈尔滨监测站、上海监测站、福建监测站、深圳监测站、成都监测站、云南监测站、陕西监测站、乌鲁木齐监测站。2个下属单位为北京东方波泰无线电频谱技术研究所和国家无线电监测中心检测中心。

省、市、自治区无线电管理机构，在工业和信息厅（或政府办公厅、通信管理局等）设无线电管理处（或设无线电管理委员会、无线电管理办公室、无线电管理局等），负责辖区内除军事系统以外的无线电管理工作，接受同级政府的领导和国家无线电管理机构的业务指导。省、市、自治区无线电监测站，在同级无线电管理机构的领导下，负责对省、市、自治区无线电信号实施监测和无线电管理技术保障。

国务院相关部门的无线电管理机构，在其部门内设无线电管理办公室，在国家无线电管理机构的业务领导下负责本系统的无线电管理工作。国家其他部委无线电监测站，在同级无线电管理机构的领导下，负责对本系统无线电信号实施监测和无线电管理技术保障。

### 3.2.2 主要职责

#### 1. 国家无线电办公室的主要职责

（1）根据无线电管理的需要组织拟制或修订无线电管理的方针、政策、法规，报送国务院、中央军委审批后，发布施行。

（2）根据无线电管理的方针、政策、法规，制定无线电管理部门的规章，对无线电工作做出具体的规定。重点有编制无线电频谱规划。

（3）负责无线电频率管理和卫星轨道位置协调和管理，包括无线电频率的划分、分配与指配。

（4）负责无线电台（站）的监督管理以及无线电设备研制、生产、销售、进口过程中有关事宜。包括审批无线电台（站）、核发电台执照、核配频率呼号等。

（5）负责无线电监测、检测、干扰查处，依法组织实施无线电管制，协调处理电磁干扰，维护空中电波秩序。包括协调处理军地间无线电管理相关事宜。

（6）组织无线电管理方面的科研工作，制定无线电管理方面的技术标准。主要为开发频谱资源、提高无线电频谱利用率和电磁环境监测技术的研究工作。

（7）负责全国无线电监测网络建设工作。制定国家无线电监测网站建设规划和组织国家无线电监测网站建设，指导、监督各省、直辖市、自治区的无线电监测网站建设规划和网站建设；组织和领导国家无线电监测网站的工作。

（8）统一处理涉外无线电管理方面的事宜。由国家无线电办公室统一组织、协调、参与或直接处理涉外无线电管理活动的事宜。

#### 2. 国家无线电监测中心的主要职责

（1）电波监测。监测无线电频谱资源利用情况和无线电台站频率使用情况；无线电短波/卫星干扰源定位；对非法无线电发射予以技术阻断。

（2）频管支撑。电磁兼容分析；无线电频率划分、规划和分配研究；卫星频率和轨道资源规划与配置的技术论证；设置无线电台和卫星通信网的技术审查；无线电频率、卫星轨道资源国际国内协调的技术支撑。

（3）设备检定。无线电产品型号核准检测和质量监督；在用无线电发射设备检测；全国无线电检测机构认定的技术工作。

（4）数据管理。全国无线电管理频率、台站、监测等核心数据的集中存储和分析，数据库的维护和管理。

（5）标准制定。无线电管理技术标准规范体系的建设规划；无线电管理技术标准规范研究制定的组织统筹；重要无线电管理技术标准规范的研究制定。

（6）决策支持。发挥全国无线电管理技术中心作用；无线电管理政策研究；全面支撑无线电管理工作；为地方无线电管理工作提供技术指导。

### 3. 中国人民解放军电磁频谱管理机构

负责军事系统的电磁频谱管理工作，其主要职责是：

（1）参与拟订并贯彻执行国家无线电管理的方针、政策、法规和规章，拟订军事系统的电磁频谱管理法规。

（2）审批军事系统无线电台（站）的设置。

（3）负责军事系统无线电频率的规划、分配和管理。

（4）核准研制、生产、销售军用无线电设备和军事系统购置、进口无线电设备的有关无线电管理的技术指标。

（5）组织军事电磁频谱管理方面的科研工作，拟制军用电磁频谱管理技术标准。

（6）实施军事系统无线电监督和检查。

（7）参与组织协调处理军地电磁频谱管理方面的事宜。

### 4. 各级无线电监测站的主要职责

国家无线电监测站，省、自治区、直辖市无线电监测站，以及设区的市无线电监测站，负责对无线电信号实施监测。各级无线电监测站的主要职责是：

（1）监测无线电台（站）是否按照规定程序和核定的项目工作；

（2）查找无线电干扰源和未经批准使用的无线电台（站）；

（3）测定无线电设备的主要技术指标；

（4）检测工业、科学、医疗等非无线电设备的无线电波辐射；

（5）国家无线电管理机构、地方无线电管理机构规定的其他职责；

（6）国务院有关部门的监测台（站）负责本系统的无线电监测和监督检查。

国家无线电管理机构、地方无线电管理机构应当设立无线电管理检查员，对无线电管理的各项工作进行监督检查。国务院有关部门可以设立无线电管理检查员，对本系统的无线电管理工作进行监督检查无线电管理检查员在其职权范围内进行监督检查时，有关单位和个人应当积极配合。

下面举例说明某些管理方面的一些具体内容。

### 5. 无线电设备的过程管理

（1）研制。研制无线电发射设备所需要的工作频率和频段应当符合国家有关无线电管理的规定，并报国家无线电管理机构核准。

（2）生产。生产的无线电发射设备，其工作频率、频段和有关技术指标应当符合国家有关无线电管理的规定，并报国家无线电管理机构或者地方无线电管理机构备案。

（3）销售。企业生产、销售的无线电发射设备，必须符合国家技术标准和有关产品质量管理的法律、法规的规定。县级以上各级人民政府负责产品质量监督管理工作的部门应当依法实施监督、检查。

（4）进口。进口的无线电发射设备，其工作频率、频段和有关技术指标应当符合国家有关无线电管理的规定，并报国家无线电管理机构或者省、自治区、直辖市无线电管理机构核准。

6．惩罚

根据《中华人民共和国无线电管理条例，》对有下列行为之一的单位和个人，国家无线电管理机构或者地方无线电管理机构可以根据具体情况给予警告、查封或者没收设备、没收非法所得的处罚；情节严重的，可以并处 1 000 元以上、5 000 元以下的罚款或者吊销其电台执照：

（1）擅自设置、使用无线电台（站）的；

（2）违反条例规定研制、生产、进口无线电发射设备的；

（3）干扰无线电业务的；

（4）随意变更核定项目，发送和接收与工作无关的信号的；

（5）不遵守频率管理的有关规定，擅自出租、转让频率的。

违反条例规定，给国家、集体或者个人造成重大损失的，应当依法承担赔偿责任；国家无线电管理机构或者地方无线电管理机构并应当追究或者建议有关部门追究直接责任者和单位领导人的行政责任。

当事人对国家无线电管理机构或者地方无线电管理机构的处罚不服的，可以依法申请复议或者提起行政诉讼。

无线电管理人员滥用职权、玩忽职守的，由其所在单位或者上级机关给予行政处分；构成犯罪的，依法追究刑事责任。

《中华人民共和国治安管理处罚法》第 28 条，违反国家规定，故意干扰无线电业务正常进行的，或者对正常运行的无线电台（站）产生有害干扰，经有关主管部门指出后，拒不采取有效措施消除的，处 5 日以上 10 日以下拘留；情节严重的，处 10 日以上 15 日以下拘留。

《中华人民共和国刑法》第九修正案自 2015 年 11 月 1 日起施行，对干扰无线电通信秩序者提出了新的量刑。《中华人民共和国刑法》第二百八十八条第一款修改为："违反国家规定，擅自设置、使用无线电台（站），或者擅自使用无线电频率，干扰无线电通信秩序，情节严重的，处三年以下有期徒刑、拘役或者管制，并处或者单处罚金；情节特别严重的，处三年以上七年以下有期徒刑，并处罚金。"

## 3.3 国际法规及建议

中国已成为国际电联的理事国成员，并签署了《国际电信公约》，这意味着除声明保留的条款外，我国承诺遵守相关的国际法律规范。因此，国际电联的《国际电信公约》、《国际电信联盟组织法》、《无线电规则》也是我国无线电开发、利用和管理中必须参照的法律规范中重要的一部分。

### 3.3.1 《无线电规则》

《无线电规则》是一项国际无线电法规，是联合国专门机构——国际电信联盟用来规范各国无线电通信使用，调整和协调各国在无线电管理活动中的相互关系，规范其权利和义务的重要国际性法规。《无线电规则》附属于国际电信联盟组织法和公约，与其共同行使对全球电信的管理，并对联盟全体会员的行为予以规范与约束。

《国际电信联盟组织法》第 196 款规定：在为无线电业务分配频率时，各国主管部门应该牢记，无线电频率和对地球静止卫星轨道是有限的自然资源，应按照《无线电规则》的规定合理、经济、有效地使用，在考虑发展中国家和具有特定地理位置国家的特殊需要的同时，使各国或各国家集团可以公平地使用无线电频率和地球静止卫星轨道。

《无线电规则》于1903年无线电报预备会议上制定，正式诞生于1906年在柏林召开的第一届国际无线电报大会，它规定："无线电台在操作时应尽可能不干扰其他电台的工作"。随着无线电通信的需要和无线电技术的发展，《无线电规则》经过几十次世界性无线电行政（通信）大会的修改和补充变得越来越详细和复杂。《无线电规则》由条款、附录、决议和建议4部分组成。据统计，2012年版《无线电规则》包含78条（3 674个条款）、45个附录、116个决议和93个建议。

（1）条款。《无线电规则》分A和B两大部分。A部分主要包括：无线电业务、台站、频率管理等名词、术语的定义；频谱区域划分、频率划分表、频率指配与使用规则；频率指配的国际协调、通知与登记方法；无线电干扰的国际监测、报告与处理程序。其中，频率划分表是其中最主要的内容。B部分主要包括电台的执照、发射标识、业务文件的规定；各种无线电业务的具体操作使用规定等。

（2）附录。附录内容包括：国际频率通知单的内容与格式，需提前公布的卫星网络资料，部分业务频段的国际频率分配表，部分业务电台的技术特性、有害干扰报告，卫星网络的协调计算方法，卫星频率/轨道的国际分配表等。

（3）决议。汇总了世界无线电通信大会（或1992年前的世界无线电行政大会）通过的各项决议。被废除或取代的决议不再编入新的《无线电规则》，因此，凡编入《无线电规则》的决议皆为有效力的决议。

（4）建议。世界无线电通信大会（或1992年前的世界无线电行政大会）以及国际电联无线电通信全会通过的各项建议。被废除或取代的建议不再编入新的《无线电规则》，因此，凡编入《无线电规则》的建议皆为有效的建议。

《无线电规则》对各国使用无线电频谱和卫星轨道位置做出规范，主要体现在以下几方面：

（1）无线电频率划分表。在该表中表明了9 kHz～400 GHz的每一频段划分给某一种或几种特定的无线电业务使用。它是对各种无线电业务使用频率进行管理的基础，各国均应遵守。如果某国使用频率与频率划分表不一致，必须事先取得可能受到影响的其他国家的同意，否则不予保护。

（2）频率的通知、协调和登记。在共同频段内的空间业务和地面业务以及其他无线电业务，必须要在使用前进行协调，以保证同频段各种业务的协调发展。只有经过成功协调和审查合格的频率指配才能得到国际承认和保护。

（3）频率的规划。编制频率规划，按通过的频率规划进行管理是电联多年来对某些无线电业务和无线电频段进行管理的一种主要方法，也是《无线电规则》的重要组成部分。对有权力的大会通过的规划，各签字国均必须遵守。各国凡按规划使用的频率，都有权受到国际保护。凡频率使用与规划不一致的，应按规划修改程序进行，与相关国家达成协议后方可使用，否则不予保护。

### 3.3.2 ITU-R建议

ITU-R建议由一套推荐的无线电通信技术和操作标准构成，是无线通信研究组取得的研究成果。

ITU-R建议被ITU成员国认可。它的执行不是强制性的；然而，这些建议是由各国的主管部门、运营商、企业和其他组织机构的专家提出，用于解决世界范围内无线通信方向的问题，因而它享有很高的名誉，在世界范围内得到应用。

根据涉及的内容，ITU-R 建议分为许多系列，如表 3.1 所示。

表 3.1　ITU-R 建议系列

| 建议序列 | 英文名称 | 中文译名 |
| --- | --- | --- |
| BO 系列 | Satellite delivery | 卫星传输 |
| BR 系列 | Recording for production, archival and play-out; Film for television | 制作、档案和播放的记录；电视电影 |
| BS 系列 | Broadcasting service（sound） | 广播业务（声音） |
| BT 系列 | Broadcasting service（television） | 广播业务（电视） |
| F 系列 | Fixed service | 固定业务 |
| M 系列 | Mobile, radiodetermination, amateur and related satellite services | 移动、无线电测定、业余及相关的卫星业务 |
| P 系列 | Radiowave propagation | 无线电波传播 |
| RA 系列 | Radio astronomy | 射电天文 |
| S 系列 | Fixed-satellite service | 卫星固定业务 |
| SA 系列 | Space applications and meteorology | 空间应用和气象学 |
| SF 系列 | Frequency sharing and coordination between fixed-satellite and fixed service systems | 卫星固定业务和固定业务间的频率共用和协调 |
| SM 系列 | Spectrum management | 频谱管理 |
| SNG 系列 | Satellite news gathering | 卫星新闻采集 |
| TF 系列 | Time signals and frequency standards emissions | 时间信号和频率标准发射 |
| V 系列 | Vocabulary and related subjects | 词汇和相关主题 |

其中 ITU-R 的 SM 系列建议是关于频谱管理的，如 ITU-R SM.182-4 建议名称为“无线电频谱占用度的自动监测”，ITU-R SM.328-10 建议名称为“辐射频谱与带宽”。

ITU-R 建议以卷册和增补修订的形式出版。某些情况下，特殊的建议也会单独出版。卷册通常每四年出版一次，包括当时所有有效的 ITU-R 建议；增补修订的建议通常一年出版一次。这些建议从出版之日起开始生效。

## 3.4　国家法规制度

国家及各级政府部门制定了大量的频谱管理法规制度。一是国家行政法规，1993 年，国务院、中央军委颁布《中华人民共和国无线电管理条例》，这是我国第一部正式的无线电管理行政法规。与频谱管理有关的还有《中华人民共和国电信条例》。二是各省颁发的地方性法规，如《福建省无线电管理条例》、《云南省无线电管理条例》等。三是规章及规范性文件，包括国务院及各部委（特别是国家无线电行政管理部门）制定的规章及规范性文件，有 40 多部，如《无线电台执照管理规定》、《无线电管理收费规定》、《业余无线电台站管理暂行规定》、《研制无线电发射设备的管理规定》等；地方政府制定的规章制度（12 个省），如《河北省无线电管理规定》、《湖南省无线电管理办法》、《重庆市无线电管理办法》等；技术规划及标准，如《中华人民共和国无线电频率划分规定》、《无线电发射的标识及必要带宽的确定》（GB/T 12046—1989）、《无线电业务要求的信号/干扰保护比和最小可用场强》（GB/T 14431—1993）等。

### 3.4.1《中华人民共和国无线电管理条例》

《中华人民共和国无线电管理条例》是国家无线电管理的基本法规，1993 年 9 月 11 日由国务院、中央军委联合发布施行。该条例明确了无线电频谱资源属国家所有，国家对无线电频谱实行统一规划、合理开发、科学管理、有偿使用的原则；共分 10 章 49 条。

第一章总则；第二章管理机构及其职责；第三章无线电台（站）的设置和使用；第四章频率管理；第五章无线电发射设备的研制、生产、销售、进口；第六章非无线电设备的无线电波辐射；第七章涉外无线电管理；第八章无线电监测和监督检查；第九章罚则；第十章附则。

《中华人民共和国无线电管理条例》内容丰富，涵盖了国家无线电管理的各个方面，主要内容如下：

（1）规定和明确了我国无线电管理的方针、原则，以及无线电频谱资源的法律地位和开发、使用原则等。

（2）规定了国家无线电管理机构、军队无线电管理机构、地方各级无线电管理机构、国务院有关部门，以及国家无线电管理技术机构的设置、职责和任务。

（3）规定了设置使用电台的基本要求和设置电台的条件和报审程序、手续，无线电设施建设审批程序及电台呼号、电台执照的分配、指配权限，紧急情况下无线电设施使用的条件和要求，以及各类无线电台使用时应遵守的通信规定和通信纪律等。

（4）规定了频率使用的基本政策，频率划分、分配、指配的权限，无线电有害干扰处理的基本原则和特殊情况下的处置办法，以及各级、各类无线电业务遵守无线电管制的要求。

（5）对国家用频设备研制、生产、进口及销售过程中的一系列问题（情况）做出了严格的规定和要求，如研制用频设备应按程序报批，生产、进口用频设备应技术标准等。

（6）对产生无线电波辐射的非用频设备的管理范围、管理办法，以及要达到的管理目标做出了明确的规定。如非通信系统的无线电波辐射必须符合国家规定，造成有害干扰的设备必须予以消除，对航空（海）造成危害的必须停止使用等。

（7）规定了统一无线电管理涉外工作，明确了国家无线电管理机构在无线电频率划分、分配、协调、国际无线电有害干扰查处等方面的职责、权力和义务，以及对涉外电台设置的审批和管理等。

（8）规定了全国无线电监测体制，各级监测站的职责及监督检查。

（9）规定了对违反条例的行为所适用的处罚种类、幅度，以及对无线电管理人员在行政活动中渎职、失职、滥用职权行为的处理办法等。

（10）授权军队、人防部门可自行制定本系统的无线电管理办法，授权公安、武警、安全部门可与国家无线电管理委员会联合制定本系统的无线电管理办法，明确了国家无线电管理条例的生效日期等。

### 3.4.2 《中华人民共和国无线电频率划分规定》

新版《中华人民共和国无线电频率划分规定》于 2013 年 11 月 5 日由中华人民共和国工业和信息化部第 5 次部务会议审议通过，自 2014 年 2 月 1 日起施行。

《划分规定》包括前言、正文和附录三部分。前言部分明确了《划分规定》的制定目的、制定依据和适用范围；正文部分包括三章：无线电管理的术语与定义（第一章）、电台的技术特性（第二章）、无线电频率划分规定（第三章）；附录部分包括三个附录：发射机频率容限（附录1）、发射设备杂散域发射功率限值要求（附录2）、发射标识和必要带宽（附录3）。具体内容为：

（1）制定目的和依据：为了充分、合理、有效地利用无线电频谱资源，保证无线电业务的正常运行，防止各种无线电业务、无线电台站和系统之间的相互干扰，根据《中华人民共和国无线电管理条例》、国际电信联盟《无线电规则》（2008 年版）和我国无线电业务发展的实际情况，制定本规定。

（2）适用范围：在中华人民共和国境内（港澳台地区除外）研制、生产、进口、销售、试验和设置使用各种无线电设备，应当遵守本规定，并按照《中华人民共和国无线电管理条例》等规定办理相应的手续。在中华人民共和国香港、澳门特别行政区内使用无线电频率，应当分别遵守香港、澳门特别行政区政府有关无线电管理的法律规定。

（3）无线电管理的术语与定义：规定中的术语和定义取自中国国家标准《无线电管理术语》（GB/T 13622—1992）和国际电信联盟《无线电规则》2012年版，这些术语与定义仅做统一称呼和理解其含义之用。

（4）电台的技术特性：为2010年版以后新增加的内容，以加强对无线电台（站）和无线电发射设备的管理。要求电台所用设备的选择与性能以及电台的任何发射，应符合我国无线电管理规定、相关国家标准及国际电联《无线电规则》的有关规定。

（5）无线电频率划分规定：规定了业务种类与划分，列出了我国详细的无线电频率划分表，及国际电信联盟无线电频率划分脚注和中国无线电频率划分脚注。

### 3.4.3 《中华人民共和国无线电管制规定》

无线电管制，是指在特定时间和特定区域内，依法采取限制或者禁止无线电台（站）、无线电发射设备和辐射无线电波的非无线电设备的使用，以及对特定的无线电频率实施技术阻断等措施，对无线电波的发射、辐射和传播实施的强制性管理。

为了维护国家安全和社会公共利益，保障国家重大任务、处置重大突发事件等需要，国家可以实施无线电管制。无线电管制涉及许多公民和组织的利益，必须慎重决定，依法实施。管制时机通常包括：军队作战，军事演习，尖端武器试验，飞船、卫星、导弹发射等军事活动，也包括和平时期的重要科学、商业、政治和社会活动等。实施无线电管制，应当遵循科学筹划、合理实施的原则，合理控制并尽量缩减管制的频域、地域和时域，最大限度地减轻无线电管制对国民经济和人民群众生产生活造成的影响。

无线电管制命令下达后，管制区域内军队和地方的所有单位和个人都必须严格遵守，按规定关闭用频台站、设备和辐射无线电波的非用频设备，对拒不执行者采取强制措施。严格依照管制命令，按要求对相应区域、频段内的设备进行准确管制。该管制的必须管住、管严、管死，不该管制的保证其正常工作。

2010年8月31日国务院和中央军委第579号令发布《中华人民共和国无线电管制规定》，自2010年11月1日起施行。其主要内容如下：

（1）在全国范围内或者跨省、自治区、直辖市实施无线电管制，由国务院和中央军事委员会决定。在省、自治区、直辖市范围内实施无线电管制，由省、自治区、直辖市人民政府和相关军区决定，并报国务院和中央军事委员会备案。

（2）国家无线电管理机构和军队电磁频谱管理机构，应当根据无线电管制需要，会同国务院有关部门，制定全国范围的无线电管制预案，报国务院和中央军事委员会批准。省、自治区、直辖市无线电管理机构和军区电磁频谱管理机构，应当根据全国范围的无线电管制预案，会同省、自治区、直辖市人民政府有关部门，制定本区域的无线电管制预案，报省、自治区、直辖市人民政府和军区批准。

(3)决定实施无线电管制的机关应当在开始实施无线电管制10日前发布无线电管制命令，明确无线电管制的区域、对象、起止时间、频率范围以及其他有关要求；但是，紧急情况下需要立即实施无线电管制的除外。

(4)国务院和中央军事委员会决定在全国范围内或者跨省、自治区、直辖市实施无线电管制的，由国家无线电管理机构和军队电磁频谱管理机构会同国务院公安等有关部门组成无线电管制协调机构，负责无线电管制的组织、协调工作。在省、自治区、直辖市范围内实施无线电管制的，由省、自治区、直辖市无线电管理机构和军区电磁频谱管理机构会同公安等有关部门组成无线电管制协调机构，负责无线电管制的组织、协调工作。

(5)无线电管制协调机构应当根据无线电管制命令发布无线电管制指令。国家无线电管理机构和军队电磁频谱管理机构，省、自治区、直辖市无线电管理机构和军区电磁频谱管理机构，依照无线电管制指令，根据各自的管理职责，可以采取下列无线电管制措施：

- 对无线电台（站）、无线电发射设备和辐射无线电波的非无线电设备进行清查、检测；
- 对电磁环境进行监测，对无线电台（站）、无线电发射设备和辐射无线电波的非无线电设备的使用情况进行监督；
- 采取电磁干扰等技术阻断措施；
- 限制或禁止无线电台（站）、无线电发射设备和辐射无线电波的非无线电设备的使用。

(6)实施无线电管制期间，无线电管制区域内拥有、使用或者管理无线电台（站）、无线电发射设备和辐射无线电波的非无线电设备的单位或者个人，应当服从无线电管制命令和无线电管制指令。

(7)实施无线电管制期间，有关地方人民政府，交通运输、铁路、广播电视、气象、渔业、通信、电力等部门和单位，军队、武装警察部队的有关单位，应当协助国家无线电管理机构和军队电磁频谱管理机构或者省、自治区、直辖市无线电管理机构和军区电磁频谱管理机构实施无线电管制。

(8)无线电管制结束，决定实施无线电管制的机关应当及时发布无线电管制结束通告；无线电管制命令已经明确无线电管制终止时间的，可以不再发布无线电管制结束通告。

(9)违反无线电管制命令和无线电管制指令的，由国家无线电管理机构或者省、自治区、直辖市无线电管理机构责令改正；拒不改正的，可以关闭、查封、暂扣或者拆除相关设备；情节严重的，吊销无线电台（站）执照和无线电频率使用许可证；违反治安管理规定的，由公安机关依法给予处罚。军队、武装警察部队的有关单位违反无线电管制命令和无线电管制指令的，由军队电磁频谱管理机构或者军区电磁频谱管理机构责令改正；情节严重的，依照中央军事委员会的有关规定，对直接负责的主管人员和其他直接责任人员给予处分。

### 3.4.4 《业余无线电台管理办法》

业余无线电（amateur radio）是指无线电爱好者出于个人爱好，不以商业为目的，利用工作余暇时间，自己研制或购买无线电收发设备，通过空中电波与其他无线电爱好者联络，进行技术探讨。现在世界各国，已经有数以百万计的人参加这项活动，深受各国业余无线电爱好者的欢迎，业余无线电爱好者又称为火腿（ham）。业余无线电不能进行商业性质的信息传递，也不允许广播和传递任何消息、音乐、广告文学等属于新闻、广播、电视业务的内容。业余无线电一般可在两个方面为社会服务：一是发生意外灾难，像洪水、风暴、地震与火灾等，协助灾难地区做好对外的联络；二是参与探险、越野竞赛、航行的联络。另外，对普及科学技术知识，培养有动手能力的科技后备力量与军事后备人员，效果也很明显。

业余无线电台，是指开展《中华人民共和国无线电频率划分规定》确定的业余业务和卫星业余业务所需的发信机、收信机或者发信机与收信机的组合（包括附属设备）。

国家无线电管理机构和省、自治区、直辖市无线电管理机构依法对业余无线电台实施监督管理。设置业余无线电台，应当按照规定办理审批手续，取得业余无线电台执照。个人业余无线电爱好者应向中国无线电运动协会（CRSA）提出申请，中国无线电运动协会在国家无线电管理委员会和国家体育运动委员会的指导下，负责个人业余无线电台活动的组织实施。中华人民共和国境外的组织或者个人在境内设置、使用业余无线电台，其所在的国家或者地区与中华人民共和国签订相关协议的，按照协议办理；未签订相关协议的，按照我国的相关规定办理。国家鼓励和支持业余无线电通信技术的研究、普及和突发重大自然灾害等紧急情况下的应急无线电通信活动。依法设置的业余无线电台受国家法律保护。

为了加强对业余无线电台的管理，维护空中电波秩序，促进业余无线电活动的有序开展，2012 年 10 月 17 日中华人民共和国工业和信息化部第 26 次部务会议审议通过《业余无线电台管理办法》，中华人民共和国工业和信息化部令第 22 号发布，自 2013 年 1 月 1 日起施行。

### 1. 业余无线电台设置审批

（1）申请设置业余无线电台，应当具备下列条件：

- 熟悉无线电管理规定；
- 具备国家无线电管理机构规定的操作技术能力；
- 无线电发射设备符合国家相关技术标准；
- 法律、行政法规规定的其他条件。

单位申请设置业余无线电台的，其业余无线电台负责人应当具备上述第一项规定的条件，技术负责人应当具备第一项和第二项规定的条件。

个人申请设置具有发信功能的业余无线电台的，应当年满 18 周岁。

（2）申请设置业余无线电台，应当向设台地地方无线电管理机构提交下列书面材料：

- 《业余无线电台设置（变更）申请表》；
- 《业余无线电台技术资料申报表》；
- 个人身份证明或者设台单位证明材料的原件、复印件。申请人为单位的，还应当提交其业余无线电台负责人和技术负责人身份证明材料的原件、复印件
- 具备相应操作技术能力证明材料的原件、复印件。

地方无线电管理机构在验证上述第三项、第四项规定的证明材料的真实性后，应当及时将原件退还申请人。

（3）设置在省、自治区、直辖市范围内通信的业余无线电台，由设台地地方无线电管理机构审批；设置通信范围涉及两个以上的省、自治区、直辖市或者涉及境外的业余无线电台，由国家无线电管理机构审批。国家无线电管理机构可以委托设台地地方无线电管理机构负责除业余信标台、用于卫星业余业务的空间业余无线电台（简称“空间业余无线电台”）等特殊业余无线电台以外的业余无线电台的设置审批，核发业余无线电台执照。

（4）设置空间业余无线电台，应当符合本办法和空间电台管理的相关规定。

（5）业余中继台的设置和技术参数等应当符合国家以及设台地地方无线电管理机构的规定。业余中继台应当设专人负责监控和管理工作，配备有效的遥控手段。

（6）业余无线电台无线电发射设备应当依法取得《中华人民共和国无线电发射设备型号核准证》。申请人可以使用符合国家相关技术标准的自制、改装、拼装的无线电发射设备办理审批手续。对业余无线电台专用无线电发射设备进行型号核准，应当以《中华人民共和国无线电频率划分规定》中有关无线电发射设备技术指标的规定为依据。业余无线电台专用无线电发射设备不得用于其他无线电业务，其发射频率应当在业余业务或者卫星业余业务频段内。

（7）申请材料不全、不符合法定形式的，无线电管理机构应当当场或者在5个工作日内一次告知申请人需要补正的全部内容。申请材料齐全、符合法定形式和本办法规定的，无线电管理机构应当当场或者自受理申请之日起20个工作日内，核发业余无线电台执照；不符合规定条件的，应当书面通知申请人不予核发业余无线电台执照并说明理由。

（8）业余无线电台执照由国家无线电管理机构统一印制。业余无线电台执照的有效期不超过五年。业余无线电台执照有效期届满后需要继续使用的，应当在有效期届满前30日以前向核发执照的无线电管理机构申请办理延续手续。

（9）业余无线电台执照应当载明所核定的技术参数和发射设备等信息；单位设置业余无线电台的，其执照还应当载明业余无线电台负责人和技术负责人。业余无线电台的技术参数不得超出其业余无线电台执照所核定的范围。需要变更业余无线电台执照核定内容的，应当向核发执照的无线电管理机构申请办理变更手续，换发业余无线电台执照。

（10）终止使用业余无线电台的，应当向核发业余无线电台执照的无线电管理机构申请注销执照。

（11）禁止涂改、仿制、伪造、倒卖、出租或者出借业余无线电台执照。

（12）根据国家无线电管理机构的委托核发业余无线电台执照的地方无线电管理机构，应当自核发、换发、注销执照之日起20个工作日内，将相关情况报国家无线电管理机构。

2．业余无线电台使用

（1）使用业余无线电台，应当具备下列条件：

- 熟悉无线电管理规定；
- 具备国家无线电管理机构规定的操作技术能力，取得相应操作技术能力证明。

（2）业余无线电台使用的频率应当符合《中华人民共和国无线电频率划分规定》。业余业务、卫星业余业务作为次要业务使用频率或者与其他主要业务共同使用频率的，应当遵守无线电管理机构对该频率的使用规定。业余无线电台在无线电管理机构核准其使用的频段内，享有平等的频率使用权。国家对业余无线电台免收无线电频率占用费。

（3）业余无线电台的通信对象应当限于业余无线电台。在突发重大自然灾害等紧急情况下，业余无线电台可以和非业余无线电台通信，但应当及时向所在地地方无线电管理机构报告，其通信内容应当限于与抢险救灾直接相关的紧急事务或者应急救援相关部门交办的任务。

（4）未经所在地地方无线电管理机构批准，业余无线电台不得以任何方式进行广播或者发射通播性质的信号。

（5）业余无线电台在通信过程中应当使用明语及业余无线电领域公认的缩略语和简语，数据文件交换应当使用公开的方式。但是，卫星业余业务中地面控制电台和空间电台之间交换的控制信号可以除外。业余无线电台试验新的编码、调制方式和数字通信协议等，应当事先公开并向所在地地方无线电管理机构提交相关技术信息。

（6）业余无线电台设置人应当对无线电发射设备进行有效监控，确保正常工作，保证能够及时停止其造成的有害干扰。

（7）业余中继台应当向其覆盖区域内的所有业余无线电台提供平等的服务，并将使用业余中继台所需的各项技术参数公开。

（8）依法设置的通信范围涉及两个以上的省、自治区、直辖市或者涉及境外的业余无线电台，可以在设台地以外的地点进行异地发射操作，但应当遵守所在地地方无线电管理机构的相关规定。

（9）在业余无线电台操作培训中，已接受无线电管理规定等培训的人员，可以在业余无线电台设置人或者技术负责人的现场辅导下，在业余无线电台执照核定范围和国家有关业余无线电台操作权限规定确定的范围内，进行发射操作实习。

（10）业余无线电台通信不得发送、接收与业余业务和卫星业余业务无关的信号，不得传播、公布无意接收的非业余业务和卫星业余业务的信息。

（11）业余无线电台供其设置人、使用人用于相互通信、技术研究和自我训练。禁止利用业余无线电台从事下列活动：

- 发布、传播违反法律或者公共道德的信息；
- 从事商业或者其他与营利有关的活动；
- 阻碍其他无线电台通信；
- 法律、行政法规禁止的其他活动。

（12）业余无线电台设置人、使用人应当加强自律，接受无线电管理机构或者其委托单位的指导、监督和检查。

（13）业余无线电台的通信时间、通信频率、通信模式和通信对象等内容应当记入电台日志。电台日志应当保留两年，供无线电管理机构检查。

### 3．业余无线电台呼号

业余无线电台设置人、使用人应当正确使用业余无线电台呼号。

（1）业余无线电台呼号由国家无线电管理机构编制和分配。无线电管理机构核发业余无线电台执照，应当同时指配业余无线电台呼号。业余信标台和空间业余无线电台等特殊业余无线电台呼号由国家无线电管理机构指配，其他业余无线电台呼号由地方无线电管理机构指配。核发业余无线电台执照的无线电管理机构已经为设置人指配业余无线电台呼号的，不另行为其指配其他业余无线电台呼号。

（2）业余无线电台在每次通信建立及结束时，应当主动发送本台呼号；在发信过程中应当至少每十分钟发送本台呼号一次。业余中继台应当周期性发送本台呼号，两次发送的时间间隔不得超过十分钟。

（3）在他人设置的业余无线电台上进行发射操作或者由国家无线电管理机构审批的业余无线电台在设台地以外的地点进行异地发射操作的，应当按照《业余无线电台呼号说明》的规定使用业余无线电台呼号。

（4）禁止盗用、转让、私自编制或者违法使用业余无线电台呼号。

（5）无线电管理机构依法注销业余无线电台执照的，应当同时注销业余无线电台呼号。业余无线电台呼号在注销五年后可以另行指配。

业余无线电台执照被依法注销后一年内，设置人又申请设置业余无线电台的，无线电管理机构应当指配原业余无线电台呼号。

业余无线电台执照被依法注销后一年内，设置人在其他省、自治区、直辖市申请设置业余无线电台的，可以申请使用原业余无线电台呼号，但应当事先征得指配原业余无线电台呼号的无线电管理机构的书面同意。设置人应当在取得业余无线电台执照后一个月内，向指配原业余无线电台呼号的无线电管理机构备案。

### 4．监督检查

无线电管理机构应当对业余无线电台实施监督检查。业余无线电台设置人、使用人应当配合。

（1）有下列情形之一的，核发业余无线电台执照的无线电管理机构或者其上级无线电管理机构可以撤销执照：

- 对不具备申请资格或者不符合申请条件的申请人核发执照的；
- 以欺骗、贿赂等不正当手段取得执照的；
- 依法可以撤销执照的其他情形。

（2）有下列情形之一的，核发业余无线电台执照的无线电管理机构应当注销执照：

- 设置业余无线电台的个人死亡或者丧失行为能力的；
- 业余无线电台执照有效期届满未延续的；
- 设置业余无线电台的单位依法终止的；
- 业余无线电台执照依法被撤销、吊销的。

### 5．法律责任

（1）有下列行为之一的，由无线电管理机构依照《中华人民共和国无线电管理条例》的规定处罚：

- 擅自设置、使用业余无线电台的；
- 干扰无线电业务的；
- 随意变更核定项目，发送和接收与业余业务和卫星业余业务无关的信号的。

（2）有下列情形之一的，无线电管理机构应当依据职权责令限期改正，可以处警告或者三万元以下的罚款：

- 涂改、仿制、伪造业余无线电台执照，或者倒卖、出租、出借及以其他形式非法转让业余无线电台执照的；
- 盗用、出租、出借、转让、私自编制或者违法使用业余无线电台呼号的；
- 违法使用业余无线电台造成严重后果的；
- 以不正当手段取得业余无线电台执照的；
- 不再具备设置或者使用业余无线电台条件而继续使用业余无线电台的；
- 向负责监督检查的无线电管理机构隐瞒有关情况、提供虚假材料或者拒绝提供反映其活动情况的真实材料的；
- 超出核定范围使用频率或者有其他违反频率管理有关规定的行为的。

## 3.5 技术标准

技术标准是我国电磁频谱管理制度体系的一部分，从技术层面规定了无线电设备设施须遵循的各种要求。我国电磁频谱管理技术标准从20世纪80年代开始制定，经过近30年的发展，目前电磁频谱管理技术标准有了长足的进步，数量达上百项，涵盖了电磁频谱管理的主要领域。

电磁频谱管理技术标准按内容大致可分为：基础标准、电磁环境标准、频谱资源标准、用频设备标准、电磁频谱管理设备与系统标准等五大类以及相关辅助标准。

### 1. 基础标准

基础标准包括基本术语和符号以及电磁频谱管理通用技术两个子类标准，涉及电磁频谱管理相关的基本术语和图形符号，基本参数的限值要求和通用测量方法，以及技术管理的通用准则，如《无线电管理术语》、《电磁干扰和电磁兼容术语》、《发射机频率容限》等。

### 2. 电磁环境标准

电磁环境与电磁频谱管理密切相关，频率资源的管理、设备及台站的管理、电磁环境监测以及干扰查处都与电磁环境息息相关。

（1）电磁环境基础。这类标准主要是指与电磁环境相关的基础标准。包含电磁环境用语规范，电磁环境的分级规范。

（2）电磁环境构建。这类标准主要是指训练时电磁环境的构建，包括针对不同训练人员的训练特点及电磁环境提出相应的干扰信号要求、干扰生成设备要求以及干扰环境的构建方法等。

（3）电磁环境感知与分析。这类标准是指通过监测或者计算分析获取电磁环境特性的方法。这类标准主要包含静态电磁环境分析和动态电磁环境感知两方面内容。

（4）电磁环境效应。这类标准是指电磁频谱管理相关的用频设备电磁环境适应性要求。电磁环境适应性主要包括电磁环境适应性要求和电磁环境适应性试验方法。

（5）电磁环境要求。这类标准是指用频设备或台站正常运转对周围各种电磁辐射的防护要求，其中包括各种设备及台站的电磁环境要求标准，如《短波无线电收信台（站）电磁环境要求》、《短波无线电测向台（站）电磁环境要求》、《地球站电磁环境要求》、《航空无线电导航台（站）电磁环境要求》等。这类标准是台站设台以及与其他无线电业务协调的基本依据。

### 3. 频谱资源标准

频谱资源是电磁频谱管理最直接的对象，其地位在电磁频谱管理中也最为突出。这类标准的目的是为频谱资源管理提供技术依据。

频谱资源管理根据管理的阶段可分为频谱资源筹划和频谱使用管理。频谱资源筹划是指为保证各种用频设备科学、有效地使用频率，根据用频需求和频谱资源情况，统筹资源管理，进行频率的规划、划分、分配和指配等相关的管理工作。频谱使用管理是指在已经使用的频率中存在用频冲突、干扰或者需要对该用频进行调整时，进行干扰分析、干扰查找等相关管理工作。动态频谱管理是近年来基于认知无线电技术，提高频谱利用率的一种新的手段，需要就动态频谱管理的条件、方法和技术要求制定相关的标准。另外，支撑频谱资源管理的技术主要是对各用频业务、设备及台站的电磁兼容分析，包括了频率共用、干扰分析等。综上所述，可将频谱资源管理标准分为频谱资源管理指南，频谱资源筹划和使用管理，电磁兼容分析，以及频谱资源动态管理四类。

（1）频谱资源管理指南。这类标准是指规范频率资源管理的纲领性和规范性标准，该标准主要包括频谱资源管理的原则、内容和方法。

（2）频谱资源筹划和使用管理。频谱资源筹划和使用是根据用频需求以及区域台站部署，在已有可用频率的基础上，统筹规划，为各用频台站和设备分配、指配频率，最大限度地满足各用频台站的用频需求，保证用频安全，避免自扰、互扰现象。该标准应包括以下几个方面：频率规划和划分，频率分配和指配，频谱资源管理辅助决策，频谱使用协调。

（3）电磁兼容分析。电磁兼容分析主要是指用频台站及业务之间的兼容性的分析方法，这类标准是频谱资源管理的支撑技术标准，在频率的规划、划分、分配及指配过程中，都需要这类标准做基本的技术支撑。这类标准中的主要内容为频率共用，即为了提高频谱利用率，给出不同业务或台站共用同一频段的要求和方法。这类标准可分为两部分——基础分析方法和具体的分析方法，如《同站址干扰评估方法》、《无线电业务要求的信号/干扰保护比和最小可用场强》、《卫星通信地球站与地面微波站之间协调区的确定和干扰计算方法》等。

（4）频谱资源动态管理。这类标准是指实施频谱资源动态管理的条件、原则和方法。频谱资源动态管理是下一代频谱资源管理的方向，也是无线电通信技术研究的热点。目前频谱资源管理方式是电磁频谱管理部门依据在对已有台站和设备不造成干扰的前提下，对用频设备指定相关频谱技术参数。随着信息技术的发展，用频设备和电磁频谱管理设备信息化和智能化程度越来越高，特别是认知无线电技术的发展，动态频谱管理是未来电磁频谱管理的发展方向。频谱资源动态管理通过实时掌控某一区域的电磁环境，对该区域用频设备进行动态频率管理，其管理过程可实现由原来的计划管理到实时动态管理的变革，大大提高频谱利用率。

### 4. 用频设备标准

用频设备管理是电磁频谱管理的一项主要内容。用频设备管理的主要内容是对用频设备的频率、带宽、杂散、互调等频谱技术参数进行要求和测试，以及用频设备（系统）内部多个用频设备间的电磁兼容性要求及测试。

（1）用频设备管理指南。这类标准是指用频设备及台站管理的纲领性和规范性标准。用频设备用频需要向电磁频谱管理部门申请，电磁频谱管理部门通过业务类型及设备本身的用频需求，在不对其他业务造成干扰的前提下，指出对用频设备的使用及频谱技术参数要求。

（2）用频设备频谱技术参数。这类标准是指用频设备研制、生产及采购中，对用频设备频谱技术参数的基本要求及相关的测试方法。用频设备的频谱技术参数主要由电磁频谱管理部门根据用频状况及用频需求确定。

（3）用频设备（系统）电磁兼容。随着信息化技术的发展，用频设备（系统）越来越复杂，往往多个用频设备集中使用，自扰互扰现象严重，这大大提高了各用频设备间的电磁兼容性要求，其中典型的设备包括飞机、舰船、车辆。因此，需要对这些设备（系统）的电磁兼容性制定相关标准规范，其中包括两个方面：通用的电磁兼容分析方法和要求；专用的电磁兼容要求。例如，《电磁干扰诊断指南》和《系统级电磁兼容要求》。

### 5. 电磁频谱管理设备与系统标准

电磁频谱管理设备与系统是保证各项电磁频谱管理任务有效完成的重要手段，电磁频谱管理设备与系统是否满足频管的需要将影响整个电磁频谱管理工作。

（1）频谱管控设备与设施标准。电磁频谱管理系统是电磁频谱辅助管理的重要手段，可以辅助频管人员进行频率规划、分配、指配、干扰查处、频率协调、态势分析等工作。

（2）感知设备与设施标准。环境感知设备越来越智能化和信息化，生产设备的厂家也越来越多，监测设备包括频谱分析仪、频谱监测测向设备、频谱监测系统、电磁频谱监测网等。其标准如《VHF/UHF 无线电监测站电磁环境要求和测试方法》等。

（3）电磁频谱管理应用软件系统标准。目前各类电磁频谱管理软件都是由不同的单位研制开发，各个软件之间存在交互困难、功能不统一等问题，需要由相关标准进行规范统一。

（4）电磁频谱管理模拟仿真。模拟仿真是系统研制论证的必要步骤，同时也是作战计划制定的支撑工具。电磁频谱管理系统的模拟仿真标准可用来衡量和验证仿真结果的科学性和规范性，衡量和评估在辅助决策中的作用，界定电磁频谱管理仿真的真实性和准确性。

（5）复杂电磁环境的模拟训练。这类标准规定在复杂电磁环境下进行训练时，对模拟复杂电磁环境以及各种信号模拟设备与系统的要求，如《通信干扰信号环境模拟设备通用规范》、《雷达干扰信号环境模拟设备通用规范》、《光电干扰信号环境模拟设备通用规范》、《电磁环境控制设备通用规范》等。

### 6. 辅助标准

辅助标准是和电磁频谱管理密切相关的系列标准，这类标准对规范电磁频谱管理系统建设及频率资源管理具有一定的参考价值。这类标准具体可分为以下几个方面：

（1）设备级电磁兼容标准。设备级电磁兼容是指除了包括射频发射和接收的频谱参数以外，设备壳体、互连线等处的电磁泄漏对电磁兼容的影响及要求。这类标准与电磁频谱管理关系密切，特别是在系统电磁频谱管理中，用频设备指配的频率能否正常工作受设备及电磁兼容影响较大，需要进行系统的分析。

（2）软件工程标准。这类标准规定了软件管理流程、软件需求分析、软件产品评价以及软件测试等内容。

（3）数据库安全与规范。这类标准规定了数据库访问接口、数据库安全、数据库语言等内容。数据库是电磁频谱管理系统的支撑，台站信息、监测信息、检测信息、电磁环境信息等都需要数据库存储，而这些信息往往是保密数据，保证这些信息的安全和有效访问必须依据相关的数据库标准进行规范。

（4）其他标准，指其他的与电磁频谱管理密切相关的标准，如文电系统通用要求、软件接口设计指南、电磁兼容实验室认可要求以及电磁兼容标准起草导则等。

总体而言，我国现有电磁频谱管理标准覆盖了部分电磁频谱管理相关的问题，为频谱资源管理、无线电设备研制生产、系统间电磁兼容提供了一定的依据。

建设门类齐全、结构合理、技术先进、内容全面，具有较强科学性、指导性、针对性和可操作性的标准体系，对于提高频谱资源使用效益，保障信息化系统建设发展，促进频谱管理设备与系统建设具有重要意义：

- 通过制定电磁频谱规划相关标准，能够更加合理地对频谱资源进行宏观管理，提高频谱资源规划的科学性；
- 通过制定频率共用及动态频谱管理等相关的标准，能够最大限度地对有限的频谱资源从空间、时间上进行复用，提高频谱资源使用效益；
- 通过制定频谱参数限值等标准，能够有效地控制用频设备对频谱资源的使用，避免频谱资源的浪费。

# 第4章 频率管理

频率管理，是指无线电频率的划分、规划、分配和指配，以及卫星轨道/频率资源的划分和使用。无线电频率管理是电磁频谱管理的核心，加强无线电频率的研究、开发和有效利用，是确保无线电设备之间良好电磁兼容性的关键，科学划分、规划、分配和指配频率，是为了维护国家和军队频率管理的统一性、科学性和权威性。《无线电规则》和《中华人民共和国无线电频率划分规定》是我国电磁频谱管理工作的基本依据。无线电频率管理内容结构关系图如图 4.1 所示。

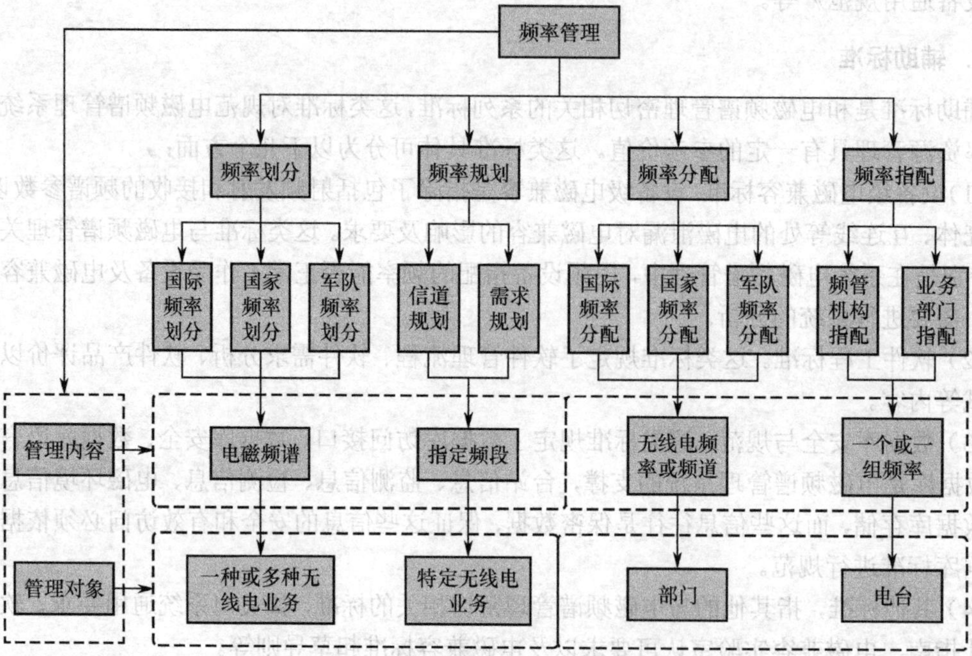


图 4.1　频率管理内容结构关系图

## 4.1　频率划分

频率划分，是将电磁频谱分割为若干频段，再将每一频段规定给一种或多种地面或空间无线电通信业务或射电天文业务在规定的条件下使用的活动。频率划分主要根据各频段电波的传播特性、各种业务的要求、无线电技术的发展水平以及各国的具体情况，由国际具有行政权力的大会讨论确定。国际、国家无线电管理机构分别组织不同范围的频率划分，频率划分的结果，以频率划分表的形式进行发布，具有法规效力，是频率规划、分配和指配的依据，是电磁频谱管理的基础。频率使用原则上应严格遵守频率划分的规定，非经批准不允许使用不符合划分规定的频率。无线电频率划分通常在一段时间内稳定不变，根据技术和事业发展的需要，再集中进行修改、调整。

由于频率划分的对象是无线电业务，下面先介绍有关无线电业务的概念，然后具体介绍国内外频率划分。

### 4.1.1 无线电业务

#### 1. 无线电业务分类

无线电业务是指利用无线电波进行传输、发射或接收的各种无线电技术的应用。根据国际电信联盟《无线电规则》，把无线电业务分为无线电通信业务和射电天文业务两大类。具体分类如表 4.1 所示。

表 4.1 无线电业务分类

<table>
<tr><td rowspan="3">无线电业务</td><td rowspan="2">无线电通信业务</td><td>地面业务</td><td>固定业务、移动业务、广播业务、无线电测定业务、气象辅助业务、标准频率和时间信号业务、业余业务、安全业务、特别业务（共 9 种）</td></tr>
<tr><td>空间业务</td><td>卫星固定业务、卫星移动业务、卫星广播业务、卫星地球探测业务、空间操作业务、卫星无线电测定业务、空间研究业务、卫星标准频率和时间信号业务、卫星间业务、卫星业余业务业务（共 10 种）</td></tr>
<tr><td colspan="3">射电天文业务</td></tr>
</table>

无线电通信业务是指利用无线电波进行的符号、信号、文字、图像、声音或其他信息的传输、发射或接收；射电天文业务是指接收源于宇宙无线电波的天文学业务。因此，按照以上定义，除射电天文业务之外的所有无线电业务都属于无线电通信业务，包括通信、导航、广播、探测定位、制导等无线电业务。

无线电通信业务又分地面业务和空间业务。地面业务通常是指使用位于地球大气层中，不涉及大气层以外的无线电设备的无线电通信业务；空间业务是指使用涉及位于地球大气层以外空间无线电设备或卫星的无线电通信业务。无线电通信业务间关系及进一步的划分如图 4.2 所示，共 43 种业务。

主要无线电业务含义如下，其他无线电业务名称的含义可参见附录 A：

**固定业务**（fixed service）：指定的固定地点之间的无线电通信业务。

**卫星固定业务**（fixed-satellite service）：利用一个或多个卫星在处于给定位置的地球站之间的无线电通信业务；该给定位置可以是一个指定的固定地点或指定区域内的任何一个固定地点。

**移动业务**（mobile service）：移动电台和陆地电台之间，或各移动电台之间的无线电通信业务。

**卫星移动业务**（mobile-satellite service）：在移动地球站和一个或多个空间电台之间的一种无线电通信业务，或该业务所利用的各空间电台之间的无线电通信业务；或利用一个或多个空间电台在移动地球站之间的无线电通信业务。该业务也可以包括其运营所必需的馈线链路。

**陆地移动业务**（land mobile service）：基地电台和陆地移动电台之间，或陆地移动电台之间的移动业务。

**航空移动业务**（aeronautical mobile service）：在航空电台和航空器电台之间，或航空器电台之间的一种移动业务。营救器电台可参与此业务；应急示位无线电信标电台使用指定的遇险与应急频率也可参与此业务。

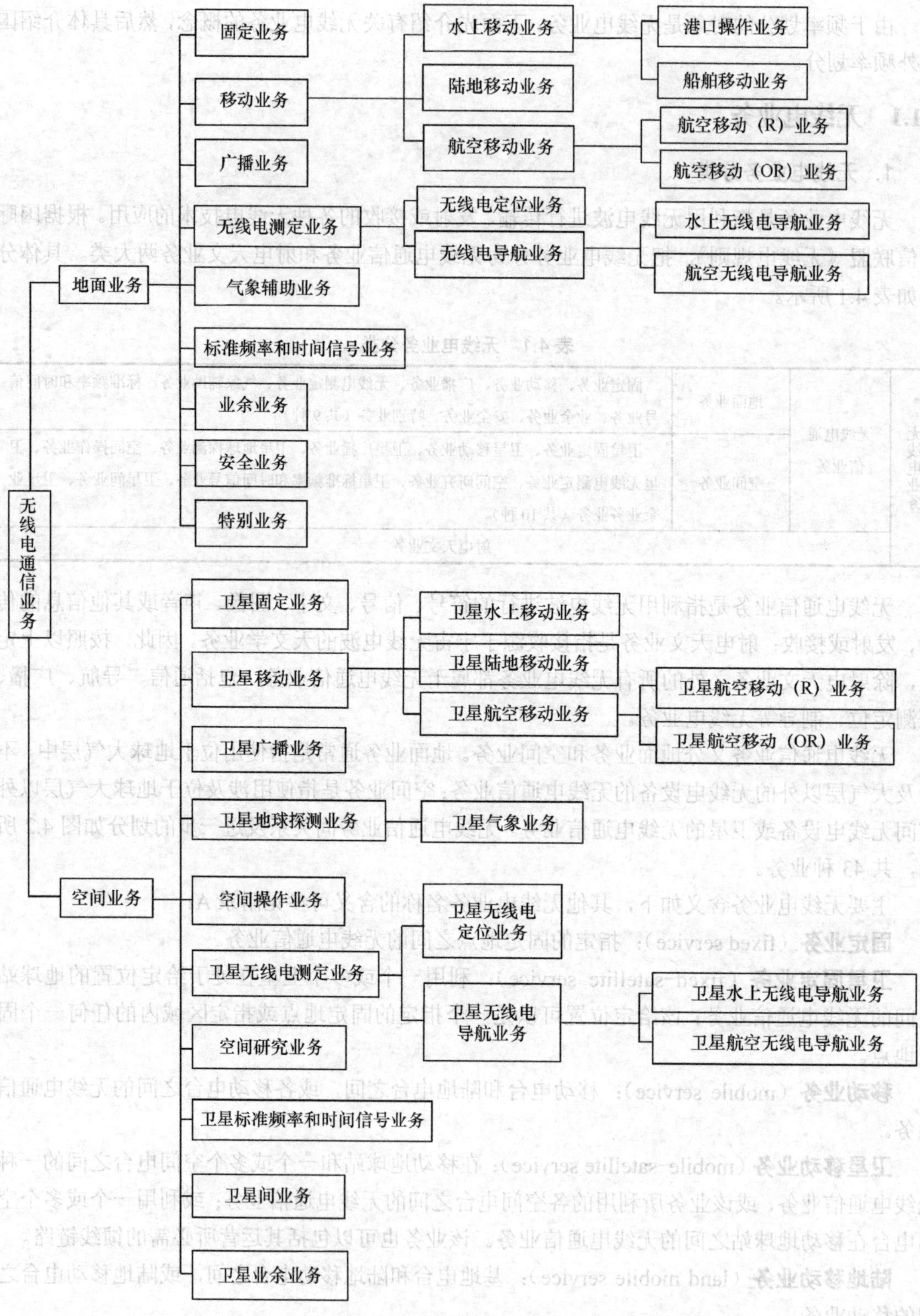


图 4.2　无线电通信业务分类

**水上移动业务**（maritime mobile service）：海岸电台和船舶电台之间，或船舶电台之间或相关的船载通信电台之间的一种移动业务；营救器电台和应急示位无线电信标电台也可参与此种业务。

**航空移动（R）业务**[aeronautical mobile（R）service]：供主要与沿国内或国际民航航线的飞行安全和飞行正常有关的通信使用的航空移动业务。在此，R为route的缩写。

**航空移动（OR）业务**[aeronautical mobile（OR）service]：供主要是国内或国际民航航线以外的通信使用的航空移动业务，包括那些与飞行协调有关的通信。在此，OR为航路外off-route的缩写。

**卫星航空移动业务**（aeronautical mobile-satellite service）：移动地球站位于航空器上的卫星移动业务；营救器电台与应急示位无线电信标电台也可参与此种业务。

**广播业务**（broadcasting service）：供公众直接接收而进行发射的无线电通信业务，包括声音信号的发射、电视信号的发射或其他方式的发射。

**无线电测定业务**（radiodetermination service）：用于无线电测定的无线电通信业务，如雷达。

**无线电定位业务**（radiolocation service）：用于无线电定位的无线电测定业务。

**无线电导航业务**（radionavigation service）：用于无线电导航的无线电测定业务。

**航空无线电导航业务**（aeronautical radionavigation service）：有利于航空器飞行和航空器的安全运行的无线电导航业务。

**气象辅助业务**（meteorological aids service）：用于气象（含水文）的观察与探测的无线电通信业务。

**卫星地球探测业务**（earth exploration-satellite service）：地球站与一个或多个空间电台之间的无线电通信业务，可包括空间电台之间的链路。在这种业务中，包括由地球卫星上的有源遥感器或无源遥感器获得有关地球特性及自然现象的信息，以及从空中或地球基地平台收集同类信息，这些信息可分发给系统内的相关地球站；也可包括平台询问。这种业务也可以包括其操作所需的馈线链路。

**标准频率和时间信号业务**（standard frequency and time signal service）：为满足科学、技术和其他方面的需要而播发规定的高精度频率、时间信号（或二者同时播发）以供普遍接收的无线电通信业务。

**业余业务**（amateur service）：供业余无线电爱好者进行自我训练、相互通信和技术研究的无线电通信业务。业余无线电爱好者系指经正式批准的、对无线电技术有兴趣的人，其兴趣纯系个人爱好而不涉及谋取利润。

**安全业务**（safety service）：为保障人类生命和财产安全而常设或临时使用的无线电通信业务。

**特别业务**（special service）：未另做规定，专门为一般公益事业的特定需要而设立，且不对公众通信开放的无线电通信业务。

**空间操作业务**（space operation service）：仅与空间飞行器的操作、特别是与空间跟踪、空间遥测和空间遥令有关的无线电通信业务。上述空间跟踪、空间遥测和空间遥令功能通常是空间电台运营业务范围内的功能。

**空间研究业务**（space research service）：利用空间飞行器或空间其他物体进行科学或技术研究的无线电通信业务。

**卫星间业务**（inter-satellite service）：在人造地球卫星之间提供链路的无线电通信业务。

随着科学技术和国民经济的发展，无线电业务应用的范围将越来越广，业务种类将越来越多。

2．保护频率与频段

在开展无线电业务中，必须严格遵守电磁频谱管理的有关规定，特别是要注意开展的无线电业务，不能对有关需要保护的频率和频段产生干扰。尤其是国家规定的安全、遇险频率，是遵循国际规定和我国实际情况，专门规定用于紧急呼救和救援时使用的频率，任何单位与个人不得擅自占用。《中华人民共和国无线电管理条例》明确规定："在指配、使用频率时，必须保护国家规定的安全、遇险频率，避免造成有害干扰。"

一般，必须特别保护的频率或频段是指：

（1）遇险和安全通信频率，是为传输遇险、紧急和安全呼叫及报文所使用的频率。

（2）（卫星）标准频率和时间信号业务频段，是为满足科学、技术和其他方面需要而播发规定的高精度频率、时间信号（或二者同时播发）以供普遍接收的无线电业务使用的频率。

（3）禁止发射频段，是指专用于卫星地球探测（无源）、空间研究（无源）及射电天文业务的频段，任何无线电设备禁止在所列频段发射。

保护频率和频段参见附录 B，其中包括遇险和安全通信频率、（卫星）标准频率和时间信号业务频段。

## 4.1.2　国际频率划分

为促进公平使用无线电频谱，防止和解决不同主管部门的无线电业务之间的有害干扰，促进无线电通信业务的高效运营，国际电信联盟（ITU）在 2001 年版的《无线电规则》中将世界各国家和地区划分为三个区域：第一区包括欧洲、非洲和部分亚洲国家；第二区包括南美洲、北美洲；第三区包括大部分亚洲国家和大洋洲。我国处在第三区。世界无线电频率区域划分示意图如图 4.3 所示。

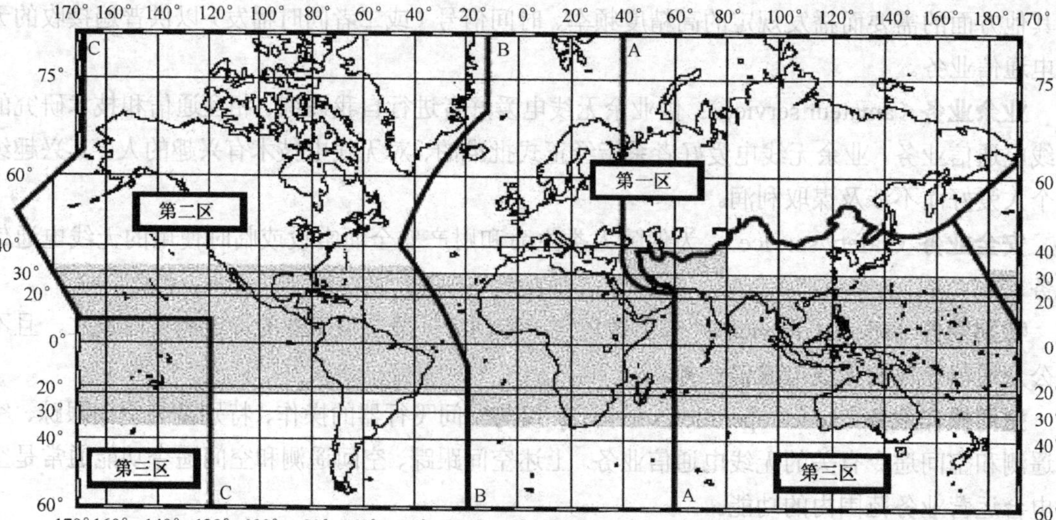


图 4.3　世界无线电频率区域划分示意图

这个划分的标志是 3 条基准线（A 线、B 线、C 线）。A 线由北极沿格林尼治以东 40°子午线至北纬 40°线，然后沿大圆弧至东 60°子午线与北回归线的交叉点，再沿东 60°子午线而至南极；B 线由北极沿格林尼治以西 10°子午线至该子午线与北纬 72°线的交叉点，然后沿大圆弧至西 50°子午线与北纬 40°线的交叉点，然后沿大圆弧至西 20°子午线与南纬 10°线的交叉点，再沿西 20°子午线而至南极；C 线由北极沿大圆弧至北纬 65°30′线与白令海峡国际分界线的交叉点，然后沿大圆弧至格林尼治以东 165°子午线与北纬 50°线的交叉点，再沿大圆弧至西 170°子午线与北纬 10°线的交叉点，再沿北纬 10°线至它与西 120°子午线的交叉点，然后由此沿西 120°子午线而至南极。

依据这三条标志线，在进行世界的频率规划和频道安排时，把世界的国家和地区划分成三个区域。

第一区包括东限于 A 线和西限于 B 线所划定的区域，但位于两线之间的任何伊朗伊斯兰共和国领土除外。该区包括亚美尼亚、阿塞拜疆、格鲁吉亚、哈萨克斯坦、蒙古、乌兹别克斯坦、吉尔吉斯斯坦、俄罗斯、塔吉克斯坦、土库曼斯坦、土耳其和乌克兰的整个领土以及位于 A、C 两线间俄罗斯以北的地区。

第二区包括东限于 B 线和西限于 C 线之间的地区。

第三区包括东限于 C 线和西限于 A 线之间所划定的地区，但亚美尼亚、阿塞拜疆、格鲁吉亚、哈萨克斯坦、蒙古、乌兹别克斯坦、吉尔吉斯斯坦、俄罗斯、塔吉克斯坦、土库曼斯坦、土耳其和乌克兰的整个领土以及位于 A、C 两线间俄罗斯以北的地区除外；本区亦包括伊朗伊斯兰共和国位于两限以外的那部分领土。

在国际电联的《无线电规则》频率划分表中，将从 9 kHz 到 275 GHz 范围内的频谱，针对不同的区域，进行频率划分：第一区划分为 467 个频段，第二区划分为 471 个频段，第三区划分为 463 个频段，并分别指定给各种无线电业务在规定的条件下使用。国际电联无线电频率划分示例见表 4.2。

**表 4.2 国际电联无线电频率划分示例**

| 按业务划分 | | |
|---|---|---|
| 第一区 | 第二区 | 第三区 |
| 456～459MHz<br>固定<br>移动<br>S5.271 S5.287 S5.288 | | |
| 459～460 MHz<br>固定<br>移动<br><br>S5.209 S5.271<br>S5.286A<br>S5.286B S5.286C<br>S5.286E | 459～460 MHz<br>固定<br>移动<br>卫星移动（地对空） S5.286A<br>S5.286B<br>S5.286C S5.209<br>S5.271 | 459～460 MHz<br>固定<br>移动<br><br>S5.209 S5.271<br>S5.286A<br>S5.286B S5.286C<br>S5.286E |

频率划分、频率安排以及科学规划世界三个频谱管理区的频率使用，这对于合理使用频率

资源，协调与他国间频率使用矛盾，科学处置干扰申诉等将起到至关重要的作用。

由于军队拥有大量的无线电设备，各国政府一般都优先满足军队对电磁频谱的需求，划出部分专用频段供军队自行分配，并对重要的军用频率给予保护。

无线电频率划分表国际脚注中所引用的一些名词术语解释如下：

“本规则”指国际电信联盟所通过的《无线电规则》；

“**条”、“*.***款”、“表**—*”、“附录**”、“决议 XXX”、“建议 XXX”均指此《无线电规则》中的内容；

“决议 XXX（WRC-2000）”、“决议 XXX（WRC-03）”、“决议 XXX（WRC-07）”、“决议 XXX（WRC-12）”、指国际电信联盟 2000、2003、2007、2012 年世界无线电通信大会所通过的最后文件中有关修改《无线电规则》的决议和脚注；

WARC-92 指 1992 年在西班牙马拉加—托雷莫利诺斯召开的涉及部分频谱频率划分的世界无线电行政大会；

WRC-95 指 1995 年在日内瓦召开的世界无线电通信大会；

WRC-97 指 1997 年在日内瓦召开的世界无线电通信大会；

WRC-2000 指 2000 年在土耳其伊斯坦布尔召开的世界无线电通信大会；

WRC-03 指 2003 年在瑞士日内瓦召开的世界无线电通信大会；

WRC-07 指 2007 年在瑞士日内瓦召开的世界无线电通信大会；

WRC-12 指 2012 年在瑞士日内瓦召开的世界无线电通信大会；

Rev. WRC-XXXX 指 XXXX 年世界无线电通信大会对该内容进行了修改。

### 4.1.3 我国频率划分

我国无线电频率划分，是在遵循国际上无线电频率划分规定的基础上，依据我国无线电业务应用状况和无线电技术发展水平进行的。我国现行无线电频率划分的法规性文件，是中华人民共和国中华人民共和国工业和信息化部颁发的于 2014 年 2 月 1 日起施行的《中华人民共和国无线电频率划分规定》。

其中《无线电频率划分表》是《中华人民共和国无线电频率划分规定》的主体。该表将 0～3 000 GHz 的无线电频谱划分为 501 个频段，将每个频段都指定给事先划分好的某一种无线电业务专用或若干种无线电业务共用，其中共用频段再按主要业务和次要业务来区分使用顺序。这样就使每种无线电业务都有可能使用不同频段中的多个小频段，以满足不同设备、不同制式、不同通信方式、不同距离、不同季节、不同天候使用频率的需要。例如，《无线电频率划分表》将米波波段细划分为 58 个小频段。表 4.3 所示为《无线电频率划分表》中部分频段的划分示例。

表 4.3 《无线电频率划分表》中部分频段的划分示例

| 中华人民共和国无线电频率划分 | | | 国际电联 3 区无线电频率划分 |
|---|---|---|---|
| 中国内地 | 中国香港 | 中国澳门 | |
| 149.9～150.05 MHz<br>卫星移动（地对空）<br>5.209 5.224 A<br>卫星无线电导航<br>5.224B 5.220 5.222 5.223 | 149.9～150.05 MHz<br>卫星无线电导航 | 149.9～150.05 MHz<br>卫星无线电导航 | 149.9～150.05 MHz<br>卫星移动（地对空）<br>5.209 5.224 A<br>卫星无线电导航<br>5.224B 5.220 5.222 5.223 |

（续表）

<table>
<tr><th colspan="3">中华人民共和国无线电频率划分</th><th rowspan="2">国际电联 3 区无线电频率划分</th></tr>
<tr><th>中 国 内 地</th><th>中 国 香 港</th><th>中 国 澳 门</th></tr>
<tr><td rowspan="4">150.05～156.4875 MHz<br>固定<br>移动<br>无线电定位<br>5.226</td><td rowspan="2">150.05～156 MHz<br>陆地移动</td><td rowspan="3">150.05～156.025 MHz<br>陆地移动</td><td>150.05～154 MHz<br>固定<br>移动<br>5.225</td></tr>
<tr><td rowspan="3">154～156.4875 MHz<br>固定<br>移动<br>5.225A 5.226</td></tr>
<tr><td rowspan="5">156～158 MHz<br>水上移动</td></tr>
<tr><td rowspan="3">156.025～156.7625MHz<br>水上移动</td></tr>
<tr><td>156.4875～156.5625 MHz<br>水上移动<br>（使用 DSC 的遇险和安全呼叫）<br>5.111 5.226 5.227</td><td>156.4875～156.5625 MHz<br>水上移动<br>（使用 DSC 的遇险和安全呼叫）<br>5.111 5.226 5.227</td></tr>
<tr><td>156.5625～156.7625 MHz<br>固定<br>移动<br>5.226</td><td>156.5625～156.7625 MHz<br>固定<br>移动<br>5.226</td></tr>
<tr><td>156.7625～156.7875 MHz<br>水上移动 CHN29<br>[卫星移动（地对空）]<br>5.111 5.226 5.228</td><td>156.7625～156.7875 MHz<br>水上移动<br>[卫星移动（地对空）]</td><td>156.7625～156.7875 MHz<br>水上移动<br>[卫星移动（地对空）]<br>5.111 5.226 5.228</td></tr>
</table>

无线电频率划分表共分两栏，分别是“中华人民共和国无线电频率划分”和“国际电联 3 区无线电频率划分”。“中华人民共和国无线电频率划分”又分为“中国内地”、“中国香港”、“中国澳门”三栏（暂未涵盖“中国台湾”）。“中国内地”是指我国境内（除港澳台地区）的无线电频率划分；“中国香港”是指香港特别行政区现有的无线电频率划分；“中国澳门”是指澳门特别行政区现有的无线电频率划分。“国际电联 3 区无线电频率划分”是指国际电信联盟《无线电规则》频率划分表中国际电联 3 区的频率划分。

### 1．脚注

表 4.3 中“5.***（脚注编号首位字符）”（如 5.209、5.224A 等）为国际电联《无线电规则》频率划分表中的脚注编号。所谓脚注（即备注），是对该栏划分中特殊情况的说明。其中，有的国家对该频段的划分与电联的划分不同，而且这种划分也被国际电联认可，就记录在脚注中，称为替代划分；有的国家对该频段还要进一步细分，这种细分也记录在脚注中，称为附加划分。

（1）“中华人民共和国无线电频率划分”中“中国内地”的脚注以 CHN 开头编码，“国际电联 3 区无线电频率划分”中的脚注沿用国际电信联盟《无线电规则》频率划分表中脚注的编号。为方便对比参考，所有国际电联的脚注（含原脚注编号和名称）均予以保留；与“中华人民共和国无线电频率划分”中“中国内地”一致的国际电联脚注，列入相应“中国内地”栏中，不再另行编号。写在划分表中的脚注与划分具有同样的法律效力。划分表中，各分栏左上方的小频带范围含上限，不含下限。

（2）在一种或几种业务下面所列的脚注应适用于该栏内的有关划分的所有业务。

（3）每一业务右侧所列的脚注仅适用于该业务本身。

2．主要业务和次要业务

（1）在频率划分表中，一个频带在世界范围或区域范围内被标明划分给多种业务时，这些业务按下列顺序排列：

- 业务名称两边不加任何符号排印（例如：固定），这些业务称为“主要业务”；
- 业务名称加“[ ]”排印（例如：[移动]），这些业务称为“次要业务”。

（2）附加说明使用与需说明业务加“()”排印，例如：移动业务（航空移动除外）。

（3）次要业务台站：

- 不得对业经指配或将来可能指配频率的主要业务电台产生有害干扰；
- 不得对来自业经指配或将来可能指配频率的主要业务电台的有害干扰提出保护要求；
- 可要求保护不受来自将来可能指配频率的同一业务或其他次要业务电台的有害干扰。

（4）某一频带如经频率划分表中的脚注标明“以次要使用条件”划分给某个比区域小的地区或某个国家内的某种业务，此即为次要业务。

（5）某一频带如经频率划分表中脚注标明“以主要使用条件”划分给某个比区域小的地区或某个国家内的某种业务，此即为限于该地区内或该国家内的主要业务。

（6）每项划分所列的业务类型主要业务在前，次要业务在后，但各主次业务中业务的先后次序不代表这些业务的主次差别。

（7）频率划分表中一项划分后面如有一圆括弧的附加说明，则表示该项业务划分仅限于所标明的运用类型。如航空移动（R），只适用于R类航空移动业务的操作。

3．附加划分

（1）某一频带如经频率划分表的脚注标明“也划分给”比区域小的地区或某个国家内的某种业务，此即为“附加”划分，亦即为频率划分表所标明的该地区或该国家内的一种或多种业务以外所增加的划分。

（2）如果脚注对有关业务只限其在特定地区或国家内运用而不包含任何限制，则此种业务或这些业务的电台应同频率划分表中所标明的其他主要业务或各种业务的电台享有同等运用权。

（3）如果除限于在某一地区或国家内运用外，对附加划分还施以其他限制，则这些限制应在频率划分表的脚注中加以标明。

4．替代划分

（1）某一频带如在频率划分表中的脚注标明“划分”给某个比区域小的地区或某个国家内的一种或多种业务，此即为“替代”划分。亦即在该地区或该国家内，此项划分替代频率划分表中所标明的划分。

（2）如果脚注对有关业务的电台只限其在某一特定地区或国家内运用而无其他任何限制，则此种业务的电台应同频率划分表所标明的给其他地区或国家的一种或几种业务划分了频带的主要业务或各种业务的电台享有同等运用权。

（3）如果除限于在某一国家或地区内使用外，对做了替代划分业务的电台还施以其他限制，则该限制应在脚注中加以标明。

将“中华人民共和国无线电频率划分表”的主要内容以彩色图条的形式表现出来，就称为“中华人民共和国无线电频率划分图”。中华人民共和国无线电频率划分图如图4.4所示。

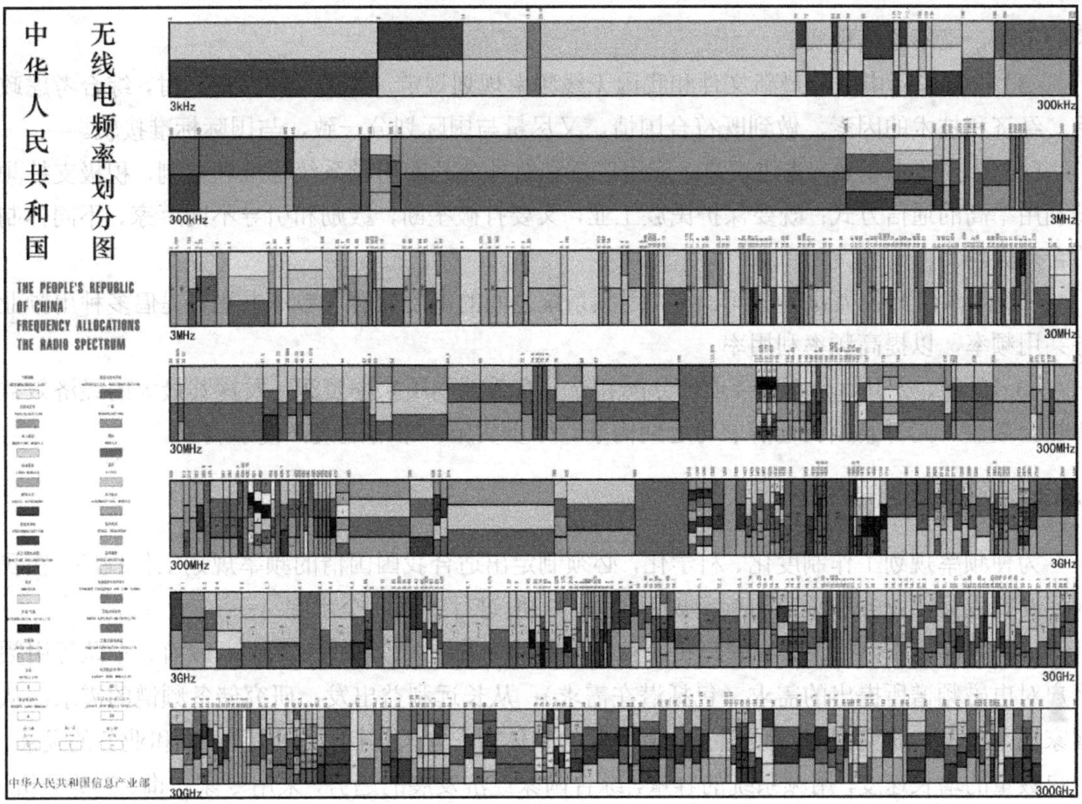


图 4.4　中华人民共和国无线电频率划分图

## 4.2　频率规划

频率规划，是指按照国家和军队的有关法令、法规要求，为某一频段内的某种无线电业务制定频率使用计划的活动。是频率分配和频率指配的依据。无线电频率规划就是制定未来频率管理的目标以及达到这些目标所需步骤的过程，其目的是科学利用频率资源，规范无线电业务的频率使用，满足无线电业务的不断发展对无线电频率资源的使用需求，通过合理地划分和分配电磁频谱，引导用频业务的发展方向，推动电磁频谱新技术、新业务的引入，提高频率利用率。频率规划是电磁频谱管理中的重要环节。国际上的频率规划通过召开世界（或区域）无线电通信大会制定；国家的频率规划由国家无线电办公室牵头，军队电磁频谱管理机构等单位参加，共同制定。军队的频率规划由军队电磁频谱管理机构与军内有关部门协商后制定。

### 4.2.1　频率规划的原则

为搞好频率规划，首先必须制定所遵循的基本原则，作为频率规划的指导。在我国，频率规划一般遵循下列基本原则：

（1）根据各种无线电业务和技术的发展情况，统筹考虑各部门、各单位和个人对无线电频率的实际需求，进行科学规划，促进各种用频业务健康有序发展。

（2）在规划新技术、新业务的频率需求时，充分考虑我国频率使用的现实状况，包括国内有关运营、科研、生产等部门的现状，妥善处理业务效益与设备成本的关系，做到既鼓励新技术的采用，又不脱离现实。

（3）根据国际电联的最新文件和我国无线频率规划规定，在进行频率规划时，综合考虑政治、经济和技术的因素，做到既符合国情，又尽量与国际划分一致，与国际标准接轨。

（4）选择技术成熟、先进可靠、应用广泛和对外公开的用频系统标准和体制，积极支持频谱利用率高的通信方式；既要保护民族工业，又要打破垄断，鼓励和引导不同厂家、不同体制的合理竞争。

（5）深入研究各类业务之间、各类用频系统之间的电磁兼容和频率共用，提倡多种用频业务共用频率，以提高频率利用率。

（6）公平、公开、公正、合理地分配和充分有效地利用频率资源，发挥其最大的经济效益和社会效益，同时兼顾长远需求与近期需求，分步实施，平滑过渡，便于调整。

### 4.2.2 频率规划的程序

为使频率规划工作制度化、科学化，必须制定出适合我国国情的频率规划工作程序。在我国，要完成某一业务和频带的频率规划工作，一般进行下面几个步骤：

（1）频谱需求分析。收集并分析企业、运营商、普通公众、商业部门、政府、军队等用频用户对电磁频谱所提出的需求（包括潜在需求）；从长远利益出发，研究储备频谱的需求；从国家权益出发，研究国家对频谱 / 轨道资源的整体需求。根据国内外用频技术和业务的发展，用户数量的增长速度，用频系统的容量，综合国家经济发展的趋势，采用专家咨询、趋势分析、技术跟踪，以及委托科研部门进行专题研究等方法，对频谱需求进行量化，比较准确地分析、预测某一时期或近期或长期的某用频业务对频率的需求量，为进行频率规划提供依据。

（2）规划调研。调研国外使用该频率用频业务的发展状况、技术体制或标准、政府的频率管理规定等；调研国内用户的需求、设备生产能力，以及相关管理、运营、科研、生产等部门的态度等；调研国际电联《无线电规则》、ITU-R 建议书等相关的内容。

（3）规划可行性分析。初步分析规划与现已划分或使用的业务频率共用是否可行，包括进行有关的电磁兼容分析，采取哪种技术等措施能实现频率共用；如果开发新的频段，初步考虑技术上是否可行。

（4）提交初步规划方案。根据频率规划遵循的原则和规划调研的结论，提交频率规划的初步方案；提交规划方案的编制说明，包括频率规划的理论和实际的具体依据、技术分析、规划调研的内容等。

（5）征求意见。形成初步规划方案后，召开有关会议，或发布通函（包括使用互联网），公开或局部征求各界（包括国内外厂商、最终用户、管理、研制、进口、生产、使用、高等院校等部门）和有关专家对该规划方案的意见和建议；征求意见后，经修改形成规划方案的送审稿。

（6）规划方案的协调与审定。由于频率规划方案可能涉及方方面面的利益，必须召开有关协调会，然后再对规划方案进行审定。参加协调会议和审定会的人员视情况可包括有关专家、频谱管理、运营、科研、生产、政府、军队等部门的代表。经会议审定并修改后形成规划方案，按照有关程序批准后发布实施。

以上是进行频率规划的一般程序，具体操作时，可视规划的难易程度对上述程序加以简化或修改。总之，进行任何高效、有实效的活动之前都必须进行规划，频率规划也不例外。只要科学地进行频率规划，新的频谱需求是可以得到满足的。由于用频设备价格昂贵和复杂，其开发或购买通常需要长远的考虑。频率规划的战略目标就是为用频用户和设备厂商提供一个未来应遵循的框架。当然，为满足动态变化的频谱需求，短期规划和长期规划应该兼顾，并注意及时修正规划。我们还要树立频率规划的权威性，一旦建立了频率规划，就必须严格遵守并坚决贯彻执行。

### 4.2.3 频率规划的分类

频率规划按时间长短分为短期规划、长期规划和战略规划。短期规划一般考虑大约 5 年内需要解决的频率问题或实施无线电系统的规划；长期规划一般考虑大约 10 年内需要解决的频率问题方案或实施用频系统的规划；战略规划则集中关注和解决某些关键的频率问题。

频率规划按照覆盖的范围可分为国际频率规划和国内频率规划。

国际频率规划是由各国主管部门参加国际电联有关大会讨论并确定的频率规划，主要有两类：

第一类为国际频率划分，即制定和修改国际无线电频率划分规定，形成通常我们所用的国际无线电频率划分表，它是世界各国电信主管部门进行国内频率划分和分配等电磁频谱管理的基本依据。

第二类为国际频率分配规划，即对某些无线电业务将要使用的频率按不同频道或不同国家预先进行分配，以避免有害干扰的产生，对列入规划的频率，则受到国际保护。例如，1975 年的中长波广播频率规划，2000 年卫星广播业务频率/轨道重新规划，1985 年的高频广播频率规划，1987 年的水上移动业务频率规划，1988 年的卫星固定业务频率/轨道规划，1959 年航空移动业务的频率分配规划，等等。

国内业务规划可分为三类：

第一类是参照国际频率划分规定制定和修改国内无线电频率划分规定，将各频带划分给相应的用频业务使用。

第二类是在国内频率划分的基础上，针对不同的业务制定相应的分配规划，例如，固定业务中微波通信系统的使用频带的分配及波道配置，集群通信系统、蜂窝移动通信系统的频率分配规划及 PHS 与 DECT 频率共用规定等。

第三类是制定频率指配规划，即根据台站的覆盖区域、电波传播特性、设备的技术参数、信号干扰保护比等制定出全国范围内的具体频率指配规划，将来可根据该规划和需求直接指配频率。例如，我国制定的调频广播、电视频率规划、航空移动业务、水上移动业务的频率规划等均属于此类。

实际上，频率规划是政策性、技术性很强的电磁频谱管理手段，它必须综合考虑政治、经济、技术、运营和操作、公众需求和国家利益、设备成本等方方面面的因素。由于频率越来越拥挤，许多用频业务不得不共用同一频带，而有些用频业务（如导航、遇险和安全通信、射电天文等）必须确保其不受有害干扰；而新业务、新技术又不断出现，旧的业务逐步萎缩或淘汰，所有这些都给频率规划增加了许多困难。

### 4.2.4 频率规划的内容

不同的规划有其不同的具体内容，如频率使用规划包括如何使用频率的行动与决策，确定频率划分、政策、分配、指配的规则与标准，决定了频率如何使用，无线电业务如何实施，以及在某些情况下采用何种技术等。

无线电频率规划首先应确定一个特定规划的范围，然后再将作为规划基础的有关信息收集在一起，根据军事、政治、经济和技术方面的考虑进行综合分析，最后由国家和军队电磁频谱管理机构设计并实施频率使用的规划。频率使用规划主要包括信道规划和需求规划。

**1．信道规划**

信道规划，即根据无线电频率划分和相应频段用频设备的技术特性，对设备的收发频段配置、频道间隔等做出规定，相当于在公路上标出车道，其目的是规范该频段的频率使用方法。频率规划通常指的是信道规划。例如，国家无线电管理委员会在 1991 年 4 月 12 日发布的《关于印发民用超短波遥测、遥控、数据传输业务频段规划的通知》中，对遥测、遥控、数据传输业务使用的 223.025～235.000 MHz 频段进行了规划。其内容包括：①单频组网使用 228.025～230.000 MHz 频段，频道间隔为 25 kHz。②双频组网使用 223.025～228.000 MHz 和 230.025～235.000 MHz 频段，收发频道间隔为 7 MHz，频道间隔为 25 kHz。其中，223.025～228.000 MHz 频段用于主台发射，230.025～235.000 MHz 频段用于属台发射。③频率分组表。单频组网频段频率分为 2 组，每组 40 个频道；双频组网频段频率分为 4 组，每组 50 个频道。国家和地方无线电管理机构可根据上述频率规划进行频率分配和指配。

例如，我国无线电频率划分规定，将 1 427～1 525 MHz、3 600～4 200 MHz、4 400～5 000 MHz 等频带划分固定业务，国家无线电主管部门将这些频带中的固定业务用于微波系统，并对微波系统的频率复用方式及其使用条件提出了要求。图 4.5 所示为微波系统工作频谱图。

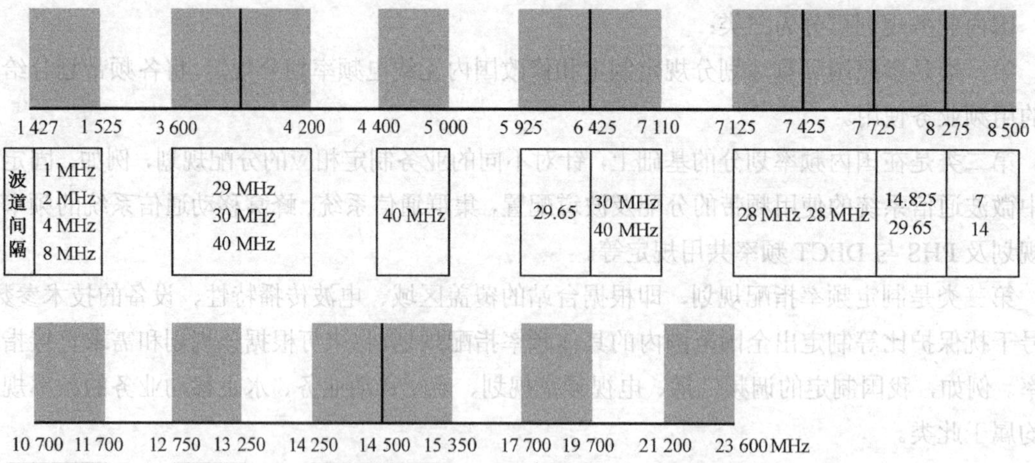

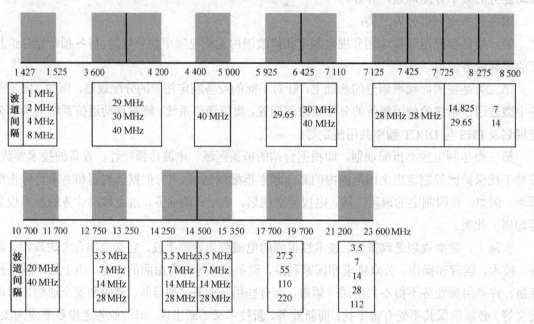


图 4.5　微波系统工作频谱图

1）微波系统频率复用方式

图 4.6 所示为微波系统频率复用方式。其中 XS（MHz）是在同一极化面上和在同一传输方向上，相邻射频波道中心频率之间的频率间隔；YS（MHz）是最近的去向与来向射频波道的中心频率之间的频率间隔；ZS（MHz）是最外边的那一个射频波道的中心频率与频带边缘之间的频率间隔。在下面和上面的间隔数值不同的情况下，$ZS_1$ 称为下频率间隔，$ZS_2$ 称为上频率间隔；DS（MHz）是每一对去向与来向射频波道的中心频率之间的频率间隔。

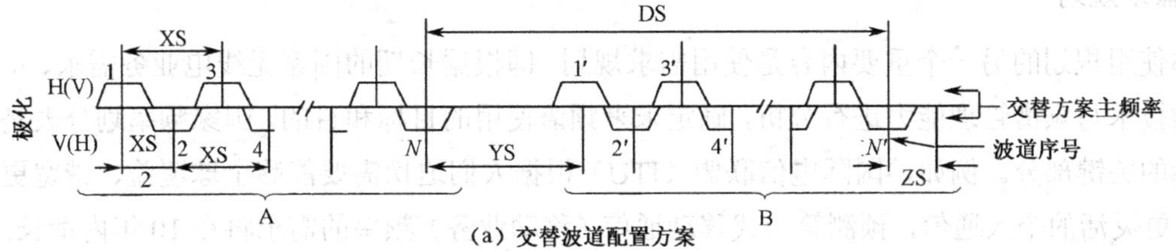

（a）交替波道配置方案

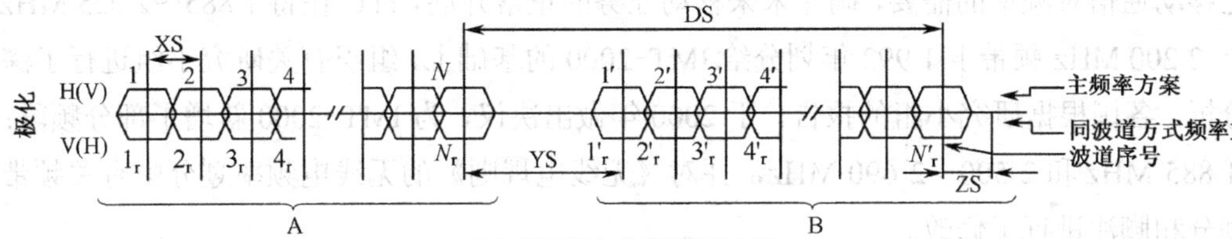

（b）同波道方式频带复用方案

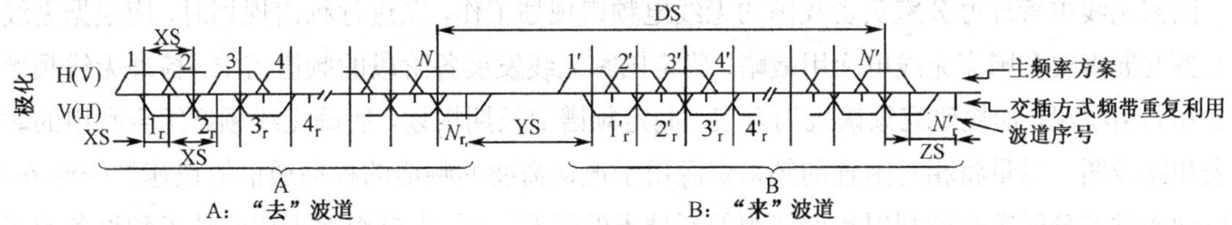

（c）交插方式频带复用方案

图 4.6　微波系统频率复用方式

2）几个概念

交叉极化鉴别率（cross-polar discrimination）：

$$XPC_{HV}=\frac{\text{以水平（垂直）极化发射时按水平（垂直）极化接收到的功率}}{\text{以水平（垂直）极化发射时按垂直（水平）极化接收到的功率}} \tag{4-1}$$

网络滤波器鉴别率（net filter discrimination）：

$$NFD=\frac{\text{在相邻波道接收到的功率}}{\text{在RF、IF和BB滤波器之后由主接收机接收到的相邻波道德功率}} \tag{4-2}$$

$NFD_a$ 为在 XS 频率间隔上计算的网络滤波器鉴别率，$NFD_b$ 为在 XS/2 频率间隔上计算的网络滤波器鉴别率。

3）微波系统频率复用方式的使用条件

（1）交替波道配置方案使用条件：

$$XPD_{min}+(NFD-3)\geqslant (C/I)_{min} \tag{4-3}$$

（2）同波道方式频带复用方案使用条件：

$$10\lg \frac{1}{1/10^{\frac{XPD+NFD}{10}}+1/10^{\frac{NFD_a-3}{10}}} \geqslant (C/I)_{\min} \tag{4-4}$$

（3）交叉方式频带复用方案使用条件：

$$10\lg \frac{1}{1/10^{\frac{XPD+(NFD_b-3)}{10}}+1/10^{\frac{NFD_a-3}{10}}} \geqslant (C/I)_{\min} \tag{4-5}$$

**2．需求规划**

频率使用规划的另一个重要内容是使用需求规划，即根据长期的国家无线电业务需求、正在开发的技术与频谱管理能力进行分析，确定未来频谱使用的目标和目的。国家频率划分表是这种规划的关键部分。例如，国际电信联盟（ITU）根据人们迫切需要能够全球覆盖、带宽更宽、业务更灵活的个人通信，预测第三代移动通信（移动业务）频率的需求将在 10 年内增长。为了满足移动通信对频率的需要，确保未来移动业务的正常开展，ITU 在将 1 885～2 025 MHz 和 2 110～2 200 MHz 频带于 1 992 年划分给 IMT-2000 的基础上，组织有关研究小组进行了深入研究分析，各国根据研究小组的报告，于 2000 年做出决议，为 IMT-2000 新增了部分频段：1 710～1 885 MHz 和 2 500～2 690 MHz，并对《无线电规则》的无线电频率划分中有关频带的业务划分和脚注进行了修改。

国家无线电管理办公室负责我国的无线电频谱规划工作，在进行频谱规划时，应根据无线电业务发展需要和国家无线电应用战略，确定国家无线发展各阶段的频谱需求，梳理无线频谱分布和利用状况，加快研究频谱规划方案，制定频谱中长期规划，明确无线频谱综合利用的时间表和路线图。尽量将相对闲置的频率资源用于迫切需要的频谱的移动通信等快速扩张业务，支持动态频谱分配等高效利用频谱资源的新技术的开发运用，支持消除干扰的技术和设备的研发和利用，促进不同无线业务类型频率的共用共享，提高频率资源的整体利用率。另外还需要加强无线设备的监管，统筹无线局域网等无线通信网络的部署，鼓励无线设备共建共享，避免频率干扰，提高频谱资源使用效率。加强无线电发射设备研制、生产、进口、销售、使用等环节的监管。

我国依据国际电联有关第三代公众移动通信系统（IMT-2000）频率划分和技术标准，按照我国无线电频率划分规定，结合无线电频谱使用的实际情况，于 2012 年 10 月 23 日下发了信部无[2002]479 号文件，《关于第三代公众移动通信系统频率规划问题的通知》。将我国第三代公众移动通信系统频率规划如下：

（1）第三代公众移动通信系统的工作频段。主要工作频段包括频分双工（FDD）方式的 1 920～1 980 MHz / 2 110～2 170 MHz；时分双工（TDD）方式的 1 880～1 920 MHz、2 010～2 025 MHz。补充工作频率包括频分双工（FDD）方式的 1 755～1 785 MHz / 1 850～1 880 MHz；时分双工（TDD）方式的 2 300～2 400 MHz，与无线电定位业务共用，均为主要业务，共用标准另行制定。

（2）卫星移动通信系统工作频段：1 980～2 010 MHz / 2 170～2 200 MHz。

（3）目前已规划给公众移动通信系统的 825～835 MHz / 870～880 MHz、885～915 MHz / 930～960 MHz 和 1 710～1 755 MHz / 1 805～1 850 MHz 频段，同时规划为第三代公众移动通信系统 FDD 方式的扩展频段，上、下行频率使用方式不变。已分配给中国移动通信集团公司、中国联合通信有限公司的频段可按照批准文件继续用于 GSM 或 CDMA 公众移动通信系统，若要改变为第三代公众移动通信系统体制，必须另行报批。

（4）停止审批所述频段内新设无线电台站，对上述各频段内既设无线电台站，应本着既要保障移动通信业务发展需求，又要妥善处理现用设备的原则，按照信息产业部《关于调整 1～30 GHz 数字微波接力通信系统容量系列及射频波道配置的通知》（信部无[2000]705 号）和《关于清理 1 885～2 025 MHz 及 2 110～2 200 MHz 频段有关问题的通知》（信部无[2001]522 号）精神处理。

随着无线电技术的发展，移动宽带、移动互联网正在成为推动经济社会发展和信息通信技术进步的重要力量。2013 年国务院发布了《“宽带中国”战略及实施方案》，明确了从 2013 年到 2020 年我国宽带发展的各阶段目标。作为稀缺的国家战略资源，无线电频谱成为支撑我国移动宽带的发展的关键因素之一，面对移动宽带的爆发式增长，无线电频谱规划将会面临更大的挑战。需要调整频率规划，提高频谱效率，实现频率的更加精细化管理。

为了支持 TDD 技术发展，2012 年 10 月，国家无线电管理办公室将 2.6 GHz 频段（2 500～2 690 MHz）共计 190 MHz 的频率资源规划为 TDD 方式的 4G 或 LTE 频谱。2013 年 11 月，明确了三大运营商 TD-LTE 频段的分配：中国移动为 1 880～1 900 MHz、2 320～2 370 MHz、2 575～2 635 MHz，中国联通为 2 300～2 320 MHz、2 555～2 575 MHz，中国电信为 2 635～2 655 MHz。同时，正在积极考虑将 1.4 GHz、3.5 GHz 用于 TDD 的后续发展。

为支持 WLAN 的广泛应用和发展，除了目前使用的 2 400～2 483.5 MHz 的 2.4 GHz 频段以及 5 725～5 850 MHz 的 5.8 GHz 频段之外，在 5 GHz 频段，国家无线电管理办公室已将 5 150～5 250 MHz、5 250～5 350 MHz 频段共计 200 MHz 规划为无线局域网频谱。

总之，无线电频率的规划是通过制定和实施频率政策、法规和条例，以及为无线电业务划分频率，组织和构成特定的系统或业务，以最佳的方式支持当前和未来频率用户的主要取向及需求。

## 4.3 频率分配

频率分配，是指批准频率（或频道）给某一个或多个国家、地区、部门在规定的条件下使用的活动。频率分配是在无线电频率划分的基础上进行的，是频率指配和使用的前提，未经分配的频率，任何单位不得自行指配和使用。

在国际上，通过召开世界或区域性无线电行政大会（现为无线电通信大会）通过有关决议或制定某项规划来进行分配，通常附有相关的程序和各项技术特性。分配的结果记录在《无线电规则》附录的频率分配表中，如 12 GHz 频段卫星广播业务频率分配表（规划）、4 000～27 500 kHz 海上移动业务频率分配表（规划）等。这些分配通常附有相应的使用程序和技术特性要求。

我国现在主要是通过制定和下达规划来进行频率分配。根据中华人民共和国无线电管理条例和中国人民解放军电磁频谱管理条例，国家频率分配由国家无线电管理机构统一进行，军队系统频率分配由全军电磁频谱管理委员会统一进行。随着信息产业的发展，采用行政审批的方式已难平衡频率资源的供求矛盾。各国对商用频率资源的分配方式正逐步以行政方式为主向以经济方式为主转变。20 世纪 90 年代初期，美国、新西兰等国就开始用拍卖的方法分配商用无线电频率。如德国拍卖 12 个频段的 3G 移动通信频率，6 个电信运营商各获得了 2 个频段的 20 年的频率使用权，拍卖获得了超过 460 亿美元的收入。除了拍卖的方式外，欧洲和亚洲的许多国家和地区还采取了评选或招标方式分配商用频率。与拍卖方式不同的是，评选或招标的方式不仅要考虑竞争者的经济实力，同时也要考虑其组网方案、经营能力等多方面的综合因素。

我国目前也从下达规划进行频率分配慢慢过渡到评选招标和拍卖相结合的方式来分配商用频率。而频率分配的前提和基础是频率划分，例如，根据我国的《无线电频率划分规定》，现阶段划分给公众移动通信系统的频段如表 4.4 所示。

**表 4.4　我国公众移动通信系统使用频段**

| 系统技术 | 上行频段/MHz | 下行频段/MHz |
|---|---|---|
| 2G CDMA800 | 825～840 | 870～885 |
| 2G GSM 900 | 890～915 | 935～960 |
| 2G DCS 1800 | 1710～1755 | 1805～1850 |
| 3G | 1885～2025 | 2100～2200 |
| 4G FDD-LTE | 1755～1785 | 1850～1880 |
| | 1955～1980 | 2145～2170 |
| 4G TD-LTE | 1880～1900，2300～2390，2555～2655 | |

在频率划分的前提下，我国目前公众移动通信的频率分配如表 4.5 所示。我国移动通信频率分配按频率增加的顺序排列示意图如图 4.7 所示。

**表 4.5　我国移动通信频率分配表**

| 所属运营商 | 系统技术 | 上行频段/MHz | 下行频段/MHz | 带宽 | 备注 |
|---|---|---|---|---|---|
| 中国电信 | 2G CDMA800 | 825～835 | 870～880 | 10 MHz×2 | 划分为 825～840 MHz/870～885 MHz（实际预留 5M 保护带宽，正在争取增加 821～825 MHz/866～870 MHz） |
| | 3G CDMA2000（EVDO） | 1 920～1 935 | 2 110～2 125 | 10 MHz×2 | 1 920～1 935 MHz/2 110～2 125 MHz（部分地区测试） |
| | 4G FDD-LTE | 1 765～1 780 | 1 860～1 875 | 15 MHz×2 | Band3：1 710～1 785 MHz/1 805～1 885 MHz |
| | 4G TD-LTE | 2 370～2 390、2 635～2 655 | | 20 MHz×2 | B40: 2 300～2 400 MHz，B41: 2 500～2 690 MHz |

（续表）

| | | | | | |
|---|---|---|---|---|---|
| 中国移动 | 2G GSM 900 | 890～909 | 935～954 | 19 MHz×2 | |
| | 2G EGSM | 885～890 | 930～935 | 5 MHz×2 | 中国铁通 GSM-R：885～889 MHz/930～934 MHz，两者有冲突，有专门协调机制。 |
| | 2G DCS 1 800 | 1 710～1 735 | 1 805～1 830 | 25 MHz×2 | 早期为 1 710～1 725 MHz/1 805～1 820 MHz，不排除未来将 GSM1 800/900 转为 LTE FDD 的可能 |
| | 3G TD-SCDMA | 1 880～1 900 | 2 010～2 025 | 20 MHz+15 MHz | 3G 转向 LTE |
| | 4G TD-LTE | 1 880～1 900、2 320～2 370、2 575～2 635 | | 20 MHz+50 MHz+60 MHz | B39: 1 880～1 920 MHz，B40: 2 300～2 400 MHz、B38: 2 570～2 620 MHz，B41: 2 500～2 690 MHz |
| 所属运营商 | 系统技术 | 上行频段/MHz | 下行频段/MHz | 带　宽 | 备　注 |
| 中国联通 | 2G GSM 900 | 909～915 | 954～960 | 6 MHz×2 | |
| | 2G DCS 1 800 | 1 735～1 755 | 1 830～1 850 | 20 MHz×2 | 早期为 1 745～1 755 MHz/1 840～1 850 MHz（未来可能会将把此段频段全部转为 LTE FDD，只保留 GSM900 用于语音 |
| | 3G WCDMA | 1 940～1 955 | 2 130～2 145 | 15 MHz×2 | |
| | 4G FDD-LTE | 1 755～1 765 | 1 850～1 860 | （10 MHz～15 MHz）×2 | 将变为 1750～1765 MHz/1845～1 860MHz，（Band3：1710～1 785 MHz/1 805～1 880 MHz） |
| | 4G TD-LTE | 2 300～2 320、2 555～2 575 | | 20 MHz+20 MHz | B40: 2 300～2 400 MHz，B41: 2 500～2 690 MHz，B38:2 570～2 620 MHz |
| 无线宽带 | WLAN | 2 400～2 483.5 | | 83.5 MHz | ISM |
| | FDD | 3 400～3 430 | 3 500～3 530 | 30 MHz×2 | 中国移动、中国联通、中国电信、中电华通分别在部分城市获得运营权。 |
| 小灵通 | PHS（TD） | 1 900～1 920 | | 20 MHz | 可能用于中国移动建设 TD LTE |

备注：

Band1：1 920～1 980 MHz / 2 110～2 170 MHz（欧洲，中国联通 WCDMA 在此频段内）；

Band2：1 850～1 910 MHz / 1 930～1 990 MHz（美国）；

Band3：1 710～1785 MHz / 1 805～1 880 MHz（欧洲，中国联通/电信 FDD LTE 在此频段内）；

Band4：1 710～1 755 MHz / 2 110～2 155 MHz（美国 FDD LTE）；

[综上：若是支持 Band1、Band3 的 FDD LTE 手机，可以在美国正常使用 4G 网络（美国 AT&T，T-Mobile，Ultra.me 等）]

Band5：824～849 MHz/869～894 MHz（美国，中国电信 CDMA 在此频段内）；

Band7：2 500～2 570 MHz / 2 620～2 690 MHz；

Band8：880～915 MHz / 925～960 MHz（GSM900）；

Band12：698～716 MHz / 728～746 MHz，建设为 LTE，尚未得到广泛应用；

B34：2 010～2 025 MHz（TD A 频段）；

B38：2 570～2 620 MHz（TD D 频段）；

B39：1 880～1 920 MHz（TD F 频段）；

B40：2 300～2 400 MHz（TD E 频段）；

B41：2 496～2 690 MHz（TD）；

1 980～2 010 MHz / 2 170～2 200 MHz：用于卫星通信。

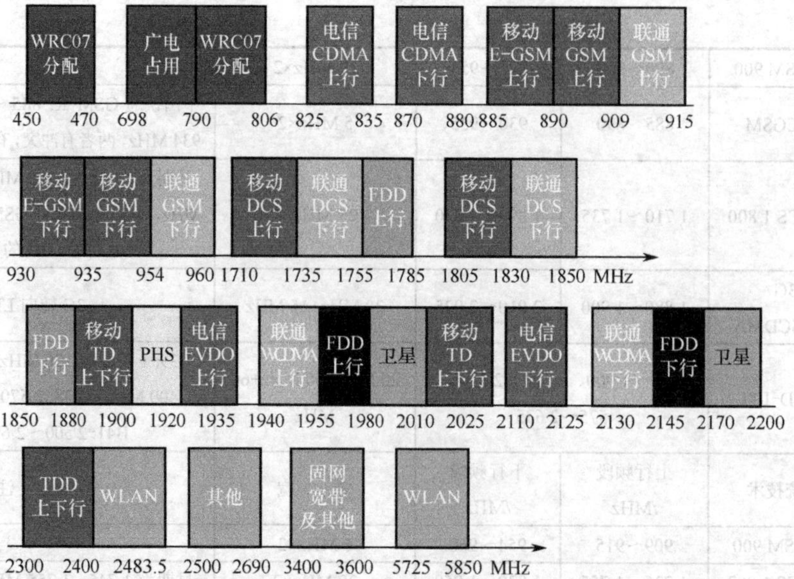


图 4.7　我国移动通信频率分配排列示意图

## 4.4　频率指配

无线电频率指配，是国家或军队电磁频谱管理机构根据审批权限批准某单位或个人的某一无线电系统或设备在规定的条件下使用某一个或一组无线电频率。频率指配必须符合科学合理的原则，科学合理是对无线电网络设计的总体要求，而无线电网络设计的主要内容之一就是对频率的指配和使用。从频率使用的角度来说，科学合理就是必须使频率得到合理、充分、有效的利用，避免有害干扰的产生，在满足需要的前提下，尽量节省频率资源。

### 4.4.1　频率指配方法

1．选择合适的工作频段

根据频率划分表，任何一种无线电业务都有可能使用不同频段中的多个小频段。例如，陆地移动通信在高频、甚高频、特高频、微波等频段中都有小频段可以选择。电磁频谱管理部门首先必须根据通信距离、通信方式、业务容量、地形条件、电磁环境及不同频段电波传播特性，选择合适的频段。如在业务量不大、话音等级要求不高的情况下，要实现远距离话音通信，应优选短波；如通信距离仅几千米，则可选择超短波。同为区域移动通信网，如通信范围在电磁环境较好的乡村，150MHz 频段可提供较佳的传输效果；在电气噪声较高的都市区，一般应选 450MHz 频段或更高的频段；150/450MHz 双频段频率及 800MHz 集群移动通信频率，用于用户数量较多、业务量较大的多信道共用系统；900MHz 频段则专用于大容量的公众移动电话系统。

2．选配合适的频点

1）短波频点的选配和使用

短波由于电离层随机变化，信道参数变化快，其频率的选择还没有十分严格、有效的方法。短波频率的指配，一般必须先预测最高可用频率和最低可用频率，然后根据预测及电路几何参数、系统损耗、场强、功率等，通过计算确定既符合频率划分规定，又符合计算结果的频率范围，从中选择最佳工作频率，最后在最佳工作频率与最低可用频率之间选配工作频率。由于电离层密度的日夜变化，夜间密度大，一般指配频率时要求日频高夜频低。对于自适应短波电台可指配高低不同的多个频率以供实时选用。

2）超短波无线电台频率的选配和使用

超短波波段电波通过地面波和“视距”直接波传播，主要为“视距”传播，信道参数相对恒定，信道计算比较简便，对于同一频段的不同频点，信道差异不大。在频点的具体选配时，重点注意避免干扰，同时尽可能提高频率复用度。对于独立地点、单独信道的电台，主要考虑避免同频干扰、邻频干扰，频率复用主要是满足一定的空间间隔；对于同一地点的多部电台或多信道共用的基地台，除考虑同频干扰、邻频干扰外，还要考虑互调干扰（主要是三阶互调）、中频及倍频干扰。超短波波段频率大多是按 25 kHz 等间隔连续划分频道的，为避免同频干扰，则邻近台站不指配相同频率；为避免邻频干扰，则一般不按频道序号连续指配频点；为避免三阶互调干扰，指配频点的频道序号差也尽量不相等；为避免中频干扰，则指配的几个频率差不能等于接收机中频；为避免倍频干扰，则指配的几个频率不能成整数倍关系。

如需指配无三阶互调干扰的频率，应先根据式（4-6）、式（4-7）进行计算，选择两者之中小的频谱宽度要求：

$$f_{\text{RH}} - f_{\text{RL}} + f_{\text{收发间隔}} < f_{\text{中频}} \quad \text{或者} \quad f_{\text{RH}} - f_{\text{RL}} < f_{\text{中频}} - f_{\text{收发间隔}} \tag{4-6}$$

$$f_{\text{收发间隔}} - (f_{\text{RH}} - f_{\text{RL}}) > \frac{1}{2} f_{\text{中频}} \quad \text{或者} \quad f_{\text{RH}} - f_{\text{RL}} < f_{\text{收发间隔}} - \frac{1}{2} f_{\text{中频}} \tag{4-7}$$

同时，还要注意避开与接收机第一中频有关的频率，如（1/2）$f_{\text{中频}}$、$f_{\text{中频}}$和 $2f_{\text{中频}}$，以避免形成中频干扰。当收发频率处于同一频段时，第一频率块（发射频率块）始端至第二频率块（收信频率块）的末端的间隔（收发信道总宽）应小于 $f_{\text{中频}}$[式（4-6）]，同时第一频率块末端至第二频率块始端的间隔（邻频间隙）应大于（1/2）$f_{\text{中频}}$[式（4-7）]。图 4.8 所示为频率块间的关系示意图。

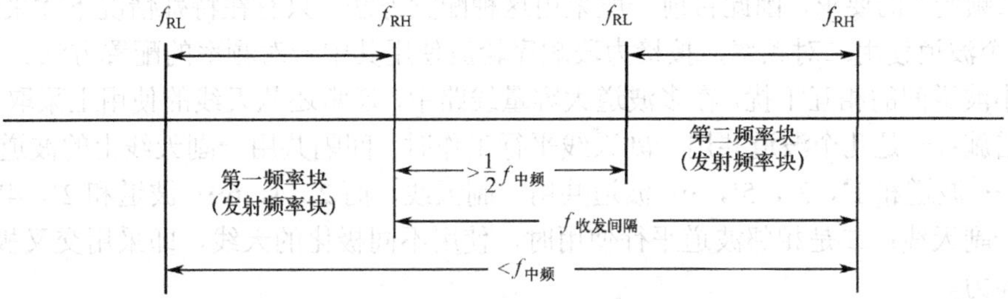


图 4.8　频率块间关系示意图

因此，当中频为 10.7 MHz 时，在 150 MHz 频段，收发间隔为 5.7 MHz，每个频率块的最宽频谱宽度应小于 0.35 MHz[计算式（4-7）的结果]；在 450 MHz 频段，收发间隔 10 MHz，每个频率块的最宽频谱宽度应小于 0.7 MHz[计算式（4-6）的结果]，满足上述要求的频谱宽度分配可避免三阶互调干扰。

3）微波频率的选配和使用

微波及以上波段主要依靠“视距”直接波传播，其需要考虑的问题与超短波基本一样，但不同之处主要是天线的方向性问题。超短波大部分都是采用全向天线，而微波天线一般都是强方向性天线，其波道（频点）指配时还可以在不同方向上进行复用。但由于微波及以上波段范围很广，对不同的应用其天线覆盖差别很大，如微波接力、散射的方向性很强；而公众移动通信却采用全向或扇区天线；卫星是区域覆盖，卫星地球站是定向辐射；雷达尽管是强方向性天线，但却大多旋转，基本上还是全向覆盖。因此，对于不同的具体应用要具体考虑。

微波频率的划分：

- 1.5 GHz 频段，主要用于一点多址微波通信网；
- 2 GHz、4 GHz、6 GHz 频段，主要用于干线微波中继；
- 2 GHz、7 GHz、8 GHz、11 GHz 频段，主要用于支线或专用线；
- 13 GHz、15 GHz、18 GHz 频段，主要用于干线微波中继。

在不干扰微波干线的情况下，其他微波线路也可以使用用于干线的频段。

微波通信基本靠直接波，在视距范围内传播，加之微波天线具有极强的方向性（频率愈高其方向性愈尖锐），使微波频率在不同地区或同一地区不同方向可以复用。当微波干线与支线的夹角大于 100° 时，干线与支线也可使用相同的频率。

在微波线路上，一套提供一个信道的设备称为一个波道，一条线路通常有多个波道在同时工作。指配波道具体使用的频率通常称为波道配置。波道配置的基本原则是：在给定的频段范围内，在满足相邻波道间隔（至少是总话路基带宽度的 3～4 倍）和收、发频率之间间隔（收、发频率块间间隔应大于收发设备分隔滤波器所容许最小值）的前提下，尽可能安排较多的波道数目，以提高线路总容量，同时尽可能地限制波道间的相互干扰，提高线路通信质量。

波道配置的方法，一般采用收、发波道分别集中配置的方法。即将整个频段分成上下宽度相同的两个频率块，中间留有一定的间隔，将两个频率块按宽度相同的间隔分别分为若干频率，并按顺序编上相对应的代号，如“1，2，3，4，… 和 1’，2’，3’，4’，…”。相对应的两个序号，如 1 和 1’，为一对收发频率。这样，使每组频率间间隔相同，而且收发频率之间的间隔也比较大，以便减小干扰。对于具体单个波道的频率，一般采用“二频制”的配置方法，即每个波道使用一对频率。这样，对一部具体的微波接力机而言，两个方向的发信机同用一个频率，两个方向的收信机同用另一个频率。“二频制”占用的频带较窄，而且目前设计良好的天线已能满足“二频制”的要求，因此目前一般采用这种配置方法。只有在特殊情况下才采用“四频制”，即一个波道使用二对频率，按接力段顺序轮流使用其中一对频率的配置方法。

为减小波道间的相互干扰，在多波道大容量线路中，通常还从天线的使用上采取了加强波道隔离的措施：一是几个波道共用一副天线平行工作时，间隔共用一副天线上的波道，如：选 1，3，5，… 波道和 1’，3’，5’，… 波道共用一副天线，而 2，4，6… 波道和 2’，4’，6’，… 波道共用一副天线；二是相邻波道平行使用时，使用不同极化的天线，即采用交叉极化方法，增加去耦能力。

### 3. 采用多种手段提高频谱利用率

频谱资源越来越紧张，在短波、超短波波段目前已经相当拥挤，指配频点时应采用各种技术和方法节约资源，提高频谱利用率：一是根据用户设备数量、业务量、通信时间等预测核准需要的通信频率，防止过多占用造成浪费；二是按照频谱的三维特性，采取频率、空间、时间分割的办法指配和使用频率；三是推广先进的组网方式和先进的设备技术（如频率的极化、角度分集技术、自适应选频技术、自适应功率控制等），提高频谱利用率。

#### 1）频率分割

人工实现频率分割，达到频率隔离的基本方法，就是科学规划，合理安排频率，使工作于同时间、同一区域的众多的电台“各用其频”而互不干扰。为达此目的，除前面谈到的要选配不同的合适的频率，以避免三阶互调干扰和中频干扰外，还应采取如下措施：

（1）控制发射机的频率容限和杂散发射等射频技术指标及收信机的选择性等指标，以避免邻频干扰、中频干扰和带外干扰等。

（2）严格执行双工及半双工的上、下行频率规定。除一些跨波段系统外，其余移动通信系统下行（基站对移动台）频率发高收低，上行（移动台对基站）频率发低收高；反之为频率倒置。基站收发频率倒置对单个独立的系统可能不成问题。但当同地域多个系统同时工作就可能产生干扰。

2）空间分割

在某个通信网的有效覆盖区之外隔开一定距离，另一通信网可以使用与前者相同的频率而互不干扰，即实现频率复用。频率复用是提高频谱利用率的重要途径，在一定地域内，频率使用距离越近，频率复用的次数越多。为尽量缩短频率复用距离，在指配频率，通常应采取如下措施：

（1）限制发信机射频输出功率。在满足服务区边界场强的前提尽量降低发射功率。

（2）限制有效天线高度。有效天线高度定义为天线在整个覆盖区内平均地面的总高度，它包括天线架设地点上的山峰或建筑物以及铁塔的附加高度，天线高度主要影响作用距离，天线过高，不仅影响邻区的频率复用，而且容易使其他接收台受干扰，因此必须与发射功率一样加以限制。

（3）天线模式鉴别。天线辐射方向和极化方式可根据业务需要配置一定的鉴别度，以缩短频率复用距离。蜂窝状结构的移动电话系统就是运用空间分割原理实现频率复用的典型例子。该系统的整个大覆盖区分成许多小区，每个小区设一个小功率的基站，使用一个或数个频道传输信息。而这些频道在隔开一定距离的小区又可重复使用，每个小区的范围越小，频率复用的次数越多。与大区制移动电话系统相比，蜂窝状移动电话显然可以用少得多的无线频道来处理同等的业务量。

3）时间分割

时间分割就是根据业务需要，将工作时间分割成互不重叠的若干部分，使同一地域内的不同无线电用户能够按照分配的时间使用相同的无线电频率。这种分割可以是定时的，也可以是实时的。

（1）定时分割。即固定地规定不同用户使用该频率的时间。如在城市中，公共汽车调度业务大部分在白天和上半夜，而环境卫生部门的工作大部分在下半夜至凌晨，只要给这两个部门规定好使用频率的时间，就可以指配、使用同一频率。另外，有些单位的专用网业务量很少，采用固定时间联络方式。每天业务量有几个小时就已足够，对这些单位，也可以交叉分割他们的工作时间和间隙，并做出规定，使这些单位可以轮流使用相同的无线电频率。

（2）实时分割。也就是动态指配无线电频率，将多个频道指配给多个部门或较多的用户共用，如准集群系统、集群系统、无中心多信道选址通信系统等。在独立单频道系统中，当一个频道繁忙而另一频道空闲时，繁忙频道中的用户只能等待却不能使用空闲的频道。因此多频道共用系统相对于独立单频道的系统，频谱利用率的提高是显而易见的。例如一个系统有 8 个频道时，当话务量为 0.01 Erl，呼损率为 10%，利用爱尔兰呼损公式可计算出该系统每一频道可容纳的平均用户数为独立单频道系统的 7 倍。因此，在指配频率、设台审批中，应从严控制独立单频道系统，而要求那些业务量不多，用户较少的部门和单位，联合组建多频道共用系统。

总之，根据频谱的多维特性，利用频率、时间、空间、码字进行分割的方法来指配和使用频率，是提高频谱利用率的重要途径。随着科技的进步，提高频谱利用率的新技术还会不断出现，如认知无线电技术。

### 4.4.2 频率指配工作程序

频率指配工作是用频台站设台审批工作的重要组成部分，指配频率的工作程序服从于设台审批工作程序。除小功率电台及小型网络可以从简外，一般应按以下顺序完成频率指配工作。

1．预指配频率

预指配频率在设台的行政审查的基础上进行。其主要工作内容如下：

（1）根据用户通信联络要求确定的工作频段，计算并确定必需的频率数量；

（2）根据台站频率数据库及当地的电磁环境资料查找出该频段可指配频率；

（3）进行初步的电磁兼容分析计算，选出合适的具体频率，确定频率使用的地域、工作时间、工作方式等基本条件；

（4）必要时与邻近地域的有关电磁频谱管理部门进行频率协调，防止互相干扰；

（5）对用户下达频率预指配通知书，明确具体频率及相关的使用条件。

2．核准频率

核准频率在用户单位填写用频台站技术资料申报表及台站网络设计资料的基础上进行。其主要工作内容如下：

（1）对拟建台站、网络服务区域的电磁环境进行实地监测，对预指配频率进行全天实地监测，掌握该地域的电磁背景噪声及预指配频率的背景噪声数据；

（2）审查用户的设计资料及申报表，审核预指配频率的数量及使用上是否符合经济、合理的原则，如不符合应予改正；

（3）综合进行电磁兼容分析计算，核准使用频率的具体条件，如发射地点、功率、时间、方向、天线高度等设备技术指标；

（4）将核准结果通知用户单位，以便用户单位购置设备与建台组网。

3．复核指配频率

复核指配频率在台站网络试运行和验收阶段进行，其主要工作内容如下：

（1）检查设台单位是否按核定结果使用频率。

（2）检验试用的频率是否合适，与其他台站之间是否产生相互干扰；如果产生有害干扰，应协调处理或重新预指配频率。

（3）正式指配频率并规定频率的具体使用条件（即核定台站的主要技术指标）。

（4）在电台执照及电台（站）技术核定表上填好上述相关内容，并颁发给用户。

### 4.4.3 频率指配的权限和要求

频率指配除了遵守无线电频率规划、划分和分配的有关规定外，还必须按规定的权限进行。根据《中华人民共和国无线电管理条例》，通信范围或服务区域涉及两个以上的省或涉及境外的无线电台（站），中央国家机关及其在京直属单位设置、使用的无线电台（站），其他因特殊需要设置、使用的无线电台（站），由国家无线电管理机构指配其频率；在省、自治区、直辖市范围内通信或服务的无线电台（站），由省、自治区、直辖市无线电机构指配其频率；国务院有关部门，对分配给本系统使用的频段和频率进行指配。军队也是按全军及各战区、军兵种的权限负责指配和管理使用频率。

指配和使用频率，必须遵守国家有关频率管理的规定。未经指配的频率，不得擅自使用；频率一经指配，不得擅自变动；频率指配要实时调整，期满收回；实行频率有偿占用；保护国家规定的安全、遇险频率；严禁转让、出租或变相出租频率。

## 4.5 卫星轨道/频率资源管理

卫星轨道/频率资源管理是指卫星轨道及卫星网络空间电台频率的规划与控制活动。将卫星轨道资源纳入电磁频谱管理范畴的时间并不长。20 世纪 60 年代适用的《无线电规则》，还没有把卫星轨道资源作为无线电管理的基本内容。然而，随着科学技术的发展和进步，人类发射到空间的卫星，开始主要是地球静止轨道（GEO）卫星，逐步 360° 布满赤道上空，而其正常工作所要求的电磁环境和兼容条件却不能容许更多的通信卫星再有合适的位置“栖身”了，因此，国际电联开始加强对卫星轨道资源频率资源的管理。目前，对卫星轨道资源、频率资源的管理，已经成为国际无线电管理的一项重要内容。

### 4.5.1 卫星轨道/频率资源管理的内容

**1. 卫星通信轨道**

1957 年 10 月 4 日，苏联成功地发射了世界上第一颗人造卫星——人造卫星一号。这颗人造卫星携带无线电发射机向地球发回讯号，打开了人类利用卫星通信的序幕。

卫星通信是利用人造地球卫星做中继站转发无线电信号，在多个地球站之间进行的通信。卫星通信是地面微波中继通信的发展。卫星通信超越区域和国界，同时占用空间轨道位置和频率资源。空间轨道与频率一样，也是有限的自然资源，同样面临供不应求的局面，因此需要在世界范围内统一进行科学管理。在卫星通信领域把卫星的空间轨道纳入无线电频率管理范畴，把电磁频谱管理的空间范围从地球表面扩展到外层空间。从一国范围内来看，它是国有资源的管理；从世界范围来看，它也是人类共享资源的管理。

据不完全统计，目前世界各国发射到空中的各种卫星或航天器已达 3 万多颗，仅在赤道上空大圆轨道上运行的同步静止卫星就有 300 多颗。卫星轨道包括地球静止轨道（GEO）和非静止轨道（NGEO）。地球静止轨道在赤道上空 35 786.6 km，它是与地球自转方向相同的圆形轨道，又称为高轨道。非静止轨道又分为中轨道（MEO）和低轨道（LEO），MEO 轨道高度大概 10 000 km 左右，LEO 轨道高度在 500～1 400 km 左右。MEO 和 LEO 又都包括极轨道和倾斜轨道两种。卫星被广泛应用于通信、遥感、侦察、定位等领域，在世界经济繁荣、社会进步、国家安全中发挥着重要作用。

随着社会的发展，人们对通信的要求越来越高。由于 GEO 卫星对高纬度地区的覆盖比较困难，而且卫星距地太远，电波传输衰耗太大，星上和地面都要用足够尺寸的天线和足够大的发射功率才能达成通信。再者，轨道上的卫星要有一定的间隔才不致信号互扰，360° 的轨道资源已显得拥挤。因此，近年来人类开始致力于低、中轨道卫星通信的研究。为使卫星信号均匀覆盖全球各地域，轨道都呈圆形。卫星在这类轨道上环绕地球的速度较快，如轨道高 10 000 km，卫星绕地球一周约需要 6 小时。而轨道高 800 km，则仅需 2 小时。所以为保持时时覆盖全球，倾斜轨道就要多条并行，极地轨道就要“瓜皮纹”式的多条，而且每条轨道上要有多颗卫星等距布放。一定高度的轨道，条数多则间隔小，卫星的单或多波束覆盖区可小些，地面终端的通信仰角就大些，需要卫星的数量多，在轨管理复杂；轨道面少则相反，但通信最小仰角小了，不利于山区通信。这种各个卫星有固定相对位置的星群，即星座，有规律地环绕地球运行。对处于不同经、纬度的任一地域（包括海、空域）来说，一颗星飞过，其后随者就飞来，于是地球表面时时处处都会得到覆盖。

### 2. 卫星轨道 / 频率资源管理

由于卫星通信超越区域和国界，需要在世界范围内统一进行频段划分。而不同的卫星通信业务又适用于不同的频段。因此，国际电联在定义空间业务的同时，对各项空间业务划分了合适的频段。随着卫星通信技术的发展，为适应各国对卫星通信业务的需求，国际电联从 20 世纪 70 年代以来，多次举行会议，为一些卫星业务划分和扩展频段，并为合理、有效利用频率/轨道资源，对一些卫星业务进行了频率/轨道规划。

在 1977 年、1985 年和 1988 年的世界无线电行政大会（WARC-77，WARC-ORB-85，WARC-ORB-88）上，分别制定了 12 GHz 频段卫星广播业务（SSS）及其馈线链路规划和相关程序（见《无线电规则》附录 30、30A），我国的三个规划位置为东经 62°、79.8° 和 92°，使用 35 个波束和 55 个频道。在 1988 年世界无线电行政大会上还进行了部分 C/Ku 频段共 800MHz 带宽的卫星固定业务（FSS）上、下行链路规划（见《无线电规则》附录 30B），我国的两个规划位置为东经 101.4° 和 135.5°。在 1987 年世界无线电行政大会（移动大会）上，主要为卫星移动业务划分了一些频段，分别用于水上、航空和陆地。在 1992 年世界无线电行政大会上，部分地修改了《无线电规则》，增加和扩展了对一些空间业务的划分，主要涉及到卫星移动（MSS）、卫星声音广播（BSS），卫星高清晰度电视（HDTV）、空间操作（SOS）、空间研究（SRS）、卫星地球探测（EESS）等业务，确定了这些频段的启用日期，制定了相关程序。该次大会还制定和通过了非对地静止卫星的临时协调程序，规范了世界各国卫星通信事业的发展。

我国对于卫星轨道 / 频率资源的使用，实行国家集中统一管理的原则。卫星轨道 / 频率资源管理主要包括：频率规划、轨道 / 频率国际间登记、协调、频率指配；制定、执行合法使用轨道 / 频率的规定和程序，以实现资源的有效、公平、合理利用。

从《无线电规则》中的频率划分和我国“无线电频率划分规定”来看，卫星通信系统所使用的频谱很宽，可以从几 MHz 一直到 275 GHz，但是现阶段使用主要在 L（1～2 GHz）、S（2～4 GHz）、C（4～8 GHz），Ku（12～18 GHz）、Ka（27～40 GHz）频段，并有不断向更高频段扩展的趋势。

不管是对地静止轨道位置还是其他轨道位置，实际上都是有限的资源。以对地静止轨道位置来说，按目前的技术条件，两个卫星使用相同频段覆盖相同或相近服务区，其间隔至少应 2.5° 左右。因此，在整个对地静止轨道上的同频段卫星通常不会超过 150 个，更何况在大洋上空的弧段并不完全适合陆上使用。对于非静止轨道而言，由于卫星不停地经过地球各地上空，相同频段的复用就更困难了。所以，对卫星轨道资源的分配和管理，将是今后无线电管理工作的一个难题。

现在各国申报和使用的卫星大都位于对地静止轨道，由于技术的成熟性、系统费用和设备造价以及更换设备的便利性，常用的频段又往往是在 C 波段上、下行链路各 500 MHz 带宽，以及 Ku 频段上、下行链路各 500 MHz 带宽。相邻同频段卫星的轨道位置间隔平均还不到 1°，有的还不到 0.5°，甚至相同轨道位置，大大低于目前技术条件下所要求的 2.5° 间隔，实际上已达到饱和、超饱和状态。而且很多卫星的波束宽度所覆盖的区域远远超出本国服务区，使得频谱/轨道位置的申请和使用日趋紧张，增加了协调的困难。

另外，近年来申报卫星网路的数量急剧增加，一是实际需求确实有很大增长，已发射、在轨运行的卫星间隔越来越小，相互干扰的可能性越来越大，已出现为避免造成干扰而偏离原定轨道位置的实例；二是为了便于与其他国家协调，所申报的轨道位置往往多于实际要使用的轨道位置，使本来就很拥挤的轨道位置更不堪重负；三是考虑到以上两种因素，通过对其他国家所申报的卫星轨道位置实际使用可能性进行分析、预测而确定本国卫星拟申报位置时，可能判断失误，使双方实际计划发射的卫星位置十分接近，造成不可接受的相互干扰；四是由于经营卫星网路的经济效益使频谱/轨道位置成为一种有价的资源，从而使申报非实际需求（或可称为虚假需求）的情况增多。

当前，我国所在的亚太地区经济发展迅速，对卫星通信的需求增长很快。因此，在与我国相关的这一弧段成为全球范围内最为拥挤的弧段之一，致使我国与周边国家的卫星网路协调十分困难，很难达成协议相互兼容工作。近几年来，我们国家已经向国际电联申报了数十个轨道位置和卫星网路，并与相关国家和国际卫星组织进行协调，在部分卫星网路间达成了协议，但仍有相当多的卫星网路之间未能解决相互干扰的问题，协调难度比较大。

3. 建立和运行空间卫星应考虑的因素

建立和运行空间卫星，对国家和军队来说是一件大事。因为卫星的制造、发射成本高昂，技术复杂，具有一定风险，维护水平要求高，涉及各种通信、侦察、定位等业务技术，也涉及各种网络系统的管理体制，以及与地面系统的接口问题。可以说，建立卫星通信空间电台是一项综合性的系统工程，需要进行全面规划和总体设计。首先应围绕以下三方面进行研究：

（1）任务需求。从需求来初步考虑是否要建卫星，建哪一种类型的卫星，拟进行哪些业务等。

（2）技术水平。根据当前国内外技术水平和资金容许的实际情况，从可行性方面来确定所拟建立的卫星类型和规模，能容纳的通信容量，以及能进行的业务种类。

（3）频谱和轨道资源。在选用卫星的工作频段和轨道位置时，要考虑到合理使用频谱/轨道资源。必须对各国已发射和拟发射卫星的工作频段以及所占用（或拟占用）的轨道位置情况做全面的了解，特别是与自身拟建卫星相关的那些卫星技术特性，更应详细了解，进行计算分析，避免与那些卫星网路相互干扰，保证良好工作。

以上三点，特别是第（3）点，应予以重点考虑。随着对卫星通信需求的增长，频谱/轨道资源日趋紧张，国际协调的难度越来越大。卫星的生产周期只需要一年半左右，而轨道位置的协调则需要几年甚至更长。

### 4.5.2 国际电联的卫星网路运行规定

由于频谱/轨道资源的有限性，并考虑到卫星网路的协调区（甚至覆盖区）往往超过本国领土，涉及到其他国家。因此，对于发射卫星和运行空间业务，国际电联制定了一系列有关的程序规定和技术标准，要求各成员国严格遵守，以避免卫星网路间的相互干扰。

国际电联规定卫星网路的申请方法主要分以下三种情况：

1）符合世界性规划特性的卫星网路

如上所述，在 WAR-C-77、WARC-ORB-85 和 WARC-ORB-88 上制定和通过的 12 GHz 频段卫星广播业务及其馈线链路规划和 C/Ku 部分频段卫星固定业务上、下行链路规划分别载于国际电联《无线电规则》附录 30、附录 30A 和附录 30B。各国电信主管部门在实施这些规划时，只要本国所申报的卫星网路主要技术特性符合规划中所列参数值或技术特性修改未超出所规定的极限值，就可按上述附录中所列的相关程序，向国际电联提交卫星网路频率指配的通知单。只有国际电联审查合格并登入国际频率登记总表后，该卫星网路方可启用。主管部门在未取得电联的合格结论前，不应启用该卫星网路。如果对卫星网路特性进行修改，必须按上述附录中有关修改规划的程序，与相关的主管部门进行协调，取得后者的同意。

2）符合《无线电规则》频率划分表的卫星网路

当各国电信主管部门拟建立符合《无线电规则》频率划分表的卫星网路时，应按照《无线电规则》第 11 条和第 13 条中所列的程序，提供相关资料，与其他国家主管部门进行协调，并由电联进行审核。第 11 条和第 13 条程序包括了三个阶段：

（1）提前公布资料阶段（简称 A 阶段）。拟发射卫星的主管部门应按《无线电规则》附录 4 所列项目，在该卫星网络投入使用前不早于 5 年和不迟于 2 年，向频率登记委员会提交拟发射卫星的提前公布资料（AP4 资料），经国际电联审查，认为是完整的资料后，公布在国际电联周报特节上，由各有关主管部门提意见。

（2）协调阶段（简称 C 阶段）。拟建立卫星网路的主管部门应向在 A 阶段提出意见的主管部门提出协调请求，并向这些主管部门寄送按《无线电规则》附录 3 所列项目填写的拟建卫星网路协调资料（AP3 资料），抄送国际电联，经国际电联按一定要求审查合格后，在国际电联周报特节上公布。

卫星网路的协调主要是按相关程序，通过函件往返来进行的。为提高协调的效率，这几年来也常采用相关的主管部门之间的双边会谈或多边会谈的方式来进行。卫星网路之间、地球站和地面电台之间的相互干扰计算应按《无线电规则》附录 29 和附录 28 中所述方法进行。在协调阶段，必要时可请求国际电联帮助。

（3）通知阶段（简称 N 阶段）。拟发卫星的主管部门按协调资料（AP3 资料）所列项目，填写拟发卫星的通知单，报送国际电联。国际电联根据《无线电规则》第 13 条中有关规定进行审核。特别是要考察该卫星网路是否完成了与相关卫星网路之间的协调。如认为合格，则登入国际频率登记总表并记下合格的结论，否则还须进行协调。

只有在完成了以上各阶段程序的卫星网路方可启用。如果未完成协调就发射和启用卫星，当干扰了按程序规则进行工作的其他卫星网路时，必须承担责任，立即消除干扰。

3）涉及《无线电规则》频率划分表脚注的卫星网路

在《无线电规划》第 8 条（频率划分）中，除了划分表内所列的主要业务、次要业务和许可业务外，还可利用脚注，为某个区域、国家或地区进行附加划分、替代划分，满足这些区域、国家或地区的特殊要求。主管部门在对涉及到这些脚注的卫星网路频率指配提出要求时，应在履行上述《无线电规则》第 11 条程序前（或同时），按《无线电规则》第 14 条的有关规定，取得可能受到影响的主管部门的同意。

### 4.5.3 我国设置卫星网络空间电台管理规定

我国对于卫星网路也和对其他通信网（台）一样，采用法规、技术、行政和经济的综合手段来进行频率管理。目前已制定与卫星网路有关的规定，对设置、运行卫星网路空间电台、建立卫星通信网和设置、使用地球站，分别做出规定，把卫星网路频率管理工作纳入到法制的轨道。这些规定都充分考虑到我国现有行政体制和管理水平的实际情况，并适应与相关国际规定衔接的要求。

为了适应卫星事业发展的需要，加强对卫星轨道和频率资源的管理，维护我国使用卫星轨道和频率资源的合法权益，我国根据《中华人民共和国无线电管理条例》和国家有关规定，参照国际电联《无线电规则》制定下发了《设置卫星网络空间电台管理规定》，其主要内容如下：

### 1．总则

（1）卫星轨道和频率资源属国家所有。对卫星轨道和频率资源的使用，实行国家集中统一管理的原则。

（2）本规定适用于所有需要进行国内和国际协调并向国际电联提交相关资料的静止和非静止卫星网络。通过香港、澳门电信管理部门申报的卫星网络的管理规定另行制定。

（3）设置卫星网络空间电台由工业和信息化部审批。其国内协调和国际协调由工业和信息化部负责组织相关单位进行。

### 2．设置卫星网络申请人条件

设置卫星网络，已列入国家卫星发展总体规划的，或业经国家主管部门批准立项的卫星网络，由项目的执行单位或网络操作部门提出申请。其他卫星网络，其申请人应具备以下条件：

（1）依法取得法人资格的国有独资或国有控股企业，以及经国家主管部门批准成立的事业单位；

（2）与操作卫星网络相适应的技术人员和管理人员；

（3）必要的资金；

（4）履行国家主管部门和国际电联规定义务的能力；

（5）工业和信息化部规定的其他条件。

### 3．申请和审查程序

#### 1）申请

申请单位在所申请卫星网络投入业务使用日期前 5 年半至 2 年半间，填报国际电联《无线电规则》附录 S4 及决议 49 所列提前公布的资料表格以及电联要求提交的其他资料，正式向工业和信息化部提出设置卫星网络空间电台的申请。

#### 2）行政性审查

工业和信息化部收到申请材料后，先进行行政性审查。

（1）满足设置卫星网络空间电台申请人条件，申请材料齐全。

（2）所申请的卫星网络是否已确定卫星操作者或其他业务主管部门；如在某些特殊情况下未能确定，则必须在进入协调阶段之前确定。

（3）所申请的卫星网络空间电台的主要特性是否符合国际电联《无线电规则》中频率划分和其他有关条款。

#### 3）技术性审查

技术性审查的具体内容包括：

（1）所申报的卫星网络空间电台是否对在此以前已申报的我国卫星网络空间电台，特别是已工作的卫星网络空间电台产生不可接受的干扰；

（2）所申请的卫星网络和其他国家现存的或实际计划的卫星网络之间是否存在难以通过技

术措施消除的干扰等；

（3）所申请的卫星网络对同频段地面无线电业务电台是否产生不可接受的干扰；

（4）所申请卫星网络中典型地球站的主要技术特性是否符合国际电联和国家主管部门的规定；

（5）其他存在的问题，由工业和信息化部组织协调，做出决定。

4．国际协调和登记

工业和信息化部应当在收到申请之日起的 6 个月内将审查意见和国内协调的结果通知申请单位及其他相关单位。在完成审查和国内协调后，工业和信息化部向国际电联提交提前公布资料。

（1）我国卫星网络与其他国家相关卫星网络之间的国际协调由工业和信息化部组织相关单位进行。

（2）卫星网络提前公布资料在国际电联公布后的4个月内，申请单位确定的卫星操作者应负责向工业和信息化部提供国际电联《无线电规则》附录 S4 所列协调资料。

（3）国际电联周报特节刊出所申报卫星网络资料、修改和增补资料后，申请单位应按电联规定缴纳资料审查处理费。

（4）卫星操作者应配合工业和信息化部进行卫星网络的国际协调，在所申请卫星网络的协调资料被国际电联公布后4个月之内，提供卫星网络间相互干扰的计算结果和为消除可能存在的干扰拟采取的可行措施等。工业和信息化部将给予必要的帮助和建议，并每3个月向卫星操作者及其他相关单位通告该卫星网络有关的国际协调情况。

（5）在国际电联公布其他国家卫星网络提前公布资料、协调资料或其补充、修改资料的3个月内，卫星操作者应就该卫星网络是否会对其在国际电联公布的卫星网络产生干扰向工业和信息化部提出意见。如存在不可接受的干扰，应同时提供干扰计算结果。

（6）所申请卫星网络投入业务使用前3年，在进行必要的国际协调后，卫星操作者应向工业和信息化部提供经协调后的频率指配通知单，由工业和信息化部向国际电联履行相关通知登记程序。

5．批准和使用

（1）申请卫星网络履行通知登记程序后，卫星操作者应当到工业和信息化部办理设台手续，领取卫星网络空间电台执照。

（2）已履行国际电联《无线电规则》必须程序，并已和主要国家达成协议但未能全部达成协议的卫星网络，经计算和监测不存在实际有害干扰时，经工业和信息化部批准，可办理设台手续并领取卫星网络空间电台执照。

（3）卫星网络空间电台执照是发射、使用卫星的合法凭证。卫星操作者应当在卫星发射前6个月取得卫星网络空间电台执照。在签订卫星生产（购买）合同和发射合同前，卫星操作者应进行必要的论证，工业和信息化部应卫星操作者要求可就卫星轨道和频率使用问题给予必要的帮助。

（4）卫星网络空间电台在其提前公布资料被公布后确认 5 年内不投入使用且未通过工业和信息化部向国际电联提交延期所需资料，或在其申报的有效期内停用 2 年以上的，由该卫星网络的操作部门或其他操作部门根据需求向工业和信息化部提出申请，经国内相关单位重新协调后，工业和信息化部可将该卫星网络的轨道和频率调配给其他符合规定的卫星网络使用。

（5）对已在轨的卫星网络，如操作单位要求继续使用现有卫星轨位和频率，需在原卫星网络频率指配通知单中标明的有效期届满3年半前向工业和信息化部提出申请，经审查同意后由工业和信息化部向国际电联办理有关延期手续。

6．处罚和其他

（1）未经批准，任何单位和个人不得擅自使用属国家所有的卫星轨道和频率资源；对已获准使用的卫星轨道和频率资源不得擅自转让、出租或改变用途。

（2）卫星操作者应当按规定缴纳资源占用等的费用。

（3）申请单位未获得卫星网络空间电台执照即进行卫星发射并将卫星网络正式投入使用的，应当关闭相关的卫星转发器或空中信道，并承担所造成的一切政治责任和经济责任。

### 4.5.4 卫星网络空间电台执照

1．申请条件

申请设置卫星网络空间电台执照的，应当具备下列条件：

（1）具有法人资格；

（2）有与操作空间电台相适应的专业人员和必要的设施、资金；

（3）有履行国家无线电管理机构和国际规则规定义务的能力；

（4）符合国家无线电频率划分的空间无线电通信业务的无线电频率和卫星轨道规划及相关管理规定；

（5）按照有关规定完成国内、国际无线电频率和卫星轨道的协调，并达成协议；

（6）近三年内没有违反无线电管理规定的重大违法记录；

（7）法律、行政法规规定的其他条件。

2．申请

申请设置卫星网络空间电台的，应当向工业和信息化部提出申请，并提交下列材料：

（1）设置卫星网络空间电台申请表；

（2）空间电台技术资料申报表；

（3）完成国内、国际协调的证明材料；

（4）申请人资格证明；

（5）申请人的技术人员和管理人员的主要情况；

（6）拥有必要资金的证明材料；

（7）开展特定空间业务的批准文件或者证明材料（如：开展卫星广播业务需要广电部门的批准，开展卫星气象业务需要气象部门的批准等）。

3．形式审查

工业和信息化部收到申请材料后，应当进行形式审查。申请材料齐全、符合法定形式的，应当受理申请，并出具受理通知书；申请材料不齐全、不符合法定形式的，应当当场或者在5个工作日内一次告知申请人应当补正的全部内容。

4．审查程序

工业和信息化部应当自受理申请之日起20个工作日内，完成对申请人所提交申请的实质性审查，做出予以批准或者不予批准的决定。予以批准的，应当自做出决定之日起 10 个工作日内，向申请人颁发《中华人民共和国空间电台执照》，并通知其办理设台手续；不予批准的，应当说明理由，并告知申请人享有依法申请行政复议或者提起行政诉讼的权利。

5. 变更程序

空间电台应当按照核定的项目进行工作。变更空间电台轨道位置、使用频率、发射功率、天线特性等技术参数或使用用途的，应当向工业和信息化部提出书面申请，并提交完成国内、国际协调的相关材料。经审查、批准，办理设台手续并领取《中华人民共和国空间电台执照》后方可实施变更。

# 第 5 章　无线电台站设备管理

无线电台站设备管理包括无线电台站管理和无线电设备管理。无线电设备管理主要指无线电设备的研制、生产、销售与进口过程中的管理。无线电台站管理是指无线电管理机构为达到无线电管理的预定目的，综合运用各种手段，对无线电设备的设置、使用进行审批，指配电台呼号，核发电台执照等，实施一系列科学化、规范化的管理活动。其目的是维护正常的空中电波秩序，保证良好的电磁环境，促进各类无线电业务健康、持续、稳定发展。《中华人民共和国无线电管理条例》规定，“设置、使用无线电台（站）的单位和个人，必须提出书面申请，办理设台审批手续，领取电台执照”。无线电台站管理的主要内容包括无线电台站设置管理、使用管理和资料管理。

## 5.1　台站设置管理

无线电台（站）是指开展无线电业务所必需的一个或者多个发射机、接收机，或者发射机和接收机的组合（包括附属设备）。不论是发射设备、接收设备，还是二者兼有的设备，都统称为无线电台，根据中文的习惯，也可称为站，如微波站、卫星地球站等。而在英文中，“台”或“站”统一表述为“station”。

无线电台站管理是国家和地方无线电管理机构依据相关的法规和标准，按审批权限对拟设无线电台站进行审查和批准的活动。地方单位或个人设置、使用无线电台站，必须提出书面申请，办理设台审批手续，领取无线电台执照。台站管理的目的是为提高无线台站设置审批的科学性和合理性，使所设置的无线电台站能够正常运行，且对其他无线电台站不产生有害干扰。

设置无线电台站应具备以下条件：无线电设备符合国家技术标准；操作人员熟悉电磁频谱管理的有关规定，并具有相应的业务技能和操作资格；无线电网络设计符合经济合理的原则，工作环境安全可靠；设台单位或个人有相应的管理措施。

### 5.1.1　台站设置审批权限

在中华人民共和国境内设置电台，审批权限分为以下几类：

（1）覆盖范围或通信范围涉及境外或两省以上范围的电台，属于中央国家机关（含其在京直属单位）的电台、使用全国统一频率的电台，以及其他因特殊需要设置使用的电台，由国家无线电管理机构审批。

（2）覆盖范围或通信范围在省、自治区辖区内并涉及两个以上地区、市的电台（如短波电台、省内微波支线等），省、自治区机关（含其在省、自治区人民政府所在地直属单位）设台，使用全省、自治区统一频率的电台等，由所在省、自治区无线电管理机构审批。

（3）覆盖范围或通信范围在直辖市辖区内的电台由所在直辖市无线电管理机构审批。北京市属单位设置覆盖范围或通信范围在北京市辖区内的电台，由北京市无线电管理机构审批。

（4）覆盖范围或通信范围在地区、市辖区以内的电台由所在地区、市无线电管理机构审批。

### 5.1.2 台站设置管理程序

无线电台站的设置管理一般分两种情况，一种是频率指配和台站的审批一块进行，如对讲机、集群基站、无线接入的中心站、射电天文接收站、短波电台、标准频率与时间信号台、业余电台、导航台、雷达站、微波站等；另一种是单独审批无线电台站，例如固定卫星业务地球站（单收站）、广播电视电台（现行体制下，其频率由国家新闻出版广电总局指配）、制式无线电台，以及那些授权可指配频率的专业部门（如民航总局、交通部等）所设置的无线电台站。无线电台站的设置管理一般包括以下几个步骤：

（1）设台申请。设置各种无线电台站的单位或个人必须向无线电管理机构提出书面申请报告，并填写无线电管理机构印发的设台申请表。书面申请的内容主要包括：台站名称、主要任务、设备型号和数量、工作方式、主要技术指标、发射功率、使用频率、预定具体位置、天线程式及高度、预定施工和竣工期限，以及可能的发展情况等。无线电管理机构受理设置无线电台（站）申请报告，要了解掌握有关情况，必要时到设台站现场了解情况。设台申请报告与申请表是无线电管理机构进行行政审查和技术审查的依据，还是建立无线电台站档案的资料。

（2）行政审查。无线电管理机构受理设台申请报告，并掌握相关情况后，要认真进行行政审查。审查内容通常包括：设台的必要性和可能性，设台申请的频段和频率是否符合国家与军队频率划分表的有关规定和要求，是否有可供指配的频率；拟建台（站）址是否符合无线电管理、城市规划和环境保护的有关要求，设台单位和个人是否具备设台的基本条件，必要时无线电管理部门与城建部门进行台（站）址协调。在通过行政审查后，无线电管理机构应给申请设台者下达批复，批复应明确“不同意设台”或者“原则上同意设台”。不同意设台的，应说明原因。原则上同意设台的，可同时预指配频率，并通知申请设台者为进行技术审查，提供台站或网络设计及相关的技术资料。

（3）技术审查。技术审查是审批台站的重要环节，主要通过电磁兼容分析，避免与已设台站或已规划台站之间的相互干扰。技术审查的主要内容是根据所审批台站的业务性质、台站的大小等情况，对用户所做的技术方案、组网方案的可行性、先进性和合理性进行审查，对台站站址选择进行审查和论证（是否符合有关收发信区的规划、符合有关微波通道的保护、避开有关电磁干扰源等），进行同站址工程、同频干扰、邻频干扰和互调干扰等计算和分析，有关协调区的计算，对设备和天线选型及其技术参数的审查，对传输通道、传输设计和相关传输技术指标的审查；根据所服务的地区和或覆盖的范围，确定有关频率安排、天线增益、天线高度、发射功率等技术参数；对建成后设备系统维护措施情况的审查，对环境污染进行评价等。

（4）电磁环境测试。如有必要可进行台站的电磁环境测试，为台站的审批提供技术上的依据。技术上的审查有时无法提供准确的数据，必须现场测试，确信没有干扰后再批准其台站。

有关地球站审批方面，原国家无委办《关于印发地球站电磁环境测试和干扰分析有关技术报告内容格式等要求的通知》，对《地球站电磁环境测试的基本要求》、《地球站站址电磁环境测试方法》、《地球站站址电磁环境测试报告》（内容、格式）都做了规定和要求。

（5）台站的审批。经过必要的行政审查、技术审查和电磁环境测试后，一般即可审批台站。审批时应包括台站的具体位置（经纬度）、天线高度、发射功率、使用频率和带宽、使用时间和期限。

（6）台站的验收。审核或测试所批的台站参数是否符合申报资料表的内容，技术指标是否符合有关无委的技术规定（如联通 CDMA 基站）或是否已经国家无委的型号核准，所有的参数是否符合电台执照的核定内容。

（7）设备检测。用户将购置的无线电台送交无线电管理机构认可的无线电设备检测单位进行检测，其主要技术参数必须符合国家和军队规定的相关技术指标。

（8）试运行。设置大、中型台站，设台单位必须检验系统发射、接收、天线、电源及机房等各部分的工作状态，测试其边界场强是否符合或超出设台组网设计的通信范围，核实是否产生有害同频干扰或互调干扰。设台单位根据试运行情况确定实际台站参数及相关设台组网设计方案，提交试运行报告。

（9）台站验收。无线电管理机构根据设台组网设计报告、台站技术资料表、设备检测数据及试运行报告进行核查验收。

（10）核发电台执照。台站验收合格后，由无线电管理机构核发台站执照。为防止各种业务的相互干扰，频率使用必须由核发执照来控制，所有的无线电台站必须持有执照才能合法地工作，才能合法地受到干扰保护，但文件规定的除外，例如某些短距离（微功率）无线电设备就采取免发电台执照的办法。

（11）频率管理费用的收取。根据国家的有关规定，对频率使用者收取频率占用费，体现了国家对频谱资源有偿使用的原则。另外还对用户收取执照的证照费。

（12）台站的年检。台站的年检也是无线电技术管理中的一个不可缺少的环节。已批准的无线电台站，在经过一段使用时间后，某些与电磁兼容有关的重要技术参数可能发生变化，严重的变化会影响无线电台站的正常工作，干扰其他无线电台站或系统的正常工作，造成频谱利用率降低，为避免干扰的发生，有必要对已设的无线电台站进行年检。这里所说的年检，并不一定是每年都检查和测试一次，而是根据不同的无线电业务和台站种类，根据不同的可能发生干扰的无线电台站，有区别、有重点的、有计划和有步骤地对已设无线电台站进行检查或测试。有些台站进行一般性检查和审核，主要是核实台站执照数据，教育持照人及用户严格遵守无线电管理的若干规定及无线电台站操作的正确程序；有些台站（如集群基站），必须进行测试。测试后判定设备的标准主要是与电台执照核定的参数进行比较有何变化，是否符合无线电管理的有关技术规定和有关国家、行业标准。与无线电管理关系不大的设备质量问题一般不在年检之内。

### 5.1.3 电台执照

无线电台站执照是授于用户在规定的条件下使用无线电台站合法权力的证明。根据 ITU 无线电规则，如果台站所有者未得到政府管理部门发给的执照，不允许建立任何发射台站。我国的有关规定也是如此，一些国家规定使用无线接收设施，也要申请执照。核发执照活动应在法定程序下加以正确的管理。核发执照的部门有执法权和调查干扰的权力。

为了加强无线电台（站）管理，保护合法无线电台（站）正常工作，工业和信息化部根据《中华人民共和国无线电管理条例》制定了《无线电台执照管理规定》，自 2009 年 4 月 10 日起施行。其主要内容如下。

（1）无线电台执照是合法设置、使用无线电台（站）的法定凭证。使用各类无线电台（站），包括在机车、船舶和航空器上设置、使用制式电台，应当持有无线电台执照。

（2）无线电台执照分为《中华人民共和国无线电台执照》、《中华人民共和国船舶电台执照》和《中华人民共和国航空器电台执照》3 种。无线电台执照由工业和信息化部统一印制。

（3）无线电台执照由工业和信息化部或者省、自治区、直辖市无线电管理机构根据《中华人民共和国无线电管理条例》规定的无线电台（站）审批权限和各类无线电台（站）的管理规定核发，或者由工业和信息化部委托的国务院有关部门核发。

（4）设置、使用无线电台（站）的单位和个人，应当向无线电管理机构提交书面申请和必要的技术资料，经审查批准并按照国家有关规定缴纳频率占用费后领取无线电台执照。变更无线电台执照中所核定的内容的，应当向原执照核发机构提交申请，经审查批准后重新核发无线电台执照。

（5）无线电台执照的有效期不超过三年，临时无线电台（站）执照的有效期不超过半年。无线电台执照有效期届满后需要继续使用无线电台（站）的，应当在有效期届满一个月前向原执照核发机构申请办理无线电台执照延续手续。无线电台执照有效期届满未延续的，原执照核发机构应当注销无线电台执照，持照者应当立即停止使用其无线电台（站）。

（6）持照者应当妥善保管无线电台执照。遗失无线电台执照的，应当追查下落，并立即报告原执照核发机构。停用或者撤销无线电台（站）的，持照者应当自停用或者撤销之日起一个月内向原执照核发机构交回无线电台执照，并报告设备处理情况。

（7）各级无线电管理机构每年应当对无线电台执照进行核验，对持照者实行监督检查时，应当记录监督检查的情况和处理结果，由监督检查人员签字后归档。公众有权查阅监督检查记录。各级无线电管理机构对持照者实行监督检查时，不得妨碍持照者正常的生产经营活动，不得收取任何费用。

无线电台执照的内容包括执照编号、设台单位、台站地址、台站名称、台站类别、工作频率或频段、有效期、核发机关、核发日期等项目。“无线电台（站）核定表”的内容包括台站名称、台站地址、业务类型、工作方式、发射频率、接收频率、发射功率、发射标识、极化方式、天线类型等项目和参数。各类无线电台站，除军队装备的以外，必须持有电台执照，方可投入使用。

对于某些业务如遇险与安全业务，相关无线电管理机构还应组织考核操作者的能力并发给操作者证书。业余电台执照由国家无委委托体委发放，但应采用统一印制的执照。

### 5.1.4 电磁兼容分析

无线电台站设置管理过程中很重要的一点是技术审查，它是无线电频率分配、指配和台站设置审批的重要步骤和依据，而电磁兼容分析则是技术审查中关键的环节。因此，这里将专门对电磁兼容（EMC）要考虑的问题进行分析。

#### 1. EMC 分析的主要内容

任何无线通信系统都不希望接收或发射无线电干扰。这种干扰信号可能是自然的，也可能是人为的，它会降低通信质量，中断信号传输。电磁兼容分析就是对这些干扰进行预测和计算，分析各种潜在干扰的大小及所产生的影响，评估干扰的危害程度，分析新审批的频率 / 频道 / 频带、台站与原有的频率/频道/频带、台站能否在电磁上兼容，为无线电频率分配、指配和台站设置审批提供的重要技术依据；从频率、时间、空间和码分这四种参数，来定量分析无线电频率共用或复用的可能性大小，得出频率共用或复用的结论。

EMC 的干扰分析和预测主要有下面 4 种类型：

（1）频率干扰。主要分析预测同频道、邻频道和插入波道的干扰，计算台站之间或避免有害干扰的保护间隔距离，计算指配频率之间避免有害干扰的频率间隔。这种干扰的频率与有用信号的频率相同或相近，是无线电系统或台站之间最严重的干扰之一。

（2）互调干扰。一般只分析三阶互调的干扰，分发射机互调干扰和接收机互调干扰两种类型，互调干扰需同时满足三个条件：一定的频率组合关系，足够大的干扰和相关台站同时工作。这种干扰分析和查找都相当困难，影响面大，损害也大。例如，曾有寻呼台对民航导航通信频率造成干扰。

（3）接收机灵敏度降低及发射机带外噪声干扰。当干扰电台功率较大，在频率上和地理位置上与拟使用的接收机十分接近时，会对其产生影响，就是可能发生接收机灵敏度降低及发射机带外噪声干扰。频管人员也可利用这一分析来判定拟设发射机将会对在频率上和地理位置上都与其十分接近的已设发射机的影响。接收机灵敏度降低及发射机带外噪声干扰的研究需同步进行，因为它们对通信台站的影响是相似的。然而，尽管它们的影响相似，解决它们的方法却是不同的。

（4）同站址干扰。设置在同一站址，如同一铁塔、同一建筑物顶上、同一山顶上的电台，由于天线相距很近，极易产生互调干扰和带外发射的干扰。一般应采用使频率相隔较远，或加装单向器、滤波器等方法，来消除同站址发射机之间的干扰，或天线进行水平和垂直距离的隔离。如原国家无委办“关于审批无线寻呼发射台站技术要求的通知”（国无办频中[1998]101号），要求同站址寻呼发射台加装单向器和单向器加滤波器。

## 2．EMC分析技术模型、数据库和技术标准

（1）无线电波传播模型。电波传播模型主要用来计算无线电波的传播损耗，计算干扰信号和有用信号的场强或电平。有关公式和计算方法可参考国家标准GB/T14618《陆地移动业务传播特性》、《视距微波接力通信系统传播特性》、《100～1000 MHz 频段固定业务传播特性》以及国际电联ITU-R第3研究组的相关建议书。

（2）相关数据库。要进行EMC分析，需要有相关的数据库，包括台站资料数据库、无线电设备数据库（含天线数据）、地理数据库、电磁环境数据库。环境数据库主要包括重大电磁辐射源的资料数据、环境噪声电平以及需求特别保护的无线电业务所使用的频段，如射电天文等。

（3）发射机和接收机模型。主要考虑发射机的带外发射或发射频谱图，接收机的选择性曲线等，以便进行EMC分析。

（4）技术标准。在EMC分析中对干扰程度需要进行判定，并对预测方法进行规范。判断一个无线电系统或接收机是否正常工作、是否受到干扰、是否受到有害干扰或者否受到容许的干扰等，判断无线电业务或系统之间能否电磁兼容、能否频率共用等，都需要规定和建立一些技术标准，如环境噪声的测量方法，接收机灵敏度恶化、最低干扰门限，有害干扰的判定标准，信号/干扰保护比和最小可用场强，相同或不同的两个无线电业务之间频率共用标准，相同业务或不同业务无线电台站之间的协调距离和电磁环境保护要求，电波传播特性和干扰计算方法的标准，等等。大家可参考原国家无委组织制定的一些国家标准，如：

- GB14431—93《无线电业务要求的信号/干扰保护比和最小可用场强》；
- GB6364—86《航空无线电导航台站电磁环境保护要求》；
- GB13613—92《对海中远程无线电导航台电磁环境要求》；
- GB13614—92《短波无线电测向台（站）电磁环境要求》；
- GB13615—92《地球站电磁环境保护要求》；

- GB13616—92《微波接力站电磁环境保护要求》；
- GBl3617—92《短波无线电收信台（站）电磁环境要求》；
- GBl3618—92《对空情报雷达站电磁环境保护要求》；
- GB13620—92《卫星通信地球站与地面微波站之间协调区的确定和干扰计算方法》；
- GB7495—87《架空电力线路与调幅广播收音台的保护间隔》。

另外还有一些国家军用标准，如：

- GJBz20093—92《VHF/UHF 航空无线电通信台站电磁环境要求》；
- GJBz2081—94《87～108 MHz 频段广播业务和 108～137 MHz 频段航空业务之间的兼容》等。

至于对无线电设备或系统技术体制进行规范的标准，以及无线电发射设备型号核准中所采用的技术标准或技术规定，这里就不进行讨论，读者可关注国家无线电监测中心检测处工程师的一些报告和相关教材。

## 5.2 台站使用管理

无线电台站使用管理是指无线电管理机构和台站设置单位，依据一定的标准和规则，通过无线电管理机构对空中无线电信号的监测、台站设备技术指标的检测、各种工作制度和安全保密情况的定期监督检查。设台单位对无线电台站设备所进行的操作、使用、维护，共同维护空中无线电波的良好秩序，确保各种合法无线电台站工作效能的发挥，及时发现和查处非法设置、违规使用的各类无线电台站、设备的活动过程。

### 5.2.1 使用管理的主要内容

无线电台站使用管理的主要内容包括：监测无线电台站设备频率使用情况、定期检测无线电台站设备的主要技术指标，检查无线电台站频率使用管理制度制定、落实和执行情况。

（1）监测空中无线电信号。无线电监测是电磁频谱管理机构实施管理工作的基本方法，也是各项法规落到实处的保证。通过对监测数据的分析处理，一方面可及时发现正常无线电信号的异常情况，进而指导相应的设台单位检测设备，调整技术指标，使台站尽快加到正常工作状态，避免各种有害干扰的发生；另一方面，可以及时发现异常或不明的无线电信号，并通过测向技术，确定发射源，进而确定非法设置使用无线电台站的单位或个人，采取措施控制有害干扰、净化电磁环境，以保证合法用户的正常使用。

（2）检测无线电台站设备的主要技术指标。对无线电台站设备的技术指标进行定期或不定期的检测，是无线电台站使用管理的重要方面，也是确保用户正常开展无线电业务的主要方法。使用中的无线电台站设备，随着时间的推移，元器件的老化，工作环境的变化，各项技术指标也会发生变化。而部分设台单位又没有相应的检测手段，不能及时的发现和解决异常情况，导致空中信号的变化，有时甚至会产生严重的有害干扰。因此，电磁频谱管理机构，采取强制性的规定，定期对各种无线电台站设备的技术指标进行抽测或普测，可及时发现设备技术指标方面存在的问题，使无线电台站始终按核定的电磁兼容指标工作，把事故隐患消灭在萌芽状态。同时，设备检测的结果也是电台执照年检能否通过的主要标准。

（3）监督检查无线电台站各项工作制度的制定与落实情况。从无线电设备的现状看，现有无线电设备型号多，层次跨度大，多代并存，性能不一。并且随着时间的推移，老设备的技术指标逐步下降，稳定性差，需要进行经常性的检查、检测和维护管理，才能保持良好的状态。因此，电磁频谱管理机构除加强自身对无线电台站使用管理的同时，还应督促各设台单位，建立相应的工作制度。如设备操作规范、值班、请示报告、无线电设备维护、技术测试，战备保障、报表资料管理、值勤检查和奖惩制度等，对各类无线电台站设备操作使用人员的业务职责做出详细、严格的规定，减少事故和差错的发生，使无线电台站内各种设备的技术指标始终满足核定的要求和标准，提高无线电台站使用效益和管理水平。

### 5.2.2 使用管理方法

（1）坚持无线电监测值勤制度。空中无线电信号的监测是无线电台站使用管理的重要手段。通过多年的建设，我国的无线电监测能力有了明显提高，监测网络已初具规模，具备了开展日常无线电监测的能力和条件。为此，应创造条件建立并坚持无线电监测值勤制度，对重点使用、设台较多的频段进行重点监测，对军民无线电技术重点发展的频段、对严格保护的频段、对应急机动通信系统使用频段的无线电信号进行长期监测，积累基础数据；进一步完善监测设施，提高数据处理能力，并建立完整准确的无线电台站频率数据库；通过对监测数据的快速处理，及时发现正常无线电信号的异常情况异常或不明的无线电信号，依托测向技术，确定发射台站的具体位置，进而确定设置使用无线电台站的单位或个人，有效地控制有害干扰、净化电磁环境，保证合法用户的正常使用。

（2）建立完善无线电台站、装备设备检查制度。1995 年开始实施的无线电台站设备检测和电台执照年检制度，较好地解决了无线电发射设备使用过程中出现的问题，有效地降低了超短波无线电信号对航空导航通信的干扰，净化了电磁环境，实践证明是行之有效的。各级电磁频谱管理机构要合理安排人力物力和工作任务，想方设法，组织开展无线电台站的检测工作，努力使主要无线电台站、重要工作频段上的无线电设备始终按核定的技术指标工作，性能稳定可靠，减少有害干扰的发生。要坚持发射设备检测制度，严格按照相关标准进行检测，对某些易出现问题、保障任务重、质量要求高的台站无线电设备要采取定期检测和不定期抽测相结合的办法，及时发现问题，并提出具体的整改意见和措施，限期达标。要坚持电台执照的年检制度，准确掌握所属台站的工作状态、使用情况，避免“失控”现象的发生。

无线电台站使用管理工作需要电磁频谱管理部门、设台单位共同负责。因此，电磁频谱管理部门要在组织完成空中无线电信号监测、无线电台站年检工作的基础上，加大监督检查的力度。督促设台单位制定、落实各项工作制度和安全保密制度，及时检查所属台站的情况，准确掌握台站、设备、业务的使用情况，宣传无线电台站管理的相关法规。无线电技术发展迅速，各类设备更新快。与老设备相比，新设备普遍性能稳定、操作简便、功能先进、体积小、重量轻、耗电省、自动化程度高。在使用中发现有的设台单位随意更换发射设备、改变技术参数，对电磁环境的影响较大。严格的监督检查制度，作为一种重要的管理手段，可以有效地加大管理力度，制止各种违规、违纪现象的发生，保护好电磁环境，为各类无线电设备的正常工作创造条件。

（3）严肃查处各种违规行为。“有法必依、执法必严、违法必究”是无线电台站使用管理过程中应遵循的基本原则。对于通过空中无线电信号监测、无线电台站年检和监督检查中发现的违规设台、违章使用无线电发射设备以及因不落实工作制度产生有害干扰而造成严重后果的行为，要追究设台单位、主要人员的行政和法律责任，并按照相应的法律规定，严肃处理。通过对违法行为的严肃处理，树立无线电台站使用管理工作的权威性、严肃性。努力营造维护电磁环境、保护电磁环境、合理使用无线电资源的良好氛围。

### 5.2.3 使用管理要求

无线电台站使用管理，是各级电磁频谱管理机构主要的日常性管理工作之一。搞好无线电台站使用管理工作，落实《中华人民共和国无线电管理条例》提出的要求和目标，应着重把握以下几个方面：

（1）强化法制，依法管理。要做好无线电台站使用管理工作，需要研究的问题很多，其中很重要的一点就是要强化法制意识，依法实施管理。《条例》的颁布实施，从法律上规定了无线电管理机构的地位、性质、职责和管理权限，同时也为无线电台站的使用管理提供了法律依据。在无线电干扰与协调越来越复杂的情况下，需要进一步强化法制观念，依法实施管理，做到行之有据，处之有法。建立行之有效的各项管理制度，靠严密的工作程序、严格的工作制度和严明的工作纪律来保证。

（2）加强监测，科学管理。对使用中的无线电台站实施管理，有着很强的技术性，单靠行政管理手段是难以解决问题的。在科学技术日益发展的今天，要加强电磁环境保护，保证合法无线电台站的正常工作，必须加强技术管理工作，增强无线电台站使用管理的科学性和针对性。无线电管理机构加强监测，是对无线电台站使用实施科学管理的有效手段。无线电监测通过对无线电台站进行测向、定位，并按照有关规定进行处理和迅速消除有害干扰，确保各种各样的无线电台站设备正常运行。同时，还为频率指配提供技术依据，使有限的频率资源得到合理、科学、经济、有效的开发和利用。

为改善无线电台站使用管理，保证无线电监测工作的顺利开展，进一步加强无线电监测手段和设施建设。第一，要加强监测网络建设。利用各种可能的办法，加大无线电监测设施的建设力度，基本形成覆盖重点地区、重要方向的无线电监测网络，从根本上改变目前单台单站监测的局面。第二，要加强无线电监测的自动化建设。研制开发实用的网络软件系统和数据分析处理系统，提高监测数据处理的时效性、准确性和可靠性。第三，要建立一支高素质的无线电监测技术人员队伍。随着科学技术的不断进步，各种无线电技术的广泛应用，监测的信号的各种参数都有了很大的变化，仅有好的装备、网络还远远不够，还需要有一批高素质的专业技术人才，使之能够熟练掌握各种监测设备的操作使用，对数据进行准确的分析判断，适应对无线电台站使用管理实施监测的需要。

（3）密切协调，重点管理。军地电磁频谱管理机构根据各自的职责及权限，分别管理军队和地方无线电台站的设置、使用，如果不加强协调，就会造成台站间相互干扰。在一定程度上说，无线电台站使用管理工作在很多情况下是协调工作，加强协调是电磁频谱管理的一条基本原则和方法。加强军地间电磁频谱管理协调，有利于军地有效地处理无线电台站使用管理中出现的各种问题。

从无线电台站使用管理工作实际来看，加强协调，既要依法进行协调管理，又要考虑到军队无线电台站设备的现实与特点。无论是军队内部，还是军地双方都应该相互理解，相互支持，密切配合，加强协调，保障重点，共同搞好无线电台站使用管理工作。

（4）履行职能，严格管理。要做好无线电台站使用管理工作，电磁频谱管理机构和无线电台站使用单位必须认真履行各自的管理职能。各级电磁频谱管理机构履行职能，重要的是制定并落实监督和检查的法规和制度。对无线电台站运行进行监督和检查，必须认真执行无线电台站使用管理的法规和制度，对无线电台站使用中出现的问题，根据有关规定，分清责任，严肃处理。无线电台站使用单位履行职能是指积极配合电磁频谱管理机构的工作，接受电磁频谱管理机构对台站监督和检查。并制定相应的无线电台站管理制度，对台站实施严格管理。

综上所述，无线电台站使用管理工作，不仅要靠电磁频谱管理机构严格管理，而且还要靠各级无线电台站使用单位密切协作、共同实施，严格执行无线电台站管理的各项法规和制度。

## 5.3 台站资料管理

无线电台站资料管理是电磁频谱管理的一项基础工作，应在总结无线电资料管理经验、做法的基础上，积极探索提高无线电台站资料管理的科学途径和方法，有效地提高无线电台站资料管理的效率和水平，其有效方法是建立无线电台站管理数据库。

### 5.3.1 数据库的作用

电磁频谱管理工作具有很强的政策性和技术性。拟设台站站址的确定、频率的指配、无线电设备电磁兼容指标的实现，都依据一定模型条件下的计算分析和系统仿真分析。而计算分析、系统仿真又是建立在完整、准确的台站数据的基础上。既设各类无线电台站的数据资料和拟设台站的技术资料的准确性、完整性直接决定了无线电台站设置、使用管理的水平和质量。无线电台站数据管理的作用主要体现在以下两个方面：

（1）完整、准确的台站数据是实施无线电台站科学化管理的前提。无线电台站管理的目标，是尽可能满足各类无线电台站建设的需要，确保各类无线电台站间实现合理的电磁兼容，充分发挥各种无线电台站的作战效能。完整、准确的台站数据，可以保证既设无线电台站得到切实可行的保护，不致受到新建台站的影响。无线电波的传播特性要求台站建设要综合考虑台站所在地的电磁环境，系统分析无线电设备和新建无线电设备的技术指标，统一安排，合理布局，实现新建台站与既设台站间、各类无线电设备间合理的电磁兼容，避免相互间的干扰和影响。如果没有完整、准确的既设无线电台站数据，上述这种分析的质量和可信度就会大打折扣，给相互间的电磁兼容带来隐患，有时甚至会影响到效能的发挥。完整、准确的台站数据，可以保证新建台站站址、各种技术指标确定的准确性和合理性，提高无线电台站管理的科学化水平。避免新建了一个台站而必须关闭另一个既设台站，或者是停用其中的某一种无线电设备，造成资源和经费的浪费。

（2）准确可信的台站数据是电磁频谱管理自动化建设的基础。随着科学技术的日益发展，无线电台站的设置、使用管理需求越来越多，工作量也日趋繁重，需要逐步提高管理手段的自动化水平，依靠计算机的辅助决策，提高无线电台站管理的科学性、准确性与时效性。同时，伴随无线电监测水平和能力的不断提高，大量的实时监测数据需要得到处理。只有通过对监测数据的自动化分析处理，才能及时发现异常的无线电信号、捕捉正常无线电信号的异常情况，测定发射源的方位，并通过与掌握资料的对比分析，确定设台单位和发射设备，进而及时排除各种异常情况，处理各种干扰，维护正常的空中电波秩序。因此，要抓紧各种电磁频谱管理自动化系统的研制开发，以满足日益增长的业务工作的需要，计算机软件系统是客观的，公正的，只有提供全面可信、准确完整的基础数据，系统才能产生科学、合理、可行的决策结果。可以说，完整、准确、全面、可信的无线电台站数据库是电磁频谱管理自动化的基石，对于提高电磁频谱管理工作的质量和效率具有非常重要的作用。

### 5.3.2 数据库的内容

无线电台站数据库主要包括 4 个方面：

（1）固定台站数据库。固定无线电台站数据库主要包括每个固定无线电台站的设台单位、设台地址（具体地址和经纬度），每个无线电发射的设备型号、工作频率、输出功率（雷达设备为峰值功率）、技术体制、占用带宽、极化方式、天线类型、天线高度（地面高度）、天线增益，每个无线电接收设备的型号、灵敏度、天线类型、天线增益，台站启用日期、电台执照编号、联系方式、联系人等。此外，无线电台站数据库还应包括建站时的主管部门的行政批复文件、台站设计资料、可行性研究报告、电磁环境调试、台站运行测试报告、设备检测报告、台站设备的年度情况等技术资料。

（2）无线电设备数据库。无线电设备数据库主要包括我国现有的各种无线电设备的发射设备型号、工作频率、发射功率、频率容限，必要带宽，占用带宽、极化方式、天线类型、天线高度、天线增益和接收设备型号、接收机灵敏度、接收天线类型、接收天线增益、主要使用单位等。这个数据库建立的难度相当大。

（3）地理信息数据库。地理信息数据库主要包括全国主要地区的各种自然地理环境数据，以及自然电磁环境、电波传播特性。其他体现形式是包括各种信息的电子地图。

（4）国外台站资料。包括设台单位、设台地址、经纬度、发射设备型号、工作频率、发射功率、占用带宽、极化方式、天线类型、天线高度和方向、天线增益、接收设备型号、接收机灵敏度、接收天线类型以及接收天线增益等。

### 5.3.3 资料管理的方法和要求

无线电台站资料是电磁频谱管理机构组织实施电磁频谱管理的重要依据。因此，各级电磁频谱管理机构必须按照以下的方法和要求做好无线电台站资料的收集、核查、整理和管理工作，确保无线电台站资料的完整性、准确性和安全性。

（1）无线电台站资料要完整、准确。由于无线电台站数据资料是电磁频谱管理机构实施决策的基础，它的准确、可靠程度决定了决策结果的合理程度，必须努力保证无线电台站资料的准确、可靠。一是通过普查的方式，收集使用的各类无线电台站的数据资料，保证数据资料的完整性；二是及时将新建无线电台站的资料存档，保证数据资料的准确性；三是结合年度统计工作，进一步核对有关数据资料，提高其可靠性；四是有效利用年检的数据资料，及时更新，保证其实用性。

（2）无线电台站资料要安全保密。军用无线电台站资料涉及到军队部署、武器装备系统性能、军队无线电频谱规划使用方案等众多重要的机密材料甚至是核心绝密材料。因此，电磁频谱管理部门应严格遵守保密制度，按照军事保密的具体要求，在专用计算机系统内由专人负责军用固定无线电台站资料、军用无线电装备资料的管理工作，建立健全无线电台站资料的归档、保管、调阅，清查及无线电台站资料数据库的使用权限规定等制度，切实杜绝各种失、泄密事件的发生。

（3）无线电台站资料要检索方便。为提高无线电台站资料管理的水平和工作效率，必须应用先进的软件和数据库管理技术，建立结构合理、维护方便、检索快捷的无线电台站资料数据库管理系统和各种数据库，利用计算机来完成大量而繁琐的台站资料管理工作，以实现无线电台站资料管理的科学化、自动化。建立无线电台站资料管理系统，要以无线电台站管理对资料应用需求为牵引，按照系统规范的技术标准，统一数据格式，既要考虑现实的需要，也要照顾到电磁频谱管理的发展，为无线电台站设置、使用管理决策提供科学、快捷、方便的技术支持。

（4）区域无线电台站数据库信息共享。无线电台站管理的主要特点是地域管理。无线电台站站址和相关指标的确定、无线电干扰协调和无线电台站间的电磁兼容分析，都必须要以地域内所有的无线电台站为分析对象，缺一不可。因此，电磁频谱管理台站资料管理的对象，包括所有的军用无线电台站和所有的民用无线电台站。

近年来，地方政府的无线电管理事业得到了快速的发展，国家、地方省（市、自治区）无线电管理机构也相继建立了完善配套的计算机管理系统和无线电台站数据库，为军事系统调用地方的无线电台站数据创造了条件。为此，一是要建立军地电磁频谱管理机构间数据共享的渠道及相应的管理制度，明确相互间（特别是军队电磁频谱管理机构向相应的地方无线电管理台站）调用数据资料的时机、方法和具体要求，从法规上保证这一渠道的畅通；二是要建立相应的软件处理系统。由于使用需求和管理方法上的差别，地方无线电台站数据库的结构、数据格式、管理系统与军队指挥自动化系统规定的结构、数据格式和管理系统有较大的区别，必须在认真分析地方无线电台站数据库系统的基础上，建立相应的转换软件，确保调用地方的无线电台站数据经处理后能直接为军队所用。

## 5.4 无线电设备管理

无线电设备管理主要是指对无线电发射设备的管理，无线电发射设备定义为无线电通信、导航、定位、测向、雷达、遥控、遥测、广播、电视等各种发射无线电波的设备，不包含可辐射电磁波的工业、科研、医疗设备、电气化运输系统、高压电力线及其他电器装置等。考虑到无线电设备的发射主要是向空中发射电波，每一部发射机对其他发射的接收而言都是一个潜在的干扰源。因此，避免干扰的一个重要方法就是对无线电发射设备进行管理，从设备的发射源头起抓管理，使无线电发射设备的有关技术指标（如使用频率、功率、发射带宽、频道间隔、收发间隔、杂散发射、频率容限等）符合无线电管理的技术规定、国家标准、行业标准，实现无线电台站之间的电磁兼容，防止各种无线电台站和系统之间的相互干扰，提高无线电频率的利用率，维护空中电波秩序，保护电磁环境，保障无线电用户对无线电频率的正常使用权益。因此，根据《中华人民共和国无线电管理条例》，国家对研制、生产、进口和销售无线电发射设备进行管理。

### 5.4.1 管理方法

（1）对研制无线电发射设备采用申请与审批的方法进行管理。根据原国家无委《研制无线电发射设备的管理规定》（国无管[1995]8 号），研制无线电发射设备必须符合国家有关技术标准和无线电管理有关规定。研制单位必须提交研制申请表、研制单位主管部门批准文件、可行性报告及技术资料等相关文件，经所在省、区、市无线电管理机构提出意见后报国家无委，审查其是否符合无线电频率划分、分配规定以及相关的技术标准，审查合格后由国家无委核发无线电发射设备研制核准批件。研制完成后组织检测和技术鉴定，鉴定结果在无线电管理机构备案。

（2）对生产无线电发射设备采用型号核准制度。生产厂商向无线电管理部门提交设备样品、测试报告、申请书以及其他必要资料，无线电管理部门根据国家无线电管理有关规定和国家技术标准进行审查。审查合格的，由工业和信息化部无线电管理局核发“无线电发射设备型号核准证”并向社会公布。生产厂商应在其生产的设备标牌上标明无线电发射设备型号核准代码。对擅自生产未经型号核准的无线电发射设备的生产厂商，按有关规定进行处罚。

（3）对进口无线电发射设备采用型号核准和进口审查的方法。根据国际电信联盟的《无线电规则》和国际惯例，对无线电发射设备，绝大部分国家实行强制性的型号核准（Type Approval）的管理办法，并作为国家无线电频谱管理中一项重要的职责（可参见国际电联《国家频谱管理手册》）。我国也不例外，1993年国务院、中央军委发布的《中华人民共和国无线电管理条例》对无线电发射设备的管理做了规定。1995年7月原国家无线电管理委员会、国家经济贸易委员会、对外贸易经济合作部、海关总署四部委联合发布的《进口无线电发射设备的管理规定》，规定1996年1月1日起进口无线电发射设备须办理《无线电发射设备型号核准证》。1997年10月原国家无线电管理委员会和国家技术监督局联合发布的《生产无线电发射设备的管理规定》，规定1999年1月1日起生产无线电发射设备须办理《无线电发射设备型号核准证》。但对于无线电接收设备，国家目前暂未纳入型号核准的管理办法。对无线电发射设备实施型号核准制度，从发射设备源头上管住，使无线电发射设备符合无线电管理的有关技术规定和国家、行业标准，避免了可能生产的无线电波干扰，广大用户使用经过型号核准的无线电发射设备，为下一步办理设台审批和电台执照打下良好的基础和提供必要的建设依据。

因此，凡向中国出口的无线电发射设备，均应事先向中国工业和信息化部无线电管理局申请"无线电发射设备型号核准证"，进口设备须标明无线电发射设备型号核准代码；设备入关前，无线电管理机构根据进口单位提交的"无线电设备进关申报表"核发"无线电设备进关审查批件"，各海关根据《机电产品进口证明》或《机电产品进口登记表》和《无线电设备进关审查批件》第一联放行，对于分批到货的设备，予以依次核销；设备入关后，进口单位应在一个月内将一定比例的进口设备送交各无委委托的检测单位，对核准项目进行检测；不合格的，按有关进口管理规定处理。

### 5.4.2 型号核准

根据《中华人民共和国无线电管理条例》，凡销售无线电发射设备必须符合国家有关技术标准和无线电管理有关规定，销售的发射设备必须是已经国家无委的型号核准。各地无委会同技术监督管理部门、工商部门对市场销售的无线电发射设备实施监督、检查或抽样测试，不符合规定的设备不得在市场上销售。

在中国境内销售和使用无线电发射设备，都必须经中华人民共和国工业和信息化部无线电管理局对其发射特性进行型号核准，核发无线电发射设备型号核准证和型号核准代码。实施型号核准证制度的无线电发射设备为无线电通信、导航、定位、测向、雷达、遥控、遥测、广播、电视及微功率（短距离）等各种发射无线电波的设备，但不包含辐射电磁波的工业、科研、医疗设备、电气化运输系统、高压电力线及其他电器装置。

**1. 型号核准申请**

无线电发射设备需要型号核准的，生产厂商向无线电管理部门申请时须提交下列资料：

（1）核准无线电发射设备型号申请表；

（2）生产厂商的企业法人营业执照复印件、生产能力、技术力量、质量保证体系等情况介绍；

（3）该型号设备的产品说明书、技术手册、主要技术指标、技术性能；

（4）设备的清晰照片（包括整体及前后面板）、结构尺寸及标牌；

（5）由工业和信息化部无线电管理局认定的检测机构出具的该型号设备半年以内的核

准测试报告；

（6）凡实施工业产品生产许可证管理的无线电发射设备，提交依据工业产品许可证法规取得的生产许可证。

**2．型号核准程序**

工业和信息化部无线电管理局的型号核准程序如下：

（1）样品测试。生产厂商提供2～5台样品，由工业和信息化部无线电管理局认定的检测机构对核准项目进行测试，出具测试报告。

（2）受理申请。中央、国务院有关部委及其直属机构所属的生产厂商向工业和信息化部无线电管理局提交申请和必要资料；其他生产厂商向所在省、市、自治区无线电管理机构提交申请和必要资料，经省、市、自治区无线电管理机构签署意见后报工业和信息化部无线电管理局。办理进口无线电发射设备型号核准，国外生产厂商或其指定的代理商（有委托代理授权书的原件）直接向工业和信息化部无线电管理局提交申请和必要资料。

（3）审查核准。无线电管理局自收到完备的资料和正式受理申请之日起，一般在50个工作日内，根据国家无线电管理有关规定和国家技术标准进行审查。对审查合格的，由工业和信息化部无线电管理局核发无线电发射设备型号核准证及型号核准代码。

（4）定期公布。工业和信息化部无线电管理局定期向社会公布已核准和被撤销的无线电发射设备型号及核准代码。

生产厂商应在其核准的设备标牌上标明无线电发射设备型号核准代码，确因设备过小而无法在上面标明其核准代码，则应在其产品的说明书或使用手册中登载该设备的型号核准代码。

无线电发射设备的型号核准与产品质量认证是有一定的区别，按照国家质量技术监督局的有关文件，“认证”一般分产品质量认证和质量体系认证两种。根据《中华人民共和国产品质量法》第九条，国家参照国际先进的产品标准和技术要求，推行产品质量认证制度。企业根据自愿原则可以向国务院产品质量监督管理部门或者国务院产品质量监督管理部门授权的部门认可的认证机构申请产品质量认证。经认证合格的，由认证机构颁发产品质量认证证书，准许企业在产品或者其包装上使用产品质量认证标志。根据《中华人民共和国产品质量认证管理条例》，产品质量认证又分为安全认证和合格认证。实行安全认证的产品，必须符合《中华人民共和国标准化法》中有关强制性标准的要求；实行合格认证的产品，必须符合《中华人民共和国标准化法》规定的国家标准或行业标准的要求。

**3．型号核准检验**

生产厂商向无线电管理部门提交型号核准申请材料时，必须要有该设备半年以内的核准测试报告，工业和信息化部无线电管理局在核准无线电设备型号时，第一步就是查验型号核准检验的测试报告。因此，下面介绍一下国家无线电监测中心（SRTC）的型号核准检验。

国家无线电监测中心（SRTC）是国家无线电频谱管理中心下属的独立事业法人机构。专注于无线电技术领域的检测认证、产品研发、科研标准化、政府支撑等工作。

在检测认证业务领域，SRTC是我国无线电行业唯一的国家级质检机构，被国家认监委授权为“国家无线电产品质量监督检验中心”。SRTC 在北京、深圳两地四点建有检测实验室，总运营面积3万平方米，并预留100余亩发展用地。各类测试设备和系统2 000余台，总资产达到7亿元，员工300余名。SRTC具备国内外权威授权资质30余项，测试数据被全球100多个国家和地区认可，可开展包括型号核准、CCC 认证、国推 RoHS、北斗导航认证、欧盟

CE、美国 FCC、加拿大 IC、日本 TCM 等国家和地区政府性认证，以及 GCF&PTCRB、CCF、蓝牙组织、Wi-Fi Allianc、CTIA、VDE 等产业联盟认证检测业务，为产业提供国内、国际“一站式”检测认证服务，帮助企业的产品快速、高效进入全球市场。

无线电发射设备型号核准检验流程图如图 5.1 所示。

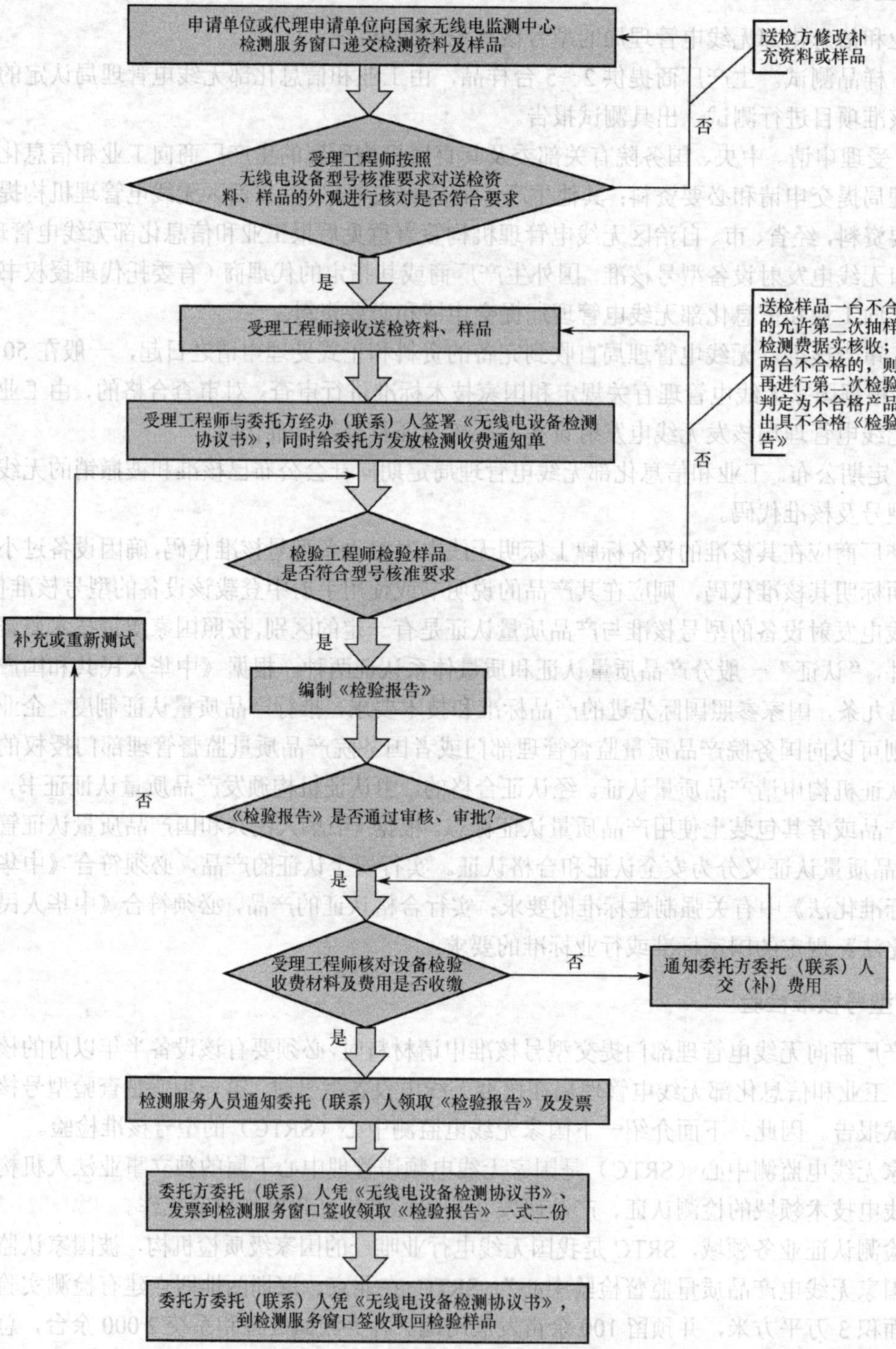


图 5.1　无线电发射设备型号核准检验流程图

### 5.4.3 辐射电磁波的非无线电设备管理

辐射电磁波的非用频设备的电磁频谱管理，是指对工作时不以发射、接收电磁波为目的，但又产生电磁辐射，并有可能对正常用频装备设备、造成有害干扰的工业、科学研究、医疗等设备（如数控机床、机动车辆电火花、电气化铁路、高速公路、高压输电线路、大型计算机、电焊机、CT 机、X 光机、理疗器械等）的管理活动。辐射电磁波的非用频设备易对无线电业务产生干扰，国际上对这类电磁辐射从技术上也提出了要求。根据《中华人民共和国无线电管理条例》，工业、科学、医疗设备、电气化运输系统、高压电力线及其他电器装置产生的无线电波辐射，必须符合国家有关的技术规定和标准，不得对无线电业务产生有害干扰。对于无线电管理人员来说，主要是依据国家的有关技术规定和标准，如国标《工业、科学、医疗（ISM）射频设备电磁骚扰特性的测量方法和限值》（GB4824—1996）、《工业、科学和医疗射频设备无线电干扰允许值》（GB4824.1—84）等，监督和检查这些非无线电设备是否对无线电业务产生有害干扰，受理、解决、协调和处理非无线电设备干扰无线电业务的投诉等各种情况，与有关部门协调和确定这些设施的选址定点、厂址的规划等事宜。特别要注意要加强对高压电力线和电气化铁路的走向、变电站、制药厂和塑料厂、大医院等可能产生较强电磁辐射的非无线电设备的管理。

# 第 6 章 常用参数的概念和计算

为了科学地管理和利用电磁频谱，就必须对无线电信号进行监测，无线电监测是电磁频谱管理的技术基础，在介绍无线电监测的基本概念以前，先要了解一下电磁波的属性以及无线电监测所涉及到的一些基本参数的概念与计算方法。

## 6.1 电磁波属性

在空中以一定速度传播的交变电磁场叫作电磁波。当高频交流电加到天线上时，天线附近的高频交变电磁场的变化，感应四周的介质也产生相应的高频电磁场，并像水波一样向四周传开。这样，就会从天线上发出高频交变电磁场（即电磁波）。半波振子天线发射效率最高。

电磁波具有时间和空间二重性。所谓时间性，即在空间某点上电场强度的波形随时间正旋变化，此时某点电磁波随时间变化的场强表达式为：

$$e = E_{\mathrm{m}} \sin(2\pi ft + \varphi_0) \tag{6-1}$$

式中，$e$ 为瞬时值，$E_{\mathrm{m}}$ 为最大值，$f$ 为频率，$t$ 为时间，$\varphi_0$ 为初始相位。某点电磁波随时间变化的波形如图 6.1 所示。

所谓空间性，即同一时间在传播方向上空间不同点的场强分布不同。电磁波在空间传播时，某一瞬间在传播方向上不同点的电场大小也是一个正弦分布，其表达式为：

$$e = E_{\mathrm{m}} \sin(2\pi s / \lambda + \varphi_0) \tag{6-2}$$

式中，$e$ 为传播方向上各点的场强，$E_{\mathrm{m}}$ 为最大值，$\lambda$ 为波长，$s$ 为距离，$\varphi_0$ 为初始相位。电磁波传播瞬时的空间分布如图 6.2 所示。

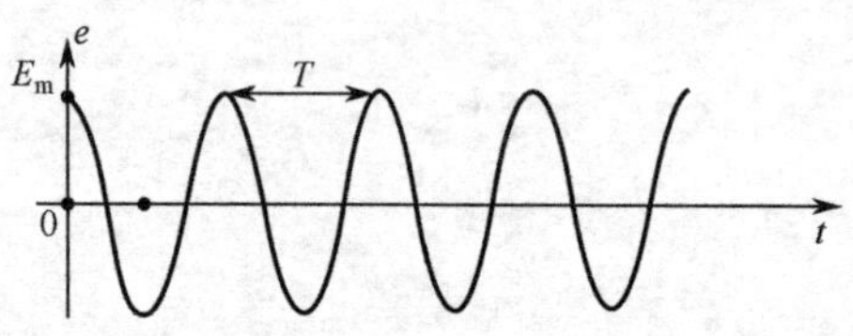


图 6.1 电磁波波形

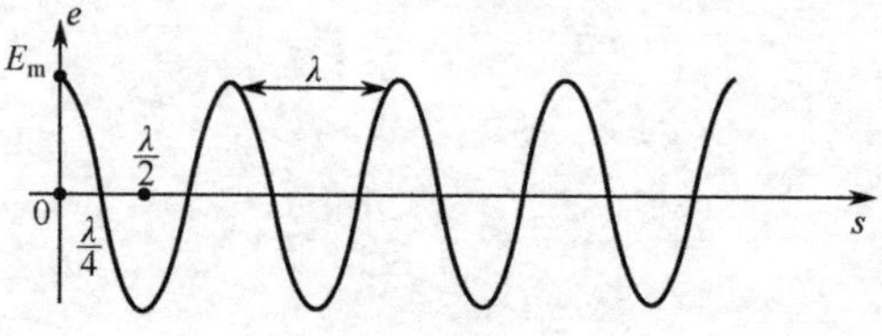


图 6.2 电磁波传播空间分布

电场矢量 $\boldsymbol{E}$ 和磁场矢量 $\boldsymbol{H}$，都是有方向的量。功率密度矢量 $\boldsymbol{S}=\boldsymbol{E}\times\boldsymbol{H}$，其方向由右手定则决定，即右手四指先伸向电场矢量，再抓握磁场矢量，此时伸开的大拇指方向就是电波传播（即功率密度矢量）的方向。功率密度标量大小：$S = E \cdot H$ 。

在空间，电场矢量 $\boldsymbol{E}$（或磁场矢量 $\boldsymbol{H}$）的大小和方向随时间变化的方式，称为电磁波的极化。电场强度矢量的方向为电磁波的极化方向。通常根据电场矢量的端点随时间变化的轨迹来描述，有线极化、圆极化和椭圆极化三种，如图 6.3 所示。其中线极化由线天线产生，圆（椭圆）极化由螺旋天线产生。线极化又分垂直极化和水平极化。电场矢量 $\boldsymbol{E}$ 垂直于地面的电磁波叫垂直极化波。电场矢量 $\boldsymbol{E}$ 平行于地面的电磁波叫水平极化波。圆（椭圆）极化又分为右旋圆（椭圆）极化和左旋圆（椭圆）极化。左旋圆极化是指顺着电波传播的方向看，电场向量的端点随着时间的变化，在垂直于电波传播方向的平面上沿逆时针方向描画出一个圆形，而右旋圆极化是指电场向量的端点沿顺时针方向描画出一个圆，如图 6.4 所示。类似地，椭圆极化也分为左旋椭圆极化和右旋椭圆极化。左旋椭圆极化是指顺着电波传播的方向看，电场向量的端点随着时间的变化，在垂直于电波传播方向的平面上沿逆时针方向描画出一个椭圆形，而右旋椭圆极化是指电场向量的端点沿顺时针方向描画出一个椭圆，如图 6.4 所示。

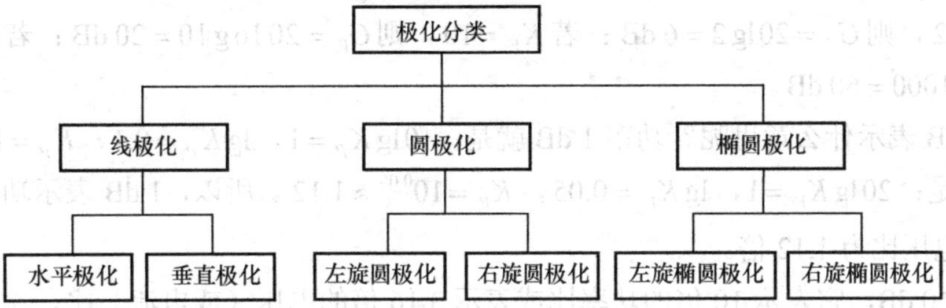


图 6.3　电磁波极化分类

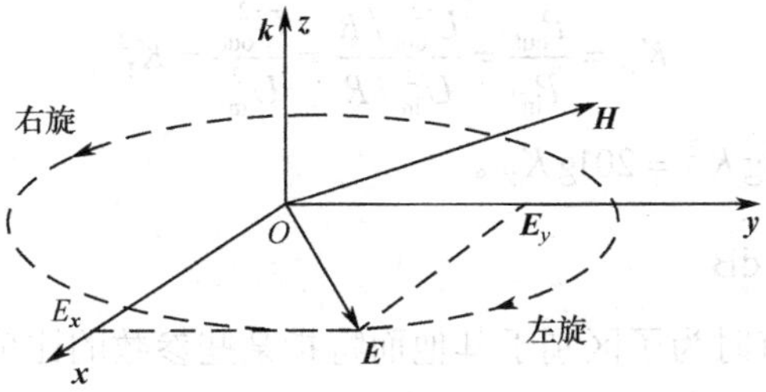


图 6.4　左旋、右旋示意图

电磁波的线极化方式可根据天线来判断。半波振子垂直放，产生垂直极化波；半波振子水平放，产生水平极化波。对微波馈源天线，由于小激励天线在波导喇叭里面，从外面看不见，可用波导外观来判断，波导短边方向与电场方向是一致的，即波导短边垂直于地面是垂直极化；而波导短边平行于地面是水平极化。在无线电频谱监测中比较常用的是线极化天线。

电磁波的极化对电磁信号的接收效果影响很大。在日常工作中，要想通信效果好，收发天线的极化必须一致，即：发射天线垂直极化时，接收天线也要垂直极化；发射天线水平极化时，接收天线也要水平极化。同样，收发天线为圆极化或椭圆极化时，其左旋右旋方向也应该一致。如果极化不匹配，就接收不到有用信号或者接收的信号非常小（通常相差 100 倍以上）。一般来说，通信系统常使用垂直极化，广播电视常使用水平极化。在进行频谱监测时，监测天线也必须选择与空中信号极化方式一致的天线。

## 6.2　分贝（dB）单位

### 1. 相对比值的表征

1）分贝（dB）

分贝（dB）是电子学中广泛用来表示两个参数（如功率、电压、电流）之比的对数单位，是表征一个相对值的比值，只表示两个量的相对大小关系。

设两个功率之比为 $K_P$，则这两个功率之比的对数 $G_P$(dB)表示为：

$$G_P = 10\lg K_P(\text{dB})$$

若 $K_P=2$，则 $G_P=10\lg 2=3$ dB；若 $K_P=10$，则 $G_P=10\lg 10=10$ dB；若 $K_P=1000$，则 $G_P=10\lg 1000=30$ dB。

设两个电压（或电流）之比为 $K_V$，则这两个电压（或电流）之比的对数表示为

$$G_V=20\lg K_V(\text{dB})$$

若 $K_V=2$，则 $G_V=20\lg 2=6$ dB；若 $K_V=10$，则 $G_V=20\log 10=20$ dB；若 $K_V=1000$，则 $G_V=20\lg 1000=60$ dB。

那么 1 dB 表示什么意思呢？功率 1 dB 就是：$10\lg K_P=1$，$\lg K_P=0.1$，$K_P=10^{0.1}\approx 1.26$；电压 1 dB 就是：$20\lg K_V=1$，$\lg K_V=0.05$，$K_V=10^{0.05}\approx 1.12$。所以，1 dB 表示功率比为 1.26 倍，或表示电压比为 1.12 倍。

1 贝尔=10 dB，它表示 10 倍的功率比或表示 3.16 倍的电压（或电流）比。

为什么功率比是 $10\lg K_P$，而电压（流）比却是 $20\lg K_V$ 呢？这是因为功率比

$$K_P=\frac{P_{\text{out}}}{P_{\text{in}}}=\frac{U_{\text{out}}^2/R}{U_{\text{in}}^2/R}=\frac{U_{\text{out}}^2}{U_{\text{in}}^2}=K_V^2 \tag{6-3}$$

所以 $G_P(\text{dB})=10\lg K_P=10\lg K_V^2=20\lg K_V$。

2）带后缀的相对比值 dB

在表征相对比值时，有时为了区别于其他而特指某些参数的比值关系，在 dB 后面加上后缀，如 dBi、dBd 和 dBc。

dBi 和 dBd 是表示天线功率增益的量，两者都是一个相对值，但参考基准不一样。dBi 的参考基准为全方向性天线，dBd 的参考基准为偶极子，所以两者略有不同。一般认为，表示同一个增益，用 dBi 表示出来比用 dBd 表示出来要大 2.15，即 0 dBd=2.15 dBi。例如，对于一面增益为 16 dBd 的天线，其增益折算成单位 dBi 时，则为 18.15 dBi。

dBc 是用对数表示的主信号功率和其他功率的比值，也是一个表示功率相对值的单位，与 dB 的计算方法完全一样。一般来说，dBc 是相对于载波（Carrier）功率而言，在许多情况下，用来度量干扰（同频干扰、互调干扰、交调干扰、带外干扰等）以及耦合、邻道、杂散等与载波功率的相对量值。在采用 dBc 的地方，原则上也可以使用 dB 替代。如果主发信号是邻道功率的 1000 万（$10^7$）倍，则

$$A(\text{dBc})=10\lg(P_c/P_{\text{邻}})=70\ \text{dBc}$$

## 2．功率电平绝对值（dBW、dBm、dBmV、dBμV）的表征

在电子学中，为了简化工程计算，各种参数尽量都用对数表示，这样乘除运算就变成了加减运算。所以经常将功率电平的绝对值大小也用对数表示，这时 dB 后面接后缀进行区别，如 dBW、dBm、dBmV、dBμV。

1）dBW

dBW 是一个表示功率 $P$ 绝对值的单位（也可以认为是以 1W 功率为基准的一个比值），单位记为 dBW（分贝瓦）。计算公式为：10 lg[功率值（单位瓦）]=10 lg（功率值/1W）。如果功率 $P$=1 W，折算为 dBW 后为 0 dBW；如果 $P$ = 50 W，则为 10 lg（50W）=10 lg（50W/1W）=17 dBW。

2）dBm

与 dBW 一样，dBm 也是一个表示功率绝对值的值（也可以认为是以 1 mW 功率为基准的一个比值），单位记为 dBm（分贝毫瓦）。计算公式为：10 lg[功率值（单位 mW）]=10 lg（功率值/1mW）。dBW 与 dBm 之间的换算关系为：0 dBW=10 lg（1W）=10 lg（1000 mW）=30 dBm。如果功率 $P$ 为 1 mW，折算为 dBm 后为 0 dBm。对于 40 W 的功率，按 dBm 单位进行折算后的值应为：

$$10\lg(40\text{W}/1\text{mW})=10\lg(40\,000)=10\lg4+10\lg(10\,000)=46\text{ dBm}$$

3）dBmV

若以 1 mV 作为基准电压，则电压为 $U$ 时对应的电平为 20 lg（$U$/1mV），单位记为 dBmV（分贝毫伏）。例如电压为 1 V 时，对应的电平为 60 dBmV；电压为 1 μV 时，对应的电平为−60 dBmV；功率为 1 mW 时，一般情况下电阻 $R$ 取 75 Ω 时，电压为

$$U=\sqrt{PR}=\sqrt{1\times10^{-3}\times75}\ (\text{V})=274\ (\text{mV})$$

对应的电平以 dBmV 表示则为 $20\lg(274)=47.5\text{ dBmV}$ 。

4）dBμV

若以 1 μV 为基准电压，则电压为 $U$ 时对应的电平为 20 lg（$U$/1μV），单位记为 dBμV（分贝微伏）。例如电压为 1 mV 时，电平为 60 dBμV；电压为 100 mV 时，电平为 100 dBμV。

负载 $R$ 两端电压 $U$（dBμV）与其功率 $P$（dBm）的换算（欧姆定律的变形公式）：由于 $P=U^2/R$，若功率 $P$ 以 mW 为单位，电压 $U$ 以 μV 为单位，则当 $R$ =50 Ω 时，

$$P(\text{mW})\times10^{-3}=\left[U(\mu\text{V})\times10^{-6}\right]^2/50\,\Omega$$

用对数表示，得：

$$P(\text{dBm})-30\text{ dB}=U(\text{dB}\mu\text{V})-120\text{ dB}-10\lg50$$

$$P(\text{mW})=U(\text{dB}\mu\text{V})-107\text{ dB}$$

$$\text{或}U(\text{dB}\mu\text{V})=P(\text{dBm})+107\text{ dB} \tag{6-4}$$

而当 $R$=75 Ω 时，

$$P(\text{dBm})=U(\text{dB}\mu\text{V})-90\text{ dB}-10\lg75=U(\text{dB}\mu\text{V})-108.75\text{ dB}$$

$$U(\text{dB}\mu\text{V})=P(\text{dBm})+108.75\text{ dB} \tag{6-5}$$

实际上，公式 $U(\text{dB}\mu\text{V})=P(\text{dBm})+107\text{ dB}$ 是欧姆定律 $U=I\cdot R$ 的变形公式，这时电压 $U$ 的单位不是 V，而是 dBμV，功率的单位也不是 W，而是 dBm。例如，功率为 1 mW 时，电压 $U=274(\text{mV})=2.74\times10^5\,\mu\text{V}=108.75\text{ dB}\mu\text{V}$ 。

5）电平单位的转换表

电平的四个单位 dBW、dBm、dBmV、dBμV 之间有一定的换算关系，如表 6.1 所示。从表 6.1 中可方便地查出最左边一列的原单位转换为第一行的新单位时需要增加的数值。

**表 6.1　电平单位转换（电阻为 75Ω/50Ω）**

| | dBW（新单位） | dBm（新单位） | dBmV（新单位） | dBμV（新单位） |
|---|---|---|---|---|
| dBW（原单位） | 0 | +30 | +78.75/+77 | +138.75/+137 |
| dBm（原单位） | −30 | 0 | +48.75/+47 | +108.75/+107 |
| dBmV（原单位） | −78.75/−77 | −48.75/−47 | 0 | +60 |
| dBμV（原单位） | −138.75/−137 | −108.75/−107 | −60 | 0 |

例如，要把 115 dBμV 化为其他单位表示，可利用表中最后一行：化为 dBW 时，电阻为 75 Ω，用第一列数-138.75，即用原来的数加-138.75 得-23.75，说明 115 dBμV 相当于-23.75 dBW；类似地，115 dBμV 相当于 115-108.75=6.25（dBm），或者 115-60=55（dBmV）。若把 dBmV 化为其他单位，则应用第三行；若把 dBm 化为其他单位，则应用第二行；若把 dBW 化为其他单位，则应用第一行。

## 6.3 增益 *G*（或衰减 *L*）

对于一个四端口网络（如图 6.5 所示），设其功率放大倍数为 $K_P$，电压放大倍数为 $K$，则

$$K_P = \frac{P_{\text{out}}}{P_{\text{in}}}, \quad K = \frac{V_{\text{out}}}{V_{\text{in}}}$$

则 $K_P = K^2$。若 $K$=10，则 $K_P = 100$。

图 6.5 四端口网络

把它们用 dB 表示，得：

$$K\text{（dB）}=20\ \lg 10=20\ \text{dB}$$

$$K_P\text{（dB）}=10\ \lg 100=20\ \text{dB}$$

由此可见，对匹配的有源四端网络而言，$K_P$ 和 $K$ 用对数单位表示时，它们是相等的，我们把它叫作四端网络的增益，用 $G$ 表示。其对数单位为：$G(\text{dB})=20\ \lg K=10\ \lg K_P$。

同理，对无源四端网络增益 $G$(dB)是个负值，则它表示衰减；若用 $L$(dB)来表示衰减，则 $L(\text{dB})=-G(\text{dB})$。

**例 6-1** 一截电缆，信号通过后电压降低一半，则 $K$=1/2，$K_P = K^2 = 1/4$，因而

$$G\text{（dB）}=20\ \lg(1/2)=10\ \lg(1/4)=-6\ \text{dB}$$

$$L(\text{dB}) = -G(\text{dB}) = 6\ \text{dB}$$

## 6.4 天线增益

天线增益是指：在输入功率相等的条件下，实际天线与无方向性理想点源天线在空间同一点处所产生的信号功率密度之比。它定量地描述一个天线把输入信号功率集中辐射的程度。

天线增益的另一个定义是：使接收点（在被测天线的最大辐射方向上的点）场强相同时，无方向性的理想点源天线所需的输入功率与被测天线所需的输入功率之比。以上两个定义得出的增益系数是一致的。

如果用理想的无方向性点源作为发射天线，需要 100 W 的输入功率；而用增益为 $G$=13 dB、

20 倍的某定向天线作为发射天线时，输入功率只需 100 W/20=5 W。换言之，某天线的增益，就其最大辐射方向上的辐射效果来说，与无方向性的理想点源相比，把输入功率放大的倍数。

天线增益系数用天线方向图来表示，方向图主瓣越窄，副瓣越小，增益越高。天线增益系数常用的表示参数有 $G_i$、$G_d$、G（dBi）和 G（dBd）。

当理想点源天线的输入功率 $P_{AO}$ 与被测天线的输入功率 $P_A$ 相同时，天线增益系数 $G_i$ 定义为：在被测天线的最大辐射方向上的接收点场强 $E_{max}$ 与理想点源天线在该接收点场强 $E_0$ 之比的平方：

$$G_i = \frac{E_{max}^2}{E_0^2} \tag{6-6}$$

或者定义为：使在被测天线的最大辐射方向上的接收点场强相同时，无方向性的理想点源天线所需输入功率 $P_{AO}$ 与被测天线所需的输入功率 $P_A$ 之比。当接收点的场强相同时，天线增益系数为：

$$G_i = \frac{P_{AO}}{P_A} \tag{6-7}$$

两者效果一致。

对同一个天线，如果被比较的基准天线不一样，得出的增益系数是不一样的。把以无方向性的理想点源天线为基准天线得到的增益系数记作 $G_i$，以半波振子天线为基准天线得到的增益系数记作 $G_d$，分别用 dB 表示为：

$$G(\text{dBi}) = 10\lg G_i \tag{6-8}$$

$$G(\text{dBd}) = 10\lg G_d \tag{6-9}$$

由于半波振子天线对无方向性的理想点源的增益系数 $G_i = 1.64$，所以半波振子的 dB 值为：

$$G = 10\lg 1.64 = 2.15 \quad (\text{dB})$$

任一天线的 dB 值为：

$$G(\text{dBi}) = G(\text{dBd}) + 2.15 \quad (\text{dB}) \tag{6-10}$$

通常厂家给出的天线增益，除特别说明是以 dBd 为单位的，没标单位的都是 dBi。

实践中都是以半波振子为标准天线，测出实用天线的 $G_d$ [或 $G(\text{dBd})$]，然后乘以 1.64（或加上 2.15）得出 $G_i$ [或 $G(\text{dBi})$]，如图 6.6 所示。再用 $G_i$ [或 $G(\text{dBi})$] 去进行理论计算，而不能用 $G_d$ [或 $G(\text{dBd})$] 去计算。

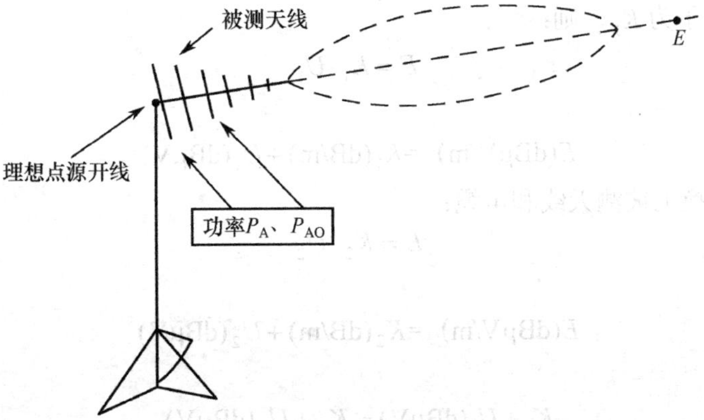


图 6.6 天线增益示意图

## 6.5 天线因子

如图 6.7 所示，天线周围场强为 $E$，感应到接收设备的端电压为 $U_r$，两者之比叫作该天线的天线因子，用 $K$ 表示：$K = E/U_r$，$K = EU_r$。$K$ 因子反映了一个天线把空中电场转变为接收端电压的能力。

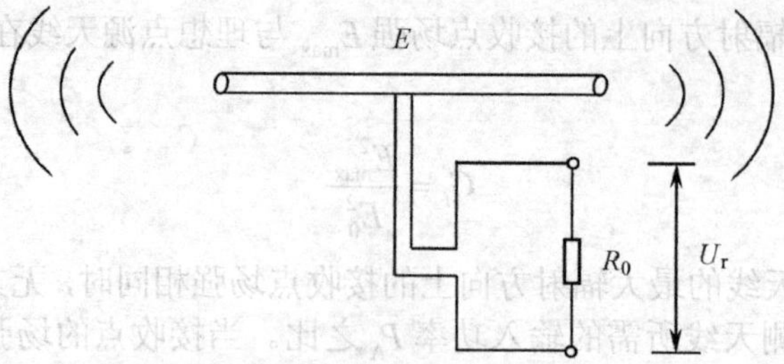


图 6.7 天线 $K$ 因子

注意：有些天线 $K$ 因子中已包括馈线损耗，对同一个天线若馈线的长度或损耗不一样，则其 $K$ 因子也不一样。

$K$ 因子的计算公式以 dB 表示为：

$$K = E - U_r = 20\lg(f/\text{MHz}) - G - 20\lg\left[\left(\frac{\pi}{75}\right)\cdot\sqrt{\frac{30}{R_0}}\right] \tag{6-11}$$

$K$ 因子的测试图如图 6.8 所示。

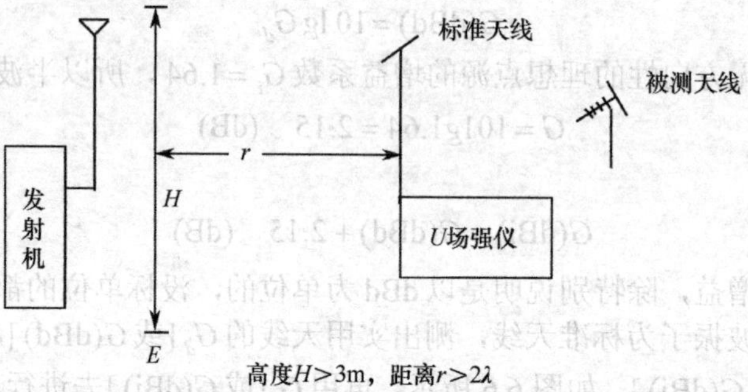


高度$H>3$m，距离$r>2\lambda$

图 6.8 $K$ 因子的测试图

标准天线 $K$ 因子为 $K_1$，则：

$$E = K_1 \cdot U_1 \tag{6-12}$$

以 dB 为单位：

$$E(\text{dB}\mu\text{V/m}) = K_1(\text{dB/m}) + U_1(\text{dB}\mu\text{V}) \tag{6-13}$$

在同地点、同高度换上被测天线和电缆：

$$E = K_2 \cdot U_2 \tag{6-14}$$

以 dB 为单位：

$$E(\text{dB}\mu\text{V/m}) = K_2(\text{dB/m}) + U_2(\text{dB}\mu\text{V}) \tag{6-15}$$

因此，

$$K_1 + U_1(\text{dB}\mu\text{V}) = K_2 + U_2(\text{dB}\mu\text{V}) \tag{6-16}$$

一般的国外天线，它给出了 $K$ 因子；但对我们来说，多数不能用，因为它的 $K$ 因子是在电波暗室中用 1 线、3 m 线或 10 m 线测出来的，这种 $K$ 因子只适合实验室中使用。无线电监测是在空间开阔场中使用的，必须用空间开阔场中测得的 $K$ 因子。所以，如果国外天线中没有开阔场的 $K$ 因子，就必须去重校一个开阔场的 $K$ 因子。

## 6.6 功率与功率密度

### 1. 等效全向辐射功率

等效全向辐射功率（EIRP）由 ITU 定义为：供给天线的功率和在给定的方向上相对于无方向天线（绝对或无方向增益）的增益的乘积。EIRP 是发射机的重要参数，计算发射机的 EIRP 和功率电平是频谱监测的最基本工作。它可以将实际辐射能量和允许数值相比较，为频谱管理提供技术依据。对一个发射机需要确定的是：覆盖区域和工作范围；对其他接收机的射频干扰区域；对人体、能遥控的自动驾驶飞行器、武器和燃料所产生的射频危害；最大允许功率和天线增益。

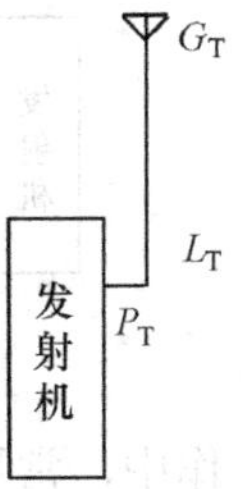

图 6.9 等效全向辐射功率（EIRP）

设发射机功率为 $P_T$，馈线损耗为 $L_T$，天线增益为 $G_T$（如图 6.9 所示），则天线发出的等效全向辐射功率 $P_{AT}$ 为：

$$P_{AT} = P_T \cdot \frac{G_T}{L_T} \tag{6-17}$$

若功率用 dBW 、增益和损耗用 dB 表示，则式（6-17）为：

$$P_{AT} = P_T + G_T - L_T \tag{6-18}$$

若功率用 dBW 、增益和损耗用 dB 表示，则式（6-17）为：

$$P_{AT} = P_T + G_T - L_T + 30\ \text{dB} \tag{6-19}$$

其中，$P_T$ 是发射机的输出功率，用 dBm 表示；$G_T$ 是在接收机的方向的发射天线增益，相对于一个无方向天线（dBi），用 dB 表示；$L_T$ 是传输线和匹配损耗，用 dBm 表示。

在全向辐射天线情况下，EIRP 值通常取决于收发天线的方位角和仰角。当 EIRP 与方向无关时，其最大值是隐含的。

### 2. 功率密度

功率密度又称功率通量密度，用 $S$ 表示，单位是 $\text{W/m}^2$，其他常用单位还有 $\text{mW/m}^2$ 或 $\mu\text{W/cm}^2$，也可用 dB 表示为 $\text{dBW/m}^2$、$\text{dBm/m}^2$、$\text{dB}\mu\text{W/cm}^2$。对于自由空间的一个线性极化来说，空中某点功率密度与该点场强的关系为：

$$S = \frac{E^2}{Z_0} = \frac{E^2}{120\pi\,\Omega} \tag{6-20}$$

其中，$Z_0$ 为自由空中波阻抗，$Z_0 = 120\,\pi\,\Omega = 377\,\Omega$；功率密度 $S$ 和场强 $E$ 分别以 $\text{W/m}^2$、$\text{V/m}$ 为单位。

当 $S$ 以 $\text{dBm/m}^2$、$E$ 以 $\text{dB}\mu\text{W/m}$ 为单位时，两者关系用 dB 表示为：

$$S = E - 115.76\ \text{dB} \tag{6-21}$$

在接收地点测量功率密度时，实际上通常使用对数单位 $\text{dBpW/m}^2$ 表示。

参考图 6.10，空中直线波传到某点的功率密度 S 为：

$$S = \frac{P_{AT}}{\Delta\pi d^2} \tag{6-22}$$

式中，$P_{AT}$ 为天线发出的全向辐射功率，$4\pi d^2$ 是以距离 $d$ 为半径的球面积。式（6-22）用 dB 表示为：

$$S(\mathrm{dBW/m^2}) = P_{AT}(\mathrm{dBW}) - 20\lg(d/\mathrm{m}) - 10\lg(4\pi)$$

$$S(\mathrm{dBW/m^2}) = P_{AT}(\mathrm{dBW}) - 20\lg(d/\mathrm{m}) - 10.99\ \mathrm{dB} \tag{6-23}$$

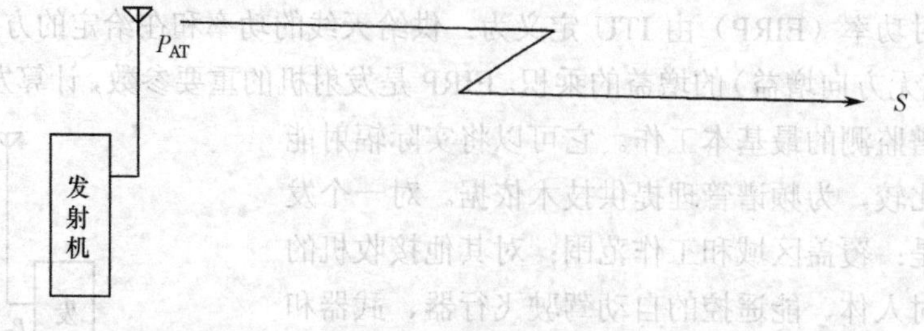


图 6.10　功率密度

实际工作中，常用 km 为距离单位，则

$$S(\mathrm{dBW/m^2}) = P_{AT}(\mathrm{dBW}) - 20\lg(d/\mathrm{km}) - 70.99\ \mathrm{dB} \tag{6-24}$$

若以 $\mathrm{dBm/m^2}$ 为单位，则

$$S(\mathrm{dBW/m^2}) = P_{AT}(\mathrm{dBW}) - 20\lg(d/\mathrm{km}) - 40.99\ \mathrm{dB} \tag{6-25}$$

### 3．功率密度 *S* 与场强 *E* 的关系

电磁场场强用 $E$ 表示，单位：V/m 或 μV/m 。

空中某点功率密度 $S$（$\mathrm{dBm/m^2}$）与该点场强 $E$（dBμV/m）的关系：

$$S = E^2 / Z_0 \quad 或 \quad E = \sqrt{S \cdot Z_0} = \sqrt{120\pi\,\Omega \times S} \tag{6-26}$$

式中，$Z_0=120\pi\ \Omega=377\ \Omega$ 为空中波阻抗，$S$ 的单位为 $\mathrm{W/m^2}$，$E$ 的单位为 V/m 。若 $S$ 用 $\mathrm{mW/m^2}$ 为单位，$E$ 用 μV/m 为单位，则：

$$S(\mathrm{mW/m^2}) \times 10^{-3} = [E(\mu\mathrm{V/m}) \times 10^{-6}]^2 / (120\pi\Omega) \tag{6-27}$$

用 dB 表示得：

$$E(\mathrm{dB\mu V/m^2}) = S(\mathrm{dBm/m^2}) + 115.76\ \mathrm{dB} \tag{6-28}$$

若 $S$ 用 $\mathrm{dB\mu W/cm^2}$ 为单位，$E$ 用 dBμV/m 为单位，则：

$$S(\mathrm{dB\mu W/cm^2}) = E(\mathrm{dB\mu V/m}) - 125.76\ \mathrm{dB} \tag{6-29}$$

$$E(\mathrm{dB\mu W/m}) = S(\mathrm{dB\mu W/cm^2}) + 125.76\ \mathrm{dB} \tag{6-30}$$

## 6.7　噪声系数与灵敏度

噪声系数和灵敏度都是衡量接收机对微弱信号接收能力的两种表示方法，它们是可以相互换算的。

### 1．噪声系数与灵敏度定义

噪声系数 $N_f$ 是指把信号源内阻作为系统中唯一的噪声源时，在接收机输出端测得的噪声功率与其热噪声功率之比（两者应在同样温度下测得）。

噪声系数常用的定义是：接收机输入端信噪比与其输出端信噪比之比，即

$$N_f = \frac{S_i / N_i}{S_o / N_o} \tag{6-31}$$

噪声系数也可用 dB 表示：$N_f$（dB）=10 lg $N_f$。

灵敏度是指用标准测试音调制时，在接收机输出端得到规定的信纳比[（$S+N+D$）/（$N+D$）]或信噪比[（$S+N+D$）/$N$]（一般情况下，信纳比取 12 dB，而信噪比取 20 dB），且输出不小于音频功率 50%的情况下，接收机输入端所需要的最小信号电平或最小信号功率。这个最小信号电平可以用电压 $U_{min}$（μV 或 dBμV）表示，也可以用功率 $P$（mW）或 $P$（dBm）表示。需要注意的是：

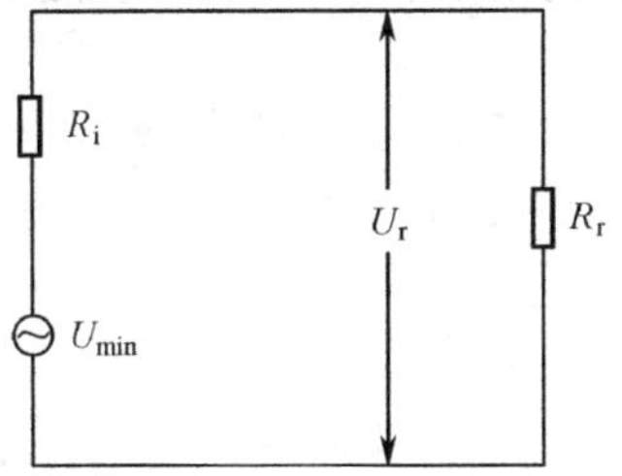

图 6.11　电动势与接收机端电压关系

(1) 用电压 $U_{min}$ 表示灵敏度时，通常是指天线上感应的电动势（即开路电压），而不是接收机两端的电压。在匹配时，$U_r=U_{min}/2$。电动势与接收机端电压关系如图 6.11 所示。

$$U_r(\text{dB}\mu\text{V}) = U_{min}(\text{dB}\mu\text{V}) - 6\ \text{dB} \tag{6-32}$$

读数指示是否为开路电压，可在测完灵敏度后，把接收机断开（即信号源开路），看信号源读数是否改变：若不变，就是开路电压（电动势）；若变大了近一倍，就是端电压。

（2）用功率表示灵敏度时，是指接收机（负载 $R_r$）所得到的功率，所以

$$P_{min} = U_r^2 / R_r = U_{min}^2 / (4\text{R}_r)$$

$$\begin{aligned} P_{min}(\text{dBW}) &= U_r(\text{dB}\mu\text{V}) - 107\ \text{dB} = U_{min}(\text{dB}\mu\text{V}) - 6\ \text{dB} - 107\ \text{dB} \\ &= U_{min}(\text{dB}\mu\text{V}) - 113\ \text{dB} \end{aligned} \tag{6-33}$$

即用 dBm 表示的灵敏度等于用 dBμV 表示的灵敏度减去 113 dB，则

$$P_{min}(\text{dB}\mu\text{V}) = U_{min}(\text{dB}\mu\text{V}) - 143\ \text{dB} \tag{6-34}$$

**例 6-2**　已知某接收机灵敏度为 0.5 μV，阻抗为 50 Ω，则用功率表示灵敏度应为多少？

$$P_{min} = (0.5\times10^{-6})^2 / (4\times50)(\text{W}) = 0.125\times10^{-14}(\text{W})$$

$$P_{min} = -149\ \text{dBW} = -119\ \text{dBm}$$

又 0.5 μV 用 dB 表示为 $U_{min} = 20\lg 0.5 = -6\ \text{dB}\mu\text{V}$，则

$$P_{min}(\text{dBW}) = -6\ \text{dB}\mu\text{V} - 143\ \text{dB} = -149\ \text{dBW} = -119\ \text{dBm}$$

### 2. 灵敏度与噪声系数的相互换算

按定义，结合实际测量，则输入电动势表示的灵敏度为：

$$U_{min} = e = \sqrt{4kTBR \cdot N_f \cdot C / N} \tag{6-35}$$

式中：$R$ 为接收机输入阻抗（50 Ω）；$N_f$ 为接收机噪声系数；$B$ 为噪声带宽，它近似等于接收机中频带宽（对于超高频话机 $B$=16 kHz）；$C/N$ 为限幅器输入端门限载噪比（其典型值为 12 dB）；$k$ 为波耳兹曼常数（$1.37\times10^{-23}$J/K）；$T$ 为信号源的绝对温度（K），对于常温接收机，$T$=290 K。

当 $C/N$（dB）=12 dB 时，$C/N=10^{1.2}=15.8$。在常温情况下，由式（6-35）可得：

$$U_{min}(\mu\text{V}) = e(\mu\text{V}) = \sqrt{4\times1.37\times10^{-23}\times290\times16\times10^3\times15.8\times50\times N_f}\times10^{-6} = 0.448\sqrt{N_f}(\mu\text{V})$$

**例 6-3** 当$N_f$(dB)=3 dB 时，$N_f=2$，$U_{\min}=0.63\,\mu V$；当$N_f$(dB)= 6 dB 时，$N_f=4$，$U_{\min}=0.89\,\mu V$。如果用 dBμV 表示，则式（6-35）为：

$$\begin{aligned}U_{\min}(\text{dB}\mu\text{V})&=e(\text{dB}\mu\text{V})=N_f(\text{dB})+C/N-18.96(\text{dB})\\&=N_f(\text{dB})+12\text{ dB}-18.96\text{ dB}=N_f(\text{dB})-6.96\text{ dB}\end{aligned} \quad (6\text{-}36)$$

在标准条件下，即当$T=290$ K，$B=16\times10^3$ Hz，$R=50\,\Omega$时，灵敏度的 dB 数等于噪声系数的 dB 数减去 6.96，其单位是 dBμV。

# 第7章 噪声与干扰

电磁频谱管理与监测工作中需要考虑的一个非常重要的因素就是无线电干扰。无线电干扰的存在既影响无线电通信的质量，也影响着无线电通信设备组网的效果。有效计算无线电干扰对无线电通信的影响，对通信系统间无线电干扰情况，对提高无线通信装备使用效率、规划无线通信设备组网都有很重要的意义。

## 7.1 无线电干扰的概念

无线电干扰是指在无线电通信过程中发生的，导致有用信号接收质量下降、损害或阻碍的状态及事实。无线电干扰信号是指通过直接耦合或间接耦合方式进入接收设备信道或系统的电磁能量，它对无线电通信所需接收信号的接收产生影响，导致性能下降，质量恶化，信息误差或丢失，甚至阻断通信的进行。因此，通常说，无用无线电信号引起有用无线电信号接收质量下降或损害的事实，我们称之为无线电干扰。

无线电干扰通常按干扰源的性质区分，分为噪声和干扰两大类。噪声分为内部噪声和外部噪声。外部噪声包括自然噪声和人为噪声。自然噪声来源于自然现象，是不可控制的，主要有太阳干扰、宇宙干扰等。人为噪声来源于机器或其他人工装置，是可控制的。干扰是指无线电台间的相互干扰，包括电台本身产生的干扰。无线干扰一般分为同频道干扰、邻道干扰、互调干扰、阻塞干扰和带外干扰等。

## 7.2 噪声

### 7.2.1 噪声的分类与特性

信道中加性噪声（简称噪声）的来源是多方面的，一般可分为：①内部噪声；②自然噪声；③人为噪声。内部噪声是系统设备本身产生的各种噪声。例如，在电阻一类的导体中由电子的热运动所引起的热噪声，真空管中由电子的起伏性发射或半导体中由载流子的起伏变化所引起的散弹噪声及电源哼声等。电源哼声及接触不良或自激振荡等引起的噪声是可以消除的，但热噪声和散弹噪声一般无法避免，而且它们的准确波形不能预测。这种不能预测的噪声统称为随机噪声，自然噪声及人为噪声为外部噪声，它们也属于随机噪声。依据噪声特征又可分为脉冲噪声和起伏噪声。脉冲噪声是在时间上无规则的突发噪声，例如，汽车发动机所产生的点火噪声，这种噪声的主要特点是其突发的脉冲幅度较大，而持续时间较短，从频谱上看，脉冲噪声通常有较宽频带。热噪声、散弹噪声及宇宙噪声，是典型的起伏噪声。

外部噪声（亦称环境噪声）对通信质量的影响较大，美国 ITT（国际电话电报公司）公布的数据示于图 7.1。图中将噪声分为 6 种：①大气噪声；②太阳噪声；③银河噪声；④郊区人为噪声；⑤市区人为噪声；⑥典型接收机的内部噪声。其中，前 5 种均为外部噪声。有时将太阳噪声和银河噪声统称为宇宙噪声。大气噪声和宇宙噪声属自然噪声。图中，纵坐标用等效噪声系数 $F_a$ 或噪声温度 $T_a$ 表示。$F_a$ 是以超过基准噪声功率 $N_0=(kT_0B_N)$ 的 dB 数来表示，即

$$F_a = 10\lg\frac{kT_aB_N}{kT_0B_N} = 10\lg\frac{T_a}{T_0}\text{(dB)} \tag{7-1}$$

式中，$k$ 为波耳兹曼常数（$1.38\times10^{-23}$ J/K），$T_0$ 为参考绝对温度（290 K），$B_N$ 为接收机有效噪声带宽（它近似等于接收机的中频带宽）。

由式（7-1）可知，等效噪声系数 $F_a$ 与噪声温度 $T_a$ 相对应。例如：若 $T_a = T_0$=290 K，则 $F_a = 0$ dB；若 $F_a = 10$ dB，则 $T_a = 10T_0$=2 900 K；等等。

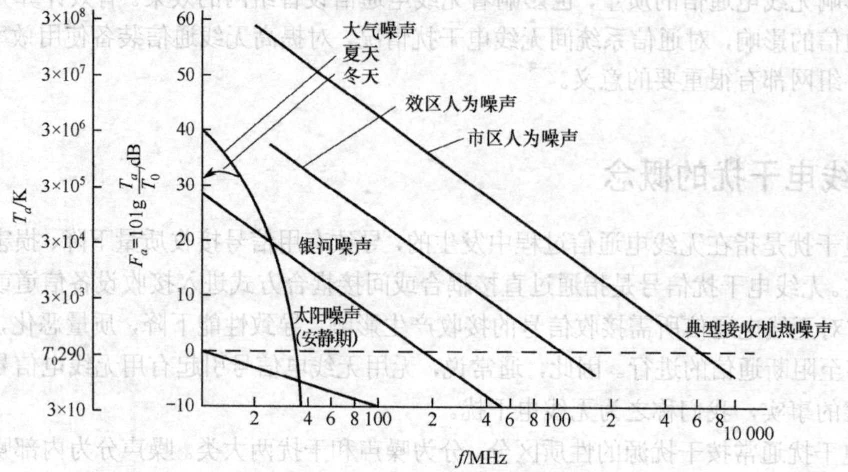


图 7.1 各种噪声功率与频率的关系

由图 7.1 可见，在 30～1 000 MHz 频率范围内，大气噪声和太阳噪声（非活动期）很小，可忽略不计；在 100 MHz 以上时，银河噪声低于典型接收机的内部噪声（主要是热噪声），也可忽略不计。这样，我们最关心的主要是人为噪声的影响。

利用图 7.1 可以估算平均人为噪声功率。

**例 7-1** 已知市区移动台的工作频率为 450 MHz，接收机的噪声带宽为 16 kHz，试求人为噪声功率为多少 dBW。

**解** 基准噪声功率

$$N_0(\text{dBW}) = 10\lg(kT_0B_N)$$
$$= 10\lg(1.38\times10^{-23}\times290\times16\times10^3) = -162\text{ dBW}$$

由图 7.1 查得市区人为噪声功率比 $N_0$ 高 25 dB，所以实际人为噪声功率为

$$N = -162\text{ dBW} + 25\text{ dB} = -137\text{ dBW} = -107\text{ dBm}$$

### 7.2.2 人为噪声

所谓人为噪声，是指各种电气装置中电流或电压发生急剧变化而形成的电磁辐射，诸如电动机、电焊机、高频电气装置、电气开关等所产生的火花放电形成的电磁辐射。这种噪声电磁波除直接辐射外，还可以通过电力线传播，并由电力线和接收机天线间的电容性耦合而进入接收机。就人为噪声本身的性质来说，多属于脉冲干扰，但在城市中，由于大量汽车和工业电气干扰的叠加，其合成噪声不再是脉冲性的，其功率谱密度同热噪声类似，带有起伏干扰性质。

人为噪声主要是车辆的点火噪声。因为在道路上行驶的车辆，往往是一辆接着一辆，车载电台不仅受本车点火噪声的影响，而且还受前后左右周围车辆点火噪声的影响。这种环境噪声

的大小主要决定于汽车流量。图 7.2 为典型点火电流的波形。其中，一个超过 200 A 的点火尖脉冲，其宽度约为 1～5 ns，相应频谱的高端频率达 200 MHz～1 GHz，低于 100 A 的火花脉冲宽度约为 20 ns，相应频谱的高端频率为 50 MHz。假定一台汽车发动机有 8 个气缸，每个气缸的转速是 3 000 r/min，由于在任一时刻只有半数气缸在燃烧，所以可计算出一台汽车每秒种产生的火花脉冲数为

$$\frac{4\times 3\,000}{60}=200(\text{火花脉冲}/\text{秒})$$

假如有许多车辆在道路上行驶，那么火花脉冲的数量将被车辆的数目所乘。汽车噪声的强度可用噪声系数 $F_a$ 表示，它与频率的关系如图 7.3 所示。其中，基准噪声功率为−134 dBm，即常温条件下（290 K），噪声带宽为 10 kHz 时的噪声功率。

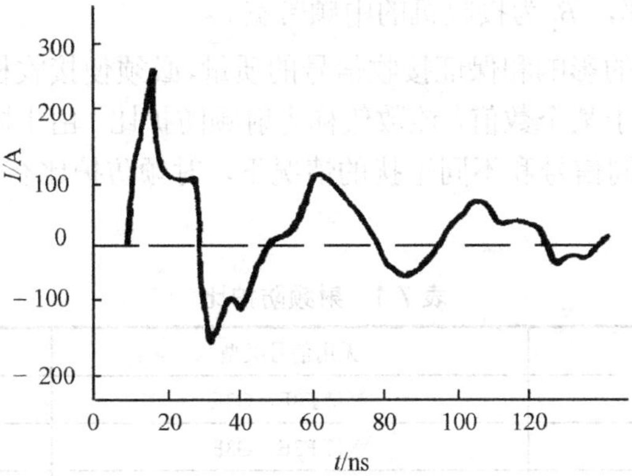


图 7.2　典型点火电流波形

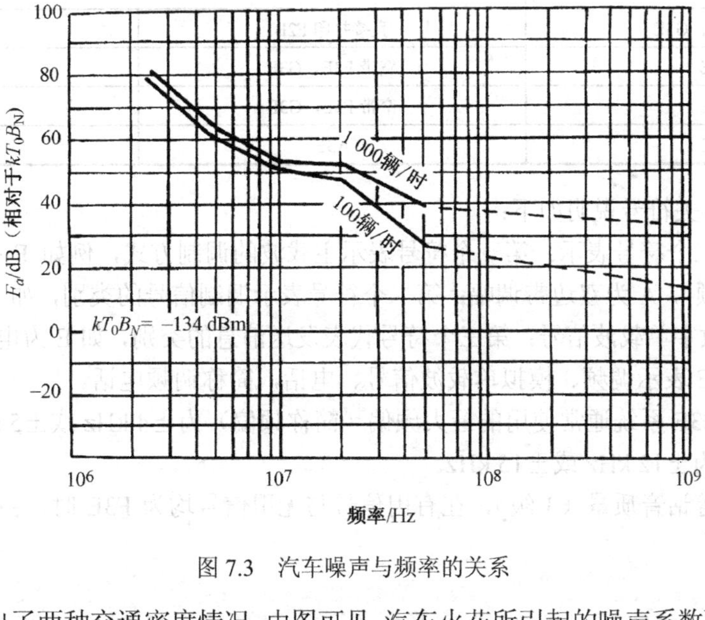


图 7.3　汽车噪声与频率的关系

图 7.3 中给出了两种交通密度情况，由图可见，汽车火花所引起的噪声系数不仅与频率有关，而且与交通密度有关。比如，在 700～1 000 MHz 的频率范围内，当交通密度为 100 辆/时的时候，$T_a=10\ \text{dB}$；当交通密度为 1 000 辆/时的时候，$T_a=34\ \text{dB}$。这说明，交通流量越大，噪声电平越高。由于人为噪声源的数量和集中程度随地点和时间而异，因此人为噪声就地点和时间而言，都是随机变化的。统计测试表明，噪声强度随地点的分布近似服从对数正态分布。

## 7.3 同频干扰

凡由其他信号源发送出来与有用信号的频率相同并以同样的方法进入收信机中频通带的干扰都称为同频干扰。在移动通信系统中，为了提高频率利用率，在相隔一定距离后，要重复使用相同的频道，这种方法常称为同频道再用。同频道再用带来的问题就是同频道干扰。再用距离越近，同频道干扰就越大，频率利用率越高；再用距离越远，同频道干扰就越小，频率利用率越低。由于同频干扰信号与有用信号同样被放大、检波，当两个信号出现载频差时，会造成差拍干扰；当两个信号的调制度不同时，会引起失真干扰；当两个信号存在相位差时也会引起失真干扰。干扰信号越大，接收机的输出信噪比越小。当干扰信号足够大，可造成接收机的阻塞干扰。这种干扰，大都是由于同频复用距离太小造成的。能构成同频道干扰的频率范围为 $f_0 \pm B_1/2$，$f_0$ 为载波频率，$B_1$ 为接收机的中频带宽。

为了减小同频道干扰的影响和保证接收信号的质量，必须使接收机输入端的有用信号电平与同频道干扰电平之比大于某个数值，该数值称为射频防护比。由于同频道干扰影响与调制制度及频偏有关，因此在不同信号和不同干扰的情况下，射频防护比有所不同。表 7.1 列出了射频防护比的数值。

**表 7.1　射频防护比**

| 有用信号类型 | 无用信号类型 | 射频防护比/dB |
| --- | --- | --- |
| 窄带 F3E，G3E | 窄带 F3E，G3E | 8 |
| 宽带 F3E，G3E | 宽带 F3E，G3E | 8 |
| 宽带 F3E，G3E | A3E | 8 |
| 窄带 F3E，G3E | A3E | 10 |
| 窄带 F3E，G3E | 直接打印 F2B | 12 |
| A3E | 宽带 F3E，G3E | 8～17 |
| A3E | 窄带 F3E，G3E | 8～17 |
| A3E | A3E | 17 |

表 7.1 中的有关符号说明如下：

信号类型用三个符号表示：第一个符号表示主载波的调制方式，例如 F 代表调频，G 为调相（或间接调频），A 为双边带调幅；第二个符号表示调制信号的类别，如“3”为模拟单载波信号，“2”为数字单载波信号；第三个符号代表发送消息的类别，如 E 为电话，B 为印字电报。信号类型 F3E 表示调频、模拟单载波信号、电话，简称调频电话。

窄带 F3E、G3E 系统通常使用的最大频偏（简称频偏）为±4 kHz 或±5 kHz；宽带 F3E、G3E 系统的频偏为±12 kHz 或±15 kHz。

对于要求中等话音质量（3 级），在有用信号与无用信号均为 F3E 时，由表 7.1 可知，射频防护比为 8 dB。

## 7.4 邻道干扰

所谓邻道干扰是在收信机射频通带内或通带附近的信号，经变频后落入中频通带内所造成的干扰。邻道干扰会使收信机信噪比下降，灵敏度降低；强干扰信号可使收信机出现阻塞干扰。由众多电台组成通信网时，往往容易出现邻道干扰问题。这种干扰，大部分是由于无线电设备的技术指标不符合国家标准造成的。在发射机方面，如频率稳度太差或调制度过大，造成发射频谱过宽，可造成对其他电台的邻频干扰。如不严格控制影响发射机带宽的因素，很容易产生不必要的带外辐射；在收信机方面，当中频滤波器选择性不良时，便容易形成干扰或使干扰变得严重。

因话音信号调频波的频谱分析和定量计算十分复杂，通常采用单音频调频波进行分析。假设单音频调频波为

$$S(t)=\cos\left[\omega_0 t+\beta\sin(\Omega t)\right] \tag{7-2}$$

式中：$\beta$ 为调频指数，$\Omega$ 为调制信号角频率，$\omega_0$ 为载波角频率。

将式（7-2）级数展开并经运算可得：

$$\begin{aligned}S(t)&=\sum_{n=-\infty}^{\infty}J_n(\beta)\cos[(\omega_0+n\Omega)t]\\&=J_0(\beta)\cos\omega_0 t\\&\quad+J_1(\beta)\cos(\omega_0+\Omega)t-J_1(\beta)\cos(\omega_0-\Omega)t \quad \text{(第一对边频)}\\&\quad+J_2(\beta)\cos(\omega_0+2\Omega)t-J_2(\beta)\cos(\omega_0-2\Omega)t \quad \text{(第二对边频)}\\&\quad+J_3(\beta)\cos(\omega_0+3\Omega)t-J_3(\beta)\cos(\omega_0-3\Omega)t \quad \text{(第三对边频)}\\&\quad+\cdots\\&\quad+J_n(\beta)\cos(\omega_0+n\Omega)t+(-1)^n J_n(\beta)\cos(\omega_0-n\Omega)t \quad \text{(第}n\text{对边频)}\\&\quad+\cdots\end{aligned} \tag{7-3}$$

由式（7-3）可见，调频信号含有无穷多对边频分量，它们落入邻道接收机的通带内就会造成干扰。

图 7.4 所示给出了第一频道（No.1）发送的调频信号落入邻道（No.2）示意图。其中，$n_L$ 为落入邻近频道的最低边频次数，$F_m$ 为调制信号的最高频率（如 3 kHz），$B_r$ 表示频道间隔，$B_I$ 为接收机的中频带宽。令收、发信机频率不稳定和不准确造成的频率偏差为 $\Delta f_{TR}$，那么在最坏情况下，落入邻道接收机通带的最低边频次数为

$$n_L=\frac{B_r-0.5B_r-\Delta f_{TR}}{F_m} \tag{7-4}$$

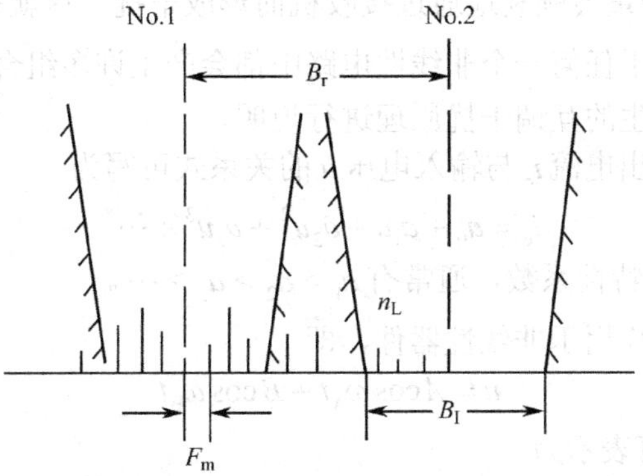


图 7.4　邻道干扰示意

若已知调频电台的频偏为 $\Delta f$，则调频指数 $\beta=\Delta f/F_m$ 就可确定，由式（7-4）求出 $n_L$ 后，就能求出边频分量的幅度 $J_{nL}(\beta)$、$J_{nL+1}(\beta)$、$J_{nL+2}(\beta)$ 等，从而求出落入邻道的调制边带功率与载波功率之比值。若已知发射机功率，则能求得落入邻道的边带功率。下面通过举例予

以说明。

**例 7-2** 已知某移动台的辐射功率为 10 W，频道间隔 $B_{\mathrm{r}}$ 为 25 kHz，接收机中频带宽 $B_{\mathrm{I}}$ 为 16 kHz，频偏 $\Delta f$ 为 5 kHz，收发信机频差 $\Delta f_{\mathrm{TR}} = 2\ \mathrm{kHz}$，最高调制频率 $F_{\mathrm{m}}$ 为 3 kHz。假设该移动台到另一移动台（邻道）接收机的传输损耗为 100 dB，试求落入邻道接收机的调制边带功率。

**解** 由式（7-4）可得：$n_{\mathrm{L}} = \dfrac{25-8-2}{3} = 5$；$\beta = \dfrac{\Delta f}{F_{\mathrm{m}}} = \dfrac{5}{3} \approx 1.7$。由贝塞尔函数表可查得

$$J_5(1.7) = 3.3997 \times 10^{-3}$$

同理也可求得落入邻道的第 6、7、…边频的相对幅度，但因它们远小于第 5 边频分量，故可忽略不计。因此，可以求出第 5 边频相对于载波功率为

$$20\lg(3.3997 \times 10^{-3}) \approx -50\ \mathrm{dB}$$

已知移动台辐射功率为 10 W，即 10 dBW，传输损耗 100 dB，所以落入邻道的边带功率为

$$p_n = 10\ \mathrm{dBW} - 50\ \mathrm{dB} - 100\ \mathrm{dB} = -140\ \mathrm{dBW} = -110\ \mathrm{dBm}$$

由以上分析可知，为了减小邻道干扰，除了提高发信机的频率稳定度和准确度之外，还要求发射机的瞬时频偏不超过最大允许值（如 5 kHz）。为了保证调制后的信号频偏不超过该值，必须对调制信号幅度加以限制。通常，在调制信号的输入电路中加入一瞬时频偏控制电路（IDC）。它主要由放大、限幅和滤波三部分组成。其中，限幅器的作用是防止产生过大的频偏；同时，为了防止限幅器产生高音频谐波分量，在限幅器之后插入一锐截止的低通滤波器，以抑制 3 kHz 以上的高音频分量。

## 7.5 互调干扰

### 7.5.1 互调干扰的基本概念及分类

由两个或多个频谱分量在传输信道中的非线性器件上相互作用，而产生的其他频率分量所引起的对有用信号的干扰，就称为互调干扰。例如，当两个或多个不同频率的信号同时输入到非线性电路时，由于非线性器件的作用，会产生许多谐波和组合频率分量，其中与所需信号频率 $\omega_0$ 相接近的组合频率分量会顺利地通过接收机而形成干扰，这就是互调干扰。一般来说，多个频率不同的信号作用于任何一个非线性电路中都会产生许多组合频率的信号。为了方便，这里首先结合接收机中产生的互调干扰原理进行说明。

一般非线性器件的输出电流 $i_{\mathrm{c}}$ 与输入电压 $u$ 的关系式可写为

$$i_{\mathrm{c}} = a_0 + a_1 u + a_2 u^2 + a_3 u^3 + \cdots \tag{7-5}$$

式中，$a_k$ 为非线性器件的特性系数，通常有 $a_1 > a_2 > a_3 > \cdots$。

假设有两个信号同时作用于非线性器件，即

$$u = A\cos\omega_{\mathrm{A}} t + B\cos\omega_{\mathrm{B}} t \tag{7-6}$$

则式（7-5）中的失真项可表示为

$$\sum_n a_n (A\cos\omega_{\mathrm{A}} t + B\cos\omega_{\mathrm{B}} t)^n \quad n = 2,3,4,5,\cdots \tag{7-7}$$

将式（7-7）展开并观察其中所含的频率成分，可以发现：

（1）在各个失真项中都包含 $\omega_{\mathrm{A}}$ 和 $\omega_{\mathrm{B}}$ 的高次谐波分量（$n\omega_{\mathrm{A}}$ 和 $n\omega_{\mathrm{A}}$），这些谐波分量的频率通常远离接收机的调谐频率 $\omega_0$，而且不属于互调频率，这里不予考虑。

（2）在二阶（$n$=2）失真项中，会出现 $\omega_A+\omega_B$ 和 $\omega_A-\omega_B$ 两种组合频率。由于接收机的输入电路及高频放大器具有调谐回路，即具有选择性，这两种频率的干扰信号必将受到很大抑制，不易形成互调干扰。这是因为 $\omega_A$ 和 $\omega_B$ 往往都接近 $\omega_0$，从而使 $\omega_A+\omega_B$ 和 $\omega_A-\omega_B$ 远离接收机的调谐频率 $\omega_0$，不容易形成互调干扰。

同理，四阶（$n$=4）、六阶（$n$=6）等偶数阶所产生的组合频率都具有类似性质，因而都不再考虑。

（3）在三阶（$n$=3）失真项中，会出现 $2\omega_A-\omega_B$、$2\omega_B-\omega_A$、$2\omega_A+\omega_B$ 与 $2\omega_B+\omega_A$ 等组合频率，这里，后两项的性质类似于二阶组合频率中的 $\omega_A+\omega_B$ 可以忽略。但对于 $2\omega_A-\omega_B$ 和 $2\omega_B-\omega_A$ 两项而言，当 $\omega_A$ 和 $\omega_B$ 都接近于有用信号的频率 $\omega_0$ 时，很容易满足以下条件：

$$\begin{cases}2\omega_A-\omega_B\approx\omega_0\\2\omega_B-\omega_A\approx\omega_0\end{cases}\tag{7-8}$$

上述条件说明，$2\omega_A-\omega_B$ 和 $2\omega_B-\omega_A$ 这两项，频率不仅可以落入接收机的通频带之内，而且可以在 $\omega_A$ 和 $\omega_B$ 都靠近于 $\omega_0$ 的情况下发生，因为接收机的输入电路对频率靠近其工作频率的干扰信号不会有很大的抑制作用，因而这两种组合频率的干扰对接收机的危害比较大。通常把这两种组合频率的干扰称为三阶互调干扰。

（4）同理，可以看出，在五阶（$n$ =5）失真项中，具有危害性的组合频率是 $3\omega_A-2\omega_B$ 或 $3\omega_B-2\omega_A$，通常把这两种组合频率的干扰称之为五阶互调干扰。

因为在非线性器件中，系数 $a_5<a_3$，因而高阶互调的强度一般都小于低阶互调分量的强度。这就是说，五阶互调干扰的影响小于三阶互调干扰的影响，因而在一些实际系统的设计中，常常只考虑三阶互调干扰，至于七阶以上的互调干扰，因为其影响更小，故一般都不予考虑。

倘若在非线性电路的输入端同时出现三个不同频率的干扰信号，即

$$u=A\cos\omega_A t+B\cos\omega_B t+C\cos\omega_C t$$

按同样方法分析可以看出，其中危害最大的互调频率是三阶互调中的 $\omega_A+\omega_B-\omega_C$，$\omega_A+\omega_C-\omega_B$ 和 $\omega_B+\omega_C-\omega_A$ 等项，以及五阶互调中的 $2\omega_A-2\omega_B+\omega_C$ 等项。

有的地方把两个干扰信号产生的三阶互调称之为三阶 I 型互调，把三个干扰信号产生的三阶互调称之为三阶 II 型互调。

在以上分析中，我们假定接收机在接收有用信号的同时，又收到两个或三个干扰信号所产生的互调干扰，倘若把其中的某个干扰信号换成有用信号（比如令 $\omega_A=\omega_0$），所得结论仍然是适用的。

交调是指当两个不同频率的已调制载波同时到达非线性器件时，就会出现三阶失真产物。三阶失真产物的测量方法是使用两个独立的载波，并对其中一个进行 100%的调制，则三阶交调失真产物在数值上定义为低于载波功率的非调制载波的单边带功率。换言之，由于已调干扰信号与未调有用信号（例如邻道）的频率相近，当接收机输出端产生一个音频信号，且该信号比有用信号（由干扰信号调制到相同深度）产生的音频信号低于某一电平（如 20 dB）时，就会出现这种现象。交调以已调制干扰信号的电平为特征，该调制干扰信号在某一电平的有用信号上产生了调制度为 10%的干扰信号。

### 7.5.2 发射机的互调干扰

发射机互调干扰是基站使用多部不同频率的发射机（FDMA 系统）所产生的特殊干扰。因为多部发射机设置在同一个地点时，无论它们是分别使用各自的天线还是共用一副天线，它

们的信号都可能通过电磁耦合或其他途径窜入其他的发射机中，从而产生互调干扰。发射机末级功率放大器通常工作在非线性状态，所以这种互调干扰通常发生在末级功率放大器中。

发射机产生互调干扰的原理和接收机产生互调干扰的原理完全一样。比如，当两个频率为 $\omega_A$ 和 $\omega_B$（或三个以上频率）的无用信号窜入另一个工作频率为 $\omega_C$ 的发射机时，它们会产生频率为 $2\omega_A-\omega_B$ 和 $2\omega_B-\omega_A$ 的互调成分。应该指出的是，接在功率放大器后面的滤波电路通常难以在调谐可变的条件下，做到功率容量大且滤波特性良好（即通频带符合要求、带外衰减足够大而且上升陡峭）。有些采用宽频带天线的发射机可能使用不调谐的宽带功率放大器，这样，发射机所产生的三阶互调干扰即使不满足 $2\omega_A-\omega_B\approx\omega_C$ 或 $2\omega_B-\omega_A\approx\omega_C$ 的条件，仍然可以被送上天线并发射出去，从而对工作在此互调频率附近的其他接收机形成干扰。显然，这会增加三阶互调的有害影响。同理，当只有一个频率为 $\omega_B$ 的无用信号窜入一个工作频率为 $\omega_A$ 的发射机时，有用信号和无用信号一起受到非线性电路的作用也会产生频率为 $2\omega_A-\omega_B$ 和 $2\omega_B-\omega_A$ 的三阶互调。应该注意的是，这种三阶互调是由发射机本身的有用信号与窜入该发射机的无用信号共同产生的，前者远大于后者。由式（7-5）和式（7-7）可知，三阶互调的电平不仅与系数 $a_3$ 成比例，而且与产生互调的信号幅度有关系。频率为 $2\omega_A-\omega_B$ 的互调电平对应于 $a_3A^2B$，频率为 $2\omega_B-\omega_A$ 的互调电平对应于 $a_3AB^2$。显然，这两种互调分量都远大于两个信号均是由其他发射机窜入的无用信号所产生的互调分量，而且在工作频率为 $\omega_A$ 的发射机中产生的频率为 $2\omega_A-\omega_B$ 的互调分量远大于频率为 $2\omega_B-\omega_A$ 的分量。因此，在研究发射机的互调干扰时，人们特别注意 $2\omega_A-\omega_B$ 的互调分量，因为它更能表征发射机的互调性能。下面将具体讨论这种发射机互调电平的计算。

图 7.5 所示给出了两部发射机产生的互调现象。假定发射机 $T_A$ 的工作频率为 $f_A$，发射机 $T_B$ 的工作频率为 $f_B$，三阶互调频率（$2f_A-f_B$）是在发射机 A 的末级功率放大器中产生的，而互调频率为（$2f_B-f_A$）是在发射机 B 中产生的（图中未标）。下面以 $(2f_A-f_B)=f_C$ 为例说明三阶互调干扰电平的计算方法。

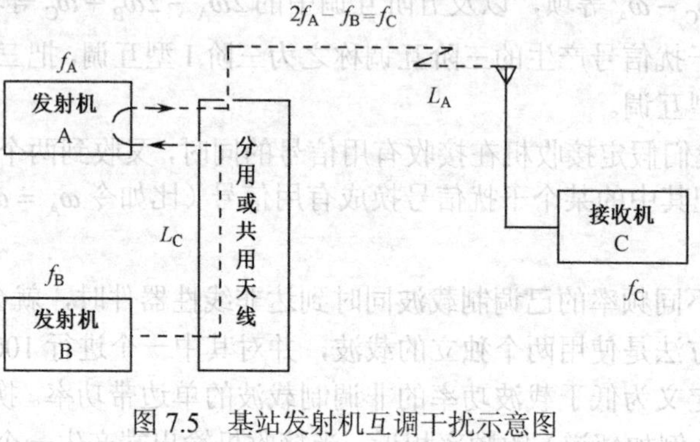


图 7.5　基站发射机互调干扰示意图

假设发射机 A、B 的输出功率均为 $P$(dBW)，这时发射机 A 输出的三阶互调干扰功率为

$$P_{TIM}=P(\text{dBW})-(L_C+L_I) \tag{7-9}$$

式中，$L_C$ 为耦合损耗，$L_I$ 是互调转换损耗。

（1）耦合损耗 $L_C$。耦合损耗 $L_C$ 是发射机 B 的输出功率与它进入发射机 A 末级功放的功率之比。这里有两种情况：一种是两部发射机共用一副天线，$L_C$ 取决于天线共用器的隔离度（典型值为 25 dB）；另一种是各发射机分用天线，这时耦合损耗取决于天线之间和馈线之间的耦合强弱；此外，还与发射机和天线之间是否插入隔离器、滤波器等有关。天线之间的耦合损耗主要决定于天线间距、工作波长和天线放置方向。当两副垂直极化天线分别处于垂直分离和水平分离时，天线间的耦合损耗如图 7.6 所示。由图可见，在天线间距相等时，频率越高（波长越短），耦合损耗越大；垂直分离的耦合损耗（或隔离度）大于水平分离，这是由于垂直极化天线的场强辐射主瓣在水平方向之故。

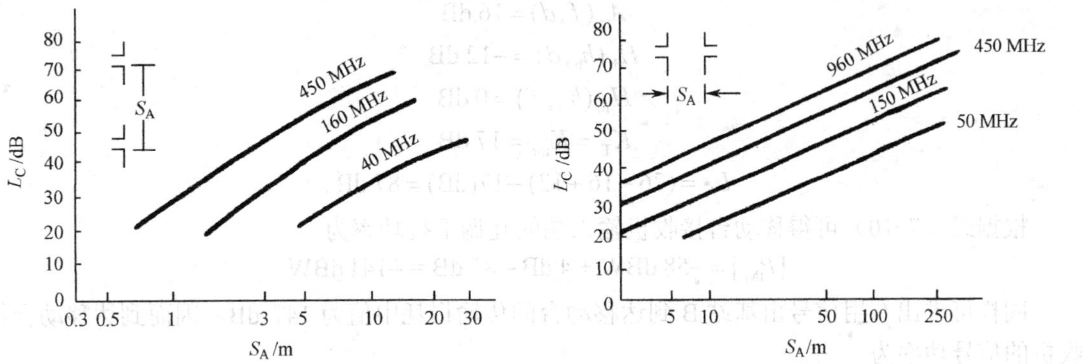


图 7.6　分用天线间的耦合损耗

（2）互调转换损耗 $L_I$。它是发射机 B 的信号进入发射机 A（经耦合损耗 $L_C$）与由发射机 A 产生并输出的互调功率之比（以 dB 计）。$L_I$ 主要取决于发射机 A 末级功放的非线性特性及输出回路的滤波特性。对于一般晶体管 C 类放大器，三阶互调转换损耗为 5～20 dB，典型值约为 10 dB。互调转换损耗与发射机的频差有关，频差越大，$L_I$ 也就越大，其关系如图 7.7 所示。

下面以图 7.8 为例来具体分析上述三阶互调干扰对移动台接收信号的影响。图中，移动台以频率 $f_0$ 与基站 B 通信，基站 A 产生的三阶互调频率（$2f_1-f_2$）正好等于频率 $f_0$，假定：移动台距基站 A 和基站 B 的距离分别为 $d_1=1\ \text{km}$ 与 $d_2=30\ \text{km}$，两个基站的发射机功率均为 10 W；基站天线高度均为 30 m，天线增益均为 4 dB；移动台天线高度为 3 m，天线增益为 0 dB；工作频段为 150 MHz；工作环境为郊区；基站 A 发射机输出的三阶互调功率为−58 dBW。此外，假定发射机的互调干扰可按同频道干扰处理，即要求中等话音质量（3 级）时，有用信号功率与互调干扰功率之比必须大于 8 dB。

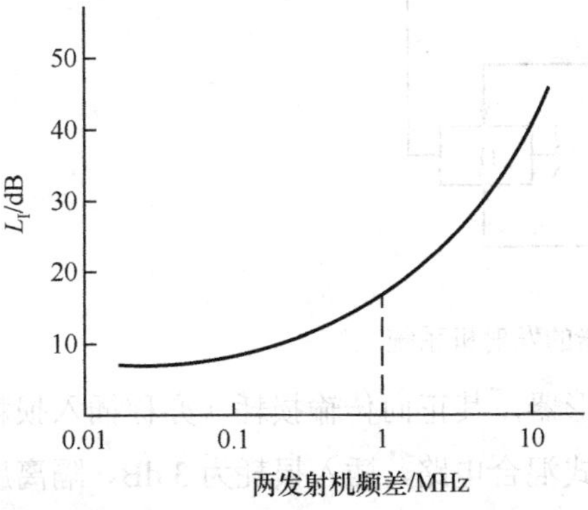


图 7.7　三阶互调转换损耗曲线

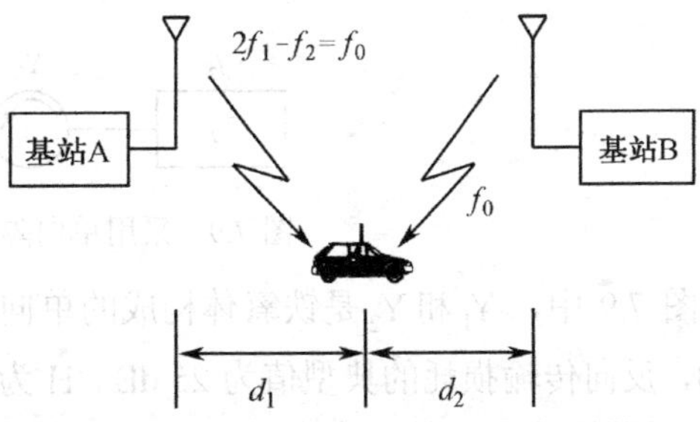


图 7.8　系统间发射机互调干扰

到达移动台接收机的互调干扰功率 $[P_{IM}]$ 为

$$[P_{IM}]=[P_{TIM}]+G-L_A \tag{7-10}$$

式中：$[P_{\mathrm{TIM}}]$是基站 A 输出的三阶互调功率，$G$ 是基站 A 的天线增益，$L_{\mathrm{A}}$ 是传播损耗中值。

$$L_{\mathrm{A}} = L_{\mathrm{T}} - K_{\mathrm{T}}$$

$$L_{\mathrm{T}} = [L_{\mathrm{fs}}] + A_{\mathrm{m}}(f,d) - H_{\mathrm{b}}(h_{\mathrm{b}},d) - H_{m}(h_{m},f)$$

其中，$[L_{\mathrm{fs}}] = 32.44 + 20\lg f + 20\lg d = 32.44 + 20\lg 150 + 20\lg 1 = 76(\mathrm{dB})$

$$A_{\mathrm{m}}(f,d) = 16\ \mathrm{dB}$$

$$H_{\mathrm{b}}(h_{\mathrm{b}},d) = -12\ \mathrm{dB}$$

$$H_{\mathrm{m}}(h_{\mathrm{m}},f) = 0\ \mathrm{dB}$$

$$K_{\mathrm{T}} = K_{\mathrm{mr}} = 17\ \mathrm{dB}$$

$$L_{\mathrm{A}} = (76 + 16 + 12) - 17(\mathrm{dB}) = 87\ \mathrm{dB}$$

根据式（7-10）可得移动台接收机输入端的互调干扰功率为

$$[P_{\mathrm{IM}}] = -58\ \mathrm{dBW} + 4\ \mathrm{dB} - 87\ \mathrm{dB} = -141\ \mathrm{dBW}$$

同样可求出有用信号由基站 B 到达移动台的传输损耗中值为 147 dB，因而到达移动台接收机的信号功率为

$$[P_{\mathrm{R}}] = [P_0] + G - 147\ \mathrm{dBW} = 10\ \mathrm{dBW} + 4\ \mathrm{dB} - 147\ \mathrm{dBW} = -133\ \mathrm{dBW}$$

因此，在移动台接收机的输入端，有用信号与互调干扰功率之比为

$$\left[\frac{P_{\mathrm{R}}}{P_{\mathrm{IM}}}\right] = 8\ \mathrm{dB}$$

上述结果表明：在给定条件下工作，移动台距产生互调干扰的基站 A 的距离不能小于 1 km；如果要进一步缩小距离（$d_1$），则必须设法降低基站 A 所产生的互调电平。

减小发射机互调电平的措施包括：

（1）尽量增大基站发射机之间的耦合损耗 $L_{\mathrm{C}}$。各发射机分用天线时，要增大天线间的空间隔离度；在发射机的输出端接入高 Q 带通滤波器，增大频率隔离度；避免馈线相互靠近和平行敷设。

（2）改善发射机末级功放的性能，提高其线性动态范围。

（3）在共用天线系统中，各发射机与天线之间插入单向隔离器或高 Q 谐振腔。

图 7.9 示出了一种采用单向隔离器以降低互调辐射电平的方案。

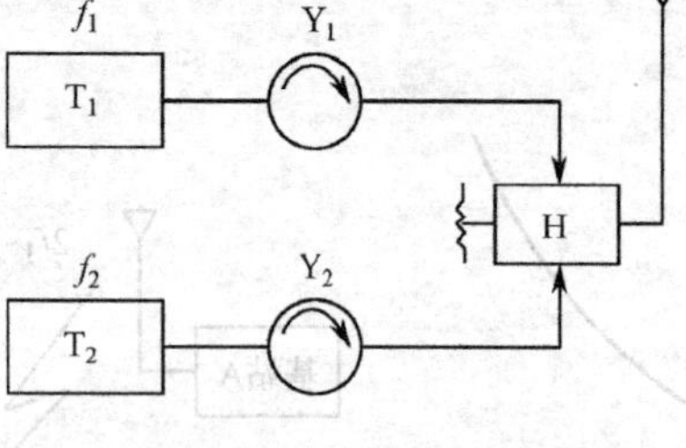


图 7.9　采用单向隔离器的发射机系统

在图 7.9 中，$\mathrm{Y_1}$ 和 $\mathrm{Y_2}$ 是铁氧体构成的单向环形器，其正向传输损耗（亦称插入损耗）约为 1 dB，反向传输损耗的典型值为 25 dB。H 为桥式混合电路，插入损耗为 3 dB，隔离度约为 25 dB。采用这些办法就可大大减小互调干扰的辐射电平。当然，由于插入损耗的影响，信号电平也有所减小，下面举例说明。

**例 7-3**　在图 7.9 所示的电路中，发射机 $\mathrm{T_1}$、$\mathrm{T_2}$ 的输出功率均为 10 W（即 10 dBW），$f_1 = f_2 + 0.1\ \mathrm{MHz}$，单向环行器 $\mathrm{Y_1}$、$\mathrm{Y_2}$ 和桥式混合电路 H 的特性均采用上述的典型值。试分

析计算发射天线输入端的信号功率和（$2f_1-f_2$）互调干扰功率。

**解** 计算信号功率比较简单，发射机 $T_1$、$T_2$ 输出的功率分别经 $Y_1$、$Y_2$ 和 H 电路的衰减后，为

$$P_1=P_2=10\ \text{dB}-1\ \text{dB}-3\ \text{dB}=6\ \text{dBW}$$

互调干扰功率的计算包括耦合损耗和互调转换损耗的计算。其中，耦合损耗 $L_C$ 包括 $Y_2$ 的插入损耗、H 的隔离度和 $Y_1$ 的反向损耗，即

$$L_C=1\ \text{dB}+25\ \text{dB}+25\ \text{dB}=51\ \text{dB}$$

因此，进入发射机 $T_1$ 的 $f_2$ 功率 $P(f_2)$ 为

$$[P(f_2)]=10\ \text{dBW}-51\ \text{dBW}=-41\ \text{dBW}$$

发射机 $T_1$ 的互调转换损耗可由图 7.7 查得：$L_1=13\ \text{dB}$。这样发射机 $T_1$ 输出端的三阶互调（$2f_1-f_2$）功率为

$$P[2f_1-f_2]=-41\ \text{dBW}-13\ \text{dB}=-54\ \text{dBW}$$

加上 $Y_1$ 的插入损耗和 H 的插入损耗，送入天线的互调干扰功率为

$$[P_{IM}]=-54\ \text{dBW}-1\ \text{dB}-3\ \text{dB}=-58\ \text{dBW}$$

### 7.5.3 接收机的互调干扰

前面已经说过，如果有两个或多个干扰信号同时进入接收机高放或混频器，只要它们的频率满足一定关系，则由于器件的非线性特性，就有可能形成互调干扰。为减轻接收机的互调干扰，可以采取下列措施：

（1）高放和混频器宜采用具有平方律特性的器件（如结型场效应管和双栅场效应管）；

（2）接收机输入回路应有良好的选择性，如采用多级调谐回路，以减小进入高放的强干扰；

（3）在接收机的前端加入衰减器，以减小互调干扰。因为经过非线性电路后，有用信号的幅度与 $a_1u$ 成比例，而三阶互调分量的幅度与 $a_3u^3$ 成比例，当把输入的信号与干扰均衰减 10 dB 时，互调干扰将衰减 30 dB。

接收机抗互调干扰能力用互调抗拒比 $S_I$（以 dB 计）表示，它表征了接收机对于满足互调频率关系的两个或多个无用信号的抑制能力，并用干扰信号与接收机灵敏度的相对电平（dB 数）来表示。测试中，当输入有用信号的电平比灵敏度高 3 dB 时，引入适当的互调干扰使接收机输出的信纳比保持为 12 dB。这时，输入的互调干扰电平与有用信号电平的比值（以 dB 计），即为接收机的互调抗拒比。在我国的公用移动通信系统中要求接收机对两信号三阶互调的互调抗拒比指标为 70 dB。

为了计算接收机的互调干扰电平，需引入等效干扰电平的概念。所谓等效干扰电平是将接收机中由互调产物引起的干扰，等效为接收机输入端调谐频率上的干扰电平。根据分析和大量测试结果，典型接收机对两信号三阶互调的等效互调干扰电平近似满足下列关系式：

$$[P_{IM}]=2A+B+C_{2,3}-60\lg(\overline{\Delta f}) \qquad (7\text{-}11)$$

式中：$[P_{IM}]$ 为接收机输入端的等效互调干扰功率；$A$、$B$ 分别为在接收机输入端收到的来自各干扰发射机的功率；$\overline{\Delta f}$ 是各干扰频率偏离接收机标称频率的平均值（以 MHz 计）；$C_{2,3}$ 为两信号三阶互调的互调常数，约为-10 dB。

对于一般移动通信系统而言，三阶互调的影响是主要的，其中又以两信号三阶互调的影响

最大。接收机的互调干扰，可折算为同频道干扰来估算它对通信的影响，即为了保证一定的接收信号质量，应当满足

$$[P_{\text{SV}}]-[P_{\text{IM}}]\geqslant \varGamma =\begin{cases}8\ \text{dB}\ (3\text{级话音质量})\\ 12\ \text{dB}\ (4\text{级话音质量})\end{cases} \tag{7-12}$$

式中，$[P_{\text{SV}}]$为接收机的灵敏度（以 dBW 计）；$[P_{\text{IM}}]$为接收机的等效互调功率（dBW）；$\varGamma$ 为射频防护比（dB）。下面通过举例予以说明。

**例 7-4** 在图 7.8 所示的系统中，设通信环境是中等起伏地和市区，基站 A 的发射频率 $f_{\text{A}}=451\ \text{MHz}$，基站 B 的发射频率 $f_{\text{B}}=452\ \text{MHz}$，移动台接收频率 $f_0=450\ \text{MHz}$，$d_1=100\ \text{m}$，$d_2=200\ \text{m}$，基站发射机的输出功率均为 100 W，基站天线增益 $G_{\text{b}}$ 均为 6 dB，天线高度 $h_{\text{b}}=200\ \text{m}$，移动台的天线增益 $G_{\text{m}}=3\ \text{dB}$，天线高度为 3 m，已知移动台接收机的灵敏度为-146 dBW。试求在移动台接收机输入端三阶互调干扰的功率，并说明接收信号能否满足 3 级话音质量要求。

**解** 根据给定的条件，计算接收机互调干扰功率的步骤与结果如表 7.2 所示。由于干扰台与接收台距离比较近，因此传播损耗中值近似按直射波计算。

表 7.2 例 7-4 计算步骤与结果

| 序号 | 项 目 | $T_{\text{A}}$ | $T_{\text{B}}$ |
|---|---|---|---|
| 1 | 发射机功率/dBW | 20 | 20 |
| 2 | 发射机频率/MHz | 451 | 452 |
| 3 | 发射机天线增益 $G_{\text{b}}$/dB | 6 | 6 |
| 4 | 发射机有效辐射功率/dBW | 26 | 26 |
| 5 | 传播损耗中值/dB | 65.5 | 71.5 |
| 6 | 接收机天线增益 $G_{\text{m}}$/dB | 3 | 3 |
| 7 | 接收机输入端得到的干扰信号功率/dBW，即（4）-（5）+（6） | -36.5 | -42.5 |
| 8 | $2A$/dBW | -73 | |
| 9 | $B$/dBW | -42.5 | |
| 10 | 互调常数 $C_{2,3}$ / dB | -10 | |
| 11 | $\overline{\Delta f}=[(451-450)+(452-450)]/2$ | 1.5 MHz | |
| 12 | $60\lg\Delta f$ | 10.5 | |
| 13 | 接收机等效互调干扰功率 $[P_{\text{IM}}]$/ dBW<br>[（8）+（9）+（10）－（12）] | -136 | |
| 14 | 接收机灵敏度 $[P_{\text{SV}}]$/ dBW | -146 | |
| 15 | $[P_{\text{SV}}]-[P_{\text{IM}}]$/dB，即（14）－（13） | -10 | |

由表 7.2 计算结果可知，接收机将因三阶互调干扰而不能正常接收信号，即不能保证 3 级话音质量。应该说明的是，在这个例子中，两个产生互调干扰的信号频率（451 MHz 和 452 MHz）分别与接收机的标称频率（450 MHz）偏离 1 MHz 和 2 MHz，这种干扰信号在经过接收机的前端电路时还要收到调谐回路的抑制，有利于抑制互调干扰。

## 7.5.4 无三阶互调的频道组

为了避免三阶互调干扰，在分配频率时，应合理地选用频道（或波道）组中的频率，使它们可能产生的互调产物不致落入同组频道中任一工作频道。

根据前面的分析可知，产生三阶互调干扰的频率是：

$$f_x = f_i + f_j - f_k \tag{7-13}$$

或

$$f_x = 2f_i - f_j \tag{7-14}$$

其中，$f_i$、$f_j$、$f_k$是频率集合$\{f_1, f_2, \cdots, f_n\}$中的任意三个频率，$f_x$也是该频率集合中的一个频率。

为了方便，常用频道序号来表征标称频率，如图 7.10 所示。图中，频率为 158.000～158.300 MHz，相应的频率序号为 1～12。例如，1 号频道的频率为 158.000 MHz，2 号频道的频率为 158.025 MHz，等等。

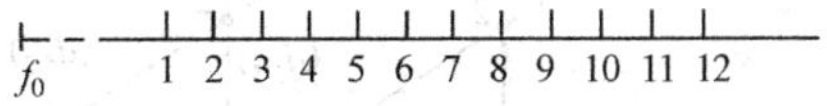


图 7.10　频道编号

假设初始频率为$f_0(=f_1-B)$，则任一频道的频率可以写成

$$f_x = f_0 + BC_x \tag{7-15}$$

式中，$C_x$为频道序号。

这样就有：

$$\left.\begin{aligned} f_i &= f_0 + BC_i \\ f_j &= f_0 + BC_j \\ f_k &= f_0 + BC_k \end{aligned}\right\} \tag{7-16}$$

将式（7-15）、式（7-16）代入式（7-13）、式（7-14），可得到以频道序号表示的三阶互调关系式：

$$C_x = C_i + C_j - C_k \tag{7-17}$$

$$C_x = 2C_i - C_k \tag{7-18}$$

式（7-17）更具有普遍性，因为当$i = j \neq k$时，式（7-17）即为式（7-18）。

对五阶互调也可做出类似的分析，从而得到以频道序号表示的五阶互调关系式为

$$C_x = C_i + C_j + C_k - C_l - C_m \tag{7-19}$$

三阶互调关系式还可用频道序号的差值来表示。任意两个频道间的差值为$d_{i,x}$，即

$$d_{i,x} = C_x - C_i = \sum_{m=i}^{x-1} d_{m,m+1} \tag{7-20}$$

例如，$i=1, x=4$，则有

$$d_{1,4} = C_4 - C_1 = \sum_{m=1}^{3} d_{m,m+1} = d_{1,2} + d_{2,3} + d_{3,4} = 3$$

这结果表明第 4 号与第 1 号频道的序号差值为 3，频率间隔为 3$B$。利用频道序号差值表示互调关系式可方便地判别一组频道中是否存在互调干扰的问题。式（7-17）的三阶互调关系式用频道序号的差值表示为

$$d_{i,x} = d_{k,j} \tag{7-21}$$

因此，判别某个无线区所选择的频道组有无三阶互调干扰，只要判别各频道序号的差值有

无相同即可。可以利用频道序号差值的阵列方法来判断频道组内是否存在三阶互调干扰。下面举例说明。

**例 7-5** 在图 7.10 所示的 12 个频道中，若等间隔地选其中五个频道，如 1、3、5、7、9 号作为一个无线区使用的频道，试判别无线区内是否存在三阶互调干扰。

**解** 由式（7-33）可知，如果在所有的频道序号差值中，出现 $d_{i,x}=d_{k,j}$ 就说明有互调干扰；反之，在所有的频道序号差值中，未出现相同的差值，则表明无三阶互调。根据给定的五个频道，排出所有的序号差值（如图 7.11 所示），就形成了差值阵列。

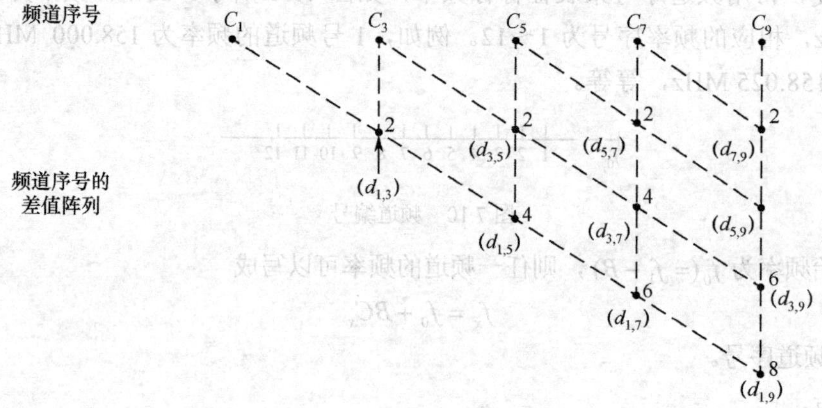


图 7.11 频道序号差值阵列

在差值阵列中，有相同的差值，说明存在三阶互调，这一组频道称为不相容频道组；反之，不存在三阶互调，就称为相容频道组。

在图 7.11 中，$d_{1,3}=d_{3,5}=d_{5,7}=d_{7,9}=2$，$d_{1,5}=d_{3,7}=d_{5,9}=4$，因此该组频道为不相容频道组。

利用计算机可搜索具有最小频道数的无三阶互调的频道组，表 7.3 给出了计算结果。

**表 7.3 无三阶互调频道组**

| 需要频道数 | 最小占用频道数 | 无三阶互调的频道组 | 频段利用率 |
|---|---|---|---|
| 3 | 4 | 1，2，4；1，3，4 | 75% |
| 4 | 7 | 1，2，5，7；1，3，6，7 | 57% |
| 5 | 12 | 1，2，5，10，12；1，3，8，11，12 | 42% |
| 6 | 18 | 1，2，5，11，13，18；1，2，9，13，15，18；<br>1，2，5，11，16，18；1，2，9，12，14，18； | 33% |
| 7 | 26 | 1，2，8，12，21，24，26；1，3，4，11，17，22，26；<br>1，2，5，11，19，24，26；1，3，8，14，22，23，26；<br>1，2，12，17，20，24，26；1，4，5，13，19，24，26；<br>1，5，10，16，23，24，26 | 27% |
| 8 | 35 | 1，2，5，10，16，23，33，35 | 23% |
| 9 | 45 | 1，2，6，13，26，28，36，42，45 | 20% |
| 10 | 56 | 1，2，7，11，24，27，35，42，54，56 | 18% |

由上述分析可见，在占用的工作频段内，只能选用其中一部分频道组构成无三阶互调的频道组。例如，需要使用的频道数是 4 个，若要占用 7 个频道，则频道利用率为 4/7（57%），且

随着需用频道数的增加，频段利用率降低。需要说明的是，选用无三阶互调的频道组工作，三阶互调产物依然存在，只是不落在本系统的工作频道而已。

上面仅考虑了三阶互调的要求，实际上在一组频道中，如果两个相邻频道同时被占用，通常会出现邻道干扰。若需要一组频道既无三阶互调又无邻道干扰，那么频段利用率将更低。以使用 4 个频道为例，将占用 10 个频道，如频道序号为 1，3，6，10，或序号差值为 2，3，4，频道利用率为 40%。表 7.4 列出了既无三阶互调又无邻道干扰的差值序列。

**表 7.4 无三阶互调、无邻道干扰频道差值序列**

| 需用频道数 | 最小占用频道数 | 无三阶互调、无邻道干扰的频道组的差值序列 | 频段利用率 |
|---|---|---|---|
| 3 | 6 | 2，3；3，2 | 50% |
| 4 | 10 | 2，3，4；3，2，4；3，4，2 | 40% |
| 5 | 15 | 2，4，3，5；2，4，5，3；3，5，2，4 | 33% |
| 6 | 21 | 3，4，5，6，2；…… | 29% |
| 7 | 29 | 2，8，6，5，4，3；…… | 24% |
| 8 | 40 | 2，4，10，3，8，7，5；…… | 20% |
| 9 | 50 | 2，8，5，7，4，14，3，6…… | 18% |
| 10 | 62 | 4，7，5，9，10，3，15，2，6…… | 16% |

## 7.6 阻塞干扰

当外界存在一个很强的干扰信号，虽然频率上不造成互调或同频、邻频干扰，但作用于收信机前端电路后，由于收信机的非线性仍能造成对有用信号增益的降低（受到抑制）或噪声提高，使接收机灵敏度下降，这种现象就是接收机的阻塞。这种干扰就称为阻塞干扰。

阻塞干扰也是无线电通信系统中需要考虑的一个重要方面，特别是系统的规划、设计及工程安装中，必须注意避免阻塞干扰情况的出现，以免影响通信系统的质量。因此，对阻塞干扰进行分析探讨，具有较大的实际意义。

### 1. 阻塞干扰的原理

下面，以两个电压矢量相加来看强干扰阻塞的情况。设

有用信号 $$u_s = U_s \cos\omega_s t \tag{7-22}$$

干扰信号 $$u_n = U_n \cos\omega_s t \tag{7-23}$$

当它们叠加在一起时，合成信号为

$$U_b = u_s + u_n = U_s \cos\omega_s t + U_n \cos\omega_n t$$

经三角变换并考虑了干扰信号很强（即 $U_n \gg U_s$）后，得合成信号为：

$$\begin{aligned} U_b &= U_n[1 + m_0\cos(\omega_s - \omega_n)t]\cos[\omega_n t + m_0\sin(\omega_s - \omega_n)t] \\ &= U_n(1 + m_0\cos\Omega t)\cos(\omega_n t + m_0\sin\Omega t) \end{aligned} \tag{7-24}$$

式中：
$$m_0 = U_s / U_n$$
$$\Omega = \omega_s - \omega_n$$

这是一个调幅调相波，式（7-24）中 $U_n(1 + m_0\cos\Omega t)$ 相当于一个调幅波，$m_0$ 为调幅度，$\Omega$ 为调制频率；而 $U_n\cos(\omega_n t + m_0\sin\Omega t)$ 相当于一个调相波。

由此可见，一个有用信号（弱的）与一个干扰信号（强的）叠加后其合成信号将变为一个频率以干扰信号的载频为中心的调幅调相波，其幅度变化反映有用信号的包络调制规律。

当强干扰和弱信号被接收机接收后，工作在高频放大或混频级的晶体管传递特性进入饱和区或截止区而呈现非线性，经过鉴频器前的双向限幅，合成信号的包络大部分被削掉而只保留了调相部分，由于保留了调相部分，故合成信号的相位变化中还会有有用信号。但由于 $U_n \gg U_s$，故 $m_0$ 很小，而干扰信号 $U_n$ 却很大，因而使输出信噪比显著下降，形成灵敏度降低和阻塞。干扰信号幅度 $U_n$ 越大，阻塞越严重。

如果收信机接收到的有用信号的功率太强，也会出现类似的情况，称为强信号阻塞。

作为衡量阻塞干扰指标主要有二个：阻塞频带和阻塞电平。设固定电平的干扰电压 $U_n$，并由远端向工作频率靠近，使收信机的信纳比（SINAD）下降 3 dB 时，信号与干扰的频率差：$f = \pm|f_s - f_n|$ 称为阻塞频带。设 $f_C = |f_s - f_n|$ 为某一常数，调整干扰电平使有用信号的信纳比下降 3 dB 时，其对应的输入电平叫阻塞电平。收信机的阻塞频带越宽，越易受到外来强信号的阻塞干扰；而阻塞电平越高，则表示收信机抗拒强干扰信号能力越强。

### 2．阻塞对通信系统的影响

在对接收机的抗干扰性能进行测试时，有五项信号测试的重要指标，即接收机的同频道抑制（$S_c$）、邻道选择性（$S_A$）、阻塞（$S_B$）、互调抑制（$S_I$）和杂散响应抑制（$S_S$）。其中，阻塞指标所描述的主要是接收机在标称工作频率±（1～10）MHz 范围内的抗干扰性能。

接收机的阻塞指标不符合要求或者系统之间产生阻塞干扰，将严重影响通信系统的通信距离和通信质量。

目前，很多通信系统为双工系统，由于收发同时工作，除了收信频率与发信频率间必须有一保护带，还必须使收发之间互不影响，因此系统需要使用双工器。在双工系统中，发信机的射频功率对收信机的影响有两个方面：一是发信频谱在收信通道内的噪声会直接进入接收机，因而影响信噪比；二就是发信频率上的强信号会使接收机产生阻塞。为了消除阻塞干扰影响，就必须使进入接收机前级的本机发射的信号抑制到阻塞电平以下。双工滤波器的使用就是为了解决这两个方面的影响，其中，第一方面的影响要靠收信滤波器来解决。

收信滤波器对发信频率所需的衰减 $A$ 与收信机的阻塞指标有关，其关系如下式：

$$A(\text{dB}) > P_T(\text{dBm}) - S_B(\text{dB}) - P_S(\text{dBm}) + 衰减余量(\text{dB})$$

式中，$P_T$ 为发信载波功率，$S_B$ 为收信机阻塞干扰电平，$P_S$ 为达到收信机灵敏度所需的输入信号功率。衰减余量取决于收信灵敏度受发信影响的程度。当衰减余量为 0 时，收信灵敏度将恶化 3dB。

例如，接收机灵敏度为−115 dBm，阻塞指标为 90 dB，发信功率为 20 W（43 dBm），则由上式可计算出收信滤波器对发信频率的衰减应为：

$$A(\text{dB}) > 43\ \text{dBm} - 90\ \text{dB} - (-115\ \text{dBm}) + 3\ \text{dB} = 71\ \text{dB}$$

通常，对于双工工作状态，由于耦合效应使发信机功率转换到收信机而使其灵敏度恶化的现象称为“减敏”。

在很多系统的研制及有关标准的制定中，都充分考虑到了阻塞干扰的问题。例如，在 CT-2 公共空中接口（CAI）标准中，对于手机呼叫基台的同步问题，规定了同步必须以基台为主。即必须由基台来同步手机，而不能是手机来同步基台。在 CT-2 系统中，基台设置有多个信道，这些信道采用时分双工工作，如果一个基台的信道处于发状态，另一个信道处于收状态，尽管信道频率不同，但由于处在同一台址，因而有可能发的信号会阻塞干扰处于收状态的收信机，使系统不能工作。正是考虑了阻塞干扰的影响，才规定了各信道的收发必须保持同步一致，即同时收，同时发。

对于一些频率相近的无线电通信系统，当台站之间的距离比较近时，就需要考虑阻塞干扰的问题。如，对于目前中国联通的CDMA（基站发射频段为870～880 MHz）基站和中国移动的GSM基站（基站接收频段为885～909 MHz），由于两系统之间只有5 MHz频带，因此如果两系统基站天线靠得太近，将会产生阻塞干扰问题，即CDMA系统的发射信号阻塞GSM系统的接收机，从而影响GSM系统的正常运行。

### 3．接收机阻塞指标

1993年，国家无线电监测中心在《VHF-UHF收发信机的指标和测试方法》中，对接收机阻塞指标的定义、指标要求和测试方法做出了规定。

定义：阻塞是由于另外频率的不希望信号引起希望信号的音频输出功率变化（一般为减少）或信纳比降低。

指标要求：在标称频率两旁+1～+10 MHz、-1 MHz～-10 MHz频率范围内，任何频率的阻塞电平应不低于90 dB（基台、车载台）、70 dB（手持台）。

### 4．怎样避免阻塞干扰的出现

为避免出现阻塞干扰，要注意下列几个方面问题：

（1）在无线电系统设备的选择方面，要考虑接收机的阻塞指标是否符合要求。

（2）在双工系统中，要注意对天线共用装置的调整，特别是对收信滤波器的调试，要使滤波器对发信频率的衰减满足要求。

（3）系统之间的天线距离尽可能不要靠得太近，如果设置在同一地点或相距太近，则必须采取加装发射滤波器和接收滤波器等措施。如，对于CDMA与GSM系统基站天线水平之间距离小于10 m时，要求对CDMA基站及GSM基站都加装适当的滤波器。

（4）在频率指配时，就要注意台站地址与频率的关系，对于一些设置在同一台址的无线电系统，要避免发信频率与其他系统收信频率靠得太近。

（5）要限制无线电台特别是大功率发射设备的功率、天线高度，对于需要较大通信覆盖范围的系统，可以采用多设差转台来解决。

## 7.7 带外干扰

发信机的杂散辐射和接收机的杂散响应所产生的干扰，称为带外干扰。通常，人们对接收机内部噪声比较熟悉，但往往忽略了发射机产生的噪声及寄生辐射。在移动通信网中，众多移动台发送的含有噪声的信号势必造成互相干扰，因此必须严格控制发射机产生的噪声及各种寄生辐射。

### 1．发射机边带噪声

通常，发射机即使未加入调制信号，也存在以载频为中心、分布频率范围相当宽的噪声，这种噪声就称为发射机边带噪声，简称发射机噪声。典型电台发射机的噪声频谱如图7.12所示。可见，发射机的噪声频带约为2～3 MHz，它比频道间隔（如25 kHz）大得多，它不仅在相邻频道内形成干扰，而且会在几 MHz 的频带内产生影响。

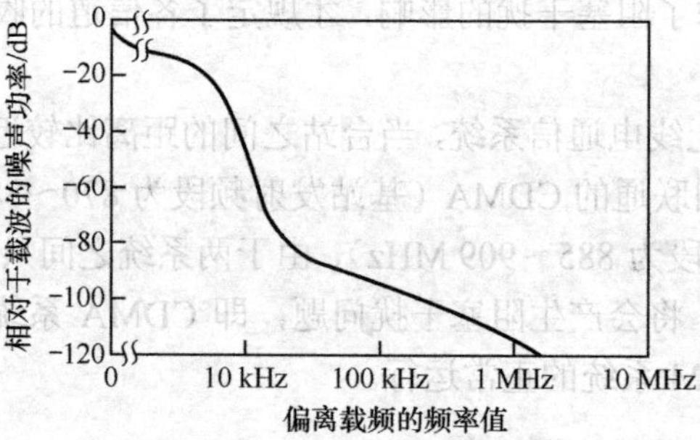


图 7.12　发射机的噪声频谱

发射机噪声主要由振荡器的噪声、倍频器次数及调制器串入的杂音等所决定。振荡器的噪声主要受电源的波动及热噪声的影响，为此供给振荡器的电源必须有良好的滤波并采用稳压措施。振荡器输出的振荡频率往往要倍频数次才能获得所需的载波频率，由于倍频器的影响，信噪比将会进一步恶化。一般来说，经 $n$ 次倍频后，信噪比恶化将大于（20 lg $n$）dB。为降低倍频所造成的信噪比恶化，应力求减少倍频次数 $n$；同时，在倍频之前，振荡器的输出端，即倍频器输入端应有良好的滤波特性，以减少发射机噪声。

### 2．发射机的寄生辐射

目前使用的移动电台，为获得较高的频率稳定度，大多采用晶体振荡器或温补晶体振荡器（TCXO），然后通过多级倍频器倍频达到所需载频。通过这种措施在输出端除了得到所需的载频外，还会产生一系列寄生信号成分。如果各级倍频器的滤波特性不良，在发射机的输出端便会产生污染信道的寄生辐射波，它会干扰与寄生频率相近的接收机。

为减小寄生辐射，在发射机中需注意以下问题：

（1）倍频次数要尽可能小；

（2）各级倍频器应具有良好的滤波性能；

（3）各级倍频器之间应屏蔽隔离，防止电磁耦合或泄漏；

（4）发射机的输出回路应具有良好的滤波性能，以抑制寄生分量。

### 3．收信机的杂散响应

接收机除收到有用信号外，还能收到其他频率的无用信号。这种对其他无用信号的“响应”能力，通常称为杂散响应，它与接收机本振的频率纯度有关。超外差收信机的杂散响应主要有镜频响应和中频响应。

收信机的杂散响应通常是由于发信机的杂散辐射造成的，当然它也与收信机本身的本振频率纯度，输入回路和高放回路选择性有着直接的关系。

# 第8章 无线电监测与干扰查处

随着无线电新业务的迅速发展，各种工、科、医设备的大量应用，频谱资源的供需矛盾变得越来越突出，无线电干扰问题也变得越来越严重。为了保证正常的信息传递，维护空中无线电波秩序，有效地利用有限的频谱资源，建立与完善无线电监测手段，加强无线电监测工作，对实施科学的频谱管理具有重要的现实意义。无线电监测为干扰协调提供技术依据，是科学实施电磁频谱管理的技术保证，是日常电磁频谱管理的重要组成部分。

## 8.1 监测的概念、目的和作用

### 1. 无线电监测基本概念

无线电监测是采用技术手段和一定的设备对无线电发射的基本参数和频谱特性参数（频率、频率误差、射频电平、发射带宽、调制度）进行测量，对模拟信号进行监听，对数字信号进行频谱特性分析，对频段利用率和频带占有度进行测试统计分析，并对非法电台和干扰源测向定位进行查处。无线电监测的目的是以提供空中无线电波和电磁辐射的测量信息来支持无线电管理的；是从技术上来确保无线电管理条例的执行，以防止有害干扰，确保各种无线电设备正常运行。

如果能够适时地将频谱使用情况和需求变化趋势通知频谱规划者，正常的频谱管理就能满意进行。通过长期频谱监测并把监测的数据进行记录，通过统计分析、评估，可有效地利用频谱资源。

### 2. 监测的目的

无线电频谱管理是行政管理和科学技术的结合，确保无线电台站设备不引起有害干扰，并能进行有效的工作和服务。无线电监测是无线电频谱管理过程的耳目，在实践中它是必须的，因为实际生活中，按标准使用无线电频谱并不能保证像所规划那样使用。监测系统提供一种检查的方法，使无线电频谱管理作业形成闭环，一般无线电监测的目的是为无线电频谱管理、频率指配和规划提供支持。具体讲无线电监测的目的是：

（1）协助查找电磁干扰是在本地区内，区域范围内还是全球范围内，据此确定无线电业务和台站的兼容性。使这些通信业务的设置和运行所需费用可以减到最低，并使国家的基础设施免受干扰，接入更多电信业务。

（2）协助保持公众无线电广播和电视接收在允许的干扰电平上。

（3）为主管部门电磁频谱管理过程提供有价值的监测数据，例如实际使用的频率和频段（即占用度），检验所发射信号的技术和操作特性，检测和识别非法发射机，以及生成和验证频率记录资料和频率管理资料。

（4）为无线电通信局编制计划提供有价值的监测数据，例如，协助各主管部门消除有害干扰，清除带外发射，或协助各主管部门寻找合适的频率。

### 3．监测的作用

频谱监测是频谱管理的关键，频谱管理需要通过监测过程收集数据，需要的数据有：关于实际频谱占用度与核准占用度的数据；偏离核准发射参数；合法与非法发射的位置和发射参数；关于发射信号之间与内部干扰数据及解决干扰的建议。如信号中心频率、带宽、功率、调制方式和速率、信号源和方位角（或位置）信号出现时间，发射信号标示和信号内容。这些信号可以分组如下：

- 非法、不明、未核准发射的识别和位置；
- SOS 和紧急定位信标（EIB）发射位置、频率和模式（如果任务要求监听此频段）；
- 频段频率发生拥挤和干扰协调问题时，其观察情况以及减少这些问题的建议都是这类数据的一部分；
- 所用频谱的数量和频率范围以及信道容量；
- 所核准发射信号的参数的测量，包括功率、频率、带宽、调制方式和速率。

这些数据应注明信号截收时间（年、月、日、时、分）以及截收信号的台名位置和操作员等资料。这些数据将供两方面使用，即频谱监测和频谱执行的实施数据和积累数据，以及频谱管理的积累数据，频谱监测操作员应能根据要求形式提供数据报告。

频谱利用（占用度）数据，频谱占用度可以识别一个频段中尚未使用的信道或防止给繁重使用信道增加任务。当频谱管理记录中没有指配的信道上出现用户时，或已指配的频率却没发现使用时，它可以用来提醒进行调查。当现有频段太拥挤时，可以用这些资料划分额外的频段。

协助新的频率指配，通过对频谱利用数据的统计分析，对某些频段和频率的使用情况就很清楚，能够有效地进行频率的指配，使频谱资源得到最大化的利用。

无线电监测站接受无线电管理机构下达的任务，如测量预指配频率的可用性、测量指配频率的利用率、监测解决无线电干扰和阻塞等申诉，积极开展电磁环境测试，为频率规划和划分以及台站审批等工作提供可靠的技术支持；同时也为干扰的查处提供先进的技术手段，确保航空安全和各类无线电业务的正常开展。

无线电管理和无线电监测是相辅相成、密不可分的，它们之间应该保持紧密的协作关系。无线电管理给无线电监测提供台站管理和频率指配数据，提高了监测效率。反之，无线电监测中得到的大量数据又进一步核准和完善台站数据库，为频谱管理工作提供了帮助和支持，提高了无线电管理水平，无线电管理的科学性和先进性得到进一步的加强。

无线电监测在频率的规划、指配、电磁环境的测试、无线电台站的设置规划、无线电台站的监督和管理、无线电干扰的查处、确保通信安全等方面提供了强大的技术支撑。可以看出，无线电监测是无线电频谱管理的重要组成部分。

## 8.2　监测的基本内容

在无线电辐射过程中，无线电系统内的发射机向空间辐射载有信息的无线电信号，而作为通信对象的接收机，则从复杂的电磁环境中检测出有用的信息。这种开放式的发射和接收无线电信号的特点是实施无线电监测的基础。无线电监测涉及无线电台站工作的所有波段、所有无线电系统体制和工作方式。

无线电监测的实施应包括技术措施和对技术装设备的应用两个方面。无线电监测技术装设备是实施无线电监测的物质基础，而合理的组织和运用，则可以更加充分地发挥技术装设备的作用。这里仅从技术角度讨论无线电监测的基本理论和技术。

### 1. 无线电监测的内容

从广义上讲，无线电监测的基本内容包括：无线电技术侦察（或称无线电技术监测）、无线电测向（或称无线电方位监测）、无线电定位等三部分。

无线电监测的主要内容是，通过采用先进的无线电监测测试仪器和设备，探测、搜索、截获正在工作的无线电信号，对信号进行测量、统计、分析、识别、监视，以及对正在工作的无线电台站测向和定位，获取无线电台站位置、通信方式、通联特点、通信网结构和属性等技术信息。主要是对无线电台站发射的基本参数，如频率、场强、带宽、调制等指标系统地进行测量；对声音信号进行监听；对发射标识识别确定；对频率利用率和频道占用度进行统计分析；对干扰源测向定位，排除干扰，查处非法电台和非核准电台；达到合理、有效地使用频率，保证通信业务安全的目的。

下面解释两个概念。

1）频道占用度

频道占用度是指某一给定频道在统计的$T_s$时间内，该频道工作的时间$T_u$与总的统计时间$T_s$之比，即：

$$频道占用度=T_u / T_s \tag{8-1}$$

例如，在一天 24 小时内，某一频道工作 12 小时，则该频道的频道占用度为$T_u / T_s = 12/24 = 50\%$。

频道占用度可以测量一天、一周或一个月，甚至一年的占用度。根据要求来确定，也可以重点测量忙时和闲时的占用度。

2）频段占用度

频段占用度是指某一给定频段$F_g$内，已使用的频率为$F_u$，则称使用的频率与该给定频段之比为频段占用度或频段利用率，即：

$$频段占用度=F_u / F_g \tag{8-2}$$

例如，在给定的 250 kHz 频段内，已使用的频率占 25 kHz，则该频段的频段占用度为$F_u / F_g = 25/250 = 10\%$。

无线电监测包括常规监测和特殊监测。

无线电监测是实施无线电管理的一个重要手段，无线电管理部门根据无线电监测获得的无线电技术信息和参数，适时对无线电进行科学管理。在无线电监测中，对工作的无线电台站所在地的方向和位置的监测是属于无线电测向定位的范畴。无线电测向定位已形成了独立的理论体系，为此，将用专门的章节讨论无线电测向与定位的内容。

### 2. 常规监测

常规监测是指日常开机的各项监测。常规监测是各级监测站的日常主要工作，按频率指配的要求监测已核准电台的有关参数，存档、建库。通过常规监测，发现有关参数发生变化，则可判断出现异常情况，或出现不明电台，或核准电台的使用状态发生变化。常规监测的任务有：

(1) 监测已核准的无线电台站的发射、检查其工作是否符合批准的技术条件和要求。包括：

- 系统地测量无线电台站的使用频率、频率偏差；
- 系统地测量无线电台站的信号场强、谐波和其他杂散发射；
- 系统地测量无线电台站所发信号的调制度；
- 测量无线电台频谱的占用情况（频道占用度和频段占用度）；
- 监测无线电台的操作时间表和经营业务是否符合电台执照的规定。

（2）对各种干扰信号进行监测并进行分析，确定干扰源。

- 测量和识别干扰信号；
- 测量干扰信号的有关参数；
- 进行无线电测向定位，确定干扰电台。

（3）监测无线电频谱的使用情况。为频谱资源的开发、频率规划和指配提供技术依据。

（4）监测不明无线电台的发射行为，实施无线电监测。

（5）对违反国际电信公约和无线电规划以及中华人民共和国无线电管理条例的发射行为实施无线电监测。

（6）对水上和航空安全救险业务专用频率实施保护性监测。

（7）电磁环境监测。随着各类无线电通信事业的飞速发展，城市的电磁环境遭到严重的破坏，各个频段的背景噪声不同程度地提高。准确地掌握有关数据，对实施无线电管理、合理地选择台址、保证正常通信业务的秩序将提供有力的帮助。因此，要定期地对城市电磁环境背景噪声的分布进行全面系统地监测。可根据不同频段、不同业务、不同区域进行测试。测量方法可以按照有关城市电磁环境噪声测试方法，对测试结果经过数据处理和分析，存入数据库，逐步建立有关电磁环境数据的档案。

### 3. 特殊监测

特殊监测任务系指常规监测以外的监测任务，如国际监测。国际监测主要内容包括：

（1）监测我国在国际电联登记注册的频率是否受到国外无线电台的干扰。我国已在国际电联登记了 3 万条频率。为了保护我国频率使用权益，必须经常查阅国际电联频登会的周报（现已改为无线通信部门周报）上公布的其他国家拟登记（提前公布资料）的频率与我国已登记和使用的频率是否有矛盾？我国频率是否受到有害干扰？为此，监测部门必须进行针对性的监测。如受到有害干扰，就应向国际电联或有关国家主管部门提出干扰申诉，国外电台在国际电联审查时，就会得到不合格的结论。

（2）对国际电联或有关国家申诉的、涉及我国干扰别国频率问题，要通过无线电监测及时排除。我国电台干扰国外电台的情况也比较多。在 20 世纪 80 和 90 年代，每年都要收到 50～70 份申诉函电。最近几年逐渐减少，每年大约有 10 多起。收到申诉后，应根据申诉的内容进行监测，确定干扰电台，再根据国际电信公约和国际无线电规则并结合我国实际情况进行处理。之后，将处理意见函复国家无线电主管部门或国际电联。

（3）与有关国家使用联合监测、消除边界区域的无线电干扰。

（4）执行国际电联委托的监测任务。

## 8.3 监测系统设备

无线电监测设备是开展频谱监测和干扰查找的基本手段，通常由天线系统、信号接收与处理系统、控制系统组成。可对空中电磁信号进行识别、分析和参数测量，也是获取电磁信息的基本手段。

### 1. 监测设备分类

无线电监测从频段和业务上分主要包括：短波监测、超短波（VHF/UHF）监测、微波监测、卫星监测。监测的频段包括上述四种业务已使用和正在开发的各个频段。

无线电监测设备按照设备安装（架设）的形式可分为固定（半固定）监测设备、机动（半机动）监测设备和便携（手持）监测设备。

（1）固定（半固定）监测设备。通常架设在高山、高塔或高楼等制高点上，主要承担特定区域的频谱监测和干扰查找。固定监测设备的设备和天线种类比较齐全，数量多、功能强，技术指标和自动化程度高，监测覆盖面积大、作用距离远，多用于长期连续监测。半固定监测设备主要是为完成临时任务或重要任务时监测网的应急补点而临时开设，任务结束可以很方便地拆走，通常要求电源和通信线路引接方便，设备能安放在方仓、屋内或临时架设的简易房间及帐篷中，天线能方便地架设起来，根据需要可长时间工作。固定（半固定）监测设备如图 8.1 所示。

（2）机动（半机动）监测设备。通常安装在汽车、坦克、轮船等移动载体（也可安装在飞机、卫星、气球、飞艇等空中运动平台），可根据任务需要机动至指定区域进行监测。机动监测设备可在行进（运动）中进行监测和测向。半机动监测设备不能在行进（运动）中进行监测或测向，需要在指定地点停车后将天线升起或临时在车外部架设天线再进行监测或测向。就车载监测系统而言，其灵活性、机动性强，近距离逼近监测和测试非常方便和可靠。但车上设备的种类、数量因车体空间受到限制使其功能和自动化程度大受影响，尤其是天线有效高度低使监测覆盖面积和作用距离也大大缩小，在城市中受周围环境影响较大。另外车载天线多为有源天线，靠近大功率发射源时易产生接收互调。机动（半机动）监测设备如图 8.2 所示。

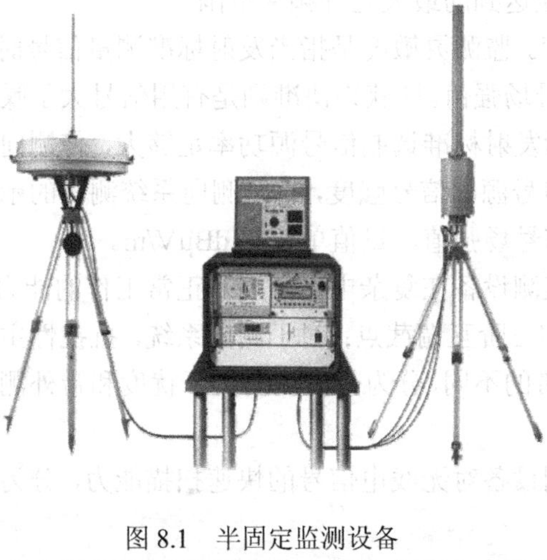

图 8.1　半固定监测设备

图 8.2　机动（半机动）监测设备

（3）便携（手持）监测设备。设备体积小、重量轻、携带方便、架设灵活，可由监测人员随身携带到指定区域进行电磁环境监测和干扰查找。与固定和机动监测设备相比，设备功能较少、技术指标略差。便携（手持）监测设备如图 8.3 所示。

图 8.3　便携（手持）监测设备

无线电监测设备按照按照功能可分为监测设备、测向设备和监测测向设备。其中，监测设备只具备监测功能，不能进行测向，如监测接收机、频谱分析仪等。测向设备只能进行测向，不具备监测功能。监测测向设备既具备监测功能，又具备测向功能。

### 2．监测设备主要性能指标

无线电监测设备的性能指标是衡量无线电监测设备好坏的重要参数，通常包括以下几个主要参数：

（1）频率范围。包括监测频率范围和测向频率范围。主要指频谱监测设备能够对不低于系统灵敏度的无线电信号正常接收测量和测向所能达到的最大允许频率范围。

（2）灵敏度。包括监测灵敏度和测向灵敏度。监测灵敏度是指当发射标准测量信号时，监测系统能够捕获到该标准测量信号时的最小信号场强值。捕获判决准则是有用信号大于噪声电平 6 dB，量值单位是 dBμV/m。测向灵敏度是指发射标准调制信号源功率足够大，使测向系统能够获得一个稳定的示向度 A，然后逐步减少信号源的信号强度，直到测向系统测得的示向度与 A 的差值为±3°时，此时测向系统所测得的信号场强值，量值单位是 dBμV/m。

（3）抗扰性指标。抗扰性指标是衡量频谱监测设备在复杂电磁环境下正常工作的能力。对于监测系统，抗扰性主要指标是二阶互调截点和三阶互调截点；对于测向系统，抗扰性主要指标按照干扰信号频率是否落在测向系统中频通带的不同，分为带内测向抗干扰度和带外测向抗干扰度。

（4）扫描速度。扫描速度主要衡量频谱监测设备对无线电信号的快速扫描能力，分为频段扫描速度和信道扫描速度。

频段扫描速度包括频段监测扫描速度和频段测向扫描速度。是指监测或测向系统在自动扫描接收或扫描测向时，达到规定频率分辨率时单位时间内完成扫描测量或扫描测向的连续频段宽度，量值单位是 MHz。

信道扫描速度包括信道监测扫描速度和信道测向扫描速度。是指监测或测向系统在自动扫描接收或扫描测向时，无线电信号场强达到规定场强测量精度或满足扫描测向要求时，单位时间内完成扫频测量或扫描测向的连续或离散信道数量，量值单位是个/s。

（5）测量精度。测量精度主要衡量频谱监测设备在进行监测和测向时，测量结果的准确程度。主要包括频率测量精度、信号带宽测量精度、调制参数测量精度、频率（段）占用度测量精度、测向准确度等。

（6）时效性指标，即最小测向时间。该指标主要衡量频谱监测设备对于短时猝发信号的测向能力，是指测向系统能够准确获取被测信号方向信息所必须持续的最短驻留时间，也称信号最小持续时间。

### 3．监测站和监测网

按照《VHF/UHF 无线电监测设施建设规范和技术要求》，监测站可分为一、二、三级监测站，监测网可分为 A、B、C 级监测网。不同级别监测网和监测站的关系如图 8.4 所示。

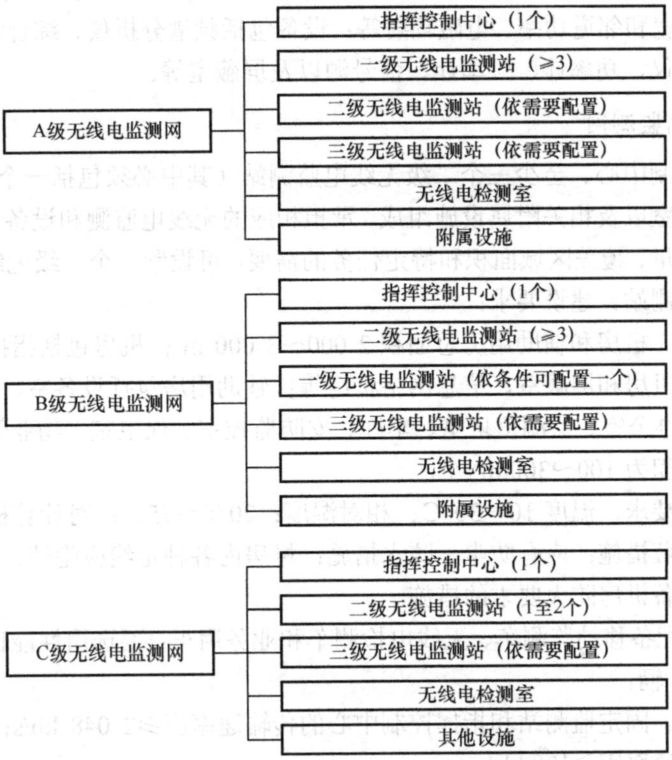


图 8.4　监测网和监测站的组成关系

1）A 级无线电监测网

由一个指挥控制中心、至少三个一级无线电监测站（其中必须包括一个固定监测站）、一个无线电检测实验室以及相关附属设施组成，承担相应的无线电监测和设备检测工作。根据区域内无线电台站数量、覆盖区域面积和特定任务的需要，可另设置二级无线电监测站和三级无线电监测站。建设要求：

（1）建筑面积。机房和辅助用房总面积为 3 000～4 500m$^2$；机房包括指挥控制中心、监测机房、无线电检测实验室、信息网络机房等；辅助用房包括设备室、维修室、资料室、培训室、配电室、办公室、监测值班室、车库、安防监控室、保卫室、物业管理用房等；固定监测站天线场地面积为 100～300 $m^2$/个。

（2）机房基本要求。温度 10 ℃～30 ℃；相对湿度 20%～75%；对计算机等易产生电磁辐射的设备应采取屏蔽措施，应有防尘、防水措施；机房内各种走线应隐蔽、安全、便于维护，应具有符合电子设备机房防火要求的措施。

（3）车辆。应配备移动监测车、检测车和业务用车；要选用性能良好、通过性强的车型，总数为 5～7 辆。

（4）通信系统。固定监测站和指挥控制中心的传输速率应≥2 048 kb/s；移动监测站、可搬移监测系统和指挥控制中心的传输速率应≥128 kb/s。

（5）可搬移监测系统和便携式监测设备。可搬移监测系统和便携式监测设备作为固定、移动监测站的必要补充，可临时设置，进行无线电监测、测向和干扰查找，一般应配置一至两套可搬移监测系统、二至三套便携式监测设备。

（6）无线电检测实验室。包括固定、移动检测实验室两种；检测的主要项目有频率、功率、杂散发射、发射带宽和邻道功率、电磁辐射等；设备包括频谱分析仪、综合测试仪、网络分析仪、矢量信号分析仪、功率计、频率计、信号源以及屏蔽室等。

2）B 级无线电监测网

由一个指挥控制中心、至少三个二级无线电监测站（其中必须包括一个固定监测站）、一个无线电检测实验室以及相关附属设施组成，承担相应的无线电监测和设备检测工作。根据区域内无线电台站数量、覆盖区域面积和特定任务的需要，可设置一个一级无线电监测站，以及若干三级无线电监测站。建设要求：

（1）建筑面积。机房和辅助用房总面积 2 000～3 000 $m^2$；机房包括指挥控制中心、监测机房、无线电检测机房和屏蔽室、信息网络机房等；辅助用房包括设备室、维修室、资料室、培训室、配电室、办公室、监测值班室、车库、安防监控室、保卫室、物业管理用房等；固定监测站天线场地面积为 100～300 $m^2$/个。

（2）机房基本要求。温度 10～30 ℃；相对湿度：20%～75%；对计算机等易产生电磁辐射的设备应采取屏蔽措施；应有防尘、防水措施；机房内各种走线应隐蔽、安全、便于维护；应具有符合电子设备机房防火要求的措施。

（3）车辆。应配备移动监测车、无线电检测车和业务用车；要选用性能良好、通过性强的车型，总数为 3～5 辆。

（4）通信系统。固定监测站和指挥控制中心的传输速率应≥2 048 kb/s；移动监测站和指挥控制中心的传输速率应≥128 kb/s。

（5）可搬移监测系统和便携式监测设备。可搬移监测系统和便携式监测设备作为固定、移动监测站的必要补充，可临时设置，进行无线电监测、测向和干扰查找，一般应配置一套可搬移监测系统、一至两套便携式监测设备。

（6）无线电检测实验室。包括固定、移动两种方式，检测的主要项目有频率、功率、杂散发射、发射带宽和邻道功率、电磁辐射等；设备包括频谱分析仪、综合测试仪、功率计、频率计、信号源以及屏蔽室等。

3）C 级无线电监测网

由一个指挥控制中心、一至两个二级无线电监测站（其中必须包括一个固定监测站），一个无线电检测实验室以及相关附属设施组成，承担相应的无线电监测和设备检测工作。根据区域内无线电台站数量、覆盖区域面积和特定任务的需要，可另设置三级无线电监测站。建设要求：

（1）建筑面积。机房和辅助用房总面积为 1 000～1 500 $m^2$；机房包括指挥控制中心、监测机房、无线电检测机房和屏蔽室、信息网络机房等；辅助用房包括设备室、维修室、资料室、培训室、配电室、办公室、值班室、车库、安防监控室、保卫室、物业管理用房等；固定监测站天线场地面积为 100～300 $m^2$/个。

（2）机房基本要求。温度 10～30 ℃；相对湿度：20%～75%；对计算机等易产生电磁辐射的设备应采取屏蔽措施；应有防尘、防水措施；机房内各种走线应隐蔽、安全、便于维护；应具有符合电子设备机房防火要求的措施。

（3）车辆。应配备移动监测车、无线电检测车和业务用车；要选用性能良好、通过性强的车型，总数为 2～3 辆。

（4）通信系统。固定监测站和指挥控制中心的传输速率应≥1 024 kb/s；移动监测站和指挥控制中心的传输速率应≥128 kb/s。

（5）可搬移监测系统和便携式监测设备。可搬移监测系统和便携式监测设备作为固定、移动监测站的必要补充，可临时设置，进行无线电监测、测向和干扰查找，根据需要配置一套可搬移监测系统、一至两套便携式监测设备。

（6）无线电检测实验室。包括固定、移动两种方式，检测的主要项目有频率、功率、杂散发射、发射带宽和邻道功率、电磁辐射等；设备包括频谱分析仪、综合测试仪、功率计、频率计、信号源、屏蔽室等。

4）无线电监测指挥控制中心

（1）主要功能。指挥、管理、协调本级无线电监测网内的无线电监测站，对监测数据进行统计、分析、整理、备份，对用户权限和数据库进行管理，对各个无线电监测站实施远程控制，实现自动化遥控监测、测向定位；实现与相关无线电监测网联网。

（2）设备配置。测向交绘系统一套，监听系统一套，控制系统一套，服务器、路由器、网络交换机一套，信息显示系统一套，联网应用软件一套，电磁兼容分析系统一套，地理信息系统一套，台站数据库一套，监测数据库一套，其他附属设备根据任务配置。

5）一级无线电监测站

（1）主要功能。无线电发射基本参数测量（包括频率测量、电平/场强测量、带宽测量、调制测量、频段和频道占用度测量、电磁环境测量、信号识别以及信号监听等；无线电测向；系统自检、无线电数据存储与处理等。

（2）主要指标。频率范围 20～3 000 MHz：频率稳定度≤$1\times10^{-7}$（0 ℃～45 ℃）；电平测量精度≤±1.5 dB；系统灵敏度 NF≤12 dBμV/m（典型值，监测模式）≤12 dBμV/m（典型值，测向模式）；测向精度≤2 度（R.M.S.，无反射环境）；测向速度≤10 ms；测量带宽≥10 MHz。

（3）电源系统。固定监测站电源系统包括市电和不间断电源两种供电方式，并可自动切换至不间断电源供电。可维持系统正常工作 8 小时；移动监测站电源系统包括市电、不间断电源、发电机三种供电方式，不间断电源可由监测车充电；交流工作电压为 220 V±3%，频率为 50 Hz±1 Hz。

（4）防雷接地系统。铁塔、天线、射频和控制电缆、机房、电源、通信设施、监控系统等都要有防雷措施；应有良好的接地措施。

（5）设备配置。测量系统一套、监听系统一套、测向系统一套、控制系统一套、通信系统一套、电源系统一套、防雷接地系统一套、环境监控系统一套，其他附属设备根据任务配置。

（6）固定无线电监测站站址选择。布局合理，能够覆盖所要求监测的区域；远离大功率发射源；监测天线 500 m 范围以内不受任何障碍物的遮挡；远离高压电力线，防止可能的宽带噪声干扰（对于 110 kV 以上的高压线，至少离开 1 km）；远离工业区和强射频辐射源（1 km 以上）；远离飞机场（机场专用无线电监测站除外），与飞机跑道方向上的距离应在 8 km 以上，其他方向上的距离应在 3 km 以上。

（7）使用和维护。固定无线电监测站应具有 7×24 小时自动监测的能力；移动无线电监测站应具有连续监测 4 小时以上的能力；监测系统及附属设备要定期维护，出现故障应及时排除，并做好故障和维修记录。

6）二级无线电监测站

（1）主要功能。无线电发射基本参数测量（包括频率测量、电平/场强测量、带宽测量、调制测量、频段和频道占用度测量、电磁环境测量、信号识别以及信号监听等；无线电测向；系统自检、无线电数据存储与处理等。

（2）主要指标。频率范围 20～3 000 MHz；频率稳定度≤$5\times10^{-7}$（0～45 ℃）；电平测量精度≤±3 dB；系统灵敏度 NF≤14 dBμV/m（典型值，监测模式）≤14 dBμV/m（典型值，测向模式）；测向精度≤3 度（R.M.S.，无反射环境）；测向速度≤50 ms；测量带宽：≥1 MHz。

（3）电源系统。固定监测站电源系统包括市电和不间断电源两种供电方式，并可自动切换至不间断电源供电。可维持系统正常工作 8 小时；移动监测站电源系统包括市电、不间断电源、发电机三种供电方式，不间断电源可由监测车充电；交流工作电压为 220 V±3%，频率为 50 Hz±1 Hz。

（4）防雷接地系统。铁塔、天线、射频和控制电缆、机房、电源、通信设施、监控系统等都要有防雷措施；应有良好的接地措施。

（5）设备配置。测量系统一套、测向系统一套、监听系统一套、控制系统一套、通信系统一套、环境监控系统一套、电源系统一套、防雷接地系统一套，其他附属设备根据任务配置。

（6）固定无线电监测站站址选择。布局合理，能够覆盖所要求监测的区域；远离大功率发射源；监测天线 500 m 范围以内不受任何障碍物的遮挡；远离高压电力线，防止可能的宽带噪声干扰（对于 110 kV 以上的高压线，至少离开 1 km）；远离工业区和强射频辐射源（1 km 以上）；远离飞机场（机场专用无线电监测站除外），与飞机跑道方向上的距离应在 8 km 以上，其他方向上的距离应在 3 km 以上。

（7）使用和维护。固定无线电监测站应具有 7×24 小时自动监测的能力；移动无线电监测站应具有连续监测 4 小时以上的能力；监测系统及附属设备要定期维护，出现故障应及时排除，并做好故障和维修记录。

7）三级无线电监测站

（1）主要功能。无线电发射基本参数测量（包括频率测量、电平/场强测量、带宽测量、调制测量、频段和频道占用度测量、电磁环境测量、信号识别以及信号监听等；无线电测向；系统自检、无线电数据存储与处理等。

（2）主要指标。频率范围 20～1 300 MHz（可扩展至 3 000 MHz）；频率稳定度≤$1\times10^{-6}$（0～45 ℃）；电平测量精度≤±3 dB；系统灵敏度 NF≤14 dBμV/m（典型值）；频率分辨率 5 Hz。

（3）电源系统。固定监测站电源系统包括市电和不间断电源两种供电方式，并可自动切换至不间断电源供电。可维持系统正常工作 8 小时；移动无线电监测站电源系统包括市电、不间断电源、发电机三种供电方式，不间断电源可由监测车充电；交流工作电压为 220 V±3%，频率为 50 Hz±1 Hz。

（4）防雷接地系统。铁塔、天线、射频和控制电缆、机房、电源、通信设施、监控系统等都要有防雷措施，且应有良好的接地措施。

（5）设备配置。测量系统、控制系统、通信系统、电源系统和防雷接地系统各一套，其他附属设备根据任务配置。

（6）固定无线电监测站站址选择。布局合理，能够覆盖所要求监测的区域；远离大功率发射源；远离高压电力线，防止可能的宽带噪声干扰（对于 110 kV 以上的高压线，至少离开 1 km）；远离工业区和强射频辐射源（1 km 以上）。

（7）使用和维护。应具有 7×24 小时自动监测的能力；监测系统计附属设备要定期维护，出现故障应及时排除，并做好故障和维修记录。

8）无线电监测站内设备配置基本原则

无线电监测站内设备配置基本原则包括以下几方面：

- 设备配置以完成各级监测站的监测任务为准，应具有无线电监测、监听、测向定位功能；
- 设备配置应具备先进性，稳定性，便于使用操作，维修方便；
- 监测设备的精度（准确度），应比被监测设备的精度高一个数量级；
- 系统配套完整，设备具有可扩展性；
- 因地制宜地选择监测设备，节约投资，配套的设备应尽量采用国产设备；
- 设备应满足联网的要求，接口应符合我国采用的 CCIR、IEC、IEEE 的有关标准。

### 4．监测网络结构

为了便于各级无线电管理部门更有效地履行职能，充分发挥各级无线电监测系统的作用，以适应越来越复杂的无线电监测工作，迫切需要将各级监测系统连接起来，形成一个全国联网的无线电监测系统。

国家无线电监测中心负责建设全国的国家无线电监测管理系统。该系统将各级无线电监测系统通过以国家无线电监测中心为中心节点的星型分布式数据库，利用先进的计算机网络技术和应用软件，使国家无线电监测中心与全国各级无线电监测机构之间实现全面数据交互，通过该系统可以查询各级监测系统的各种基本信息，并对其监测结果分析、统计，而且还可以向各级监测网下达监测任务；同时各级监测网络可以在允许的情况下，通过网络连接开展联合监测以及数据交换。

为了实行监测网的互联，必须把它们从物理上连接在一起，监测应用子系统的网络结构，采用国家无线电监测中心为中心节点的星型计算机数据通信网。一些省份已经形成自己的监测网络，这些网络的机构与国家无线电监测管理系统的网络结构互不影响，因为国家无线电监测中心节点只与省级节点和国家级监测站节点直接通信。

国家无线电监测管理系统的网络逻辑机构采用星型结构，如图 8.5 所示。

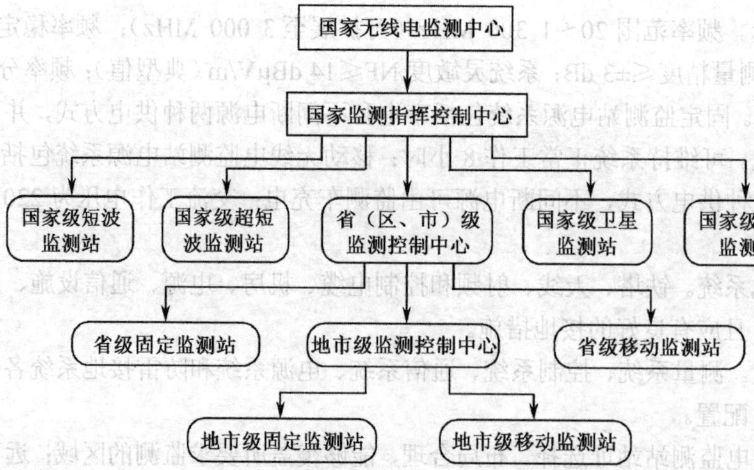


图 8.5　国家无线电监测管理系统逻辑结构

全国无线电监测中心对全国各级监测网络进行控制、管理，它只与各省级监测控制中心节点直接通信，向各省监测网络查询有关监测数据和监测站点信息，或下达监测任务。

各省监测中心节点对省级监测网络所属的各监测站进行管理控制。一个省只能有一个省级监测网络管理控制中心。它一方面与国家无线电监测管理系统的中心节点——国家无线电监测中心通信，接受其监测任务和数据查询；另一方面，向下属的各监测站下达监测任务。

为了达到数据库的共享，各省监测网络控制中心之间及省级监测控制中心与全国监测网络管理控制中心之间必须能够传递各自数据库的监测数据和其他信息。应将各省监测系统所用的网络平台、数据库操作系统、数据库结构等进行统一，形成标准统一、便于共享的国家无线电监测管理系统数据库。数据库构架可采用分布式的 ORACLE 构架。

## 8.4　干扰查处

### 1. 干扰的分级

从电磁频谱管理的目的出发，按干扰程度来分级，一般无线电干扰可分为以下几级：

（1）允许的干扰。在给定的条件下，引起接收机质量降低尚不明显，但在系统规划时应加以考虑。允许干扰的程度通常在 CCIR 的建议或其他国际协议中规定。

（2）可接受的干扰。在给定的条件下，具有较高程度的干扰，它使接收机质量有中等程度的降低的干扰。干扰电平虽然高于规定的允许干扰标准，但经过干扰方和被干扰方主管部门协商同意，且不损害其他部门利益，即由有关主管部门来认定它是可接受的。

（3）有害干扰。在给定的条件下，使无线电业务质量严重降低，引起阻塞或反复阻断。这种干扰是频谱管理部门重点查处的对象。

### 2. 干扰查处的国际规定

国际《无线电规则》第 18、19、20、22 条等分别对如何开展监测、有害干扰事件的处理程序、违章报告和抗干扰的措施等都做了详细规定。

#### 1）有害干扰的处理程序

国际《无线电规则》第 22 条规定了有害干扰的处理程序。1943 款这样表述：各会员国“在实行国际无线电公约第 35 条和本条的各项规定以解决有害干扰问题时，必须发挥最大的善意和互助。”

如果一个收信台受到有害干扰时，收信台应将一切可以帮助确定干扰的来源和特征，告知受到其干扰的发信台。如实际可行，并经有关主管部门同意，对有害干扰事件可直接由特别指定的监测台处理，或由它们的营运组织之间直接协调处理。

当干扰的来源与有关特征参数确定后，其业务被干扰发信台的上级主管部门，应将一切有用资料以《无线电规则》附表 23 的格式，通知干扰电台的上级主管部门，使其采取必要步骤以消除干扰。当一个主管部门获悉它的电台发射对安全业务产生有害干扰时，应立即进行研究，并采取必要的补救措施。

如果依照上述程序采取行动，而有害干扰仍然继续存在，则其业务受干扰的发射台的上级主管部门可依据第 21 条“违章报告”的规定，以不遵守或违反规则的报告送交干扰电台的上级主管部门。如仍不能解决问题，可请国际电联主管部门协助。主管部门收到这一要求时，应立即请求可能帮助查找有害干扰源的相关国家主管部门或国际监测网中特别指定的监测台给予协助。在查找干扰源之后，电联无线电管理部门应将其结论和建议用传真通知产生和遭受干扰的电台（站）的主管部门，要求他们迅速采取措施：考虑一切有关因素，包括技术和操作因素，例如频率的调整，发射功率的调整、发射和接收天线特征，分时共用，在多路传输时变换信道等。

2）违章报告

国际《无线电规则》第 21 条规定：违反“国际电信公约”或“无线电规则”事件，应由进行检测的机构，监测台或监测者报告所属主管部门，为此，应采取类似国际《无线电规则》附录 22 规定的格式报送资料。我国经常收到国外寄来的关于我国电台发射频率超过容限值，或不符合操作规程的发射报告，主管部门收到关于它所辖地区电台违反“国际电信公约”或“无线电规则”的通知，应立即查明原因，确定责任并采取必要的措施。

### 3. 有害干扰的处理原则

在协调处理和排除无线电频率相互干扰时，通常要遵循下列原则：

（1）带外业务让带内业务。符合国家、军队频率划分表规定的业务种类使用频率的无线电业务称带内业务，反之为带外业务。

（2）次要业务让主要业务。国家、军队在划分表中划分某一频段为几种业务共用，并明确规定其中某种业务为主要业务，其余为次要业务。

（3）后用让先用。在同种业务前提下，早已批准使用的台站为先用台站，后来批准或准备批准使用的台站为后用台站。

（4）无规划让有规划。在使用频率上和网络建设上有规划的台站优先考虑。

各级无线电管理机构在处理和消除有害干扰时，除应遵循上述的一般原则外，特殊情况下要视实际情况，着眼全局和大局，灵活变通运用，但必须慎重而行，必要时，报上级无线电管理机构协调处理。

### 4. 有害干扰的查处程序

1）受理受扰申诉

当用频设备受到有害干扰时，受干扰单位通过电话或书面向本系统无线电管理机构提出申诉，申诉内容主要包括：受干扰单位名称、单位地点、联系人及电话、台站地点，所使用的设备、天线高度、极化方式，受干扰的频率、干扰类型（如话音、数据、电报、传真、噪声等），干扰影响的程度（如严重、一般或轻微）以及受干扰的日期和时间等。有条件的应提供录音磁带以及其他相关证据。无线电管理机构根据用户申诉，填写查处无线电干扰受理单。

2）确定干扰源

无线电管理机构受理用户的干扰申诉后，在台站数据库或资料库中提取有关台站的资料，查阅频率分配、指配的有关文件，根据申诉和了解的有关资料进行初步分析，组织实施电磁频谱监测和测向定位，根据掌握的台站技术资料和监测数据进行详细技术分析，实地调查，现场取证，实验验证，确定干扰源，分析干扰原因和途径，填写干扰报告。

3）处理有害干扰

无线电管理机构根据干扰报告和分析结论，研究确定排除干扰的措施，拟制处理干扰通知书，处理干扰通知书应向干扰台和被干扰台同时下达。

无线电干扰会对人民生命财产造成一定的危害，在查处干扰时要求：

- 对航空和水上移动等安全业务造成有害干扰的，干扰电台必须立即无条件停止发射；
- 非用频设备对用频台站产生有害干扰的，由设备所有者或使用者必须采取措施予以消除；
- 因操作不当或设备问题产生的有害干扰，应立即进行检查找出原因，采取措施消除干扰；
- 用户擅自改变核准的项目（如增加功率或天线高度）造成有害干扰时，除立即恢复原核准参数工作外，还应对干扰损失负责赔偿；
- 非法设置、使用用频台站对合法用频台站造成有害干扰的，应立即停止其无线电发射，没收其设备并处以罚款，同时追究其赔偿责任。

另外，对地方系统提出的有害干扰申诉，军队各级电磁频谱管理机构应当予以受理，及时弄清情况，协助调查、分析、论证，一旦确定为有害干扰时，有关电磁频谱管理机构要按照有关规定，采取有效措施，迅速妥善地处理。

对解决无线电干扰一定要有时间要求，尽快解决。如英国无线电管理部门要求：

- 影响到生命安全的水上和航空业务频率受到干扰时，要在24小时内解决；
- 重要的公众服务，如蜂窝电话、电信业务和对讲机频率受到干扰，3天之内解决；
- 无线电调度业务受到干扰，在7天之内解决。

## 8.5 干扰分析判别

### 1. 实际信号与虚假信号判别

收到干扰申诉，在现场进行干扰监测时，首先必须判明是空中确实存在干扰信号，还是由于接收机抗干扰性能指标差而自身产生的虚假信号。

（1）通过使用多个不同的监测设备（最好使用抗干扰指标好的专业监测设备）分别对受干扰频率进行监测，如果都在受干扰频率上发现干扰信号，可初步判断干扰信号确实在空中存在；如果只有用户设备能收到干扰信号，而多个监测设备没有发现，可初步判定干扰可能是接收机自身原因产生的虚假信号。该方法主要用于接收机镜像干扰和接收机互调干扰的判断。

（2）对于互调干扰信号，可通过在监测设备的射频输入端插入一个已知衰减量的衰减器来判断是接收机互调还是空中存在干扰信号。如果测量到的信号减小幅度与插入的衰减器的已知衰减量相等，则该信号不是接收机自身产生的，而是空中实际存在的；如果该信号减小幅度是衰减器衰减量的整数倍，则该信号是在接收机内部产生的互调信号，倍数就是互调的阶数；如果信号减小幅度不是衰减器衰减量的整数倍，很有可能在接收机内部和空中都有互调干扰信号。

（3）有些监测设备内置输入衰减器，调整这类内置输入衰减器的衰减量时，所测量的空中信号的电平都应保持恒定不变。与外接衰减器一样，通过调节内置输入衰减器的衰减量，观察测量的信号电平：如果信号电平保持不变，那么所测量的信号为空中实际存在的；反之，接收机内部可能产生虚假信号。

### 2. 正常业务信号与干扰信号判别

对于空中实际存在的信号，需要通过声音、频谱、信号强度等综合因素判断是正常业务信号还是干扰信号。在条件允许时，协调受干扰用户暂时关闭受干扰频率上的全部发射设备，判断是用户自身设备产生的干扰还是其他用户产生的干扰。对于组网使用的用频系统，这种方法是排除网内和网外干扰的一种有效途径。

### 3. 邻道干扰分析

对于邻道干扰，通过测量相邻频道发射信号的频谱，确定其中心频率和带宽是否超标。再使用监测设备，对可能产生邻道干扰的信号进行监测，同时让被干扰设备工作，通过观察被干扰信号出现干扰的时间和可能产生邻道干扰的信号发射时间进行一致性比对，最终确定干扰原因。

### 4. 杂散发射干扰分析

按照有关标准要求，通常发射机对杂散发射的抑制要达到 50 dB 以上，性能比较好的可达到 70～80 dB 以上。当我们在进行干扰测试时，空中的互调、谐波和其他杂散信号强度比较弱，与产生上述干扰信号的主频信号相比，要小几十 dB。如果直接使用无线电测向设备对干扰信号进行测向，可能由于干扰信号太弱而达不到测向设备灵敏度或信噪比，将无法进行准确测向。因此，对于发射机互调、谐波和其他杂散发射造成的干扰，可先使用监测设备对弱的干扰信号进行监测，然后与空中的其他强信号进行比较，找出产生弱干扰信号的强信号。

通常按照高于弱干扰信号几十 dB（综合考虑可按 30～40 dB）的强度设置门限，使用具备频率或频段扫描功能的监测设备，对受干扰设备周围的强信号进行一定时间的扫描和积累，生成可能产生干扰信号的频率列表。

对于谐波发射、寄生发射和变频产物等这类杂散发射产生的干扰，其干扰信号与产生杂散的主频信号在发射时间上存在一致性。即发射机在主频发射强信号时，在其他频率也发射这类杂散干扰信号；发射机在主频不发射强信号时，在其他频率也不发射这类杂散干扰信号。使用两台监测设备，或使用一台监测设备和一台受干扰的用户设备，进行主频信号与干扰信号的一致性判断。将一台监测设备或受干扰的用户设备设置到受干扰频率上，将另外一台监测设备分别设置成可能产生干扰信号的频率列表中的频率，逐一进行干扰的时间性比对，最终确认产生干扰的主频。同时，根据受干扰频率和产生干扰主频之间的关系，判断是谐波干扰还是其他类型的杂散干扰。

**4．互调干扰分析判别**

1）互调分析计算公式

对于互调干扰，先对可能产生干扰信号的频率列表中的频率逐一进行互调频率组合计算，计算出可能产生互调干扰的频率及组合关系。仅仅考虑带内的调制产物的情况下，通过以下公式计算可能存在的互调干扰（详细原理可参看 7.5 节）。

两信号情况：

3 阶互调 $$2T_{f1}-T_{f2}=R_f\pm\mathrm{BW} \tag{8-3}$$

5 阶互调 $$3T_{f1}-2T_{f2}=R_f\pm\mathrm{BW}$$

7 阶互调 $$4T_{f1}-3T_{f2}=R_f\pm\mathrm{BW}$$

三信号情况：

3 阶互调 $$T_{f1}-T_{f2}+T_{f3}=R_f\pm\mathrm{BW} \tag{8-4}$$

5 阶互调 $$2T_{f1}-2T_{f2}+T_{f3}=R_f\pm\mathrm{BW}$$

$$3T_{f1}-T_{f2}+T_{f3}=R_f\pm\mathrm{BW}$$

7 阶互调 $$2T_{f1}-3T_{f2}+2T_{f3}=R_f\pm\mathrm{BW}$$

$$3T_{f1}-3T_{f2}+T_{f3}=R_f\pm\mathrm{BW}$$

$$4T_{f1}-2T_{f2}-T_{f3}=R_f\pm\mathrm{BW}$$

式中，$T_f$＝发射频率，$R_f$＝接收频率，BW＝接收带宽。

以下是计算互调产物的一个实例。

**例 8-1** 发射频率 $f_1$＝230 MHz（移动频道），$f_2$＝228 MHz（电视机频道），干扰频率是 232 MHz（另一移动频道）。

于是：232＝2×230－228{IM＝2×$f_1$－$f_2$}。

通常，截获点和噪声系数由放大器和接收机生产厂家给出，从这些数据可进行计算。

（1）对于给定带宽测量值 $B_{3\mathrm{dB}}$（用 Hz 表示）、噪声系数 $N_f$（用 dB 表示）和检波器时，接收机噪声电平为：

$$U_{\mathrm{N}}=-67\ \mathrm{dB\mu V}+N_f+10\lg(B_{3\mathrm{dB}})+W(\mathrm{dB\mu V}) \tag{8-5}$$

加权因数 $W$ 对于检波器的平均值为 0 dB，均方根值为 1.1 dB，准峰值检波器的典型值为 7 dB，峰值检波器为 11 dB。

例如：$N_{\mathrm{F}}=10\ \mathrm{dB}$，$B_{3\mathrm{dB}}=9\ \mathrm{kHz}$，平均值为：

$$U_{\mathrm{N}}=-67+10+39.5\ (\mathrm{dB\mu V})$$

（2）截获点 $\mathrm{IP}_3$ 和两个 IMP 产生的信号 $U_{\mathrm{IMS}}$ 电平已给出，使用下式计算互调产物：

$$U_{\mathrm{IMS}}=\mathrm{IP}_3-3(\mathrm{IP}_3-U_{\mathrm{IMS}})$$

例如：对 $\mathrm{IP}_3=20\ \mathrm{dBm}=127\ \mathrm{dB\mu V}$，$U_{\mathrm{IMS}}=90\ \mathrm{dB\mu V}$，则 $U_{\mathrm{IMP}}=127-3(127-90)=16$ $(\mathrm{dB\mu V})$；对 $U_{\mathrm{IMS}}=80\ \mathrm{dB\mu V}$，互调 $U_{\mathrm{IMP}}=-14\ \mathrm{dB\mu V}$。

截获点 $\mathrm{IP}_2$ 和两个互调产物产生的信号 $U_{\mathrm{IMS}}$ 电平已给出，使用下式可计算二阶互调电平：

$$U_{\mathrm{IMP}}=\mathrm{IP}_2-2(\mathrm{IP}_2-U_{\mathrm{IMS}})$$

例如：对 $\mathrm{IP}_2=50\ \mathrm{dBm}=157\ \mathrm{dB\mu V}$，$U_{\mathrm{IMS}}=80\ \mathrm{dB\mu V}$，则，

$$U_{\mathrm{IMP}}=157-2(157-80)=3\ (\mathrm{dB\mu V})$$

（3）计算噪声电平 $U$。使用下式计算由两个互调产物产生的信号电平：

$$U_{\mathrm{IMP}} = \frac{1}{3}(U_{\mathrm{N}} + 2\mathrm{IP}_3) \tag{8-6}$$

式中，所有单位用 dBμV 。

（4）无互调动态范围计算。使用下式计算无互调动态范围：

$$D_{\mathrm{IMF}} = U_{\mathrm{IMS}} - U_{\mathrm{N}} \tag{8-7}$$

例如：对 $N_f$=10 dB，$B$=9 kHz，$\mathrm{IP}_3$=20 dBm，平均检波器：

$$U_{\mathrm{IMS}} = \frac{1}{3}(-17.5 + 254)\ (\mathrm{dBuV})$$

$$D_{\mathrm{IMF}} = 78.7 - (-17.5) = 96.2\ (\mathrm{dB})$$

2）*互调产物的识别*

通过监测时所处实际位置可以确定接收机从天线收到的监测信号是否为合法信号或是由两个和多个强信号在接收机中产生的互调信号。

互调在接收机输出端的主要表现是：可以观测到多于一个以上频率的同样信号调制的出现。互调的简单测试是在接收机输入端插入一个已知衰减量的衰减器，如果在输出端监测到的信号幅度按所加衰减器的衰减量减少，那么这个信号是“合法的”。如果幅度按衰减值的整数倍减少，那么监测到的信号是整数倍的互调。例如，如果插入一个 10 dB 的衰减器，所监测到的信号幅度减少 30 dB，那么这个信号是三阶互调产物。如果监测的信号消失了，那么衰减器的值选择的太大了，所以必须减少衰减器的值，不要误以为由于互调而引起了变化，注意要避免使用衰减量太大的衰减器以至于将信号衰减到接收机的噪声电平以下。

如果使用一个频谱分析仪，则可以使用已知频率响应的滤波器，方便地检测和识别互调产物，当许多互调产物同时出现并且接收机有效噪声电平在一个宽频段内被提高时，使用这种方法特别有效。

需要说明的是，互调产物能够由带内信号产生，即短波信号在短波频段产生互调产物或从带外信号产生（超短波信号在短波频段内产生互调产物）。低通、高通和带通滤波器与频谱分析仪一起使用，识别带内或带外互调产物是行之有效的。当使用滤波器和不使用滤波器观察频谱时，三维显示频谱分析仪（使用多重扫描，幅度对应频率和时间）特别适合用于互调产物是否存在的检测和识别。

在试图解决干扰问题时，确定干扰是否由发射机或接收机的互调产物产生是非常有用的。大量的信号监测对于揭示互调产物产生的潜在原因是必要的。互调公式是一个寻求互调产物和干扰信号对应关系的好方法。

由于互调干扰信号与产生互调干扰的强信号频率组合在发射时间上具有同步关系，即频率组合的强信号都发射时，互调干扰信号肯定存在；只要频率组合的强信号有一个不发射，干扰信号就不存在。然后利用这一特点，使用两台或多台设备，分别设置成受干扰频率和频率组合中的每一个频率，同时观察这些频率上的信号在发射时间上是否具有同步性，最终确认产生互调干扰的频率和组合关系。

# 第 9 章　无线电测向定位

无线电测向是利用无线电定向测量设备，通过测量目标辐射源（无线电发射台）的无线电特性参数，获得电波传播方向的过程，也称为无线电定向，简称测向。利用无线电测向还可以确定辐射源的位置，称为无线电定位，简称定位。无线电测向与定位是无线电监测的重要内容，是对无线接收信号进行分选、识别的重要依据。

## 9.1　概述

### 9.1.1　相关概念

#### 1．无线电测向设备

无线电测向的物理基础是无线电波在均匀媒质中传播的匀速直线性及测向天线定向接收无线电电波的方向性。无线电测向实质上是测量电磁波波阵面的法线方向相对于某一参考方向（通常规定为通过测量点的地球子午线指北方向）之间的夹角。能完成这一测量任务的无线电设备称之为无线电测向机或无线电测向设备。

无线电测向不同与雷达，雷达是靠发射信号并接收目标反射回波而完成目标探测任务的。无线电测向不发射信号，它是通过接收辐射源信号来确定其来波方向的，从而完成对辐射源所在方向的测量即测向，故称为无源测向。因无线电测向过程不辐射电磁波，就辐射源方面来说，它对测向活动既无法检测，也无法阻止。因而其保密性好。

#### 2．无线电测向表示方法

如图 9.1 所示，当电波沿平面传播时，就可用设置在该平面上 $A$ 点的测向机，来测定辐射源 $B$ 所在方向，被测目标辐射源的方向通常用方位角表示。在图 9.1（a）中，设经过 $A$ 点的正北方向为 0° 参考线，从正北方向到测向机 $A$ 与辐射源 $B$ 的连线的夹角 $\alpha$，就是辐射源所在的方位角，或辐射源所在方位。

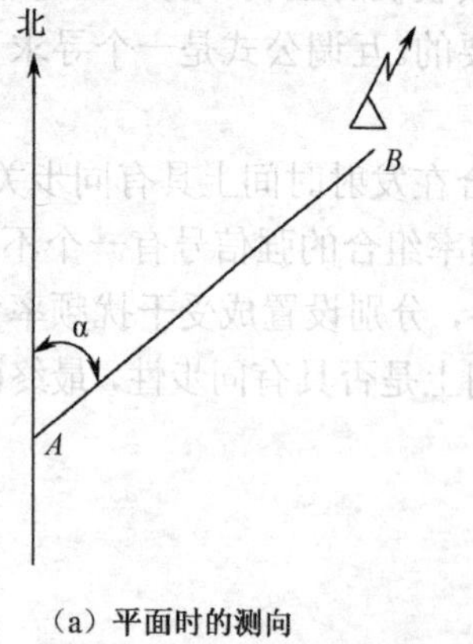


（a）平面时的测向

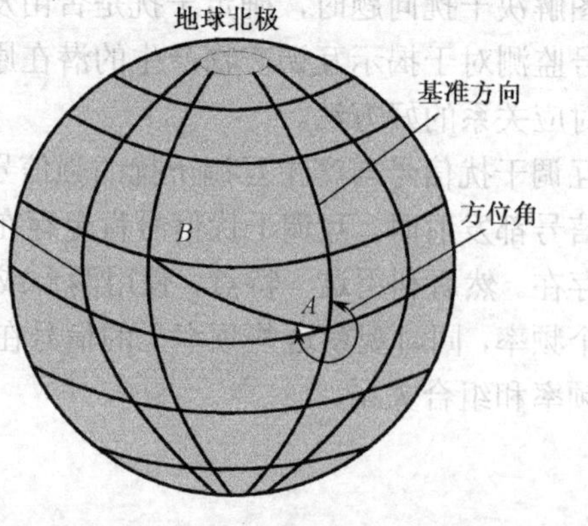


（b）球面时的测向

图 9.1　无线电测向表示方法

对于沿地球表面传播的电波，如果用架设在地面表面 $A$ 点的测向机测向，这时的 0° 参考线，就是 $A$ 点的子午线的正北方向，辐射源方位角就是从 0° 参考线至 $A$ 和 $B$ 的大圆连线的夹角，如图 9.1（b）所示。$B$ 点相对于 $A$ 点的方位角具有唯一性。因此，辐射源的方位角是指通过观测点（测向站位置）的子午线正北方向与被测目标辐射源到观测点的连线按顺时针方向所形成的夹角，方位角的角度范围为 0° ～360° 。方位角描述的是目标辐射源准确的来波方向，是没有考虑误差的精确描述。

### 3. 无线电定位表示方法

用一台测向机只能确定辐射源的方位，即辐射源的方位角。如果用开设于不同位置，且相距一定距离的两个测向机，对一个辐射源进行测向，那么两个测向机所测得的示向线的交点就是辐射源的位置。如图 9.2 所示，通过测得的 $\alpha_1$ 和 $\alpha_2$，就可以确定辐射源位置。人们称之为交叉定位，也有人称其为交会或交汇定位。在实际中，为提高精度，可采用多站交叉定位。

若确定空中飞行体（飞机、汽艇等）、宇宙飞船、卫星等载体上的辐射源，或用天波传播的 HF 辐射源的空间坐标，那就必须用二维测向机。这种测向机不仅能测定目标的方位角而且还能测定它的仰角（垂直地面的方位）。如图 9.3 所示，用 $A$ 点和 $B$ 点的两部测向机同时测量出宇宙目标的方位角 $\alpha_1$ 和 $\alpha_2$、仰角 $\beta_1$ 和 $\beta_2$，然后就可以计算出目标的空间坐标，从而也就知道了飞行高度 $H$。

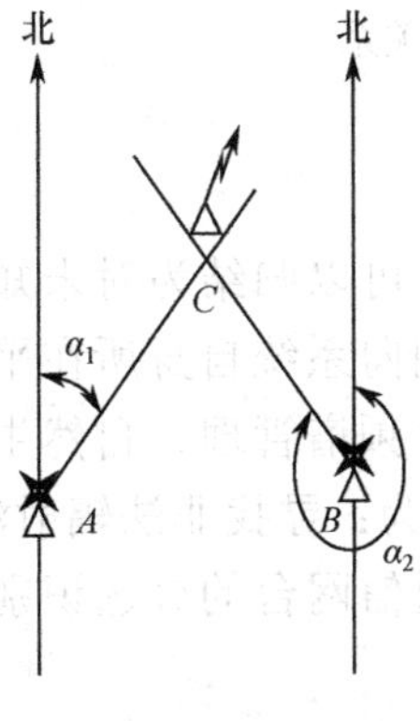


图 9.2 两个测向站进行交会定位示意图

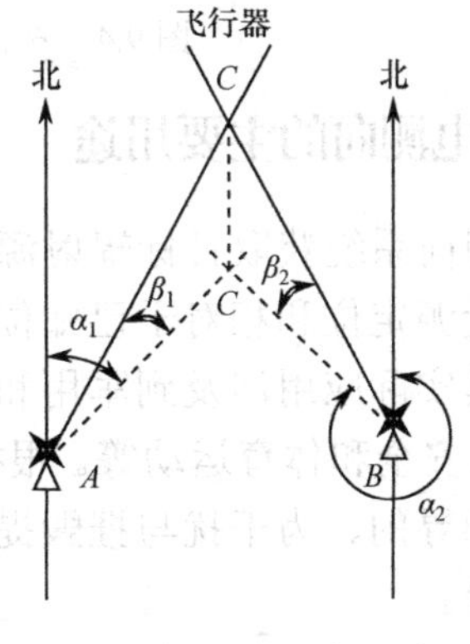


图 9.3 用二维测向机测向定位情况

### 4. 测向误差

值得注意的是测向天线相对来波信号的方位与目标辐射源的真实方位从严格意义上来说有差别的。测向机对某一目标来波信号进行测向所得到的实际测量值（或所得到的目标方位读数）称之为示向度，常用符号 $\Phi$ 来表示。在没有测向误差的理想情况下示向度与方位角相同，即 $\Phi=\theta$ 。但实际测向过程中考虑电波传播过程中的非理想状态，测向机所测得的示向度值 $\Phi$ 与目标信号真实的来波方位值 $\theta$ 之间的差别总是不可避免的，或者说误差将客观存在。因此，测向误差就是指测向机对目标信号进行测向所得到的实际测量值或示向度值 $\Phi$ 与真实来波方位 $\theta$ 之间的偏差，常用符号 $\Delta\Phi$ 来表示，即 $\Delta\Phi = \Phi-\theta$ 。$\theta$ 、$\Phi$、$\Delta\Phi$ 三者的定义和彼此之间的关系如图 9.4 所示。

另外，在实际中，测向机的读数往往是以测向机的或天线系统的参考方向为基准的，这时如果这个方向与子午线正北方向有一个差值，则必须对测得的值进行修改。

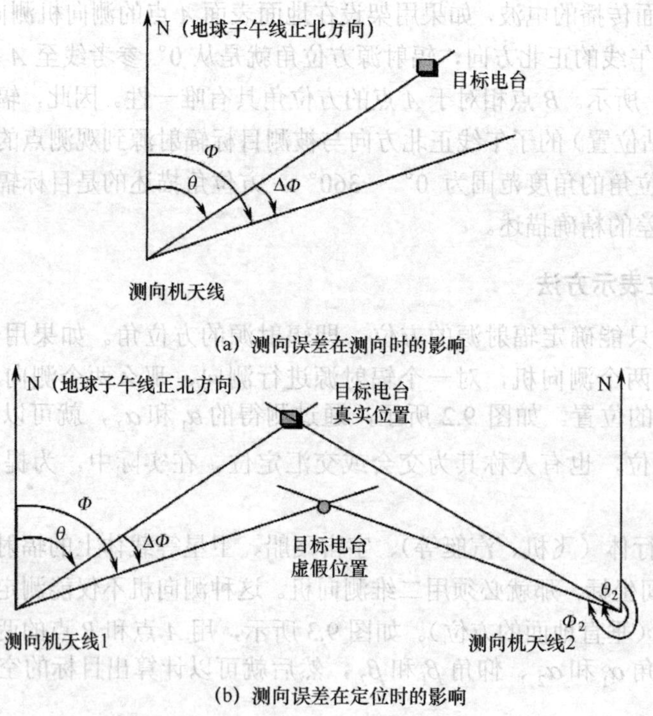


图 9.4　$\theta$、$\Phi$、$\Delta\Phi$ 三者的定义和彼此关系

## 9.1.2　无线电测向的主要用途

无线电测向系统获取目标辐射源信号的来波方位信息，可以归结为对未知位置的目标辐射源进行无源定位和相对于已知位置的目标辐射源确定测向系统自身所在平台的位置这两个目的。其实际应用涉及到军用和民用许多领域，如电磁频谱管理、自然生态科研、航空管理、国防安全和体育运动等。根据其应用目的主要可分为：寻找非法辐射源和干扰源、导航、辐射源寻的、为干扰与摧毁提供引导、通信信号和通信网台的分选识别、勾画战场电磁态势图等。

### 1. 寻找非法辐射源和干扰源

无线电测向是电磁频谱管理的重要组成部分。为了有效地实施电磁频谱管理，从技术上来确保电磁频谱管理条例的执行，确保各种无线电设备正常运行，防止有害干扰，必须对非法辐射源和干扰源测向定位进行查处。在频谱管理中无线电测向能够完成以下任务：

- 对遇险处境的发射机定位；
- 对未经许可的发射机定位；
- 对不能用其他方法识别的干扰发射机定位；
- 确定接收有害干扰源的位置（例如电气设备，电源线上不良的绝缘子等）；
- 识别已知或未知的发射机。

假设无线电波传播永远是从辐射源沿着直线到接收点进行传播的，用相应的接收设备给出辐射源的方向和方位，就可以获得辐射源（发射机和干扰电流）的方位角和相对于接收点的辐射源的方向。

### 2. 导航

导航是根据移动测向系统对已知位置目标辐射源的测向数据，引导测向系统所在的平台沿所要求的路径航进。这里辐射源的位置不是测向系统所在平台的航程终点，而只是为其航程提供参考方向。

在世界上许多地区，精确的远程导航设备（如罗兰、SATNAV、GPS，塔康等）已获得广泛应用，然而世界上还有另外一些地区尚缺乏或没有可用的导航设备，在那里无线电测向就成为其主要的导航设备。例如，澳洲及其附近地区没有罗兰导航系统，SATNAV 和 GPS 的覆盖也是间断性的，因此在那个地区大量使用航海和航空用的 MF 和 HF 频段的无线电信标并通过无线电测向来导航。

即使在现代化导航系统覆盖的区域中，仍有许多位置的导航性能很差。例如，由于信号传播路径小角度相交产生的精度几何弱化现象（GDOP），使佛罗里达南部和加勒比海地区罗兰 C 的导航精度下降，另外，由于信号强度降低，百慕大地区和夏威夷岛的罗兰 C 的导航性能也比较差。在雷暴雨气候条件下，百慕大地区罗兰 C 的导航性能就不能满足要求，而该地区航海用的无线电信标具有极好的覆盖性能，因此无线电测向就成为了其主要的导航备用设备。

无线电测向的导航过程是一个简单的测向和方位数据比较过程，通过对已知位置的目标辐射源测向，来估计自身位置是否位于某一指定的航线上，或根据其测向数据来修正当前航向与规定航线的偏离量。

### 3. 辐射源寻的

测向系统利用目标辐射源的到达方向信息，使测向系统所在的平台朝目标辐射源所在的平台位置移动，直到目的地，这就是通过无线电测向的辐射源寻的。其中目标辐射源的位置可以是已知的，也可以是未知的。

如果测向数据无误差，则可以引导测向系统所在平台沿最直接、最短的路径对辐射源寻的，但实际测向系统总是不可避免地存在系统误差和随机误差，因此寻的路径会根据误差的特性有所不同。随机误差的存在会使得寻的路径不稳定，但最终总会到达目标辐射源；系统误差的存在使得寻的沿着一条对数螺旋路径趋近目标辐射源，其中在测量点沿路径的切线与直接到目标辐射源的连线之间的夹角就是测向机的系统误差值，如图 9.5 所示。

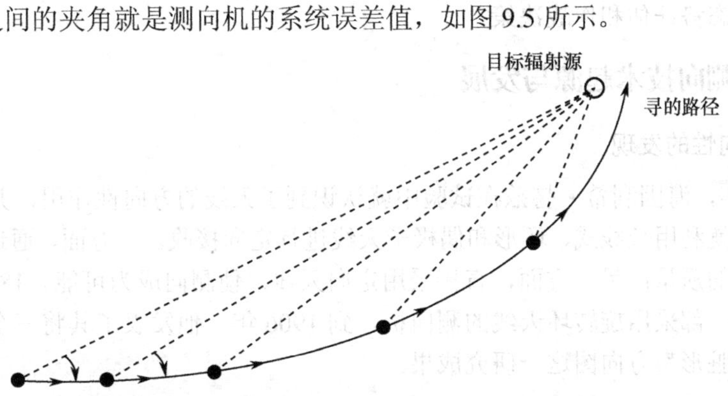


图 9.5　存在测向系统误差情况下的对数螺旋线寻的

### 4. 为干扰与摧毁提供引导

测向和定位使我军在实施电子干扰与摧毁时，能够有的放矢。例如，可以根据干扰对象所在方向和距离，调整干扰机天线指向和干扰功率。在对载有辐射源的载体，或与辐射源相关的军事目标进行火力摧毁时，测向设备提供的方位信息，可直接引导武器进行火力摧毁；或将其他手段获得的方位信息融合后，获得更精确的方位，引导精确制导武器进行火力摧毁。

#### 5．通信信号和通信网台的分选识别

无线电测向是通信侦察的重要任务之一。当今电磁信号环境十分复杂，空中各种不同幅度和不同特性的信号十分密集。以 HF 波段为例，调查表明，接收信道带宽为 3 kHz 时，在 1/5～1/3 的信道中，可同时收到 2 个以上的信号。在大多数情况下，其信道占有率达 75%。在其他频段信号也相当密集。随着通信技术的发展，通信信号的特性千差万别。信源不同，基带也不同，信号的复用方式从频分、时分，发展到码分，调制方式更是多种多样，模拟信号和数字信号性质各有不同，且占有不同的中心频率和带宽。在当今世界，打开通信侦察接收机，就可以接收到大量各种各样性质相同、相近和不同的信号。为了弄清这些信号的性质，并找到感兴趣的目标信号，需要对它们进行分选。并且，通过对信号的分选，实现对通信网台分选和识别。

面对上述的电磁信号环境，像过去那样只利用辐射源发射信号的频域和时域特性，已远远不能满足分选识别的要求。作为辐射源的空间信息，即辐射源所在的方位，是信号的固有特性。许多信号尽管它们性质相同或相近，但它们的辐射源位置往往不同，加之一个信号通常不可能同时由多个方向进入测向系统，并且信号辐射源的方位不能突变，因此信号来波方向成为信号分选和稀释的最重要参数。利用来波方向，甚至可以区分同一辐射源经不同路径进入的信号。因此，用辐射源所在位置分选信号是十分有效的。无线电测向能确定来波方向，且能确定其位置，因此，它是信号分选的重要手段之一。通过对信号的方向和位置分选，以及频域和时域等的特征分选，就可以有效地稀释信号，或从众多的信号中分选出目标信号，进而可实现通信网台分选识别，从而找到任务对象。

#### 6．勾画战场电磁态势图

通过对敌无线电台的测向和定位，可以勾画出战场上各种电台开设位置。然后，通过对信号的守候监视、分析和测量，可以了解其电台间的通信联络特点和隶属关系等。据此可描绘出敌人电子设备部署情况，形成电磁态势图，从而有利于我方指挥员对战场态势的了解，做出正确的形势分析、态势评估和作战决策。

### 9.1.3　无线电测向技术起源与发展

#### 1．天线方向性的发现

早在 1888 年，海因利希・赫兹在试验中就认识到了天线的方向性作用，并在火花式电报的最初应用阶段就利用长线式、环形和偶极子天线进行定向接收。一方面，通过定向接收，可以改善接收信号的质量；另一方面，直接采用定向天线，使测向成为可能。1899 年布朗成功研制出世界上第一部采用旋转环天线的测向机。到 1906 年，他发表了其将三个天线的方向图叠加而产生“心脏形”方向图这一研究成果。

#### 2．测向原理发明

1907 年，贝利尼和托西发明了以他们的名字命名的贝利尼-托西（B-T）测向原理：将两个交叉环天线组合在一起，另外用一个可旋转的线圈角度计与之相连接，由此可以确定目标信号的来波方向。其核心是运用角度计，不用直接转动定向天线就能完成测向。因此，天线可以

固定，避免了繁琐的机械转动装置，操作人员在空间上与天线系统分开。

1907年，谢勒发明了将无线电测向用于飞机导航的原理。1908年，德国研制出世界上第一台用于导航的无线电测向仪，又称之为无线电罗盘，它是借助定向天线对广播电台或通信电台进行测向而实现导航之目的。1926年，世界上第一个无线电信标台建成并供导航使用，随后无线电测向在导航中获得了广泛的应用，在海上航行的舰船或空中飞行的飞机都利用自身携带的无线电测向机对地面已知的无线电信标进行测向，由此确定自身所在的地理或空间位置。

### 3. 爱得考克（Adcock）测向天线发现

1917年爱得考克发明了以他名字命名的爱得考克（Adcock）天线。Adcock测向天线系统是相距一定间距（$<\lambda/2$）的两根相同的垂直无方向性天线将其输出反相连接，在水平面内形成“8”字形方向图的天线阵。由它组成的测向系统可有效克服测向极化误差。1931年，第一部采用固定爱得考克天线的角度计听觉测向机首次在英国和德国开始运用。到1939年，采用爱得考克天线的角度计视觉显示测向机研制成功。

### 4. 多信道测向机出现

1925—1926年，沃特森-瓦特进行了双信道测向机的试验，将示向度显示在一个阴极射线管上，试验了一个视觉双信道测向机。这标志着多信道测向机的出现和应用，并使一些新的测向体制，如沃特森-瓦特测向机、干涉仪测向机的实现成为可能。与单信道测向机相比，多信道测向机的测向时效更高。

### 5. 多普勒和乌兰韦伯测向机出现

1941年，第一个采用多普勒原理的短波测向机研制成功并投入使用。1943年开始，德国开始建立用于远距离测向的大基础“乌兰韦伯”测向系统。这两种测向体制的天线基础（或称孔径）比较大，抗波前失真能力强，因此测向准确度比较高。

### 6. 无线电测向技术的早期应用

无线电测向技术在军事上的应用始于第一次世界大战初期。如在1916年英德海战中，英国利用岸基天线测向站，通过对德军舰队发射的通信信号进行测向，测得德军舰队的位置，进而引导英国舰队跟踪并追击德舰，使德舰队遭到重创。当时除了旋转环测向机，还研制出了一种称之为星型测向机（sternpeiler）的设备投入使用，这种设备对于接收当时以很宽频带辐射的熄灭式火花发报机信号非常有效。但由于当时接收设备的灵敏度低，测向距离非常有限。

1922年，德国将旋转环体制的机载测向机首次用于飞行的导航。到20世纪20年代中期，越野车运载的测向机开始在军事领域应用；从30年代开始，机载无线电测向设备开始采用角度计听觉体制的测向机；到40年代，带视觉显示的机载测向机开始投入使用。

1931年成功研制了用于对敌特台进行测向的近场测向机，它以伪装形式装载在车上，后来还研制出了隐蔽使用的手提箱式测向机和裤带式测向机。

第二次世界大战期间，无线电测向不仅大量用于发现敌方潜艇和舰队位置，确定敌方电台位置，还用来引导飞机轰炸特定目标。从1935年开始到第二次世界大战的整个期间，德国有几家专门的公司研制和生产机载侦察接收机、测向机及各种测向附件，包括各种爱得考克测向设备，它们主要为空军地面测向网的建立提供标准设备，同时也为其他军事和民用部门提供测向机。从1936年开始，他们研制的采用旋转爱得考克天线的超短波测向机被广泛应用于海军和空军的无线电测向领域。从1938年开始，德军潜艇上普遍使用旋转环测向机，而原来舰船上的旋转环测向机则普遍被角度计测向机所替代，同时通过使用大型环天线提高了地面固定站所使用测向机的测向灵敏度。从 1943 年开始，德国陆续建立了多个用于远距离测向的大基础“乌兰韦伯”测向系统，并配备了和/差显示器。统计资料表明，到第二次世界大战结束为止，德国国防部研制和生产的测向机和相关设备多达 100 种以上。

从 1943 年开始，英国的战舰上装备起了采用交叉环天线（Huff-Duff）的短波沃特森-瓦特测向机。

第二次世界大战结束以后，美国仔细研究和利用了德国在大基础、小基础和环形天线等方面的测向技术，并结合自己多年来在同一领域的研究成果，大大推动了他们在无线电测向领域的技术进步与发展，其主要体现是：改进了飞机上使用的无线电罗盘；研制成功了采用旋转乌兰韦伯天线的测向机；研制成功了采用间隔双环天线的测向机；研制成功了采用旋转开关的短波多谱勒测向机；改进了测向机的显示与读取设备等。

1949 年，战后的德国首次利用原有的设备在渔船上安装了第一部测向机，并随后开发出了首批船用旋转环测向机和交叉环角度计测向机（GPV50/GPE52，Telegon I-II），到 1952 年，电子管化的爱得考克/沃特森一瓦特测向机（PST-396，SFP51，SFP3，SFP500 等）研制成功并开始批量生产，这类测向机后来被晶体管化的设备（Telegon IV，SFP2000）所代替。随后他们又研制出飞行安全用的 VHF/UHF 多谱勒测向机（NAPl，NP4，NP5）。

战后 50 年以来，世界上各军事大国及其一些在经济技术上比较发达的国家从未停止过对无线电测向理论与技术的研究，各种新理论，新技术、新器件在无线电测向设备中的应用，使得测向设备的战技性能指标得到了很大的提高。固态微型组件的出现，数字信号处理技术和微处理机技术在测向设备中的应用，推动了测向设备向着小型、高速、自动化的方向发展，20 世纪 80 年代以来，较先进的测向设备都采用高速数字信号处理器和高档次微处理机作为方位数据处理器与功能控制器，既加快了测向速度，也提高了测向精度。例如，RTA-1471 测向机的测向速度为 50 次/s，Z-7000 测向机对于持续时间为 10ms 的突发通信信号仍然能够进行正常测向。

**7．现代测向技术发展**

随着电子技术的飞速发展，从 20 世纪五六十年代开始，采用爱得考克天线的三信道沃特森-瓦特测向机研制成功，并逐步成为 HF/VHF 测向机的标准设备，多普勒测向机被进一步改进并获得了很大的发展，采用各种圆形天线阵的 VHF/UHF 测向机已投入实际使用，等等。80 年代初研制成功短波波段的干涉仪测向机。特别是在 80 年代以后，现代数字信号处理和控制技术在测向领域不断应用，测向理论和测向技术不断更新和完善，陆续出现了以干涉仪、相关干涉仪、到达时间差和空间谱估计等技术为代表的现代测向技术。其测向精度、灵敏度、时效性和分辨率等战技性能指标都得到了很大提高。与此同时，计算机网络技术的大量应用，推动了测向技术的网络化运用，以监测控制中心为核心，以各种监测测向设备为节点的现代监测测向网络发展快速、形成规模。

要从密集复杂的电磁信号环境中快速搜索识别出目标辐射源，只有在快速搜索分析的基础上再配合快速精确的测向定位，才能有效、可靠地获取到目标辐射源的信息。由此可见，未来对测向速度、精度和信号适应性的要求会越来越高，尤其是当扩频、跳频等新的通信体制在军用无线电通信领域不断发展并日益被大量采用的情况下，对无线电测向技术也提出了新的研究课题，包括研究新的测向体制（例如目前的压缩接收机体制、多信道与高速 DSP 相结合的体制等），对跳频通信的测向已经达到了实用化的程度，其他一些新的测向体制正在研究之中，随着这个领域研究工作的不断深入发展，将促进无线电测向技术向着更深、更高的层次发展。

## 9.2 测向设备的组成与分类

### 9.2.1 测向设备的组成

无线电测向是建立在电波在均匀媒质中传播的匀速直线性及定向天线的方向性的基础上。由于定向天线接收来波信号后所产生的感应电势反映了来波的到达方向，又由于电波是沿直线传播的，所以这个方向就被认为是来波方向或目标辐射源所处的方位。基于上述考虑，现代无线电测向技术的物理实现包含三大部分：一是利用定向天线单元接收目标辐射源的来波信号，使得接收信号中含有来波的方位信息；二是利用射频信号前置预处理单元及测向信道接收机对定向天线单元送来的射频信号进行变换处理，使得信号中所含的目标方位信息便于后端的数字分析处理；三是利用方位信息数字处理与显示单元提取信号中所含的方位信息并进行综合处理，最后按所要求的格式和方式显示出来。由此可见，作为一部现代测向设备的基本组成单元应该具有图 9.6 所示的结构。

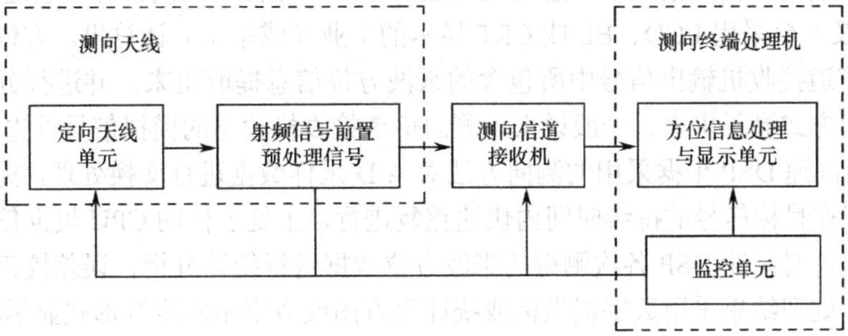


图 9.6　测向试备的基本组成框图

#### 1．测向天线

测向天线通常包括定向天线单元和天线射频信号前置预处理单元两个部分。

定向天线单元可以是单元定向天线，也可以是多元阵列全向或定向天线。定向天线单元接收来波信号，并使输出电压包含有来波的方位信息。R&S 公司的 9 天线单元的圆形天线阵外形和内部结构如图 9.7 所示。

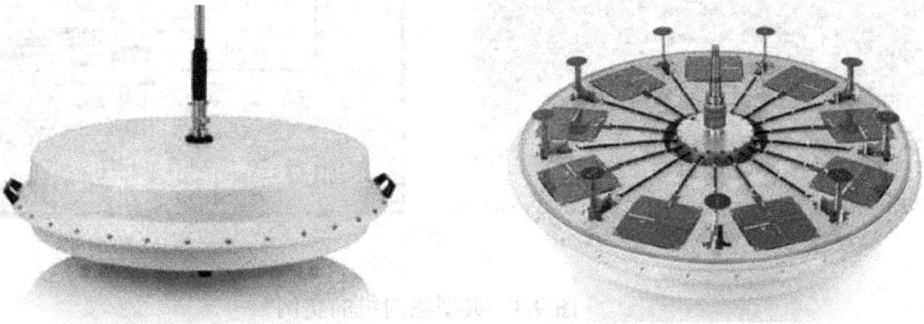

图 9.7　R&S 公司 9 天线单元的圆形天线阵外形和内部结构

射频信号前置预处理单元是对定向天线单元输出的射频信号进行预处理，以保证所接收的来波方位信号满足测向信道接收机的处理要求。对测向天线输出信号进行的预处理视测向方法的不同而不同，但归结到一点都是保证定向天线单元输出的电压能满足对应的测向方法所需，与来波方位或空间角度之间有稳定和确定的幅度或相位特性。由于定向天线是通过各天线元所接收到的天线感应电势的矢量相加来形成其幅度或相位特性，在现代测向系统中，测向设备的射频信号前置预处理单元又包含了一些新的内容，如天线控制，自动匹配，宽带低噪声放大等。

2．测向信道接收机

测向信道接收机用于对信号进行选择、放大、变换等，使之适应后面测向终端处理机对信号的接口要求。根据测向方法的不同和特殊的需要，测向信道接收机可选择单信道、双信道或多信道接收机，通常双信道和多信道接收机采用共用本振的方式，以利于信道之间幅度与相位特性的一致性。

3．测向终端处理机

早期的测向终端处理只是采用人工辅助的方式完成方位数据的获取，一般由“监听耳机”与“方位读盘”或“模拟显示器”来完成。处理与显示是由“人”与“模拟显示器”来完成。测向信道接收机输出的信号送到监听耳机或阴极射线管的偏转板，再由人耳听辨或观察荧光屏的显示亮线来确定来波的方位。

现代测向终端处理机包括方位信息处理与显示单元和监控单元两部分，它通常包含 A/D 转换，高速 DSP 及一台采用 LCD、EL 或 CRT 显示的工业（或军用）计算机。方位信息处理与显示单元将测向信道接收机输出信号中所包含的来波方位信息提取出来，并进行分析处理，最后按指定的格式和方式显示出来。一般说来，测向信道接收机输出的模拟信号首先由 A/D 变换成数字信号，随后高速 DSP 根据采用的测向方法对 A/D 采样数据进行变换处理，提取其来波方位信息。这一过程在目标信号的持续时间内快速重复进行，主处理机的 CPU 根据信号质量和场地环境等具体情况，对高速 DSP 各次测得的来波方位数据进行统计分析，误差校正，信号质量评估等综合处理，处理结果采用数字极坐标或统计直方图或数字示向度等形式显示输出。

监控单元对测向天线、测向信道接收机和方位信息处理与显示单元等各部分的工作状态进行监视与控制。

测向机是一种探测设备，它可以确定相对于某一参考方向的电磁波抵达方向或方位角。图 9.8 所示是一部典型的测向机的实例。

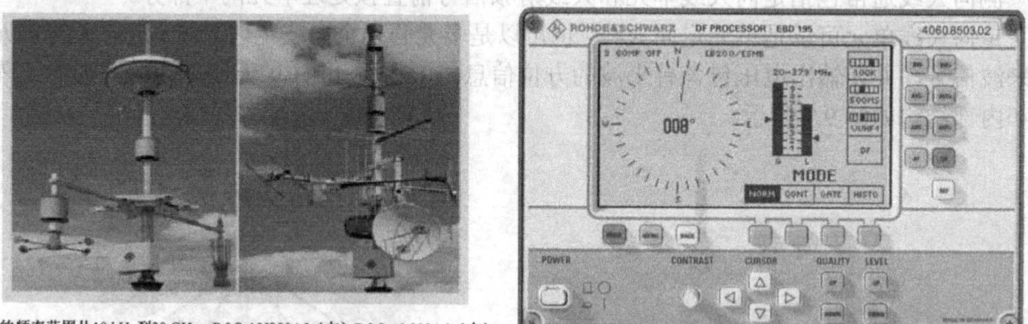


覆盖的频率范围从10 kHz到30 GHz：R&S AU900A5（左），R&S AL900A4（右）

（a）天线单元　　　　（b）测向机面板

图 9.8　典型测向机的实例

## 9.2.2　测向设备的分类

在测向设备的基本组成单元中，各个单元所采用的体制、原理与技术不同，就形成了不同类型的测向设备。关于测向设备的分类，有多种不同的分法，常见的有如下几种：

### 1. 根据测向原理进行分类

原则上，目标信号的来波方位信息不是寄载在定向天线接收信号的振幅上，就是寄载在其相位上，从这个意义上来分，测向机可以分为幅度法测向机和相位法测向机两大类。幅度测向法就是从定向天线接收信号的振幅上提取来波方位信息的一种测向方法，而相位法测向则是从定向天线接收信号的相位中提取来波方位信息的一种测向方法。随着现代信号处理技术的发展，还出现了利用高分辨率阵列信号处理技术的空间谱估计测向方法。

如果再进一步细分，则幅度测向法还可以分为：比幅法、沃特森-瓦特（Watson-Walt）法、乌兰韦伯法。相位测向法还可以分为：干涉仪测向法、相关干涉仪测向法、多普勒（Doppler）测向法、时差测向法等。

### 2. 根据工作波段进行分类

通常测向设备是工作在某一确定的波段范围，从这个意义上来对测向设备进行分类，单波段的测向设备有：中长波测向机、短波测向机、超短波测向机、微波测向机和毫米波测向机。现代测向机通常是覆盖几个波段，常见的是同时覆盖中长波和短波波段或覆盖超短波和微波波段，目前还有将短波和超短波同时覆盖的测向机。在无线电通信监测领域常用的是短波测向机和超短波测向机，短波测向机的工作波段要求向下往中长波波段扩展，向上与超短波波段有一段重合区域（20～30 MHz），典型的工作频率范围是：100 kHz（10 kHz）～30 MHz；超短波测向机的工作波段要求向下与短波波段有一段重合区域（20～30 MHz），向上尽可能往微波的高波段扩展，典型的工作频率范围是：20～500 MHz，20～1000 MHz，20～1300 MHz。

### 3. 根据测向机运载方式的不同进行分类

测向机的运载方式通常有地面固定式和移动式两大类。地面固定式测向机一般说来是一种大基础测向机，测向天线系统很庞大，不便于移动，但它具有很高的测向接收灵敏度，可以对远距离电台传来的微弱信号进行测向，可以对同时多个方位的同频或近频来波信号进行测向，具有测向接收灵敏度高、测向精度高、抗干扰能力强等优点。

移动式又分为便携式（手持式、背负式）、车载式、机载式、舰载式、卫星搭载式等多个种类。移动式测向机通常是一种小基础测向机，测向机比较轻便灵活，便于战术移动，但它的性能指标一般来说不如大基础测向机。

如便携式（手持式）测向系统，方便于监测人员随身携带和操作，具有体积小、重量轻、结构简单等特点，采用最简单的无线电测向方法，就是使用方向性天线直接进行无线电测向。方向性天线是指天线接收信号的幅度或相位与信号的方位角之间具有特定的关系，且方向特性良好、性能稳定的天线。手动或机械旋转方向性天线，通过判断方向性天线在不同方位时接收机显示的信号大小进行测向，属于比幅式测向体制。同时，根据判断无线电信号方向时，接收机信号按照最大还是最小来确定的不同，该测向方法又可分为大音点测向和小音点测向。但是，该测向方法测向精度差、测向时间长、测向灵敏度低以及抗干扰性能差，对快速猝发和跳频信号测向能力较弱。这种测向系统通常由方向性天线和接收机组成。图 9.9 所示就是德国 R&S 公司由 HE200 测向天线和 EB200 监测接收机组合在一起的一套简单的无线电测向系统。

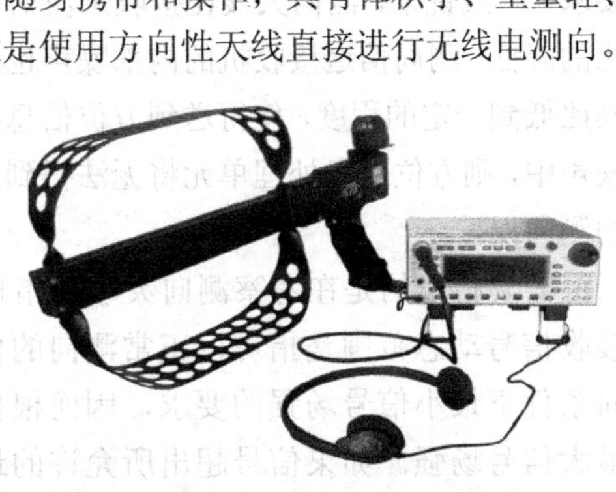

图 9.9　HE200 和 EB200 组成的简单测向系统

### 9.2.3 测向机的主要性能指标

选择测向系统是一件细致的工作，因为面对给定操作环境和测向性能要做折中处理。不管测向原理如何，测向机的许多测向性能是一个测向机所必须具备的。设备的操作和设计性能（如显示方式、操作方式、遥控性能、温度范围、机械强度、形状、重量、功率消耗等）必须满足特定工作要求。其中主要测向工程特性有：测向精确度、测向灵敏度、抗失真波前性能、去极化敏感性、同信道干扰性能和快速响应。

1．测向准确度

测向准确度是指测向设备侧得的来波示向度与被测辐射源的真实方位之间的角度差，一般用均方根值表示。又称为测向精确度或测向精度，是一部测向机最主要的性能指标。无线电测向的任务就是测定目标电台的来波方位，当然要求测向准确度越高越好，或者说要求测向误差越小越好。测向准确度指标中给出的数值通常采用均方误差的形式，这是一种多次测向后的误差统计处理结果，用符号 $\Delta\theta$ 表示。就现阶段无线电测向技术的发展水平而言，普通的小音点法测向体制所能达到的测向精度通常为 $\Delta\theta=3°\sim5°$；比幅法测向体制所能达到的测向精度通常为 $\Delta\theta=2°\sim3°$；若是采用多普勒法或干涉仪法等较新的测向体制，并在测向数据的后处理中采取一定数字处理措施，则其测向精度可以达到 $\Delta\theta=0.5°\sim1.5°$，相对来说，工作在超短波波段的测向机较之工作在短波波段的测向机更容易达到较高的测向准确度。

2．测向灵敏度

测向灵敏度有时也称为测向接收灵敏度或简称灵敏度，它是指在规定的测向误差范围内，测向设备或系统能测定辐射源方向的最小信号的场强或功率。它是衡量测向机在满足正常测向精度要求的条件下对微弱信号的测向能力。它用正常测向条件下在测向天线处所要求的最小来波信号场强来表示。

测向灵敏度是一个与信噪比有关的指标，在给出测向灵敏度指标时要同时注明对信噪比的要求。一般说来，测向天线在接收来波信号的过程中也不可避免地附加接收了噪声，引起信噪比的降低。测向信道接收机的内部噪声也会进一步引起信噪比的降低。如果信道接收机输出信噪比低到一定的程度，使得送到方位信息处理单元的信号中，来波信号被部分甚至全部淹没在噪声中，则方位信息处理单元将无法得到正确的来波方位数据，引起超出测向准确度指标要求的测向误差。

需要指出的是在考察测向灵敏度指标时，还要对接收信号动态范围这一指标有所关注。接收信号动态范围是指可以正常测向的信号强度变化范围。由于测向灵敏度决定了正常测向条件下最小信号场强的要求，因而根据信号动态范围就可以推算正常测向条件下允许的最大信号场强。如果信号超出所允许的最大信号场强，则会引起信号失真，严重的还会引起接收信道阻塞，使测向设备无法工作。接收信号的动态范围主要取决于测向信道接收机，如果在测向设备指标中没有明确信号动态范围这一指标，就要从对应信道接收机的指标中去查找。

### 3. 工作频率范围

工作频率范围是指测向设备在正常工作条件下从最低工作频率到最高工作频率的整个覆盖频率范围，亦称测向设备的频段覆盖范围。目前对测向设备工作频率范围的要求是能够覆盖某完整的波段，并对相邻波段有一定的扩展。如短波测向设备要求能够覆盖 10 kHz～30 MHz 的整个中长波到短波的频率范围，并与超短波的低波段在工作频率上有重叠；对超短波测向设备要求能够覆盖 20～1000 MHz（或 1300 MHz）的整个 VHF 和 UHF 波段；对微波测向设备则要求能够覆盖 1～18 GHz 的微波高波段。

测向设备的工作频率范围主要取决于测向天线的频率响应特性和信道接收机的工作频率范围。有时信道接收机能够覆盖某一宽阔的频率范围或整个波段，而单副测向天线在对应频率范围内的响应特性达不到指标要求，这时就需要采用多副测向天线来分别覆盖各个对应的子波段，最终实现对全波段的频率范围覆盖。这种方式在超短波以上波段的测向设备中使用得非常普遍，例如在 20～1000 MHz（或 1300 MHz）的整个 VHF 和 UHF 波段通常需要三副测向天线来覆盖。

### 4. 处理带宽和频率分辨率

不同体制和调制样式的无线电通信信号，通常占据不同的信号带宽，这就要求测向信道接收机能够选择不同的处理带宽与之相适应。另外，测向设备在搜索状态下工作时，通常希望有较宽的处理带宽，以提高截获概率，而在测向状态下又希望有与目标信号相适应的尽量窄的带宽，便于滤除带外干扰，达到最佳的测向效果。

测向设备的处理带宽主要取决于信道接收机的中频选择性，也就是中频滤波器的带宽。目前短波波段信道接收机的中频选择带宽有 18 kHz（10 kHz）、6 kHz、3 kHz、±2.8 kHz（对应于上下边带信号的测向）、1 kHz、300 Hz 等多个挡位可供选择；而超短波波段信道接收机的中频选择带宽有 150 kHz、50 kHz、25 kHz、12.5 kHz、6 kHz 等多个挡位可供选择。

频率分辨率是衡量测向设备从频率上选择、区分两个相邻近信号的能力。对于早期的人工听觉测向设备来说，它是靠测向操作员的人耳听辨来对目标信号进行测向，对于同时进入信道接收机的两个信号，如果彼此有几十赫的频率间隔，则通过听辨可以有效地区分开来，当然其频率分辨率与测向员的听辨能力有关。对于近代的视觉显示测向设备来说，其频率分辨率主要取决于测向设备的最小处理带宽或信道接收机中频选择带宽的最小值以及中频滤波器的矩形系数。实际工作时可以在调整信道接收机工作频率的过程中，利用选择中频滤波器的带宽来区分两个在频率上相邻近的信号，在这种情况下，测向设备的频率分辨率就主要取决于中频滤波器的矩形系数。对于现代采用 FFT 技术的测向设备，其频率分辨率主要取决于 FFT 谱线间隔与选用的 FFT 窗函数。

无线电测向设备一般很少采用空域上具有尖锐方向特性的天线，主要靠频率上的选择性来区分密集复杂电磁信号环境中的不同来波信号，因此测向设备的通带选择性和频率分辨率是其重要的性能指标之一。

### 5. 可测信号的种类

可测信号的种类在测向设备的指标中简称“可测信号”，它说明测向设备可以对哪些种类的信号进行正常测向，除此之外的信号则无法正常测向。测向设备可测信号的种类主要受测向信道接收机体制和解调能力的制约，在某些情况下也与测向天线及测向设备的体制有关。

随着无线电技术的发展，信号的调制方式越来越多，也越来越复杂。在无线电通信中，作为通信的一方为了防止信息传输过程被其他无关方侦察截获和干扰，采取了许多技术措施，形成了各种具有很强抗侦察、抗截获、抗干扰能力的通信体制和信号样式，如猝发通信、扩频通信、跳频通信等。无线电测向技术要适应通信技术的发展，首先要适应各种信号样式的变化，也就是要求测向设备对各种体制、不同样式的通信信号都能自动或手动地选择相应的解调方式和其他技术措施，达到正常测向之目的。

根据测向设备可测信号的种类来划分，目前有对常规无线电通信信号进行测向的“常规体制”测向设备和对扩频、跳频等特殊体制通信信号进行测向的“特种体制”测向设备。但实际上“常规体制”测向设备并不是对所有的常规通信信号都能进行测向，通常只能对其中的部分信号进行测向。“特种体制”的测向设备，例如对付跳频通信的测向设备，也不是对所有的跳频通信信号都能够正常测向，而只是对某一速率范围内的信号可以进行正常测向。例如美国Zeta公司生产的Z7000测向设备属于“常规体制”的无线电测向设备，它能对CW、AM、FM、PSK、FSK等常规无线电通信信号进行测向，选配适当的解调器后才可以对SSB、ICW（连续等幅波）信号和脉冲信号进行测向。

测向设备可测信号的种类从某种意义上说是衡量其技术先进性的重要指标，如果可测信号的种类覆盖了当前各种最新体制的无线电信号样式，并且在关键指标上能达到当前最高标准，例如对付跳频通信的测向设备能够适应当前跳频电台的最高跳速，则这种测向设备就具有无可争辩的先进性。

### 6. 抗干扰性

测向设备的抗干扰性指标包括两个方面的内涵：其一是衡量测向设备在有干扰噪声的背景下进行正常测向的能力，通常用测向设备在正常测向条件下所允许的最小信噪比来衡量；其二是衡量测向设备在干扰环境中选择信号、抑制干扰的能力，它用信号与干扰同时进入测向信道接收机时所允许的最大干信比来衡量。

### 7. 时间特性

测向设备的时间特性指标包括两个方面的内容：一是测向速度；二是完成测向所需要的信号最短持续时间。对于测向速度指标，有的测向设备是用测定一个目标信号的来波方位所需的最短时间来衡量，有的是用每秒钟所完成的测向次数来描述。显然两者是有区别的，前者包括设置测向设备工作状态、截获目标信号、完成测向并输出方位数据。后者是在测向工作状态下对同一个目标信号的重复测向。

以前的测向设备都采用高速微处理机来完成功能控制和信息处理，测向速度与早期测向设备相比有很大的提高。目前具有代表性的速度指标是完成一次测向所需的时间为100ms，最短的可以达到10ms，而重复测向的速度通常可以达到100次/s，最快的可以达到1000次/s。

完成测向所需的信号最短持续时间，包括测向设备截获目标信号后的信号建立时间与获取方位数据所需的最短采样时间。在考察所需的信号最短持续时间时，通常是将测向设备设置在等待截获信号的状态，只要目标信号一出现即采集足以满足确定来波方位所需的数据，因而一次测向所需的采样时间长度大体上决定了完成测向所需的信号最短持续时间。对常规通信信号进行测向时，信号的持续时间通常满足各种体制测向设备所需的时间要求。对猝发通信、跳频通信等短时性信号进行测向时，其持续时间长度就可能满足不了某些测向设备所需的信号最短持续时间要求。

目前测向设备所需的信号最短持续时间一般在几毫秒至几秒的量级，有的高速测向设备可测向的最短信号持续时间可达 10 μs。

8. 可靠性

可靠性是衡量测向设备在各种恶劣的自然环境和战场环境下无故障正常工作的质量指标，它包括对工作温度范围的要求、对湿度的要求、对冲击震动的要求等，还包括对测向设备的平均故障间隔时间（MTBF）要求。

另外，还有衡量测向设备的其他一些性能指标，如：设备的平均修复时间（MTTR），设备的可用性、体积、重量，工作电源的标准和波动范围，天线架设的人员和时间，用户操作使用的自动化程度、显示方式及人机界面的友好性等。

## 9.3 无线电测向技术体制

无线电测向技术是指依据电磁波传播特性，测定无线电信号源所在方向和位置的技术。不同的无线电测向技术从本质上说就是指不同的测向体制（所谓测向体制是指确定来波方位所采用不同的技术方法）。依据不同的测向原理，可以把现有的测向技术（体制）大致归纳如下：比幅法、沃特森-瓦特法、乌兰韦伯法、干涉仪测向法、相关干涉仪测向法、多普勒测向法、时差测向法等。

### 9.3.1 比幅测向法

幅度比较式测向的工作原理是：依据电波在行进中，利用测向天线阵或测向天线的方向特性，按照不同方向来波接收信号幅度的不同，测定来波方向。

幅度比较式测向技术的原理应用十分广泛，其测向机的方向图也不尽相同。例如：环形天线测向机、间隔双环天线测向机、旋转对数天线测向机等，它们属于直接旋转测向天线方向图的比幅式测向机；交叉环天线测向机、U 形天线测向机、H 型天线测向机等，它们属于间接旋转测向天线方向图的比幅式测向机。间接旋转测向天线方向图，是通过手动或电气旋转角度计实现的。手持或佩带式测向机通常也是属于幅度比较式测向体制。

幅度比较式测向的特点是测向原理直观明了，系统相对简单，体积小，重量轻，价格便宜。小基础测向体制（爱得考克）存在间距误差和极化误差，测向灵敏度不高，抗波前失真的能力受到限制。

比幅法又可分为最大信号法、最小信号法、幅度比较法和综合法。

1. 最大信号法

最大信号测向法是利用天线极坐标方向图的最大接收点确定来波方位的一种测向方法。其天线极坐标方向图，无论是在水平或是垂直方向图上，都在某个角度上有增益最大点，且随着来波方向偏离这个角度的变化，增益逐渐下降，在其他角度上增益较小。即随着来波方向不同，也就是角度的不同，接收到的信号幅度也不同。测向时，变化天线位置，改变天线方向图最大指向，比较天线在不同位置测向机输出信号的大小，当输出幅度最大时，天线方向图主瓣径向中心轴与来波方向一致，即测得了来波方向。其与参考方向的夹角即是测得的方位角。最大信号测向法的测向精度主要取决于天线极坐标方向图的主瓣 3 dB 宽度，如果 3 dB 宽度很窄，则测向精度就比较高。但一般很难做到，特别是短波段及超短波波段的低端，波长比较长，要使天线方向图的主瓣 3 dB 宽度很窄，势必使得阵列天线系统复杂庞大，且还要求天线旋转，工程实现非常困难。最大信号测向法天线与来波方向关系如图 9.10 所示。

### 2. 最小信号法

最小信号法测向是利用天线极坐标方向图具有一个或几个最小值的特性进行测向，天线输出最小值时，天线方向图零点指向即为来波方向，最小信号法测向又称为小音点测向或“消音点”测向。测向时，变化天线位置，比较天线在不同位置测向机输出信号的大小，直至找出测向机输出信号最小或听觉上为小音点（消音点）的天线位置，说明此时天线极坐标方向图的零接收点对准了来波方向，这时参考方向与天线的最小值指向的夹角，就是来波方位角，如图 9.11 所示。这是利用一个具有 8 字形方向图的天线进行测向的示意图，从图中不难看出，在方向图最小点，天线旋转很小的角度就能引起接收信号幅度很大的变化，因而其测向精度相对于最大信号法要高得多。

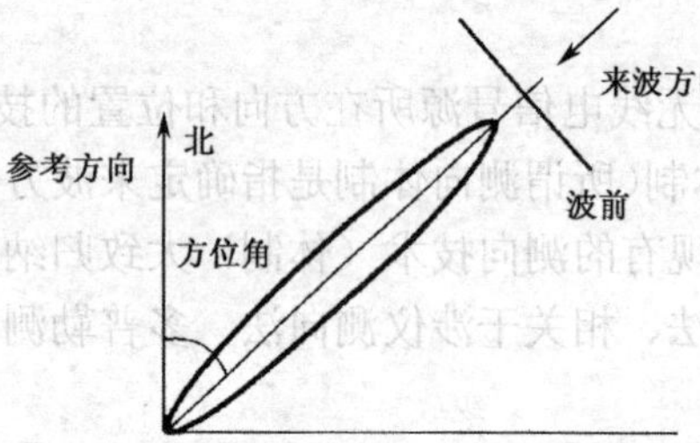


图 9.10　最大信号测向法天线与来波方向关系

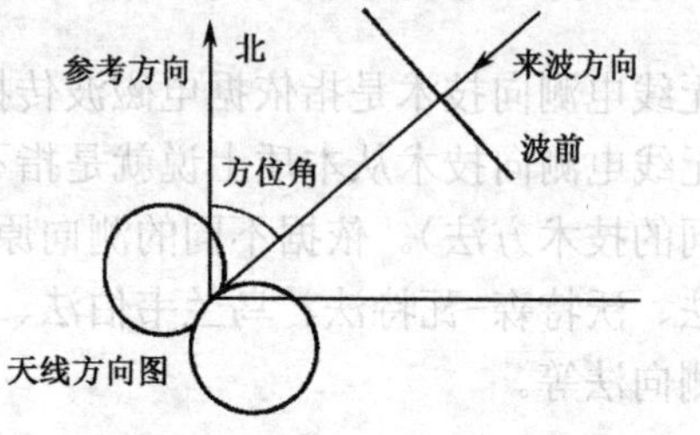


图 9.11　最小信号测向法天线与来波方向关系

最小信号测向法常用具有 8 字形方向特性的天线，如单环天线、间隔环天线和可旋转的爱得考克（Adcock）天线、角度计天线等。

### 3. 幅度比较法

幅度比较法是利用两副或多副结构和电气性能相同的天线实施测向的。为此先来讨论两副结构和电气性能相同对称架设的天线，如图 9.12 所示。这种天线被称为爱得考克（Adcock）天线，它是与地面垂直的 H 或 U 形结构，天线得名于它的发明者 Adcock。

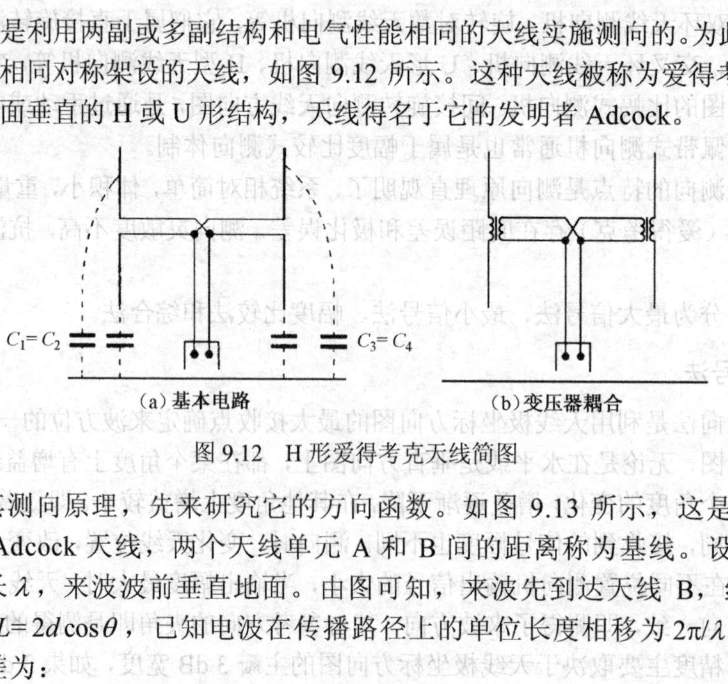


图 9.12　H 形爱得考克天线简图

为了讨论其测向原理，先来研究它的方向函数。如图 9.13 所示，这是一副在水平面上无方向性的 Adcock 天线，两个天线单元 A 和 B 间的距离称为基线。设其基线长度为 $2d$，它小于波长 $\lambda$，来波波前垂直地面。由图可知，来波先到达天线 B，经过距离 $L$ 后到达 A 点。则 $L=2d\cos\theta$，已知电波在传播路径上的单位长度相移为 $2\pi/\lambda$，到达 A 和 B 的两个波前相差为：

$$\varphi=(2\pi/\lambda)2d\cos\theta \tag{9-1}$$

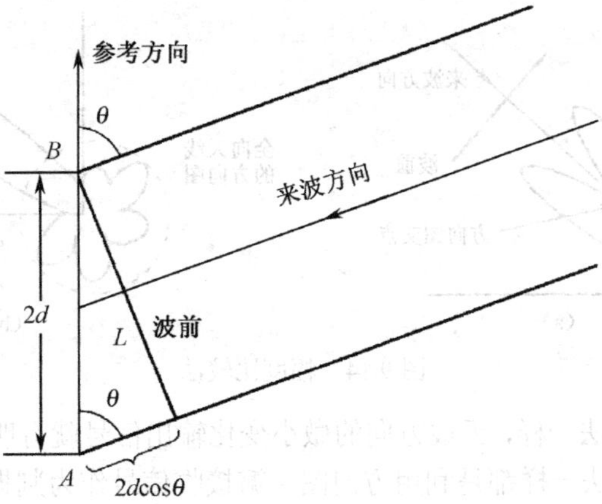


图 9.13　爱得考克天线接收信号示意图

设到达 A 和 B 连线中点的来波电压为

$$E_0 = E\cos(\omega t) \tag{9-2}$$

则 A 和 B 天线接收的信号电压分别为

$$E_{\mathrm{A}} = E\cos(\omega t + \varphi/2) = E\cos\left[\omega t + (2\pi/\lambda)d\cos\theta\right] \tag{9-3}$$

$$E_{\mathrm{B}} = E\cos(\omega t - \varphi/2) = E\cos\left[\omega t - (2\pi/\lambda)d\cos\theta\right] \tag{9-4}$$

求其“和”与“差”，得

$$E_+ = E_{\mathrm{B}} + E_{\mathrm{A}} = 2E\cos(\omega t)\cos[(2\pi d/\lambda)\cos\theta] \tag{9-5}$$

$$E_- = E_{\mathrm{B}} - E_{\mathrm{A}} = 2E\sin(\omega t)\sin[(2\pi d/\lambda)\cos\theta] \tag{9-6}$$

将 $E_-$ 移相 90°得

$$E_- = 2E\cos(\omega t)\sin[(2\pi d/\lambda)\cos\theta] \tag{9-7}$$

然后除以 $E_+$，就可求得测向函数

$$F = \tan[(2\pi d/\lambda)\cos\theta] = E_-/E_+ \tag{9-8}$$

因此，来波与参考方向的夹角

$$\arctan(E_-/E_+) = (2\pi d/\lambda)\cos\theta$$

$$\cos\theta = \frac{\lambda}{2\pi\mathrm{d}}\arctan(E_-/E_+)$$

$$\theta = \arccos\left[\frac{\lambda}{2\pi\mathrm{d}}\arctan(E_-/E_+)\right] \tag{9-9}$$

为了分析比幅法测向性能，将测向函数对 $\theta$ 求微分

$$\frac{\mathrm{d}F}{\mathrm{d}\theta} = \frac{2\pi d}{\lambda}\cdot\frac{1}{\cos^2[(2\pi d/\lambda)\cos\theta]}\sin\theta \tag{9-10}$$

由式（9-10）不难看出，在 $\theta = 0$ 附近，测向函数变化急剧，易于实现高精度测向。在波长一定时，天线基线 $2d$ 越大，精度越易提高。从“和”与“差”两式中还可看出，当噪声对两个信号幅度影响不相同时，求得的 $\theta$ 将是不可靠的。

幅度比较法的两个或多个天线单元按一定要求进行安装，通常是对称的，安装好的天线单元极坐标方向图具有交叠部分。最简单的幅度比较法是采用两个天线单元，用这种天线构成的测向机在测向时，两个天线单元的输出同时送入比较器进行幅度比较，变换天线位置，直至二者的输出相等。此时，两副天线方向图交点与坐标原点连线，即为来波方向，如图 9.14（a）所示。

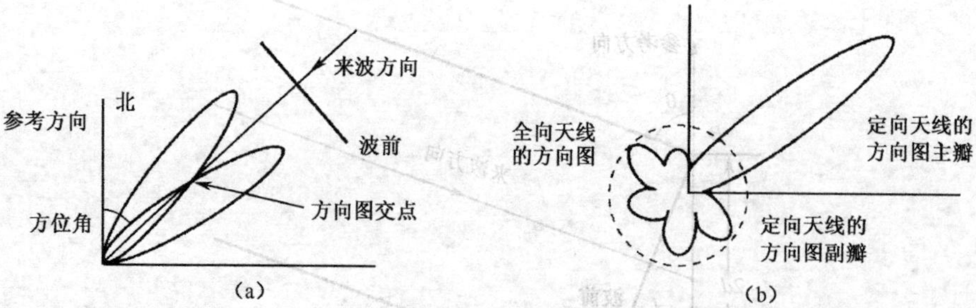

图 9.14　幅度比较法

这种方法与最小测向法一样，天线方向的微小变化输出信号就有明显变化，因而测向误差较小；又由于它和最大信号法一样都是利用方向图主瓣接收信号作为判据的，因此灵敏度较高。

在较高频段，天线方向性很强，也可按天线在旋转中是否接收到信号来确定来波方向，这被称为“有无”信号测向法。一个具有强方向性的天线，后接一个接收机，再加上给出天线方向图指向的单元，就构成一部这种体制的测向机。在这种方法中，只要有信号被截获，就把这时的天线指向作为截获信号的来波方向。这种方法最大的优点是简单。但是天线的旁瓣方向，甚至后瓣方向，在信号强度足够大时，也能接收到信号，这会导致错误。

克服这一缺点的方法是利用一副全向天线，切除旁瓣和后瓣的影响。即只有在定向天线接收的信号幅度大于全向天线接收信号的幅度，才被认为是接收到了信号。这样，只有定向天线主瓣指向信号来波时，系统才表现为接收到了信号，如图 9.14（b）所示。

不难看出，为了切除旁瓣和后瓣，又能保证很好地接收弱信号，仔细调整全向天线接收信号在接收机的输出电平是必要的。

最大信号法的一个实际应用是单脉冲测向机。这种测向机至少需要两副天线，当然也可以用四个或更多副天线，由振幅比较确定来波方向。振幅比较的原理可以通过将它们的极坐标方向图进行交叠，然后将两副天线接收的信号相加和相减，由此来确定来波的到达角。

典型的单脉冲测向方法，是从两副天线接收信号的和与差中提取测向信息，如图 9.15 所示。其示向度是归一化角函数（振幅差/振幅和）为零时的角度。

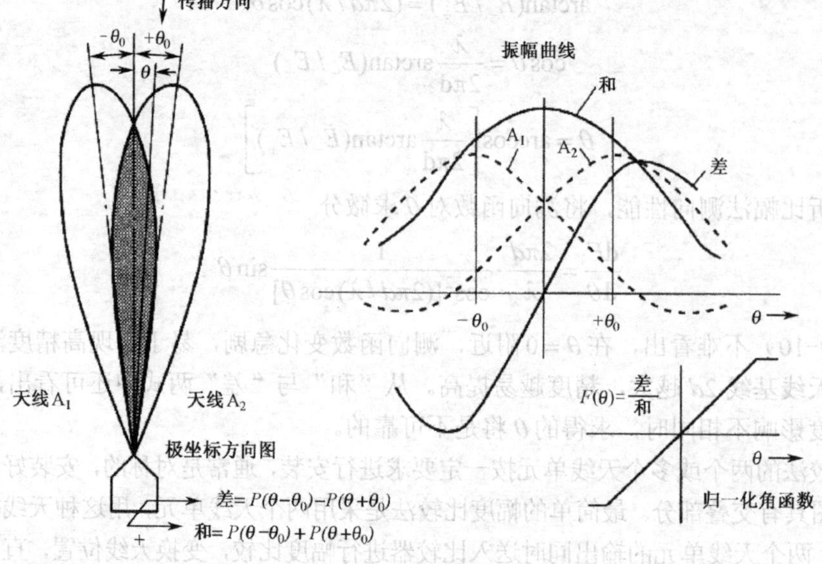

图 9.15　单脉冲测向方法：从两副天线接收信号的和与差中提取测向信息

这种测向机也可以将两副天线中的一副天线接收的信号经过适当的延时，然后与另一副天线接收的信号同时送显示器，这时可从显示器上直接观察两个信号幅度，通过振幅的比较，进而判断来波方向。如图 9.16 所示，这种方法称为简单的振幅比较单脉冲测向法，亦称准单脉冲法。

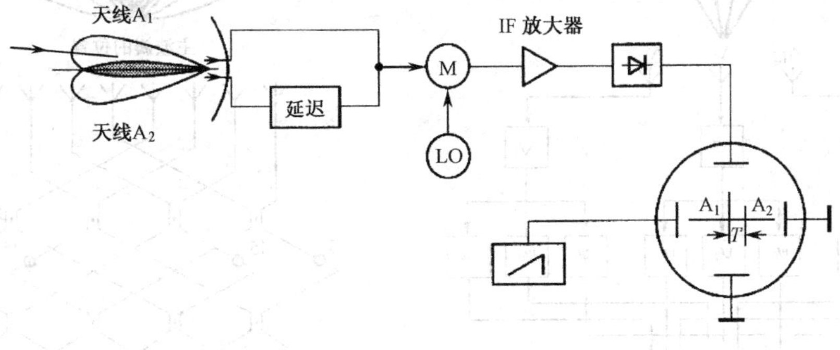


图 9.16　简单的振幅比较单脉冲测向法

单脉冲测向机常用于约 1 GHz 以上频率，它采用各种定向天线，最普遍的是喇叭天线和螺旋天线。这种测向机的缺点是，不管是双天线，还是四天线体制，它们只能覆盖一个很小的角度（极坐标方向图的交叠范围）。如果不能建立圆天线阵，那么就必须旋转天线装置朝向接收方向。其优点是在特定条件下，能对短持续时间信号，如单脉冲进行测向，并且可同时得到方位角与俯仰角，易于数字化。它可用于航线修正和卫星跟踪。

在实际中，也可以用圆阵、线阵或其他形式的阵列天线进行测向。如图 9.17 所示，使用这种天线的测向机，其基本特征是具有许多交叠的极坐标方向图，分辨率（图中 0° 值的大小）取决于两副天线波束轴之间的夹角 $\theta_S$ 与天线波束宽度 $\theta_B$ 的比值。

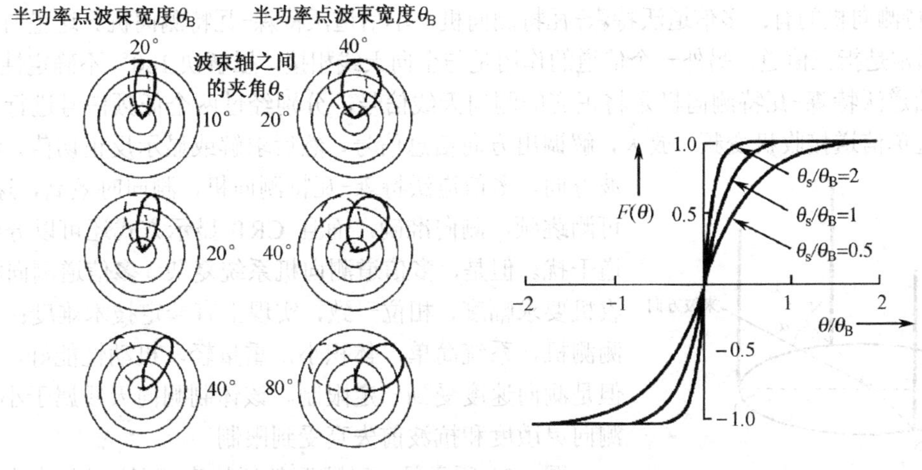


图 9.17　极坐标方向图的交叠与不同方向来波夹角 $\theta$ 的分辨率

通过使用移相器或延时线、放大器或衰减器等，即波束形成技术，可以形成或改变天线系统的极坐标方向图的形状和方向，例如可形成多波瓣天线方向图，如图 9.18 所示。然后利用这种天线方向图来确定波的传播方向。

为了达到对空间搜索的目的，测向接收机与天线阵的不同输出端口相接，这就形成多个波瓣切换，完成对空间搜索。图 9.19 所示是利用相加、放大、混合耦合和固定移相的 Butler 矩阵形成的多波瓣方向图示意图。它用来在单一平面内进行波瓣扫描，所示矩阵形成了相对主接收方向对称的 8 个波瓣。

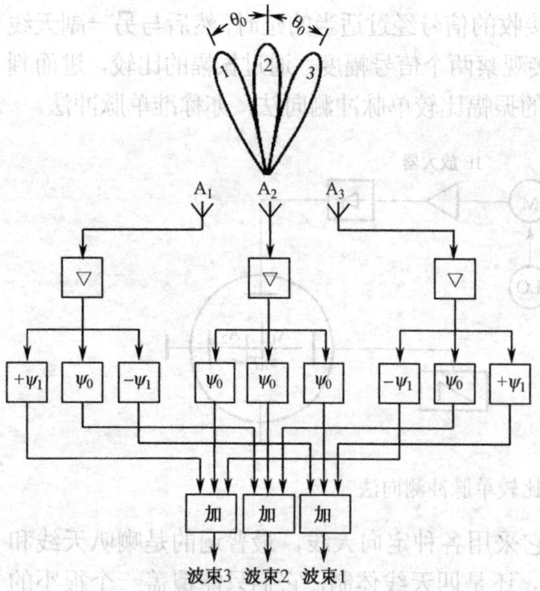


图 9.18　多波瓣天线方向图

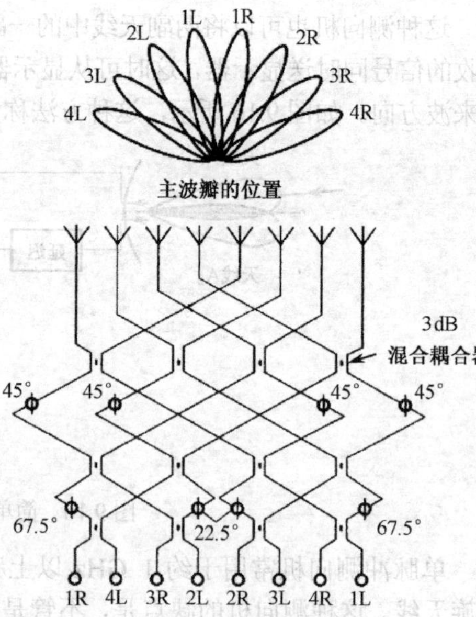


图 9.19　形成多波瓣的 Butler 矩阵

## 9.3.2　沃特森-瓦特（含角度计和交叉环）测向法

沃特森-瓦特（Watson-Watt）测向法的工作原理也是通过幅度比较进行测向的，但是它在测向时不是采用直接或间接旋转天线方向图，而是采用计算求解或显示反正切值，使得不用旋转天线，就可以获得来波示向度。这种测向方法大都采用爱得考克（Adcock）天线及其组合。属于沃特森-瓦特测向机的有：多信道沃特森-瓦特测向机、单信道沃特森-瓦特测向机。这里所说的多信道，通常是指三信道，另外一个信道的作用是与全向天线相接，以解决 180° 不确定性问题。

单信道沃特森-瓦特测向机是将正交的测向天线信号，分别经过两个低频信号进行调制，而后通过单信道接收机变频、放大，解调出方向信息信号，然后求解或显示反正切值，给出来波方向。多信道沃特森-瓦特测向机，测向时效高，速度快，可测跳频，测向准确，而且 CRT 显示方式还可以分辨同信道干扰。但是，多信道测向机系统复杂，多信道测向机的接收机要求幅度、相位一致，实现上有一定技术难度；单信道测测机，系统简单，体积小，重量轻，机动性能好，价廉，但是测向速度受到一定限制。该体制测向天线属于小基础，测向灵敏度和抗波前失真受到限制。

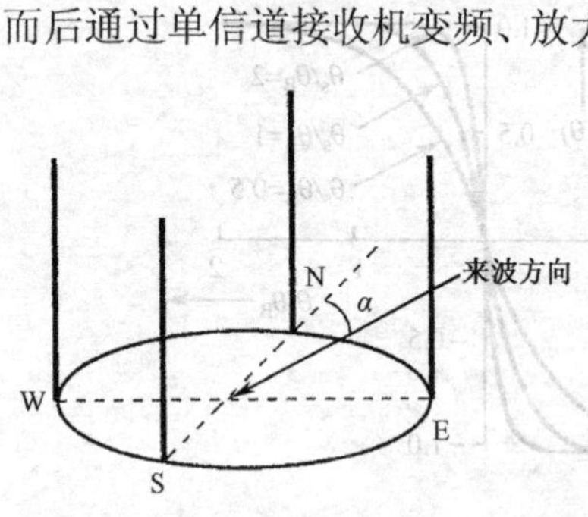


图 9.20　两副正交的爱得考克天线

图 9.20 所示是一种实际的沃特森-瓦特测向法的天线系统，它由两副正交的爱得考克天线组成。

根据 9.3.1 中幅度比较法对爱得考克天线的分析，根据式（9-6）（$\theta=\alpha$）可以得出南北两天线的电压

$$E_{NS}=2E\sin[(2\pi d/\lambda)\cos\alpha]\sin(\omega t) \tag{9-11}$$

根据式（9-6）（$\theta=90°-\alpha$）可以得出东西天线的电压

$$E_{EW}=2E\sin[(2\pi d/\lambda)\sin\alpha]\sin(\omega t) \tag{9-12}$$

当 $d\ll\lambda$ 时，南北两天线的电压近似为

$$E_{NS}=2E(2\pi d/\lambda)\cos\alpha\sin(\omega t) \tag{9-13}$$

东西天线的电压

$$E_{EW}=2E(2\pi d/\lambda)\cos\alpha\,\sin(\omega t) \quad (9\text{-}14)$$

则有

$$\tan\alpha = E_{EW} / E_{NS} \quad (9\text{-}15)$$

图 9.21 所示是沃特森-瓦特测向机示意图。从两副相互垂直的天线送来的电压分别进入接收机Ⅰ和接收机Ⅱ，经过变换，其输出为 $Y = kE_{EW}$ 和 $X = kE_{NS}$，分别加到电子射线管的垂直偏转板和水平偏转板上。这时射线管的电子束同时受两个电压的作用。结果是电子束将沿着直线 2-4 来回移动，如图 9.22 所示。示向度 $\psi$ 即是测得的来波方向，它与通过式（9-15）求出的值应该是相符合的。

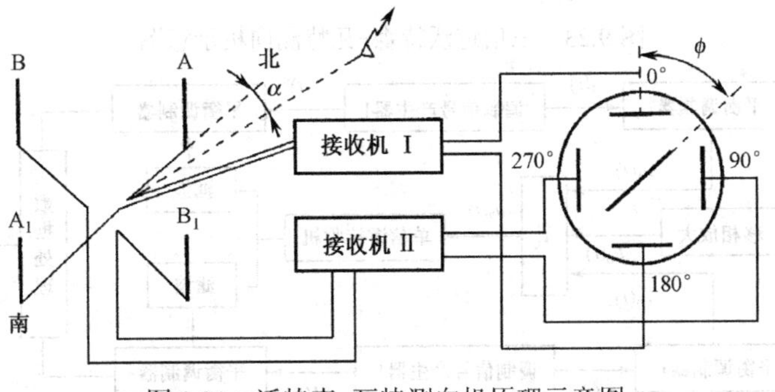


图 9.21　沃特森-瓦特测向机原理示意图

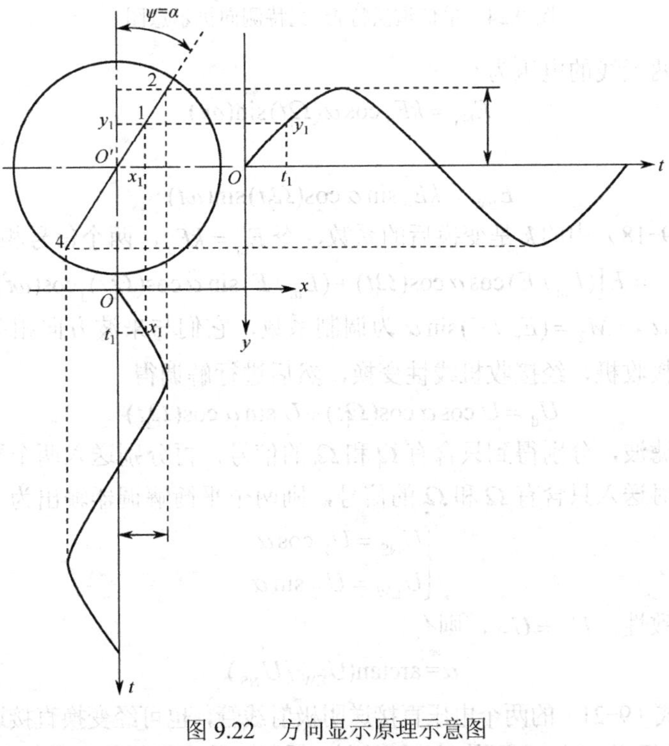


图 9.22　方向显示原理示意图

图 9.23 所示是三信道沃特森-瓦特测向机示意图。

图 9.24 所示是单信道沃特森-瓦特测向机示意图，两副正交的爱得考克天线接收的信号分别被角频率为 $\Omega_1$ 和 $\Omega_2$ 低频信号调制后，送入相加器，同时全向性天线接收的信号经移相放大后也送入相加器。三个信号在相加器中相加后送入单信道接收机。设全向性天线送给相加器的信号为

$$E_0 = E\cos(\omega t) \tag{9-16}$$

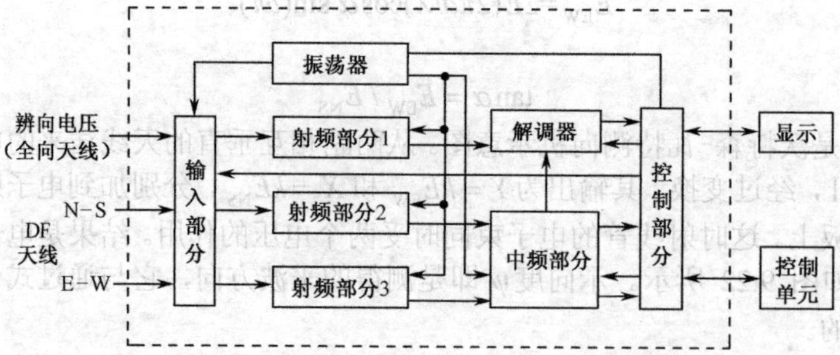


图 9.23　三信道沃特森-瓦特测向机示意图

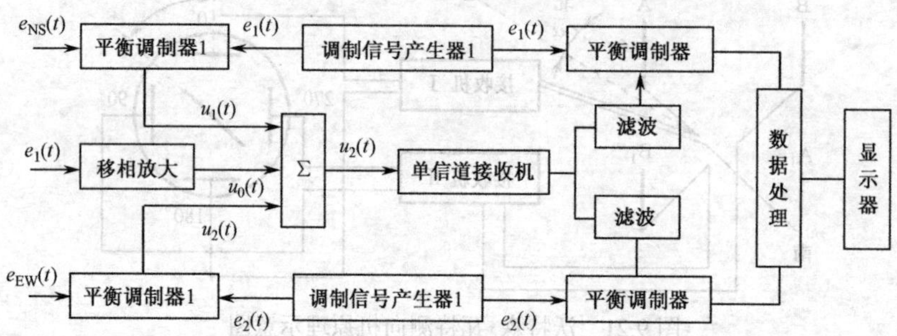


图 9.24　单信道沃特森-瓦特测向机示意图

当 $d \ll \lambda$ 时，南北两天线的电压为

$$E_{NS} = kE_0\cos\alpha(\Omega_1 t)\sin(\omega t) \tag{9-17}$$

东西天线的电压

$$E_{EW} = kE_0\sin\alpha\cos(\Omega_2 t)\sin(\omega t) \tag{9-18}$$

式（9-17）和式（9-18）中的 $k$ 是变换后的系数，令 $E_m = kE_0$，两个信号相加得

$$E^{+} = E\left[(E_m/E)\cos\alpha\cos(\Omega_1 t) + (E_m/E)\sin\alpha\cos(\Omega_2 t)\right]\cos(\omega t) \tag{9-19}$$

设 $M_1 = (E_m/E)\cos\alpha$，$M_2 = (E_m/E)\sin\alpha$ 为调制系数，它们与来波方向相关，是 $\alpha$ 的函数。将此合成信号送入接收机，经接收机线性变换，然后进行解调得

$$U_d = U\cos\alpha\cos(\Omega_1 t) + U\sin\alpha\cos(\Omega_2 t) \tag{9-20}$$

两路信号经不同的滤波，分别得到只含有 $\Omega_1$ 和 $\Omega_2$ 的信号，再分别送入两个平衡调制器，平衡解调器的另一端同时送入只含有 $\Omega_1$ 和 $\Omega_2$ 的信号，则两个平衡解调器输出为

$$\begin{cases} U_{NS} = U_Y\cos\alpha \\ U_{EW} = U_X\sin\alpha \end{cases} \tag{9-21}$$

由于两个信道的一致性，$U_Y = U_X$，则有

$$\alpha = \arctan(U_{EW}/U_{NS}) \tag{9-22}$$

在实际中可将式（9-21）的两个电压直接送阴极射线管，也可经变换直接通过计算求得 V/m 值。在使用环天线进行测向时，为了使天线不旋转，采用一种古老的称之为角度计技术，如图 9.25 所示，它使用两组正交的环天线，或两组正交的 H 或 U 形结构的爱得考克天线，其测向机理与沃特森-瓦特测向机是一样的。测向时，将两副天线输出加到角度计的两个正交的场线圈 $L_A$ 与 $L_B$ 上，即两副天线将接收到的空中电磁波能量——能量的“原场”，转移到进行测向的两个场线圈 $L_A$ 与 $L_B$ 上—能量的“副场”。来自交叉环天线的两个电压，用与场线圈电耦合的搜索线圈 $L_H$ 起到等效

旋转环形天线的作用。角度计的输出由测向接收机给出，旋转搜索线圈 $L_H$，当出现小音点时，可从与搜索线圈相连的刻度盘上读出示向度。双值问题可通过连接辅助天线解决。

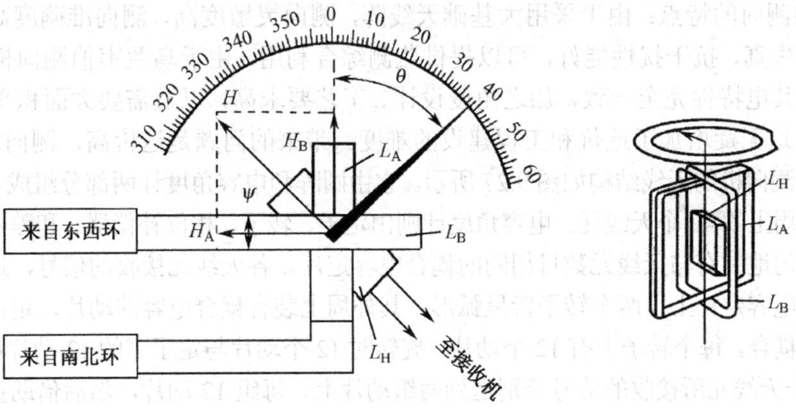


图 9.25　角度计测向机示意图

现代的交叉环天线测向机如图 9.26 所示，两个交叉环天线按正北方向校准，每个环天线感应的电压馈送到接收机进行变换和放大，这个过程要求对两路信号的增益和相位保持一致。然后送到 CRT，来波方向就由一条直线显示在荧光屏上。这种测向机，除了能提高测向速度和降低机械结构上的复杂性外，其交叉环天线的尺寸较少受限制。这种测向机的天线也可以用铁氧体环形天线，线圈绕在其上，这样可以大大提高灵敏度。由于天线尺寸较大，测向灵敏度可以得到提高。这种测向机适于在 LF（低频）、MF（中频）和 HF（高频）频段中使用。

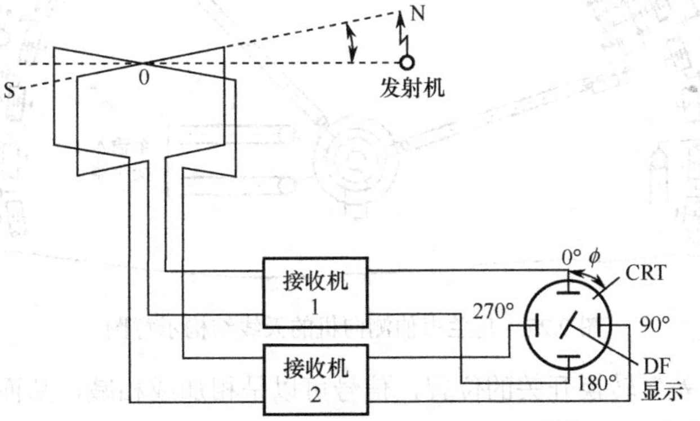


图 9.26　现代的交叉环天线测向机示意图

### 9.3.3　乌兰韦伯测向法

综合利用幅度测向方法中的最大和最小测向法以及天线阵测向法的典型例子是乌兰韦伯（Wullenweber）测向机，它又称为幅度综合测向法。乌兰韦伯的测向原理是利用圆阵完成测向和空间搜索的。采用大基础测向天线阵，在圆周上架设多个测向天线单元，来波信号经过可旋转的角度计、移相电路、和差电路，形成和差方向图，而后将信号馈送给接收机。通过旋转角度计，旋转和差方向图，测找来波方向。

短波乌兰韦伯测向体制，是典型的大基础测向天线阵，其直径是最低工作波长的 1～5 倍。根据低端工作频率的不同，天线阵直径尺寸达到数百甚至上千米。测向天线单元可以是宽频带直立天线，也可以是对数周期天线。为了提高天线接收效能，通常在天线阵内侧使用反射网。当一个天线阵难于覆盖全部短波频段时，一般是采用内高频、外低频的双层阵。

乌兰韦伯测向的特点：由于采用大基础天线阵，测向灵敏度高，测向准确度高，示向分辨率高，抗波前失真、抗干扰性能好，可以提供监测综合利用．由于乌兰韦伯测向机要求数十根天线、馈线，其电特性完全一致，加之角度设计、工艺要求高，以及需要大面积平坦开阔的天线架设场地，这无疑增加了造价和工程建设的难度。带来的问题是造价高，测向场地要求高。

乌兰韦伯测向机的天线结构如图 9.27 所示。它由圆阵和电容角度计两部分组成。圆阵是均匀排列在一个圆周上的 40 个天线元。电容角度计则由定子、转子、相位补偿器、和差器及方向盘所组成。定子均匀地装有与天线元数目相同的耦合电容定片。各天线元接收的信号，通过馈线送到定子的各耦合电容定片上。两个转子皆呈弧形，其外周上装有耦合电容的动片，定片与动片之间有良好的电器耦合。每个转子上有 12 个动片，旋转时 12 个动片与定子上的 12 动片耦合，使圆阵上相邻的 12 个天线元所接收的信号分别送到两组动片上。每组 12 动片，然后借助正弦补偿器和变压器叠加成两组信号，再通过集流器到达变压器输入绕组，在那里把它们组合起来。

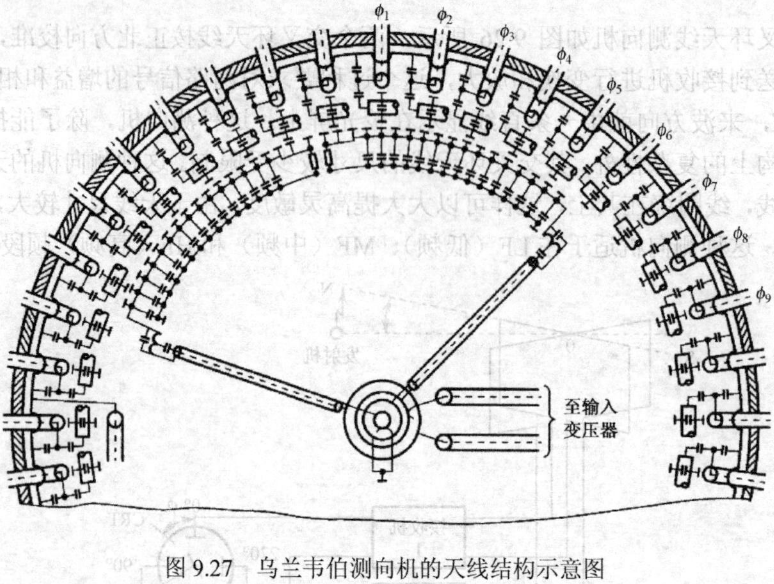


图 9.27　乌兰韦伯测向机的天线结构示意图

根据“和”与“差”转换开关的位置，信号可以是相加或相减，从而获得“和”与“差”方向图。如图 9.28 和图 9.29 所示。

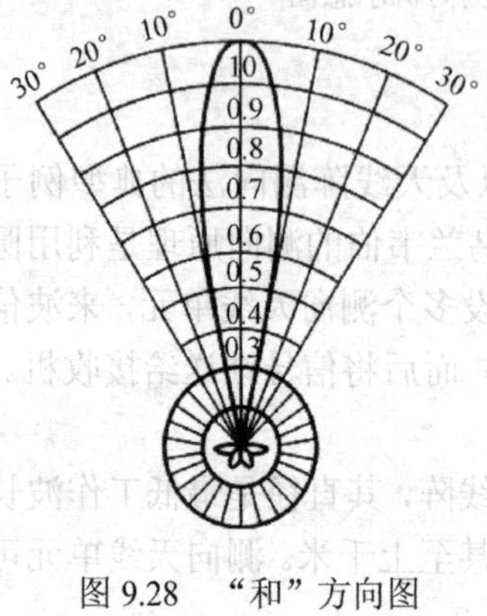


图 9.28　“和”方向图

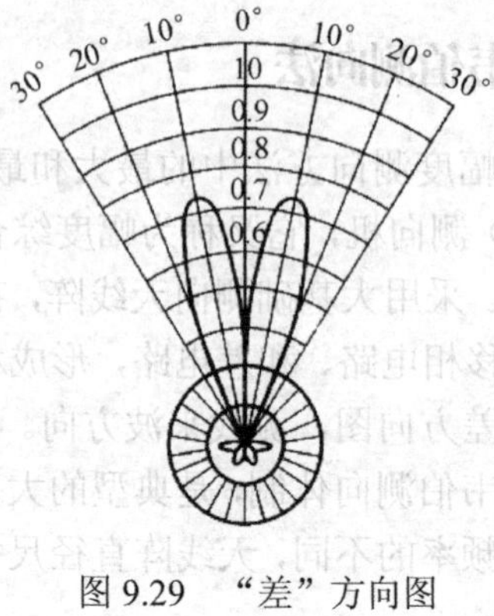


图 9.29　“差”方向图

测向时，通过动片的转动，利用“和”与“差”方向图寻找来波方向。当动片转到某个位置，“和”方向图最大值为一组时的两倍，“差”方向图输出为“零”，“和”方向图最大波瓣指向，或者“差”方向图零点指向，就是来波方向。乌兰韦伯测向机的原理方框图如图 9.30 所示。这是个典型的大基础测向机，测向天线的圆阵直径可达最低工作波长的 1～5 倍。为了提高性能，有时采用内高频，外低频的双层阵。测向天线单元可以是宽带直立天线，也可以是对数周期天线。

现代乌兰韦伯测向机已经利用了波束形成技术，不再使用机械装置实施转动，而是利用电子开关实现动片转动。这种测向体制具有测向灵敏度高、示向度误差小、示向分辨率高、抗波前扭曲和抗干扰能力强等特点。但要求各元器件一致性高，否则就要进行修正。此外，这种测向机天线架设的场地要求面积大、平坦且开阔，这也增加了工程建设的难度。

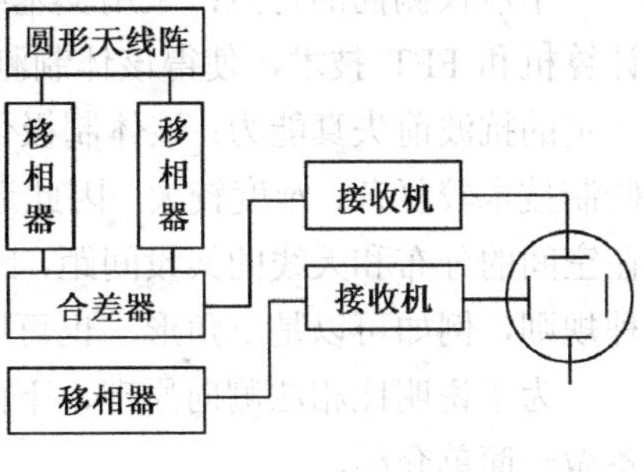

图 9.30　乌兰韦伯测向机的原理方框图

幅度比较测向法都是用天线输出电压幅度进行测向的。它们或者比较天线自身在不同位置的输出；或者同时比较在不同位置的两副或多副天线的输出；或者将多副天线的输出分别经移相，然后经加减、变换、放大等处理，再进行比较，最后测出方位角的。通过耳听或直接驱动显示装置，或者通过数学计算，给出示向度。

### 9.3.4　干涉仪测向法

相位测向法与幅度测向法不同，它是通过测量两副或多副在不同波前的天线输出信号的相位，而不是幅度进行测向的。相位测向法包括干涉仪测向法、相关干涉仪测向法、多普勒（Doppler）测向法和时差测向法等。

干涉仪测向的工作原理是依据电波在行进中，从不同方向来的电波到达测向天线阵时，在空间上各测向天线单元接收的相位不同，因而相互间的相位差也不同，通过测定来波相位和相位差，即可确定来波方向，也称比相法。

由于到达各波前的信号相位与幅度无关，因此，此种方法对幅度特性不敏感。要产生相位差，当然至少要有两个位于不同波前的信号，所以，同比幅法一样，它也至少需要两副天线和两个信道。由于信号的相位差本质上来源于一个信号到达不同波前的时间差。两个天线单元所在的位置决定一条直线，即使在二维平面上，也存在与这条直线对称的方向。因此，两个天线单元的系统在处理方位时将出现模糊，不能区分来波究竟是从两个方向中的哪个方向进入。因此，它也需要采取措施解决这一问题。在比相法中，通常是采用增加天线单元和信道的方法解决这一问题，换句话说，比相法测向至少需要三个天线单元和三个信道。在最简单的情况下，像在比幅法中那样，采用两对正交的四个天线单元，四个或至少两个信道就可以解决这个问题。在采用两个信道时，需要采用时分方法，通过开关使其与不同的两对天线单元相连接，从而测出两组相位差，并由此求得来波方向。

有人认为，比相法只能对单一载频信号进行测向，这是不正确的。理论分析和实践都表明，比相法不仅能对带有各种调制的信号实施测向；而且，对于信号频谱不重叠的多个信号也能测向，只要它们能够同样地通过接收信道。当然，这时采用合成信号直接比相是不行的，必须采用 FFT 处理，并比较两副天线接收信号的相应的每根谱线的相位才能实现测向。例如，在某一频率范围内（相应一个信号），两副天线接收信号相应谱线相位差相同，可认为它们是一个信号的频率成分；在另一频率范围内，接收信号相应谱线相位差与上述相位差出现突跳，且又形成一组相应谱线相位差一致时，可认为它们是另一个信号的频率成分。依此类推，从而可测出宽带内多个信号的相位差，并由此分别获得它们的来波方向。

干涉仪测向的特点：采用变基线技术，可以使用中、大基础天线阵，采用多信道接收机、计算机和 FFT 技术，使得该体制测向灵敏度高，测向准确度高，测向速度快，可测仰角，有一定的抗波前失真能力；该体制极化误差不敏感；干涉仪测向是当代比较好的测向体制，由于研制技术较复杂、难度较大，因此造价较高；干涉仪测向对接收信号的幅度不敏感，测向天线在空间的分布和天线的架设间距，比幅度比较式测向灵活，但天线在空间分布上又必须遵循某种规则，例如可以是三角形，也可以是五边形，还可以是 L 形等。

为了说明比相法测向原理，下面以德国 AEG 公司生产的 PSI1750 为例，对干涉仪测向设备做一简单介绍。

PSI1750 是一种多基线干涉仪测向机。九个天线单元非均匀的，但对称地分布在直角三角形的两条直角边上，如图 9.31 所示。图中天线单元 $A_0$、$A_1$、$A_2$ 构成短基线天线阵。天线单元 $A_0$ 始终与 $Z$ 信道相接，$A_1$、$A_2$ 分别通过转换开关与 $X$ 和 $Y$ 信道相接，基线长 $D_0$ =8 m。$A_0$ 与 $A_3$ 和 $A_4$，$A_5$ 和 $A_6$，$A_7$ 和 $A_8$ 分别构成三组不同的长基线天线阵。基线长分别为 $D_1$ =20 m、$D_2$ =50 m、$D_3$ =125 m，即 $k = D_1/D_0 = D_2/D_1 = D_3/D_2$ =2.5。当电波以方位角 $\alpha$、仰角 $\theta$ 射入短基线天线阵 $A_0$、$A_1$、$A_2$ 时（如图 9.32 所示），到达天线 $A_0$ 和 $A_1$ 之间的相位差为

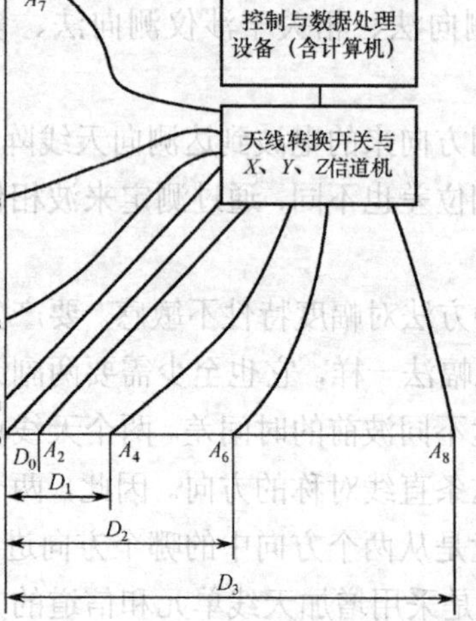

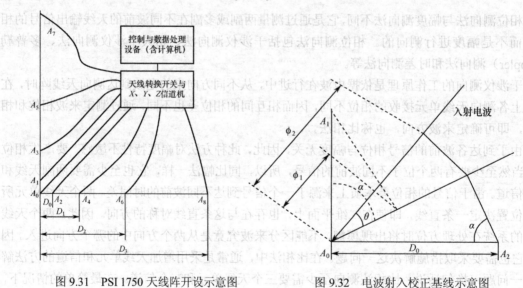

图 9.31　PSI 1750 天线阵开设示意图

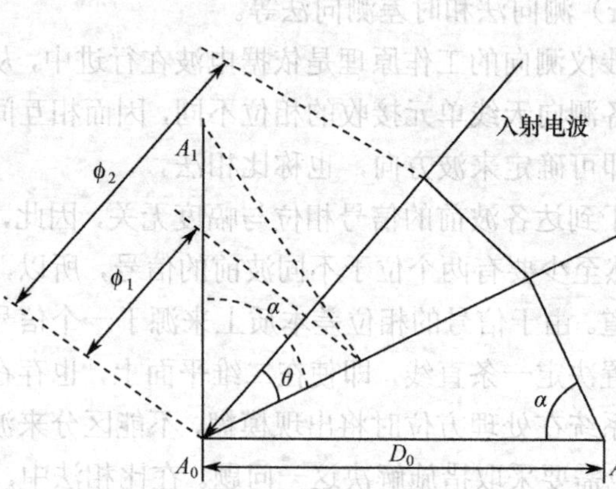


图 9.32　电波射入校正基线示意图

$$\phi_1 = (2\pi D_0 / \lambda)\cos\theta\cos\alpha \tag{9-23}$$

到达天线 $A_0$ 和 $A_2$ 之间的相位差为

$$\phi_2 = (2\pi D_0 / \lambda)\cos\theta\sin\alpha \tag{9-24}$$

则

$$\alpha = \arctan(\phi_2 / \phi_1) \tag{9-25}$$

由$\phi_1^2+\phi_2^2=[(2\pi D_0/\lambda)\cos\theta]^2$得

$$\theta=\arccos\left\{[\phi_1^2+\phi_2^2]^{1/2}/(2\pi D_0/\lambda)\right\} \tag{9-26}$$

根据上面的两个算式，可求得来波的入射方位角和仰角。

在正交基线及沃特森-瓦特比幅测向法中，只允许在基线$d\ll\lambda$（波长）时，才能有$\alpha=\arctan(E_{EW}/E_{MS})$，否则会带来较大的测向误差，这就限制了天线阵的使用频率范围。而比相体制不受这个限制，基线长$D$与波长$\lambda$的比值可以为任何值。因此，比相体制不仅可用于小基础短基线天线阵，也可以用于大基础长基线天线阵。这样测向精度就可以得到较大的提高，并且较少受干扰的影响。因此可以说，比相体制测向机工作在小基础时，不能发挥其固有的优越性。当然，由于工程上只能测量±180°，所以，$D/\lambda>0.5$时，存在相位多值性，即相位测量值的不确定性（有时称为相位多值性或相位模糊）。这是因为相位测量值的范围超出±180°，工程上就将以周期性重复体现出来，重复周期为 360°。例如，两个信号相位差为 240°，超出了+180°的范围。实际测量结果为−120°，如两个信号相位差为−240°，则实际测量结果为+l20°。这就出现模糊，必须判断测量结果究竟是+240°还是−120°，或者判断−240°还是+120°。又比如，到达两个天线单元的相位差是 380°，实测结果是 20°，就必须判断相位差值是 20°还是 $n$×360°+20°，等等。正是因为相位以 360°为周期，为了解决相位模糊问题，必须用多组不同长度的基线。理论上，最小基线应满足相位差不超过+180°，不小于−180°；稍长的一组基线，应满足相位差不超过+540°，不小于−540°。即第二组基线不能超过第一组长度的 3 倍。考虑实际中可能引入误差，通常取为 2.5 倍。当然，在使用较复杂的天线阵和较复杂的算法时，可以不受这个限制。总之，在长基线状态下测得的相位值，不是信号实际相位差，必须设法找到实际的相位差值。

PSI1750 就是采用了上述方法构成的多基线天线阵，用来解决测向精度和相位多值这一对矛盾。其基本思路是逐步扩大基础，多次测量，最终获取高精度的示向度。具体步骤是先以基线$D_0<0.5\lambda$的短基线进行测向，此时测得的相位差是单值的，然后按一定比例不断增加基线长度，测量信号到达不同基线长度的相位差，得到相应的相位数值，分别代入判别式，逐步选出与短基线测量值相吻合的数值，直到找出最长基线的最终相位测量结果。通过这个结果求得来波的示向度，即方位角和仰角。这样算得的示向度将使测向精度得到提高。

如前所述，PSI 1750 的天线单元的阵形是非均匀的，但是对称地分布在直角三角形的两个直角边上。在 X 轴上排列着偶数号的天线单元$A_2$、$A_4$、$A_6$、$A_8$，称其为偶数行；在 Y 轴上排列着奇数号的天线单元$A_1$、$A_3$、$A_5$、$A_7$，称为奇数行。$A_0$为基准天线单元，它的输出与信道$Z$相连。偶数号的天线单元和奇数号的天线单元，按着从短到长的顺序，通过转换开关分别按一定时序与$X$和$Y$信道相连。这样，PSI1750 有四组基线$D_0$、$D_1$、$D_2$和$D_3$，如图 9.32 所示。其中$D_0$和$D_1$可作为校正基础使用。当频率较高时，使用$D_0$作为校准基线；当频率较低时，使用$D_1$作为校正基线。天线单元的切换由计算机自动控制。

PSIl750 完成一次测向需经下述几个步骤：

（1）$D_0$为不出现模糊的基线，也称校正基础，用其测得基础值。方法是通过天线转换开关，将$A_0$、$A_1$、$A_2$ 3 个天线单元接收的信号送到 3 个信道中，测得$A_1$、$A_2$分别与$A_0$的相位差$\phi_1$和$\phi_2$，即为基础值。这个值也是设备值，即设备测得值。由于$D_0<0.5\lambda_{min}$，所以没有相位多值问。

（2）计算使用$D_1$时的期望值，所谓期望值是指用前一基线（较小的）实际测得值（此处是基础值），乘以两基线长度比（这里为 2.5），所得到的相位差值，作为使用较长基线$D_1$测得的相位差的期望值，则有$\phi_3'$=2.5$\phi_1$和$\phi_4'$=2.5$\phi_2$。

（3）使用基础$D_1$，即$A_3$、$A_4$分别通过转换开关与X和Y信道相接，测量$A_3$、$A_4$分别与$A_0$的相位差$\phi_3$和$\phi_4$，即设备值。

（4）分别将$\phi_3$和$\phi_4$代入判别式$|\phi_3' - (\phi_3 \pm n\times 360°)| < 180°$和$|\phi_4' - (\phi_4 \pm n\times 360°)| < 180°$，其中$n = 0,1,2,3,\cdots$。改变$n$值，在判别式成立的条件下，计算出$n$值，求出用$D_1$时的实际测量值$\phi_{30}$和$\phi_{40}$。

（5）采用与（4）相同的方法，计算用$D_2$基线测向时的期望值，即$\phi_5'$=2.5$\phi_{30}$和$\phi_6'$=2.5$\phi_{40}$。

（6）用$D_2$基线测量$A_5$、$A_6$分别与$A_0$的相位差$\phi_5$和$\phi_6$。

（7）将$\phi_5$和$\phi_6$代入判别式$|\phi_5' - (\phi_5 \pm n\times 360°)| < 180°$和$|\phi_6' - (\phi_6 \pm n\times 360°)| < 180°$，其中$n = 0,1,2,3\cdots$。改变$n$值，在判别式成立的条件下，计算出$n$值，求出$D_2$时的相位差实际测量值$\phi_{50}$和$\phi_{60}$。同样，可求出用$D_3$基线时的$\phi_{70}$和$\phi_{80}$。

（8）求方位角与仰角

$$\alpha = \arctan(\phi_{80} / \phi_{70})$$

$$\theta = \arccos[(\phi_{70}^2 + \phi_{80}^2)^2 / (2\pi D_3 / \lambda)]$$

按以上步骤就可完成一次测向。如果每一种基线测向需时3 ms，累计时间为12 ms。采用大基线测向时，可以使固有误差的影响大为减小。如用X轴基线的测向误差为$\Delta\phi_1$，用Y轴基线的测向误差为$\Delta\phi_2$，则有

$$\alpha = \arctan(\phi_{80} / \phi_{70}) = (2.5^3 \phi_2 + \Delta\phi_2) / (2.5^3 \phi_1 + \Delta\phi_1)$$

由此不难看出，误差$\phi_1$和$\phi_2$的影响大为减小。

人们通常把通过设备测量直接得到的相位差之称为设备值，其绝对值小于180°，不产生模糊的小基线设备值，是实际的相位差。该值乘以基线长度比称为下一基线的期望值，长基线情况下的实际相位差是通过计算得到的，称为实际测量值，简称实际值。为了清楚起见，将设备值、期望值和实际值用列线表绘出，如图9.33所示。

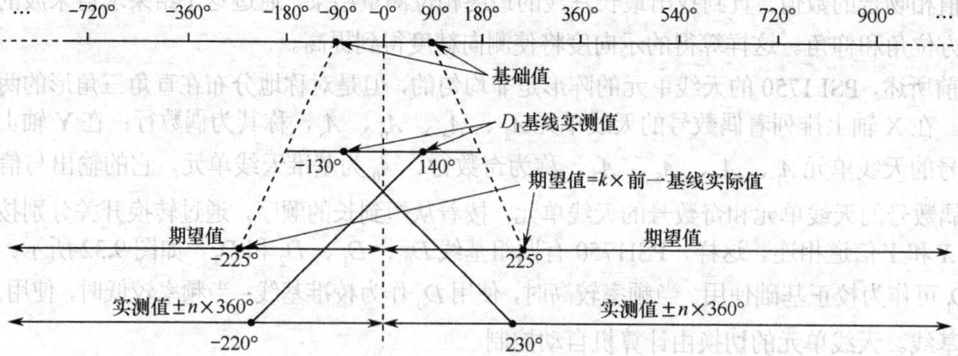


图9.33　基础值、设备值、期望值和实际值列线表

设基线$D_0$时测得基础值$\phi_1$=90°和$\phi_2$=−90°。用基线为$D_1$时，测得的设备值为$\phi_3$=−130°和$\phi_4$=140°，则期望值$\phi_3'$=225°，$\phi_4'$=−225°。经判别求得$n$=1，代入$\phi_3$+360°得$\phi_{30}$=230°，同样可得$\phi_{40}$=220°。如列线图所示。使用同样方法可求得用基线$D_2$和$D_3$时得到的实际测量值，从而可求得信号来波的方位角和仰角。

### 9.3.5 相关干涉仪测向法

传统的干涉仪测向法由于要有一个基础基线，且基线长度 $D<0.5\lambda$，因此存在两个问题：一是天线阵的天线单元之间距离较近，互相之间存在互耦，使测得的相位差误差很大；另一方面，天线单元可能包括几种极化天线，它们互相之间也存在互耦，进一步引起误差增加，这会导致相邻长度基线匹配困难。二是受基础基线长度的限制，工作频率范围受限；反之，在一定的工作频率范围下，也限制了天线阵的简化。

为了解决上述问题，人们设计了各种天线阵型，使得问题有了一定程度的解决。在改进阵型设计的同时，一种新的方法即相关干涉仪法被引入干涉仪测向法中。这里“相关”的含义就是通过“比较”其相似程度，得到来波方位的确认。通过比较用某一基线实测的来波相位差分布与事先已存储的相位差分布的相似性，即比较它们随着频率、方位和仰角的变化的特性，获取来波的方向。这好比一个城市有 $n$ 个入口，如果把可能进入该城市的所有外地车进行登记造册，并把它们的出发地点与人口联系起来，日后就可以根据某部外地汽车的特点和出发地，知道这部车是从哪个入口进入城市的。

相关干涉仪正是按着这个思想设计的。它不需要一组小于 $\lambda/2$ 的基线，阵元之间可以有较大的距离，它不靠基础基线解模糊，而是用相关来解决这个问题。同时，由于采用相关处理技术，弱化了天线单元之间、载体与天线单元之间等的互耦影响。甚至还可以弱化其他影响，只要这些影响是稳定的，它们都将被存储记录下来，且在相关时可以弱化它们的影响。承认各种影响的存在，弱化它对测向结果的影响，这就是相关干涉仪的基本思路。

DDFOIM 测向设备是德国 R&S 公司 20 世纪 90 年代中期推向市场的 HF 波段的测向机，属于相关干涉仪测向方式。9 个天线单元均匀分布在直径为 50 m 的圆周上。通过天线开关，依次与平衡一致的（相位和振幅）三信道接收机连接，其中天线 $A_0$ 始终与 $Z$ 信道接收机相连，其余 8 个天线单元分成两组，$A_1$、$A_2$、$A_3$、$A_4$ 为一组，$A_5$、$A_6$、$A_7$、$A_8$ 为另一组，依次同步地分别与 $X$ 和 $Y$ 信道接收机相连，如图 9.34 所示。

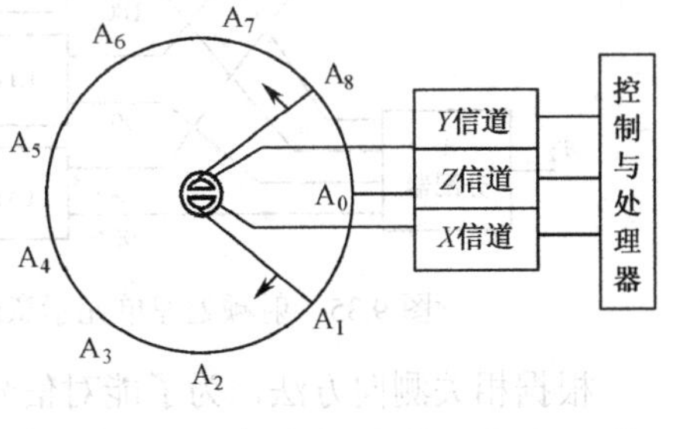


图 9.34 DDFOIM 相关干涉仪测向机示意图

相关干涉仪测向方式的工作模式如下：

（1）完成各天线单元对参考天线单元的相位差测量，获取一组相位测量数据；

（2）使用相位测量数据与存储在存储器中的若干相位参考数据组进行相关运算；

（3）求最大相关系数，则取得最大相关值的相位参考数据对应的方位角，即是所接收信号的电波入射方位角。

必须指出，存储在存储器中的若干相位参考数据组是实测得来的，这些相位参考数据是与不同的来波方向唯一对应的。

相关测向法也可以用于其他体制的测向方法中，例如一种许多人称为单信道相关干涉仪的测向体制有时也被采用，这种测向体制的实质是利用幅度测向的一种方法，原理简单介绍如下。

从严格的意义上讲，单信道接收机是无法直接求取一个信号的来波方向的。在工程实现上是将两天线接收的信号一路进行移相，移相值通常取为 0°、90°、180°、270°和（或−90°）；然后再将其与未移相的一路信号相加，送入接收机进行放大、变频、再放大、平方。这样就可获得$|E_1|^2$、$|E_2|^2$、$|E_3|^2$和$|E_4|^2$，通过这些值就可以计算出两信号的相位差。

我们先来讨论两个天线单元的情况，设天线单元 $A_1$ 和 $A_2$ 接收信号的幅度分别为 $A$ 和 $B$，两者的信号相位差为 $\theta$，通过图 9.35 所示的射频处理单元，可以依次得到信号的 4 个合成值：

$$|E_1|^2 = A^2 + B^2 + 2AB\cos\theta$$

$$|E_2|^2 = A^2 + B^2 - 2AB\cos\theta$$

$$|E_3|^2 = A^2 + B^2 + 2AB\sin\theta$$

$$|E_4|^2 = A^2 + B^2 - 2AB\sin\theta$$

由此可以得到：

$$\theta = \arctan[(|E_3|^2 - |E_4|^2)/(|E_1|^2 - |E_2|^2)] \qquad (9\text{-}27)$$

根据上述原理，可以用 9 单元天线等间隔分布的圆阵，利用相关求解法求解来波方向。天线单元均匀分布于直径为 $d$ 的圆周上，编号为 $A_1 \sim A_9$。设天线孔径为 $d$，如图 9.36 所示。据此，可以得到 9 个天线单元任意两个天线组合而成的天线对，从而形成数目相当多的天线对，则可以从每个天线对获得一个相位差，这个相位差与信号的来波方向相关。通过对多天线对的相位差与来波方向的相关性处理，就可以获得来波方向。天线对的个数理论上为 8×7×6×5×4×3×2，在工程上，根据工作频率选择其中几个到十几个天线对就可以了。

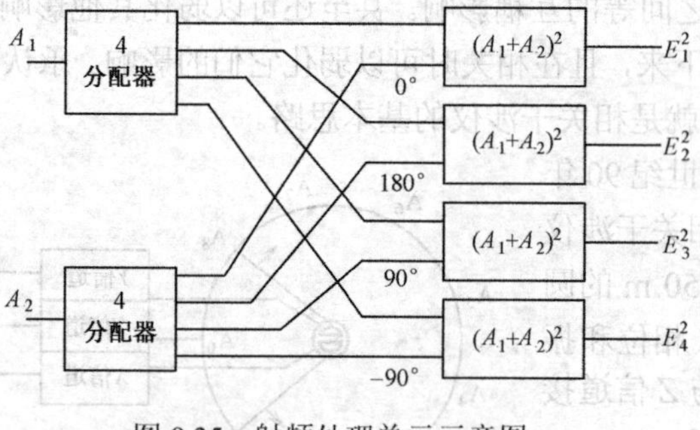


图 9.35　射频处理单元示意图

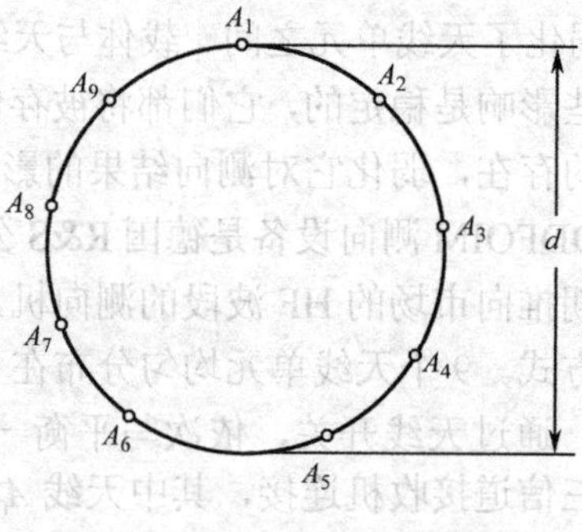


图 9.36　天线架设示意图

根据相关测向方法，为了能对信号进行测向，首先要对测向设备进行校准，获得相关表。为此，先在标准测试场地上，设定测向设备所在位置，并以此为中心，在全方位上选择若干等间距的点，利用大地测量的方法确定出这些点所在的方位（如为 $\alpha_0, \alpha_1, \alpha_2, \cdots$）作为辐射源的真实方位。然后，在这些点上发射信号，测向设备采集数据样本（数据样本已包含了系统所有参数信息）。对于每一个点上辐射源的真实方位，系统都有多个（通常使用 12 个）相位测量结果与之对应，把这些测得的数据与真实方位一一对应建立一个对照表。假设以 5°等间隔来收集样本，则有 72 个样本，它们对应的相位为 $\phi_i$ =（$\phi_{i0}$，$\phi_{i1}$，…，$\phi_{in}$），其中 $i$=0，1，2，…，71，$n$ 可以取几个到十几个。由此可以得到对照表 9.1，表中 $\phi_2$ 表示不同天线对测得的来波相位差 $\theta_i$。例如，$\phi_0$ 表示在 0°方位不同天线对测得的相位差：$\theta_{i0}, \theta_{i1}, \cdots, \theta_{in}$。

**表 9.1　真实方位与测向机测得的相位差表**

| 真实方位 | $\alpha_0$ | $\alpha_1$ | $\alpha_2$ | … | $\alpha_{71}$ |
|---|---|---|---|---|---|
| 测得的相位差 | $\phi_0$ | $\phi_1$ | $\phi_2$ | … | $\phi_{71}$ |

有了相关表，就可以在实际使用中利用相关法测量未知辐射源的位置。

如果对于某一实际目标信号，系统对未知辐射源测得的相位为 $\phi'$，则把这一结果与对照表中的$\phi_0$，$\phi_1$，…，$\phi_{71}$分别进行相关运算，其相关函数的表达式为：

$$R_i = \frac{\phi^{\mathrm{T}}\phi_i}{[(\phi^{\mathrm{T}}\phi')(\phi_i^{\mathrm{T}}\phi_i)]} \tag{9-28}$$

式中，$i$=0,2,…,71。其中使$R_i$取最大值的那一组相位样本测量结果所对应的方位值，就是目标信号的方位值。

由于在原始相位样本仅有有限个方位值（71 个），如果目标的实际方位在这有限个方位值的两个值之间时，则可用曲线拟合法进行插值运算，以求得方位角的准确值。

这种方法的优点是利用一个信道，较好地克服了信道不一致性所带来的误差；缺点是取向时间长，运算量大。

### 9.3.6 多普勒测向法

多普勒测向法是利用多普勒效应进行测向的。所谓多普勒效应就是辐射源与测向设备有相对运动时，接收信号的频率或相位与其静止不动时接收到的信号频率或相位不同。当辐射源与接收设备相向移动时，接收频率增加，相反运动时频率降低，通过测定多普勒效应产生的频移，可以确定来波的方向。

为了得到多普勒效应产生的频移，必须使测向天线与被测电波之间做相对运动，通常是以测向天线在接收场中以足够高的速度运动来实现的，当测向天线完全朝着来波方向运动时，多普勒效应频移量（升高）最大。

多普勒频移$f$，可以从旋转的测向天线接收到的信号，经过接收机变频、放大、鉴频以后得到。多普勒频移$f$与 0 点参考频率相比较，即可得到来波方向角。

多普勒测向通常不是直接旋转测向天线，因为这在工程上难以实现，它是将多根天线架设在同心圆的圆周上，电子开关顺序快速接通各个天线，等效于旋转测向天线。人们称这种测向机为准多普勒测向机。多普勒测向机的测向天线阵可以使用大中基础天线阵，当开关旋转频率为数百赫时，多普勒频移可达到数百赫，但是开关旋转换频频率的升高，会使边带带宽增加，于是转速的升高又受到了一定限制。

多普勒测向的特点：可以采用中大基础天线阵，测向灵敏度高，准确度高，有间距误差，极化误差小，可测仰角，有一定的抗波前失真能力。多普勒测向体制的缺点是抗干扰性能较差，例如遇到同信道干扰、调频调制干扰时，会产生测向误差。该体制尚在发展之中，改进会使系统变得复杂，造价会随之升高。

如图 9.37 所示，汽车以速度$V$行驶，其向辐射源行驶速度为$V\cos\alpha$。为了讨论问题的方便，设$V$为常数，即匀速行驶。并假设汽车如果不动，在$\Delta t$ (s)后，在$A$点接收的信号相位为$\omega t$，即它接收的信号波前相位皆为$\omega t$。然而，事实上汽车在$\Delta t$ (s)后，已经到达$B$点，此时$B$点所在波前信号的相位已不是$\omega t$，而是

$$\omega t + (2\pi/\lambda)V\cos\alpha\cdot\Delta t \tag{9-29}$$

式中，$\omega$是辐射源辐射信号的角频率，$\lambda$是它的波长。由式（9-29）可得

$$\Delta\phi = (2\pi/\lambda)V\cos\alpha\cdot\Delta t \tag{9-30}$$

已知$\lambda=c/f$ ($c$为光速)，则式（9-30）变为

$$\Delta\phi = (2\pi f/c)V\cos\alpha\cdot\Delta t$$

即

$$\Delta\omega = \Delta\phi/\Delta t = 2\pi(V/c)\cos\alpha\cdot f \tag{9-31}$$

$$\Delta f = (V/c)\cos\alpha \cdot f \tag{9-32}$$

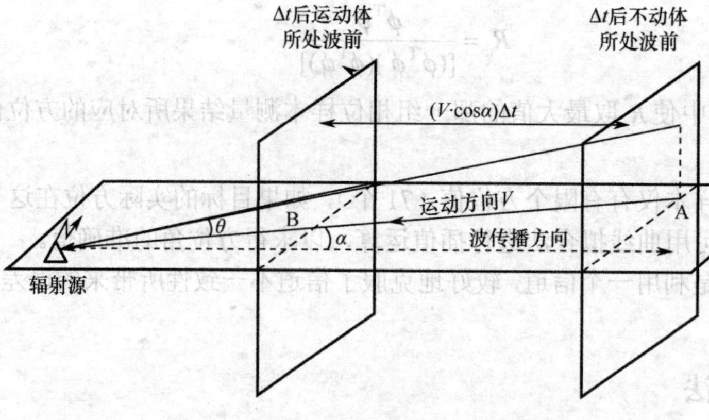


图 9.37　多普勒效应原理示意图

式（9-32）就是多普勒关系式，如果来波有倾角 $\theta$，则该式变为

$$\Delta f = (V/c)\cos\alpha\cos\theta \cdot f \tag{9-33}$$

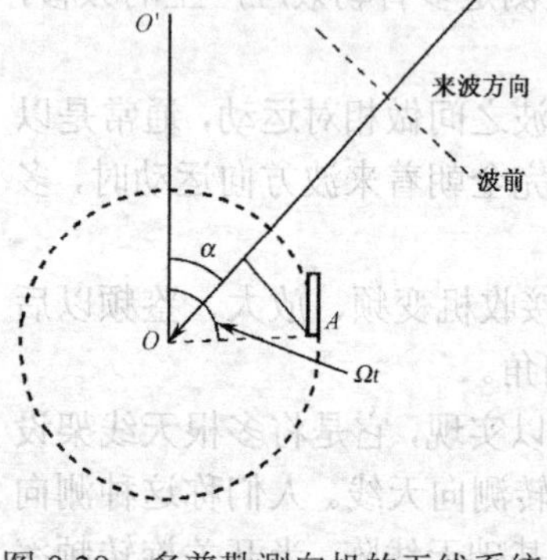


图 9.38　多普勒测向机的天线系统

多普勒测向机的天线系统如图 9.38 所示。它是一个绕点 $O$ 旋转的全向天线，旋转角频率为 $\Omega$，旋转圆周半径为 $R$。如上所述，如果天线向远离辐射源方向运动，天线上产生的信号相位增量为负。这时天线旋转速度矢量在 $OO'$上的投影与电波传播方向一致。当天线垂直于电波传播方向运动时，相位增量为零。把位于圆心 $O$ 点的波的相位作为初始相位，并等于 $\phi_0 = \omega t$。这时，天线运动到某个位置时，该位置的电波相位不等于此，而是有一个相差，即

$$\Delta\phi = (2\pi/\lambda) \times R\cos(\Omega t - \alpha) \tag{9-34}$$

式中 $\alpha$ 为来波与参考方向正北的夹角，$\Omega t$ 为天线从正北方向顺时针转动时间 $t$ 后转动的角度。如果 $O$ 点电压为

$$E_0 = E\cos(\omega t) \tag{9-35}$$

式中 $E$ 为信号幅度。天线所在处的 $A$ 点电压为

$$E_A = E\cos[\omega t + (2\pi/\lambda)R\cos(\Omega t - \alpha)] \tag{9-36}$$

这就是说，天线转动，其上感应的电压相位被调制，并且这个调制与来波方位角相关。由式（9-36）可知，相位调制指数 $(2\pi/\lambda)R$ 的大小表征天线转动时产生的相位偏离最大值。$E_A$ 经解调得

$$U = U_0\cos(\Omega t - \alpha) \tag{9-37}$$

将其与一个振荡频率为 $\Omega$，天线旋转至正北方向输出为零的电压进行比较，根据相位差就可求出 $\alpha$。

如上所述，多普勒测向是靠解调天线旋转时，信号产生的调制信号获得示向度的。然而，通信信号本身大都是调制信号，如 AM、SSB、LSB、USB、ISB、FSK、PSK 等。信号本身的调制可能带来测向误差。

采用双信道多普勒技术可以较好地解决调制带来的问题。图 9.39 是其原理方框图，从

中不难看出，测向天线阵输出的包括多普勒频移的信号送入接收信道 1，全向天线输出的信号送入信道 2，两个信号经变换送入混频器 2，信号的原始调制在混频器中被消除，从而消除了调制的影响。

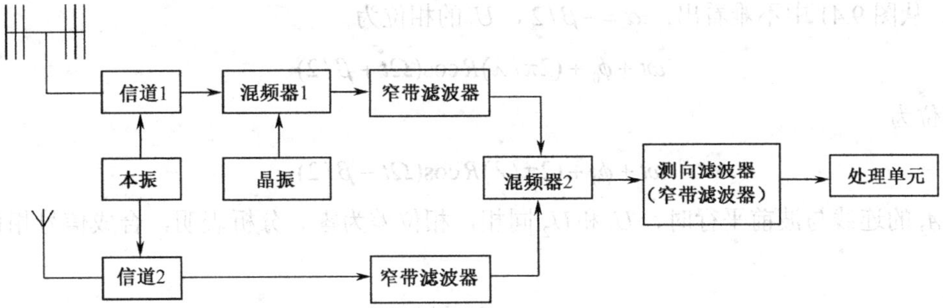


图 9.39　双信道多普勒测向机原理方框图

在双信道多普勒测向机中，由于接收机通带频率的非线性，从而使误差不是线性变化，因而难以用校准的方法来消除。解决这一问题的方法通常是采用双向旋转的多普勒天线阵，如图 9.40 所示。天线阵有两套电子开关，一套用于顺时针旋转，一套用于反时针旋转，输出信号分别送入双信道接收机。信号经鉴频器后，求得两信道输出信号的相位差即是两倍的方位角；也可经“和”和“差”处理和移相后送显示器显示。

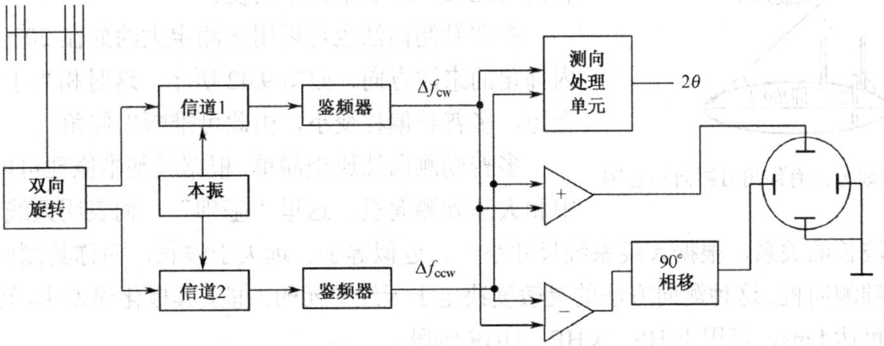


图 9.40　双向旋转的多普勒测向机原理方框图

多普勒测向方法还存在另外一个问题，即当 $R/\lambda$ 较大时，天线旋转 1 个周期，相位变换 $n$ 个周期，这就意味着在鉴相器输出端，同一个相位差会对应 $n$ 个不同的方位值，而每一个值与相邻的值相差 $2\pi/n$，因而出现了读数的多值性。

采用差动相位测向机可以解决这个问题，同时也能消除信号的调制影响。在这种测向机中，天线系统使用两个天线单元，它们架设于半径为 $R$ 的圆周上，二者间的距离是 $d$，且以角频率 $\Omega$ 绕 $O$ 点旋转。测向时，通过不断测量这两个天线在不同位置时的输出电压，求其相位差，根据相位差的周期变化求得来波示向度。如图 9.41 所示，设 $U_1$ 和 $U_2$ 是同步旋转的振子 $A_1$ 和 $A_2$ 的输出电压，$A_1$ 和 $A_2$ 与圆心连线的最小夹角为 $\beta$，则此时有

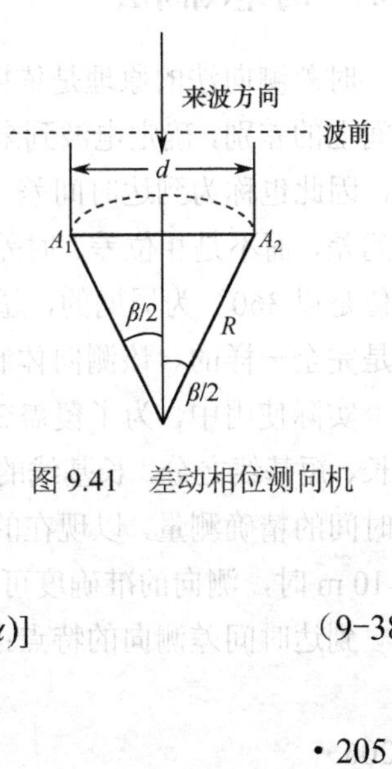


图 9.41　差动相位测向机

$$U_1 = U_0 \sin[(\omega t + \phi_0 + (2\pi/\lambda) R\cos(\Omega t - \alpha)] \tag{9-38}$$

$$U_2 = U_0 \sin[(\omega t + \phi_0 + (2\pi/\lambda) R\cos(\Omega t - \alpha - \beta)] \tag{9-39}$$

式中，$\phi_0$ 为信号的调制相位，其他符号意义同前。电压 $U_1$ 和 $U_2$ 之间的相位差 $\beta$ 与波前相位无关，而是取决于两个天线单元在旋转过程它们所在位置，且随着 $A_1$ 和 $A_2$ 旋转所在位置做周期性变化。从图 9.41 中不难看出，$\alpha = -\beta/2$，$U_1$ 的相位为

$$\omega t + \phi_0 + (2\pi/\lambda) R\cos(\Omega t + \beta/2)$$

$U_2$ 的相位为

$$\omega t + \phi_0 + (2\pi/\lambda) R\cos(\Omega t - \beta/2)$$

即 $A_1$ 和 $A_2$ 的连线与波前平行时，$U_1$ 和 $U_2$ 同相，相位差为零。分析表明，合成信号相位调制指数为

$$\Delta\phi = 2\pi d/\lambda \tag{9-40}$$

式中 $d = 2R\sin(\beta/2)$ 为两天线单元间的距离。这种测向机由于 $U_1$ 和 $U_2$ 相减，解决了信号原有调制的影响。另一方面，当 $d < R$ 时，可以避免多值性。

实际上，天线单元不是机械旋转的，取而代之的是对圆周上若干对称排列的天线单元周期性的扫描，最简单的方法是采用机械式的天线转换开关，但目前一般都采用电子开关进行扫描。将不同位置测向天线的输出信号与基准电压进行比较，或者两两比较，最后求得示向度。

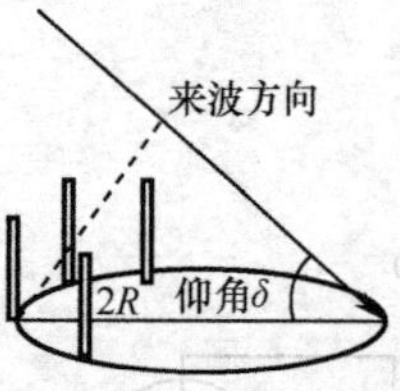

图 9.42　来波方向有仰角时测向示意图

多普勒测向法也可以用来测定大约处在 20°～90°范围内仰角的来波方向，如图 9.42 所示。这时相当于天线基线变短，多普勒偏移变小，由此可推断出仰角。

多普勒测向法原理简单，根据其基本原理可以组成小、中和大基础测向机。这里“基础”一词表明天线系统的尺寸与信号波长的关系，根据天线系统尺寸小于、近似等于、远大于波长，而称其测向机为小、中和大基础测向机。这种测向方法的灵敏度决定于天线单元的性能，其极化误差小，可测仰角，测向速度可达 1 ms，可用于 HF、VHF、UHF 频段。

### 9.3.7　时差测向法

时差测向法的原理是依据电波在行进中，通过测量电波到达测向天线阵各个测向天线单元时间上的差别，确定电波到来的方向。由于这种方法是通过测量电波到达不同天线单元的时间差，因此也称为到达时间差（TDOA）测向法。它类似于比相式测向，但是这里测量的参数是时间差，而不是相位差。时差测向法与比相测向法的差异，只是测量单位的不同，但必须注意相位是以 360° 为周期的，超出这个范围比相法就存在模糊问题，而时差测向则无此问题，余者是完全一样的。该测向体制要求被测信号具有确定的调制方式。

实际使用中，为了覆盖 360° 方向，至少需要架设三副分立的测向天线。测向天线的间距有长、短基线之分，长基线的测向精度明显好于短基线。到达时间差测向体制基于时间标准和对时间的精确测量，以现在的技术水平而言，时间间隔的测量可以达到 1 ns 的精确度，当间距为 10 m 时，测向的准确度可以达到 10° 。

到达时间差测向的特点：测向准确度高，灵敏度高，测向速度快，极化误差不敏感，没有

间距误差，测向场地环境要求低；但是抗干扰性能不好，载波必须有确定的调制，目前应用尚不普及。

时差测向法像比相法那样，也可用一个正交的三角型天线阵进行测向，如图 9.43 所示。

设 $D_0$ 是 $A_0$ 和 $A_1$ 之间、$A_0$ 和 $A_2$ 之间的距离，由图 9.43 不难得出电磁波到达 $A_0$ 和 $A_1$ 时间差为

$$t_{d1}=(D_0/c)\cos\theta\cos\alpha \tag{9-41}$$

式中，$c$ 为电波传播速度，即光速。到达天线 $A_0$ 和 $A_2$ 之间的时间差为

$$t_{d2}=(D_0/c)\cos\theta\sin\alpha \tag{9-42}$$

则有

$$\alpha=\arctan(t_{d2}/t_{d1}) \tag{9-43}$$

$$\theta=\arccos[(c/D_0)(t_{d2}^2+t_{d1}^2)]^{1/2} \tag{9-44}$$

如图 9.43 所示，这是个时差测向设备示意图。实际的设备还是需要 3 个性能一致的天线单元，3 部相位和幅度一致的信道机，这样才能保证单向测定。在测时间差时，可能会出现负时间，如在图 9.43 中，在 $A_1$ 和 $A_2$ 信道中增加延时电路，保证测量是正值。当然也可以通过电路来实现。

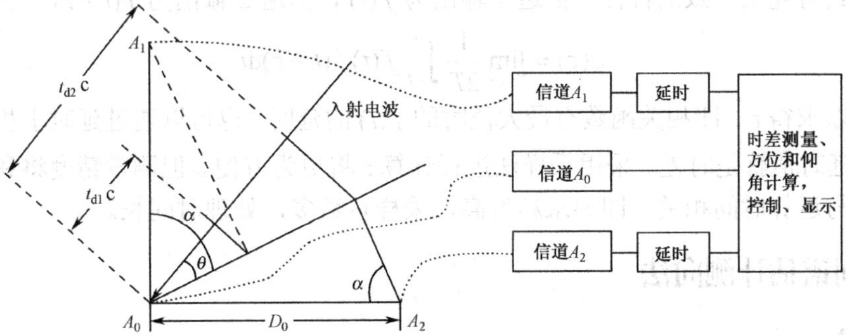


图 9.43　时差测向的正交三角型天线阵与设备示意图

由于采用时差法测向不存在模糊问题，因此，只要到达天线阵的电磁波满足平面波传播条件，基线长度可以不受限制，使用长基线可以使测向精度得以提高，同一种基线应用频段范围不受限制。使用时差测向法对通信信号测向至少存在两个问题：

一是时间测量精度。如果基线长 $D_0=1\,\text{m}$，最大时间差仅为 3.33 ns，这就意味着要使误差影响控制在 1%，测量的时间误差绝对值要小于 0.03 ns。即使采用 10 m 基线，也需要有 0.3 ns 的测量精度。显然。这个要求是很高的，由于测量精度达不到这个要求，所以这种方法一直没有被广泛应用。随着技术的进步，现在能达到的测量精度为 ±1 ns 甚至更高，这就为广泛使用时间差测向法奠定了基础。

二是通信信号是持续时间较长的信号，很难利用信号的上升沿和下降沿测量两个信号的时间差，同时信号也没有特定的时间基准，这一点是不同于雷达的。雷达是脉冲工作，可以利用其上升沿，也可以利用下降沿测时差。对于跳频信号，利用与雷达相同的上升和下降沿测量时差是完全可以的。

利用上升沿测时差的方法之一是时基信号测量法。即将信号到达两个天线单元时间差，看成两个接收信号（通常是射频检波后的）上升沿相应电平点对应的时间之差，并用二者形成闸门脉冲，然后用时基信号去测量。由于上升沿上升速率与信号电平有关，电平高速率大，测量

误差小。因此，在实际中总希望把信号尽可能的放大。为了提高精度，有时会把两个闸门形成的脉宽展宽，再进行测量。为了进一步提高精度，还可以用两个上升沿去触发两个它激振荡器，然后比较它们的相位，即将其转换为相位比较。但这时会有模糊问题，基线长度会受到限制。先对两个前沿量化再进行比较，则更是可取的。

对于通信中的连续波信号，一般是通过求到达两个接收站的输出信号的互相关函数的极值来进行到达时间差估计。最简单的相关无线电测向机是由 3 个天线单元、双信道接收机、相关器和处理显示器组成。如图 9.44 所示。

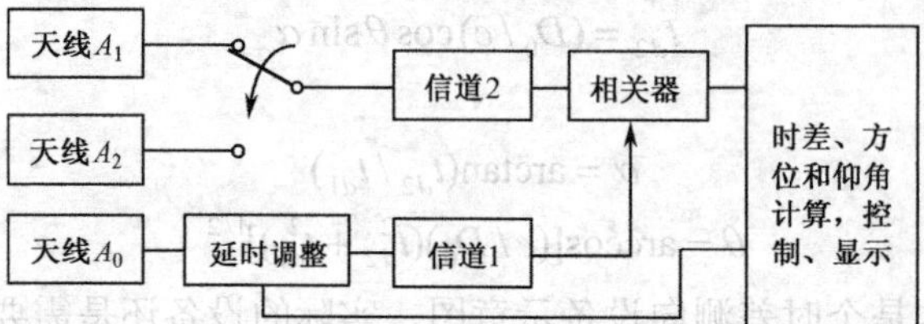


图 9.44　采用相关器测时差的测向机示意图

在这种测向方法中，实际是通过两个信道的相关函数（更确切地说是自相关函数）求时差。设两个信道具有完全一致的特性，信道 1 输出为 $f(t)$，信道 2 输出为 $f(t+\tau)$，其相关函数为

$$\phi(\tau)=\lim_{T\to\infty}\frac{1}{2T}\int_{-T}^{T}f(t)f(t+\tau)\mathrm{d}t \tag{9-45}$$

通过计算可以求得 $\tau$，即相关函数有最大值时的 $f(t)$ 的延时。也可以通过延时求相关函数最大值，这时的延时值就是时差。采用采样法进行计算 $\tau$ 将更为方便。但测量精度将和采样点数有关，因此也与运算时间相关。即要求精度高，采样点数多，处理时间长。

### 9.3.8　空间谱估计测向法

#### 1．概述

在已知坐标的多元天线阵中，测量单元或多元电波场的来波参数，经过多信道接收机变频、放大，得到矢量信号，将其采样量化为数字信号阵列，送给空间谱估计器，运用确定的算法求出各个电波的来波方向、仰角、极化等参数，这就是空间谱估计测向。空间谱估计测向充分利用了测向天线阵各个阵元从空间电磁场接收到的全部信息，而传统的测向方式仅仅利用了其中的一小部分信息（相位或者幅度），因此传统的测向方式不能在多波环境下发挥作用。空间谱估计测向法基于最新的阵列处理理论、算法与技术，具有超分辨测向能力。所谓超分辨测向，是指对同信道中，同时到达的、处于天线阵固有波束宽度以内的、两个以上的电波，能够同时测向。这在传统的测向方法中是无法实现的。构成协方差矩阵是空间谱估计测向的基本出发点，但是对协方差矩阵的处理，在不同的算法中是不相同的，其中典型的是多信号分类算法（MUSIC）。

空间谱估计测向的特点：空间谱估计测向技术可以实现对几个相干波同时测向，实现对同信道中同时存在的多个信号同时测向；可以实现超分辨测向，仅需要很少的信号采样，就能精确测向，因而适用于对跳频信号测向；可以实现高测向灵敏度和高测向准确度，其测向准确度要比传统测向体制高得多，即使信噪比下降到 0 dB，仍然能够满意地工作（而传统测向体制，信噪比通常需要 20 dB），测向场地环境要求不高，可以实现天线阵元方向特性选择及阵元位置选择的灵活性。以上空间谱估计测向的优点，正是传统测向方法长期以来存在的疑难问题。

空间谱估计测向尚在研究阶段。在这个系统中，要求具备宽带测向天线，要求各个天线阵元之间和多信道接收机之间，电性能具有一致性。此外，还需要简捷、高精度的计算方法和高性能的运算处理，以便解决实用化问题。

各测向技术的优劣通常是人们所共同关心的问题，但是无线电测向技术也像所有的事物一样，各自具有两重性。就使用者来说，每个用户的工作环境、工作方式、工作要求、工作对象等条件不尽相同，因此笼统地说优劣，有可能脱离实际。使用者在选用测向体制和测向设备时，重要的是要透彻了解并仔细分析自身工作的需求。测向体制与设备的优劣好坏，应当在满足工作需求的前提下，由使用者自己做出选择。站在用户的角度看，能够满足工作需求，价格又合适，就是好体制。

### 2. 阵列信号处理

高分辨阵列信号处理的发展始于 20 世纪 60 年代末。1967 年，Burg 提出了时域谱估计的最大熵（ME）法，标志着现代谱估计的诞生。1969 年，Capon 从空域处理的角度，直接提出了传感器阵处理的一种高分辨方法，习惯上称为最大似然（ML）法。接着 Burg 的 ME 法被推广到空域处理。这些方法为高分辨阵列信号处理的发展开辟了道路。70 年代末以后，矩阵特征值分解（EVD）和奇异值分解（SVD）被引入阵列处理，形成了一类称为子空间法的新方法，其分辨率远高于 Capon 和 Burg 的方法。子空间法的诞生，极大地推动了高分辨阵列信号处理的发展。

高分辨阵列信号处理的目的，是实现对辐射信号的参数估计。这些参数主要是：落入接收机通带的信号数目、信号到达方向、射频频率、信号间的相关性、信号幅度和极化等。其中信号到达方向估计是高分辨阵列信号处理最主要的研究内容。高分辨阵列信号处理一般不需要加权网络（或可看成加权系数为 1），根据信号样本直接估计信号参数。其方框图如图 9.45 所示。

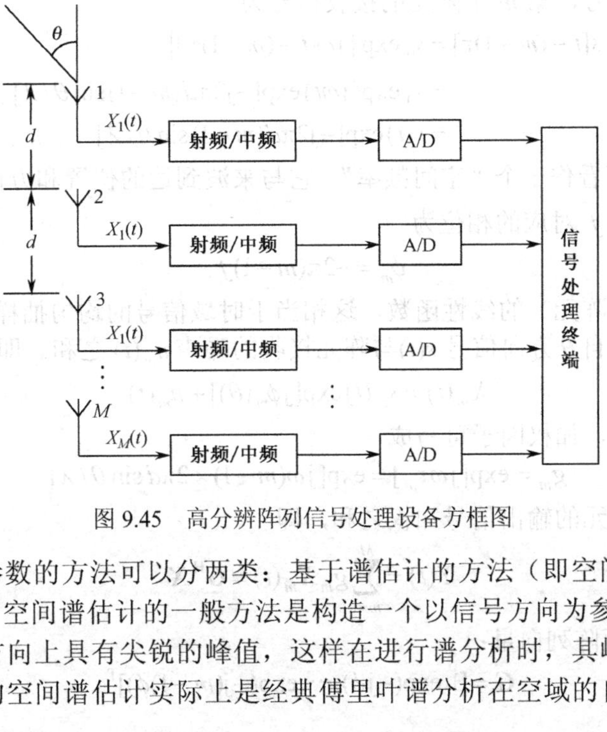


图 9.45　高分辨阵列信号处理设备方框图

估计辐射信号参数的方法可以分两类：基于谱估计的方法（即空间谱估计）和基于参数估计准则的方法。空间谱估计的一般方法是构造一个以信号方向为参数的“谱函数”，并使得在信号到达的方向上具有尖锐的峰值，这样在进行谱分析时，其峰值出现就指示了信号到达方向。传统的空间谱估计实际上是经典傅里叶谱分析在空域的自然推广，由于阵列孔径的限制，其分辨率很低。现代空间谱估计的典型代表是子空间法，它利用信号子空间与噪声子空间的正交性建立谱函数（伪谱），抛弃了传统天线波束的概念，从而突破了瑞利极限，具有很高的精度和空间分辨率。基于参数估计准则的方法是高分辨阵列信号处理的另一类重要方法。根据估计理论中的一些准则进行信号参数估计，比空间谱估计方法灵活，在短数据情况下会获得更高的分辨率，但通常计算比较复杂。最大似然法是这类方法的典型代表，具有优良的估计性能，而且可直接用于相干信号的方向估计。

除了信号参数估计外，高分辨阵列处理也可以实现信号拷贝（Signal Copy）。近年来，高分辨阵列处理的一个新的研究方向，是研究更好地适用于随机多径信道的高分辨方向估计技术。

由以上不难看出，阵列处理作为通信信号的测向工具有极好的前景，下面只对已在实际中得到应用的空间谱测向予以简单介绍。

### 3. 空间谱估计测向原理和方法

空间谱估计测向是在谱估计基础上发展起来的，是一种以多元天线阵结合现代数字信号处理为基础的新型测向技术。

1）空间谱估计测向原理

为讨论问题方便，现以均匀线阵为例，如图 9.45 所示。设相邻阵元间距为 $d$，则信号到达相邻阵元的时间差为

$$\tau = d\sin\theta / c \tag{9-46}$$

式中，$\theta$ 为来波方向，$c$ 为电波在自由空间传播速度。这样第 $m$ 个阵元的输出信号为

$$X_m(t) = s[t-(m-1)\tau] + n_m(t) \tag{9-47}$$

各阵元收到的信号均为 $s(t)$的副本。如果将第一阵元作为参考，其余阵元接收的信号时延是相对第一阵元而言的。$n_m(t)$ 为噪声，它与信号不相关，各阵元的噪声也不相关。

对单个正弦波信号，第 $m$ 个阵元的接收信号为

$$\begin{aligned} s[t-(m-1)\tau] &= s_0\exp\left\{\mathrm{j}\omega[t-(m-1)\tau]\right\} \\ &= s_0\exp(\mathrm{j}\omega t)\exp[-\mathrm{j}2\pi d(m-1)\sin\theta/\lambda] \\ &= s(t)\exp[-\mathrm{j}2\pi d(m-1)\sin\theta/\lambda] \end{aligned} \tag{9-48}$$

令 $f' = d\sin\theta/\lambda$，这可看作一个“空间频率”，它与来波到达的位置和方向相关。在均匀线阵的情况下，空间频率 $f'$ 对应的相位为

$$\phi_m = -2\pi(m-1)f \tag{9-49}$$

它是空间抽样点（各阵元）的线性函数，这相当于时域信号的均匀抽样。于是，第 $m$ 个阵元接收到的信号为来自 $\theta$ 方向信号 $s(t)$与阵元接收的噪声 $n_m(t)$ 之和。即

$$X_m(t) = s_m(t)\exp[\mathrm{j}\phi_m(\theta)] + n_m(t) \tag{9-50}$$

在波束形成法中，加权因子可写成

$$g_m = \exp[\mathrm{j}\omega\tau_m] = \exp[\mathrm{j}\omega(m-1)\times 2\pi d\sin\theta/\lambda] \tag{9-51}$$

天线阵的输出为各阵元的输出信号加权之和，即

$$Y(t) = \sum_{m=1}^{M} g_m X_m(t) = \boldsymbol{G}^{\mathrm{H}}\boldsymbol{X} \tag{9-52}$$

其中，$\boldsymbol{G}$ 和 $\boldsymbol{X}$ 均为矩阵列向量：

$$\boldsymbol{G} = [1, \exp(-\mathrm{j}\phi), \cdots, \exp(-\mathrm{j}(m-1)\phi)]^{\mathrm{T}}$$

$$\boldsymbol{X}=[X_1(t),X_2(t),\cdots,\ X_M(t)]^T$$

而

$$\phi=2\pi d\sin\theta/\lambda$$

天线阵的输出功率为

$$P(\theta)=E[|y(t)|^2]=\boldsymbol{G}^{\mathrm{H}}E[\boldsymbol{X}\boldsymbol{X}^{\mathrm{H}}]\boldsymbol{G}=\boldsymbol{G}^{\mathrm{H}}\boldsymbol{R}_X\boldsymbol{G} \tag{9-53}$$

其中 $\boldsymbol{R}_X=E[\boldsymbol{X}\boldsymbol{X}^H]$ 为各阵元输出信号的协方差矩阵。

由此可见，对波束形成法而言，就是对 $P(\theta)$ 式进行空间搜索，在 $P(\theta)$ 达到极大值时的 $D$（信号源个数）个 $\theta$ 值就是空间各信号源得来波方向。

将式（9-53）展开得

$$P(\theta)=\sum_{i,k}r_{ik}\exp[\mathrm{j}(k-i)\times 2\pi d\sin\theta/\lambda] \tag{9-54}$$

式中，$r_{ik}$ 为矩阵 $\boldsymbol{R}_X$ 的第 $(i,k)$ 个元素，即第 $i$ 和第 $k$ 个阵元输出信号的互相关函数：

$$r_{ik}=E[X_i(t)X_k(t)^*]$$

显然，$P(\theta)$ 为各阵元输出信号相关函数的傅里叶变换，而各阵元输出信号的相关函数就是空间相关函数，其傅里叶变换就是空间谱。这样，测向问题就变成了空间谱估计问题。

以上就是空间谱估计测向的原理，也是空间谱名字的由来。

2）空间谱估计测向方法

如上所述，空间谱估计测向就是根据诸观测值 $\{X_m(t)\}$（即各阵元的输出信号）来估计空间频率，进而求出其他参数。实际上，各种谱估计方法皆可用于测向中，只要把搜索参数（如频率 $f$）变成空间频率 $f'$ 就可以了。其中 MUSIC 算法及其改进算法以其高精度、超分辨率等特点，显示出强大生命力，因此得到广泛应用。

MUSIC 测向算法是针对多元天线阵测向问题提出来的，其求解过程简述如下。

设空间有 $D$ 个互不相关的信号，为了简单，设它们的波前都是垂直地面的，即无仰角，这些信号以不同的方位角 $\theta_1,\theta_2,\cdots,\theta_D$，入射到一个 $M$ 元均匀阵线，各阵元噪声 $N_i(t)$ 互不相关，$i=1,2,\cdots,M$，且为空间白噪声，方差为 $\sigma^2$，噪声与信号互不相关，则阵列的输出为

$$\boldsymbol{X}(t)=\boldsymbol{A}\boldsymbol{S}(t)+\boldsymbol{N}(t) \tag{9-55}$$

式中，$\boldsymbol{X}(t)$ 是阵列输出矢量，$\boldsymbol{S}(t)$ 是信号矢量，$\boldsymbol{N}(t)$ 是噪声矢量，$\boldsymbol{A}$ 是阵列方向矩阵。且

$$\boldsymbol{X}(t)=[x_1(t)\ x_2(t)\cdots x_m(t)]^{\mathrm{T}}$$

$$\boldsymbol{N}(t)=[n_1(t)n_2(t)\cdots n_m(t)]^{\mathrm{T}}$$

$$\boldsymbol{S}(t)=[s_1(t)s_2(t)\cdots s_D(t)]^{\mathrm{T}}$$

式中：“T”表示转置。$\boldsymbol{A}=[\boldsymbol{a}(\theta_1),\boldsymbol{a}(\theta_2),\ \cdots,\boldsymbol{a}(\theta_D)]$ 表示 $D$ 个信号的方向向量，其中 $\boldsymbol{a}(\theta_k)\ (k=1,2,\cdots,D)$ 在各阵元特性相同、等距（距离为 $d$）排列的一维直线阵情况下，有 $\boldsymbol{a}(\theta_k)=[1,\ \mathrm{e}^{\mathrm{j}\frac{2nd}{\lambda}\sin\theta_k},\ \cdots,\ \mathrm{e}^{\mathrm{j}\frac{2nd}{\lambda}(M-1)\sin\theta_k}]^{\mathrm{T}}$。但对于不同的阵列，矩阵 $\boldsymbol{A}$ 是不同的，而且矩阵 $\boldsymbol{A}$ 中，任一列总是和某个辐射源信号的来向紧密联系着的，也只有矩阵 $\boldsymbol{A}$ 才包含有辐射源信号来向的信息，这就是所谓的阵列流型表达式。

设各阵元输出信号相关矩阵为

$$R_X = E[X(t)X^{\mathrm{H}}(t)] = E\left\{[As(t) + n_m(t)][As(t) + n_m(t)]^{\mathrm{H}}\right\}0.$$
$$= E\left\{[As(t) + n_m(t)][A^{\mathrm{H}}s^{\mathrm{H}}(t) + n_m^{\mathrm{H}}(t)]\right\}$$
$$= AE[s(t)s^{\mathrm{H}}(t)]A^{\mathrm{H}} + E[n_m(t)n_m^{\mathrm{H}}(t)] + AE[s(t)n_m^{\mathrm{H}}(t)] + E[n_m(t)s^{\mathrm{H}}(t)]A^{\mathrm{H}}$$

由于噪声与信号不相关，各阵元输出噪声不相关，且方差为$\sigma^2$，则有

$$E[s(t)n_m^{\mathrm{H}}(t)] = E[n_m(t)s^{\mathrm{H}}(t)] = \mathbf{0}$$
$$E[n_m(t)n_m^{\mathrm{H}}(t)] = \sigma^2 I$$

于是有

$$R_X = AR_sA^{\mathrm{H}} + \sigma^2 I \tag{9-56}$$

式中，$\sigma^2$为各阵元输出噪声方差，$R_X$为各阵元输出信号的协方差矩阵，$I$为单位矩阵，“H”表示共扼转置。

把$R_X$进行特征分解，求其特征向量，建立两个互相正交的子空间，即信号空间$N_S$和噪声空间$N_G$，且构成噪声空间的特征向量$G$能满足

$$a^{\mathrm{H}}(\theta_k)\cdot G\cdot G^{\mathrm{H}}\cdot a(\theta_k) = 0$$

由此定义函数

$$P(\theta) = \frac{1}{a^{\mathrm{H}}(\theta_k)\cdot G\cdot G^{\mathrm{H}}\cdot a(\theta_k)} \tag{9-57}$$

为 MUSIC 谱估计的方向谱，使$P(\theta)$为极大值的某个$\theta$值就是对来波信号到达角的估计值。

如在 6.1 节中所述，由于电磁波不仅是时间的函数，而且还是空间位置的函数，置于电磁波场中的天线阵各阵元，如果以某一个天线单元的位置为参考，按一定方式排列，则通常称为阵列流型。其排列方式可以是线阵（通常是均匀线阵）、圆环阵（通常是均匀圆阵）和平面阵等多种形式。这时如果对各天线单元的输出同时进行采样，其样本即是时域样本（称为“快拍”snapshots），也是对信号进行空间采样的样本。即对各天线单元的输出同时进行的一次采样，具有空间域特性；另一方面，对于某一个天线单元接收信号的多次采样，具有时域特性。这样的采样使得到了信号的空时二维样本，它保持了信号的空域信息和时域信息。因此，与一般的时域（频域）处理相比，阵列处理可以利用信号的空间维信息。利用从开设于不同位置的各天线阵元输出同时采样的样本，进行处理就可以得到它的空间谱。

总之，空间谱估计测向是充分利用天线各个阵元从空间电磁场接收到的（空间的和时间的）全部信息，从而使其具有抗多径能力及对相干信号进行测向的能力，具有超分辨率。理论上，它对天线阵的结构和对称性以及测向场地要求不严。

图 9.46 所示就是时空二维谱估计高分辨测向的计算机仿真结果。其仿真条件是 9 阵元均匀线阵，$d = 0.5\lambda_{\min}$，$\lambda_{\min}$是频段高端信号的波长；9 个信号分布于 4 个频率（归一化）0.8、0.7、0.4、0.2 上。最低 SNR 为 10 dB，最高 SNR 为 15 dB，快拍次数为 200。如果按 AA'切下来，得到的是相应方向上某个信号的频谱。如果这样按一定角度间隔切下去，即进行角度搜索，就可以得到二维谱。

3）若干问题的讨论

（1）多径信号测向。多径信号测向曾一直困扰着辐射源测向问题，空间谱估计测向方法可

实现多径信号测向。这时只要对天线阵输出的信号做某种预处理就可实现。对于均匀线阵，一种有效的预处理方法是空间平滑法。这种方法是将 $M$ 个天线单元分成若干子阵，然后求出每一子阵输出的空间相关矩阵，再将所有子阵的相关矩阵加起来平均，就可以实现多径信号测向。

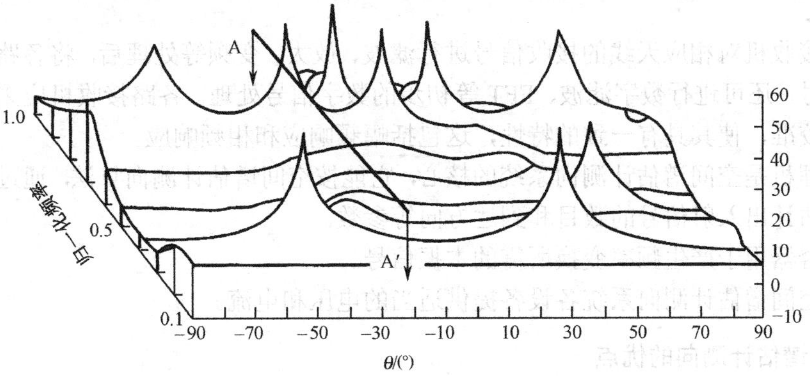


图 9.46　时空二维谱估计高分辨测向的计算机仿真结果

（2）测向系统模型误差校正。空间谱测向方法对系统模型误差十分敏感，系统模型误差系指空间噪声的相关性、天线阵元位置误差、天线阵元间的互耦、信道的不一致性、天线单元的特性差异等引起的测向误差。克服模型误差的方法大致有三个途径：一是精心设计、精密制作和严格训练操作人员；二是校准，包括自校准和用外来信号校准；三是采用稳健算法，使得测向性能不对模型敏感。在实际中，可能综合利用上述三种方法。

（3）测向精度。不考虑模型误差，仅考虑有限数据长度 $N$ 和有限信噪比 SNR 时，采用 MUSIC 算法的测向误差均方值为

$$\sigma^2=\frac{6(1+\text{SNR})}{NM(M^2-1)(\text{SNR})^2}\left(\frac{\lambda}{2\pi d\cos\theta}\right) \tag{9-58}$$

从中不难看出，为减小测向误差，需要增加天线阵元数目，使 $d/\lambda$ 取尽可能大的值，或者兼而用之。

（4）阵元互耦和无模糊测向。众所周知，阵元互耦将使测向误差急剧增加，为减小互耦影响，人们总希望增加天线单元距离，但增加单元距离受 $d/\lambda<0.5$ 的限制，否则就会出现测向模糊。在用均匀线阵时，当 $d/\lambda>0.5$ 就会出现模糊，而采用圆阵通过一定算法可以解决这一问题。

**4．空间谱估计测向系统的一般组成**

空间谱估计测向系统主要由天线阵列、多信道接收机、测向处理机和频率综合器、电源等设备组成，如图 9.47 所示。

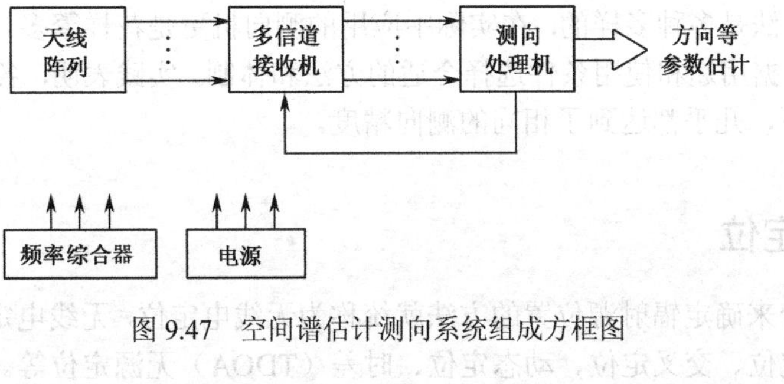


图 9.47　空间谱估计测向系统组成方框图

天线阵列由位于不同空间位置的多个天线单元组成，理论上，各天线单元的位置可任意设置；但在实际系统中，应考虑阵列几何分布对后端测向处理方法和测向性能的不同影响，根据具体情况采用最合理的天线阵列形式。常见的阵列形式包括均匀线阵、均匀圆阵、矩形平面阵等。

多信道接收机对相应天线的接收信号进行滤波、放大、变频等处理后，将各路模拟信号变换为数字信号，还可进行数字滤波、FFT 等初步的数字信号处理。各路接收机应采取专门的措施，如进行校准，使其具有一致的特性，这包括幅频响应和相频响应。

测向处理机是空间谱估计测向系统的核心，它能按空间谱估计测向算法，通过高速计算设备的计算，估计出入射信号的数目和到达方向等参数。

频率综合器用于产生频率变换所需的本振信号。

电源为空间谱估计测向系统各设备提供适当的电压和电流。

#### 5. 空间谱估计测向的优点

由以上讨论不难看出，空间谱估计测向之所以具有比其他测向方法更好的性能，其原因是：首先，它采用多元天线阵，每个阵元接收到信号都如同从不同角度拍下了所接收信号的特性，综合运用这些特性就能区分出不同的信号；其次，它采用了一个线性方程组，保证了多个信号不同来波方向的求解。同时，它把非齐次线性方程组从直接变量转换到相关域。即对阵列输出向量进行相关，经过相关矩阵进行特征分解，进而获得来波方向。因此，空间谱估计测向与传统测向方法相比，具有如下的突出优点：

（1）高精度。阵列信号处理是采用数字处理的方法，可以充分利用复杂的数学工具，精度远高于传统方法。

（2）高分辨率。突破了瑞利极限，能分辨出落入同一个波束的多个信号（因而又称为超分辨测向）。

（3）能同时对多个信号测向。

（4）能对相干源测向，且在一定的条件下可以分辨出直达信号和反射信号。

（5）在短数据低信噪比条件下亦能获得良好性能。

（6）更容易测量二维方向：仰角和方位。

该测向体制的主要不足，是对信号模型失真的敏感性和可观的运算量，敏感性是其在实用中的难点，运算量会导致它的实时性受到影响。

空间谱估计测向虽然有不足之处，但其应用前景非常诱人。从 20 世纪 80 年代起，国内外就研制了不少的实验系统，现在已经有产品问世。据报道美国和日本都有产品在实际中使用。

除了上述测向方法外，还有各种组合测向法。如在测向设备与测向目标有相对运动的情况下，角度变化率测向法和相位变化率测向法，也已被提出来。

总之，测向方法是多种多样的，在实际中应用的测向机更是花样繁多。在选择测向方法和测向体制时，应根据用途和使用条件选择合适的方法和体制。实践表明，各种原理构成的测向机，在最佳情况下，几乎都达到了相同的测向精度。

## 9.4 无线电定位

利用无线电台来确定辐射源位置的方法就统称为无线电定位。无线电定位方法有很多种，主要包括：一点定位、交叉定位、动态定位、时差（TDOA）无源定位等。

### 9.4.1 一点定位原理

为了确定发射机的位置，最简单的方法就是利用一个测向站来完成辐射源的定位，这就是一点定位方法，有时也称为单站定位（SSL）。一点定位的基本原理是已知要定位的辐射源在某个平面或曲面上，然后由一个测向站测量该信号的俯视角和方位角，决定一条示向线。在空间作图时，这一俯视角和方位角对应的示向线和已知的面将有一个交点，这就是辐射源的位置，如图 9.48 所示。在工程应用中，有三种情况采用一点定位。

（1）是卫星上的测向设备对地面辐射源定位。这时，由于卫星离地面较高，可以认为目标辐射源处在地球表面。就是说，已知目标在一个球面上，这时，只要知道示向线相对于卫星所在平面的俯视角和方位角，就可以用已知卫星的坐标和地球球面表达式，用解析几何的方法求出线和面的交点，即辐射源的位置。如图 9.49 所示，$xOy$ 为卫星前进方向和与之垂直的左右方向所决定的平面，示向线由角度 $\beta$、$\beta_x$、和 $\beta_y$ 决定，$T$ 是地球表面辐射源的位置。当然卫星坐标位置的任何误差都会引入测量误差。

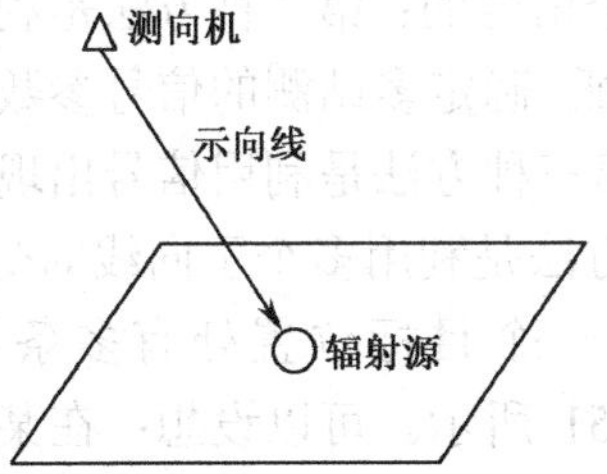

图 9.48　一点定位原理示意图

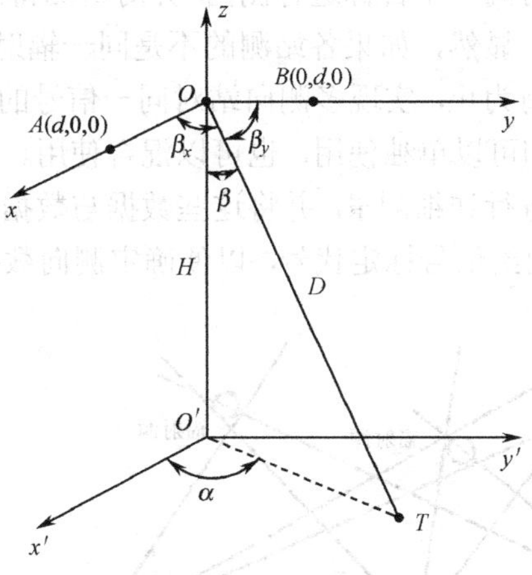

图 9.49　卫星对地面辐射源单位示意图

（2）是针对短波信号而言的。在通信距离较远时，短波通信靠电离层反射进行电波传播，对短波通信的辐射源进行定位，通常也是通过接收电离层反射信号完成的。当然，对辐射源定位不取决于通信是否通过电离层反射，只要测向的目标信号是通过电离层反射进入测向机的，就可采用这种方法。这时，只要测向机测出来波的仰角和方位角，根据反射电波的电离层高度，就可求出辐射源位置。如图 9.50 所示，由电离层高度、仰角和方位角可以很容易求出辐射源位置。设 $h$ 是电离层高度，仰角为 $\beta$，方位角为 $\alpha$。则在方位角的距离为 $L=2h\cot\beta$ 处，即为辐射源位置。

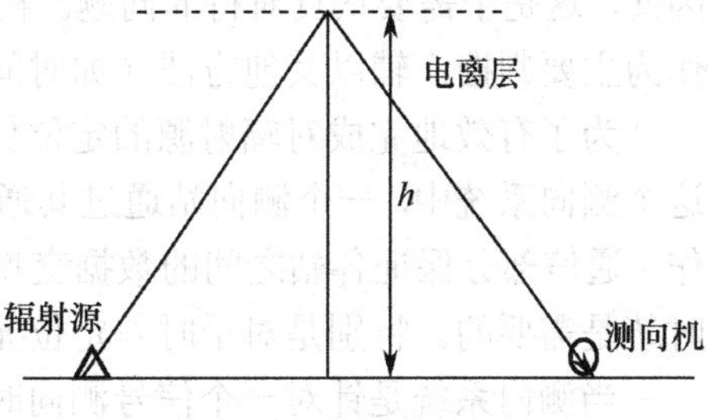

图 9.50　短波单站定位示意图

必须指出，电离层是随时间、地点、太阳黑子活动、频率和入射角而变化的，为了获得较高的定位精度，必须实时测量反射点的电离层高度，这在绝大多数时间是不可能的。通常的方法是通过测量目标辐射源周围的已知位置的辐射源，由此推断电离层高度。有时也辅以测量本地电离层高度，推断反射点电离层高度。采用这种方法，当前国际上达到的测量精度约为距离的 10%。

（3）是针对于一些己方的信号辐射源，如果知道信号发射的确切时间（这个时间可能是预先约定的，或者是从信号中提取出来的），这时测向设备在测量信号的达到时间后，就可以求出辐射源到测向设备所用时间，根据电磁波传播速度，就可以求出观察者与辐射源二者之间的距离，从而确定其方位。

### 9.4.2 交叉定位原理

但在大多数情况下，仅依靠一部测向机的一条测向方位线不足以辨认发射机的位置，传统的方法是用两部或多部测向机组织起来（用手工方式或用计算机）完成目标辐射源的交叉定位。因此，交叉定位是相对成熟、采用最多的无源定位技术。由于一定要使用多个测向站，并将每个测向站测得的示向线的交叉点作为目标辐射源，因此称为交叉定位。亦有称为交汇或三角交会定位的。

由于工程上实际的信号环境是密集的，测向设备会接收到多个信号，在定位时，必须使多个测向站对同一个目标进行测向，并对所测得的示向数据进行计算处理才能得到某一目标辐射源的位置。显然，如果各站测的不是同一辐射源，定位将无法完成。

到目前为止，实现多测向站对同一信号的测向，有人将其称为信号配对，已经找到了几种方法，它们可以单独使用，也可以混合使用。第一种方法是利用信号的技术参数。利用监测设备对信号进行详细测量，并将这些数据与数据库已存的信号参数比较，或对不同目标数据进行比较，进而给信号标定代号，以便确定测向数据是属于哪个信号的；第二种方法是利用每个信号的独有特征，确定多站测的信号参数是属于一个信号的；第三种方法是利用信号出现和消失时间；第四种方法是利用多个示向线的交叉。多个测向站会在一个目标位置处有多条示向线交叉，如图 9.51 所示。可以设想：在某个辐射源位置处，它的附近将有多条线通过；而在另外一些点，将不会有多条线通过。

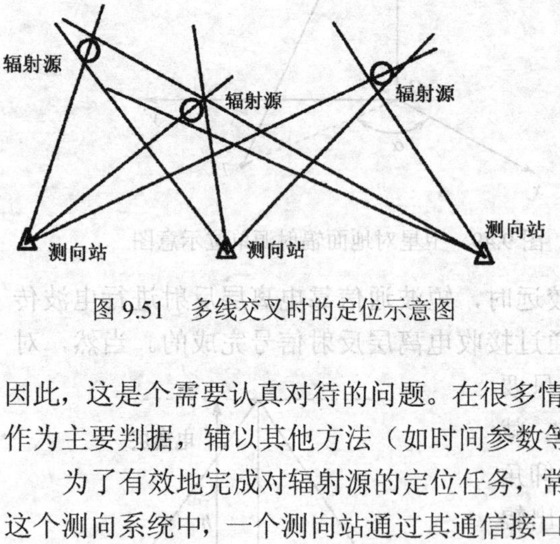

图 9.51　多线交叉时的定位示意图

上述各种方法在无测量误差时，确定同一信号是不困难的。但在实际中，误差总是存在的，因此，这是个需要认真对待的问题。在很多情况下，人们综合利用上面的方法，采用频率相同作为主要判据，辅以其他方法（如时间参数等），这是最常用的方法。

为了有效地完成对辐射源的定位任务，常常需要将多个测向站组合在一起，构成系统。在这个测向系统中，一个测向站通过其通信接口与其他测向站相连，它们在统一的控制下协调工作。通信部分保证各站之间的数据交换，以及它们的协调工作。为了实现对同一信号的测向，时统是需要的。特别是对于时差定位尤其需要。

当测向系统是针对一个信号测向时，定位问题就是根据各个测向站测得的数据，进行定位计算的问题了。这样的定位计算原则上是一个解析几何的问题。在工程上为了便于求解，不同的设计师可能采用直接求解、多次迭代渐近、积分、概率等多种不同的方法。下面给出基于无线电测向的两种定位计算方法，和多站定位计算方法。

**1. 平面内两个测向站对一个辐射源的定位**

例 9-1　已知：两测向站位置的平面坐标分别为 $A(x_1, y_1)$、$B(x_2, y_2)$，测向站 $A$、$B$ 测得的

目标辐射源 $C$ 的绝对角度（北偏东顺时针方向）分别为 $\alpha$ 、$\beta$ ，如图 9.52 所示。求解：目标辐射源 $C(x, y)$ 的位置坐标。

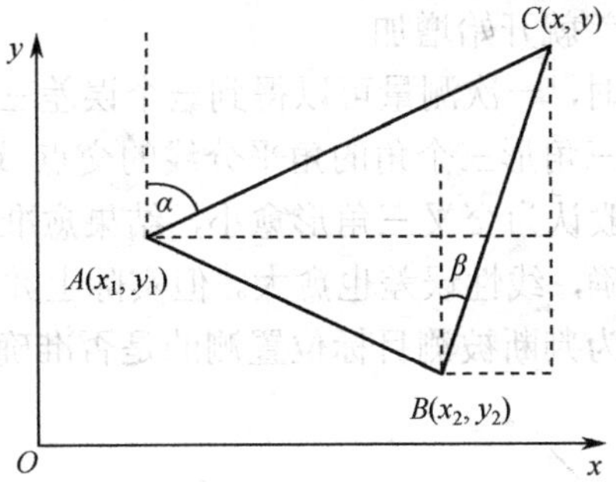


图 9.52 平面内两个测向站对一个辐射源的定位

**解** 在三角形 $ABC$ 中，根据图上所作的辅助线，可以建立如下方程组：

$$\begin{cases}(y-y_1)\tan\alpha = x - x_1 \\ (y-y_1)\tan\alpha - (y-y_2)\tan\beta = x_2 - x_1\end{cases} \quad 或 \quad \begin{cases}\tan\alpha = \dfrac{x-x_1}{y-y_1} \\ \tan\beta = \dfrac{x-x_2}{y-y_2}\end{cases}$$

求解方程组，可确定 $C$ 的位置坐标：

$$\begin{aligned} x &= \frac{x_2\tan\alpha - x_1\tan\beta - (y_2-y_1)\tan\alpha\tan\beta}{\tan\alpha - t\tan\beta} \\ &= \frac{x_2\sin\alpha\cos\beta - x_1\sin\beta\cos\alpha - (y_2-y_1)\sin\alpha\sin\beta}{\sin(\alpha-\beta)} \end{aligned} \tag{9-59}$$

$$\begin{aligned} y &= \frac{x_2 - x_1 + y_1\tan\alpha - y_2\tan\beta}{\tan\alpha - \tan\beta} \\ &= \frac{(x_2-x_1)\cos\alpha\cos\beta + y_1\sin\alpha\cos\beta - y_2\cos\alpha\sin\beta}{\sin(\alpha-\beta)} \end{aligned} \tag{9-60}$$

注意：在测向站相对辐射源位置不同时，上述表达式会有所不同。

定位误差分析如下：

测向误差可以用线性误差来衡量，它表征被测目标的真实位置与测向确定的位置两者之间的最大距离。对于一个测向站而言，如图 9.53 所示。如果测向角度误差为 $\Delta\theta$，测向站到目标距离为 $R$，则线性误差为

$$\Delta r = 0.017R\Delta\theta \tag{9-61}$$

当两个测向站协同工作时，线性误差在被测目标的实际位置两边，且具有纵向和横向最大值。如果目标实际位置在方位交叉方法形成的四边形之内，就可根据四边形的形状和尺寸求出线性误差的最大值。

如图 9.53 所示，两个站的测向误差皆为 $\Delta\theta$，则得到一误差四边形 1234，且目标位于其中。这时可根据四边形 1234 确定最大线性误差。它等于从目标 $C$ 到四边形顶点的最长的一根。如果目标在过两个测向站位置所做的圆上，最大线性误差可按下式计算

$$\Delta r = 0.017D\Delta\theta / \sin(\phi_1 + \phi_2) \tag{9-62}$$

式中，$\phi_1$、$\phi_2$ 分别是 $C$ 点对 $A$、$B$ 点的方位角，$D$ 是两测向站间的距离。式（9-62）表明：

当$\phi_1$和$\phi_2$趋于零，即被测目标逐渐靠近测向基线时，线性误差逐渐增大，并趋向无限大。

目标愈靠近上述圆的圆周，线性误差愈小；当目标位于圆周上时，达到最小值；当目标逐渐向圆周外部移动时，线性误差就开始增加。

在由三个测向站进行测向时，一次测量可以得到一个误差三角形 123，如图 9.54 所示。被测目标的位置通常被认为是该三角形三个角的角平分线的交点。通过解析几何可以求出目标位置，也可以求出线性误差。一般认为交叉三角形愈小，结果愈准确，线性误差也愈小。反之，交叉三角形愈大，结果愈不准确，线性误差也愈大。但实际上并非如此，此点是值得注意的。交叉三角形不是永远都可以作为判断被测目标位置测的是否准确的标准。

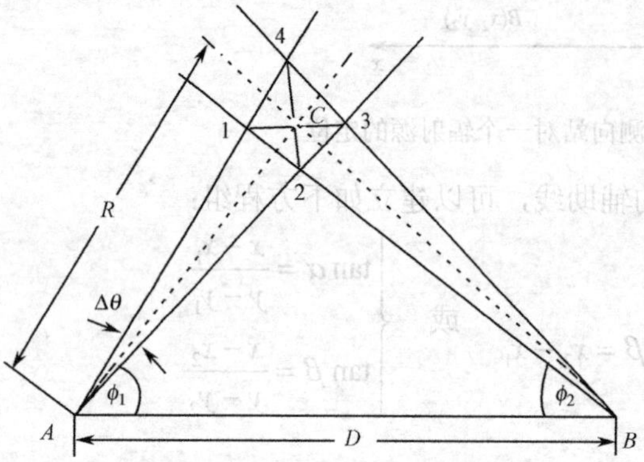


图 9.53 误差产生示意图

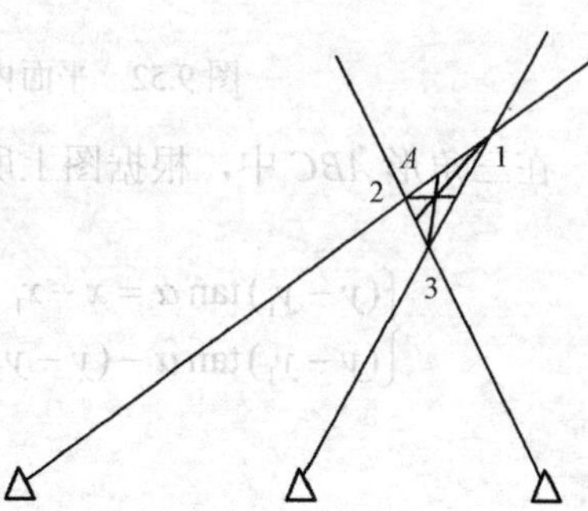


图 9.54 三个站测向时的交叉三角形示意图

为了估计测向误差，常常引入被测目标的可能位置椭圆。以最简单的情况为例，当两个测向站协同工作时，被测目标会处于具有给定概率的椭圆内。这是个等概率椭圆，其中心在交叉点上，半轴的尺寸取决于给定概率值的大小。

测向误差按椭圆分布的实质在于，如果对规定的目标进行多次测向，则测向交叉点是不均匀分布的，而在单位面积上具有不同的密度。离被测目标的真实位置愈远，交叉点密度愈低。这就是说，如果根据点的密度做出几何图形，那么就可以得到许多同心椭圆。测向误差椭圆分布的特点是，椭圆上不同点都具有相同的目标位置概率。如图 9.55 所示，$E$、$B$、$D$ 同在一个圆上，具有相同概率。相反，到中心的距离相同的点所对应的目标位置的概率可能是不同的。如图 9.55 所示，$A$、$C$、$E$ 具有不同的概率。

要知道，在给定情况下，椭圆的尺寸和准确度取决于被测目标到测向站的距离，以及方位交叉角。椭圆族不仅能从数量上表示出最大线性误差和最小线性误差（椭圆的长轴和短轴），而且能详尽地表示出在不同的测向误差概率下的测向准确度。不但如此，椭圆族除了能够确定线性误差外，还可以确定不同概率下被测目标可能出现的位置范围。很显然，椭圆的形状和大小与测向误差、测向距离、测向机与目标相对位置等有关。这些因素将共同决定椭圆的形状和大小，以及椭圆的方向。

众所周知，计算结果在计算生成后显示将是很重要的，为了直观，现在大部分定位系统都具有图形指示。这就需要显示误差椭圆。当定位误差与地图幅面相比很小时，这个椭圆实际上会成为一个点。所以，大部分的显示会含有比例缩放功能，以便清楚观察定位误差。

**2．球面上两个测向站对一个辐射源的定位**

**例 9-2** 分别已知：$A$ 点经纬度为$\lambda_1$、$l_1$，$B$ 点经纬度为$\lambda_2$、$l_2$，$N$ 为地球北极点，$C$ 点对 $A$、$B$ 点的方位角分别为$\phi_1$、$\phi_2$，如图 9.56 所示。求解 $C$ 点经纬度$\lambda$、$l$。

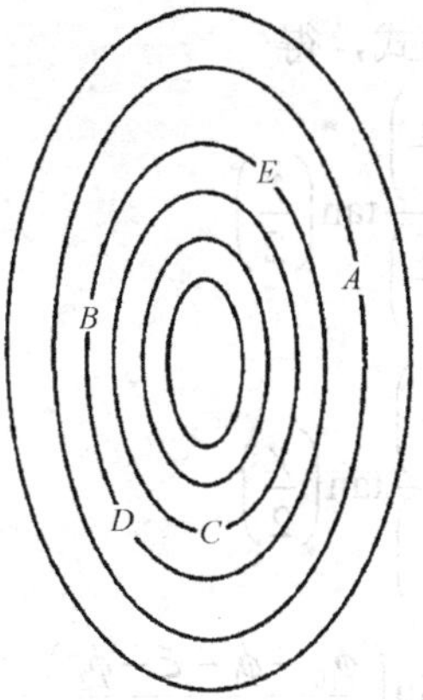


图 9.55　被测目标的等概率椭圆分布

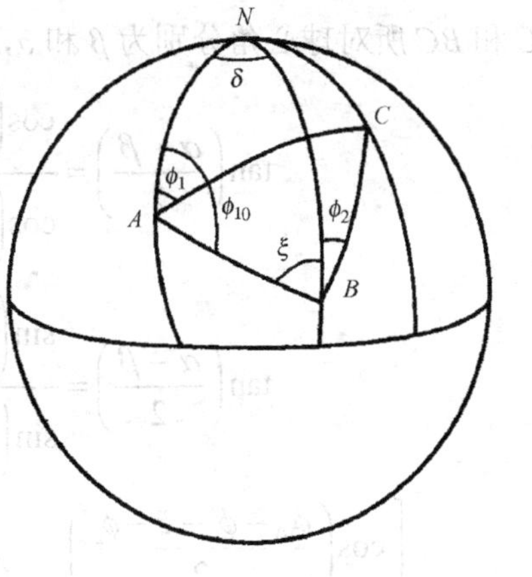


图 9.56　基于无线电测向的球面台站定位

**解**　（1）由球面三角形 $ABN$ 求解 $\phi_{10}$、$\xi$ 和 $AB$ 所对应的球心角 $\gamma$。

在△$ABN$ 中，$AN$ 和 $BN$ 所对应的球心角分别为（$90°-l_1$）和（$90°-l_2$）；令∠$ANB$ 为 $\delta$，$\delta=\lambda_2-\lambda_1$。利用已知两边和夹角求解未知数。

由图可知：如果 $\delta$=0，而且 $l_2>l_1$，则 $\phi_{10}$=0，$\xi$=180°，$\gamma=l_2-l_1$；如果 $\delta$=0，而且 $l_2<l_1$，则 $\phi_{10}$=180°，$\xi$=0，$\gamma=l_1-l_2$；否则，根据耐普尔公式，得

$$\tan\left(\frac{\phi_{10}+\xi}{2}\right)=\cos\left(\frac{l_1-l_2}{2}\right)\bigg/\left[\sin\left(\frac{l_1+l_2}{2}\right)\tan\left(\frac{\delta}{2}\right)\right] \tag{9-63}$$

$$\tan\left(\frac{\phi_{10}-\xi}{2}\right)=\sin\left(\frac{l_1-l_2}{2}\right)\bigg/\left[\cos\left(\frac{l_1+l_2}{2}\right)\tan\left(\frac{\delta}{2}\right)\right] \tag{9-64}$$

$$\tan\left(\frac{\gamma}{2}\right)=\cos\left(\frac{\phi_{10}+\xi}{2}\right)\bigg/\left[\cos\left(\frac{\phi_{10}-\xi}{2}\right)\tan\left(\frac{l_1+l_2}{2}\right)\right] \tag{9-65}$$

从而得到：

$$\phi_{10}=\arctan\left[\frac{\cos\left(\frac{l_1-l_2}{2}\right)}{\left[\sin\left(\frac{l_1+l_2}{2}\right)\tan\left(\frac{\delta}{2}\right)\right]}\right]+\arctan\left[\frac{\sin\left(\frac{l_1-l_2}{2}\right)}{\left[\cos\left(\frac{l_1+l_2}{2}\right)\tan\left(\frac{\delta}{2}\right)\right]}\right] \tag{9-66}$$

$$\xi=\arctan\left[\frac{\cos\left(\frac{l_1-l_2}{2}\right)}{\left[\sin\left(\frac{l_1+l_2}{2}\right)\tan\left(\frac{\delta}{2}\right)\right]}\right]-\arctan\left[\frac{\sin\left(\frac{l_1-l_2}{2}\right)}{\left[\cos\left(\frac{l_1+l_2}{2}\right)\tan\left(\frac{\delta}{2}\right)\right]}\right] \tag{9-67}$$

$$\gamma=2\arctan\left[\frac{\cos\left(\frac{\phi_{10}+\xi}{2}\right)}{\left[\sin\left(\frac{\phi_{10}-\xi}{2}\right)\tan\left(\frac{l_1+l_2}{2}\right)\right]}\right] \tag{9-68}$$

（2）由球面三角形 $ABC$ 求解 $AC$ 和 $BC$。

在△ $ABC$ 中，已知 $\angle CAB=\phi_{10}-\phi_1$，$\angle CAB=\xi+\phi_2$，$AB$ 所对应的球心角为 $\gamma$，利用已知两角和一夹边求解未知数。

令 $AC$ 和 $BC$ 所对球心角分别为 $\beta$ 和 $\alpha$，根据耐普尔公式，得

$$\tan\left(\frac{\alpha+\beta}{2}\right)=\frac{\cos\left(\dfrac{\phi_{10}-\phi_1-\xi-\phi_2}{2}\right)}{\cos\left(\dfrac{\phi_{10}-\phi_1+\xi+\phi_2}{2}\right)}\tan\left(\frac{\gamma}{2}\right) \tag{9-69}$$

$$\tan\left(\frac{\alpha-\beta}{2}\right)=\frac{\sin\left(\dfrac{\phi_{10}-\phi_1-\xi-\phi_2}{2}\right)}{\sin\left(\dfrac{\phi_{10}-\phi_1+\xi+\phi_2}{2}\right)}\tan\left(\frac{\gamma}{2}\right) \tag{9-70}$$

$$\alpha=\arctan\left[\frac{\cos\left(\dfrac{\phi_{10}-\phi_1-\xi-\phi_2}{2}\right)}{\cos\left(\dfrac{\phi_{10}-\phi_1+\xi+\phi_2}{2}\right)}\tan\left(\frac{\gamma}{2}\right)\right]+\arctan\left[\frac{\sin\left(\dfrac{\phi_{10}-\phi_1-\xi-\phi_2}{2}\right)}{\sin\left(\dfrac{\phi_{10}-\phi_1+\xi+\phi_2}{2}\right)}\tan\left(\frac{\gamma}{2}\right)\right] \tag{9-71}$$

$$\beta=\arctan\left[\frac{\cos\left(\dfrac{\phi_{10}-\phi_1-\xi-\phi_2}{2}\right)}{\cos\left(\dfrac{\phi_{10}-\phi_1+\xi+\phi_2}{2}\right)}\tan\left(\frac{\gamma}{2}\right)\right]-\arctan\left[\frac{\sin\left(\dfrac{\phi_{10}-\phi_1-\xi-\phi_2}{2}\right)}{\sin\left(\dfrac{\phi_{10}-\phi_1+\xi+\phi_2}{2}\right)}\tan\left(\frac{\gamma}{2}\right)\right] \tag{9-72}$$

（3）由球面三角形 $BCN$ 求解 $C$ 点经纬度 $\lambda$、$l$。

在 $\Delta BCN$ 中，已知 $BN$ 所对应球心角为 $90°-l_2$，$BC$ 所对应球心角为 $\alpha$，$BC$ 与 $BN$ 的夹角为 $\phi_2$，根据利用已知两边和一夹角求解未知数。

令 $\angle BCN=\alpha'$，$\angle BNC=\delta'$，再次利用耐普尔公式，得

$$\alpha'=\arctan\left[\frac{\cos\left(\dfrac{90°-l_2-\alpha}{2}\right)}{\cos\left(\dfrac{90°-l_2+\alpha}{2}\right)\tan\left(\dfrac{\phi_2}{2}\right)}\right]+\arctan\left[\frac{\sin\left(\dfrac{90°-l_2-\alpha}{2}\right)}{\sin\left(\dfrac{90°-l_2+\alpha}{2}\right)}\tan\left(\frac{\phi_2}{2}\right)\right] \tag{9-73}$$

$$\delta'=\arctan\left[\frac{\cos\left(\dfrac{90°-l_2-\alpha}{2}\right)}{\cos\left(\dfrac{90°-l_2+\alpha}{2}\right)\tan\left(\dfrac{\phi_2}{2}\right)}\right]-\arctan\left[\frac{\sin\left(\dfrac{90°-l_2-\alpha}{2}\right)}{\sin\left(\dfrac{90°-l_2+\alpha}{2}\right)}\tan\left(\frac{\phi_2}{2}\right)\right] \tag{9-74}$$

$$l=90°-2\arctan\left[\frac{\cos\left(\dfrac{d+\delta'}{2}\right)\tan\left(\dfrac{90°-l_2-\alpha}{2}\right)}{\cos\left(\dfrac{d-\delta'}{2}\right)}\right] \tag{9-75}$$

$$\lambda=\lambda_2+\delta' \tag{9-76}$$

### 3．多站定位的两种算法

为提高定位精度，可采用多站定位。当测向站的个数多于两个时，有两种定位算法：加权求平均法和最小差距法。

#### 1）加权求平均法

首先从 $n$（>2）个测向站中任意选择两个进行计算，而后采用加权求平均。加权因子采用测

向站接收的定位信号强度，若信号强度大，意味着主站与测向站的距离较近（一般情况下），受到的干扰小一些。加权平均的方法如下：

$$x=\sum_{i=1}^{N}(P_i x_i)\Big/\sum_{i=1}^{N}P_i \tag{9-77a}$$

$$y=\sum_{i=1}^{N}(P_i y_i)\Big/\sum_{i=1}^{N}P_i \tag{9-77b}$$

其中：$N$ 表示从 $n$ 个测向站中任选 2 个测向站的组合数量，$N=C_n^2$；（$x_i$，$y_i$）表示第 $i$ 种组合得到的解；$P_i$ 表示第 $i$ 种组合时，两个测向站接收到的信号强度之和。

由于这种方式采用的加权因子，得到的是测向站接收的信号强度，由于信号的传播路径损耗影响因素很多，特别是受地形的影响更为严重。因此，接收到的场强的大小，也就不能完全的反映测向站离主站的远近，这时就会引入误差。

2）最小差距法

当测向站数为 $n\,(>2)$ 时，其中任意两站均可确定一个目标点，$n$ 中取 2 的组合数为 $N=C_n^2$。设其中第 $i$ 个组合确定的目标点坐标为（$x_i$，$y_i$）（可以是直角坐标，也可以是经纬度），按最小差距原理可得最终目标坐标为，

$$x=\sum_{i=1}^{N}x_i/N \tag{9-78}$$

$$y=\sum_{i=1}^{N}y_i/N \tag{9-79}$$

### 9.4.3 动态定位原理

所谓动态定位，即用一部运动的测向机，在不同时间，不同位置对某一辐射源进行定位。当把这种情况理解为多个测向站对一个目标进行测向时，这种定位方法就与上述方法没什么不同了。

动态定位的特殊性在于很难要求测向设备运动到对目标定位有利的位置，或者即使能做到，这一过程完成后，目标辐射源不一定还在进行同样的辐射。这样，这种类同的测向交叉定位测向站，将分布在一条不很长的直线或曲线上。定位误差分析表明，这时的测向误差是很大的。

为了减小误差，一是进行多次测量，进行迭代运算；二是利用微分概念的测距。在动态测量过程中，间隔不长的几次测角的结果将很接近，将其作为目标辐射源的方位角。另外，由解析几何可知，测向站运动的速度 $V$，等于目标辐射源到测向站距离 $L$ 乘以目标辐射源方位角变化速度 $\Delta\omega$，即 $V=L\Delta\omega$。这样，由于测向站的运动速度是已知的，只要求出方位角变化速度 $dB/m$，就可求出目标到测向站距离。显然，测量方位角和测量方位角变化是有一定区别的。图 9.57 所示是运动定位示意图。其设备组成应包括测量角度变化装置，除此以外与一般测向机没什么差别。

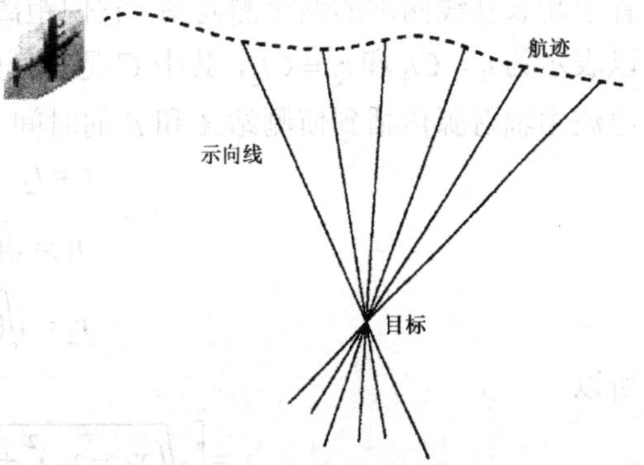

图 9.57 运动定位示意图

采用空间平台（飞机、卫星等）装载无线电测向设备，能够解决或大大缓解地理环境等因素引起的测量误差以及测向多径误差，且具有反应速度快，机动灵活，电波传播损耗小等优点。

### 9.4.4 到达时间差（TDOA）定位

到达时间差（TDOA）定位是在间隔很远的测向接收机对同一发射源用同样的天线同时进行接收，对所收到的信号进行取样、相关处理后得到目标位置的方法。这种技术是测量多个接收站到达信号的时间差，求所收到信号时间编码的相关函数峰值。测时差定位的方法始于“罗兰”导航系统，它是利用舰船上的设备测量多个已知方位辐射源发射的电波到达角，来确定舰船所在位置。对于无线电辐射源的无源定位来说，它是利用辐射源信号到达已知位置的多个接收站所形成的等时差双曲线相交的交点来实现辐射源定位的，如图 9.58 所示。有时也称其为“反罗兰”技术。

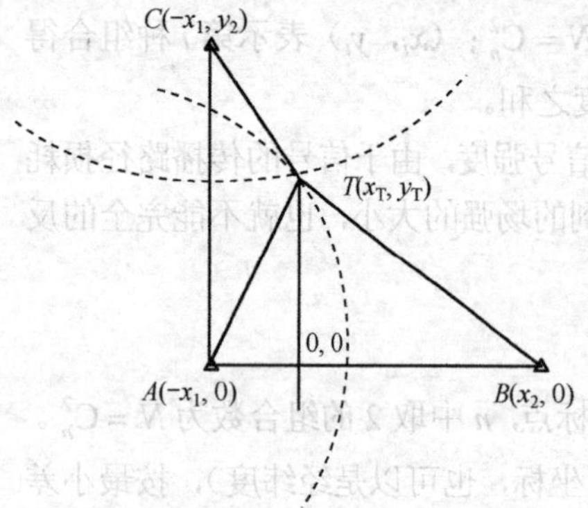


图 9.58　辐射源定位的示意图

该技术需要在各个站设置精密时钟，并对数字化的接收信号做时间标记。信号经过高速数据电路传输到中央计算机，选用任意两个站的信号进行最佳相关，计算出这两个站收到信号的时间差值。实际上最少要用三个精确定位的测向接收站，同时它们不能位于一条直线上。每两个站所收到信号时间差为某一值时，发射机位置的轨迹是一条双曲线。另外两个站测得的到达时间差也形成另一条双曲线，这两条双曲线的交点便是发射机的位置。

#### 1. 基本原理

这种时差无源定位采用的是超长基线，其基线长到可以和电波辐射源到达某一测向站距离相比拟，例如基线长为 10 km，测向站距离辐射源也在同一数量级。这时，不能再把电波看成平面波，而应看成球面波。如前所述，电波在自由空间是以光速传播的，因此只要能够测定电波从某点到另一点的传播时间，即可确定两点之间的距离，雷达即是利用了这一简单原理实现目标测距的。

对于二维平面的时差定位，在超长基线时，若能直接求取信号到达基线两端的两个测向站天线的时间差（TDOA），则可确定一条双曲线。如图 9.58 所示，$A(-x_1, 0)$和 $B(x_2, 0)$是配置于超长基线两端的两个测向站，它们距离辐射源 $T(x_T, y_T)$ 的距离分别为 $r_1$ 和 $r_2$。这个距离可以表示为 $r_1 = Ct_1$ 和 $r_2 = Ct_2$，其中 $C$ 是信号的传播速度，电波在自由空间传播是光速；$t_1$ 和 $t_2$ 是电波由辐射源传播到侦测站 $A$ 和 $B$ 的时间。令 $\tau$ 为信号到达两个侦测站时间差，则

$$\tau = t_2 - t_1 = (r_2 - r_1)/C$$

$$r_1 = \sqrt{(x_T - x_1)^2 + y_T^2}$$

$$r_2 = \sqrt{(x_T - x_2)^2 + y_T^2}$$

所以

$$\tau = \left[\sqrt{(x_T - x_2)^2 + y_T^2} - \sqrt{(x_T - x_1)^2 + y_T^2}\right]/C \tag{9-80}$$

这个公式在二维平面表示一个双曲线（在三维空间则是一个双曲面）。对于平面而言，定位时要有两个双曲线才能交出一点，这时至少需要三个站才能对辐射源定位。需要指出的是，

两条双曲线在平面内通常有不止一个交点。因此，定位前应该知道辐射源的大体方位，否则就需要去模糊处理。对于三维空间，时间差形成双曲面，两个双曲面交一条曲线，四个站才能对辐射源定位。

超长基线时差定位不像其他测向方法那样把电波看成平面波，而是还其球面波的真面目。由于时间不同于相位有周期性，时差定位不存在相位模糊问题，又由于天线距离远克服了天线间互耦带来的一系列问题，使测量精度得以提高。随着技术的进步，时间差的测量误差可以做到几十 ns，甚至更小，这给时差测向带来了广阔的应用前景。

### 2．时差估计

超长基线时差定位因为需要时间基准，因此最早用于脉冲信号，特别是雷达辐射源的定位。可以想象，它完全可以用于跳频通信辐射源定位。但必须注意，在超长基线时，信号到达两个站的时差可能超过通信信号的一个跳频周期，因而出现模糊。因此，两个站的最大距离与光速之比应远小于跳频周期，且采样时间也要小于跳频周期，否则会出现模糊。

在这种测向方法中，如同在短基线时差测向方法中一样，对于连续信号也要通过求两个站接收信号的相关函数，也可以说是求信号的自相关函数来获得时差。

设两个测向站具有完全一致的特性，测向站 $A_1$ 与 $A_2$ 输出分别为

$$x(t)=s(t)+n(t) \tag{9-81}$$

$$y(t)=As(t-D)+m(t) \tag{9-82}$$

式中，$s(t)$ 为有用信号，$n(t)$ 和 $m(t)$ 为干扰和噪声，$D$ 为同一信号到达两个测向站的相对时延（即 TDOA），$A$ 表示两个测向站的幅度差异。假设 $n(t)$ 和 $m(t)$，以及与 $s(t)$ 之间都是统计独立的，则 $x(t)$ 和 $y(t)$ 的互相关函数为

$$R_{XY}(\tau)=E\left[x(t)y(t+\tau)\right]=AR_{SS}(\tau-D) \tag{9-83}$$

根据自相关函数的性质，$R_{SS}(t)\leqslant R_{SS}(0)$，因此可以用互相关函数达到极大值来估计时延 $D$。根据互相关函数值达到最大来估计时差，是对连续波信号进行时差估计的基本方法。仔细研究这个互相关函数，可以发现它是一个包络按 $R_{XY}(\tau)$ 变化的正弦函数，其宽度近似地正比于信号带宽的倒数。也就是说，随机信号的自相关函数的时宽，与其功率谱密度函数的频宽近似成反比。因此，$R_{XY}(\tau)$ 正弦振荡次数反比于信号带宽，对于实际的窄带通信信号，$R_{XY}(\tau)$ 的振荡次数为信号频率 $\omega$，约为几十 MHz，信号带宽仅为 $B$=10 kHz。则 $R_{XY}(\tau)$ 包络内将有上千次振荡（正比于 $\omega/B$）。这时即使信噪比很高，也难以判断哪一正弦波的峰值为最大。因此，在窄带信号的情况下，将产生一个甚至几个信号周期的误差。当信号处理是在 1 MHz（可能是中频）进行时，一个周期的错误会产生 1 μs 的误差，这是值得注意的。当然在处理频率较低时，这种现象就可以避免。

用互相关法来估计时延 $D$，其估计误差较大，为了提高精度，减小噪声影响，可先对 $x(t)$ 和 $y(t)$ 进行滤波，然后再进行互相关运算。

对 $D$ 的估计也可以在频域上进行，利用互谱密度乘以不同的频域加权窗，然后通过反 FFT 变换得到广义互相关函数，由此估计 $D$。这种方法能减弱噪声和干扰的影响。但当噪声或干扰达到与信号电平相当时，就基本无法减弱噪声和干扰的影响。

如果将谱相关理论引入广义互相关函数方法中，就会克服噪声的影响，在干扰信号与信号具有不同的周期频率时，对干扰也有良好的抑制作用。其方法是对两部接收机输出信号的互相关函数和自相关函数进行 FFT 变换，然后求周期互（自）相关函数为

$$R_{xy}^{a}(\tau)=AR_{s}^{a}(\tau-D)\mathrm{e}^{-\mathrm{j}2\pi aD}+R_{mn}^{a}(\tau) \tag{9-84}$$

$$R_{x}^{a}(\tau)=R_{s}^{a}(\tau)+R_{n}^{a}(\tau) \tag{9-85}$$

$$R_y^a(\tau)=A^2R_s^a(\tau)\mathrm{e}^{-\mathrm{j}2\pi aD}+R_m^a(\tau) \tag{9-86}$$

再对它们进行 FFT 变换，可得到周期互（自）谱密度函数：

$$S_{xy}^a(f)=AR_s^a(f)\mathrm{e}^{-\mathrm{j}2\pi(f+a/2)D}+S_{mn}^a(f) \tag{9-87}$$

$$S_x^a(\tau)=S_s^a(\tau)+S_n^a(\tau) \tag{9-88}$$

$$S_y^a(\tau)=A^2S_s^a(\tau)\mathrm{e}^{-\mathrm{j}2\pi aD}+S_m^a(\tau) \tag{9-89}$$

通常噪声和非人为干扰在信号周期频率 $\alpha$ 上不呈现谱相关。因此，它们之间的循环互（自）相关函数为零，表示为

$$R_{mn}^a(\tau)=R_n^a(\tau)=R_m^a(\tau)=0$$

其周期互（自）谱密度函数为

$$S_{mn}^a(\tau)=R_n^a(f)=R_m^a(f)=0$$

由此可知，在频域通过求循环互（自）相关函数和周期互（自）谱密度函数，来进行到达时间差估计，就可减小了噪声和干扰点影响。换句话说，在两个测向站上的噪声以及接收到不同干扰源的干扰时，它们对时差估计不产生影响。如果具有相同干扰源，它就会产生影响。就是说，进入两个站接收设备的信号，如果干扰和信号具有不相同的循环互（自）相关函数和周期互（自）谱密度函数，时差估计就不受干扰影响；反之，就会受到影响。

具体的周期平稳连续波信号时差估计方法可用下面的例子说明。

**例 9-3** 设有两个辐射源发射信号分别为 $s_0(t)$ 和 $s_1(t)$，则两个监测站收到的信号分别为

$$x(t)=s_0(t)+s_1(t)+n(t) \tag{9-90}$$

$$y(t)=A_0s_0(t\cdot D_0)+A_1s_1(t\cdot D_1)+m(t) \tag{9-91}$$

其中：$D_0$、$D_1$ 分别表示两个辐射源到达两个监测站不同所引起的时差；$A_0$ 与 $A_1$ 分别表示由于传输所引起的失配因子；$n(t)$、$m(t)$ 分别表示两个接收机的附加噪声，$n(t)$ 和 $m(t)$ 与 $s_0(t)$ 和 $s_1(t)$ 互不相关。

定义<·>运算为其中的函数对时间求均值，首先计算 $R_X^\alpha(\tau)$：

$$\begin{aligned}R_X^\alpha(\tau)&=\left\langle x\left(t+\frac{\tau}{2}\right)x\left(t-\frac{\tau}{2}\right)\mathrm{e}^{-\mathrm{j}2\pi at}\right\rangle\\&=\left[S_0\left(t+\frac{\tau}{2}\right)+S_t\left(t+\frac{\tau}{2}\right)+n\left(t+\frac{\tau}{2}\right)\right]\cdot\left[S_0\left(t-\frac{\tau}{2}\right)+S_t\left(t-\frac{\tau}{2}\right)+n\left(t-\frac{\tau}{2}\right)\right]\mathrm{e}^{-\mathrm{j}2\pi at}\\&=R_{s_0}^a(\tau)+R_{s_1}^a(\tau)+R_{s_0s_1}^a(\tau)+R_{s_1s_0}^a(\tau)+R_{s_0H}^a(\tau)+R_{s_1n}^a(\tau)+R_{ns_0}^a(\tau)+R_{n_{s_1}}^a(\tau)+R_H^a(\tau)\end{aligned} \tag{9-92}$$

并计算 $R_{yx}^\alpha(\tau)$：

$$\begin{aligned}R_{yx}^\alpha(\tau)&=\left\langle y\left(t+\frac{\tau}{2}\right)x\left(t-\frac{\tau}{2}\right)\mathrm{e}^{-\mathrm{j}2\pi at}\right\rangle\\&=\left[A_0S_0\left(t-D_0+\frac{\tau}{2}\right)+A_1S_1\left(t-D_1+\frac{\tau}{2}\right)+m\left(t+\frac{\tau}{2}\right)\right]\cdot\\&\quad\left[S_0\left(t-\frac{\tau}{2}\right)+S_1\left(t-\frac{\tau}{2}\right)+n\left(t-\frac{\tau}{2}\right)\right]\mathrm{e}^{-\mathrm{j}2\pi at}\\&=A_0R_{s_0}^a(\tau-D_0)\mathrm{e}^{-\mathrm{j}2\pi aD_0}+A_1R_{s_1}^a(\tau-D_1)\mathrm{e}^{-\mathrm{j}\pi aD_1}+R_{mn}^a(\tau)+\\&\quad A_0R_{s_0s_1}^a(\tau-D_0)\mathrm{e}^{-\mathrm{j}2\pi aD_0}+A_1R_{s_1s_0}^a(\tau-D_1)\mathrm{e}^{-\mathrm{j}\pi aD_1}+\\&\quad A_0R_{s_0n}^a(\tau-D_0)\mathrm{e}^{-\mathrm{j}2\pi aD_0}+A_1R_{s_1n}^a(\tau-D_1)\mathrm{e}^{-\mathrm{j}\pi aD_1})+R_{ns_0}^a(\tau)+R_{mS_1}^a(\tau)\end{aligned} \tag{9-93}$$

如果$S_0(t)$在周期频率$a_0$呈现谱相关特性，$S_1(t)$在周期频率$a_0$不呈现谱相关特性，又由于$n(t)$、$m(t)$与$S_0(t)$和$S_1(t)$之间不存在谱相关特性，则有

$$R_x^{a_0}(\tau)=R_{S_0}^{a_0}(\tau)=0$$

$$R_{yx}^{a_0}(\tau)=A_0R_{S_0}^{a_0}(\tau-D_0)\mathrm{e}^{-\mathrm{j}na_0D_0}$$

对两式做FFT变换，于是得到$x(t)$的周期谱及$x(t)$和$y(t)$之间的互周期谱：

$$S_x^{a_0}(f)=S_{S_D}^{a_0}(f)S_{yx}^{a_0}(f)=A_0R_{S_0}^{a_0}(f)\mathrm{e}^{-\mathrm{j}2\pi(f+a_0/2)D_0} \tag{9-94}$$

进行以下计算：

$$\int_{-\infty}^{+\infty}\frac{S_{yx}^{a_0}(f)}{S_x^{a_0}(f)}\mathrm{e}^{-\mathrm{j}2\pi f\tau}\mathrm{d}f=A_0\int_{-\infty}^{+\infty}\mathrm{e}^{-\mathrm{j}2\pi f(\tau-D_0)}\cdot\mathrm{e}^{-\mathrm{j}2\pi a_0D_0}\mathrm{d}f \tag{9-95}$$

因此，可通过计算

$$ga_0(\tau)=\left|\int_{-\infty}^{+\infty}\frac{S_{yx}^{a_0}(f)}{S_x^{a_0}(f)}\mathrm{e}^{-\mathrm{j}2\pi f\tau}\mathrm{d}f\right| \tag{9-96}$$

来估计两路信号间的时差。当$\tau=D_0$时，$ga_0(\tau)$出现最大值，即

$$D_0=\arg\max\{ga_0(\tau)\} \tag{9-97}$$

如果$S_1(t)$在周期频率$a_1$呈现谱相关特性，而$S_0(t)$在周期频率$a_1$不呈现谱相关特性，则利用上述方法同理可以得到信号$S_1(t)$到达两个监测站间的时间差。

可见，利用信号周期谱相关的信号选择特性，可以无模糊地得到信号到达两个监测站间的时间差。在多站时差定位系统中，利用这种方法还可以有效地解决传统方法存在的时差配对问题。

当$a=0$时，上述方法即为经典的广义互相关方法（GCC）：

$$g(\tau)=\left|\int_{-\infty}^{+\infty}\frac{S_{yx}^{a_0}(f)}{S_x^{a_0}(f)}\mathrm{e}^{\mathrm{j}2\pi f\tau}\mathrm{d}f\right| \tag{9-98}$$

$$D_0=\arg\max\{g(\tau)\} \tag{9-99}$$

可见，GCC法是利用相关理论进行时差估计的特例。通过计算

$$\arg\max\left\{\left|\int_{-\infty}^{+\infty}\frac{S_{yx}^{a_0}(f)}{S_x^{a_0}(f)}\mathrm{e}^{\mathrm{j}2\pi f\tau}\mathrm{d}f\right|\right\} \tag{9-100}$$

就可以估计信号到达时间差。

### 3. TDOA定位的优点

与其他测向定位方法比较，TDOA定位法的优点主要表现在以下几个方面：

（1）极高的定位精度，是其他测向方法无法比拟的。

众所周知，以测向为基础的定位方法，其定位精度与监测站到辐射源距离相关，定位误差为$\Delta s=r\cos\theta$，当测向精度较高时，有

$$\Delta s=r\theta$$

式中：$r$为监测站到辐射源距离，其单位与$\Delta s$相同，用m或km；$\theta$为测向精度，单位为rad。如果$r=10\ \text{km}$，测向精度$\theta=1°(\text{rms})=0.017\ \text{rad}$，$\Delta s=174\ \text{m}$；当$r=30\ \text{km}$时，$\Delta s=522\ \text{m}$。这很容易从图9.59中看出。

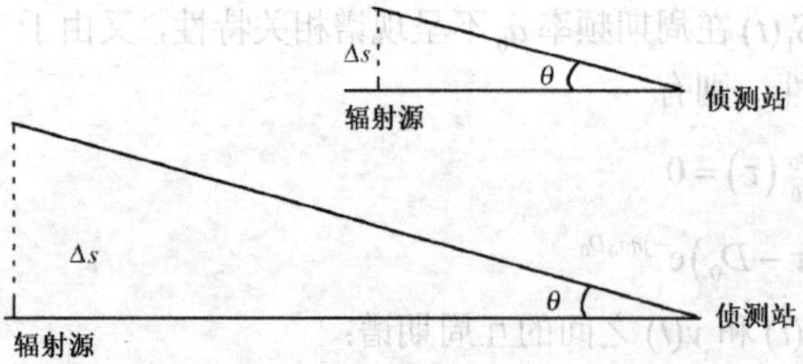

图 9.59 测向站到辐射源距离不同误差也不同

但 TDOA 定位误差不随测向站到辐射源距离变化，目前可所达到的测量误差精度为 100 μs，误差为 30 m。由此可以看出，TDOA 定位具有远高于相关干涉仪的定位精度，从而可以快速、高效地定位无线电辐射源。

（2）能对宽带低谱密度无线电信号定位。众所周知，CDMA 系统工作时，在相同带宽内有多个信号同时存在，且侦察距离较远时，由于信号谱密度较低，信噪比变得很低，其他测向定位方法是无法对其实施测向定位的。不能测向和定位的原因一是信噪比低，二是同时存在多个信号。对于 CDMA 信号只有 TDOA 定位法能对它进行定位。因此可以说，TDOA 定位是其他测向定位方法的必要补充，是一种性能良好的测向定位体制，特别是对宽带信号的测向定位，具有相关峰高，定位误差小、灵敏度高、抗干扰能力强等无与伦比的优点。由此可以得出如下结论，随着无线电通信技术的发展，宽带信号越来越多，可以预计其应用范围将会越来越广。

（3）易于对跳频信号进行定位。对于跳频信号或短持续时间信号，可以利用信号的上升沿或下降沿测量信号到达不同侦测站的时间差，从而实现对其测向定位，这种方法大大简化了测向定位方法。

（4）系统简单，易于组网。首先，天线系统可以采用同普通的监测天线一样的天线，而不是干涉仪系统复杂的天线阵；其次，安装环境要求也较低，只要收到信号即可。因此，接收设备可采用已建设的监测网的接收机，增加数据处理模块和同步定时设备即可完成改造工作。改造后的设备可以进行组网，从而实现对某一地域所有辐射源定位。

（5）采用时差法测向不存在相位模糊问题，因而，基线长度可以不受限制，使用超长基线可以使测向定位精度得以提高。同时，避免了天线间的互耦影响，因而不存在基线长度一定时，波段内高端测向精度高、低端测向精度低的问题。

采用超长基线时差定位方法虽然有很多优点，但在工程实现上尚存在诸如各种时间同步、站间数据传递、信号采集时间、存储器容量、窄带信号相关处理方法、相同谱周期信号干扰之类的问题。这些问题随着技术的进步有些已经得到了很好地解决，例如，在相互距离很远的监测站之间实现时间同步，随着 GPS 技术的应用和普及，使用它可以很方便地将各站同步误差控制在 50 ns 以内（相当于距离 15 m 完全可以满足 TDOA 定位的要求）。采用上述时差估计方法，对于绝大多数的通信信号已经能够使误差控制在 100 ns。可保证定位精度小于 30 m。

近年来，无线电定位不仅用于军事、无线电管理和各种应急业务，而且也用于移动通信业务。对于移动通信而言，到达时间差定位，是根据不同基站接收到的同一移动终端某一时刻发射信号的传播时间差，实现对该终端定位的。在该方法中，处于不同位置的多个基站同时接收某一移动终端发出的普通信息分组或随机接入分组信号，各基站将接收到的上述分组信号的时间，传送到移动终端定位中心，在这里根据信号到达各站时间差完成对该终端的位置估算。当然，对于非法用户我们不知道它的信息分组或随机接入分组信号，那就需要对时差进行估计。

不难看出，上述方法只要建立一个移动终端定位中心，并对现有基站稍加改造，就可以实现移动用户的定位。当然，各基站间的信息传输也是必不可少的。据报道，上述方法对 GSM 终端定位精度可达 100 m，并且有希望得到提高。

由于超长时差定位方法特别适于组网，因此，对于地域很大的无线电管理而言，采用这种体制的无源定位网络是非常有益的。

国外采用 TDOA 时差原理的定位系统较多，典型装备有捷克的“塔玛拉”、改进型“薇拉”系统、俄罗斯的 VEGA85 V6-A 三坐标无源定位系统、美国的 AN/TRQ 109 移动式无源定位系统、乌克兰的“铠甲”空情监视系统等。这类系统最适用于空情监视和用作航管（ATC）系统的备份设备。

### 9.4.5 其他无源定位方法简介

近年来，由于无源定位的重要价值，它与有源定位相比所具有的优点，以及军事上和民用的需求，使得它越来越受到人们的重视。除了基于测向的定位方法外，人们还提出了另外一些定位方法。这些方法有的是基于测向原理，有的是组合各种测向方法，有的则是另辟蹊径。

**1．相位差多普勒测向测距定位技术**

多普勒测向过程中，需要测出圆周上天线单元与圆心参考天线之间输出信号的相位差。利用这些相位差信息，可以确定辐射源与测向站之间的距离。通过方位和距离就可确定辐射源位置。

**2．机（星）载单站快速无源定位技术**

这种方法上面已经介绍过。这种机（星）载单站快速定位技术发展最快，其优点是只需要单个传感器和平台，设备量小，作用距离远，机动性好，并且能与地面和舰载系统协同使用。因此，国外将升空的无源侦察定位系统列为发展的重点。根据《简氏武器年鉴》，目前国外各类无源侦察定位系统中，机载系统占了三分之二。

**3．卫星干扰源定位**

卫星干扰源定位是指利用被干扰卫星及临时选择的临近卫星一起组成双星体制实施对干扰源的定位，又称双星定位。卫星监测接收站接收两个相邻卫星转发器的干扰源信号和参考站信号，分别获得干扰信号和参考信号之间的时间差和频率差信息，形成两个双曲面，利用这两个双曲面与地球表面方程求解，就可以对卫星干扰源进行定位。实际上，这种定位方法是综合了时差测向和多普勒测向两种方法。定位时，需要在被干扰卫星附近有一颗邻星和位置已知的地面参考站，且邻星具有与被干扰卫星相同的频段和极化方式，且可以获取两颗卫星的星历。卫星干扰源定位系统示意图如图 9.60 所示。

卫星干扰站（干扰源）发射的信号分别通过两个卫星的转发器进入定位系统的两个监测接收站，同时地面参考站（地球表面的位置已知，或用受干扰的信号源站做参考站）发射的信号同样经两个卫星的转发器转发后被两个监测接收站接收。通过处理平台进行互模糊函数相关处理，分别获得干扰信号和参考信号之间的时间信息、相位信息，估计出时间差（differential time offset，DTO）和频率差（differential frequency offset，DFO），根据时间差和频率差就可以计算出干扰源在地球表面的位置。

时间差是信号经过两颗卫星转发的路径不同而产生的。对于确定位置的卫星，一个确定的 DTO 值对应的轨迹是一个双曲面。该双曲面与地球面可相交出一条曲线，称为时差位置线。为了得到正确的 DTO 值，必须知道卫星间的几何关系及信号在卫星与接收站间的传播延时。

频率差的产生是由于两颗同步卫星定轨点上的摄动速度在接收径向上存在差异，从而引起不同的多普勒频移。与 DTO 类似，DFO 测量的结果也可以在地球上画出一条频差位置线，由两条位置线的交点可以得到干扰源信号的位置，如图 9.60 所示。

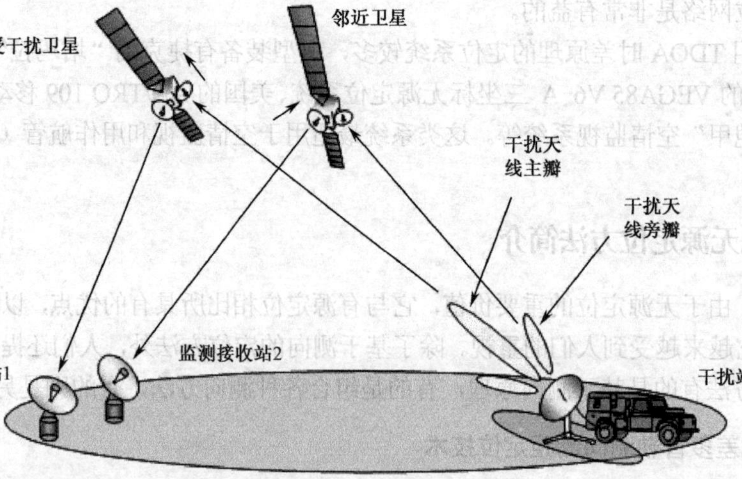


图 9.60　卫星干扰源定位系统示意图

卫星干扰源定位可以实现地球同步卫星的信号监测与干扰查找，可以对干扰卫星转发器和盗用卫星转发器资源的非法用户进行查证，为我国卫星系统的安全防护提供保障。

**4．利用外辐射信号无源定位**

近年来，利用外辐射信号的无源定位技术逐渐成熟。所谓利用外辐射信号的无源定位技术，就是指无源定位系统不利用目标自身辐射信号进行定位，而是通过接收目标外的辐射信号和经目标反射的信号，对目标进行定位的技术。这类外辐射信号一般是在空中已传播的广播TV，通信和 FM 无线电广播信号。目前，研究较多的是利用商业广播 TV 信号和 FM 电台信号来进行无源定位的技术。定位系统通过接收这些直射信号和目标反射信号，测量它们在TDOA、AOA 和多普勒频移，经高速处理机处理和运算，实现对目标的探测和定位。

这种定位系统的主要特点是：（1）由于其类似于收发分置的双基或多基雷达系统，而且又工作在 FM 广播和 TV 信号的频段，这个频段频率低，使隐身目标的电波吸收材料的作用大为减小，因而能有效地对付隐身目标；（2）由于系统本身不发射电磁能量，所以有很好的隐蔽性，能有效地对抗反辐射导弹，具有很强的生命力；（3）由于利用商业的 TV 台或 FM 无线电台发射的信号，系统无须配置昂贵的发射设备，系统成本较低；（4）工作于低频段，受天气变化影响小，工作可靠，而且系统兼容性好。这种系统的不足之处是探测精度不够高，不能够为武器实施精确打击提供数据。

此外，还有人利用多站接收信号幅度的不同进行计算，实现对辐射源进行定位。当然，这种方法必须是电波传播条件相同且稳定时才是可行的。通常，这种测向方法误差较大。

# 第 10 章　频谱参数监测

无线电监测的重要任务之一就是采用技术手段和一定的设备对无线电发射的基本参数和频谱特性参数进行测量。测量的参数主要包括频率、频率误差、场强、功率、射频电平、发射带宽、调制度等。参数测量是合理、有效地指配频率，对非法电台和干扰源进行测向定位查处的技术支持。本章对无线电监测中参数测量的基本原理和所涉及到的一些主要参数进行介绍，具体包括测量目的、测量技术、测量方法和场地、仪器、仪表、设备等测量要求。

## 10.1　测量原理

### 10.1.1　时域和频域测量

监测站接收到的信号可在时域、频域或是相位域进行特征描述。

三种考虑问题的方法在某种程度上是可以互换的。对它们的介绍有助于转变我们看问题的角度。通过摆脱时域观点的束缚，在频域或相位域中进行分析，则对疑难问题的解决就会变得十分容易。图 10.1 和图 10.2 列出了一些周期、非周期信号在时域和频域中表示的例子。

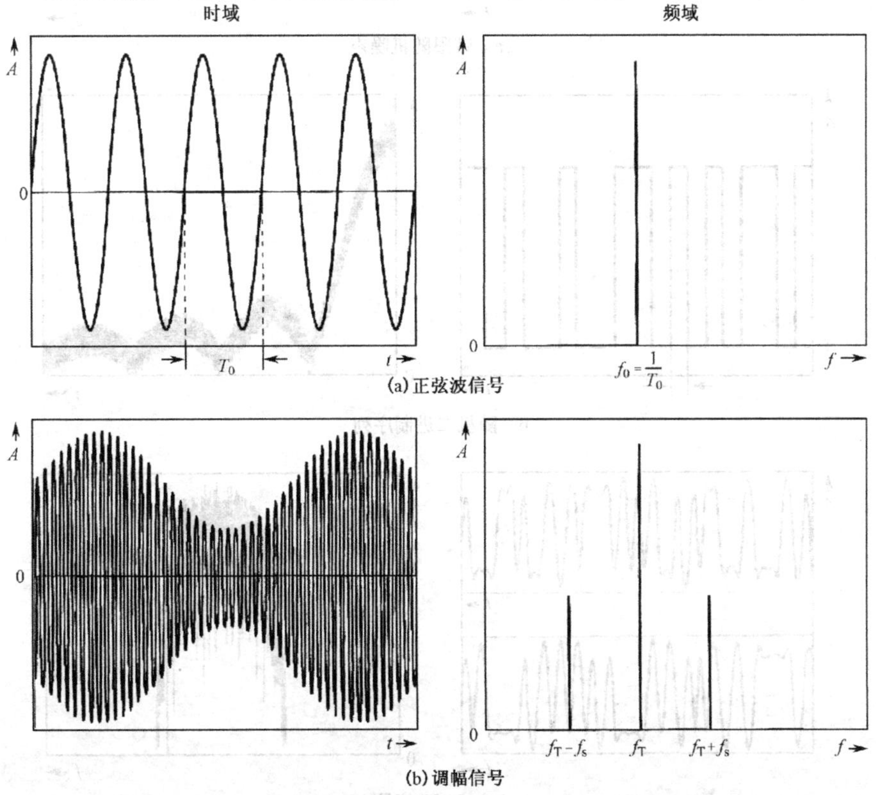


图 10.1　一些周期信号在时域和频域中的表示（待续）

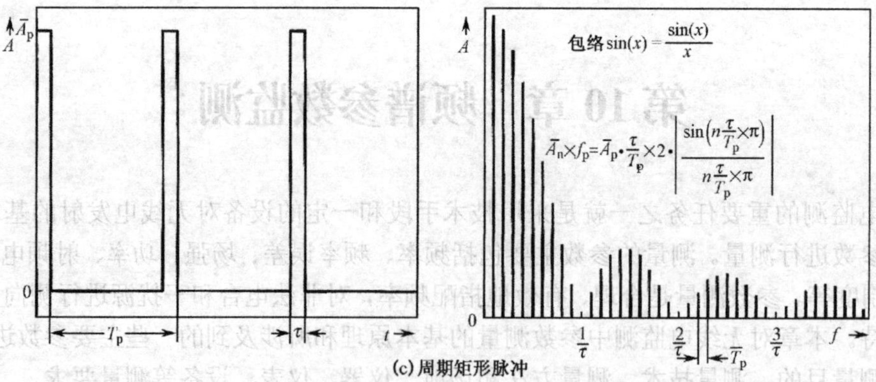


(c) 周期矩形脉冲

图 10.1　一些周期信号在时域和频域中的表示（续）

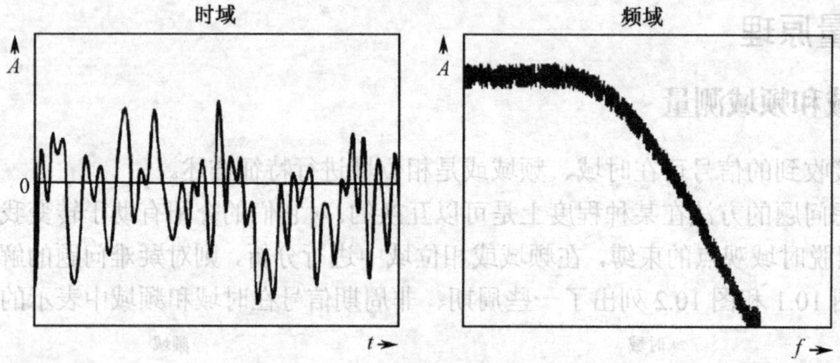


（a）带限随机噪声

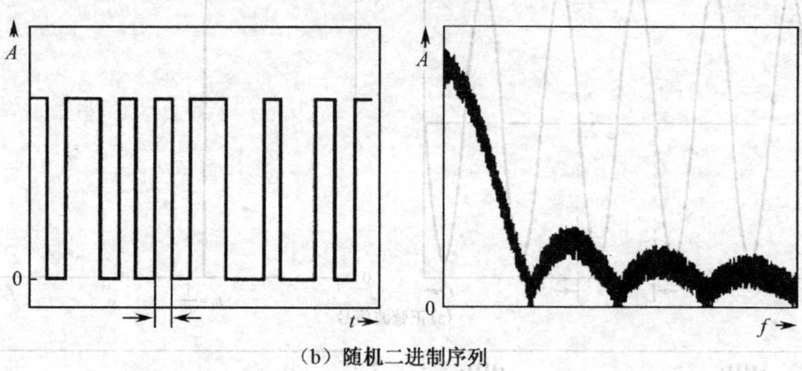


（b）随机二进制序列

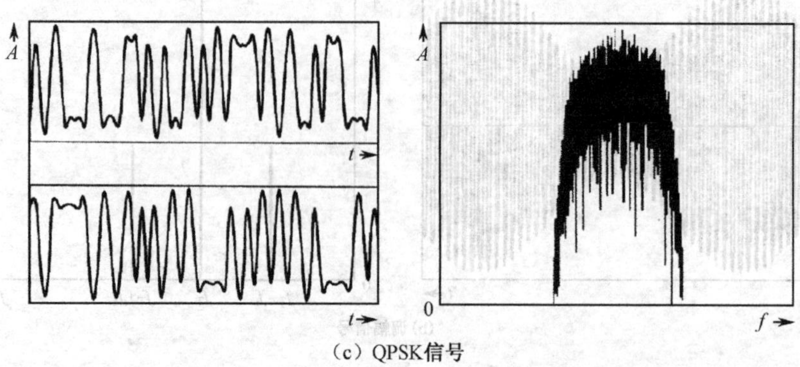


（c）QPSK信号

图 10.2　一些非周期信号在时域和频域中的表示

频域表示特别适用于监测信道占用度、干扰、谐波产物以及杂散。而且典型的频谱能显示出不同的调制模式（例如 FSK、PSK、DAB 等），这些调制模式有时可以帮助确定调制类型。时域表示则有助于理解信号幅度随时间变化的特性，并有助于设置所需的测量时间以正确测量信号的幅度（例如：对于峰值检波器）。尤其当研究采用数字系统的发射时，时域有助于测量时分复用系统的参数，例如占用和空闲时间、占用时隙数和功率斜波。

## 10.1.2 幅度和相位域（矢量）测量

大多数数字无线通信系统对射频载波的相位进行调制（例如 PSK、QPSK 等），或者对相位和幅度同时进行调制（QAM）。然而，频域是无法显示相位信息的，为了提取相位信息，通常用星座图来显示。在星座图上，原点到每一个点的矢量长度代表信号幅度，而沿 X 正半轴逆时针到信号矢量之间的角度则代表相位。X 轴（REAL）表示信号的同相（I）分量；Y 轴（IMAG）表示信号的正交（Q）分量。矢量信号分析仪用来实时显示信号在特定点上的相位域（见图 10.3）。显示的刷新频率必须等于发射信号的符号率。为了给出一个稳定的结果，分析仪必须与信号同步。而要方便地实现同步，必须知道信号的类型，或者至少知道符号率。

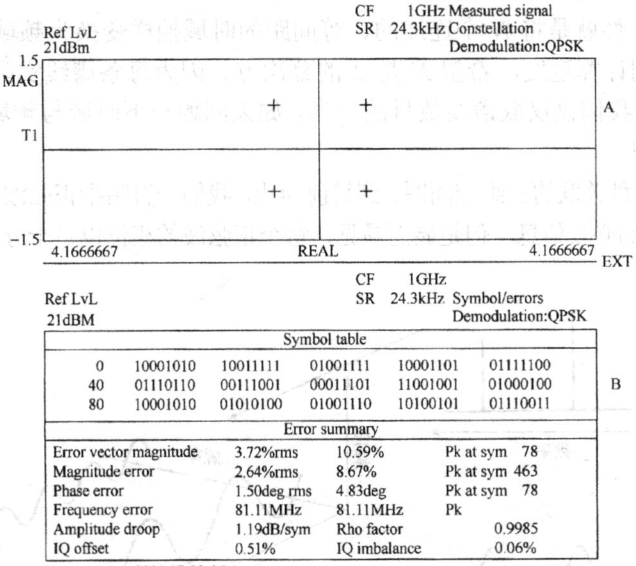


图 10.3 QPSK 信号星座图（幅度-相位域）

简单情况下，当调制方式和编码方式已知时，分析可以实时进行。这样，现代矢量分析仪就能够显示出二进制信号序列或者关于解码信息的特征。

但是，在调制方式比较复杂以及调制方式或编码方式未知的情况下，为了获得所传输的编码，就有必要对信号进行后续处理。

## 10.1.3 FFT 分析

快速傅里叶变换（FFT）是将数据从时域变换到频域的一种算法。这完全就是我们希望频谱分析仪所做的工作，这样来看，实现一个基于 FFT 的动态信号分析仪似乎就比较简单。然而，这个看似简单直接的任务，却由于种种因素而变得复杂了。

首先，由于域变换时涉及到很多计算，若想获得足够精确的结果，变换就必须在一台数字计算机上执行。幸运的是，随着微处理器的出现，将需要所有的计算量合并在一个很小的工具包中已变的十分容易并且很经济。但要注意的是，目前我们还不能以连续的方式进行时域到频域的变换，而必须先将时域输入信号抽样并数字化。这意味着我们的算法是将数字化的抽样从时域变换到了频域。

由于已经抽样，我们在时域和频域这两个域内都无法对信号进行精确描述。但是，将抽样数据放在一起得到的结果相对于理想情况来说仍然是非常近似的。计算频域中的每一根谱线都需要以时间记录的所有抽样。这与我们可能期望的情况，即单一时间抽样正好变换为频域中的一根谱线是有很大差异的。理解 FFT 这种按块处理数据的特性对于理解动态信号分析仪的很多特性是至关重要的。

举个例子，由于 FFT 将整个时间记录块作为一个整体进行变换，因此在一个完整的时间记录被收集完毕之前，我们不可能得到正确的频域结果。然而，一旦收集完毕，最早的抽样可能就会丢失，所有抽样在时域记录上移位，一个新的抽样会被添加到记录的末端。这样，一旦时间记录初始被填满，在每个时域抽样上我们就会有一个新的时间记录，并由此在频域上会有新的正确结果。

当一个信号首次输入并行滤波器分析仪中时，我们必须等待滤波器做出响应，然后就可以在频域看到非常快速的变化（滑行窗 FFT）。

FFT 的另一个特性就是将 $N$ 个连续的、等间距的时域抽样变换为频域中 $N/2$ 条等间距的谱线。而且，考虑到计算速度，希望 $N$ 是 2 的幂次方。因为每条谱线实际包含两部分信息，即幅度和相位，所以我们仅仅取谱线数目的一半。如果回顾一下时域与频域之间的关联，这个道理就会很容易理解。

图 10.4 是表示这种关联的三维空间图。到目前为止，我们一直暗指正弦波的幅度和频率包含所有用以重建输入信号的必要信息。但是显而易见，每个正弦波的相位也是十分重要的。

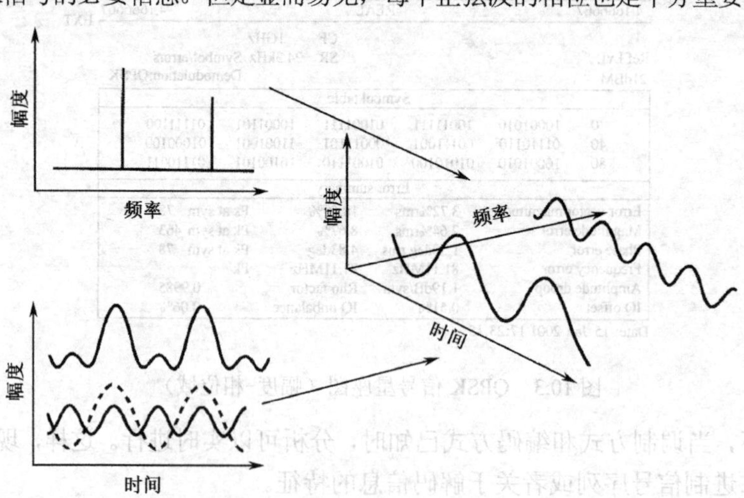


图 10.4　时域和频域的三维空间表示

1）谱线间距

现在我们知道在频域有 $N/2$ 条等间距的谱线，那么，它们的间距是什么呢？我们用频谱分析仪能够分辨的最小频率必须基于时间记录的长度。假如输入信号的周期大于时间记录，我们是没有办法确定其周期的（或频率，即周期的倒数）。因此，FFT 的最低频率谱线一定出现在等于时间记录长度倒数的某个频率上。

2）时间加权函数

为了限制时间函数内的抽样数目，可将抽样的时间信号乘以一个时间加权函数（或者称其为时间窗）。窗函数会影响分析滤波器的特性，导致主频到邻频的功率泄漏。时域的限制通常会产生波动（ripple）、旁瓣或者泄漏等结果，且基本由所用时间窗的傅里叶变换决定。通过选择窗函数，就有可能在频谱分辨率（取决于 FFT 谱线的主瓣带宽）和低功率分量频谱包络（取决于 FFT 谱线的旁瓣幅度）之间实现折中。

值得一提的是，只有矩形窗适用于瞬变信号，能够完全将其包含在窗口中，使用矩形窗才能获得正确的分析。因为矩形窗对瞬变信号的不同部分进行相同的加权，并且当信号及时再现时，在连接处不会出现断点。其他类型的窗函数则适用于持续时间长度大于时间窗的信号的分析，所以会导致断点的出现。

3）重叠现象

FFT 频谱分析仪每秒需要如此多抽样点的原因是为了避免重叠问题的出现。在任何数据抽样系统中，重叠都是一个潜在的问题。它往往被忽视，有时会产生错误的结果。

假如两个信号的频率差落在了我们所感兴趣的频率范围内，则认为它们产生了重叠。这个差频总产生于抽样过程中。假如输入频率稍稍高于抽样频率，这样就产生了一个低频假信号分量。如果输入频率等于抽样频率的话，这一假信号分量会落在直流上（零频），就好像没有输入信号一样。

为了避免时间连续信号的频率模糊问题，输入信号必须是带限的，且带限后的频率要小于抽样频率的一半，这实际上就是抽样定理的内容。如果输入信号本身并不像规定的那样是带限的，则在被抽样前就应先通过一个低通抗重叠滤波器。

4）FFT 的应用

FFT 的应用，首先通过 A/D 转换器在接收机的 IF 部分对带限信号进行捕获并数字化，然后将抽样数据送入 DSP 系统执行必要的计算。抽样频率和捕获时间对结果的影响很大（通过确定谱线的数量和密度，如前文所述）。

当信号持续时间长，或者持续不停，要捕获到完整的信号是不可能的。这时，就只捕获并数字化信号中最重要的部分。进一步来说，即使对于短猝发信号，我们通常也只能捕获到相对少的抽样，对此，完整的傅里叶变换计算将是不现实的，只能补充零以得到 2 的幂次方的抽样数目，才能应用 FFT 方法。

5）FFT 分析仪

FFT 分析仪是一种基于微处理器的 DSP 设备，在特定带宽内具有实时处理的优点。缺点则是实时可变的频率范围有限，它的最大实时带宽依赖于处理器的计算能力。对于一般可用的模式（<50 kHz），这种计算能力需求通常较小。延时计算方式则可以扩展带宽范围。

为了解决这种问题，一些分析仪利用数字内插器来处理分段后的大频率范围。分析滤波器经过数字化处理，从而在形状和带宽方面较扫描分析仪的离散滤波器更易于控制且更加稳定。当输入信号在处理前被抽样和数字化，如果分析仪具有存储这些数据的功能，就可多次对被捕获信号进行再处理。一般，这种类型的分析仪十分适用于测量由时间决定的信号频谱，例如脉冲信号，同时也适用于瞬态分析。它还可以提高 FFT 分析仪的性能，使其具有测向能力。

6）FFT 分析与其他技术的对比

其他一些众所周知的技术主要应用于扫描频谱分析仪和矢量信号分析仪。每一种技术都有它的优点和缺点，总结如表 10.1。

表 10.1　频谱分析方法的比较

| 测量原理 | 优　点 | 缺　点 |
|---|---|---|
| 扫描频谱分析 | 宽的频率范围（RF）<br>宽的频率扫宽<br>高动态范围（例如：100dB） | 瞬态信号延时<br>缺少信号相位信息<br>频率分辨率高时扫描速度慢 |
| FFT 分析<br>外差式 FFT 分析 | 快速的幅度与相位信息<br>频率分辨率高时记录速度快<br>多种分析能力<br>（包括瞬态分析） | 窄的频率范围<br>动态范围通常较低<br>（例如：60dB）<br>有限的时间间隔 |
| 矢量信号分析 | 具有 FFT 分析的优点 | 只能显示一个信号<br>测量无法达到 OHz |

## 10.2　频率测量

在过去的几十年里，随着频率合成器和信号处理器技术的推广，如用于频率测量的 IFM（瞬时频率测量）和 FFT 分析仪，使得在测量精度、简化操作以及测量速度方面已经有了显著的提高。具体可参考 ITU RSM.377 关于频率测量的建议。

事实上，监测站进行的频率测量是遥感测量，测量过程必须使用辅助设备或接收机。为了得到准确的结果，接收机应具备如下特性：输入灵敏度高；镜频抑制好；交调和互调低；保护测量频段而抑制无用频率的输入滤波器（预选器）；中频级的拍频振荡器；人工或自动增益控制。下述的测量过程或多或少地采用人工方法，尽管这些方法已部分地被自动方法所替代，但它们仍然很重要，主要体现在：测量设备的简便、价格低廉；监测人员的训练简单；适用于监测业务开展的初期；适用于对微弱信号或受干扰信号的测量，此时自动系统常常无法进行测量。

频率测量通常是指在一个未知频率与一个已知频率（参考频率）之间进行比较处理。基于这个比较处理，下列频率测量方法在监测站得到了应用（表 10.2 将其按字母缩写排列，以方便查询）：

- 传统方法：拍频（BF）法、偏置频率（OF）法、直接李沙育（DL）法、频率计数器（FC）法、鉴频器（FD）法、相位记录（PR）法、扫描频谱分析仪（SSA）法。
- 基于 DSP 的方法：瞬时频率测量（IFM）法、FFT 法。

表 10.2 给出了可用的以发射类型为函数的频率测量方法。

表 10.2　频率测量方法

| | BF | OF | DL | FC | FD | PR | SSA | IFM | FFT |
|---|---|---|---|---|---|---|---|---|---|
| 连续载波（N0N） | X | X | X | X | X | X | X | X | X |
| 摩尔斯电报（Alx） | X | X | X | | X | | X | X | X |
| 摩尔斯电报（A2x；H2x） | X | X | X | X | X | X | X | X | X |
| 无线电报（FlB；F7B） | X | X | X | | X | | X | X | X |

（续表）

| | BF | OF | DL | FC | FD | PR | SSA | IFM | FFT |
|---|---|---|---|---|---|---|---|---|---|
| 传真（F1C） | X | X | X | | X | | X | X | X |
| 广播与无线电报（A3E） | X | X | X | X | X | X | X | X | X |
| 广播与无线电报（H3E；R3E；B3E） | X | X | X | | X | X | X | X | X |
| 广播与无线电报（F3E） | | | | X | X | | X | X | X |
| 无线电话（J3E） | | | | | | | X | | X |
| 数字广播（COFDM） | | | | | | | X | | X |
| 模拟电视广播（C3F） | X | X | X | X | X | X | X | X | X |
| FDM 无线中继（F8E） | | | | X | | | X | X | X |
| 脉冲雷达信号 | | | | | X | | X | X | X |
| 无绳电话系统（F1D；F2x；F3E；G3E） | | | | | | | X | X | X |
| 点对多点 TDMA 系统 | | | | | | | X | X | X |
| 蜂窝电话系统 | | | | | | | X | X | X |

## 10.2.1 传统频率测量方法

### 1. 拍频方法

通常的频率测量方法是将一个未知的接收频率 $f_x$ 和一个来自可变频率振荡器的参考频率 $f_r$ 之间进行差频，通过对产生的差频进行处理来完成的。

拍频方法的原理方框图如图 10.5 所示。在 A3E 工作方式下，接收到的频率和振荡器的频率通过平衡网络同时送到接收机的输入端，在接收机的包络解调器中，通过混频处理产生差频 $\Delta f$ 的音频输出。由于接收机的音频单元通常对低频不响应，因此精确地核对这两个频率（接收频率与变频振荡器产生的频率）是否相等是比较困难的。这个问题可以通过使用拍频振荡器来解决，改变拍音的幅度，以音响指示极慢的差拍。通常情况下，一个测量接收机输入电压表，就足以获取这种差拍，但这需要参考频率信号或与输入信号的强度大致相同，所以，平衡网络必须能将这两个信号强度调整为大小接近相等的状态。如果是 A1A 或 F1B 发射，则观测值或差拍会受到键控的影响较大，使得测量精度降低。

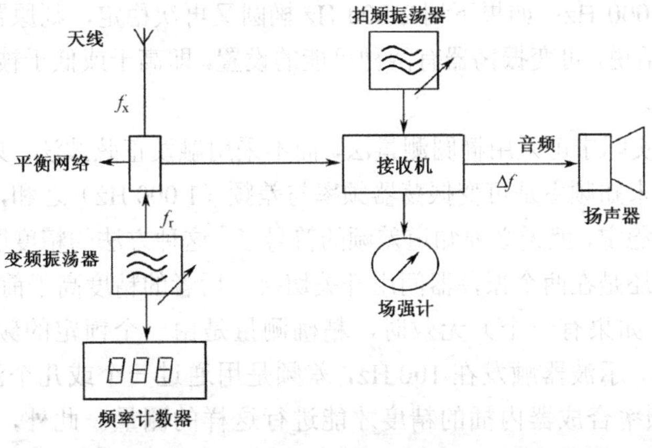


图 10.5　拍频方法原理方框图

这种测量方法快捷、可靠，并且测量值是唯一的，其另一个优点是接收机不需要稳定的调谐振荡器。但该方法不适用于调频发射，当用于高音调的语音时，更需特别留意。

2. 偏置频率法

偏置频率测量法不同于拍频方法，可变振荡器被设置在一个确定的、高于或低于未知频率 $f_x$ 的频率 $f_0$，如相差 1 000 Hz。这个 1 000 Hz 的差频 $\Delta f$ 由接收机输出，然后与一个 1 000 Hz 标准频率分别接入示波器 X 和 Y 放大器进行比较（见图 10.6）。接收机调谐或接收机本振低于或等于中频带宽的微小变化不影响该差频。

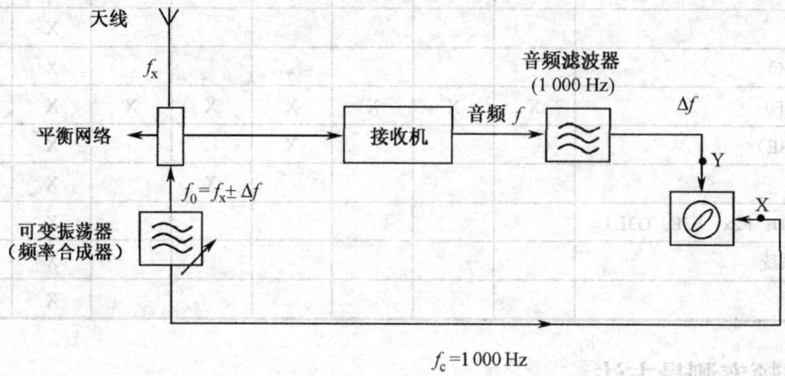


图 10.6　偏置频率测量方法

如果差频不是精确等于 1 000 Hz 的标准频率，在示波器上显示一个旋转的椭圆（李沙育图形）。椭圆的旋转速度正比于频差，每秒一圈相当 1 Hz 的差别。但此方法不能确定差别的正负。然而，如果示波器的 Z 轴偏转由一个 1 000 Hz 或 100 Hz 的标准频率触发（如时基设置为每刻度 0.1～1 ms），而接收机输出的差频馈到示波器的 Y 偏转板，则差频的符号可以从正弦波的移动方向来确定。如果差频高于标准频率，正弦波向左移动。此外，如椭圆稳定，可变振荡器是高于或低于被测频率 1 000 Hz，可用以下的一种方法确定：

方法一：用听觉或用一个频率计监测音频滤波器输出的差频，如果可变振荡器向上调谐或向下调谐，差频同方向变化，则可变振荡器的频率高于被测频率；如果差频与可变振荡器变化相反，则可变振荡器的频率低于被测频率。

方法二：可变振荡器精确失谐 2 000 Hz。若上调 2 000 Hz 椭圆又再次稳定，则原置定的频率低于被测频率 1 000 Hz；如果下调 2 000 Hz 椭圆又再次稳定，则原置定的频率高于被测频率 1 000 Hz。换句话说，可变振荡器有两种可能的设置，即高于或低于被测量频率 1 000 Hz。均将显示稳定的椭圆。

对于键控发射，实际宁可采用椭圆测量法，而不采用触发正弦波法。只要可变振荡器频率低于被测频率，此时未知频率是可变振荡器频率与差频（1 000 Hz）之和，如果可变振荡器被设置成使李沙育图形稳定，就无必要知道差频的符号了。这种方法的精度取决于发射机是使用一个频率的振荡器，还是在两个振荡器间用开关切换，后者的精度高于前者。

当内插合成器（如果有一个）无效时，精确测量是由一个锁定的频率合成器输出来进行的。在这种情况下，示波器触发在 100 Hz，差频是用通过一个或几个波群的时间来测量。只有测量精度高于频率合成器内插的精度才能进行这样的测量。此外，由于人眼观察每秒多于 5 个波群就很困难，因此，这种测量的范围是受限制的。对一个足够长的测量周期，获得相当于 0.01 Hz 或更好的精度是可能的。实际上，精度仅受接收机和频率合成器的相位稳定度限制。

当测量 A3E 发送时，差频是由可变振荡器同强载频组合产生的，而其他更多的差频是可变振荡器同由调制引起的边频组合产生的。在这种情况下，示波器不能显示一个理想的椭圆，而是呈一种带状的椭圆。带宽变化是调制的函数。为了获得理想的椭圆，在接收机和示波器之间接入一个音频滤波器，它滤除由调制引起、不要的混频产物，通过滤波器的精确调整，可获得最大幅值，但需将 AF 滤波器精确调节到 1 000 Hz，而后调节可变振荡器使李沙育图形稳定。

### 3. 直接李沙育图形法

如果接收机本振频率是由晶控的频率合成器提供，则中频相对于标称值的偏移量等于接收频率相对于设置频率的偏移量。对频率测量而言，中频级的输出馈到示波器 Y 轴放大器，而一个晶控频率（相当于中频的标称值）馈到 X 轴放大器（见图 10.7），将显示一个椭圆图形。如果频率合成器具有内插刻度，则必须在椭圆稳定时进行测量。

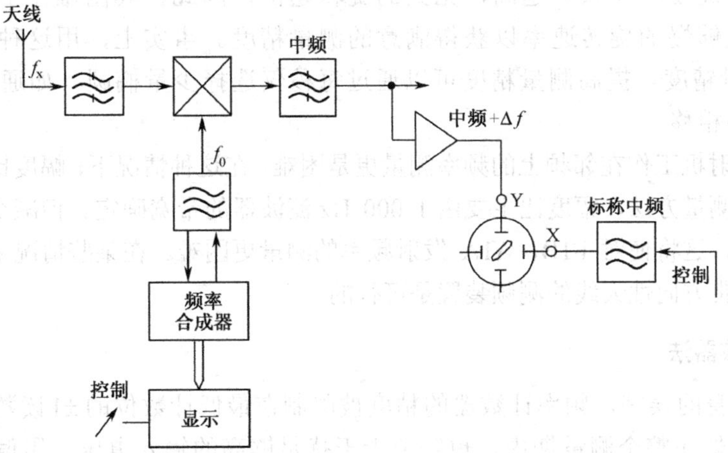


图 10.7　直接李沙育图形方法

如果频率合成器仅按每步 10 Hz 锁定（1 Hz 更好），中频信号也馈到 Y 轴放大器，而示波器时基被来自频率合成器的晶振派生的频率触发，在这种情况下，标称中频将是触发频率的倍数。差频的大小和符号能够从正弦波移动的方向和通过示波器上固定点（例如屏幕中心）的时间 $t$ 和波形数目 $n$ 来确定，见图 10.8。差频 $\Delta f$ 则很容易推导获得。

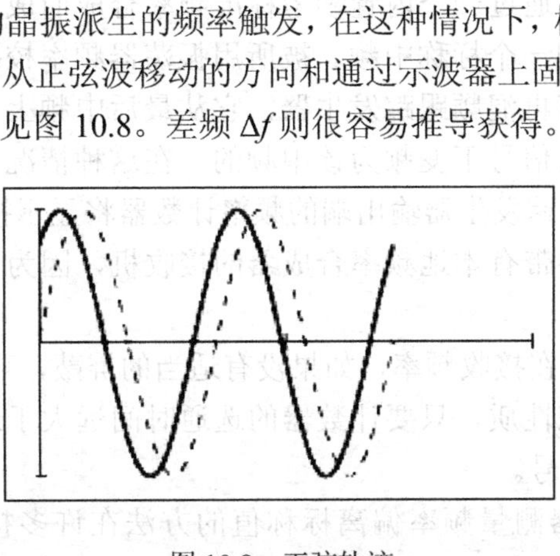

图 10.8　正弦轨迹

产生触发频率的分频数，即示波器的时基设置不影响测量结果。具有数字频率设置的接收机可达到小于或等于 0.1 Hz 的测量精度。

#### 4. 调幅和调频信号的频率测量

使用上面所述的方法测量 AM 发射机的所有直接辐射频率，具有几乎相等的精度。

对 J3E 发射，通过向接收机输入端馈入一个附加信号（即所谓拍频振荡器 BFO）可确定一个载波完全被抑制的频率，调整这个附加信号使得接收机输出的调制信号无失真。这种方法的不精确度大约为±50 Hz。接收机不必设置在 J3E 工作模式。

由于眼睛可观察到短时间内出现的椭圆，所以偏置频率测量方法允许测量具有稳定相位（例如发射机的振荡器连续工作，而键控在振荡器稳定之后进行）的 A1A 发送。

移频键控（F1B，FlC，F7B）发射时，虽然波形有相同的频率、相同的数目和显示位置，但没有公共相位。因此，按照偏置频率测量方法，椭圆不能重合，由于眼睛的惰性，在屏幕上将同时看到许多椭圆。各椭圆显示的持续时间取决于键控速率：100 Baud 是 10 ms。在视觉观察的情况下，只有在椭圆的短暂出现期间确实可观察到其转动，频移才能被注意到。偏移速度（差频）越高，见到的旋转越快，因此，其困难在于在短的椭圆持续期间，达到足够慢的旋转速率以获得满意的测量精度。事实上，用这种方法可获得大约±10 Hz 的测量精度。提高测量精度可以通过每秒仅选择少量椭圆（如通过强度调制），以便更好地观测相移。

对大功率发射机工作在邻频上的频率测量更是困难。在这种情况下，幅度比是一个决定因素。用偏置频率测量方法，幅度比主要由 1 000 Hz 滤波器的带宽确定。但减少滤波器的带宽不可能随心所欲，这将使对 F1B，A1A 发射频率的测量更困难。在某些情况下，为了抑制干扰发射机，使用带方向性天线的测频装置是可行的。

#### 5. 频率计数器法

不计晶振本身的误差，频率计数器的精度被限制在最低计数位的 ±1 读数上。为了正确工作，频率计数器在整个测量期内，也需要无干扰足够高的输入电压。用偏置频率测量或拍频的方法，如果可变振荡器的频率是由一个频率计数器控制的（见图 10.9）（与频率合成器比较），这些条件是容易满足的。

现代接收机的振荡频率通过一个内置参考标准频率合成而成。因此，等于接收机设置频率的输入频率将被变换到一个标称中频。被所用振荡器频率校准过的中频计数器将显示输入频率。有些接收机配有再混频跟踪发生器，它从最后中频上变频为输入频率，而接收机是用相同的振荡器将输入信号下变频为该中频的。在这种情况下，接收机起到了限幅滤波的作用。因此，连接到跟踪发生器输出端的频率计数器将显示接收频率。

优点：这种方法不需要带有本地频率合成器的接收机，因为自由振荡器既用在上变频又用在下变频。

缺点：频率计数器工作在接收频率，如果没有适当的屏蔽，可能导致整个系统的自激。

由于频率计数器的累积性质，只要计数器的选通时间远大于最低的调制频率周期，则这种方法很适应测量 FM 信号。

另一种借助频率计数器测量频率偏离标称值的方法在许多接收系统中采用，接收到的信号被变换到中频（如 10 MHz），由于频率合成器是被一个稳定的晶振控制的，因此信号在中频级偏离的绝对频率与射频级的偏离值是对应的。在每次测量开始，连接到中频级的频率计数器预置为某值（如 10 MHz），计数器在倒计数模式下记录测量周期（计数器选通时间）内的脉冲数目，有三种不同情况：如果信号频率精确等于标称频率，在测量周期结束时，频率计数为零；如果信号频率太低，计数器不会到零而显示一个正的余数，在变换了符号后，将显示频率差值（负值）；如果信号频率太高，计数器将在测量周期结束前到零，这引起计数模式转换到顺计模式。然后继续对剩余的脉冲进行计数，最后显示出频率偏移（正值）。

这种方法精度高，可用于 AM 和 FM 测量。用于 FM 测量时，大频偏、低调制频率和短测量周期的不利综合因素将影响精度。

### 6．鉴频器法

对许多简单的频率测量，尤其是测量 FSK 信号，在中频级用模拟方法足以表示相对频差，这可采用鉴频器。最简单的鉴频器是一个电感或一个被失谐使得信号处在其斜率上的单个谐振电路，更复杂的是两个相对失谐的耦合谐振电路。接着检波，鉴频输出的直流电压取决于信号频率在鉴频特性曲线上的位置。这个频率和输出电压间的特性曲线要求在中频带宽范围内有良好的线性关系。

鉴频器和中频输出分别送至示波器 X 和 Y 放大器，FM 的每个谱线，在屏幕上显示一条竖线，因而 FM 的所有谱线均可方便地看到。频率测量通过在接收机输入端交替馈入被测频率和校准过的振荡器频率，最好是用一个频率合成器实现。为此，可变振荡器的频率应设置得使其竖线总是出现在相同位置上，其测量精度大约为 ±10Hz（见图 10.9）。

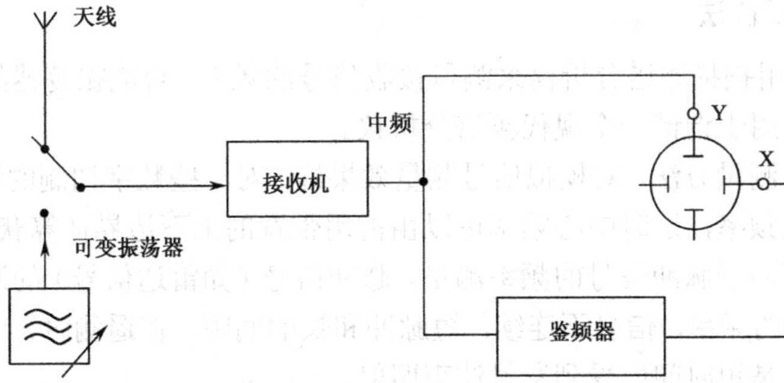


图 10.9　鉴频方法

在正常工作情况下，通过检测中频鉴频器电压，就能测量 F3E 发射信号。为此目的，要调整可变振荡器的频率，以使当天线和可变振荡器被交替接到接收机输入端时，鉴频输出表显示相同电压值。由于电压表的平均特性，调制不会影响测试结果。由于鉴频器的频偏可以校准，故只要接收机的本振锁定在标准频率上，鉴频器也可用于测定频率。

各种因素诸如邻近信号的频率分量、噪声、馈到鉴频器的中频信号上的幅度变化等，将影响利用鉴频器所测得的结果，使测量精度降低。当干扰存在时，使用带有频率合成器的接收机能够设置最佳的滤波效果，通常选取鉴频器的零点与中频标称值重合。

### 7．相位记录法

直接李沙育图形方法所描述的实际上是显示波形轨迹的方法，并说明了在一个未知频率和标准频率间或两个标准频率间的相位如何进行比较。用这种技术，开发了一种采用鉴相器和 y-t 记录仪的自动记录方法。鉴相器的输出电压正比于两个频率几乎一致的输入信号的相位差。相位差通常处在 0°～360°之间，输出电压在 $U_{min}$～$U_{max}$ 间变化，y-t 记录仪产生一个锯齿形的序列，如图 10.10 所示。

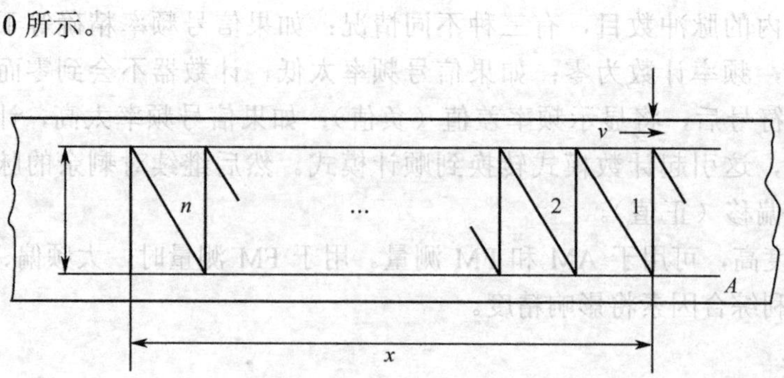


图 10.10 相差的记录

如果满足以下条件：信号按照偏置频率测量方法处理，馈到鉴相器输入端的频率与馈到示波器（见图 10.6）的相同，即 $f_0$=1000 Hz 和 $\Delta f$=1000 Hz，则频差的绝对值能够通过锯齿波数目、记录时间和接收频率来得到。

锯齿波斜率的方向取决于两个输入信号加到鉴相器输入端的的方法，一旦方向被实验所确定，频率的正负偏移量即可区分。这种记录方法对具有精确偏置的 VHF 和 UHF 的电视信号发送的的频率测量是非常有用的，在用于比较和调整频率标准时，这种测量方法更有独到之处。

**8．扫描频谱分析仪法**

在监测站，通常用扫描频谱分析仪来测量接收信号的频率。合成振荡器的输出频率来自内部或外部频率标准，用于调谐一个现代频谱分析仪。

先前介绍的频率测量方法，对模拟信号测量效果好，对一些数字调制的情况，很难在发射频谱上找到一个特征频率，这时中心频率可以由占用带宽的上下边界计算获得。

频谱分析仪还可用于脉冲信号的频率测量。脉冲信号（如雷达信号）的测量会遇到以下一些特殊的问题：很高的频率，信号不连续，短脉冲和长的间隙。在遥测时，由于发射天线是旋转的，所以接收天线是短时间内受到发射波束照射。

可采取下面的方法。接收信号送到一个可显示主频和边频的频谱分析仪，如图 10.11 所示，接收到的信号和频率合成器的基频或谐波被交替或同时加到频谱分析仪。改变频率合成器的频率直到其信号出现在脉冲信号频谱主瓣的中间，即在 $f_0$ 处，这种方法的精度约为 10 kHz（忽略频率合成器的不精确度），这个精度可与微波脉冲计数器的精度相比拟。

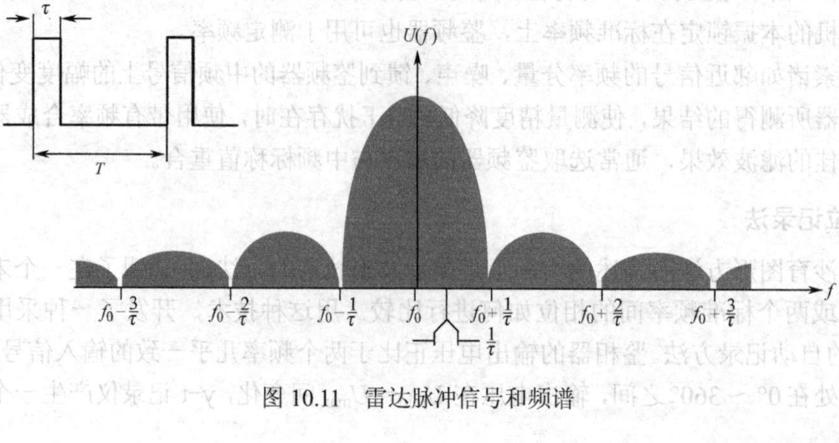


图 10.11 雷达脉冲信号和频谱

与微波脉冲计数器相比，以上的方法简单方便、便于实施。如果分辨率足够，则脉冲宽度 $\tau$、重复周期 $T$。能够由频谱显示的两个最小幅度间的距离确定。

### 10.2.2 基于 DSP 的频率测量方法

#### 1. 瞬时频率测量法

由于数字技术在测量中的优势以及信号采集和处理技术的发展，使得在监测站实现高的测量精度，同时还保证一定的测量速度是完全可能的。尤其是将数字测量接收机用作接收设备、配备数字信号处理（DSP）模块，并使用如瞬时频率测量（IFM）的测量技术，测量的精度和速度均可得到保证，同时还具有以下优势：测量失真小和可重复性高、平均功能、滤波以及自动化测量等。

典型情况下，我们可在 1 s 甚至小于 1 s（如 200 ms）的时间内得到测量结果，并且能保证 1 Hz 数量级的精度，在单载波或调幅信号的载波上，精度甚至还要远远优于 1 Hz。测量时间与中心频率慢慢漂移的信号相对应，并有可能通过连续的测量来证明其漂移特性。

为了能够在监测站之间对测量进行比较，信号抽样的大小应该标准化。抽样大小的选择应从以下几个方面考虑：

（1）为了对所观测发射的瞬时中心频率有一个好的估计，应选择短抽样；然而，为了使调制引入的偏差最小，抽样持续时间就应该足够长。如果是数字信号，调制在本质上往往是随机的（使用扰码等）；如果是模拟发射，特别是 FM 广播，调制能够如音频一样低至几十赫。因此，200 ms 应是合适的最小选择值。

（2）当对频带进行日常系统扫描时，考虑到监测站必须测量大量的发射机，例如 PMR（个人移动无线电频段）中的几千个信道，此时应选择短抽样。短抽样对每一信道还有一次更优的再访问时间，从而提高了对共用同一网络频率的多个发射机进行测量的可能。

（3）为了避免中心频率的平均漂移，应选择短抽样。短抽样和频率的再访问使得评估发射机的稳定性并估计其漂移成为可能。

（4）如果是 TDMA 发射，抽样大小应与每一单位脉冲的持续时间相对应，例如对于一个 577 μs 的 GSM 脉冲，其值就是 500 μs。为了避免两个不同的信号脉冲重叠在一起测量，还要有同步。

（5）当测量宽带（数字）信号时，如果不想使用过多的内存和计算量，短抽样是必要的，并且考虑到此类信号的统计特性，短抽样也是足够的。注意：传统宽带模拟信号（如 TV，而且是非对称的）的测量是在所要求的载波和副载波频率上，在窄带滤波器内进行的。

（6）当使用一定的算法将峰值与平均值一起传送时，可以使用较大的信号抽样，而不会在瞬时中心频率的极值处丢失任何信息。

（7）为了将噪声产生的误差减至最小，应使用较大的信号抽样，特别是在信号到达监测站时已接近于噪底的情况。

（8）抽样大小应与监测站通常要进行的一些其他测量相兼容，例如场强、调幅深度、频率与相位偏移以及带宽。事实上，数字信号处理能够对一个普通抽样信号方便地完成各种测量，并且在测量脉冲信号和 TDMA 信号时更是必不可少。当研究数字调制信号时，信号抽样通过矢量分析仪系统还可进行离线分析。

（9）在日常测量活动中应设计好抽样大小，以尽快确认发射机能否正常工作；当日常测量中有测量值超出容限时，通常需要进一步研究，以提供附加数据并确定这种违规行为是长期的还是瞬时的。

考虑以上约束条件，推荐下列抽样值：

对于短时 TDMA 信号（如 GSM），取 500 ms（同步的）；对于慢 TDMA 信号，取 5～10 ms；对于普通信号（不包括 TDMA）的日常快速测量，取 200 μs；对于普通信号（不包括 TDMA）的日常中速测量，取 1 s。

数字信号处理技术使得利用合理的成本，以非常高的精度和不失真度/可重复性来完成测量成为可能。倘若测量设备以一个合适的频率标准做参考，在单载波上可以很容易达到数量级约为 $10^{-10}$ 的精度。我们现在投入很低的成本就能获得 GPS 锁定频率标准，这在过去由于铷钟标准的成本问题是很困难的，这样固定和移动监测站不需要过多的成本就能够获得较高的精度。此外，GPS 频率标准的使用还可以解决测量的可溯源问题以及对接收机合成器精度进行频繁校对的问题。

因此，现代化监测站在 9 kHz 一直到更高的 UHF 频率（3 GHz）的单载波上能够达到大约 1 Hz 的频率测量精度。如果只核对 ITU-R 建议中描述的最严格频率精度要求中的任何一项，即高密度网络中模拟电视广播发射机的频率设置（ITU-R 建议 BT.655），此性能也是合适且必需的。

随机调制信号的频率测量精度由信号及抽样持续时间的统计结果决定。典型地，随机调制信号的精度要比单正弦波的精度低一个数量级（当锁定在 $10^{-10}$ 频率标准时为±10Hz）。但是，对于 RR 定义的各种业务类型需要的发射机精度，经验和仿真表明以上推荐的测量持续时间能够确保频率测量精度至少比其高一个数量级，即使对于随机调制信号也是如此。

为了使监测站的测量结果具有可重复特性，应在单正弦波信号上进行校准和精度核对。

为了使待测信号与测量滤波器完全匹配，监测站进行频率测量时，还推荐使用最小瞬时捕获带宽。实际上，测量应在一个既足够宽以包含待测发射，又足够窄以抑制相邻发射影响的滤波器中完成。

现代接收机配有很多滤波器（典型的有 10 个或更多），通常对于一般信号足以提供良好的滤波特性；然而，应谨慎选择设备使其有充足的带宽来容纳待监测的信号。FM 广播是最普通的被监测信号之一，它产生的频率偏移一般不超过±75 Hz。有的信号则可能要求至少约±200 Hz～±300 Hz 的瞬时捕获带宽，这就对监测站提出了一定要求。±300 Hz 的带宽适合于包括 GSM 在内的很多现代数字信号，但不适合于如 DAB、IS95 或一些高速点对点、点对多点系统（如 3 GHz 以下的乡村电话设备），对于这些信号，2 MHz 的带宽通常才够用。考虑到带宽要求越高，数字转换器和处理器也会越昂贵，推荐选择瞬时捕获带宽来进行测量，这主要由监测站的目标决定：

- 对于覆盖 9 kHz～3 GHz 的低级监测站，大约为±200 kHz；
- 对于覆盖 9 kHz～3 GHz 的高级监测站，大约为±2 MHz。

更高的瞬时带宽，例如±8～±10 MHz，在一些情况下可能是理想的，特别当监测 3GHz 以上信号、监测数字视频广播或 W/CDMA 信号时更是如此。

## 2. FFT 法

对于将数字化幅度相对时间的记录转化为幅度相对频率的频谱显示，FFT 是一种有效的方法，适合用微处理器来完成。

FFT 分析仪用于频率测量应具有下列特点：在所用接收机的中频级具有 ZOOM-FFT 功能，或接收机具有高的频率分辨率；汉宁窗功能；5 MHz 或 10 MHz 的外部标准频率输入；至少 16 位的分辨率；频率范围应覆盖被测接收机的中频范围；远程控制接口；测量噪声信号的频率时，具有平均概率功能。

用 FFT 分析仪测量发射频率，可以在合成器调谐的接收机中频输出端口完成。接收机中频必须在 FFT 分析仪的工作频带内。接收机和 FFT 分析仪必须由通用的频率标准驱动。通过使用 ZOOM-FFT 功能和 FFT 分析仪的汉宁加权函数，能够获得很高的频率分辨率。

围绕功率谱上检测到的峰值，由谱线功率正确估算频率，则有可能提高基于 FFT 频率测量的分辨率：

$$f_{\mathrm{E}}=\frac{\sum_{i=j-3}^{j+3}(P(i)\cdot i\cdot\Delta f)}{\sum_{i=j-3}^{j+3}P(i)} \tag{10-1}$$

式中：$j$ 为目标频率显示峰值的序列下标；$\Delta f = f_s/N$，其中 $f_s$ 为抽样频率，$N$ 为所获时域信号上的抽样点数。$j\pm3$ 的范围是合理的，因为它表示一种比通常所用汉宁窗主瓣更宽的范围。这种计算能明显地降低测量时间。

基于 FFT 分析的监测测量系统的优点是：非常高的频率分辨率和精度；能测量多信号共用同一信道时的频率；窄分辨率带宽时具有更快的速度；容易调谐和调整被监测的频段（通过计算机终端）；适应各种频段，高度灵活；频率数据的数字存储；由于大大减少机械部件从而可靠性高；由于采用数字处理，整个系统设置的可重复性；能通过电话线发送数据至频谱用户和中心机房，以便能进一步进行频谱估计和处理，以及实现集中办公等。

基于 FFT 频率测量系统的一个例子见图 10.12。（注：正确计算频率时，必须考虑接收机中频输出位置的频谱。）

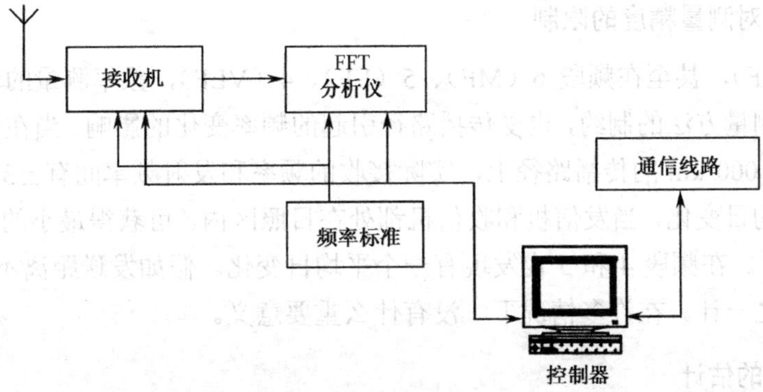


图 10.12　一个基于 FFT 频率测量系统的实例

基于 FFT 的频率测量系统能够测量稳定信号的频率（N0N、A3E 等），甚至在很低的频率间隔之下也能完成。图 10.13 所示是一个 MF-BC 信道的 FFT 频谱。

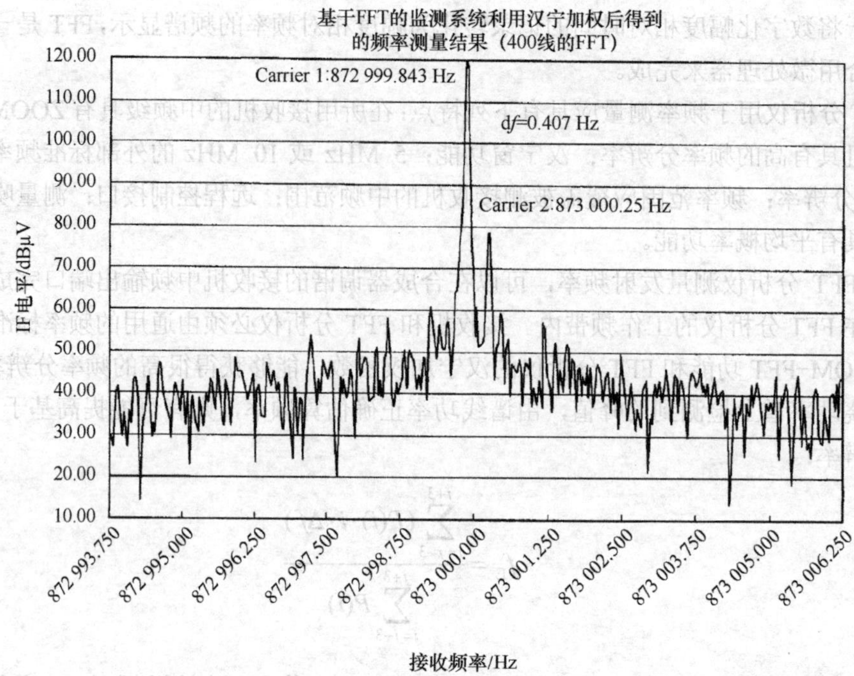


图 10.13　一个 MF-BC 信道的 FFT 频谱（Span=12.5 Hz；分辨率：400 线）

对于调频信号的频率测量，必须考虑下列因素：

FSK 信号（F1B，F7B）的频谱由其实际的调制和频偏决定；谱线在载波频率处的电平可能低于其他频率上的电平；在一些情况下，要求有较长的平均时间。

如果是宽带调频信号（F3E，F8E 等），频谱相关法几乎不能测量那些电平由实际调制决定的载波。为了克服这个问题，VHF-UHF 接收机的中频信号可以通过一个分频器，分频比为 200 时可使调制指数显著下降。这样，宽带调频信号就被转化成为窄带调频信号，从而消除了载波频率分量在频谱上的变化。在计算载波频率时必须考虑分频比。

## 10.2.3　频率测量的精度

### 1．传播路径对测量精度的限制

在频段 7（HF），甚至在频段 6（MF）、5（LF）、4（VLF），频率测量的精度不仅受发射机的调制类型和测量方法的制约，也受传播路径引起的频率变化的影响。当在频段 7 进行测试时，在夜间大于 1000 km 的传播路径上，实际接收的频率和发射频率间有 $\pm3\times10^{-7}$ 的偏差。有一个频率的平均日变化，当发信机和收信机都处在日照区内，可获得最小的频率偏差，这个数值约为 $\pm3\times10^{-8}$。在频段 4 和 5 也发现有一个平均日变化。假如发送距离不超过几百 km，偏差可用十亿分之一计。在许多情况下，没有什么重要意义。

### 2．测量精度的估计

确定频率测量精度的方法应满足下列条件：测量应在最佳接收条件下，不因衰落和干扰引入新的变化；被测量频率的准确值尽可能不被操作者知晓，否则他可能试图更改结果；如果使用频率合成器。考虑到频率合成器的校准误差，使用的各种频率的赫兹量应分布在整个 10 Hz 范围；为了能满足以上条件，宁可采用本地产生的已知频率，而不用经过远地传播的标准频率；应能检测整个测量方法的误差（除去标准带来的误差），而不是部分误差；对不同的发射类型有不同的误差，因此必须对每一种都确定误差；对一种特定的发射类型，每测一次其误差也会不同，同时误差不能小于测量设备的限制，故测试结果要做统计处理；获得的结果应同时指出其误差或用于特定发射类型的测试方法。然而，标准引起的误差要排除在外；当描述测量系统的精度时，应给定每种因素引起的误差（频率标准测试仪表及测试方法）。频率标准和测量方法产生的各类误差绝对值之和构成整个系统的最大误差。

和其他的测量一样，频率测量是容易引入误差的，以下因素必须考虑：

- 测量方法引起的误差（$\Delta f_M/f$）；
- 被测信号的调制引起的误差（$\Delta f_{\mathrm{mod}}/f$）；
- 测量过程中基准频率引起的误差（$\Delta f_R/f$）；
- 测量包括读数精度的技术特性引起的误差（$\Delta f_A/f$）；
- 传播路径引起的误差（$\Delta f_T/f$）。
- 最大误差 $\Delta f / f$ 可根据以下各误差之和估算：

$$\Delta f/f = \pm(|\Delta f_T / f| + \Delta f_R / f\ |\Delta f_M/f| + |\Delta f_A/f| + |\Delta f_{\mathrm{mod}}/f|) \tag{10-2}$$

按照测量类型，各种误差以不同的加权计入总误差，以下是一些典型的例子。

1）10 MHz 的 A3E 发射

拍频方法中的可变振荡器是由一个频率计数器控制的，设备总的精度是 $\pm1\times10^{-5}$，接收机带有一个拍频振荡器。测量在白天进行，高频传播路径引入的误差设为 $\pm3\times10^{-8}$，拍频测量的精度估计为 $\pm0.2$ Hz，由于调制和基准频率引起的不精确度可忽略不计。因此，

$$\Delta f / f = \pm\left(3\times10^{-8} + 0.2\times10^{-7} + 1\times10^{-5}\right) \approx 1\times10^{-5}$$

在这种情况下，测量精度实际上是设备的精度。在许多情况下，测量精度等于或优于发射机的频率容限。通常，测量精度应优于发射机频率容限的 10 倍。

2）10 MHz 100 Baud 的 F1B 发射

偏置频率测量方法（频偏 1000 Hz）频率合成器有一个最大误差为 ± 0.1 Hz 内插振荡器。基准频率的精度为 $\pm1\times10^{-8}$，测量在晚上进行，因此有传播路径引入的最大误差为 $\pm3\times10^{-7}$。由测量装置引起的误差估计约为 0.1 Hz，最后非常小的由移频键控引起的误差约为 10 Hz。因此，

$$\Delta f / f = \pm\left(3\times10^{-7} + 1\times10^{-8} + 0.1\times10^{-7} + 0.1\times10^{-7} + 10\times10^{-7}\right) \approx \pm1.3\times10^{-6}$$

在这种情况下，误差主要是由调制引起的。

3）600 MHz 电视发射

条件：视距传播，精确的频率偏置工作状态，其频率容限不超过 ± 2.5 Hz、采用偏置频率测量中描述的具有 ± 0.1 Hz 精度的基波振荡器的频率合成器二次谐波测量方法；晶振（精度为 $\pm2\times10^{-11}$）由一个精度为 $\pm2\times10^{-11}$ 的标准频率控制作为基准频率；由视距传播引入的误差可

忽略。假定测量时间为 100 s，偏置频率测量方法的精度为 0.01 Hz。由于用二次谐波测量，内插振荡器±0.1 Hz 的误差加倍。最大误差为：

$$\Delta f / f = 0 + \left(2\times10^{-11} + 1\times10^{-11}\right) + 0.01/6\times10^{8} + 2\times0.1/6\times10^{8} \approx 3.8\times10^{-10}$$

因此，

$$\Delta f = \pm3.8\times10^{-10}\times6\times10^{8}\ \text{Hz} = \pm0.23\ \text{Hz}$$

在这种情况下，最大误差与容限的比例稍小于 1/10。

### 10.2.4 用于频率测量的信号发生器

用于频率测量的信号发生器应具备以下特征：频率必须是由一个频率标准合成的；内部频率标准本身和所有频率步进的误差应该小于$10^{-7}$；最小的频率步进应该是 1 Hz 或更小（0.1 Hz）；应该有外接的 1 MHz、2 MHz、5 MHz、或 10 MHz 频率标准输入；内部频率标准可工作在守候状态；频率范围应该覆盖到 1000MHz 的范围，并可使用高次谐波（产生于外接倍频器）；谐波至少有 30 dB 的衰减；非谐波至少有 80 dB 的衰减；在 50 Ω 电阻上电压输出可在1 μV ～1 V 间调节。

过去数十年里，频率测量技术发生了巨大的变化，先前使用外差波长计可达$\pm5\times10^{-5}$的精度，更高的频率使用的谐振腔可达$\pm5\times10^{-4}$的精度，这些设备现已被频率合成器所替代。通常，频率合成器应该有高达 1 V 的电压输出，该输出可通过内置电压表或数字显示，输出阻抗为 50Ω，杂散信号（非谐波）的衰减至少为 80 dB，对谐波信号的抑制较差。频率合成器覆盖的频率测量范围（100 Hz～1 GHz）并可通过外接谐波发生器而扩展。

在简单的频率测量装置中，连接一个调谐倍频器到频率合成器以扩展频率范围，这个方案允许测量到 1 000 MHz 的调幅或调频信号。调幅信号的频率测量按照拍频法的频偏法，F3E 发送的测量按照鉴频器或频率指示器法，或按照频率计数器法。

在较陈旧的频率测量系统中，第一级频率合成器（通常达到 30 MHz）后面接有更高频率的合成器。第一级的频率覆盖范围不宽，对下一级更高频率的合成器而言，它是一个内插发生器。用 SMPC 和 SME 类型的设备，欲显示的频率范围和精度可单独由一个单元完成。

整个系统应由一个恒温晶体单元或铷频率标准提供，它们都可受外接标准频率的控制。若需要在监测车上［主要是频段 8（VHF）和频段 9（UHF）或更高频段］安装监测设备时，可根据要求配置小型单元组或者选择一些有特殊用途的单元或单元组。由于现代设备省电，故可采用电池供电。所有合成器输出电压均方根值应 0～1 V 可调，输出阻抗 50Ω。内插晶振（日稳定度为（1~3）$\times10^{-9}$，除现用的“DDS”类型外）可通过人工调整或受 1MHz、1V 的外接标准频率信号控制。

近年来，被称为直接数字合成方法（DDS）有了发展。其典型的系统如图 10.14 所示。DDS 使用高分辨率数字相位相加技术，数字频率送到 D/A 变换器产生正弦信号。该装置由一个 VHF 晶振提供基准频率。数字控制振荡器（NCO）输出从 0 到 100 MHz 范围的参考频率，它的分辨率为几毫赫兹。它唯一的缺点是产生寄生信号，而这些寄生信号，按照实际使用的频率，出现在所需信号旁边不固定的频率点上，所以难以用滤波器抑制。

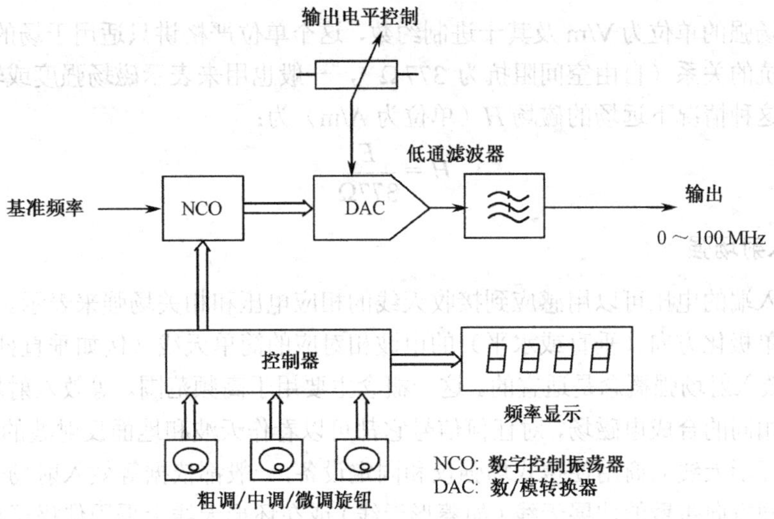


图 10.14　典型数控振荡器系统框图

大多数 NCO 可通过串行总线由微机或微处理器控制，微处理器能够额外读取几个数字旋钮（用于不同的步进）并控制频率数字显示，这种装置将来可代替通常的十进制频率发生器和某些合成器。在不远的将来，德国无线电监测业务打算建立和试验频率范围可达到 40 MHz 的 NCO。

## 10.3　场强和功率密度测量

这里所使用的“场强测量”和“功率密度测量”术语适用于以下类型的测量：使用便携式或移动设备进行测量，在一点或多点获取相关的瞬时数据或短时数据；使用移动设备进行测量，获取移动无线电覆盖区域的统计参数；在固定点进行的短期测量，一般用于支持其他监测业务；长期测量包括场强记录和曲线记录分析，用计算机分别存储和分析所测得的数据。

场强测量和功率密度测量通常可实现以下几个目的：确定恰当的无线电信号强度和所给定业务信号源（如发射机）的效能；确定给定的已知无线电发射（电磁兼容）的干扰程度；确定发射电磁能设备所产生的信号强度和任何波形的无意干扰影响，并评估抑制措施的效能；测量传播现象，以开发和验证传播模式；按照 ITU-R85 的意见，收集无线电噪声数据，例如大气无线电噪声；确保与相关的“无线电规则”一致；估算非离子辐射的危害。

采用预测方法和计算机模式可以获取某一特定接收点场强的近似值。当然，现场测量中还有诸多未知因素需要考虑。场强和功率密度测量这部分的测量过程非常一致，因此使用电磁方式的管理部门之间可以相互交换场强数据和功率密度数据。在有些情况下，为安全起见，在测量场强、功率密度时，必须对信号质量进行其他方面的测量，如调频传输传播中的调频—调幅（FM-AM）转换，误码率和数字移动通信系统因多径传输而引起的信道脉冲响应等。

### 10.3.1　电磁场场强

在接收场地，测量场强 $E$（单位：V/m），通常用对数单位 dB μV/m 表示的电平 $e$，即等于 1 μV/m 的 dB 值：

$$e = 20\lg E \tag{10-3}$$

通常测量场强的单位为V/m及其十进制约数，这个单位严格讲只适用于场的电分量（$E$）；但通过传输阻抗的关系（自由空间阻抗为 377Ω），一般也用来表示磁场强度或辐射场的磁分量的测量，在这种情况下远场的磁场 $H$（单位为 A/m）为：

$$H = \frac{E}{377\Omega} \tag{10-4}$$

### 1. 等效入射场强

接收机输入端的电压可以用感应到接收天线的相应电压和相关场强来表示。

对于只与单极化方向（垂直或水平）的电波相对应的简单天线（例如垂直杆或环型天线）来说，采用等效入射场强概念是适宜的。这一概念主要用于高频范围。等效入射场强是指与天线响应的极化相同的合成电磁场，对任何信号它都可以看作天波和地面反射波的总和。使用短的垂直天线或环形天线的商用便携式场强仪和固定设备，一般都依据等效入射场来校准。然而，应该注意在不同方向带臂的伸展天线（如菱形天线）或在环形天线上采用偶极子离轴接收使用时，等效入射场强的概念几乎没有任何实际意义。

等效入射场强与感应到接收天线的电压关系是频率的函数，而与均方根值的空间波场强对应的关系不同，它与来波方向和地面常数无关。因此，在对不同地点和使用不同仪器测得的结果进行比较时，等效入射场强是一个比较适用的参数。使用均方根空间波场强除对天线方向图要有准确的了解外，还需对主要波场的分量、极化和到达角度有所了解。

### 2. 有效中值接收机功率

估算空间波信号强度的 ITU-R 建议的预测方法（参见 ITU-R PI.533 建议）提供了在没有接收系统损耗的情况下，用场强或接收机有效中值功率表示的数值。用来比较预测和实测结果的中值有效接收机功率是优选信号强度参数，这是由于它与来波方向和极化都无关。

在较高的频率上，特别是 1 GHz 以上的很多情况下，通过功率密度（$S$）的测量，可以提供更适宜的有关发射信号的有效强度信息。

## 10.3.2 场强或功率密度的测量设备

完成场强测量需要如下设备单元进行组合：一副校准天线；一耦合网络和/或传输线；一台测量接收机或频谱分析仪并附带下列设备：衰减和预选电路；在主混频器和（可转换）中频滤波器之前的放大电路，滤波器的 60dB/6dB 带宽比值要低；检测和指示设备，如模拟或数字表、图表记录仪或具有计算装置的模/数变换器。一个校准源（例如：等幅波标准信号发生器或跟踪信号发生器，脉冲发生器或随机噪声发生器），也可以作为测量接收机或频谱分析仪的一个部分。

这些单元可由一台仪器组合成，或由若干独立的仪器组合而成，它们各自完成一个或多个所要求的功能。在测量天线方向图或台站作业区时，一般使用一个包括除天线外的上述所有设备在内的便携式场强仪，在有些情况下天线是场强仪的一个组成部分。在重量和功率消耗不很重要的移动或固定装置中，组合选择的余地很大，从一个标准的场强仪到包括接收机、仪表和图表记录仪、标准信号发生器或其他校准设备和适当的天线系统在内的独立单元。通常用微处理系统来控制接收机，校准器，打印机和/或绘图仪，能显示和储存测量结果，并常常将上述各部分组装为一个单独的设备。

当观察调制发射时，重要的是要了解测量带宽，检波器功能（即线性平均值、对数平均值、峰值、准峰值均方根）和仪表的时间常量，如测量场强时测量设备测得每一个数值所用的时间。这一信息对于商业生产的仪器一般很容易获得，而当使用组合设备时，一般不知道这一信息，只有采取特定的步骤才能测量或得到这些参数。组合设备对技术人员要求很高，而且可能是测量误差的根源。各种信号类型的最小带宽和检液器功能如表 10.3 所示。

**表 10.3　各种信号类型的最小带宽和检波器功能**

| 信 号 类 型 | 最小带宽/kHz | 检波器功能 |
|---|---|---|
| AM 双边带 | 9 或 10 | 线性平均值 |
| AM 单边带 | 2.4 | 峰值 |
| FM 广播信号 | 120 | 线性（或对数）平均值 |
| 视频载波 | 120 | 峰值 |
| GSM 信号 | 300 | 峰值或均方根 |
| 数字音频广播信号 | 1500 | 峰值或均方根 |

通带的宽度应该能足够接收包含调制频谱主要部分的信号。检波器的类型应该确保信号载波的测量。

组合设备装配的精度是不可预见的，除非对所有设备的详情和导线的连接以及上述所列的参数有所了解。因此，通常是通过与一已知的有稳定特性的场强仪和信号发生器直接比较，来校准组合设备和场强记录设备。

以下是具体设备的例子：

德国生产的一种微处理器控制的自动测量接收机/场强仪，工作在 9 kHz～3 GHz 频段。机内校准发生器、精密衰减器、自动校准和范围设定在整个输入电压和较宽温度范围内，输入电压测量误差小于 1 dB，天线系数的精度也在 1 dB 内，整个自动场强测量系统在全频段范围内的精度为±2 dB。其测量精度一般不受杂散接收影响。

这种自动测量接收机（场强仪）具有如下功能：频谱显示场强与频率的关系（射频分析）；全景显示器（中频分析），频谱视觉监视；检波输出：峰值、线性平均值、准峰值和均方根值；调制测量（调幅、调频、调相）；频率测量；调幅、调频和单边带信号解调以及声音监听；频带占用记录；信道占用记录；数字调制的 I/Q 解调器输出；计算机控制的 IEC/IEEE（国际电子学会/电气和电子工程师学会）接口。

### 10.3.3　测量的频率范围和天线

为了方便，有时将场强测量和功率密度测量技术划分为三个频段：约 30 MHz 以下的频率；约 30～1000 MHz 之间的频率；1 GHz 以上的频率。

由于这三个频段的最佳技术特性不同，因此这种划分是非常有用的。在某种程度上，这是由于实际天线的大小和所测量信号的波长之间的关系所致，此外也由于地形的邻近效应对三个频段的测量产生不同的影响所致。在大约 30 MHz 以下（波长大约 10 m 多），实际天线通常比波长要小($0.1\lambda$)。最常用的测量天线是一个或多个电屏蔽线圈的环形天线，直径大约为 0.6 m，或是长度比四分之一波长还要短的垂直杆状天线。这些天线可以是有源的，也可以是无源的。

若使用有源天线，必须小心避免过载。使用垂直杆状天线必须在地面安装地网。杆状天线的优点是全向性。

在大约 30 MHz 频率以下，一般必须在电气上接近地面的高度测量场强。地面及靠近的草木、导线、建筑物的特性会不同程度地影响电场和磁场分量的强度，并会影响极化角，还可能会影响天线的阻抗。使用电屏蔽环形天线进行测量时，受附近物体的影响通常比使用杆状天线的影响要小得多。

在大约 30～1000 MHz（波长 10 m～30 cm）频段内，实际天线的大小与波长差不多。对于该频段的一个固定频率来说，用于场强测量的天线最常用的是半波长谐振偶极子。通过一个平衡一非平衡变换器和一根同轴电缆将偶极子接到测量仪器上。谐振偶极子天线与环形和短的杆状天线不同，它的效率更高（与辐射电阻比较，其损耗阻抗很低）。在这一频段的高端也常使用宽带天线或定向天线，尤其是对数周期天线和圆锥对数螺旋天线。正常情况下，天线的方向性可以避免或降低与环境的互耦合。

在大约 1 GHz 以上（波长小于 30 cm），偶极子天线孔径面积太小，以致无法提供必要的灵敏度。在这些频率上，一般使用孔径比波长大的天线收集能量，如喇叭天线和抛物面反射系统。这些天线通常的特点是效率高（超过 50%），具有很强的方向性，它们使用同轴或波导传输线。目前还没有明确定义场强测量的上限频率，但如果有校准接收机和精密衰减器的话，在任何较高的频率上都可以使用 1 GHz 以上采用的技术方法。

### 10.3.4 测量场地的选择

如上所述，接收场地的场强与空间和时间有关。因此，在固定位置（固定的地面位置、固定方向和固定高度）使用天线测量场强只呈现场强与时间之间的关系。

**1. 固定设备**

应尽量选择所记录的辐射场相对不受当地建筑或地形影响的场地。附近的架空导线、楼房、大树，其他天线和电杆，山丘，以及人为和天然地形，都可能使发射波前受到严重影响和失真。这些条件与频率范围、场强测量仪的天线类型及架设方向等一系列因素，对测量结果的有效性都有一定程度的影响。在高频和较低频段，通常使用垂直单极子天线或具有垂直极化接收特性的宽带天线阵，在某些情况下，如楼顶上使用垂直或水平偶极子天线，但考虑到校准困难，使用时一定要特别小心。这类天线特别易受架空导线和建筑物的影响。在使用强方向性天线的较高频率上，信号源大致方向的传播路径上应该没有遮挡，这点至关重要。另外，有用信号的本地反射或二次辐射产生的多径接收必须减至最低程度。当使用前后增益比高的天线时（如安装在抛物面或角反射器上的天线），天线阵后的反射和再辐射源不会像有限方向性天线那样引起麻烦。

在 30 MHz 以下的测量，主要采用固定场地，因此建议如下：

- 场地附近地形应相对平坦。
- 对地面上的垂直单极子天线，要求土壤具有相对高的导电率，而且不含沙砾或露出地面的岩石。
- 天线周围 100 m 内最好不要有架空导线（如天线、电力线和电话线、安装金属房顶或檐槽的建筑物）；在较低的频率上，对于半波长为 100 m 或更长的波长，要求架空导线每高出地面 1 m，就必须远离接收天线 20 m 或更多，距离至少在半个波长以上。

### 2. 移动设备

移动设备（如监测车上的场强测量设备）与固定设备相比具有下列优点：当监测车不动时，可做固定操作；监测车移动时可以用于动态操作，可以对场强的时空分布进行测量。

#### 1）固定应用

在很多情况下，尤其是在甚高频/超高频（VHF/UHF）频段要想取得预期的场强值，最好的解决方法是用高度可变的测量天线在几个点上进行场强测量。这可以通过逐步移动监测车，在不同的高度上对最感兴趣的频率测量场强来实现。天线安装在车顶上可伸降支撑杆的顶部，通常高出地面 10m。考虑到这些频段的传播特性，必须将天线调整到接收信号的方向和对应的极化上。

#### 2）移动应用

某些情况下，当监测车移动时，测量场强的效果更好，有时也是测量场强唯一可能的方法。所谓的覆盖范围测量不仅用于调频频段的广播业务，而且还常用于移动通信蜂窝网络。在网络规划阶段通常进行这些测量，但在工作阶段为干扰分析，网络维护，扩展分析及为检查计算机辅助天线覆盖仿真而验证发射机覆盖区，也进行这样的测量。这是非常必要的，原因是干扰参数只是近似的，而且楼房的影响也不能准确预测。在这种情况下，真实的场强不总是有意义的。可以使用试验业务中的典型天线代替校准天线，而由运输车和天线组成的全系统可以采用替代法进行校准。架在车顶上的天线，应达到全向接收。在某些情况下，不测量场强，而在天线端测量电压就足够了。天线制造商为移动接收天线的最佳化和天线在车顶上的安装最佳化，也采用这种方式。

覆盖范围测量的最低要求如下：

- 应该采用与发射信号相匹配的中频测量带宽进行快速、准确的场强测量。对每个频率每一轮测量中的多次测量间隔要尽可能短到可以进行统计估算，例如按 LEE 氏方法，测量速度应该是与交通速度相应的车速度一致。为了有规律地测量，应由固定在非马达驱动齿轮上的距离/脉冲变换器进行触发，为了提高系统的效率，由测量接收机和计算机组成的系统可以在几个频率上同时进行测量。
- 为适应通常的场强变化，测量接收机的工作动态范围应该足够大（≥60 dB）。
- 测试结果应与地理数据结合。
- 计算机的存储器应足够存储所有未进行压缩的数据。
- 计算机应具有所测数据在线实时监视显示功能。
- 测试系统应能估算统计测量数据参数，以图形表示与距离的关系。绘制场强图，并将测量数据向网络规划部门传递。

### 3. 使用便携式场强仪测量

使用便携式场强仪进行测量是通过天线（靠近纪录场强的操作人员）来手动完成的。但杆状天线必须固定在地面上。一般除采用分组测量技术方法允许活动范围稍微大些外，其他与适用于固定装置的场地规范相同。这种技术方法要进行几次独立的测量，每一次测量天线位置略做调整（根据频率约调整 1～5 m，频率低时距离更大）。结果是围绕一个中心点的一组或一群测量值。然后将各个测量值取平均得到最终的数值。使用屏蔽环形天线测量时，由于这类天线是只接收电磁波的磁场分量，一般受本地干扰环境（反射和二次辐射效应）的影响比杆状或偶极子天线要小，所以只要进行几次测量就足够了。如果场强仪使用环形或其他方向性天线，并知道所要测量的电台相对于测量场地的大概方位，通过将天线信号调制到最佳接收状态，并注意来波指示的方向与电台的实际方向是否一致就可检测出本地干扰。指示的方向与实际方向明显不同的地方，最好选择另一块测量场地。在甚高频（VHF）和更高频段的测量中，会发现很难找到一块无干扰的场地，因此需要采用分组技术（要进行 10 次或更多次的连续独立测量），以获得适当精度的测量结果。

对高频天波信号来说，可以在一个位置上使用时间平均测量的方法来代替分组技术。

## 10.3.5 测量室和设备

### 1. 测量室

为使传输线衰减最小，最理想的方法是将天线安装在靠近测量室的位置。测量室同时只测量一个或两个发射信号，一个内部大小为 2.5m×2.5m 规格的测量室，一般足够安置测量接收机和处理控制器；需要的话，还可安置信号校准器和记录仪。如果打算在高频和更低频段上进行测量，尽管砖石结构（不用钢筋加固）的测量室，其效果通常是令人满意的，但最好还是采用木制结构的测量室，顶部使用沥青或其他非导电材料。电源和其他必要的控制或通信线缆应埋入地下，而且至少要求一直到离测量室 100 m 以外，深度不少于 1 m。测量室内的电源线在符合测量设备、环境控制设备和灯光连接要求范围内应尽可能的少。室内的温度必须保持在设备说明书指标的界定范围内，特别要减小温度变化对设备的影响。要考虑到在维护、校准等期间，技术人员要感觉舒适。可采用恒温控制的排气扇和电热器以进行合适的温度控制。排气扇应配有自动风叶，以便天气冷时控制热量的损失。周围温差变化比较大的地方，最好在内墙和房顶使用保温材料。虽然现代化测量接收机的本振是晶体控制的，温度控制不是特别重要，但温度变化过大可能会导致接收机增益产生非理想的变化。过高的温度还可能缩短电子元器件的寿命，并由此降低平均故障间隔时间。

可以采用将宽带射频放大器安装在设备测量室内而将接收机放在远处的方法，缩小设备室的面积。尽管这样可以更容易地将对温度敏感的接收机安装在可控制的环境内，但必须注意对放大器、接收机和连接射频电缆进行适当的射频屏蔽，以避免接收杂散信号。另外，还要认真考虑过载能力、输入输出电压驻波比（VSWR）、增益的随频率变化以及宽带放大器的噪声温度。

对于遥控站（无人值守站）也应有同样的要求。遥控站不但应配备不间断电源系统（UPS）、监测无关人员的防盗报警系统和检测系统故障的故障告警系统，遥控站应包括一套有效的告警信息系统。对于某一时间在某固定位置工作的移动站来说，上述技术要求的应用取决于是以人工操作站方式还是无人值守站方式工作。

### 2. 接收、校准、控制和记录设备

在选择测量接收机时，要对所需设备的灵敏度、高过载能力（即二阶、三阶截取点要高））及包括自校准在内的频率和增益的稳定度给予考虑。对于常规监测，档次较高的测量接收机通常可以满足这些要求。为了能较好地接收被测信号，测量带宽应最小，同时为避免邻近信道干扰，应将多余带宽减少到最低值。为进行场强测量，测量接收机应具备必要的校准和检波器功能。

为提供单信道的场强图示记录，可使用图表型记录器，在滚动的图表上纵向显示时间间隔，

而横向显示信号电平变化。现代快速测量设备利用数字记录方法，尤其是自动测量一个以上信道时，测量结果送入大型存储器内，测量数据的图示随时可以获取。

### 3. 场强和功率密度测量的天线要求

1）30 MHz 以下频段

推荐使用垂直杆状或连同地网一起的线状天线，天线垂直长度不超过所用频率波长的 10%。ITU-R SM.378 建议接地系统（地网）应由至少是天线长度两倍的径向导线构成，其间隔等于或小于 30%，或者也可由一等效地网构成。对于长达约 5 m 的天线，使用鞭状或自支撑杆状天线比较理想，对于较长的天线，可以将垂直金属导线固定在木杆的绝缘子上。对于 15～30 MHz 频段内的微弱信号，尽管天线阻抗变坏会影起天线的精度下降，但为了获得足够的接收能量以克服测量设备所产生的背景噪声，有时需使用长达 0.25 $\lambda$ 的垂直杆状天线。根据 ITU-R P.845 建议，天线应安装在半径至少 25 m 无阻挡且倾斜不超过 2°的平坦地面上，远处障碍物的仰角不超出 4°。场地最好具有良好均匀的地面导电率，对导电率的了解有助于对结果的分析。

有些管理部门已成功地利用宽带短截线天线代替了垂直导线天线。圆锥形垂直天线比短的单阵元垂直天线提供大得多的接收能力，环形天线若置于最大信号强度的接收方向，可以得到高精度的测量。

2）30～1 000 MHz 频段

在此频段内，推荐使用宽带偶极子或定向天线，如安装在角反射器或抛物面反射器上的偶极子。天线应垂直安装在高出地面足够高（如 10 m）的地方，并根据信号到达的方位和极化，进行合适的定位。在必须测量宽带频率的地方，采用对数周期天线证明是有用的。来自天线的信号经合适的同轴电缆送入接收机。若使用半波平衡偶极子天线将信号送入非平衡同轴电缆，或者如果天线阻抗与同轴电缆阻抗不同，那么在天线与电缆间应安装一合适的匹配变换器（巴伦器件）。当在垂直极化情况下使用无反射器的偶极子天线时，同轴电缆一般会影响天线系数。围绕外导体涂上铁氧体材料，可以减轻这种影响，但不能完全避免。由于最现代的甚高频/超高频（VHF/UHF）测量接收机设计的标称阻抗是 50 Ω，则必须使用 50 Ω 电缆，并在电缆的天线端提供适当的阻抗匹配。在一些情况下，单个装置可能需要同时在两个或更多频率上进行测量，这时，通常需要转换频率和天线，由软件自动输入校准系数。若使用像角反射器或抛物面天线这些增益较高的天线时，如果所取方位基本在相反的方向上，那么可以在同一天线杆上安装两副天线。

3）1 GHz 以上频段

在这一频段，特别是在几 GHz 以上的频段内，由于典型的天馈系统（如半波偶极子和喇叭天线）的有效长度（或面积）小，以及由于同轴电缆及波导传输媒介的衰减大，特别是在信号电平低的地方，高增益天线显得更重要。通过将天线安装在抛物面反射器和其他宽口径天馈系统上，可以克服这些缺陷。商业上使用的喇叭或对数周期天线，安装在直径约 1 m 的抛物面反射器上，可在 10 GHz 频率上向系统提供 25 dBi 以上的增益。当使用大的天馈系统则可得到 60 dBi 或更大（相对于全向天线）的信号增益。高增益天线通常应能在水平和垂直方向以小幅量调整，以保证天线阵准确调整到所需的最大信号接收能力。如果记录航天器的信号，由于信号的来向持续地在变化，所以天线最好安装成能在 0°～90°仰角和 360°全方位角范围内可调，既可以手动调整，也可以自动调整。现已研制出专门设计的系统，能够将天线的指向与在预定轨道上移动的航天器同步起来。

4）有源天线的利用

有源天线可以用于上述所有频段上的场强测量。有源天线主要的优点是具有良好的宽频带特性和与频率无关的天线辐射方向图。与无源天线相比，特别是在频率 100MHz 以下，有源天线的尺寸小，在空间有限时更易于安装。另外，一些厂商生产的有源天线具有与频率无关的天线系数，使场强测量更加容易。

为了避免有源电路对互调和交调的敏感而造成的损失，应特别注意表 10.4 所给定的技术指标。

表 10.4 有源天线的互调和交调特性

| 频　段 | 1MHz 以下 | 1MHz～30MHz | 30MHz 以上 |
|---|---|---|---|
| 天线系数 20 lg（*E*/*U*）单极子 | 15dB～25dB | 10dB～25dB | — |
| 天线系数 20 lg（*E*/*U*）偶极子 | | 4dB～15dB | — |
| 二阶截获点 *x* | >50dBm | >50dBm | >55dBm |
| 三阶截获点 | >25dBm | >25dBm | >30dBm |
| 10dB 交调允许的场强 | >10V/m | >10V/m | |
| 干扰场强最大允许均方根值<br>（避雷门限） | 100kHz：20kV/m<br>10kHz：200kV/m | 10MHz：200V/m<br>1MHz：2kV/m | 1GHz 以内<br>10V/m |

## 10.3.6 测量方法

本节讨论的测量方法一般分为两种类型：标准方法，可以获得最佳精度；快捷方法，精度稍差，但也可以接受，这是由于所得的数据可用于测量的多种用途，且简化了测量过程和装置，可以更加快捷更加方便地完成测量。一般情况下，标准方法是为科学研究和规则的实施收集数据（例如为传播研究、场强观测、天线方向图测量和谐波或杂散衰减测量以及边界干扰情况下的测量）。快捷方法主要用于固定监测站与其他操作一起进行，其场强不需要太精确的测量也可接受（参见 ITU-R SM.378 建议）。在测量结果的可重复性比较重要的地方，应使用标准方法来获得更高的精度。

采用标准方法是根据情况要求，可在监测站使用多种方法进行场强测量，包括：延长周期连续记录（获取有关季节和太阳黑子周期变化的传播资料，在特殊途径上已经收集了近 30 年的中频广播频段数据）；短周期连续记录，以确定昼夜或其他短周期的信号电平变化；短间隔取样（如每 2 min 取 5 s）；长间隔取样（如每 90 min 取 10 min）；

有些情况，特别是检测地波，根据测量要求，进行单次短周期测量就可以满足要求。特定情况下，例如为研究高频传播进行的测量，则可能需要一个频段上许多频率所有传播情况信息。因此，对于全天 24 h 工作的许多电台，在短波频段每隔 90 min 进行大约 10 min 的短期记录是合适的。这样选择纪录的方式能够反映所关注的频率和接收距离。就天波信号而言，考虑电离层的日变化，有必要在不同的日期进行多次测量。

关于非间断载波发射信号的测量时间，检波器电路的时间常数要按所要求的结果进行选择，通常在包络检波器后加一低通滤波器，以获得平均值。对于准峰值，需要国际无线电干扰特别委员会（CISPR）16-1 报告中定义的短时充电时间常数和相对长的放电时间常数。至于测量间歇载波发射信号的场强准峰值，典型检波器使用的电路具有 1 ms 建立时间和 600 ms 延迟时间的时间常数。由于建立时间过长，当这种方法不合适时（如键控脉冲），可以使用峰值检波器来测量，它的充电时间一般短于测量带宽的倒数，测量时间结束后可自动放电且放电时间为无穷长。当有大气干扰时，精确的准峰值和峰值测量就很难实现。

微处理器控制的设备能切换频率，适时切换天线，释放接收机通带内的剩余能量，测量新的频率（包括使用校正系数），以及在几十毫秒的周期内以数字方式记录结果。当许多频率需要测量或长期抽样产生了过多的数据以致无法人工存储分析时，这类系统是很有用的。当然，由于短期内收集的数据量很大，其结果就存储在计算机中。

所谓的“快捷方法”，主要用于甚高频（VHF）、高频（HF）和更低的频率范围。依据天线和接收机的特性，给定的场强将在接收机的输出端产生不同的信号电平。例如，一种被监测人员定义为 QSA 1 的信号，如果用短的非定向天线和灵敏度低、噪声系数高的接收机来接收，信号就“几乎无法听到”（ITU-R M.1172），但若采用方向性强、增益高的天线和较好的接收机，就可以产生“相当好”的信号。这可能会产生误导，即根据 QSA 的等级我们有可能将以后接收到的信号评定为比 QSA 3 略差的信号。

因此，“快捷方法”还必须使用校准方法来校准，以获得一定程度的可重复性。使用“快捷测量”的目的一般不要求有很高的精度（如提供粗略估算的信号电平），对天线场地和校准标准进行某种折中也可接受。校准方法基本相同，只是精度降低一些。

### 1. 固定测量点上的测量

#### 1）瞬时测量

在离发射机给定距离的某测量点上，对场强的分布进行取样。在所要求的高度上，将天线转到发射机所在的方向。测量期间改变天线的高度和方向，以读取并记录最大场强。

#### 2）短期和长期测量

为了测量场强随时间的分布情况，可在固定站或可搬移站上安装永久性系统，以进行短期或长期的测量。测量可以是连续的，或是每隔一定时间重复监测几个频率。测量按照一定的计划执行，可提供足够的结果，以确定随每日不同时间、季节或太阳黑子而变化的传播特性。很长时间的测量要求有短时的定期校准检查。长期测量也可能会用到手动测量设备以及数据记录设备。

#### 3）场强空间分布的测量

为了充分、可靠地估计离发射机给定距离上某一点的场强期望值，我们应该知道测量点周围环境的场强空间分布状况。为此，测量应在划定区域内的数个点上进行。根据正态分布，为了达到一定的可靠程度，场强应分布在围绕场强期望值的一个特定范围内，此时所需的抽样数目由标准偏差 $\sigma$ 决定。通过找出该区域的最佳和最差接收点，可以测量出 $E_{min}$ 和 $E_{max}$。根据实际经验，估算标准偏差可用公式 $E_{max}-E_{min}=5\sigma$ 获得，所需抽样数目可以从表 10.5 中确定（$D$ 为能够达到的精度）。

**表 10.5　根据 $E_{max}-E_{min}$ 确定的取样数**

| 置信度/% | $D$/dB | 根据($E_{max}-E_{min}$)确定的取样数 | | | |
|---|---|---|---|---|---|
| | | ($E_{max}-E_{min}$)=0～5 dB | ($E_{max}-E_{min}$)=5～10 dB | ($E_{max}-E_{min}$)=10～15 dB | ($E_{max}-E_{min}$)=15～20 dB |
| 90 | ±1 | 3 | 11 | 24 | 43 |
| 90 | ±1.5 | 2 | 5 | 11 | 19 |
| 95 | ±1 | 4 | 15 | 35 | 61 |
| 95 | ±1.5 | 2 | 7 | 15 | 27 |

**2．沿指定路径的测量**

受本地接收条件的影响，场强的实际测量值可能与期望值有显著不同，因此这些值必须通过测量来核对，以建立一个大范围内的无线场强覆盖图。测试结果必须连同其地理坐标数据一起记录，一方面为了确定测试现场的位置，另一方面可将讨论区域内最接近的路径上的测量结果绘制成图。有时为了对无线覆盖情况进行估计，有必要测量用户天线（研究工作中使用的典型天线）的输出电压，而不是测量实际场强。

数字网络系统（如 GSM、DCS1800、UMTS 或 DAB）对反射接收造成的影响较为敏感。在这种情况下，除了测量信号电平之外，通过测量误码率（BER）和信道脉冲响应（CIR）而进行的接收质量测量对于评估系统性能也是很有必要的。

对于沿路径的测量，必须有连续的发射。

1）移动场强测量的结果

由于信号的反射效应，沿某一路径的场强会剧烈地变化。单次测量的结果可能与反射的最大或最小值刚好一致，并且还会受到接收天线的高度以及季节、天气、植被、环境温度的影响，这些也会使测量结果恶化。

考虑到以上提及的种种因素，通过对大量原始数据做统计处理，就能计算出可重现的场强测试结果。

2）监测车的车速

监测车的车速必须与波长（考虑 Lee 方法）、同时在不同频率上的被测信号个数以及测试接收机的可用最短测量时间相适应。

$$v/(\text{km/h}) = \frac{864}{(f/\text{MHz}) \times (t_r/s)} \tag{10-5}$$

式中，$t_r$ 是接收机技术说明书给出的重新访问某一频率的最短时间。

3）必要的测量点数目和平均间隔

对于统计评估（Lee 方法），抽样点数目的选择一方面应使结果显示出场强的慢变化过程（长期衰落效应），一方面其结果还应或多或少地反映出场强分布的局部（瞬时）独立特征（短期衰落效应）。

为了围绕真实平均值获得 1 dB 的置信区间，测试点的抽样应在 40$\lambda$ 的平均区间内以 0.8$\lambda$（波长）的间隔进行选择（40$\lambda$ 内有 50 个测量值）。

4）测量天线

测量期间，所选测试天线的高度大致在 1.5～3m。一般把测量结果看成在 3m 高度处获得的结果。

对于测试天线来说，由于接收到的信号来自不同的角度，因此应了解天线方向图对场强测试结果的影响。天线系数（$k$）的精度应在 1 dB 以内。测量天线的水平辐射图相对非方向性辐射图的偏离不应超过 3 dB。

5）导航和定位系统

航位推测系统：借助于安装在测试车非动力驱动轮上的距离—脉冲变换器，同时借助机械陀螺仪提供的航向信息，可以计算出车辆离开初始点的距离。定位精度取决于初始点记录的精度和测试车走过的距离。

GPS 系统：商业化的 GPS 本身仅能给出几十米到 100 m 定位精度的数据，而且在隧道、狭窄街道和山谷中无法进行精确定位。当测试电视台或广播站的覆盖范围时，100 m 或 200 m 的精度就完全足够。在市区测试数字微蜂窝系统时，要求位置信息的精度在几米以内。这种情况下，应使用差分定位系统。

复杂导航系统是上述各系统的综合。不需要操作者的手动干预，这些导航系统能够连续提供位置和时间数据、航向和途经点的信息。

6）经过数据压缩的测量结果

通过统计处理，能够大大降低记录的原始数据量。一些测量接收机在用户预定义的间隔上，能够对测试结果进行内部分类。用户能够选择高达 10 000 个被测抽样值的估计间隔，但每个间隔必须至少包含 100 个抽样值。系统仅仅将预定数目测试结果的算术平均值存进硬盘，并显示在最终的无线覆盖区域图上。

在测量期间，结果依据 1%～99%之间的越限概率进行分类。这些百分数表示可用场强电平的越限概率，典型值为 1%、10%、50%、90%和 99%，中间值 50%更适用于传播研究。

值得注意的是，接收机需要几毫秒来进行分类评估，在这段时间里会忽略被触发的脉冲，因此无法获得新的测量结果。

7）数据表示

使用处理控制器的内置监视器、外部 PC 彩色监视器、打印机或绘图仪，数据能够以下列形式表示：原始数据的表格形式表示；笛卡儿坐标绘图；绘图。

笛卡儿坐标绘图是将已处理的场强数据在笛卡儿坐标系中描绘，表示计算得到的中值在距离上的分布情况。

绘图是在交通图上用彩色线条表示处理过的场强电平（如 10 dBμV/m 的标度）或超过某概率（在 1%～99%之间）的电平。所选地图的比例尺应与所研究的无线信号覆盖区域的大小和场强处理结果要求的分辨率一致。根据地图的比例尺，图上显示的间隔可能是平均间隔的几倍。选择显示结果的分辨率时，应该无须使用太多色彩丰富的线条就能描绘出场强的局部特征。如果需要以更高的分辨率表示平均间隔（例如微蜂窝中的结果表示），系统应能对所用地图进行放大。如果测试中有两组数据同时被记录（例如场强和 BER）最好通过两条平行彩色线（沿地图上描绘的路径）将它们同时表示出来。

### 3．覆盖情况的测量

某些情况下，当监测车在运动状态中进行场强测量时，覆盖情况的测量是一种更有效的、有时甚至是唯一可行的解决办法。覆盖情况的测量具体参看 10.3.4.2 节中第 2 点“移动应用”内容。

### 4．无线电噪声数据的测量

ITU-R P.254 报告中对大气无线电噪声做了详细介绍，书前附有该课题的参考文献目录。ITU-R P.372 建议中给出了其结果。ITU-R P.258 报告讨论了人为噪声。

### 5．发射天线近场的场强测量

本小节的目的不是为了防止辐射危害才对场强测量进行详细讨论。为此必须使用既可用于电场强度测量又可用于磁场强度测量的全向磁场探头。有关信息可参见 IRPA 指导书。

6．场强测量的 FFT 技术

FFT 技术亦可用于测量频率间隔极小的信号场强（如调幅频段的同信道发射）。当采用 FFT 技术测量场强，在校准测量接收机之前，应断开自动增益控制电路及（或）对数压缩电路。

场强测量的精度。可获得的精度包括系统误差和随机误差。ITU-R 516 报告给出了使用包络检波器进行接收时所引起的幅度误差。设计精良的同步检波器的幅度响应不含任何系统误差。

由于选择曲线的形状、扫描速率、检波器频响等原因，模拟选频电平表和频谱分析仪会产生系统误差。其实际误差由这些仪器特定的设计和应用方法所决定。由于抽样时间间隔的有限性，FFT 信号分析仪有一固有的但又可预测的幅度误差。该误差的大小（幅度）由数字信道抽样频率与信号频率之比以及设备所用的实际加权系数的大小决定。最差情况下，当采用汉明（Hamming）窗加权系数时，FFT 处理的幅度误差不会超过 1.5 dB。在信号处理过程中，这种系统误差很容易通过软件予以补偿。

值得注意的是，当接收机调谐到一固定频率上，信号分析仪对接收机通带进行扫描时，接收机中频通带响应上的任何波动都将是误差源。

### 10.3.7 测量精度

精度定义为“没有差错或误差的质量，即与实际值或标准相一致的质量”。指示或记录的精度值由所指示的误差值与实际值之比表示，也可用百分比或 dB 表示。由于实际值无法准确确定，所以用最高可达精度的测量值或计算值来等效实际值或标准值。

1．精度要求

ITU-R SM.378 建议规定场强测量的要求精度如下：

| 频段 | 允许误差 |
|---|---|
| 30 MHz 以下 | ±2 dB |
| 30～2 700 MHz | ±3 dB |

由于在 1 GHz 以上方向性天线（如果其方向性不要求很宽的间隔距离）的校准比在 30 MHz 上偶极子天线容易，所以在通常情况下，1 GHz 以下的精度不低于 1 GHz 以下的值。

2．精度的限制

ITU-R SM.378 建议也给出了一些重要的精度限制，除去因接收机噪声电平、大气噪声或外界干扰限制外，要求的精度是有效的。可达精度还与其他诸多因素有关，如发射的差别、要求的检波器类型、信号电平、信号频率稳定度和测量场地的性能等。当出现可能降低可达精度的情况时，通常可通过使用便携式仪器进行分组测量和平均结果值或连续记录场强等来改善其精度。一旦场强仪输入端出现多个同频发射的话，1102 报告研究结果（杜塞尔多夫，1990 年）有助于确定诸发射中的一个场强。

3．可达精度

使用高质量、状态良好的仪器在最佳测量条件下，可达到以下精度的近似值：

（1）在实验室或其他可控状态（包括监测站内的固定记录装置）下：

| | | |
|---|---|---|
| 10kHz～5MHz | 环形天线 | ±1dB |
| | 短杆天线 | ±1.5～2dB |

| | | |
|---|---|---|
| 5～30MHz | 环形天线 | ±1dB |
| | 短杆天线 | ±2～2.5dB * |
| 30MHz～40GHz | 谐振天线 | ±2～3dB |
| | 方向性天线 | ±2～3dB |

（2）在正常场地的情况（使用便携式或移动式装置）下：

| | | |
|---|---|---|
| 10kHz～5MHz | 环形天线 | ±1.5dB |
| | 短杆天线 | ±2.5dB* |
| 5～30MHz | 环形天线 | ±2dB |
| | 短杆天线 | ±3dB* |
| 30MHz～1GHz | 谐振天线 | ±2～3dB |
| | 方向性天线 | ±2～3dB |
| 1GHz 以上 | 方向性天线 | ±2～3dB |

上述值是以信号电平大大高于系统和外界噪声电平为基础的。在降低信号电子时，噪声电平将严重影响仪器读数，这一点应予考虑。虽然可达精度不能都满足 ITU-R SM.378 建议的每一种情况的要求，但短杆天线由于其具有全向接收能力而成为一种场强测量常用天线。

## 10.3.8 测量设备和天线的校准

场强测量设备的校准一般包括测量接收机和含传输电缆在内的测量天线的各自校准。只有在早期的高频场强仪中，天线才是调谐电路的一部分并包括在校准过程之内。

频率校准与所使用的设备和所处的环境有关。例如，由于移动操作或场地导电率发生季节性变化，可能需要频繁地进行天线的复校。

### 1. 测量接收机的校准

若所使用的接收设备内部不具备校准功能，可以使用一台在所需频段内可调谐的单载波（CW）标准信号发生器，一台脉冲发生器或一台随机噪声发生器进行增益校准，随机噪声发生器要具有已知、稳定的输出特性，并与所使用接收机输入阻抗相匹配。使用射频功率计可以校准 CW 信号发生器的输出电平。为了使输出功率适合接收机所需的输入电平，建议使用校准衰减器。通常校准不是单次测量所能完成的，必须进行一系列测量才能实现，这是因为所校仪器的特性总是频率和信号电平的函数。典型的通用场强仪有几个连续调谐的频段和一个 100 dB 左右的幅度范围。因此，在实际应用中，只在几个抽样频率和信号电平上对这种仪器的校准，可能导致过大的仪器误差。在测量较低电平（特别是低于大约 1 mV/m），以及被测场强值很高（特别是测量电平高于 1 V/m）的情况下，由于不良屏蔽产生的杂散接收，例如电源电缆产生的杂散和机壳屏蔽不连续产生的杂散，可能会降低读数的精度。

在现代自动仪表中，校准源通常都配置在测量接收机/场强仪中，可以在测量接收机的所有带宽和检波功能的整个频段和电平范围上，对测量接收机进行自动校准。这些情况下，建议对机内校准源进行定期鉴定，如每两年一次。现代微处理器控制的设备还使用机内自测功能，对硬件错误进行早期检测，以避免长时间收集错误数据。

### 2. 测量天线的校准

由天线系统特性（例如增益，连同馈线和变换器的损耗在内）决定的校准系数，其中一部分叫作天线系数。一般情况下，校准系数是随频率变化的。可以将校准方法分为三种基本类型：标准场法、标准天线法和标准距离或标准场地法。所有方法在远场状态下都必须提供适用于自由空间的天线系数，重要的是，天线应安装好后再测量，这样天线特性才不至于受天线支架、电缆、其他天线或附近反射物的影响。

1）标准场法（直接校准）

标准场法是最基本的天线校准方法。它是根据天线系数的定义公式而来的。天线周围的电磁场强度精确已知，已知发射天线的尺寸和电流分布，然后根据待校准天线接收的电流大小和电流的分布可以计算确定接收的场强，再根据天线系数的定义公式得到天线的系数。实际上，这种方法一般仅用于环形天线的校准，对于其他类型的天线，采用别的方法能够得到更精确的结果。

2）间接天线校准

直接校准通常不适合校准带有短的杆状天线的仪器，因为这需要在仪器和天线占用的大测试区内建立准确的已知均匀场强。用间接天线校准方法，可从天线的计算或测量特性及测量仪器的特性中计算出校准系数。把无源辐射器从场强测量设备中去掉，再代之一个阻抗与天线相等的校准信号发生器。常用一适当的仿真天线以此相对标准信号发生器作为射频电压表（或功率计）。校准其余的设备（阻抗匹配器和测量接收机），把天线作为一个开口天线，根据天线尺寸的大小和电流分布或天线所测的增益计算出每个频率的天线系数。如果使用传输电缆，有时比较方便将电缆作为接收机的一部分，并把校准发生器与其连接，因而不需另外再考虑电缆的损耗。也可以用屏蔽环形天线的场强仪在无线电台无干扰远场中，对杆状天线进行互相校准。

3）标准天线法（替代法）

标准天线法用精确已知的天线系数（标准增益天线，例如标准偶极子天线），测量未知场强的平面波，然后将要校准的天线替换该天线。从接收机输入电压（以 dB 为单位）的差别，可以确定天线系数。标准增益天线的天线系数本身也是根据其天线大小及适配元件的测量特性计算出来，或使用精确的校准过程来确定。与标准距离或标准场地法比较，替代法的缺点是天线系数的误差影响整个系统的误差。当电磁场不是理想的平面波时，标准增益天线与所要校准的天线之间形状的不同，会引起更大的误差。此外，使用半波偶极子作为标准增益天线的缺点是必须对每个新的频率进行机械调谐。

4）标准距离或标准场地法

当采用标准距离方法时，将天线校准转换为两个相同天线间衰减的精密测量，再将结果与场地衰减的计算值进行比较。为了确定自由空间的天线系数，如果可能，可以采用自由空间校准设备以提供最准确的结果。在这种情况下，应安装两副天线使得周围物体的反射可以忽略。对于一般方向性天线这是可以实现的。如果不能建立自由空间环境，则可以采用反射法，在反射地平面上安装两副天线，假定直接波与反射波在接收天线上叠加，将实际衰减同理论值进行比较。由于天线与地面的相互耦合会影响天线系数，使用这种方法必须要格外小心。因此，天线间的距离和每副天线与地面之间的距离必须足够大，直至可以忽略相互耦合的影响。要特别注意天线相位中心的位置。在估算场地衰减时，要充分考虑对测量衰减的影响，以消除潜在的误差源。

就标准距离方法的结果评估而言，必须区别两副天线法与三副天线法的差异。如果只用两副天线进行衰减测量，实际上只能得出两副天线以 dB 为单位的增益和。只有当其中一副天线的数据事先已知时，所计算出的天线系数才能看成是另一副天线的。这一局限性可以采用三副天线方法来避免，采用三副天线循环组合为三对的情况（$a+b$、$b+c$ 和 $c+a$）进行三次衰减测量，然后通过解三个未知变量的一组方程，则可求出每副天线的增益（天线系数或有效面积）。

5）根据天线尺寸和电流分布计算天线系数

使用简易类型天线对天线系数的计算是方便的。例如，位于广阔地平面上细而短的垂直杆状天线（小于 0.1 个波长），电流呈线性分布，其有效长度是实际长度的一半。其阻抗可以通过在标准信号发生器和测量设备输入端之间串接一电容来大致模拟。再一个实例是细的半波偶极子天线，电流呈现正弦分布，经常用于校准，这种天线在自由空间计算出的有效长度是 $\lambda/\pi$，辐射电阻是 73.3 Ω。为取得谐振，必须将实际的圆柱偶极子减短到比波长一半还要短，其辐射阻抗和有效长度较无限长的细天线的相应数值要低。这些不同是由于电流分布的有限深度的影响而造成的。然而，实际偶极子天线的方向图与理论细偶极子没有太大的区别，观察的结果表明其增益和有效功率的数值仍很接近理论上的细天线的数值。这些研究表明一个实际的偶极子外加一个能考虑辐射阻抗改变的变换器就可以等效理论上的细天线。平衡到不平衡变换器是一额外的变换器，除非使其阻抗匹配特性达到最佳，并考虑其损耗，否则使用它将会引起显著的误差。德国商用的精密偶极子有附加的衰减器来稳定偶极子的负载阻抗，它对天线校准非常有利。当已知天线尺寸时，采用矩量法（MoM）（哈灵顿，1986 年）计算天线系数，应用时必须要仔细，必要时采用测量交叉校准是比较理想的。

### 3. 固定记录装置的校准

为取得 ITU-R SM.378 建议给定的理想精度，在可控条件下，可与已知精度并校准过的场强仪进行比较，对这些装置进行初始校准。只要初始校准的所有条件不变，该校准才是非常有效的。因此，当天线、传输线、阻抗匹配装置或场地自身发生显著变化（如：附近的天线、其他架空导线或障碍物的移入或移出）时，通常需要对设备进行重新校准。此外，每天还要参照本地校准源（标准信号源、噪声源或机内校准源）进行周期性校准检查，当地广播台站也可以仔细地作为另一校准检查。若在扩展的频段内进行测量，可根据频段内常用的区间进行比较测量作出校准曲线。在进行比较时，监测站天线与场强仪天线极化要一样（例如，两个天线同时调整为垂直极化接收或水平极化接收）。

在 30 MHz 以下频率的测量，通常使用屏蔽环形天线的场强仪校准垂直单极子天线的记录装置，一般场强仪在离地适当的高度（如 1 m 左右），可以获得满意的结果。高于 30 MHz 的一般使用偶极子或其他谐振天线，此时地面在传播中不起主要作用，场强仪天线与记录用的天线可安装在相同的高度（大约离地面 10 m）。为避免场强仪天线与记录用的天线互相影响，比较理想的方法是临时将记录用的天线移开，将场强仪安装在这一位置以获取参考场强，然后将场强仪天线移开，再把记录用天线重新安装好。其前提要求所使用的信号源在整个校准期间，电平是恒定的。如果使用强度变化的信号，应将两副天线相互差不多地进行同时测量，但彼此要隔开足够的距离，以使两副天线之间的影响达到最小程度。

## 10.3.9 测量结果的评估、处理及文件编制

### 1. 场强和功率密度统计参数的定义

从记录中推导数据的方法，主要取决于所需数据的用途。在传播研究中，通常是求出超过规定

时间百分比的信号电平，或在预定时间周期内的最大值或最小值，例如：中值（超过50%时间的电平）、90%值、10%值、最高信号电平和最低信号电平。

离散频率上进行传播研究，用中值（dB μV/m）来表示其测量结果是比较理想的。尽管通常采用 60 min（在高频）作为分析的基本周期，但对于特定情况也可采用较短或较长的周期（如 1min、10 min 甚至几小时）。对于较低频率的信号，特别是频率低于 30 MHz 以下，其信号电平如同中频和高频广播频段那样随一天中不同的时刻有很大的变化，对它的分析应该采用以小时计算的测量周期，并以日出和日落为时间中心，地点在发射机和接收机之间路径的中点，使用计算机可简化和加速分析工作。

通常，场强电平以 dBμV/m 为单位，在时间和空间关系上均表示为正态（高斯）分布。对于其他分布可参看 ITU-R P.1057 建议"电波传播模型的概率分布"。所测场强值的分布，当用线性单位（如 V/m、mV/m 或 μV/m）表示时，通常为对数正态分布。若将这些数据转换成以 dB 为单位，则其分布为正态（高斯，Gaussian）分布，于是需要采用不同的公式。高斯分布表示的场强，其方差采用经修正的经验方差：

$$S^{*2} = \frac{n}{n-1} S^2 \text{ (dB)} \tag{10-6}$$

式中：$n$ 为取样数目；$S^2$ 为经验值。

$$S^2 = \sum_{i=1}^{n} \left(e_i - \overline{e}\right)^2 \text{ (dB)} \tag{10-7}$$

其中 $e_i$ 为场强的取样值，$\overline{e}$ 为取样值的算术平均值，单位均为 dB μV/m 。

### 2. 场强与空间关系的评估

在距发射机 $L$ 处一个区域且可获得足够数量的取样值，知道其场强的平均值（即取样值的算术平均值 $\overline{e}$ ）和由位置引起的标准偏差 $\sigma_L$ ，于是就可导出分布函数 $N$（$\overline{e}$ ，$\sigma_L$）。详细情况参见 ITU-R 建议的 P.1546 和 P.845。

### 3. 场强与时间关系的评估

在一段相当长的时间内，测得足够数量的取样值，知道其场强平均值（即取样值的算术平均值 $e$）和由时间引起的标准偏差 $\sigma_t$ ，便可得到分布函数 $N(\overline{e}, \sigma_t)$。详细情况参见 ITU-R 建议的 P.1546 和 P.845。

### 4. 场强与时间、空间两参数关系的评估

通过换算的位置和时间的标准偏差，便可确定分布函数 $N(\overline{e}, \sigma_{L,t})$：

$$\sigma_{L,t} = \sqrt{\sigma_L^2 + \sigma_t^2} \text{ (dB)} \tag{10-8}$$

详细情况参见 ITU-R 建议的 P.1546 和 P.845。

## 10.4 带宽测量

利用系统提供的中频频谱分析软件，可实现信号带宽的测量。

### 10.4.1 带宽定义

1．必要带宽

按照《无线电规则》第一条第 1.152 款，目前必要带宽的定义如下：

“对给定的发射类别而言，其恰好足以保证在相应速率及在指定条件下具有所要求质量的信息传输的所需带宽。”

注释 1：必要带宽可以使用 ITU-R 建议 SM.328 中的公式，根据不同的发射类别来计算。

注释 2：在必要带宽之外的发射称为无用发射，它包括带外发射和杂射发射两部分（见《无线电规则》第 1.146 款）。

带外发射指的是“由调制过程产生、刚超过必要带宽的一个或多个频率上的发射，但杂散发射除外。”（《无线电规则》第 1.144 款）。ITU-R 建议 SM.328 描述了多种发射类别带外频谱的限制曲线。

杂散发射指的是“必要带宽之外的一个或多个频率的发射，其发射电平可降低而不致影响相应信息的传输。杂散发射包括谐波发射、寄生发射、互调产物及变频产物，但带外发射除外”。（见《元线电规则》第 1.145 款）。

注释 3：带外发射和杂散发射的频率可能会发生重叠。因此，最近对 ITU-R 建议 SM.329 引入了两种进一步的定义如下：（一个发射）的带外域指的是：“刚脱离必要带宽，但不包括杂散域在内的频率范围，在其中带外发射通常占优势地位”。

注释 4：带外发射是基于其来源定义的，在带外域中发生并且在一个较小范围内会在杂散域中发生。杂散发射有可能在带外域发生，也有可能在杂散域中发生。（一个发射）的杂散域指的是：“在带外域之外的频率范围，在其中杂散发射占优势地位”。

注释 5：ITU-R 建议 SM.329 详述了对杂散发射的限制，并且包含对带外域和杂散域界定的指导意见。根据《无线电规则》附录 3 阐述的原则，杂散发射域通常包括与中心发射频率间隔±250%（或以上）必要发射带宽的频率。然而，这种频率区分依赖于使用的调制类型、数字通信中的最大比特率、发射机的类型和频率协调等因素。

2．占用带宽

《无线电规则》第一条第 1.153 款所表达的占用带宽的定义经过多年的修改，这是由于不断增长的频谱拥挤度和要使该定义的通用性更强造成的。目前使用的定义如下：

“占用带宽：指这样一种带宽，在此频带的频率下限之下和频率上限之上所发射的平均功率分别等于某一给定发射的总平均功率的规定百分数 $\beta/2$。除非 ITU-R 建议书对某些适当的发射类别另有规定，$\beta/2$ 值应取 0.5%”。这种定义如图 10.15 所示。

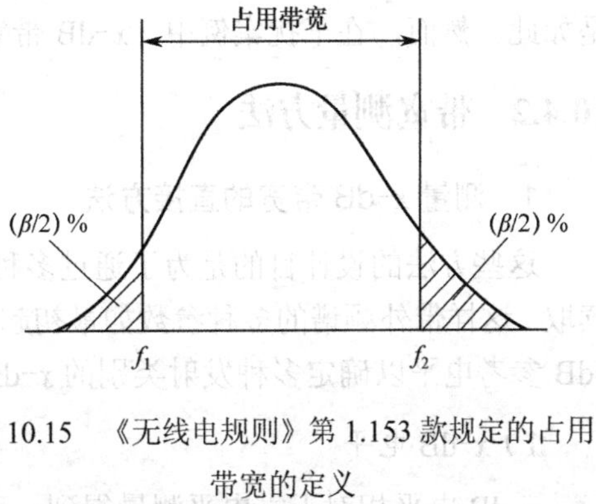

图 10.15　《无线电规则》第 1.153 款规定的占用带宽的定义

可用数字信号处理（DSP）技术由功率谱密度（PSD）计算出 $\beta\%$ 带宽。首先，PSD 的噪声门限可以由几种不同的 DSP 算法估计出来。如果功率在噪声底以上但小于 $Y$(dB)，则 PSD 值置 0。在大多数信号环境下，$Y=6$ dB 可获得极佳结果。通过将含有信号能量的各 PSD 小段上的数值求和，计算出总信号功率 $P$。计算 PSD 的连续积分，并且对数据内插找到频率 $f_1$，使其积分功率等于 $P_{\beta/2}$；从频谱的另一端同样重复此过程得到上限频率 $f_2$，其积分功率也等于 $P_{\beta/2}$。带宽即是 $f_2 - f_1$。

注释：根据 ITU-R 建议 SM.328 中“以频谱经济学的观点来看，如果一个发射的占用带宽和所考虑的发射类别需要的必要带宽相吻合时被认为是最佳的。”

3．$x$-dB 带宽

上面两个定义反映了带宽的质量和各种干扰的影响。在某些情况下直接用它们测量已知信号的带宽可能比较困难。因此，需要在国际监测站规定一种估算带宽的方法，使无线电通信局能将不同监测站获得的结果进行比较，ITU-R SM.443 建议推荐监测站应暂时采用包括在 6 dB 与 26 dB 上测定带宽的方法，作为一种带宽估算（称作 $x$-dB 带宽）。在 ITU-R 建议 SM.328 中将 $x$-dB 带宽定义如下：

$x$-dB 带宽：指频带的宽度使得在其上限和下限之外，任何离散频谱分量或连续频谱功率密度至少比预先设定的参考 0 电平低 $x$-dB。

研究表明，在信号发射类别和调制参数完全已知的情况下，$x$-dB 带宽可以用来估计占用带宽。然而，在有些情况下（例如某些数字调制方案），$x$-dB 带宽不能提供好的占用带宽。

4．监测站对发射带宽的监测

对一个发射的占用带宽的监测应该按照《无线电规则》第 1.153 款的正式定义进行。这些定义涉及到瞬时带宽。然而，由于在监测站对发射的测量必须在实际条件下进行，信号经过一定的传播路径，结果会受到测量值的波动、干扰和噪声的影响，还受到测量设备响应速度的影响等，因此测量方法应不断更新。

FM 和 AM 信号的带宽会随着调制的内容不断变化。在这些情况下，监测站重点测量一定时间范围内的最大占用带宽和 $x$-dB 带宽。ITU-R 建议 SM.443 建议监测站应该暂时采用在 26 dB 处测量带宽的方法（即 $x$-dB 带宽中 $x$=26），作为对带宽的估计。

现代测量/监测接收机是建立在数字信号处理技术基础上的，使用该技术能够以 $x$-dB 或 $\beta$%两种方法确定带宽。$\beta$%方法可以允许带宽测量独立于信号的调制，因此它应该是较好的方法。特别是在测量数字信号的带宽时，在无法获得其技术上的识别信息和低 $S/N$ 的情况下更是如此。然而，在干扰案例中，$x$-dB 带宽可能会更有用。

## 10.4.2 带宽测量方法

1．测量 $x$-dB 带宽的直接方法

这些方法的设计目的是为了通过多种途径获得信号的频谱，$x$-dB 带宽可以从频谱中直接读取。这样带外频谱的多种参数如最初起始点的电平和衰落率就可以得出。下面介绍如何确定 0dB 参考电平以确定多种发射类别的 $x$-dB 带宽和 $x$-dB 电平值。

1）$x$-dB 电平

$x$-dB 电平相对于零电平测量得到，可以按照每种发射类别单独指出。

ITU-R 建议“除非带宽测定方法提高到能将监测站活动的特殊性质完全考虑进去，否则这些监测站应该继续使用这里介绍的 x-dB 方法，在 6 dB 与-26 dB 上进行测量 x-dB 带宽。并且针对发射类别采用修正因子，以确定占用带宽“（ITU-R 建议 SM.443 的第 1 小节）。根据同一建议的第 2 小节“应当鼓励主管部门和 ITU-R 的其他实体对 x-dB 方法扩展到其他发射类别以及 x=26dB 时适当的修正因子进行研究，包括进行实验”。

然而，根据发射类别进行特殊计算过的 x-dB 电平测量带宽，更加符合《无线电规则》第 1.153 款的测量结果。它们的具体值在表 10.6 中给出。

**表 10.6　由经验获得的 x-dB 电平值，在该值处 x-dB 与占用带宽很接近**

| 发射类别 | x-dB 电平 | 观察结果 |
|---|---|---|
| A1A，A1B | −35 | 对 α [(1)]<3%（所有脉冲形状） |
| | −30 | 对 α [(1)]≥3%（所有脉冲形状） |
| A2A，A2B | −32 | 对调制深度为 80%～90% |
| F1B | −25 | 对所有信号形状与调制系数，2≤m≤24 |
| F3B | −25 | 对各种类型的传输图片与调制系数，0.4≤m≤3 |
| F7BDX | −28 | 对于调制系数，9≤m≤45 [(2)] |

注：（1）在 ITU-R SM.328 号建议中定义了一个电报信号的相对建立时间 $\alpha$；

（2）对于发射类型为 F7BDX 的调制制数，根据发射机最大频率瞬时频差的一半来确定。

从节约频谱的观点考虑发射机为最佳发射，在这些电平值上的 x-dB 带宽数值对应于该发射类别的必要带宽。

2）频率调制 FM（广播）信号的参考零电平确定方法

参考电平（0 dB）代表发射的峰值，因为载波幅度随调制信号而变化，进行带宽测量时需要的参考电平对于频率调制的发射有时难以确定。在有些无线电系统中，调制是连续的，发射机的功率并不全部聚集到载波频率，这些系统的参考电平就容易确定。然而，FM 调制的总发射功率不变，可以通过将测量接收机调谐到被测发射的中心频率后，选择接收机带宽使其包含整个信号的方法来确定参考零电平。但要注意选择接收带宽时不要包括邻近的发射。

下面对 x-dB 点的测量中，为了达到足够的分辨率，接收机带宽不得不减小。但它至少要包含最高调制频率。

3）幅度调制 AM 信号的参考零电平确定方法

FM 信号的参考电平（0 dB）的确定方法，也可以用于幅度调制和脉冲调制信号的 x-dB 带宽的测量。

幅度调制信号（如广播发射）通常是以最高调制音频为带宽的。在这种情况下，当使用大的测量带宽时，由于分辨率减小，上述方法对实际 x-dB 点测量来说所需的最小接收机带宽可能会不够准确。为了克服这个问题，AM 信号可以采用较小的分辨率带宽进行测量。然而，此时频谱分析仪必须按照以下方法确定 0 dB 参考电平：用必要的窄分辨率带宽，使用最大保持功能将频谱记录下来，将边带中的频谱最大值作为参考电平，而不将中心显示的单个峰值的载波电平作为参考电平。

4）数字调制信号的参考零电平确定方法

数字调制信号的带宽通常大于记录频谱的合理分辨率所需的测量带宽。然而，由于数字信号是类噪声的，由窄的测量滤波器造成的电平降低，在整个发射频谱的频点上都相同。因此，当记录或扫描频谱时，显示的最大电平就确定为参考零电平。对 $x$-dB 点的测量则必须使其与测量带宽相同。

5）所需的测试设备

对设备的要求是，被测信号产生的频谱分量在幅度和频率上应该是稳定的。通常使用具有恒定参考电平（接收机/分析仪内部的或外部的）且包括校准过衰减器的设备来测量幅度。

测量相对电平时，可以获得±1 dB 的精度。$x$-dB 带宽的测量精度取决于幅度测定的精度以及测定点频谱的形状与倾斜度。

6）使用频谱分析的方法确定 $x$-dB 带宽

（1）单带通滤波器方法（顺序频谱分析）。这是最常用的一种频谱分析方法，其要点是通过一个扫描窄带滤波器（如频谱分析仪）对发射频谱进行完整的分析。使用此方法时，$x$-dB 带宽被认为包含了离散分量在内，这些离散分量在发射的峰值电平之下衰减小于 26 dB。根据《无线电规则》的定义，大家公认这种方法得到的测量结果不精确。例如：在某一个特定的发射中，主发射的两侧可能有许多低电平分量。每一侧的总和都大大超过总平均功率的 0.5%，但同时这些离散分量没有一个超过−26 dB 电平的。在这种情况下，在发射机处用功率比方法测量的占用带宽，就有可能略微大于用上述方法在一定距离处测量的 $x$-dB 带宽。

频谱分析仪的主要缺点是采用单一的滤波器扫描整个被监视的频段，其主要矛盾在于高分辨率和快的扫描速度之间，特别是在必须分析宽频带信号时。为了使瞬时分量的显示具有代表性，需要有快的扫描速率。然而，随着扫描速率的提高，分辨率会变差，发射频谱的有效分量就无法正确显示。

（2）多带通滤波器/同步频谱分析方法。此方法的要点是将占用频带分割成窄频带，对每个频带提供一个带通滤波器。这些滤波器中每个输出单独连接到一个固定测量设备，或是顺序地自动连接到一个测量设备。这种方法似乎特别适合于分析非周期性信号，如无线电话发射信号，但实际操作起来太复杂。

（3）其他频谱分析方法，包括频谱分析的各种新技术在内的其他频谱分析方法，要么基于采用其他特殊测定设备（例如，时间扩散和时间压缩信号），要么基于数学分析（例如，通过计算机采用“快速傅里叶变换”进行信号频谱分析）。

## 2. 占用带宽的测量

用直接方法测定占用带宽，可以按照 ITU-R SM.328 建议中详细阐述的方法进行。占用带宽的测量误差 $\delta'$ 与功率比的误差 $v$ 之间的关系可以从下面的内容和图 10.16 中显示的频谱包络近似值中得到。其中，实线对应式（10-9）的近似值：

$$S_1(f)=S(f_m)\left(\frac{f_m}{f}\right)^{\gamma} \tag{10-9}$$

式中，$S(f_m)$是根据已知频率$\gamma = 0.33Nf_m$的功率，$N$是在一个倍频程频带宽度内频谱包络被减弱的 dB 数。虚线表示式（10-10）的近似值。

$$S_2(f) = S_m(f_m)\exp\left[-\frac{0.23N_1}{f_m}(f - f_m)\right] \tag{10-10}$$

式中，$N_1$是 dB 数，相当于第一个倍频程频带宽。

图 10.16 表明：对于大多数情况下的数值 $N$＝12～20 dB/倍频程，使用约 20±15%这样低的精度进行功率比较，就能保证占用度带宽的测量精度在 7±3%的范围内。

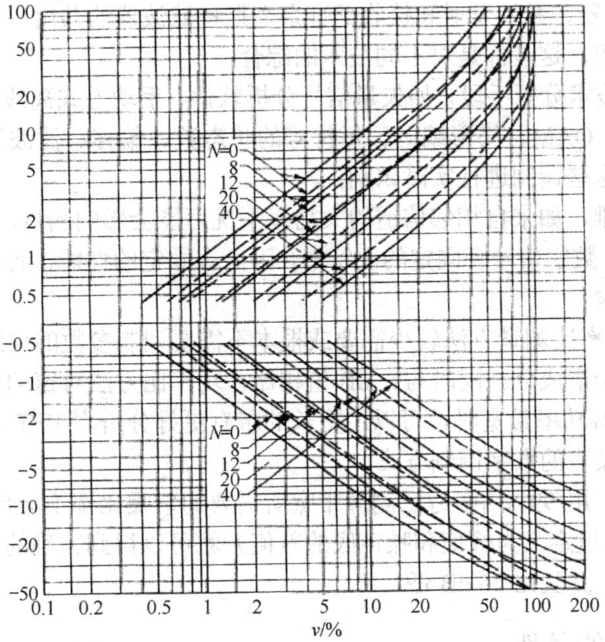


图 10.16 对于不同的 $N$ 值，占用带宽的误差（$\delta'$）与功率比的误差（$v$）之间的关系

这些方法都是将发射的总功率与滤波之后的剩余功率进行比较，滤波可采用 2 个低通滤波器或 2 个高通滤波器，或是 1 个高通和 1 个低通滤波器。滤波器的截止频率可以按照发射的频谱任意移动。这样，相应的功率要素就可以通过计算频谱分析仪获得的功率谱来确定。

1）使用频谱分析仪的方法

根据占用带宽定义中的两个频率限值，通过计算频谱分析仪得到的发射功率谱来确定占用带宽，是通过对单个频谱分量功率的累加来确定相应的功率值的。

这里假定的是线频谱，线频谱只在周期性信号中出现。然而，实际中很多信号的频谱是连续的。不过，该方法也可以用于连续频谱情况，这是因为该方法可以利用具有等距离频率间隔的频谱抽样来确定占用带宽。这种频率间隔应该按下述方法选取，即抽样点应能充分还原频谱包络。即使是存在真正的线频谱，如雷达的发射，由于实际使用的原因，分析滤波器带宽无论如何也不可能做到足够窄，以满足分解每一条频谱线，只要满足连续频谱所描述的条件，它就应该具有计算一组有限数量抽样测试的能力。因此，这种方法特别适合于具有准周期频谱的数字化信息信号占用带宽的确定，如电报、数据和雷达信号。

2）依靠 FFT 的方法

依靠相对简单的 FFT 处理方法，可以按照定义来测量一个发射信号的占用带宽，至少在接收信号信噪比足够大的情况下可以这么做。直接方法同 $x$-dB 法相比有优势，$x$-dB 法假设得到占用带宽，这些假设依赖于所使用的调制方式及调制的信号。已经有人给出了传统的模拟信号和 RTTY 信号的标准假设，但目前还没有新的标准数据出现。目前，数字信号已经给我们提供了一种 $x$-dB 带宽和较少使用的占用带宽之间的潜在关系，这是由于：

（1）对完全相同的调制（如 64QAM 信号），精确的带宽依赖于制造商所用的技术，如基带滤波器、RF 滤波器、系统发射和接收部分奈奎斯特滤波器的共用、发射器的线性度和可能使用的预校正技术等，这些都是对不同技术的综合。

（2）除非采用技术分析手段，如矢量信号分析软件、手动方式离线操作，否则数字信号更细节的特性（PSK、QAM、格形编码、每符号的状态数、偏移、滤波等）不太明显并且难以确定，并且无法对这些调制进行实时识别。

（3）其他的困难，如来自相邻信道的大功率干扰可能会影响测量。

（4）另一方面，数字信号有固定的比特率，因而有固定的性能，而在这方面比随机的模拟调制信号较容易测量。

基于 FFT 的功率比测量方法较少需要或根本不需要调制参数的详细信息，并且可以解读出噪底以上的信号频谱成分。同时与 $x$-dB 值相比，功率比方法对窗的选用依赖性不强。当信噪比不足以确定 99%功率带宽时，可以用更长的带有更好分辨率 FFT 的积分时间。然而，这不适用于那些类似噪声的数字调制方式。

在任何情况下，用 99%功率方法测量带宽所需要的信噪比都不会特别高，许多信号 15～20 dB 的信噪比（这里定义为峰值和噪声底的差值）就可以得到精确的结果。在许多情况下，这是一个合理的值，并且比 26 dB 低。

## 10.4.3 带宽测量的条件

占用带宽的定义提出了用测量总功率与被测带宽外的剩余功率之比的测定原则，为此必须确定频带的上、下边缘位置，将上边缘外的频谱分量功率相加直到获得总数 0.5%的功率，然后再对下边缘外分量重复这一过程，每次都要从离开中心频率足够远的地方开始计算，以保证不会遗漏所需计值的能量。

尽管在发射机附近测量时，能通过总功率与带外功率的测定方法来确定发射占用带宽，但在离开发射机有一定距离的地方测量时，这种方法一般不适合，这是因为存在的干扰或噪声可能会遮蔽掉有价值的带外分量信号。

为了正确地测量，必须了解噪声、干扰和衰落的确切影响，下面分别予以讨论。

1. 干扰的影响

干扰发射的实际特性是十分复杂的，这里不可能详细研究所有情况。干扰的影响基于以下假设来讨论：被测的发射信号与干扰发射信号两者都有稳定的频谱分布；干扰发射并不引起阻塞、互调或产生额外的频谱。

在使用频谱分析的测量方法时，干扰的存在可以通过观察频谱分布来发现，并且可以推导出及消除干扰造成的影响，图 10.17 和图 10.18 所示的例子是基于功率比方法的。

图 10.17 中假定没有噪声或干扰，只是在测量设备的通带中测定发射；图 10.18 中显示存

在干扰发射时的情况。

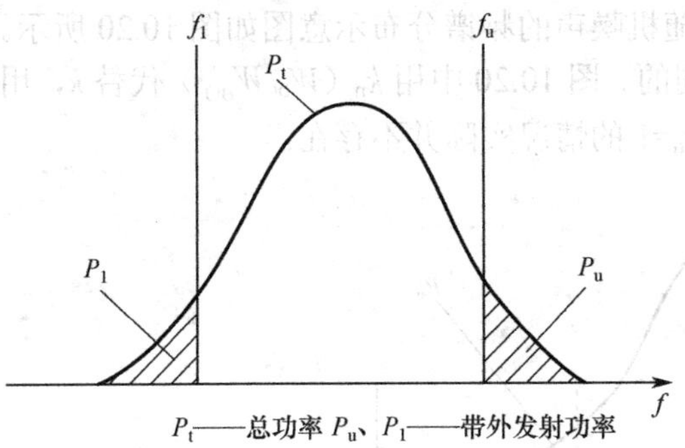


图 10.17　无干扰时频谱分布

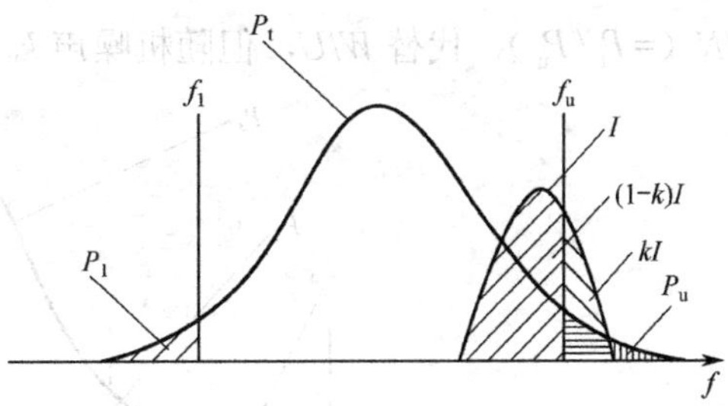


图 10.18　有干扰时频谱分布

（有用）信号总功率与（无用）干扰发射总功率之比用 *W*/*U* 表示，残留在占用带宽之外的干扰发射功率与干扰发射总功率之比用 $k$ 表示。以 $k$ 为参数，干扰的影响如图 10.19 所示，无论发射的调制类型和频谱分布如何，该图都有效。

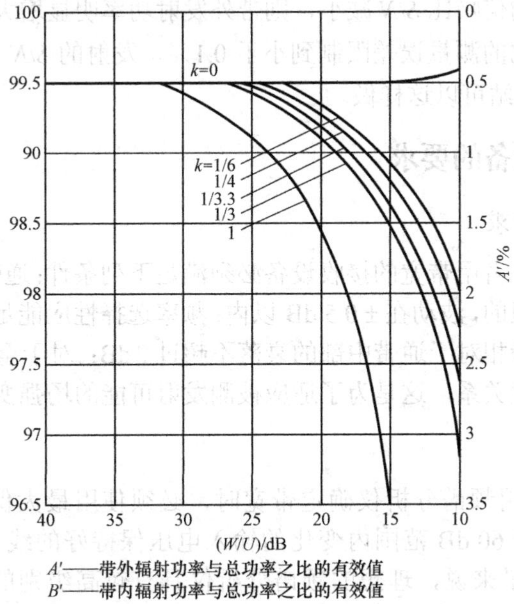


图 10.19　*W*/*U*，$A'$ 与 $B'$ 之间的关系

如果 $k$ 等于待测发射的带外辐射功率与其总功率之比，则测量值不受干扰影响。

总的来说，随着 *W*/*U* 越来越小，误差就越来越大。当 $k$=0 时，干扰发射完全在带内，占用带宽的测量值明显变得更窄；当 $k$=1 时，干扰发射完全在带外，带宽明显变得更宽。实际上，干扰并不总是符合上述形式，它的影响是复杂的。但在实际测量时，考虑最大误差就足够了，即 $k$=1（干扰发射完全在带外）。由图 10.19 可以看出，需要大于 30 dB 的 *W*/*U* 比值才能限制功率比的测量误差小于总功率的 0.1%。建议测量时，使用频谱分析仪或其他方法确定干扰发射的性质。

**2．噪声的影响**

与干扰一样，当采用频谱分析仪方法时，噪声的影响也可推导出并予以消除。但由于噪声的特性由噪声源决定，噪声的影响也复杂。随机噪声的影响在理论上容易处理，其他种类噪声，以及使用受噪声影响的功率比方法进行实际测量的例子，将在后面给出。

如果噪声是随机的，其影响可做如下估算。有随机噪声的频谱分布示意图如图 10.20 所示。随机噪声对带宽测量值的影响与干扰的影响是相同的。图 10.20 中用 $k_n$（$W_b/W_{BO}$）代替 $k$，用 $S/N$（$=P_t/P_n$），代替 $W/U$，但随机噪声 $k_n$=0 或 $k_n$=1 的情况实际并不存在。

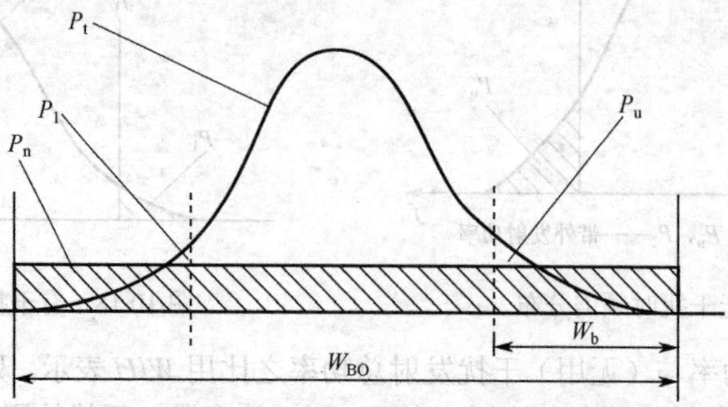


图 10.20　有随机噪声的频谱分布示意图

因此，若待测发射的信噪比 $S/N$ 减小，则带外发射功率明显增大，占用带宽明显扩展。

例如，为了将功率比的测量误差限制到小于 0.1%，发射的 $S/N$ 应大于 25 dB 左右，当 $k$ 值小于 1/3 左右时，监测站可以这样做。

### 10.4.4　对带宽测量设备的要求

#### 1．对接收设备的要求

监测站内适用于测量占用带宽的接收设备必须满足下列条件：通带内的频率特性在被测发射频谱范围内应当是平坦的，波动在 ± 0.5 dB 以内；频率选择性应能足够区分带外噪声与干扰，同时引入的通带电平边缘相对于通带中部的衰落不超过 2 dB；对于至少 60 dB 的输入变化，接收设备应呈现良好的线性关系，这是为了适应被测发射可能的场强变化。

#### 2．频谱分析设备

当按照 $x$-dB 方法用频谱分析仪确定带宽时，必须使用最大保持工作方式（也称峰值存储）。设备至少应该对 60 dB 范围内变化的输入电压保持好的线性度和显示范围。

对于窄带信号的测量来说，理想的频谱分析仪具有较高级别的分辨率，这样可以精确显示发射频谱的分布。典型的仪器有 10 Hz 的最大分辨率，提供从 1～100 kHz 的可调扫频范围，以及可调的扫描速率（1～30 次/s）。

对于宽带信号的测量来说，可用频谱分析仪与一个完整接收机以及为通用目的而设计的接收机结合在一起。仪器的频率覆盖范围可高达 44 GHz，扫描宽度连续可变范围达到 100 MHz（在较高频率）。可调扫描速率为 1～60 次/s。对于低扫描率来说，为了取得有效的观测值，显像管应具有适当长的余辉。

#### 3．功率比方法的设备

因为对比较衰减器有较为严格的精度要求，不建议使用带内功率与总功率比较的方法，因此设备应设计成带外发射功率与总功率相比较。作为一种通用测量设备，可取的做法是设备能显示每个门限频率，为了做到这一点，使高于或低于显示频率的平均功率等于总功率的 0.5%，自动计算占用带宽并记录。

设备至少应有 30 dB 的动态范围。如果输入电平变化范围更宽，则更合理的做法是使用可变衰减器，根据输入电平的变化进行自动控制。测量设备应该能够在 0.3～0.5 s 内达到满刻度指示，这样才能跟踪发射占用带宽的实际波动情况。为了使带外辐射功率的测量精度优于 10%，通带内的平坦度应优于±0.5 dB，阻带损耗应至少达到 30 dB。同时，过渡带的斜度应陡峭。

#### 4. 使用 FFT 技术的设备

可以使用 $\beta$%的方法获得数字信号（如 PSK、CPM 和 QAM 信号）占用度的可靠估计。为了使这种方法得到的结果有意义，必须对被测信号进行合适的滤波，以避免噪声对带宽的影响。实际上，对于多数数字发射，99%功率带宽包含在信号频谱的主瓣内。值得注意的一个例外情况是未被滤波的 PSK2 信号，这种情况在广播中很少出现；然而，实际中的 PSK2 发射经常在发射机端被滤波，于是对应的发射波形通常符合 99%功率包含在主瓣内的假设。

由于噪声的影响，设备应该提供一种简便的方法来设置不同的滤波器特性。

## 10.5 调制测量

调制是用一个信号使载波（如电压、电流、光、电或磁场）的正弦波或脉冲序列发生变化。就无线电监测而言，只考虑正弦电磁载波（电压、电流或场）。

基带信号一般既不具有合适的波形，又不具有可直接发送的频率，调制的目的是使基带信号转换成能通过天线发射的较高的频率。

调制信号可以改变载波的幅度或是频率/相位，或是两者都改变（振幅调制“AM”，频率调制＂FM”，相位调制“PM”）。调制信号可以是模拟信号或是数字信号，如一串比特流。

接收机应具有 FM、AM、LSB、USB 等调制测量模式。一般通过对信号中频频谱分析软件，观察信号的频谱形状，可人为判断该信号是何种调制方式。

各种调制波形及频谱特性可参看本书 12.1 节。

### 10.5.1 幅度调制的远距离测量

远距离测量意味着并不直接接触测量的已调信号，要将它与其他信号分离开，感兴趣的信号可能处在包含了许多其他信号的频谱中。因此，要提供适当的手段将所需的信号分隔出来，在大多数情况下，就是使用一台具有足够的通带和有效的自动增益控制的接收机。

可以用各种方法来测量调制深度，方法的选择取决于对结果显示的形式。有时只需要知道对应于调制峰值调制深度的瞬时值，以检查过调制存不存在，对这种情况有一台连接在接收机中频输出的示波器就足以进行快速检查了。

另一方面，可能感兴趣的是要知道在规定时间范围的平均调制深度，以确信发射机使用正常。而且，在有些情况下，关心的是调制质量，例如信噪比或失真的成分。在所有这些情况中，使用设有精确调制深度表的调制分析仪是必要的。这样的设备能用任何希望的形式来显示结果，如在前面板、在 PC 屏幕、采用打印或标绘图形的方式。

#### 1. 使用示波器

测量调制深度的最简单的方法，是将接收机的中频输出端与示波器的垂直输入端相连接，并对示波器的时基周期做适当调整，因为接收机的中频处调制深度与输入信号的调制深度相同，故在示波器上立刻就有时域显示。但应注意，时域显示的是用单个正弦波对载波进行调制。

事实上，用的调制载波是不断变化振幅的一个频带，例如话音与音乐。在这种情况下，触发示波器至最高电平有助于在屏幕上找到包络的最小与最大电压。

在存储示波器上完成这种测量可能是十分有用的，比使用传统设备有优越性。示波器显示应校准成能给出瞬时调制深度。为了做到这一点，图 10.21 中所示的平行线栅格（相邻的行之间距离相等）应绘制在透明板上，并将其装在示波器屏幕的前面。

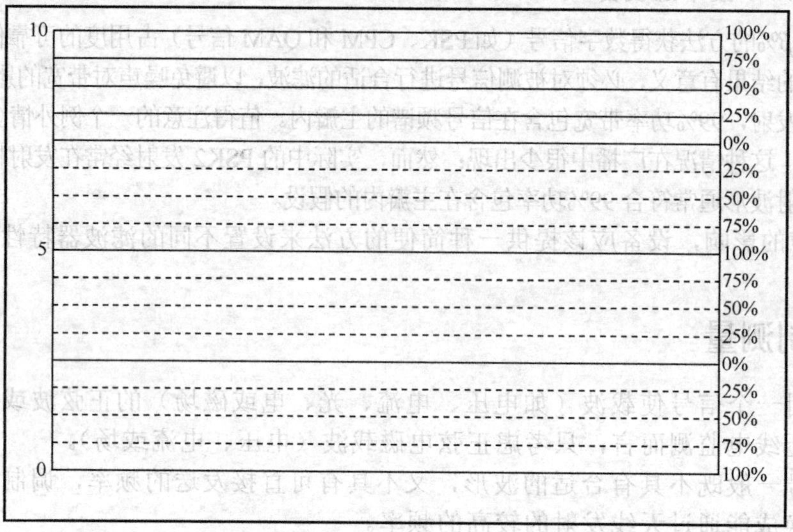


图 10.21　调制深度校准栅格

无发射时，使示波器的水平线与图中间的 100%线相重合，在发射机未经调制的阶段，调整接收机增益或示波器的垂直放大器增益，直至载波峰值恰好达到上下 0%线。

当发射已调制，已调制波包络的外侧峰值将增大，且立刻指示出调制的瞬时百分数。同样，已调制波的负峰值在图 10.21 中间部分的虚线上指示调制的百分数。这样就可检查调制的对称性。另一方法依赖于在接收机线性检波器输出端存在下列两个分量：与载波振幅成比例的直流分量；与音频调制电压成比例的交流分量。

因为调制深度是交流调制分量的振幅与载波振幅之比，所以也是音频电压与检波器输出直流电压之比。在进行测量时，上述两个电压经过直流和交流垂直放大器，加到示波器垂直偏转板上。示波器屏幕有 0～10 的垂直标记（见图 10.21 左边的刻度），如果无发射，示波器光点位于最低刻度（刻度 0）。在未经调制发射时，示波器放大器增益调整至使光点与中心刻度（刻度 5）相重合。当有调制时，光点在该线上下移动，在屏幕上给出一条垂直线。由此线的长度就指示出调制深度。如果光点从刻度 0 移动至刻度 10，则调制就是 100%。

为了利用示波器屏幕的全部可用高度，垂直方向可调整成使光点达到屏幕的高端或低端，当无调制时，则只考虑光点向上或向下运动。

**2．使用调制度分析仪**

当使用被称为调制度分析仪或调制分析仪等特殊的仪器时，能对调制参数进行更彻底的分析（如果它们配备有特殊的电路，可以对被调制的信号进行更深入的检查，例如失真和信噪比）。通常调制度分析仪可以指示载波频率值，采用这种先进的仪表可以简化工作量。图 10.22 所示是调制度分析仪的总框图。然而，这个最简单的调制度分析仪仅仅接收来自输入滤波器的频率。实际上，这类调制分析仪可以连接到提供必要选择性的接收机的中频输出端。

图 10.22　调制度分析仪的总框图

调制度分析仪更常规的应用是在输入端装有一个输入变频器（即混频器），并输入合适的本振信号，根据超外差的原理将输入频率变换到中频，然后该中频信号被解调和分析。技术先进的调制度分析仪的框图通常如图 10.23 所示。如果用调制度分析仪测量 AM 信号，则解调器显然要用幅度解调器。

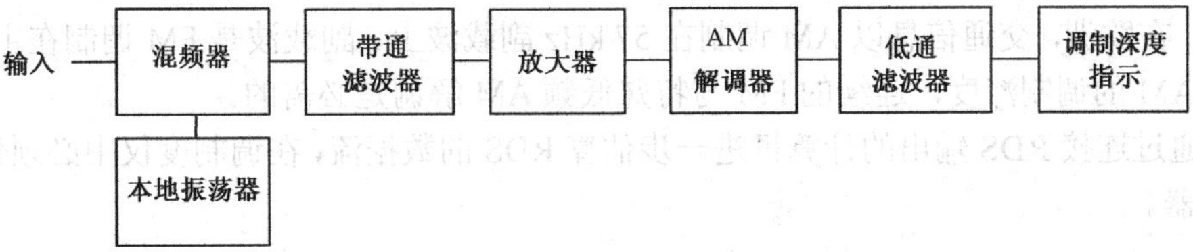


图 10.23　有混频器输入的 AM 调制度分析仪框图

然而，混频器前端如果不安装预选器，容易受到多个频率的影响。因此，这种类型的调制分析仪可以连接到接收机的中频输出端或通过一个合适的耦合网络连接到发射机的输出端，耦合网络能对信号做必要的衰减。

## 10.5.2　角度调制的远距离测量

### 1.　PM/FM 调制度分析仪的典型特性

远距离测量意味着需要从天线输出的频谱中选择需要的信号。角度调制载波的时域表示是无用的，因此实际上所有对频率和相位偏移的测量都是用调制度分析仪完成的，其总的框图参见图 10.22。然而对于 PM 和 FM 测量，解调器是 FM 解调器，通常在其之前有一个限幅器。对于 PM 测量，还要插入积分器。

对于 PM/FM 调制度分析仪的其他要求有：本地振荡器的固有噪声要低，带通滤波器的群迟延最小，限幅器的 AM/FM 变换要低。图 10.24 所示为 PM/FM 调制度分析仪的框图。

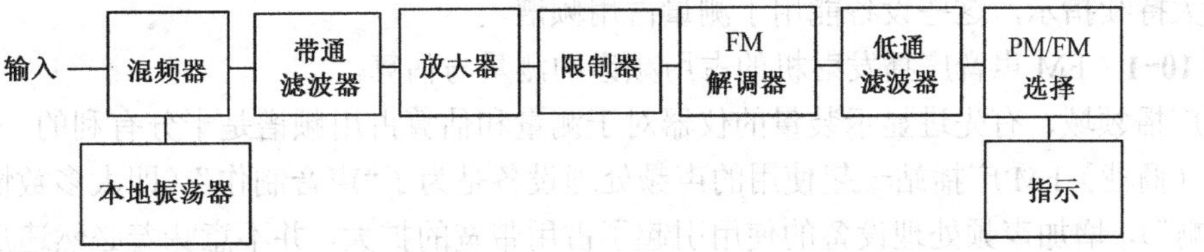


图 10.24　PM/FM 调制度分析仪的框图

测量 FM 广播电台的另外一种可能方式是使用基于 IFM 的调制域分析仪（MDA）。其抽样率必须按照调制频率来选择（若最大调制频率是 15 kHz，则最低抽样率为 40 kb/s），测量重复时间（时间窗）应对应于最低频率，在该频率我们希望确定偏移。测量时间越长，在处理抽样后可以看到的调制频率就越低。

### 2. 指示方式

因为按定义，通信信号的相位与频率偏差是峰值偏移。故所需信号的相位与频率偏差测量是按峰值测量来完成。但是，如果需要测量噪声、信噪比或信纳比（SINAD）时，则必须考虑各个偏差的均方根值和加权的准峰值，因而PM与FM调制度分析仪通常装有检波器，以得到均方根值、信纳比与准峰值（ITU-R BS.468建议）。

### 3. 立体声解码

在FM频段，大部分传输是立体声方式，其中有的有附加的信号，如通信信息和无线电数据信号（RDS）。因此，要求调制度分析仪的立体声解码有能力测量这些特殊调制的参数。为了识别立体声信号与检查正确传输的声频信号，这也是必要的。

例如，在欧洲，交通信息以AM调制在57 kHz副载波上，副载波是FM调制在主载波上，为了测量AM的调制深度，连续的FM与特殊低频AM解调是必需的。

为了通过连接RDS输出的计算机进一步估算RDS的数据流，在调制度仪中必须包含一台RDS解调器。

### 4. AM与PM/FM同时测量

对于VHF频段和更高频率的FM信号，多径传播是个普遍的问题。在FM系统中，多径传播造成的结果使已调信号的失真令人无法接受。由于多径传播，PM或FM通过在接收天线处矢量相加换算成AM的某种百分数。因而多径传播可通过对频率调制载波的AM测量来得到。为此目的，调制度仪必须同时测量AM与PM/FM。如果AM的比重高于某个百分数，则FM接收质量就受损失。如果变换系数大于6%kHz（单声道）或大于2%kHz（立体声），则接收质量就有严重的损害。当必须确定FM广播信号质量是否足够好时，就要测量PM/FM对AM变换百分比。

为此，使用能够并行测量偏移与调制深度的设备，可立即计算变换因子，表示成kHz调频偏移的百分比调制深度的形式。

### 5. 使用特殊装备的监测接收机与频谱分析仪

在许多情况下，监测接收机或特殊频谱分析仪就方便和够用了，这些设备装有调制测量模块。通常这些设备的精度能满足监测的要求。此外，这些设备有显示信号频谱的能力。如果也提供最大持续指示，这些设备能用于测量占用频谱。

**例10-1**　FM声音广播发射机的占用频谱的测量与估算。

在广播领域，有先进显示装置的仪器对于测量和估算占用频谱是十分有利的。

与（商业）FM广播站一起使用的声频处理设备是为了“声音制作”（即大多数情况下使声音“更响”），增加声频处理设备的使用引起了占用带宽的扩大，并不意味着必然违反最大偏差限制（75 kHz）。因此，在这些情况下，只测量频率偏差是不够的。

估计占用带宽是制定良好的频率计划和防止相邻道干扰所必需的。为了取得可靠的测量结果，三个重要的条件是：频谱分析仪的设置；要检查信号的强度；测量时间。

频谱分析仪的设置为：分辨率带宽：3 kHz；视频带宽：3 kHz；扫描速度：1 MHz/s；测量时间：3～10 min。而且，应采用不同类型程序进行检查。

所接收的信号必须强到足以防止实际信噪比和信号干扰比对测量结果的任何影响。一次好的测量，其电平应比相邻信道的电平高50 dB。

### 10.5.3 数字调制的监测

1．调制度分析仪的典型特性

市场上有与监测接收机中频输出端相连的调制度分析仪的设备，并具有内装预选器和前置放大器，设备数据一般保持原样不变。还有直接连接天线的调制度分析仪，该调制度仪有能力从频谱中选择一个 FM 信道，缺点是三次谐波失真（THD）较高（取决于所选滤波器 THD0.16％或 0.07％，而不是 0.03％没有任何预选和 IF 滤波器）。

2．调制测量接收机

接收机是监测使用最多的设备。这些设备常常是计算机控制下监测系统的一个部分。为了接收各个频率范围的所有信号，它们应配备全部必需带宽和解调器。它们也配备电路搜索所关心的频率和记录接收信号的参数。因此，即使这些设备不可能做得像专门调制度仪那样精确，但接收机中包含调制测量设备是有用的。

3．自动调制测量系统

测量任务不断增加，为此，实际上许多标准监测程序是在计算机控制下完成的。通过一个适当的总线接口能完全控制现代的测试设备（即全部设置与全部输出）。大多数情况下，这种系统并不是作为调制测量专用，只是较大系统的一部分，用于测向、场强测量与频谱占用监测。

有的监测接收机是整个系统（包括软件）都专门用于调制测量。在这种情况下，接收机可由程序控制，周期地检查预先编制的各 FM 信道，并测定电平、AM 深度、FM 频偏与载波频率。例如，这种独立的系统在周末可无人操作，并在周末之后将前两天的所有调制数据（特别是过调制）显示出来。然而，使用计算机控制的特殊调制度仪可以进行复杂得多的测量。

4．数字调制测量设备：向量信号分析仪

为解调和测量 *n*-PSK，QAM 和其他向量型体制所必需的接收机，它的特点是有高性能的下变换器，下变换器的 IF 振幅与群延迟响应不会降低测量信号的质量。下变换器或接收机再加上向量分析仪（VSA）用于数字调制分析。为了满足稳定和高性能的 IF 通带响应，VSA 采用数字信号处理技术（DSP）获得最终 IF 带宽。此外，通过改变 DSP 系数，可为各种调制类型广泛的覆盖范围综合成一组接收机滤波器。

如果使用了 VSA 可任选的射频变换器，而又不包含射频预选器，则在密集信号条件下必须使用一个外部预选器或分频段的滤波器。为获得最高性能的中频滤波器通带响应，预选器的通带响应的修正应包括在修正程序之中。在设置理想的载波频率、调制类型与码元速率之后，VSA 中的 DSP 也实现对信号的解调。除了显示被调制信号，向量信号分析仪也提供数字调制误码的测定。这是通过解调信号与生成一个理想参考信号来完成的。将这两者进行比较，就可进行误码测量。

对于在使用状态下的调制的质量监控，甚至在测量误码率时，传输途径可能是主要的影响因素。多径干扰或其他同频道干扰可能使调制质量测量变得很成问题或是无用。因此，只有在发射机位置附近进行详细测量才是恰当的。

### 10.5.4 扩频信号的测量

ITU-R SM.1050 建议专门规定了监测业务所必须担负的工作任务。我们将介绍这些任务在扩频信号中的应用。

### 1. 帮助识别有害干扰源

扩频信号被设计成有很强的抗噪声特性。扩频信号的主要问题是与其他传输相互干扰。DSSS 信号一般不成问题，因为信号被扩展到很宽的频带上，而大多数干扰能量都可被有效地滤波。对 FHSS 信号，当跳变正好落在其他信号上时，问题就大了，对慢跳信号尤其严重。在这种情况下，前面列出的 DSP 技术对识别干扰情况是会有效的。三维图可方便地显示出干扰出现的情况。

### 2. 扩频信号的识别

扩频信号初步服从标准，就是要保证各种信号的信号参数落在被批准的范围内。完全地服从则要求调查信号的内容，以观察呼叫标志、电子 ID 码或其他识别码。这些识别码对每一个信号都是唯一的，并且要求知道产生这些信号的通信系统。对 DSSS 信号，信号必须被解扩。如果已经知道用于扩展信号的一组码字，那么解扩处理就能做得很好。这些码字应该可以从设备制造商那里获得，但即使不知道该组码字，也仍然有必要确定它们。得到了扩展码（对 QPSK 是一组扩展码）就能使载频测量变得容易，而且精确。此外，根据扩展码还能对信号解扩从而获得发射的数据。在 CDMA 方式中，获得扩展码对确定是否有多个用户正在占用同一频率指配也是必要的。下面将讨论两种确定扩展码的方法：穷举假设检验和伯利坎姆-梅西（Berlekamp-Massey）算法。

在穷举假设检验方法中，用一个相关器把收到信号的一部分折叠到仅由数据调制所确定的带宽内。相关器被设计成能对通信机可能使用的每一种码进行试验，并且把每一种码都与接收信号做相关运算。假设检验的不足之处是需要较长的时间来对相关过程中的每一种可能的码字做试验。如果是相乘码，那么所需的时间就更长，因为可能的码字数量更大了。如果知道接收信号只使用所有可能码的一小部分子集，那么穷举假设检验就容易实现得多了。

伯利坎姆-梅西算法是用于确定扩展码的一种更恰当的技术，但它有一个缺点，它对由于噪声或数据而引起的扩展码的误码很敏感。这种算法还能处理相乘码。虽然由此方法推出的扩展码发生器可能会和发射机所用的扩展码发生器不同，但它却能产生相同的码序。

对低信噪比信号，或当有干扰落在同样频率内的时候，伯利坎姆-梅西算法就不能很好地工作。当信噪比足够高时，它能很好地解调出 BPSK 或 QPAK 的每一个“切普”。在这种情况下，接收机解调直接序列信号就像解调一般的 BPSK 或 QPSK 信号一样解调每一个“切普”。解调这些“切普”需要采用载波跟踪电路（如科斯塔（Costas）环）或对数字信号采样进行某种载波相位估值（如分组相位估值）。对 QPSK 信号，载波跟踪使得四个相位的每一相都能接收，而且两者之间没有串扰，因此可得到该信号每一相的扩展码。为正确识别该信号，必须知道它的 ID 结构。

对已知的 FHSS 信号，采用计算机控制的接收机可以有效地对信号解跳和解调。可以根据信号的知识来确定 ID。对未知的 FHSS，可以把一小段全带宽信号数字化后存入数字存储器。对该信号进行数字化解跳和解调。为正确识别该信号，同样需要知道它的 ID 结构。

### 3. 识别非核准的发射机

非法发射源是指其信号参数不符合该频段的标准规定。通过把所测信号的参数与标准参数相比较，就能实现非法发射源的识别。如果信号不能用标准的发射机的码字和参数解跳和解调，那么该信号就被视为非法。用计算机控制的综合系统将所测参数与授权信号的相关数据库做比较，就能自动实现这一过程。

**4. 对有害干扰源或不符合国内和国际标准或规则的台站进行测向和定位**

发射源定位是一项极其有用的手段，它能有助于识别和定位发射源。用常规的窄带设备对扩频信号测向，不是行不通就是非常困难。为了有效地对扩频信号测向，测向设备必须至少有两个宽带信号获取通道，同时对信号的虚实部进行处理，并且采用能够解扩、相关及相位比较的复杂 DSP 算法。

**5. 频带占用度**

用传统的方法来确定扩频信号所占用的频带是非常困难的。当采用传统的扫描-滤波频谱分析技术时，DSSS 信号看上去就像噪声一样，并且对任何一个所观察的频率样点而言，都有可能达不到门限值。即使某些频率看上去已被 DSSS 信号占用，但当有其他的 DSSS 信号或其他窄带信号同时落在该频带时，频带占用测量就会失真。用传统的技术来测量 FHSS 信号的占用频带也会是困难的，因为在频谱分析仪扫描期间信号发生了变化。当采用扫描频谱分析设备时，有可能错过所有的跳变，因而根本看不到 FHSS 信号。FFT 分析仪可以观察某一时刻的所有频点，因此不会错过信号。但 FFT 的瞬时带宽必须宽得足以覆盖该时刻的整个频带，否则只能显示一小部分频带作为任一特定时刻的占用频带。此外，FHSS 信号的存在并不表明该频带已被全部占用。要测量扩展信号的占用频带，必须开发其他的技术和方法。

**6. 扩频信号的其他测量**

（1）与频率容限表有关的频率。

（2）相对于指定带宽值的占用带宽。对 DSSS 信号，带宽假定为 2/“切普”速率。对 FHSS 信号，有两种主要的带宽：瞬时单跳带宽和所有跳变占据的总带宽。

（3）与杂散发射和带外发射有关的杂散发射值。建议信号获取设备的瞬时带宽大于占用带宽的两倍，以便测量带外发射电平。

（4）场强值。采用标准的解扩设备可以很好地测量 DSSS 信号的场强。对 FHSS，可以测量每一种跳变信号的场强。

（5）验证发射类别的调制特性。

（6）环境噪声测量。测量有扩频信号存在的频带内的环境噪声与测量其他频带内的环境噪声，其差别在于 DSSS 信号呈现为宽带白噪声。为了测量某一频带内环境噪声的真实值，必须保证在测量之前不存在信号。这就要求该系统能够检测宽带扩频信号。

**7. 监测扩频系统所需的设备**

与传统的通信信号相比，扩频信号更复杂，调制带宽也更宽。这些信号的出现向监测站提出了严峻的挑战。传统的监测方法在监测处理过程中采用专门的设备来进行类型验证和测试。然而，由于每一种类型都需要一种设备，所以这种方法不实用，而且代价昂贵。因此，最好采用 DSP 处理设备来进行所要求的分析和测量。这样，当处理不同的信号时，只需改变软件，而不必改变昂贵的硬件。

## 10.6 频谱占有度测量

频谱占有度是指单个频率或频段上有发射信号的持续时间，显示在 24 h 内的频率利用变化情况（包括忙时、峰值时间、平均和最低应用时间）。一般（VHF/UHF）测量的频率范围：30 MHz～3 GHz，表示单位为百分比 $X\%$。频谱占有度测量是对某个频段内频谱实际使用情况的统计（例如增长率）。

频谱占有度测量的作用：通过对自动记录频谱的分析来编制频谱的实际使用情况表；对实际使用的频率占有度的测量有助于具体频率的分配和排除干扰。

射频频谱占用度的测量，射频频谱一般在 9 kHz～1 GHz 范围内，也可在 1～3 GHz 的频率范围（用于日益增加的移动通信和广播业务）。根据监测的频段低于或高于 30 MHz 将采用不同的方法。30 MHz 是根据传输条件确认的一个分界线，低于 30 MHz 的频段用于电离层反射的长距离链路；高于 30 MHz 的频段用于中、短距离的链路。因此，频谱图一般以 30 MHz 来划分：低于该值时，信号的频率分布有很强的随机性；高于 30 MHz 时，信号的频率是预先分配的。

### 10.6.1 频谱占用度测量目的

针对频谱管理的不同应用目的可以有不同的测量方法，自然测量本身也会有差异。

#### 1. 作为频率管理目的的测量

如果计划者根据当前频谱的利用情况和需求的变化趋势适当地发布通告，频谱管理则能顺利进行。虽然许多数据可以从用户申请执照或延期的登记表格中搜集，但也需要实际使用的频率信息。为了获得这一信息，就需要对频率占用度进行测量。

此时，频谱占有度的测量可为频率管理部门提供的信息有：对新的射频链路选择频率的统计；一定时间内频谱实际使用情况的统计（例如增长率）；通过了解信道占用度，可为新用户与其他用户共享频率资源做出安排，并可避免相互干扰和减少指配新信道的等待时间；占用度的提高（频带或信道）；占用度预测模型准确性的验证。

#### 2. 用于监测目的的测量

为了更好地控制和指导频谱的使用，由监测站承担的许多工作，可通过测量频谱占用度来获得大量的信息。

此时，频谱占有度的测量可为下列各项工作提供有价值的信息：解决干扰问题；鉴定发射机的稳定性和信号质量；指示发射的开始和结束，从而推断它们的业务使用时间；杂散辐射源的识别；脉冲干扰（自然和人为的）验证；尤其在城市，对不同信道和随时间变化的人为噪声的分析。

### 10.6.2 频谱占用度测量技术

频谱可以通过手动或自动方式进行监测。除了自动监测以外，当分析和识别被观测信号时，需要进行手动监测。

对 HF 频谱使用的情况调查可以为频率管理人员提供关于频谱实际使用情况的信息，使他们在 HF 频带内指配新频率成为可能。还可以为频率管理部门提供频谱使用趋势的信息。该信息可以用于形成各国在ITU国际会议上的建议。

当不采用手动监测技术时，自动记录技术则更为可行。它基于频谱占用度监测的不同任务，可以分为不同的测量方法。

（1）扫描一个特定的频段，从开始频率到结束频率，使用特定带宽的滤波器。通常使用频谱分析仪测量。测量结果给出在整个一段时间内（通常是24 h），在特定频段的频率占用度。

（2）测量一些预先设定的信道，不一定按照相同的信道间隔。可以保存许多发射参数，如信号强度高于特定电平的时间百分比等。

在通信频段对于信道占用度的分析，都是将监测（测试）接收机和频谱分析仪结合起来并用计算机控制，而且现在都是强制性的。这种结合的任务是要探查频率范围在9 kHz～3 GHz之间的不同宽度的频带（该频带是时间的函数），目的是探测和记录任何高于噪声电平或预设门限电平的信号。

这里提到的技术可以用于频谱研究，通过自动记录来生成频谱实际使用情况的目录，还可以用来测量某一特定频率的占用度。

另外，基于测向的扫描能够完成发射源的占用度记录。同样地，也可以获得其他参数，如调制类型和识别信息。下面简要说明一下对监测（测试）接收机和处理控制器的要求。对于一套能自动监测无线电频谱占用度的分析系统来说，这些是对硬件的基本要求。

### 10.6.3 频谱占用度监测接收机

用于频谱占用度测量的监测接收机按频率范围一般可分为以下三类：9 kHz～30 MHz范围的监测接收机；20 MHz～3 GHz范围的监测接收机；9 kHz～3 GHz范围的监测接收机。

测量频谱占用度的监测接收机应该满足下列参数要求：

具有高的RF选择性能力（特别地，接收机应当有足够多的RF滤波器，在接收机频段内适当分布，以避免产生互调产物）；具有足够窄的中频滤波器和一个I/Q输出端口，以便使用外部数字处理器进行滤波；具有步进衰减器；能使用外部频率标准；能精确测量场强；能对一个频段内选定的信道进行快速扫描，特别是在30 MHz以上。

### 10.6.4 30 MHz以下频段的测量

对30 MHz以下频段进行手动测量，分析单元必须在100 Hz～6 kHz之间选择合适的滤波器带宽。频率测量（精度可达1 Hz）可以为占用度测量提供帮助，特别是帮助识别信号。频率监测人员要对研究的频段进行常规的观测，并将每个探测到的发射数据输入到数据库中（推荐使用计算机化的测量方案）。该数据库至少应包含所有固定位置发射的数据：日期、发射开始和结束的时间；频率测量；发射类别；识别；定位；台站的种类；电平和/或场强。补充信息可以包括其他涉及到被观测信号的发射类别、波特率、通信信息等用于特殊说明的额外数据，以及判断其是否依照《无线电规则》进行发射等。

当每天24 h执行任务时，如果扫描测试的次数很多，那么测试结果会极为准确和有用。这些监测结果往往反映了有关选择无线电链路频率或解决干扰问题的关键信息。因此，从事这一工作的人员需要有良好的技术培训。

使用相同的测试准则，选择合适的滤波器，自动记录技术也可以对30 MHz以下频率的监测提供极大的帮助。

在过去的 10 年间，HF 频段上每信道的占用度已经被测量过（例如：Gott 等人，1982；Wong 等人，1985；Hagn 等人，1988；Stehie 和 Hagn，1991）。Gott 等人（1982）曾经将分配频段的 " 拥挤"定义为信道的百分比，即相对一定门限值的信道占用度。在每天的不同时间、不同季节和太阳黑子数稳定的情况下，统计表明 HF 频段的使用是很拥挤的，Laycock 等人（1988）研究出了拥挤的模型。然而，在 HF 频谱中并不是所有的频段都被信道占用了。为了实现整个 HF 频谱占用度的测量，还需要做进一步的研究。

### 10.6.5　30 MHz 以上频段的测量

对 30 MHz 以上频谱占用度的测量可用于多个目的：核发电台执照，为用户申请新频率的服务，确定信道或频段是否被有效利用，评估频率规划，处理用户关于其频率紧张的申诉以及了解频谱目前的应用情况等。

大多数国家，30 MHz 以上频段是按照众所周知的规范系统，如蜂窝系统结构，进行规划的。无线电信道根据可用情况指配给用户。从频率管理数据库中可查到执照的用户信息，这只是表明对该频率的使用是被授权的。在一个频点上指配的数目并非总能显示出特定频率的实际使用情况。

因此在拥挤的区域，必须用更多的实际数据为基础进行频率指配。无线信道上话务量的测量将使这些信道占用度的值更加准确。有规律地重复这些测量可以使频率管理人员从历史数据中了解频率使用的趋势。因为所产生的数据量非常之大，监测设备不仅要有自动测量功能，而且能对数据处理成为可管理的信息。

1．抽样

图 10.25 所示是一个典型的强度可变的信号，由于门限的存在，被标记为“占用”的抽样点和抽样时刻一起显示出来。在这个例子中，44 个抽样点中有 21 个被发现占用，所以占用度为 48%，这个数据可以按要求每隔 1 min、5 min 或 15 min 汇总一次。

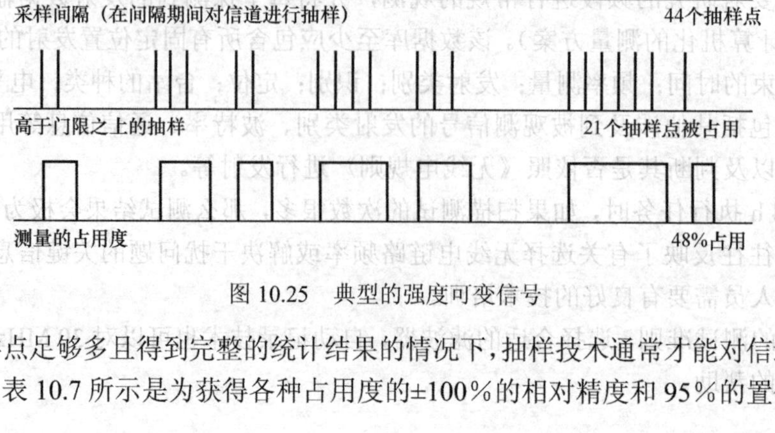

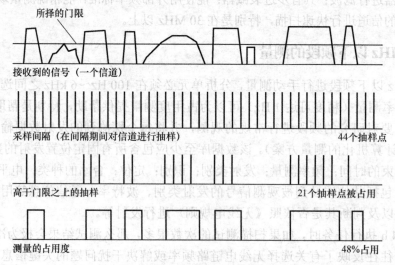


图 10.25　典型的强度可变信号

只有抽样点足够多且得到完整的统计结果的情况下，抽样技术通常才能对信道占用度做出较好的估计。表 10.7 所示是为获得各种占用度的±100%的相对精度和 95%的置信度所需的独立和非独立的样本数目，是从 ITU-R 建议 SM.182 中摘录的。

表 10.7　各种占用度所需的独立和非独立的样本数目

| 占用度/% | 需要独立的抽样数 | 需要非独立的抽样数 | 非独立抽样的时间（4s 时间间隔） |
|---|---|---|---|
| 6.67 | 5850 | 18166 | 20.18 |
| 10 | 3900 | 12120 | 13.47 |
| 15 | 2600 | 8080 | 8.96 |
| 20 | 1950 | 6060 | 6.73 |
| 30 | 1300 | 4040 | 4.49 |
| 40 | 975 | 3030 | 3.37 |
| 50 | 780 | 2424 | 2.69 |
| 60 | 650 | 2020 | 2.24 |
| 70 | 557 | 1731 | 1.92 |
| 80 | 488 | 1515 | 1.68 |
| 90 | 433 | 1346 | 1.49 |
| 100 | 390 | 1212 | 1.35 |

为了达到一定置信级别的精确度，需要一定数量的抽样。如果某一个信道的占用度是 100%，则只需要几个抽样就能将其确定，且精确度较高。在低占用度的情况下，由于大部分的取样值为零，需要做大量的抽样以达到同样的精确度和置信级别。幸运的是，从频谱管理者的角度来讲，不特别关注低占用度的测量精度。

### 2．参数

为了在尽可能多的无线电信道内估计占用度，必须对大量的数据进行收集和处理。例如可以将扫描接收机设置成每两秒抽样 50 次，所有抽样值来自不同的无线电信道。这意味着系统的回扫时间是 2 s。扫描接收机需要时间来调整到合适的信道并产生可靠的输出信号。在这种情况下实际的测量窗口，即每信道的观测时间或驻留时间约 5 ms。每信道的观测时间依赖于设备的扫描速度。接收机在 14 个持续日的测量期间可连续监测由 50 个信道组成的信道群。

### 3．测量分辨率

目前使用的许多系统是每 15 min 将占用度结果写入磁盘一次，故每 24 h 有 96 个数据被写入。在绝大多数情况下，15 min 做一次测量是可以的，并且是一个在结果分辨率和磁盘空间之间较好的折中选择。许多操作员使用他们自己的系统时会采用更高的分辨率（如 5 min），以用来搜集信息。

例如，一个网络操作员可能会因为 HF 传播预测方法在 5 min 时间内的占用度为 90%而抱怨某个特定的频率信道很拥挤。如果占用度在后面两个 5 min 内为 10%和 5%，则在整个 15 min 内测量的占用度应为(90% +10% + 5%)/3=35%。

因此，监测软件最好能够连同分辨率一起给出占用度信息，且应该包括 5 min 和 10 min 这两种分辨率。

### 4．频率信道占用度测量技术的发展

到目前为止叙述的方法是基于系统的时间间隔的方法，其测量之间的时间间隔很短。测量在等间隔的时间周期下进行。对时间具有依赖性，并且由于在测量中只有很少的信号丢失，因

而对占用度的估计相当好，这是因为系统回扫时间比平均发射的持续时间要短得多。

其他的测量方法也正在开发中。中等时间间隔的方法就是其中之一，其时间间隔长度为几秒。该方法通过增加更多的待测信道来工作。然而其缺点是估计占用度的可靠性稍差一些。

长时间间隔方法看起来应该是一个可行的方法。使用这种方法时，我们希望知道信道中发射长度的最大平均值。对该方法来说，我们要设置一个间隔长度，其长度要足以超过最大平均值，这样连续的测量才可以看成是相互独立的。这样，计算估计的不一致性就非常容易了。这种方法允许在一次测试任务中测量许多信道。当然，随着被测信道数量的增加，估计的可靠性也会降低。

另一种处于实验阶段的方法是所谓的蒙特卡罗测量方法，这种方法不进行系统的测量，而使用指数分布的间隔长度。它的突出优点是所有的测量结果（对于所有的平均间隔长度）都是独立的，因此我们不需要知道信道上关于发射的信息就可计算置信度间隔。

我们使用何种方法依赖于我们拥有的设备和软件以及我们需要的对占用度估计的可靠性。如果我们想要测量大量的信道，并且能容忍占用度存在一定的偏差，那么蒙特卡罗法是一个很好的选择。

**例 10-2** 测量设备每秒可测量 125 个信道。根据设备的性能，这是传统方法所能达到的最大信道数目，该方法可以在 ITU-R SM.1536 建议中找到，因为通常情况下对于陆地移动信道来说，回扫时间不应该超过 1 s。

如果使用蒙特卡罗方法来测量 2 500 个信道，并且我们的测量设备能在 1 s 内测 125 个信道，即每 8 ms 有一个信道被访问和随机测量。理想的情况是每个信道在 15 min 内被测量 $125\times900/2500=45$ 次。

因此，在 1 h 内每信道被测量的理想次数是 180 次。但也有可能大多数信道的测量次数多于或者少于 180 次/h，每小时的测量数服从泊松分布。使用它和泊松分布的正常近似值，可以知道信道在一小时内被测量次数在 136～224 次之间的概率为 99.9%。因此，尽管我们不可能精确预测每信道的测量次数，但可以提供满足要求的测量次数，对获得好的测量结果有较大的把握。

这种方法的优点是可以测量 2 500 个信道而不是 125 个，这意味着更高的测量设备利用率和测量结果更频繁地更新，这样将增加整体测量的质量。

### 10.6.6 频段占用度的测量

在有必要按照频段来了解频谱实际使用情况时，可以通过一个由计算机控制的配置有预选器和预选放大器的频谱分析仪或接收机系统，来完成频段占用度的测量。

频谱分析仪的设置依赖于频带的“扫描”，扫描时间依赖于需要的数据量。设置的门限电平必须尽可能的低，但要避免记录噪声，必须保证只记录信号电平。通过可调的门限电平，可以分析信号的场强。每次对 900 个点的扫描（15 min），进行一次占用度的测量，因此获得一个表示被扫描频段占用度的数值。使用专用的软件可以减少测量时间，增加测量频率数量。

使用具有高选择性中频滤波器的监测接收机，其滤波器形状因子为 2∶1 或更好。这种监测接收机比频谱分析仪更适合做频谱占用度测量（Hagn 等，1988）。但由于速度上的要求，多数频谱分析仪使用“高斯”中频滤波器以避免振铃现象（Ringing），这种滤波器不能完全抑制相邻信道的信号（高斯滤波器是速度和分辨率最好的折中）。因此，频谱分析仪的估测结果有可能比实际的占用度要高。监测接收机的中频滤波器应与信道中的频带带宽相匹配。因此需要有一组中频滤波器，它们同监测频段的信道带宽相匹配。在这些情况下，当使用频谱分析仪时，与普通接收机相比，更建议使用具有低噪声系数的接收机。

同时，可调的预选滤波器是非常有必要的，并且低噪声放大器可以被集成在滤波器后面的预选器中。在某些监测条件下，当使用监测接收机或使用频谱分析仪时，有可能需要特殊的带通滤波器以帮助改善测量系统的动态范围。为了得到有效的占用度数据，这样的滤波器可能会在一个信道包含相对小（低电平）的信号，而相邻的信道包含相对大的信号（如广播频段）这样的情况下使用。最后，当监测有大信号存在的频段时，为了正确调整监测系统的动态范围，有必要在监测接收机或频谱分析仪的预放之前使用衰减器。该接收信号的强度被记录下来。取900个步进，可以看成是900个信道。对每个信道接收到的数据进行处理。用测量数据分布图来显示基站数、接收信号强度对时间的关系（多数为24 h）、平均通话长度等信息相对会容易一些。

由于分辨率带宽（RBW）通常比步进宽度大，所以不是所有的900个“信道”都可以使用。例如我们要检查的频段带宽是7.5 MHz，要经过900个步进来完成，每一步进的大小为7500 kHz/900=8.33 kHz，RBW可以是10 kHz。从每个第三步起信息可以被处理，这将导致每25 kHz产生一次占用度信息，这可能是在测量频段的实际信道间隔。但是要记住扫描时间同频率信道占用度的回扫时间是可比拟的，在这里大约是10 s（不能无限制地被减少）。

### 10.6.7　占用度数据的显示和分析

当占用度数据搜集完成后，有必要对结果进行分析，并以有用的方式显示出来。数据需要变为信息，并最终变成资料。监测系统可能已经有显示和分析功能，这些功能是软件自带的。无论这些功能是包含在测量软件包中，还是作为单独的功能来提供，处理过程都是类似的。

显示至少应包含以下信息：监测地点；监测的日期和时间段；频率；用户类型；忙时占用度。

下面关于显示的例子说明了系统数据的处理过程，该过程仅表明被测信号高于预设的门限电平。

接收机可以在连续14天中不间断地监测“一束”50个信道。搜集的数据可以分为两批，一批包括工作日数据，另一批包括周末数据。

每一批数据按照图10.26所示的方法进行处理：

（1）对15 min的抽样取平均，每天产生96个点。

（2）每15 min的平均值用来产生所谓的一小时平滑曲线。这就是说，4个15 min的抽样在一天中被96次取平均（在每个整点过一刻开始）。

（3）所有的数值被绘制在一张图上，显示工作日中的最大值和变化中的平均占用度，另外一张同样性质的图显示了周末的占用度。

沿平均线上占用度最大点称为忙时。当遇到干扰问题时，有必要对全天的占用度显示（图）进行分析。每日显示图可以帮助解决干扰问题。图中显示出一个典型的出租车专用信道的不同占用度。图10.26（a）显示的是从星期一至星期五的占用度，图10.26（b）显示的是星期六到星期日的占用度。图中上部曲线为最大占用度，第二条线是平均值。*X*轴表示时间，*Y*轴表示占用度的百分比。测量周期是14天，抽样频率是0.54 Hz。忙时标以“*”号，如图10.26（a）中的15:00和图10.26（b）中的23:30。

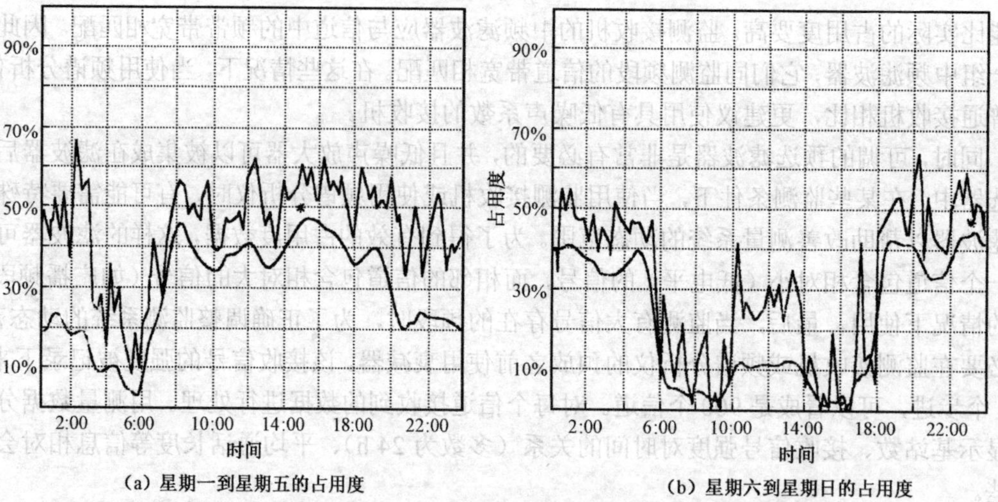


图 10.26　单个信道占用度报告

# 第11章　频谱参数检测

无线电检测是各级无线电管理技术站依据有关法规和规定以及国家的有关技术标准，对生产、销售、进口的无线电设备质量实施的一种监督活动。随着无线电台站和无线电设备的大量增加，加剧了无线电频谱资源的有效利用难度，并造成无线电各业务之间的干扰日趋严重。在电磁频谱管理工作的干扰协调中，除去一些非法使用频率的电台和由于设计上不合理原因造成的干扰外，大多数的干扰来自设备本身。因此，必须加强对无线电设备的检测工作，保证其技术指标符合相关规定要求，以减小使用时的相互干扰。非无线电设备产生的电波辐射也易对无线电业务产生有害干扰，非无线电设备通常是指工、科、医领域的设备，交通能源系统使用的设备，以及电信终端和家用电器等设备。搞好无线电设备和非无线电设备检测是日常电磁频谱管理的又一重要工作。

## 11.1　概述

无线电检测是对无线电设备各项技术指标的测定。通常利用暗室或开阔场等比较理想的电磁环境，使用各种标准的测试天线、测试接收机、功率计、功率放大器等设备，对用频设备的功率、频率、频段、发射带宽、频率误差、杂散发射、接收机带宽、灵敏度以及本振源寄生辐射等技术指标进行测试；然后根据国家或军队相应的技术标准判定所测的用频设备的参数是否符合要求。从原理上讲，电磁频谱检测与电磁兼容（EMC）测量是相同的。第10章频谱参数监测测量与本章的内容既相互联系，又有一定的区别。特别是在测试技术原理上，两者基本一致，必要时两者可以相互参考。

### 11.1.1　检测的分类

（1）用频设备频谱参数检测。针对送检的用频设备，主要测量其频率范围、频率准确度、带宽、功率、调制方式和调制频偏、谐波和杂散发射、噪声系数、灵敏度和选择性等；与无线电发射设备核准项目或设备审批的项目进行比对，判定其是否符合要求。

（2）用频台站设备检测。对设置用频台站所使用的设备进行检测，并与台站审批的项目进行比对，判定其是否符合要求。台站设备检测通常每年定期进行。

（3）干扰检测。用频台站设备经过一定时间的使用后，由于设备质量不稳定或操作使用不当，其频谱参数可能发生变化并对其他台站造成干扰。为确定产生干扰的设备和原因，频谱管理部门需要对怀疑的干扰设备进行检测。这种检测称为干扰检测。

### 11.1.2　检测的主要内容

设备检测主要包括用频设备电磁干扰发射测试和用频设备敏感度测试两方面的内容。

#### 1. 电磁干扰发射测试

电磁干扰发射（EMI）包括辐射发射（RE）和传导发射（CE），测试相应地也分为干扰的辐射发射测试和干扰的传导发射测试。

1）干扰的辐射发射测试

辐射发射测试是测量被测设备通过空间传播的干扰辐射场强，测试标准要求在开阔场地上进行。测试天线和被测设备之间的距离标准规定为 3 m、10 m 或 30 m。测试天线接收到电磁干扰后由同轴电缆送至干扰测量仪进行测量，测量频率一般为 30～1000 MHz。

2）干扰的传导发射测试

传导发射测试是测量被测设备通过电源线或信号线向外发射的干扰。根据干扰的性质，传导干扰测试可分为连续干扰电压测量、干扰功率测量、断续干扰喀呖声测量、谐波电流测量、电压波动和闪烁测量。

**2．敏感度测试**

设备的敏感度测试（EMS）又称为设备的抗干扰度测试，目的是测试设备承受各种电磁干扰的能力。设备受到干扰影响而性能下降，其性能判据可分为 4 级：

（1）被测设备工作完全正常；

（2）被测设备工作指标或功能出现非期望偏离，但当干扰去除后可自行恢复；

（3）被测设备工作指标或功能出现非期望偏离，干扰去除后不能自行恢复，必须依靠操作人员的介入方可恢复；

（4）被测设备的元器件损坏，数据丢失、软件故障等。

针对干扰的不同性质、不同传播途径和方式，可以有不同的测试方法。它们包括辐射电磁场抗扰度试验、由射频场感应的传导干扰抗扰度试验、静电放电抗扰度试验、工频磁场抗扰度试验和脉冲磁场抗扰度试验等。

### 11.1.3 检测的一般步骤

1）制定测试大纲和测试细则

测试大纲通常由用户方制定，根据被测设备的性质、用途、分类提出测试要求，确定实验的等级、测试的范围（如频段、场强等）、使用的标准，被测设备的数量、工作的状态、敏感性监测的方法等，以指导测试的进行和设计，编写测试细则，也可作为存档的资料。

2）确定所依据的标准

一般可按产品的分类与相应的测试标准进行 EMC 测试。如属军用设备，应按国军标 CJBl5lA/152A 进行测试。测试标准中包含两方面的信息：一是测试要求，它给出产品必须符合或满足的极限值；二是测试方法，规定了统一的测量仪器指标和测试布置与测试步骤。

3）进行设备连接

被测设备进入试验室，仪器的布置摆放、监视设备的接入、电源的连接等，均需事先予以安排和准备，特别是一些连接电缆的长度，如被测件与监视设备相连的电缆，必须专门考虑，要有足够的长度，做传导测试的电源线需从电缆束中分离出来等，否则无法进行正确的试验布置。

4）检查测量仪器

正式测试前，应对测量系统进行连接及功能性检查，以确定测量仪器均工作正常，测试连接无误，测试不确定度在允许范围之内。此步骤可作为定期检查项目，也可根据标准要求，在每次测试之前进行。

5）开始分项测试

测试允许不同被测设备和不同测试项目交叉进行，如针对同一被测设备，进行完所有项目的测试之后，再对下一个被测件测试，但必须保证同一项目的测试条件不变。

6）测试报告

测试完成后，对记录的测试条件，被测设备工作参数、曲线，按被测件和项目整理、分类，判别哪些通过，哪些未通过，未通过的条件、状态，敏感阀值或门限电平，传导或辐射发射测试超过极限值的频点、幅度等，分析测试结果，形成测试报告。

报告中应包含以下内容：

- 测试单位与送测单位名称；
- 被测设备名称、型号、数量、编号；
- 测量时间、地点；
- 测试项目、依据标准；
- 测试系统、仪器、装置的名称、型号及检定证书号；
- 测试连接图、测试条件；
- 被测设备工作状态，对所施加干扰的反应及敏感的现象；
- 测试频点，所测干扰的频谱曲线或时域波形图，施加的场强、电压、功率值；
- 分析测试结果，形成测试结论；
- 测试人员签字，审核、批准、盖章等。

## 11.2 检测要求

1．环境要求

1）室内环境

对于安排在室内环境进行的用频设备频谱参数检测项目，室内测试环境应满足被测装备频谱特性检测所需要的环境要求。频谱参数室内检测的环境试验要求如下：

- 温度：15℃～35℃；
- 相对湿度：45%～75%；
- 气压：86～106 kPa。

2）室外环境

对于安排在室外标准测试场地内进行的导航装备频谱参数检测项目，测试时场地天气应满足被测装备频谱特性检测所需要的环境要求。室外标准测试场地的环境试验要求如下：

- 温度：-25～60 ℃；
- 相对湿度：10%～80%；
- 气压：86～106 kPa。

在进行一系列测量中，温度和相对湿度应基本稳定。对于不能在正常大气试验条件下进行的地方，实际测量环境条件的相关情况应附加在测试报告中。

3）电源要求

应按被测装备产品标准规定的供电方式及供电要求提供测量电源。电源要求应满足 GJB 1143A-1991 中 4.2 的要求。

2. 场地要求

开场测量的测试场地可以选择开阔测试场、半电波暗室、全电波暗室进行；闭场测量不需要专用的测试场地，一般可选择具有防静电地板和安全接地要求的实验室环境。开场测量的测试场地基本条件满足GJB 7590-2012中附录A要求，闭场测量的试验场地应满足GB/T6113.104—2008中第5、8章的要求。

3. 测量设备要求

测量系统的测量设备应经过国家计量部门检定合格，且在计量检定有效期内。测量系统的附件（包括天线、射频电缆等）及辅助设备（包括计算机、预选放大器或衰减器）要求有产品合格证。测量设备应能重复给出高于测量要求的精度，以保证测量结果的可重复性。应保证测量设备的性能以及各种设备的配置不至于影响测量结果。所有辅助设备通电所产生的电磁辐射不应对测量结果产生影响。测量设备所提供的测量结果应满足表11.1规定的测量不确定度要求。测试设备其他要求满足GJB 7590—2012中附录B要求。

表11.1 测量设备相关参数测量不确定度要求

| 参　数 | 测量不确定度 | 参　数 | 测量不确定度 |
|---|---|---|---|
| 射频频率 | $10^{-8}$ | 湿度 | 5% |
| 功率测量 | 1 dB | 直流和低频电压 | 3% |
| 温度 | ±1 ℃ | | |

注：测量不确定度的置信概率是95%。

4. 被测用频设备要求

测量前，被测用频设备应按其使用说明书规定的程序操作，进入运行状态，并调整到正常工作模式。被测用频设备应按普通使用状态配置工作，工作频率按相关测量参数的频率选择要求设置，记录测量结果时应包括反映工作场地实际情况的环境状态参数。

## 11.3 检测的主要频谱参数

对各类无线电发射设备的重要频谱参数的充分掌握可以提高监测及查处干扰的效率和质量，是从事电磁频谱管理的技术人员必备的基本素质。对维护正常的空中电波秩序，从源头上减少干扰源的产生是至关重要的。在设台前对无线电发射设备进行检测以及日常的年检是监测工作及进行合理的台站布局面临的基础性工作。近年来，无线电事业进入了飞速发展的阶段，各种新技术、新业务不断涌现，加上传统的各类无线电业务，无线电发射机的种类十分繁杂，相应的无线电管理文件、国际、国内的技术标准众多。这里力争从基本原理出发，对涉及到的一些共性的设备检测的方法进行说明，并尽量涵盖各级频谱管理机构所关心的检测项目。

用频设备的电磁频谱参数主要检测项目可以包括发射机频率范围、频率容限、发射功率、发射占用带宽、邻道功率、带外域发射功率、杂散域发射功率，以及接收机邻道抑制、互调响应抑制、杂散响应抑制和传导杂散发射功率。发射机电磁频谱参数测量有开场测量方式和闭场测量方式。接收机电磁频谱参数测量采用闭场测量方式。首先对主要频谱参数的技术名词进行解释，其中有部分参数与第10章监测参数是一致的，这里也进行了定义。

（1）工作频率范围：无线电装备规定的工作频率所占有的频率范围。

（2）频率容限：发射信号所占频带的中心频率偏离指配频率，或发射信号的特征频率偏离参考频率的最大容许偏差。频率容限单位以相对值百万分之几（$X\times10^{-6}$）或以绝对值若干赫兹表示。

（3）发射功率。发射功率依据其测试位置或发射途径不同分为：

- 端口传导功率（匹配状态）；
- 辐射功率（包括等效全向辐射功率和有效辐射功率，前者比后者大 2.15 dB）

根据发射类别或信号特征发射功率亦可分为：

- 峰包功率（在正常工作情况下，发信机在调制包络最高峰的一个射频周期内，供给天线馈线的平均功率）；
- 平均功率（在正常工作情况下，发信机在调制状态下的一定时间间隔内供给天线馈线的平均功率，该时间间隔与所遇到的最低频率周期相比应足够长）；
- 载波功率（在无调制的情况下，发信机在一个射频周期内供给天线馈线的平均功率）。

（4）必要带宽：对给定的发射类别，恰好足以保证在规定条件下以所要求的速率和质量传输信息所需的最小占用带宽，用 $B_N$ 表示。

（5）占用带宽：指这样一种带宽，在此频带的频率下限之下和频率上限之上所发射的平均功率分别等于某一给定发射的总平均功率的规定百分数 $\beta/2$。$\beta/2$ 值应取 0.5%，除非 ITU-R 建议书对某些适当的发射类别另有规定。

（6）发射功率容限：是指发射设备在标准测试条件下，满功率发射时，允许发射功率的最大极限值。

（7）无用发射：无用发射包括杂散发射和带外发射。

（8）带外域和杂散域边界的界定。对于通信类设备，带外域频率范围为偏离发射信号必要带宽中心频率 50%～250%的必要带宽频率间隔，带外域以外为杂散域。A 组导航装备的带外域和杂散域划分参见 GJB 7590—2012 中 5.4.1.4 条。对于雷达类设备，带外域频率范围是指 $B_{-40\text{dB}}$ 至 $B_{-60\text{dB}}$ 带宽范围，$B_{-60\text{dB}}$ 带宽以外为杂散域。其中 $B_{-60\text{dB}}$ 带宽是指发射信号频谱在相对于正常信号主谱峰最大电平–60 dB 处所占用的连续频谱宽度，其数值为主谱峰右边–60 dB 处频率值与主谱峰左边–60 dB 处频率值的差值。用频设备的带外域和杂散域边界关系如图 11.1 所示。

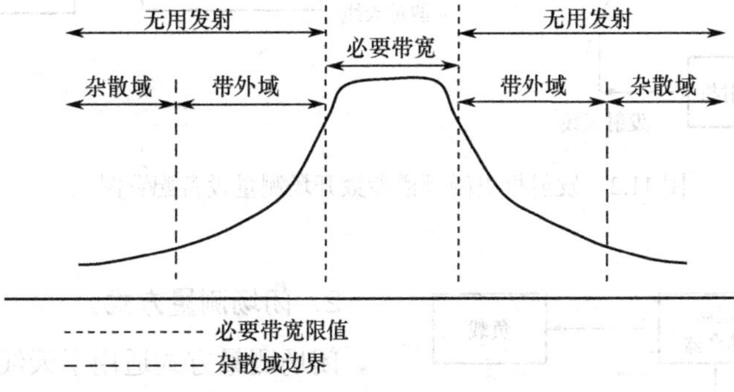


图 11.1　带外域和杂散域边界关系

（9）带外域：是指刚超出必要带宽而未进入杂散域的频率范围，在此频率范围内带外域发射为其主要发射产物。

（10）杂散域：带外域以外的频率范围，在此频率范围内杂散域发射为其主要发射产物。

（11）带外域发射：由于调制过程而产生的、刚超出必要带宽的一个或多个频率的发射，但杂散发射除外，简称带外发射。通常其落在距中心频率 ±250% 必要带宽以内。必要带宽以外的无用发射可看作带外发射；但对于非常窄或宽的必要带宽，带外发射域和杂散发射域边界的限定需参考 *Rec.ITU-R SM.329-8 Annex 8*。

（12）杂散域发射：杂散域内一个或多个频率上的发射，其发射电平可以降低而不致影响相应信息的传输，包括杂散域内的谐波发射、寄生发射、互调产物及变频产物，但带外发射除外，简称杂散发射。

（13）接收机邻道抑制：高于或低于指配信道的某个信道上存在一个干扰频率信号时，接收机在其指配的信道上抗拒该干扰信号而接收已调制有用输入信号的能力。

（14）接收机互调杂散响应抑制：接收机抗拒与有用信号频率有特定关系的两个无用干扰输入信号，因互调在接收机输出端造成干扰的能力。

（15）接收机杂散响应抑制：接收机抗拒某一具有杂散响应频率的无用干扰输入信号，因杂散响应在接收机输出端造成干扰的能力。

（16）接收机传导杂散发射功率：在接收机中产生或放大，并在接收机天线连接器口处测量获得的杂散发射功率。

## 11.4 主要频谱参数的检测方法

### 11.4.1 测量方式

#### 1. 开场测量方式

开场测量方式可以测量导航装备发射机及其天线两部分的电磁频谱参数特征。导航装备发射机电磁频谱参数开场测量的设备配置如图 11.2 所示。按图 11.2 配置的开场测量方式，测得的功率值均为包含发射机和天线增益性能的有效辐射发射功率（EIRP）。

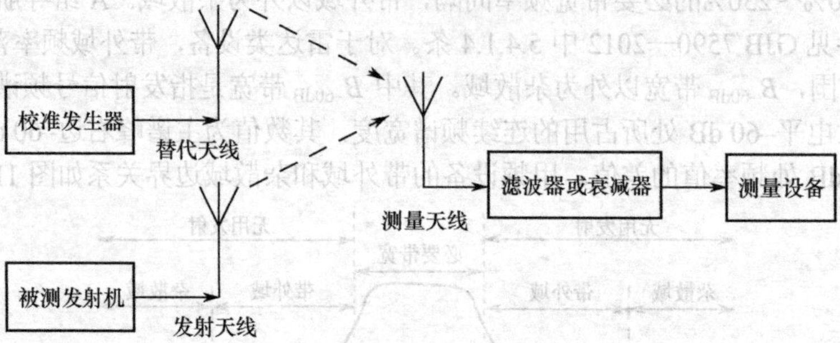


图 11.2　发射机电磁频谱参数开场测量设备配置图

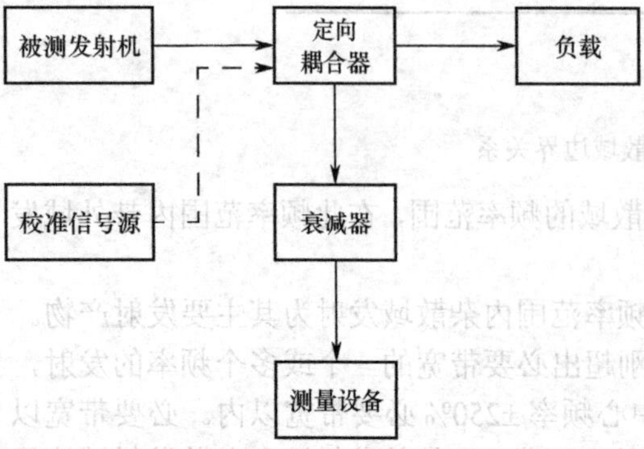


图 11.3　发射机电磁频谱参数闭场测量设备配置图

#### 2. 闭场测量方式

闭场测量方式适用于天线形式复杂，不便于进行辐射发射测量的导航装备发射机。导航装备发射机电磁频谱参数闭场测量的设备配置如图 11.3 所示，测量设备也可选用装备本身提供的相应参数专用测量设备。对于大功率装备的测量，需要在发射机和负载间通过定向耦合器输出端进行参数测量；而对于小功率装备的测量，不需要通过定向耦合器，被测发射机后可直接连接衰减器进行参数测量。闭场测量应对测量系统的所有部件（包括定向耦合器、衰减器、射频电缆等）进行校准，一般可通过在测量接收机输入端接入校准信号源完成对测量系统所有连接部件的统一校准。

3．不同测量方式的选择

对于能同时选用开场、闭场测量方式测量电磁频谱参数的用频设备发射机，通常选择开场测量方式；如需要获得测量结果的绝对值且需要尽可能地排除天线的影响因素，则可选择闭场测量方式。对于雷达类用频设备，不同测量方式的选择和结果一致性判定可参照 GJB 7592—12 中的 6.1 条。

### 11.4.2 发射频率范围

发射机频率范围测量的设备配置，开场测量方式如图 11.2 所示，闭场测量方式如图 11.3 所示，其中测量设备可选用测量接收机或频谱分析仪。

发射机频率范围测量步骤如下：

（1）根据发射机性能指标确定发射机频率范围的最低工作频率 $F_D$、中间工作频率 $F_M$ 和最高工作频率 $F_H$，并以最低工作频率和最高工作频率为界限在发射机频率范围内按 3 倍信道间隔选择确定若干个频率和中间工作频率 $F_M$ 作为测量频率。

（2）按图 11.2 或图 11.3 设备配置连接测量系统，先用校准信号源代替被测发射机，在步骤（1）中所选定的各测量频率上完成测量连接部件的统一校准测量，校准获得被测发射机输出端和测量设备间的链路总损耗 $K$。对于图 11.2 配置的开场测量系统，总损耗 $K$ 为空间损耗和各连接部件的插入损耗；对于图 11.3 配置的闭场测量系统，总损耗 $K$ 为所有连接部件的总插入损耗。

（3）被测发射机在步骤（1）中所选定的各测量频率上发射标称功率的单载波信号，测量设备分别在各测量频率上测量和记录发射机输出信号电平，并计算补偿链路总损耗 $K$，判断发射机在频率范围内的输出信号电平偏差值是否满足指标规定要求。

（4）制作或绘制包括链路总损耗 $K$ 的发射机测量频率的幅频特性表格或曲线。根据在发射机性能指标确定的频率范围内幅频特性是否满足要求，来判断发射机工作频率范围是否满足要求。

### 11.4.3 发射频率容限

发射机频率容限测量的设备配置，开场测量方式如图 11.2 所示，闭场测量方式如图 11.3 所示，其中测量设备除可选用测量接收机、频谱分析仪外，还可以选用频率测量计。

发射机频率容限测量步骤如下：

（1）在发射机频率范围高、中、低不同频段选择不少于 5 个测量频率，其中应包括最低工作频率 $F_L$、中间工作频率 $F_M$ 和最高工作频率 $F_H$。

（2）按图 11.2 或图 11.3 设备配置连接测量系统，被测发射机在步骤（1）中所选定的各测量频率上发射标称功率的单载波信号，测量设备按要求分别测量和记录发射机输出信号频率读数 $f$（每 0.5 h 测量一次，每次测量 10 个数据点，取样时间为 5～10 s，测量 5 h 后，将测量数据取平均）。

（3）计算测量频率读数 $f$ 和标称频率 $f_0$ 的差值，它与 $f_0$ 的比值 $\Delta F$ 即为频率容限值：

$$\Delta F = |f - f_0|/f_0 \tag{11-1}$$

式中，$\Delta F$ 为发射机频率容限值，$f$ 为测量设备的接收机频率读数（MHz），$f_0$ 为标称频率（MHz）。

（4）对于数字调制方式，在不能输出单载波时，可以使用带有高稳时基的矢量信号分析仪通过调制域进行测量。

## 11.4.4 功率测量

要检测用频设备的发射功率参数，需要通过测量设备接收用频设备所发射的信号功率电平后，通过推算得到待测设备的发射功率电平。

### 1. 收发功率计算

如需测量等效全向辐射功率（EIRP）$P_{EIRP}$，通常接收机的输入端测量所获得的接收功率电平是以电压来表示的（$U_r$, dBμV），此时，如果需要获得接收功率电平 $P_r$（用 dBm 表示），则参考式（6-4）和式（6-5）进行换算。即当接收机的输入阻抗为 50 Ω 时，$P_r$ 和 $U_r$ 关系为：

$$P_r(\text{dBm}) = U_r(\text{dB}\mu\text{V}) - 107\ \text{dB} \tag{11-2}$$

1）从所接收的功率计算 $P_{EIRP}$ 值

当天线增益、接收传输线损耗、极化失配损耗和传播损耗已知时，发射机的 $P_{EIRP}$ 值可以从所接收的功率计算出来：

$$P_{EIRP} = P_r - G_r + L_l + X_p + L_p\ (\text{dBm}) \tag{11-3}$$

式中，$P_r$ 为在接收机输入端测量的信号功率（dBm），$G_r$ 为接收天线增益（dBi），$L_l$ 为接收传输线损耗、电缆、馈电和阻抗失配损耗（dB），$X_p$ 为极化失配损耗（辨别发射和接收天线）（dB），$L_p$ 为自由空间传播损耗。这里假定接收机带宽大于发射带宽。

自由空间传播损耗 $L_p$ 使用下式：

$$L_p = 32.45\text{dB} + 20\lg f + 20\lg d \tag{11-4}$$

式中，$d$ 为发射机和接收机之间的距离（km），$f$ 为频率（MHz），则：

$$P_{EIRP} = P_r - G_r + L_r + X_p + 20\lg f + 20\lg d + 32.45\ \text{dB} \tag{11-5}$$

这里假设在自由空间传播条件，电波传播不受地面、障碍物、水、气等因素影响。

另外，在使用自由空间公式前，还应考虑由于地球曲率影响的最大视距传播距离影响（式 2-44），检查路径抛物面图，考虑菲涅尔区的影响，以保证自由空间路由的存在，参考第 2 章 2.6.2 第 1 点内容。

2）场强和功率之间的关系

如果测量设备读出的是场强值，且知道天线因子，则可使用下式建立接收电压和场强的等量关系，可参考 6.5 节内容。

$$U_r(\text{dB}\mu\text{V}) = E(\text{dB}\mu\text{V/m}) - K_e[\text{dB/m}] \tag{11-6}$$

式中，$U_r(\text{dB}\mu\text{V})$ 为测量设备输入端接收的电压值，$K_e\,[\text{dB/m}]$ 为天线因子。

根据式（11-2）可得 $P_r = E - K_e - 107\,\text{dBm}$，此时式（11-3）变为：

$$P_{EIRP} = E - K_e - 107\text{dB} - G_r + L_l + X_p + L_p \tag{11-7}$$

如果测量设备读出的是场强值，如果知道天线增益，则可根据下式直接给出自由空间中场强和功率之间的等量关系：

$$P_r = \frac{E^2 G\lambda^2}{4\pi Z_0} = \frac{E^2 G c^2}{480\pi^2 f^2} \tag{11-8}$$

式中：$E$ 为有效电场强度(V/m)；$Z_0$ 为自由空间传播条件下传播媒质的特性阻抗，$Z_0 = 120\pi\,\Omega = 377\,\Omega$；$\lambda$ 为波长（m）；$c$ 为光速，$3\times10^8$ m/s；$f$ 为系统频率（Hz）；$G$ 为线性单位中绝对天线增益，对无方向天线 $G$=1，在自由空间天线最大响应方向上，对 $\lambda/2$ 水平和垂直振子天线 $G$=1.64。

**例 11-1** 某发射机工作在 VHF/UHF 频段，工作频率 $f$ 为 893 MHz，在自由空间中用一 $\lambda/2$ 偶极子天线 $G$=1.64（用 dB 表示则 $G$=2.15 dBi）接收，设接收场强为 $E$（单位用 V/m 表示），求其 $P_{EIRP}$。

由式（11-8）可得

$$P_r = 31.2\frac{E^2}{f^2}\ \text{(W)}$$

若以 dB 表示，$E$ 用 dBμV/m 表示，$P_r$ 用 dBm 表示，则上式变为：

$$\begin{aligned} P_r &= -90\,\text{dB} + E + 10\lg 31.2 - 20\lg f \\ &= -75.1\,\text{dB} + E - 20\lg f \end{aligned}$$

对于一个 893 MHz 信号（中心频率）信号：

$$P_r = -75.1\,\text{dB} + E - 20\lg 893 = -134.1\,\text{dB} + E$$

再根据式（11-3）计算，$P_{ELRP} = P_r - G_r + L_l + X_p + L_p$，就可得到 $P_{EIRP}$。

**2. 载波及平均功率测量**

发射机功率测量的设备配置，开场测量方式如图 11.2 所示，闭场测量方式如图 11.3 所示，其中测量设备除可选用测量接收机、频谱分析仪外，还可以选用功率计。当发射机使用一体化天线时，只能采用开场测量方式测量其辐射功率。

发射机功率测量步骤如下：

(1) 在发射机频率范围高、中、低不同频段选择不少于 5 个测量频率，其中应包括最低工作频率 $F_L$、中间工作频率 $F_M$ 和最高工作频率 $F_H$。

(2) 按图 11.2 或图 11.3 设备配置连接测量系统，先用校准信号源代替被测发射机，在 (1) 中所选定的各测量频率上完成测量连接部件的统一校准测量，校准获得被测发射机输出端和测量设备间的链路总损耗 $K$，对于图 11.2 配置的开场测量系统，总损耗 $K$ 为空间损耗和各连接部件的插入损耗，对于图 11.3 配置的闭场测量系统，总损耗 $K$ 为所有连接部件的总插入损耗。

(3) 被测发射机在（1）中所选定各测量频率上发射单载波信号或标准调制测试信号，测量设备通过采用均方根有效值检波（对于 TDMA 信号的测量，必须使用有门限触发功能的功率计或频谱仪，同时 VBW≥3RBW），测量获得发射机平均功率测量值 $P_V$。

(4) 根据测量设备获得各类所需发射功率测量值，补偿链路总损耗 $K$，计算获得发射机各类发射功率输出值。

(5) 判断发射机的发射功率输出值是否满足发射功率限值要求和发射功率等级内的发射功率容限要求。

3．峰包功率的测量

测量峰包功率 $P_{EP}$ 与载波及平均功率的测量方法、步骤基本一样，主要在第（3）步采用的测量仪器设备及获得测量值时，有以下四种方法的区别：

（1）直接使用示波器，此种情况下示波器的带宽必须足够，在时域中找到信号最大值后，再除以 $\sqrt{2}$ 以得到有效值，但同时需考虑阻抗问题并进行适当的修正。

（2）发射信号通过二极管检波器，并用示波器显示其包络，记录下示波器包络峰点对应的幅值，然后用信号源取代发射机，信号源的频率对应发射机发射频率，调整信号源输出电平值，直到示波器上显示的包络值与上一次记录的包络峰点值相等。此时信号源的输出电平加上衰减器值并进行必要的路经损耗修正后即为发射机输出的峰包功率。

（3）发射机输出经过合适的衰减器后馈入到频谱仪，此种情况下要求频谱仪的 RBW 至少 5 倍于被测信号的带宽。频谱仪的设置如下：Span=0，Center freq=发射机输出载频，VBW≥RBW。找到时域包络信号的峰点即对应峰包功率。

（4）直接使用峰值功率计测量。

## 11.4.5 发射带宽测量

发射机发射带宽测量的设备配置如图 11.2 或图 11.3 所示，其中测量设备可选用具有占用带宽和 x-dB 带宽测量功能的测量接收机或频谱分析仪。但需要指出的是：对于 TDMA 信号或 TDD 双工方式的信号测量时，必须使用门限触发功能，捕捉到全部的发射频谱。

发射机发射带宽测量步骤如下：

（1）在发射机频率范围高、中、低不同频段选择不少于 5 个测量频率，其中应包括最低工作频率 $F_L$、中间工作频率 $F_M$ 和最高工作频率 $F_H$。

（2）按图 11.2 或图 11.3 设备配置连接测量系统，被测发射机在步骤（1）中所选定的各测量频率上发射标准调制测试信号，测量设备接收发射信号频谱，选用带宽测量功能直接读取占用带宽或 x-dB 带宽测量值。

判断发射带宽测量值是否满足占用带宽限值或发射带宽容限要求。

## 11.4.6 邻道功率测量

基于 CDMA 原理（码分多址）的第三代移动通信系统，与第二代 TDMA（时分多址系统，如 GSM 或 IS-136）系统或传统的第一代模拟 FDMA 系统（频分多址，如 AMPS）相似，都采用频率复用原理。这意味着这些系统的频带内要有多个相同带宽的无线信道以提供复用。这些系统与传统的模拟系统的主要区别在于它们的无线信道占用较大的带宽。传统的模拟无线系统（如美国的 AMPS 系统），指配给每个用户分离的发射和接收信道，通信期间这些信道一直被占用。TDMA 系统中，多个用户在时域中共用发射和接收信道（频分双工，如 GSM 系统），或发射和接收的信道相同（时分双工，如 DECT 系统）。基于 CDMA 原理的移动通信系统，许多用户（通常约为 128 个）共享足够宽的发射和接收信道，两个信道一直被占用，采用不同的解扩码区分用户。

为了确保大量用户的有效接收，绝对有必要避免频带内的邻道干扰。一个重要的准则是邻道功率要足够小，其可以定义为绝对值（单位 dBm）或与发射信道功率的相对值（单位 dBc）。对于 CDMAOne 系统（IS-95，1.25 MHz 信道带宽），补充规定了在相邻的模拟移动通信系统 AMPS（30 kHz 信道带宽）信道内的泄漏功率。

TDMA 系统（如 IS-136 或 GSM），其发射功率和由此在邻道内产生的无用功率都只在一定的时隙内产生。因此，特殊的测量（如门限功能，只在激活的时隙内测量）是需要的。经常要去区分在邻道产生的杂散是由调制的稳态信号（调制谱）产生或由发射信号的关断（开关谱）产生的。因此，测量 TDMA 系统所用的频谱仪必须具备合适的邻道功率测量以及门限和触发功能。

除了用户信道及相邻信道的带宽外，信道间隔对邻道功率测量来讲是重要的。信道间隔可理解为用户信道与相邻信道的中心频率间的差值。进行信道功率测量的邻信道的序号也是重要的。表 11.2 表示出了根据信道序号对应的测量信道。

**表 11.2　信道功率测量**

| 信号序号 | 对应的测量信道 |
|---|---|
| 0 | 只是用户信道 |
| 1 | 用户信道和上/下邻道 |
| 2 | 用户信道和上/下邻道+第一个相间信道 |
| 3 | 用户信道和上/下邻道+第一个相间信道+第二个相间信道 |

### 1．邻道功率测量的动态范围

在假定滤波器的选择性足够高，可以抑制用户信道和有用信号的影响的情况下，有三个因素影响频谱仪邻道功率测量动态范围：

（1）分析仪固有的热噪声。这里指在特定的器件设置（分析仪测量电平、RF 衰减器、参考电平）可获得的信噪比。

（2）分析仪的相位噪声。

（3）互调产物。落到邻道中的互调产物是关键因素，特别是对于宽带 CDMA 系统的测量。

邻道功率是以上三种产物的线性叠加。热噪声和互调产物的贡献取决于第一级混频器的输入电平。热噪声的影响与混频器电平成反比，但同时混频器电平的提高意味着互调产物的增加。由功率的总和曲线可得到每一个混频器电平对应的最大动态范围。

### 2．使用频谱仪测量邻道功率的方法

1）带宽积分法

频谱仪的 IF 滤波器通常为相对稀疏的 1、3 或 1、2、3、5 步进。而且，它们的选择性不能满足对信道滤波器的要求。对于模拟 IF 滤波器通常采用同步调谐的 4 级或 5 级滤波器来提供优化的瞬态响应，以得到最小的扫描时间。4 级和 5 级滤波器的形状因子分别大约为 12 和 9.5，其选择性相当差，在进行邻道功率测量时通常不能对用户信道的信号提供足够的抑制。现代频谱仪通常使用的数字滤波器为高斯型滤波器，尽管它们有较好的选择性（形状因子为 4.6），还是不适合作为信道滤波器使用。因此，频谱仪通常提供在频域中的功率积分来进行邻道功率的测量。相对于信道带宽，要选择十分小的分辨率带宽（典型值为信道带宽的 1%到 3%）来提供适当的选择性。取决于要测量的邻道功率的序号，频道仪要从较低邻道的开始扫描到较高邻道的结束。

测量的结果对应于在选择的信道带宽内像素点的线性值的积分，所得的邻道功率 dBc 是相对于用户信道的功率。

2）测量步骤

（1）对于信道内的所有电平，功率表示为线性值。应用下式：

$$P_i = 10^{L_i/10} \tag{11-9}$$

这里 $P_i$ 为像素点 $i$ 对应的线性功率值，单位为 mW。$L_i$ 为像素点 $i$ 对应的测量电平，单位为 dBm。

（2）信道内所有像素点对应的线性功率值进行相加，然后除以信道内对应的像素点数。

（3）上一步所得的结果乘上选择的信道带宽与分辨率滤波器噪声带宽的商值。

通过以上步骤，可由以下的关系式计算绝对信道功率：

$$L_{\mathrm{CH}} = 10\lg\left(\frac{B_{\mathrm{CH}}}{B_{\mathrm{N,IF}}}\cdot\frac{1}{n_2-n_1}\cdot\sum_{n_1}^{n_2}10^{P_i/10}\right) \tag{11-10}$$

式中，$L_{\mathrm{CH}}$ 为信道功率（dBm），$B_{\mathrm{CH}}$ 为信道带宽单（Hz），$B_{\mathrm{N,IF}}$ 为中频滤波器的噪声带宽（Hz），$n_2$、$n_1$ 为进行相加运算的测量值的号码，$P_i$ 为第 $i$ 个像素点对应的功率值（mW）。

选择的分辨率带宽相对于要进行精确测量的信道带宽要很小。如果分辨率带宽太大，被仿真的信道滤波器的选择性不足够高，以至于当进行邻道功率测量时部分主信道也被包括进去，因此测量结果就不正确。对于较好的分辨率带宽选择，其典型值为 1%～3%的信道带宽。如果分辨率带宽太小，则需要相当长的测量时间。

对于信道功率测量，只有取样检波和有效值检波方式是合适的，因为它们得到的结果可以进行功率计算。由于对于噪声或类似噪声的信号不能找出检波出的视频电压与输入信号功率的关联，因此峰值检波（最大峰值、最小峰值、自动峰值）不适宜进行此类信号的测量。

当使用取样检波器时，像素点对应的测量值是从 IF 包络电压中取样得到的，如果显示的频谱范围相对于分辨率带宽很大（频跨/分辨率带宽（500），则离散的信号分量（正弦波信号）可能由于频谱仪有限的屏幕像素点（约 501 个）而被漏掉显示，因此信道或邻道功率的测量就不正确。

因为数字调制信号类似噪声信号，取样检波得到踪迹就会有大的变化。为了得到稳定的结果，平均是需要的，但此时信号将被欠加重和不真实地显示。

当选择使用 RMS 检波器时，每个像素点对应的功率是从多个测量值中得到的稳定结果。而且，扫描时间可被增加来平均踪迹显示。信道中的离散杂散信号能量也被如实地确定。因此，测量信道功率时选择 RMS 检波器优于取样检波器。

RMS 数值由下式从视频电压取样值中计算得到：

$$V_{\mathrm{RMS}} = \sqrt{\frac{1}{N}\cdot\sum_{i=1}^{N}V_i^2} \tag{11-11}$$

式中：$V_{\mathrm{RMS}}$ 为电压的 RMS 值，单位为 V；$N$ 为落在像素点内取样值的个数；$V_i$ 为包络取样值，单位为 V。参考电阻 $R$ 可用来计算功率。

一些 TDMA 移动通信标准（例如 PDC）规定使用峰值检波器测量邻道功率（相对测量）来保证更好地检测瞬态功率。

当使用 RMS 检波器或取样检波器时，视频带宽至少应为分辨率带宽的 3 倍，以避免对视频电压的平均，因为这将引起噪声信号的欠加重，导致信道功率变得太小。基于这个理由，多踪迹的平均也应避免。邻道功率的测量示意图如图 11.4 所示。

### 3. 采用调制滤波器加重频谱功率

一些移动通信系统，如 IS-136，TETRA 和 WCDMA，为了确定主信道和邻信道的功率，需要使用信道滤波器，该滤波器对应各自系统的调制滤波器（典型的为根升余弦滤波器）。这将对发射到邻道内的功率提供更加符合实际的加重效应，因为干扰主要是由在邻道中心频率处的信号分量引起的。接近信道边缘的信号分量将被接收机的匹配滤波器抑制，因此不会引起什么干扰。

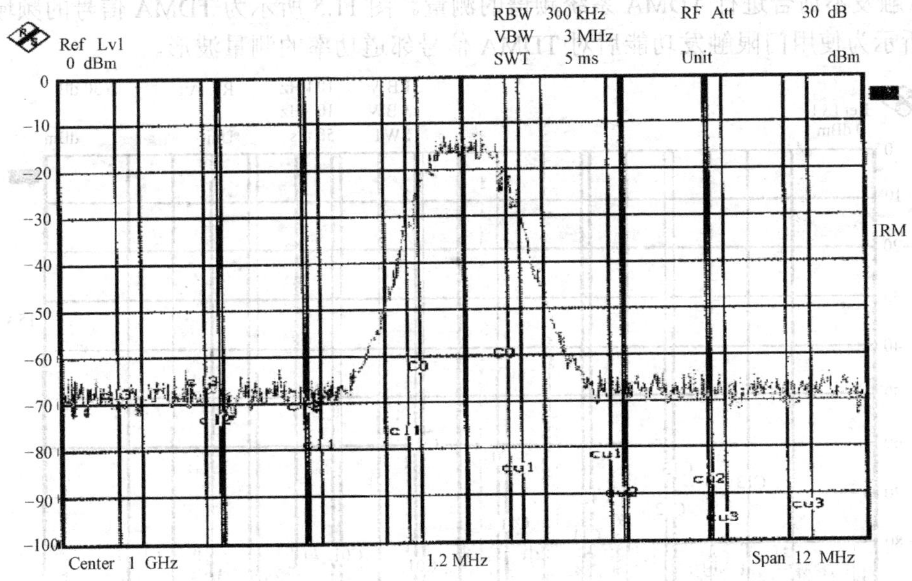


图 11.4 邻道功率的测量

当用频谱仪进行邻道功率测量时，在对各自信道踪迹值进行积分确定信道功率前，必须用标准规定的调制滤波器加重。现代频谱仪提供的测量功能配有自动的加重处理。

使用如下方法很容易验证频谱仪是否在信道功率测量时使用了加重滤波器：激活信道功率测量，输入一频率与信道中心频率相同的正弦波信号到频谱仪，测得的信道功率作为参考值。将正弦波信号的频率步进变化到信道边缘（相反地，亦可固定正弦波信号频率而调整信道中心频率），得到新的信道功率。如果信道功率有变化，很明显信道滤波器被用来进行加重处理。这一测试也可在邻道中进行。这里推荐使用频谱仪进行绝对邻道功率的测量。

### 4. 时域中信道功率的测量

在测量信道功率时要求分辨率滤波器的带宽非常小。由于这些滤波器表现出低积分时间，使用它们不可避免地会引起相当长的扫描时间。如果测量多个邻道功率，信道间隔内不包括任何信息的频带也要被扫描，从而增加了扫描时间。时域中测量信号功率可以避免这些缺陷。

借助于数字信号处理，现代频谱仪可以实现几乎任何形式的信道滤波器，例如根升滤波器或接近矩形的带通滤波器以及非常大的滤波器带宽（例如 4 MHz）。这些滤波器使得频谱仪像接收机一样调谐到信道的中心频率在时域中进行信道功率的测量。这种方式就有可能避免较窄分辨率带宽对应的瞬态时间而引起的最小扫描时间的限制。相同的测量时间，时域测量相对于频域测量具有很好的测量结果重现性，同时与通常的积分法相比，测量时间将会被大大缩短。

### 5. TDMA 系统的频谱测量

为了测量 TDMA 系统开关信号对应的邻道功率，要考虑一些特殊的因素。

如果要确定发射机调制和相位噪声引起的邻道功率，必须避免开关关断效应引起的影响。因此，测量值只有能在激活的时隙（突发）中收集，使用门限功能可以做到这一点。应用外触发信号或频谱仪内部的宽带电平检波器就可以调谐一相应的时间窗口或门，在此期间的测量值才被记录。窗口以外则停止扫描，不记录任何测量值。在正确设置的情况下，这种测量所要求的有效扫描时间要比正常扫描时间长，其比值为开关比值 $t_{on}/t_{off}$ 的倒数。

许多频谱仪能被视频信号触发。因为所用分辨率带宽的选择性使得门限不被激活，因此视频信号触发不适合进行 TDMA 系统频谱的测量。图 11.5 所示为 TDMA 信号的频域波形，图 11.6 所示为使用门限触发功能后对 TDMA 信号邻道功率的测量波形。

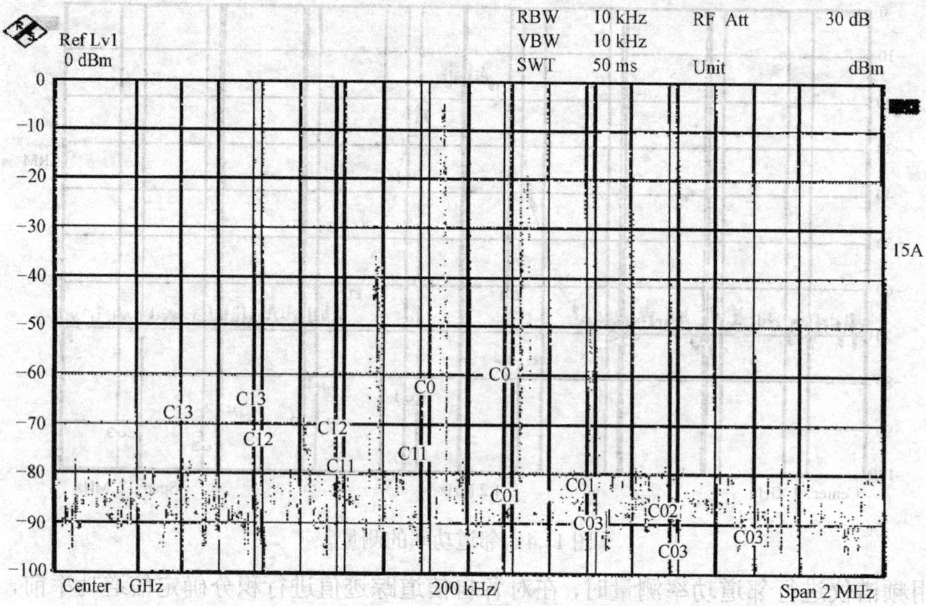


（TDMA信号的频域特征）

图 11.5 TDMA 信号的频域

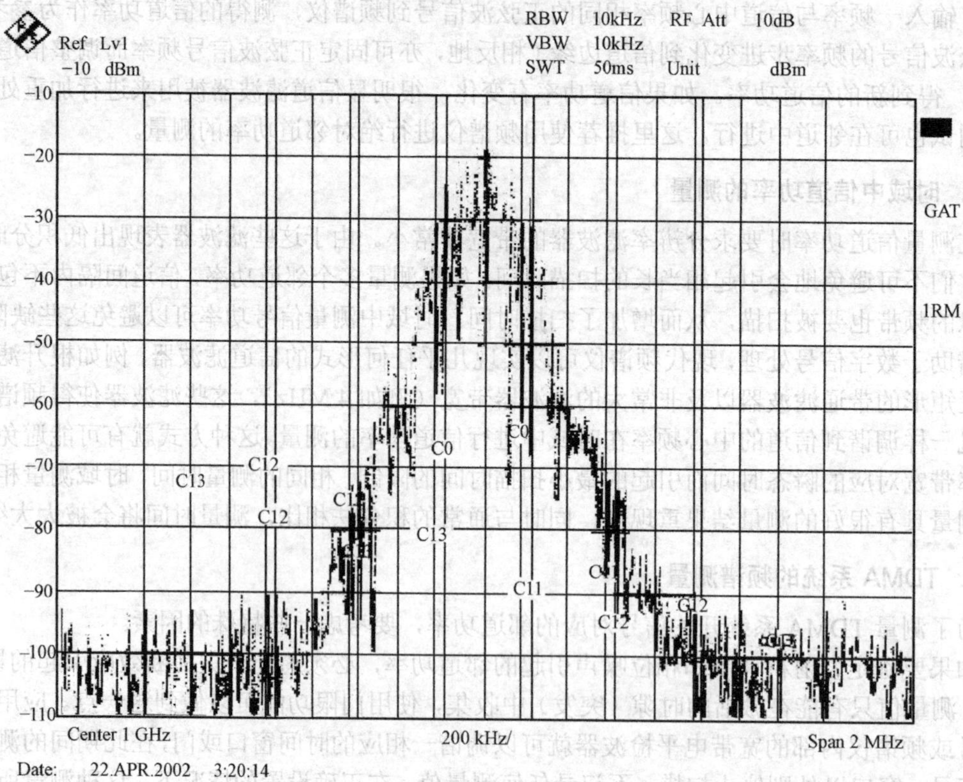


图 11.6 使用门限触发功能后对 TDMA 信号邻道功率的测量

使用频域积分法不能正确地检测到瞬态邻信道的功率(邻信道的功率分量是由开关效应引起的)。原因是积分所需的滤波器带宽相对于信道带宽太窄（信道带宽的1%～3%），不能使瞬态达到稳定。

### 11.4.7 带外域发射功率测量

发射机带外域发射功率测量的设备配置如图 11.2 或图 11.3 所示，测量设备可选用测量接收机或频谱分析仪，要求测量设备能够提供包括邻信道功率测量在内的带外域功率测量功能。

发射机带外域发射功率抑制测量步骤如下：

(1)在发射机频率范围高、中、低不同频段选择不少于 5 个测量频率，其中应包括最低工作频率 $F_L$ 、中间工作频率 $F_M$ 和最高工作频率 $F_H$ 。

(2) 按图 11.2 或图 11.3 设备配置连接测量系统，被测发射机在步骤（1）中所选定的各测量频率上发射标准调制测试信号，在被测信号所确定的带外域频率范围内，按统一规定的测量带宽测量获得发射信号在相应带外域频率点的功率 $P_i$，其中应包括被测信号所确定的上、下相邻两个信道中心频率点的带外域功率。

(3) 以与步骤（2）相同的测量带宽测量获得待测设备发射信号主频谱峰值功率 $P_{EA}$，或通过采用匹配必要带宽滤波器方式测量获得发射信号的平均输出功率 $P_V$。

最后计算判定发射机带外域功率发射是否满足带外域发射功率抑制要求。

### 11.4.8 杂散发射功率测量

杂散发射测量涉及到的问题很多，此处只简单进行一下罗列，不进行深一步的探讨。

1）测量参量

杂散发射的测量参量有：辐射杂散发射功率、杂散辐射场强、传导杂散发射功率、杂散发射功率谱密度（分辐射和传导）。测量值可用绝对值表示，也可以相对值表示，有时杂散发射测量还涉及到功率积分问题。

2）测量场地

传导测量可在屏蔽室中进行。杂散辐射功率可在半电波暗室或全电波暗室中进行，在全电波暗室中将大大减少测量时间。杂散辐射场强：30MHz～1GHz 频段内在半电波暗室中测量，1GHz 以上频段测量时要消除地面电波反射。

3）测量仪表及附件

常用的仪表有：频谱分析仪、测量接收机。

常用的附件有：RF 衰减器、高/低通滤波器、带通滤波器、陷波器、测量探头、夹具测量天线、天线升降塔和转台等。

4）对测量仪表的要求

由于被测设备的信号特征和工作方式不同，相应标准或文件的限值要求亦不同。随着移动通信的迅猛发展，对测量仪表的要求越来越高，具体的要求如下：足够的幅、频精度；足够的测量动态范围：包括三阶、二阶及邻道动态范围等；齐全的检波方式：包括正常，抽样，最大、最小峰值，有效值，平均值，准峰值等；较为齐全的数字信号测量配置；精确的各类带宽修正关系；测量带宽要足够大并且可调范围广。

5）通用的测量设置

一般情况下，各种标准中对杂散发射的测量设置都有明确的规定。如果标准中相应的描述没有或者不全面，表 11.3 和表 11.4 所示的配置可作为参考。

**表 11.3　各测量频段的参考测量带宽建议值**

| 测量频率范围 | 参考带宽设置 | 测量频率范围 | 参考带宽设置 |
|---|---|---|---|
| 9～150 kHz | 1 kHz | 30 MHz～1 GHz | 100 kHz |
| 150 kHz～30 MHz | 10 kHz | >1 GHz | 1 MHz |

**表 11.4　杂散发射起始及终止频率范围**

| 发射机工作频率范围 | 杂散发射频率测量范围 | |
|---|---|---|
| | 起始频率 | 终止频率 |
| 100～300 MHz | 9 kHz | 10 次谐波 |
| 300～600 MHz | 30 MHz | 3 GHz |
| 600 MHz～5.2 GHz | 30 MHz | 5 次谐波 |
| 5.2～13 GHz | 30 MHz | 26 GHz |
| 13～150 GHz | 30 MHz | 2 次谐波 |
| 150～300 GHz | 30 MHz | 300 GHz |
| 9 kHz～100 MHz | 9 kHz | 1 GHz |

注：当发射机使用波导耦合信号到天线时，起始频率可对应于 0.7X 波导截止频率。

6）测量步骤

下面主要介绍辐射杂散发射功率和传导杂散发射功率测量步骤，其他杂散发射的测量参量可以根据这两者进行换算得到。发射机杂散域发射功率测量的设备配置如图 11.2 或图 11.3 所示，测量设备多选用频谱分析仪。

(1)在发射机频率范围高、中、低不同频段选择不少于 5 个测量频率，其中应包括最低工作频率 $F_L$ 、中间工作频率 $F_M$ 和最高工作频率 $F_H$。

（2）按图 11.2 连接测量系统测量的结果也可称为发射机辐射杂散发射功率，按图 11.3 连接测量系统测量的结果也可称为发射机传导杂散发射功率。

（3）被测发射机按使用要求在步骤（1）中所选定的测量频率上发射标准调制测试信号，设置频谱分析仪使用峰值检波，在表 11.4 确定的杂散域测量频率范围内，选用表 11.3 建议的测量带宽，频谱分析仪设置在最大保持方式下搜索被测发射机杂散发射域的输出频谱，寻找杂散发射的频率点和频率分量，使频谱分析仪获得杂散发射有效频谱分量的最大值，测量和记录杂散发射的频率点 $F_S$ 及对应的功率测量值读数 $P_S$。

（4）由校准信号源系统替换被测发射机系统，在所有对应杂散发射频率点 $F_S$ 上，调整校准信号源的输出功率 $P_C$，使得测量设备获得与所对应频率点 $F_S$ 相一致的发射机杂散发射功率值读数 $P_S$。

（5）这样，按图 11.3 连接的测量系统，校准信号源在各频率点 $F_S$ 上的输出功率 $P_C$ 就等于被测发射机在各杂散频率点 $P_C$ 上的传导杂散发射功率测量值。

（6）对于按图 11.2 连接的测量系统，测量时，可对测量天线进行升降旋转微调，使频谱分析仪获得杂散发射有效频谱分量的最大功率值 $P_S$，此时校准信号源输出功率 $P_C$ 再加上替代天线增益，等于被测发射机在各杂散频率点 $F_S$ 上的辐射杂散发射功率测量值。

再利用测量获得的在对应工作频率上的发射机发射功率，根据杂散域发射功率抑制要求，计算判定发射机杂散域功率发射是否满足抑制限值要求。

### 11.4.9　接收机邻道抑制测量

接收机邻道抑制测量的设备配置如图 11.7 所示，测量设备可选用测量接收机或频谱分析仪，信号发生器 1 和 2 应能产生被测接收机产品规范中规定的标准调制测量信号。

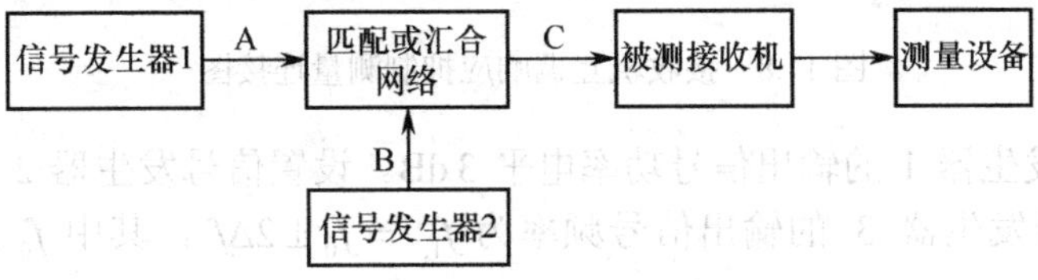


图 11.7　接收机邻道抑制测量连接图

接收机邻道抑制测量步骤如下：

（1）在接收机频率范围高、中、低不同频段选择不少于 5 个测量频率，其中应包括最低工作频率 $F_L$、中间工作频率 $F_M$ 和最高工作频率 $F_H$。

（2）按图 11.7 设备配置连接测量系统，在信号发生器 2（无用信号）无输出时，将信号发生器 1 在步骤（1）中所选定的测量频率上发送标准调制测试信号（有用信号），并连接到汇合网络 A 端，降低其电平，按照接收机产品规范要求，使接收机获得标准参考输出，测量记录信号发生器 1 的输出功率电平 $P_1$。

（3）提高信号发生器 1 的输出信号功率电平 3 dB。调节信号发生器 2 的输出信号频率，分别使它高于或低于有用信号频率 1 个信道间隔值，并使之产生一个与接收机产品规范规定相一致的标准调制信号（无用信号）连接到汇合网络 B 端。

（4）调节信号发生器 2 的输出信号功率电平，观察测量设备输出，当重新获得接收机产品规范所确定的标准参考输出时，测量记录信号发生器 2 的功率电平值 $P_2$。

（5）计算信号发生器 2 与信号发生器 1 的输出功率电平差值，$\Delta P = P_2 - P_1$（dB），取较小的差值结果即为接收机邻道抑制比值。

### 11.4.10　接收机互调响应抑制

接收机互调响应抑制测量的设备配置如图 11.8 所示，测量设备可选用测量接收机或频谱分析仪，信号发生器 1、2、3 应能产生被测接收机产品规范中规定的标准调制测试信号。

接收机互调响应抑制测量步骤如下：

（1)在接收机频率范围高、中、低不同频段选择不少于 5 个测量频率，其中应包括最低工作频率 $F_L$ 、中间工作频率 $F_M$ 和最高工作频率 $F_H$ 。

（2）按图 11.8 设备配置连接测量系统，在信号发生器 2、3（无用信号）无输出时，将信号发生器 1 在步骤（1）中所选定的测量频率 $f_0$ 上发送标准调制测试信号（有用信号），并连接到汇合网络 A 端，降低其电平，按照接收机产品规范要求，使接收机获得标准参考输出，测量记录信号发生器 1 的输出功率电平 $P_1$ 。

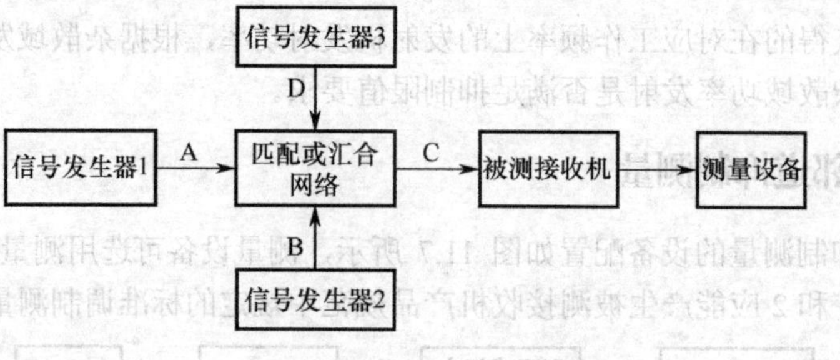


图 11.8　接收机互调响应抑制测量连接图

（3）提高信号发生器 1 的输出信号功率电平 3 dB。设置信号发生器 2 的输出信号频率为 $f_{I,1}=f_0\pm\Delta f$ ，信号发生器 3 的输出信号频率为 $f_{I,2}=f_0\pm2\Delta f$ ，其中 $f_0$ 为有用信号发送频率，$\Delta f$ 是接收机产品规范规定的信道间隔。并使它们分别产生一个与接收机产品规范规定相一致的标准调制信号（无用信号）连接到汇合网络 B 端和 D 端。

（4）等幅度调节提高信号发生器 2、信号发生器 3 的输出信号功率电平，观察测量设备输出，当重新获得接收机产品规范所确定的标准参考输出时，测量记录信号发生器 2 和信号发生器 3 的功率电平值 $P_2$ 。

（5）计算信号发生器 2（或信号发生器 3）与信号发生器 1 的输出功率电平差值，$\Delta P=P_2-P_1$（dB），差值结果 $\Delta P$ 即为接收机互调响应抑制比值。

## 11.4.11　接收机杂散响应抑制

接收机杂散响应抑制测量的设备配置如图 11.7 所示，测量设备可选用测量接收机或频谱分析仪。接收机杂散响应抑制测量步骤如下：

（1)在接收机频率范围高、中、低不同频段选择不少于 5 个测量频率，其中应包括最低工作频率 $F_L$ 、中间工作频率 $F_M$ 和最高工作频率 $F_H$ 。

（2）按图 11.7 设备配置连接测量系统，在信号发生器 2（无用信号）无输出时，将信号发生器 1 在步骤（1）中所选定的测量频率上发送标准调制测试信号（有用信号），并连接到汇合网络 A 端，降低其电平，按照接收机产品规范要求，使接收机获得标准参考输出，测量记录信号发生器 1 的输出功率电平 $P_1$ 。

（3)将信号发生器 1 的输出信号功率电平提高 3 dB，开启信号发生器 2，产生一个与接收机产品规范规定相一致的标准调制信号（无用信号）连接到汇合网络 B 端，并增大信号发生器 2 的输出信号功率电平，使其输出信号功率电平高于信号发生器 1 输出信号 60 dB。

（4）缓慢改变信号发生器 2 射频输出频率（扫描除有用信号及其邻道以外的杂散域频率范

围)，观察测量设备输出变化情况，并捕获和记录使被测接收机性能恶化的杂散干扰频率点。

(5)分别在这些杂散干扰频率点上发送和调节信号发生器 2 的输出信号功率电平值，观察测量设备输出，当重新获得接收机产品规范所确定的标准参考输出时，测量记录信号发生器 2 的输出功率电平值 $P_2$，并逐个测量和记录信号发生器 2 在这些杂散干扰频率点的输出功率电平值 $P_2$。

(6) 计算信号发生器 2 与信号发生器 1 的输出功率电平差值，$\Delta P = P_2 - P_1$（dB），差值结果 $\Delta P$ 即为接收机杂散响应抑制比值。

### 11.4.12 接收机传导杂散发射功率

接收机传导杂散发射功率测量的设备配置如图 11.9 所示，测量设备连接在被测接收机的天线端口，测量设备应优先选用频谱分析仪。

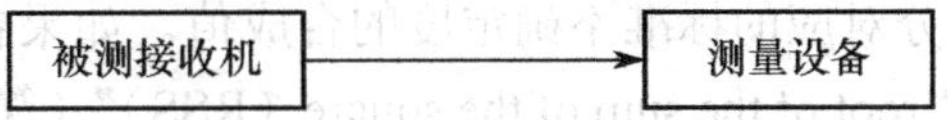


图 11.9 接收机传导杂散发射功率测量连接图

接收机传导杂散发射功率测量步骤如下：

(1) 在被测接收机工作频率范围的频段中间选择 1 个测量工作频率 $F_M$。

(2) 按图 11.9 设备配置连接测量系统，被测接收机设置在正常工作状态，频谱分析仪使用峰值检波方式。结合导航装备接收机类别，参照表 11.3 的发射机杂散域频率范围，频谱分析仪在最大保持方式下搜索、捕获被测接收机的杂散输出频谱信号，测量和记录这些杂散输出信号的频率点和输出功率电平值 $P_S$，并记录在测试报告中。

(3)根据接收机传导杂散发射功率要求计算判定接收机传导杂散发射功率是否满足限值要求。

## 11.5 测量中的不确定度分析

完整的测量，每个测量结果后都应附有不确定度的说明。测量值肯定都不同于被测真实值。假如真实值已知，则误差是测量值与真实值的差值。实际上，真实值是无法知道的，只能估计测量值来进行逼近。这就要讨论测量值的不确定度。绝对不确定度是一个与测量值相同单位的数值，它描述了在给定概率条件下真实值将会落入的一个区间。相对不确定度是绝对不确定度与真实值的最大可能估计值的商。

测量中的不确定度即其误差分析一直是一个十分复杂的研究课题，它涉及到统计学，随机过程以及与测量参数相关的学科。不确定度越小，测量精度就越高，但要从理论上进行严格的分析，总体上讲是非常困难的。本节尽量不涉及艰深的理论推导，力争以最简单的方式介绍无线电设备检测测量中涉及到的一些误差计算和分析方法，同时结合测量实例进行分析计算。

### 11.5.1 名词术语

估计标准偏差：对同一参数重复测量的估计标准偏差为：

$$\sigma = \sqrt{\frac{\sum_{i=1}^{n}(X_i - \bar{X})^2}{n-1}} \qquad (11\text{-}12)$$

式中，$X_i$ 为第 $i$ 次测量值，$\overline{X}$ 为平均值。标准偏差可对应一特定概率密度，此时，标准偏差亦可只对应一个测量结果。

不确定度：描述测量结果合理分布范围的参数。

扩展因子：用来改变测量不确定度的置信水平。

测量重复性：在以下测量条件下所得测量结果的接近程度。条件为同一测量方法、同一观察者、测量设备相同、同一测量场地、环境条件相同、重复测量的间隔较短。

测量重现性：对同一参数的测量在不同的下列条件下所得结果的接近程度。它与测量方法、观察者、测量设备、场地、时间、环境条件有关。

标准不确定度：指定概率分布对应的标准偏差。

合成标准不确定度（$U_c$）：整个测量对应的不确定度是整个测量中已认定出的各项误差成分对应的标准不确定度的合成值。如果各项误差成分相互独立即不相关，则可采用平方和根"root of the sum of the square（RSS）"（简称 RSS 法）计算。

扩展不确定度：给定一置信水平 $x\%$，合成标准不确定度乘以一常数（$K$）可以给出对应的扩展不确定度。如果伴随的分布为正态分布，则真值落在 $\pm 1\times U_c$ 限值以内的置信水平为 68.3%，落在 $\pm 1.96\times U_c$ 限值以内的置信水平为 95%。

## 11.5.2 涉及到的基本理论

在绝大多数无线电发射设备测量中涉及到的不确定度成分都可认为是随机的，且没有一项成分占绝对优势，成分的个数 5 个，根据中心极限定理，可以认为总的合成不确定度服从正态分布。实际上绝大多数的不确定度计算都是基于以上假设。

### 1. 引起不确定度的因素

系统不确定度：此种不确定度是测量设备和测试方法所固有的，如衰减器、电缆、预放等。这些不确定度不能消除但可以采用一些办法来减小。

随机不确定度：这些不确定度不易查找，甚至无法控制。

与影响参量相关的不确定度：这些不确定度的大小依赖于被测物的一个特殊参数或功能。例如，由"dB SINAD"或"误码率"来判定接收机灵敏度，电压、温度变化引起的频率或功率变化等。

### 2. 评估单个不确定成分的方法

通常把不确定度成分的评估方法分为 A 类和 B 类，其定义如下：

- A 类：可采用统计的方法评估，对应多次等精度重复测试；
- B 类：需采用其他方法评估，如接收机电平测量不确定度等。

对于多次重复的等精度测试，随机分量或一些诸如环境之类的影响因素会使测量结果出现随机变化，可以采用统计的方法计算其标准偏差，并把它作为标准不确定度合成到总的测量不确定度中去。

B 类涉及到系统不确定度和与影响参数相关的不确定度的评估方法，在无线电发射设备测量中采用 B 类评估方法的不确定度成分主要有：失配；电缆或衰减器等器件的损耗值；测量设备的非线性；天线系数或天线增益；天线、被测物、场地间的互耦合。

对于频谱仪或接收机则有：校准器的绝对电子精度、频率响应、参考电平调整精度、衰减器精度、失配、带宽精度、带宽转换误差、对数刻度显示非线性等。

对于以上这些成分的对应的测量值通常由以下几种办法得到：设备制造商给出的技术规格参数、校准数据和经验判断。

在大多数情况下以上的不确定度可以用一概率分布来描述，通常遇到的概率分布有如下三种形式：U 分布、均匀分布和正态分布。其概率密度分别如图 11.10（a）、（b）和（c）所示。

理论和实践都可以验证、失配不确定度服从成分呈 U 分布，其标准偏差为 $a/\sqrt{2}$。

对于图 11.11 所示的配置：

$$失配误差极限值=|\Gamma_g|\times|\Gamma_1|\times|S_{21}|\times|S_{12}|\times 100\%\ (V) \tag{11-13}$$

式中，$|\Gamma_g|$ 为信号源反射系数的模值，$|\Gamma_1|$ 为负载反射系数的模值，$|S_{21}|$ 为网络前向增益的模值，$|S_{12}|$ 为网络后向增益的模值。则由前面分析，失配对应的标准偏差为

$$U_{\text{jmis}}=\left(\frac{|T_g|\times|T_1|\times|S_{21}|\times|S_{12}|}{\sqrt{2}}\times 100\%\right)V\% \tag{11-14}$$

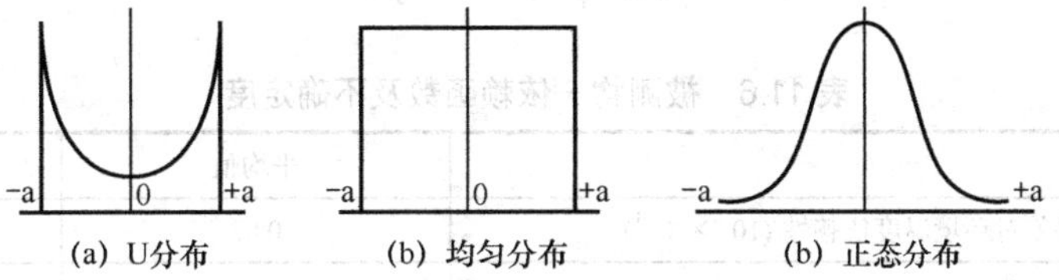


图 11.10　概率密度示意图

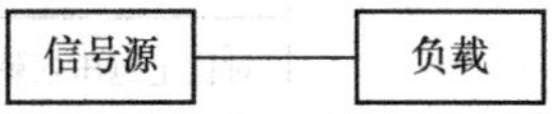


图 11.11　配置方框图

系统不确定度（如线缆损耗误差等），若非已确知其服从某一分布，一般情况下都可认为其服从均匀分布。其标准偏差为 $a/\sqrt{3}$。对于正态分布，其标准偏差即为该分布的标准偏差。前面已经说明，总的不确定度都可认为服从正态分布。

### 3. 总的不确定度的合成方法

如果知道了某参数测试中 $n$ 个不确定度各自对应的标准偏差 $U_i$，则由 RSS 方法，则总的合成不确定度的标准方差为：

$$U_c=\sqrt{\sum_{i=1}^{n}U_i^2} \tag{11-15}$$

式（11-15）成立的前提条件是：各成分间呈相加关系，各成分单位相同。即各个成分对应的标准偏差只能采用电压、百分比等线性单位。但在大多数无线电设备测试中各成分是相乘的关系，如失配、电缆损耗、放大器增益等，对应的标准偏差的单位是 dB，显然不满足以上两个条件。

但从理论上可以严格地证明，当标准偏差较小时（< 30%或 < 2.5dB）时，不管相加或相乘的关系只要在计算前进行单位的转换，都可以使用 RSS 法计算。具体的转换因子如表 11.5 所示。

表 11.5　标准偏差的转换因子

| 由如下单位表示的标准偏差转换 | 转换相乘因子 | 到以下单位表示的标准偏差 | 由如下单位表示的标准偏差转换 | 转换相乘因子 | 到以下单位表示的标准偏差 |
|---|---|---|---|---|---|
| dB | 11.5 | 电压% | 功率% | 0.5 | 电压% |
| dB | 23.0 | 功率% | 电压% | 2.0 | 功率% |
| 功率% | 0.0435 | dB | 电压% | 0.087 | dB |

### 4．影响参量对应不确定度的计算方法

在大多数实际的测试中，诸如环境温度变化、电源电压波动、电网阻抗等因素都会对测量结果产生影响。此种影响对应的不确定度呈现均匀分布，通过计算得到偏差 $U_i$ 后，可以结合表 11.6 所给出的影响参量对应的平均值 $A$ 和标准偏差 $U_{ja}$，由下式计算出该参量对应的标准不确定度 $U_{jonv}$，并由 RSS 法合成到总的标准不确定度中去：

$$U_{jconv=}\sqrt{U_j^2(A+U_{ja}^2)} \tag{11-16}$$

表 11.6　被测物—依赖函数及不确定度

| | | 平均值 | 标准偏差 |
|---|---|---|---|
| 载波功率 | 频率误差对环境温度依赖性/($10^{-6}$×℃$^{-1}$) | 0.02 | 0.01 |
| | 反射系数 | 0.5 | 0.2 |
| | 对温度依赖性/℃ | 40% | 102% |
| | 对供电电压依赖性/$V^{-1}$ | 10% | 3%（P） |
| | 频偏对温度依赖性/($10^{-6}$×℃$^{-1}$) | 0.02 | 0.01 |
| P 邻道功率 | 对频偏依赖性/Hz | 0.05% | 0.02%（P） |
| | 滤波器位置依赖性/(dB/kHz) | 15 | 4 |
| 传导杂散发射 | 反射系数 | 0.7 | 0.1 |
| | 对供电电压依赖性/V | 10% | 3% |

## 11.5.3　功率测量中的不确定度分析实例

本例中引用的一些数据是自定的，实际测试中可从相关设备的技术数据表或说明书中得到。功率测量配置如图 11.12 所示。

图 11.12　功率测量方框图

### 1．功率计的测量不确定度分析

功率计配置有功率探头和自校用参考源。参考源功率误差为 ±1.2%×功率，则对应的标准偏差如下：

$$U_{jref}=\frac{1.2\%}{\sqrt{3}}\times 功率 \tag{11-17}$$

根据表 11.5 转换为 dB 时，

$$U_{\text{jref}}=\frac{1.2}{\sqrt{3}}\times 0.0435\approx 0.03\ (\text{dB}) \tag{11-18}$$

自校准时校准源的反射系数 $\rho_{\text{ref}}=0.024$，功率探头的反射系数 $\rho_1=0.07$，则自校准时失配对应的标准偏差为：

$$U_{\text{jmis1}}=\frac{0.024\times 0.07\times 100\%}{\sqrt{2}}\times 0.087=0.01(\text{dB}) \tag{11-19}$$

校准系数误差为±2.3%×功率，则其对应的标准偏差为：

$$U_{\text{jcal}}=\frac{2.3}{\sqrt{3}}\times 0.0435=0.058(\text{dB}) \tag{11-20}$$

测量量程转换误差为±0.028%，则对应的标准偏差为：

$$U_{\text{jrang}}=\frac{0.25}{\sqrt{3}}\times 0.0435=0.006(\text{dB}) \tag{11-21}$$

功率计和探头对应的合成标准不确定度为：

$$\begin{aligned}U_{\text{cmeter}}&=\sqrt{U_{\text{jref}}^2+U_{\text{jref}}^2+U_{\text{jcal}}^2+U_{\text{jrang}}^2}\\&=\sqrt{0.03^2+0.01^2+0.058^2+0.006^2}=0.066\end{aligned}\ (\text{dB}) \tag{11-22}$$

**2．测量中的失配**

假定有如下数据：被测物 $\rho=0.2$；功率计探头 $\rho=0.07$；20 dB 衰减器 $\rho=0.111$，$|S_{21}|=|S_{12}|=0.1$；RF 电缆（0.3 dB 衰减）$\rho=0.091$，$|S_{21}|=|S_{12}|=0.966$。

则被测物与电缆 1 失配的标准不确定度为：

$$U_{\text{jmis2}}=\frac{0.2\times 0.091\times 1\times 1\times 100\%}{\sqrt{2}}\times 0.087=0.112(\text{dB}) \tag{11-23}$$

被测物与衰减器失配的标准不确定度为：

$$U_{\text{jmis3}}=\frac{0.2\times 0.111\times 0.966\times 0.966\times 100\%}{\sqrt{2}}\times 0.087=0.130(\text{dB}) \tag{11-24}$$

由于此时 $|S_{21}|=|S_{12}|$，被测物与 RF 电缆 2 及功率计探头间失配的标准不确定度分别为 $0.966^2\times 0.1^2$ 及 $0.966^2\times 0.1^2$，因此此项误差可以忽略不计。电缆 1 与衰减器间失配的标准不确定度为：

$$U_{\text{jmis4}}=\frac{0.091\times 0.111\times 100\%}{\sqrt{2}}\times 0.087=0.062(\text{dB}) \tag{11-25}$$

电缆 1 与电缆 2 及电缆 1 与功率计探头间失配的标准不确定度由 $|S_{21}|$ 及 $|S_{12}|$ 值决定，大小可忽略不计。衰减器与电缆 2 之间失配的标准不确定度为：

$$U_{\text{jmis5}}=\frac{0.111\times 0.091\times 100\%}{\sqrt{2}}\times 0.087=0.062(\text{dB}) \tag{11-26}$$

衰减器与功率探头之间失配的标准不确定度为：

$$U_{\text{jmis6}}=\frac{0.111\times 0.07\times 0.966^2\times 100\%}{\sqrt{2}}\times 0.087=0.045(\text{dB}) \tag{11-27}$$

电缆 2 与探头之间失配的标准不确定度为：

$$U_{\text{jmis7}} = \frac{0.07 \times 0.091 \times 100\%}{\sqrt{2}} \times 0.087 = 0.040(\text{dB}) \tag{11-28}$$

因此，总的失配对应的合成标准不确定度为：

$$\begin{aligned} U &= \sqrt{U_{\text{jmis2}} + U_{\text{jmis3}} + U_{\text{jmis4}} + U_{\text{jmis5}} + U_{\text{jmis6}} + U_{\text{jmis7}}} \\ &= \sqrt{0.112^2 + 0.13^2 + 0.062^2 + 0.062^2 + 0.045^2 + 0.04^2} = 0.202(\text{dB}) \end{aligned} \tag{11-29}$$

3．影响参量

假定温度偏差标称值为 ±0.1℃，供电电压偏差标称值为 0.1 V，可以找到各自依赖函数对应的均值和标准偏差，则它们引起的功率不确定性的标准不确定度分别为：

$$U_{\text{j,功率/温度}} = \frac{1}{23.0}\sqrt{\frac{1.0^2}{3}(4.0^2 + 1.2^2)} = 0.105(\text{dB})$$

$$U_{\text{j,功率/电压}} = \frac{1}{23.0}\sqrt{\frac{0.1^2}{3}(10^2 + 3^2)} = 0.026(\text{dB})$$

则影响参量对应的合成标准不确定度为：

$$U_{\text{cinf}} = \sqrt{0.026^2 + 0.105^2} = 0.108(\text{dB})$$

**例 11-2** 假定重复等精度测试 9 次，得到的功率值分别为 21.8 mW、22.8 mW、23.0 mW、22.5 mW、22.1 mW、22.7 mW、21.7 mW、22.3 mW 和 22.7 mW，则对应的标准偏差为 0.456 mW，平均值为 22.4 mW。转换为 dB，则：

$$U_{\text{crandom}} = \frac{0.456}{22.4} \times \frac{100}{23.0} = 0.089(\text{dB})$$

根据 RSS 算法，则所测功率总的合成标准不确定度为：

$$\begin{aligned} U_{\text{cpwer}} &= \sqrt{U_{\text{cemeter}}^2 + U_{\text{cmis}}^2 + U_{\text{cint}}^2 + U_{\text{crandom}}^2} \\ &= \sqrt{0.066^2 + 0.202^2 + 0.108^2 + 0.089^2} \\ &= 0.255(\text{dB}) \end{aligned}$$

总的扩展不确定度为

$U$=1.96×0.255=0.50（dB）（95%置信水平）

### 11.5.4 传导杂散发射测量的不确定度

对于图 11.13 所示的测量框图，其中的不确定度成分有：失配；衰减器、滤波器、RF 电缆损耗误差；影响参量（如环境温度及电网电压等）；频谱分析仪。

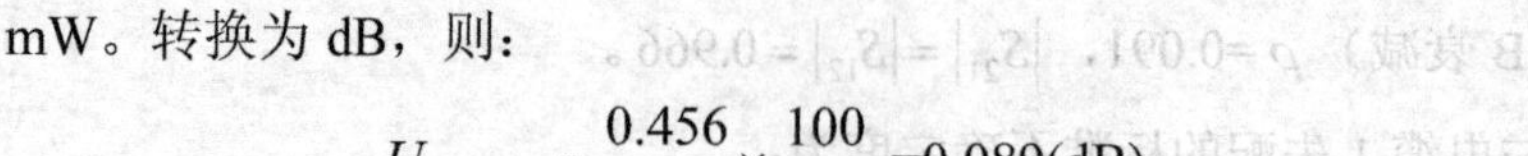

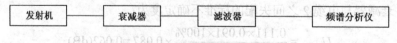


图 11.13 传导杂散发射测量方框图

对于前三项成分，其对应的不确定度标准偏差计算方法与功率测量中一样。对于频谱分析仪，测量不确定度成分有：绝对电平精度；频率响应；衰减器误差；参考电平调整误差（中频增益误差）；对数刻度显示非线性；测量带宽误差（进行宽带信号测量时）；宽带切换误差。它们都可归为 B 类不确定度评定，服从均匀分布，其最大误差±a 都可从数据表中查出，则其对应的标准偏差为 $a/\sqrt{3}$ ，依照 RSS 算法，即可求出频谱仪幅度测量的总的不确定度。

当使用频谱仪测量无线电发射设备时，分析不同测量参数时应考虑的不确定度成分有 CW 信号的绝对电平、谐波失真、三阶互调产物、三阶截断点、信道功率、邻道功率比、功率时间特性、远离载波的相位误差、RF 衰减器变化和参考电平等。

### 11.5.5　频率测量的不确定度

频率测量方框图如图 11.14 所示。

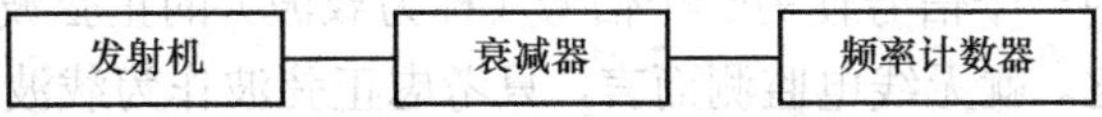


图 11.14　频率测量方框图

**例 11-3**　发射机发射的标称载波为 900 MHz，环境温度为 25 ℃±3 ℃。标准时基修正频率漂移影响后的精度为 $1\times10^{-8}$。对于测量 900 MHz 频率，时基不确定度为 $10^{-8}\times900\times10^{6}\,\text{Hz}=9\,\text{Hz}$（均匀分布），计数器最后一位有效数字 10 Hz，对应的不确定度为 $3\times10\,\text{Hz}$，温度不确定度为 $3℃/\sqrt{3}=1.73℃$。

从表 11.6 中可以看到：平均值 $A=0.02\times10^{-6}℃^{-1}$，标准偏差 $U_{\text{ja}}=0.01\times10^{-6}℃^{-1}$，则由式（11-16）环境温度引起的不确定度为：

$$\sqrt{(1.73℃)^2\times\left[\left(0.02\times10^{-6}\times9\times10^{8}\,\text{Hz}/℃\right)^2+\left(0.01\times10^{-6}\times9\times10^{8}\,\text{Hz}/℃\right)^2\right]}\approx35\,\text{Hz}$$

从而总的合成标准不确定度为：

$$U_{\text{c}}=\sqrt{\left(\frac{9}{3}\right)^2+\left(\frac{30}{3}\right)^2+35^2}\,(\text{Hz})=39\,\text{Hz}$$

扩展不确定度为：

$$U_{95}\text{（95\%置信水平）}=1.96\times39\,\text{Hz}=76\,\text{Hz}$$

# 第 12 章　典型调制信号及其频谱

在发送端使基带信号变为适合于信道传输的信号的频谱搬移过程，称为信号的调制，在接收端将被搬移的信号频谱恢复为原始基带信号的过程，称为信号的解调。基带信号一般既不具有合适的波形，又不具有可直接发送的频率，调制的目的是使基带信号转换成能通过天线发射的较高频率。调制就是用一个信号使另一个信号（称为载波）的正弦波参数（幅度、频率、相位）或脉冲序列发生变化。就无线电监测而言，只考虑正弦波作为载波。调制信号可以改变载波的幅度或是频率/相位，或是两者都改变，基带信号可以是模拟信号或是数字信号。本章主要从监测的角度介绍在信号的分析和识别中需要具备的基本知识——各种调制信号及其频谱特性。

## 12.1　模拟调制

### 12.1.1　幅度调制（AM）

幅度调制就是载波的幅度随着基带信号的幅度变化而变化。如果图 12.1（a）所示的载波，由单一正弦振荡（基带信号）进行振幅调制，就得到图 12.1（b）所示的波形。图中，横坐标表示时间，纵坐标表示电压或电流。幅度就随着调制正弦波信号而改变，载波包络与调制正弦波信号相对应。如果调制的信号增大了，则已调波的振幅也将增大至出现包络被瞬间抑制的程度，如图 12.1（c）所示。如果调制信号振幅进一步增加，则已调波的振幅也将增大，并且其波形会出现短时间中断，如图 12.1（d）所示。

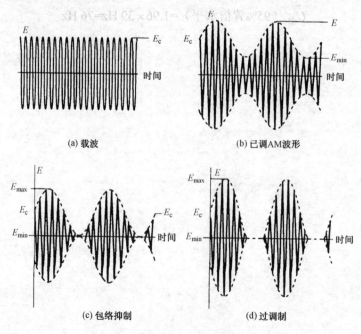

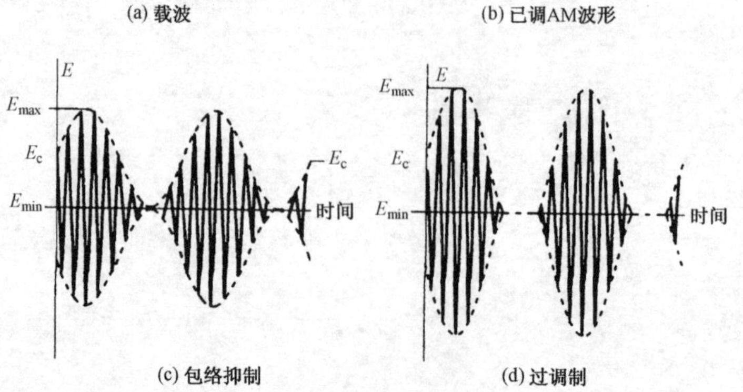


图 12.1　幅度调制信号的时域表示

假设已调波的最大振幅为$E_{max}$，包络最小振幅为$E_{min}$，见图 12.1（b），则调制深度可用下式表示：

$$m = \frac{E_{max} - E_{min}}{E_{max} + E_{min}} \tag{12-1}$$

或表示成百分数：

$$m(\%) = \frac{E_{max} - E_{min}}{E_{max} + E_{min}} \times 100\% \tag{12-2}$$

因此，调制深度可表示为 0～1 之间的一个数，或是 0～100%之间的一个百分数。注意这一定义及下列调制深度的所有定义只是对于正弦调制波形才有效。

假如$E_{min}<0$，就会产生过调制。如 12.1（d）所示，只要过调制信号存在，就不能按方程（12-2）计算出过调制的百分数，因为$E_{min}$的值无法测量。因此，对 $m$ 采用其他定义，这与平均电压$E_c$有关。这些定义对正弦调制波形得出与式（12-2）相同的值，但在定义对称和过调制方面具有优越性。

用$E_{max}$与$E_c$得到：

$$m^{+}(\%) = \frac{E_{max} - E_{c}}{E_{c}} \times 100\% \tag{12-3}$$

用$E_{min}$与$E_c$得到：

$$m^{-}(\%) = \frac{E_{c} - E_{min}}{E_{c}} \times 100\% \tag{12-4}$$

考虑$E_{max}$、$E_{min}$与$E_c$，发现：

$$m^{\pm}(\%) = \frac{E_{max} - E_{min}}{2E_{c}} \times 100\% \tag{12-5}$$

当$m^{+} = m^{-} = m^{\pm}$ 时，调制可以看成是对称的，即调制不改变载波振幅的值（$=E_c$），在任何情况下调制百分数都小于 100%。这种情况不产生过调制。

如果$m^{+} \neq m^{-} \neq m^{\pm}$，则调制称作非对称的，其原因可能是发射机内的非线性（如高电平处饱和）或过调制。在过调制情况下，如方程（12-3）所示，$m^{+}$>100%，由于$E_{max}$与$E_c$已定义过，且很容易测定，所以只要测定已调制的信号就能得到过调制百分数。当接收到一个过调制信号时，在接收机的音频输出端给出的是削去峰值的正弦波信号，而不是用于过调制发射机的正弦波信号，这就造成相当大的失真。因此，应该避免过调制与其所造成传输损伤。而且，过调制增加了发射占用带宽。

图 12.2 表示频域（频谱表示）中振幅调制信号。横坐标代表频率，纵坐标代表电压或电流。如图中所见，用一个正弦波调制的载波有两个边带伴随，其频率为$f_c + f_m$与$f_c - f_m$，它们各自的振幅是：

$$E_m = \frac{m}{2} \cdot E_c \tag{12-6}$$

所占用带宽为：

$$(f_c + f_m) - (f_c - f_m) = 2f_m \tag{12-7}$$

即是调制信号频率的 2 倍。

图 12.2（d）显示了过调制波的频谱。假设过调制引起的失真产物达到调制信号的三次谐波，则占用带宽为无失真被调制信号所占用带宽的三倍。因此，必须避免过调制。如同在

图 12.2（a）～（c）中所见，如果不发生过调制，则载波振幅与占用带宽保持不变，在边带中包含附加功率，一个已调波的总功率等于载波功率与边带功率之和。由下式给出过调制，它降低了载波振幅：

$$P_m = P_c\left(1+\frac{m^2}{2}\right) \tag{12-8}$$

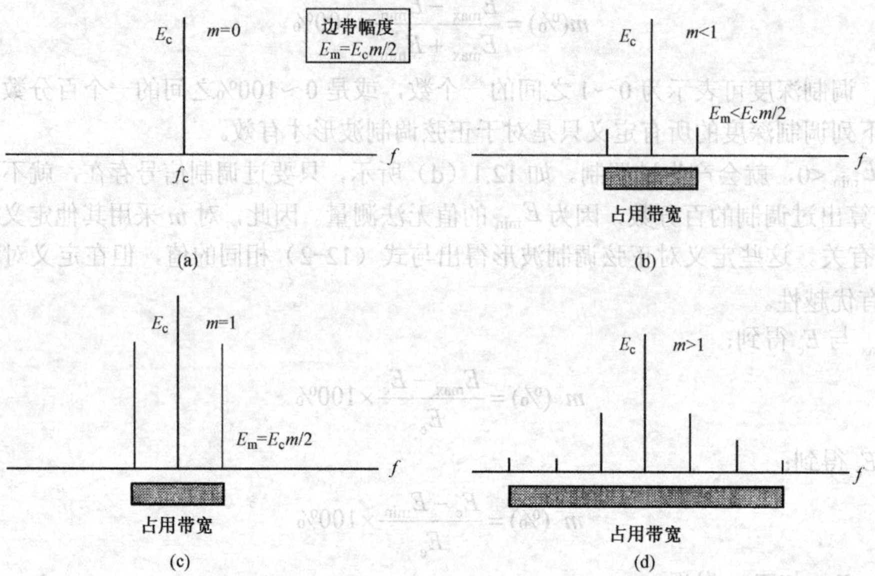


图 12.2　幅度调制信号的频域表示

图 12.3 所示为 AM 信号在接收端解调器中的输入与输出信号。

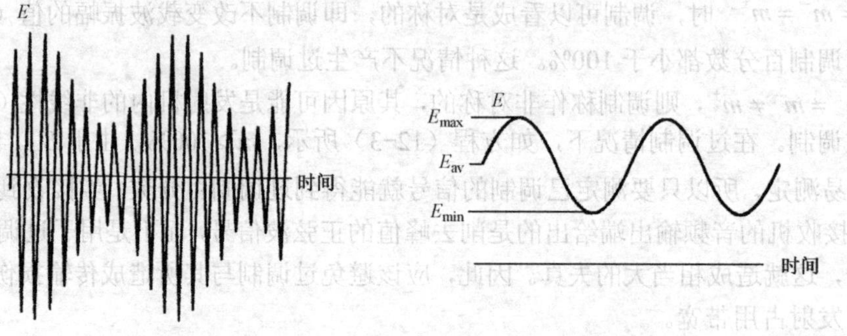


图 12.3　AM 解调器的输入与输出信号

### 12.1.2　角度调制 FM 和 PM

角度调制是让载波振荡的瞬时相位角度随调制信号一致变化。载波振荡的瞬时频率亦同时发生变化。因而，相位调制或频率调制都可称作角度调制。如果相位偏差 $\Delta\varphi_c$ 与调制信号的瞬时振幅成比例，就称作相位调制。瞬时频率偏差 $\Delta f_c$ 与调制信号的瞬时振幅成比例就是频率调制。以下公式应用于频率 $f_m$ 的正弦调制信号：

$$\Delta f_c = \Delta\varphi_c \times f_m \tag{12-9}$$

由此可见，对于一个给定调制频率，频率偏差与相位偏差之间存在固定关系。因此，只有一个单一调制频率时，询问信号是调频还是调相是没有意义的。

假如对一个给定的调制电压，频率改变了，频率偏差 $\Delta f_c$ 通过调制电路保持不变，则定义为调频。这种情况下相位偏差（称作“调制指数”）与调制频率的倒数成比例。

这种类型的调制一般用于 FM 广播发射，由于对高调制频率调制指数很小。造成这些频率的通信质量下降，因此要采用特殊手段（在无线电发射机端要预加重，在接收机端要去加重）。事实上，对大于 3.4 kHz 频率（欧洲标准，预加重 50 μs）或大于 2.4 kHz（美国标准，预加重 7.5 μs）调频就变成调相了。如果调制频率变化而调制指数或相位偏差 $\Delta\varphi_c$ 保持固定不变，即频率偏差与调制频率成比例。这种调制类型定义为调相。它广泛应用于无线电话业务。其实现可采用预加重 750 μs 的频率调制，以得到相位调制（频率调制设备）高于 220 Hz。这大大低于所使用的调制频带。

按定义，纯粹的角度调制并不影响载波的振幅。它的振幅保持稳定不变。因而这类调制的时域表示将显示一个振幅稳定但长度不同的正弦波。实际上频率偏差与载波频率相比是很小的，所以，即使由调制信号触发时基，示波器也显示不出效果。为此，在监测站对测量目的来说，角度调制载波频率的时域表示（如 FM 广播）是无用的。

在频域方面，即使载波只被一个正弦波调制，角度调制也表现为许多谱线。频谱线对于载波频率是对称的。谱线间距就等于调制频率，它们的幅度遵循贝塞尔函数。理论上，角度调制载波的频谱包含无限对旁频 $f_c \pm nf_m$。图 12.4 所示是对不同相位偏差值 $\Delta\varphi_c$ 的角度调制载波的频谱。

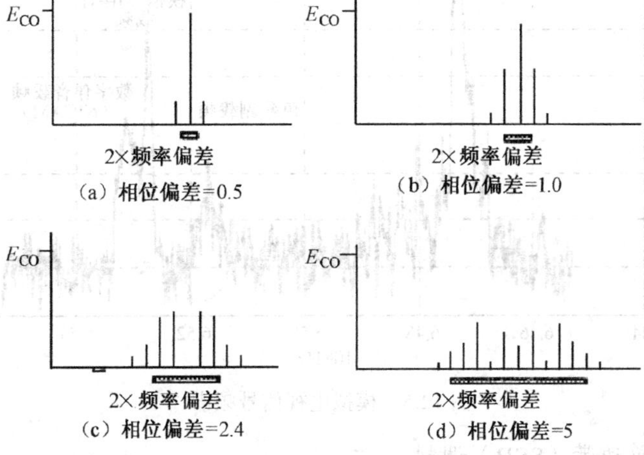


图 12.4　角度调制载波的频谱

有三个细节要说明：

（1）对于小 $\Delta\varphi_c$ 值（$\Delta\varphi_c<0.5$），只产生第一边带，见图 12.4（a）；

（2）频谱宽度比频率偏差大 1 倍（$2\Delta\varphi_c$）；

（3）载波振幅不是常量。

这是从已调信号的总功率等于未调制载波的功率这个事实得到的结论。因此，随着边带数量增加，每个频谱线（包括载波频率）的功率低于未调制波的功率。然而，为角度调制通信提供不受限制的带宽是不可能的。确定必要的带宽有不同的途径。根据经验和考虑到所有边带，其振幅至少为：

- 未调制载波的振幅10%，必要的带宽是

$$B = 2\times(\Delta f_c + f_m) = 2\times f_m \times(\Delta\varphi_c + 1) \tag{12-10}$$

- 未调制载波的振幅1%，必要的带宽是

$$B = 2\times(\Delta f_c + f_m) = 2\times f_m \times(\Delta\varphi_c + 2) \tag{12-11}$$

ITU提出，立体声FM广播发射的射频带宽小于式（12-10）计算得到的值。

### 12.1.3 其他模拟调制

1）电视广播调制

对于视频信号与一个或更多的分离的声音载波（调频或调幅），在VHF / UHF频段的所有电视广播传输均采用残留边带调制（负或正）。

根据各自的标准，电视信号部分保持等幅，与图像内容无关。为此，视频调制的传统调制深度是无意义的。中频信号或解调视频信号在示波器上显示是有用的，可给予一个良好调制的印象。中频输出带宽充足（如果使用的话）是接收机的视频解调器正确显示的一个前提。

假设调制度仪的选择性很好，则声音信道的测量可用传统方法完成。图12.5所示为发射的模拟电视信号频谱。

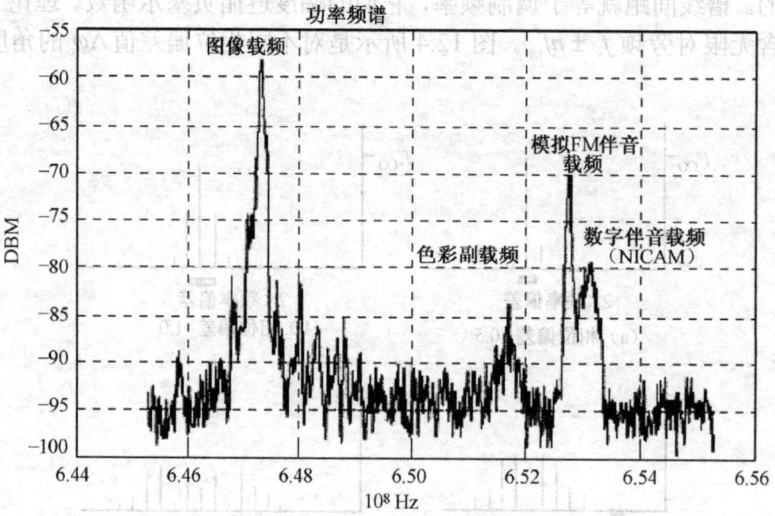


图12.5　模拟电视信号频谱

2）抑制载波的单边带（SSB）调制

抑制载波（J3E）的单边带（SSB）调制使用广泛。这种传输类型如图12.6所示，它将电话基带移至指定频率放大由天线发射出去，一般使用上边带［图12.6（a）］，只有业余受好者的电台使用下边带［图 12.6（b）］，发射边带通过将话音频带搬移或搬移与倒置而产生。因而，如果没有话音信号，就没有发射信号。发射信号的振幅与话音信号的振幅成比例，载波被抑制。因此，调制深度是不确定的，故不能测定。

3）独立边带调制

上面关于抑制载波SSB的叙述也适用于抑制载波（B8E）独立边带调制（ISB）。传统方

法不可能测量其调制特性。

4）动态振幅调制

传统的双边带 AM 发射机从功率消耗的角度来看是非常不经济的设备。即使调制深度 $m$=100%时，也只有 17%的辐射功率载有信息（一个边带），而 66%载波功率无任何信息内容（见方程（12-8））。当 $m$ 值较低时，情况就更糟。为了解决此问题，当调制深度 $m$ 值低时（实际上大多数时间是如此），试图用几种方法来降低载波功率。

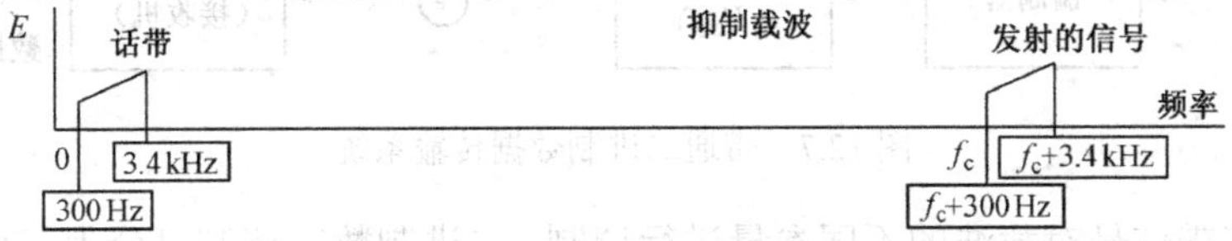


（a）抑制载波的单边带调制（上边带）

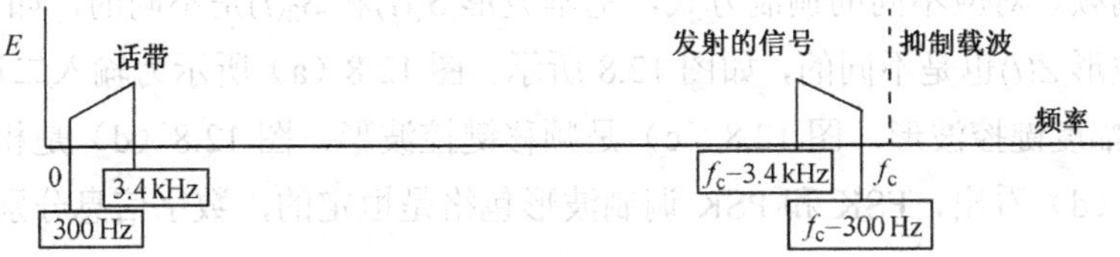


（b）抑制载波的单边带调制（下边带）

图 12.6　抑制载波的单边带调制

一种解决方法称作动态振幅调制（DAM），当 $m$ 明显低于 100%时，它降低载波功率。显然，这种做法节省能量。另一方面这种传输结果是非恒定载波，载波功率是调制电平的函数。这种情况下，不知道被传输信号的详细特性，传统的调制度分析仪指示就不正确。为了发现是否使用了 DAM，必须用慢时间常数来测定平均载波电平。

## 12.2　数字调制

按照数字基带信号对载波的不同参量进行调制来分类，二进制数字调制可分为三种基本类型。即调幅、调相和调频。在目前比较通用的术语中，把数字调制称为“键控”，这是把数字信息码元的脉冲序列看作“电键”对载波的参数进行“控制”的意思，因此就有幅移键控（amplitude shift keying，ASK）、相移键控（phase shift keying，PSK）和频移键控（frequency shift keying，FSK）三种方式。如果载波按数据信号的脉冲速率来开启和关闭，就又称作开关键控（OOK）。如，莫尔斯码。用数字信号调制载波最简单的方法是幅移键控，最重要的现代方法是相移键控，特别是在 VHF 及更高频率范围。

一个带通二进制数据传输系统如图 12.7 所示。调制器输入二进制比特序列$\{b_k\}$。比特速率为 $r_b$，比特间隔为 $T_b$，由二进制数字序列$\{b_k\}$调制发送载波，调制器的输出就是数字调制波$(t)$。由于二进制随机序列$\{b_k\}$第 $k$ 个比特只能取“0”或“1”，所以 $Z(t)$在第 $k$ 个比特间隔内是两个基本波形 $S_1(t)$或 $S_2(t)$之一，而且 $Z(t)$是一个随机过程。当$(k-1)T_b \leqslant t \leqslant kT_b$时，有

$$Z(t)=\begin{cases} S_1\left[t-(k+1)T_b\right], b_k=0 \\ S_2\left[t-(k+1)T_b\right], b_k=1 \end{cases} \tag{12-12}$$

式中，$S_1(t)$和 $S_2(t)$的持续时间为 $T_b$ 并且能量有限，即

$$
\begin{cases}
E_1 = \int_0^{T_b} [S_1(t)]^2 \mathrm{d}t < \infty \\
E_2 = \int_0^{T_b} [S_2(t)]^2 \mathrm{d}t < \infty
\end{cases}
\tag{12-13}
$$

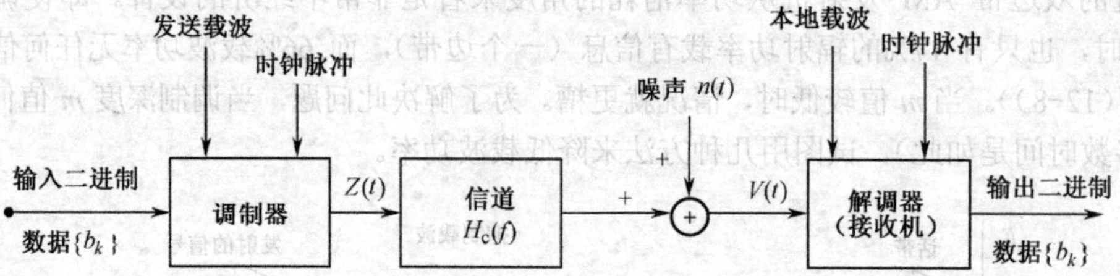


图 12.7　带通二进制数据传输系统

按照数字基带信号对载波的不同参量进行调制，二进制数字调制可分为三种基本类型。即调幅、调相和调频。对应不同的调制方式，基本波形 $S_1(t)$和 $S_2(t)$是不同的，如表 12.1 所示。调制器的输出波形 $Z(t)$也是不同的，如图 12.8 所示。图 12.8（a）所示为输入二进制数字序列，图 12.8（b）是幅度键控波形，图 12.8（c）是频移键控波形，图 12.8（d）是相移键控波形。由图 12.8（c）、（d）看出，FSK 和 PSK 调制波形包络是恒定的，数字信息分别由载波相位和频率传送。

表 12.1　各种数字调制类型的表示

| 调 制 类 型 | $S_1(t)$，$0\leqslant t\leqslant T_b$，$b_k=0$ | $S_2(t)$，$0\leqslant t\leqslant T_b$，$b_k=1$ |
|---|---|---|
| 幅移键控（ASK） | 0 | $A\cos\omega_c t$ 或 $A\sin\omega_c t$ |
| 频移键控（FSK） | $A\cos(\omega_c-\omega_d)t$ 或 $A\sin(\omega_c-\omega_d)\ t$ | $A\cos(\omega_c+\omega_d)t$ 或 $A\sin(\omega_c+\omega_d)t$ |
| 相移键控（PSK） | $-A\cos\omega_c t$ 或 $-A\sin\omega_c t$ | $A\cos\omega_c t$ 或 $A\sin\omega_c t$ |

注：表中假设载波频率 $f_c$ 为数据速率 $r_b$ 的整数倍，$\omega_d$ 为调制角频率，$t\notin[0,T_b]$ 时，$S_1(t)=0$，$S_2(t)=0$。

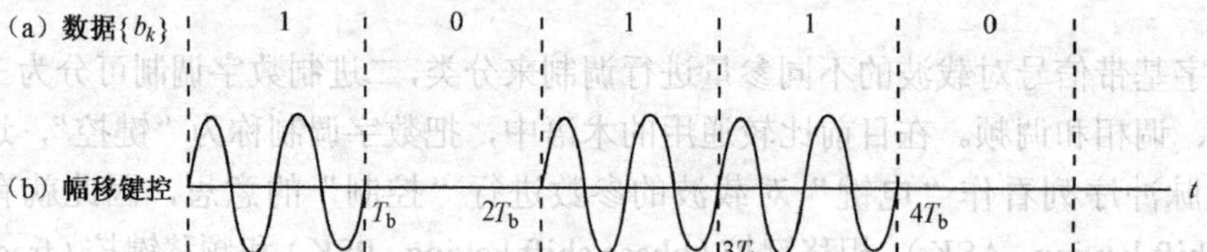

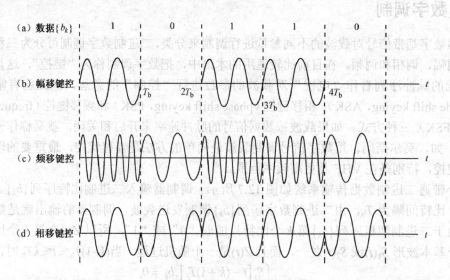


图 12.8　二进制载波调制波形

### 12.2.1 幅移键控（ASK）

幅移键控（ASK）的已调信号如图 12.8（b）所示。某些情况下（如标准时间信号）键控小于 100%。

对 ASK 信号进行频谱分析，可以得到其功率谱 $W(f)$：

$$W(f)=\frac{A^2}{16}T_s\left[\frac{\sin \pi T_s(f-f_c)}{\pi T_s(f-f_c)}\right]^2+\frac{A^2}{16}T_s\left[\frac{\sin \pi T_s(f+f_c)}{\pi T_s(f+f_c)}\right]^2+ \frac{A^2}{16}\delta(f-f_c)+\frac{A^2}{16}\delta(f+f_c) \tag{12-14}$$

式（12-14）表示的是双边功率谱，是指正、负频率分别考虑的功率谱，其中第一、二项表示的是连续谱，第三、四项表示的是在 $f=f_c$ 和 $f=-f_c$ 处的线谱。其功率谱如图 12.9 所示，该图上表示了正频率范围的功率谱。把 ASK 信号的功率谱与单极性 NRZ 码的功率谱比较可发现，ASK 信号的功率谱只是把基带信号的功率谱搬移至 $f=f_c$ 的频率上，仍然保留了基带信号的频谱结构，这种调制称为线性调制。

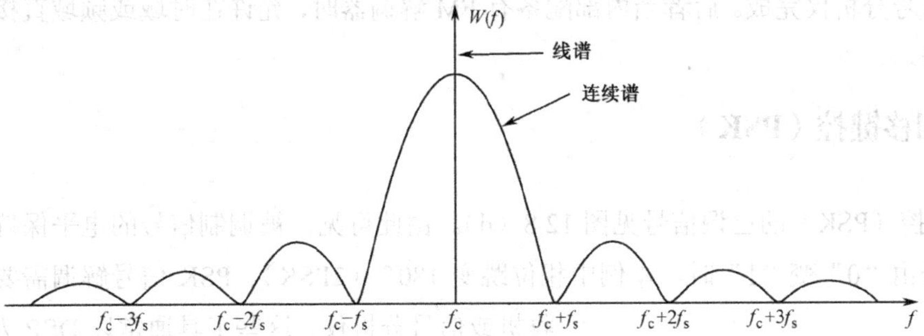


图 12.9 ASK 信号功率谱

对于解调，使用传统的 AM 包络检波器。使用传统调制度分析仪测定调制深度是不可能的，因为信号的开/关比一般是不知道的，但可使用示波器，示波器也可用作对信号的进一步估算。重要的细节是幅度、信号的上沿时间及由于滤波器振铃产生的过冲造成宽的占用频谱。接收机的带宽必须选得足够宽，这样，接收机才不至于改变脉冲形态。

### 12.2.2 频移键控（FSK）

频移键控是一种应用广泛，非常简单的数字调制方式。频移键控（FSK）的已调信号如图 12.8（c）所示。这种情况载波振幅保持恒定，而频率可设定两种值：

$$f_1=f_c+\Delta f\,,\qquad f_2=f_c-\Delta f \tag{12-15}$$

这可以通过用两个振荡器或通过用 FSK 信号驱动的压控振荡器（VCO）来实现。

FSK 的功率谱 $W(f)$为（只写出正频率范围）：

$$W(f)=\frac{A^2}{16}T_s\left[\frac{\sin \pi T_s(f-f_c+\Delta f)}{\pi T_s(f-f_c+\Delta f)}\right]^2+\frac{A^2}{16}T_s\left[\frac{\sin \pi T_s(f+f_c-\Delta f)}{\pi T_s(f+f_c-\Delta f)}\right]^2+ \frac{A^2}{16}\delta(f-f_c-\Delta f)+\frac{A^2}{16}\delta(f+f_c+\Delta f) \tag{12-16}$$

其中前一项表示的是连续谱，后一项表示的是线谱。其功率谱如图 12.10 所示。根据频偏不同，功率谱形状可为单峰、平顶或双峰。

对于解调，使用传统的 FM 检波器或传号/空号滤波（用 BP 滤波器分别调到传号频率与空号频率）。正如所见到的，已调信号电平保持恒定。为了进一步估算信号，可将示波器连接到调制度仪的 DCFM 输出端。

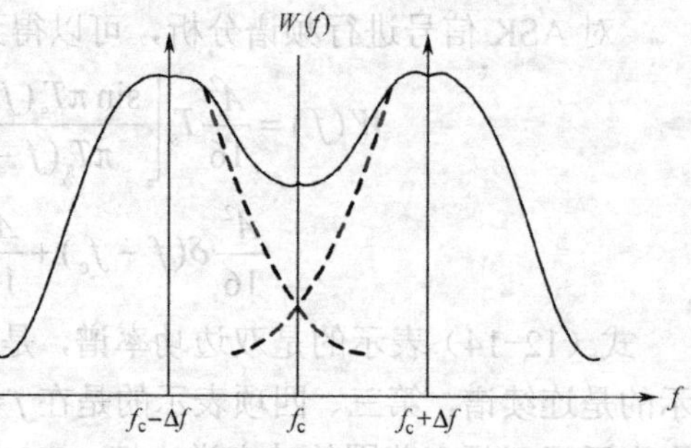


图 12.10　FSK 信号功率谱

AFSK（音频移频键控，广泛用于业余爱好者无线电发射）技术是将音频信号馈给单边带发射机。停发时，可能无法分辨是使用了音频馈给的单边带传输还是使用了二进制数据馈给的 FSK 发射机。

频率偏移测定可以用调制度仪按传统方法或是用通信信号分析仪完成。后者当内部配备有 FM 解调器时，允许在时域或频域直接估算复原的基带信号。

## 12.2.3　相移键控（PSK）

相移键控（PSK）的已调信号见图 12.8（d）。由此可见，被调制信号的电平保持恒定，但当调制信号由“0”变“1”时，本例中相位跳变 180°（2PSK）。PSK 信号解调需要专门的接收机或信号分析仪。这些工具通常以 DSP 为基础，可以测算各种各样的调制方式与参数。微处理器控制的数字显示很灵活，有用来估算信号的多种显示方式。

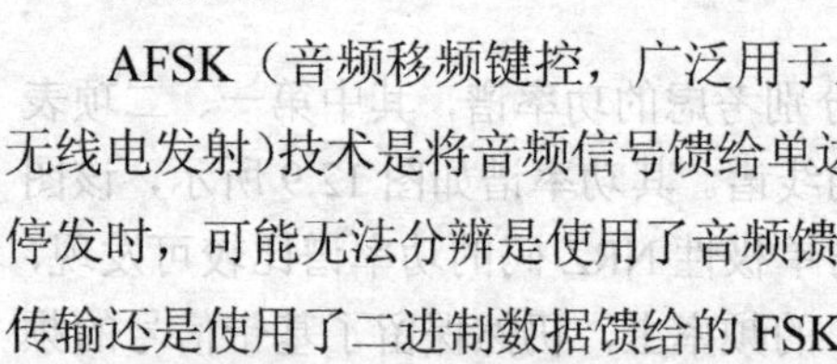


图 12.11　通过限带滤波器

理论上，传输的 PSK 信号在一段时间内振幅保持恒定，但由于滤波带宽受限制与传输设备的非线性引起某种附加的振幅调制，如图 12.11 所示，这在调制度仪或接收机的 AM 解调器输出端可观察到。

PSK 的功率谱 $W(f)$为：

$$W(f)=\frac{A^2}{4}T_s\left[\frac{\sin\pi T_s(f-f_c)}{\pi T_s(f-f_c)}+\frac{\sin\pi T_s(f-f_c)}{\pi T_s(f-f_c)}\right] \qquad (12\text{-}17)$$

它只有连续谱成分没有线谱成分。其功率谱图形如图 12.12 所示。

传统的解调方法是使用混频器，其 LO 端口由一个信号馈给，该信号有着与 PSK 已调信号完全相同的频率（相干解调）。为此，LO 频率可由已调信号通过倍频、锁相环滤波器和二分频或通过所谓的科斯塔斯（Costas）环来取得。总的来说，PSK 与编码结合使用，这就降低了带宽的要求，提供在低信噪比（$S/N$）情况下低误码率。180° 转换的 PSK 称作 2PSK，因为使用了载波频率的两个相位。为了有较高的带宽效益，也使用较小的相位步进（90°、45°与22.5°），分别对应 4PSK、8PSK 与 16PSK。然而，对于相同的误码率，高阶 PSK 要求更高的 $S/N$，但其优点是传输同样信息使用的带宽明显减小。特殊算法（相位平滑代替相位“硬键控”）是进一步减少带宽的另一种手段。

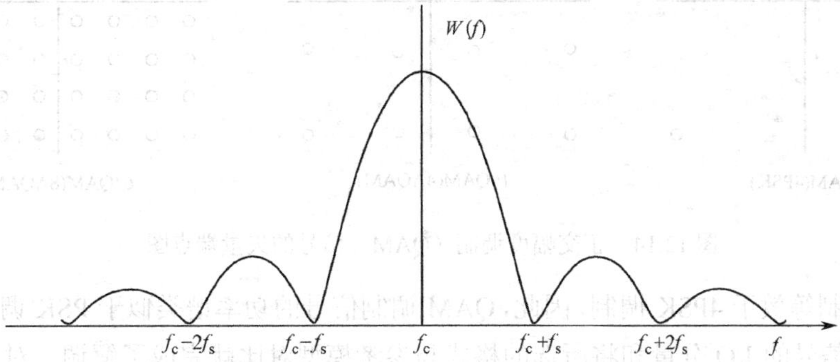


图 12.12　PSK 信号功率谱

PSK 的解调器不包括在传统的调制度仪中。市场上有些接收机包含有可选 DSP 模块或 I/Q 解调器，它们对进一步处理 PSK 信息、QAM 信号和 COFDM 信号是有用的。I/Q 解调器将信号的同相位与正交相位分量变换成两种基带信号，这与 AM 和由 ΔM 检波器作用相同。通过将一个分量连接到 X 偏转板，另一个连接到 Y 偏转板，两个分量能在示波器屏幕上显示。然而，取得一个固定显示的必要前提是把调制度仪准确地调谐到所接收信号的载波频率上。因此，调谐的步进必须非常小，如 0.1 Hz。图 12.13 给出了 ASK、2PSK 与 4PSK 信号的屏幕图像（星座图）。这当然不能称作“调制测量”，但有助于识别所接收信号的特性。要做进一步估算，必须采取其他技术手段，一般地说这些手段超出了监测站的能力。

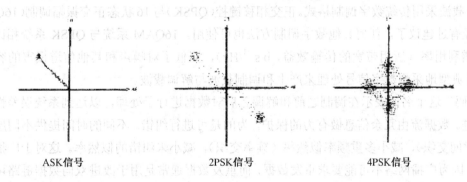

图 12.13　ASK、2PSK 与 4PSK 信号的显示图像

## 12.2.4　正交幅度调制（QAM）

正交幅度调制（QAM）也称作正交调幅或幅相键控，它利用载波相位移动和同步调制/解调，使两个正交的双边带抑制载波信号能占有相同的频带。由于这一原因，QAM 频谱利用率很高，16QAM 的用频谱利用效率接近 4 b·s$^{-1}$/Hz。

信息包含在已调信号的振幅与相位之中，如图 12.14 所示。16QAM 信号已多达 256 个状态，频谱高利用率的代价是传输和接收这些密集状态所需要的精度。

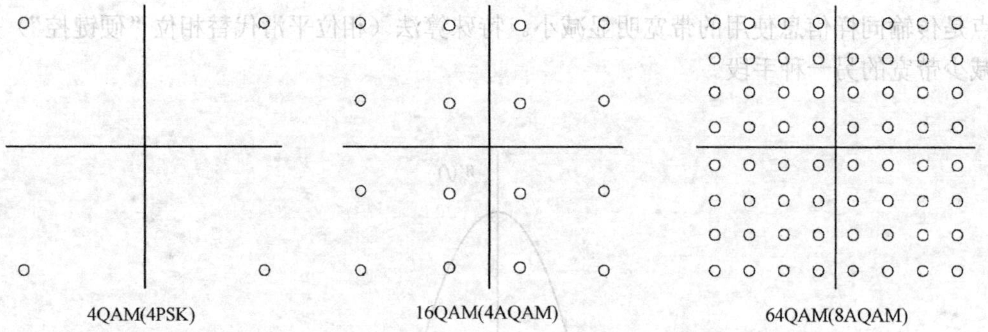


图 12.14　正交幅度调制（QAM）信号的矢量端点图

4QAM 调制等效于 4PSK 调制，因此，QAM 调制信号的功率谱类似于 PSK 调制的功率谱。

通过决定信号的 I/Q 分量和将所选的格式与参考模型对比就完成了解调。对于 QAM，典型调制质量参数的测量涉及传输所需状态的精度，即测量被传输信号怎样接近于为该状态所定义的幅度与相位。这些测量的例子是不同的误差向量的幅度参数、I/Q 不平衡度等。误码率也是一种衡量质量的标志。

### 12.2.5　编码正交频分复用（COFDM）

COFDM 是一种将大量的数字调制载波集合成一个整体的方法。信号用反快速傅里叶变换（IFFT）来产生，信号解调使用快速傅里叶变换（FFT）来完成。COFDM 允许在许多载波间分割信道信息（欧洲音频广播为 1536，DAB 制式），对于 DAB，码元时长增加到 1.25 ms。当与使用相同调制体制的单一载波比较时，其总比特率和信道带宽保持不变。这具有在多径衰落或脉冲干扰情况下减少码元错误的效果。它也能降低对同频道干扰的敏感性和简化均衡要求。COFDM 载波采用传统数字调制格式。正交相移键控（QPSK）与 16 状态正交振幅调制（16QAM）方法已经有过建议了，任何其他数字调制方法也可使用。16QAM 系统与 QPSK 系统相比，增加了频谱利用率（所用带宽的传输效益，$b \cdot s^{-1}/Hz$），降低了对噪声和其他信道损害的容限。COFDM 典型地采用数字信号处理来产生和调制载波与解调载波。

“编码”这个名词表示在调制之前和解调之后对数据进行了处理，以达到系统误差性能有重大改进。数据流由冗余信息做有力的保护，为的是可进行纠错。不同的时间提供不同层次的保护（时间交织），减小多重频率似然率（频率交织），减小未纠错的似然率。这对于广播网络很重要，因为广播网络不可能要求重发数据，而重发数据通常是用于改进双向数据链路可靠性的一项技术。

### 12.2.6　数字电视

随着高清晰度电视（HDTV）的发展，对其参数的测量将是监测站的一项新任务。而对 HDTV 的测量是以使用带宽信号为条件的。

所有 HDTV 传输都使用数字编码，并且通过宽射频频道传输，HDTV 的传输充分地利用这种传输方式的优点。数字传输一般用“1 或 0”来表征。例如 MPEG-2 信号（移动图像专家组）的传输，解码信号借助纠错码而保持良好直至特定门限，然后突然恶化。因此，最重要的参数误码率是与所选纠错码相关的，错误一出现，立即就会观察到同步失锁。因此，测量系统两次误差之间的再同步时间是有效的；错误不再被纠错码纠正时，图像质量会有损失：此时很难对此损失情况给出数值。因此，需要对其进行主观评估。图 12.15 所示为电视数字信号发射频谱。

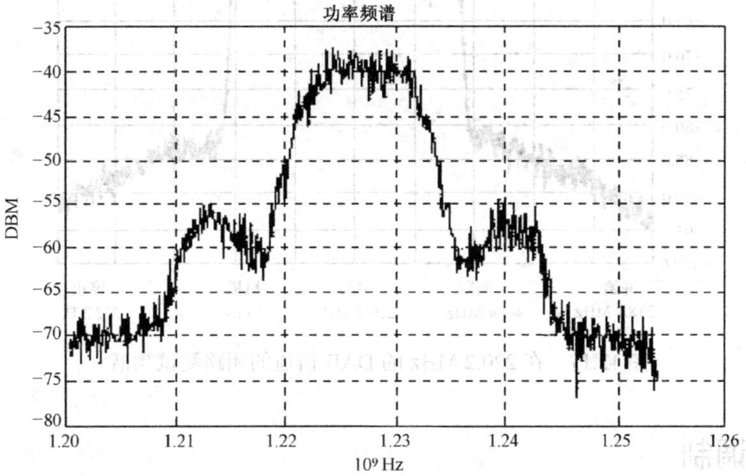


图 12.15　电视数字信号发射频谱

## 12.2.7　数字音频广播（DAB）

使用 COFDM 的 DAB 主要优点有：

- 接收质量可与激光唱盘相比；
- 移动接收与静止接收质量相同；
- 较节省频率，即与 FM 广播占有相同频率时可播送更多节目；
- 对干扰敏感性低。

能拥有这些优点的关键在于数字调制的 COFDM 方法，以及 MUSIC AM 方法的压缩数据和信道编码以提供差错保护。COFDM 传播延迟达到 250 μs，能抗回波干扰，因此适合用于联播。这涉及到同时传输许多 QPSK 调制的载波，每个载波的比特率较低，每个传输比特之前有个保护间隔，在此间隔中由反射引起机壳源回波或相邻同频道有源回波并不损害传输，如图 12.16 所示。这样，在 1.5 MHz 信道中采用时分多路可传输 6 套节目，如图 12.17 所示。

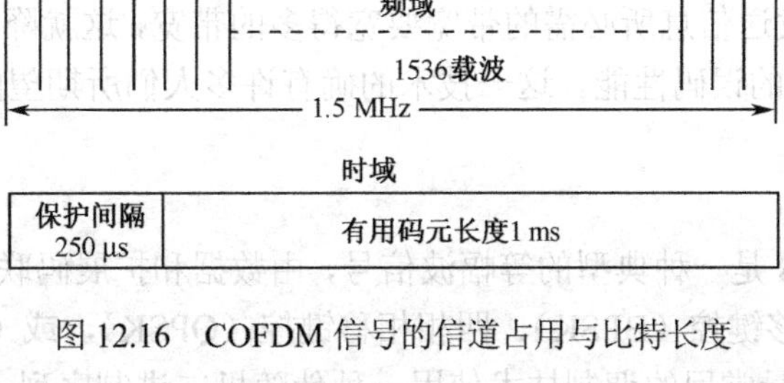


图 12.16　COFDM 信号的信道占用与比特长度

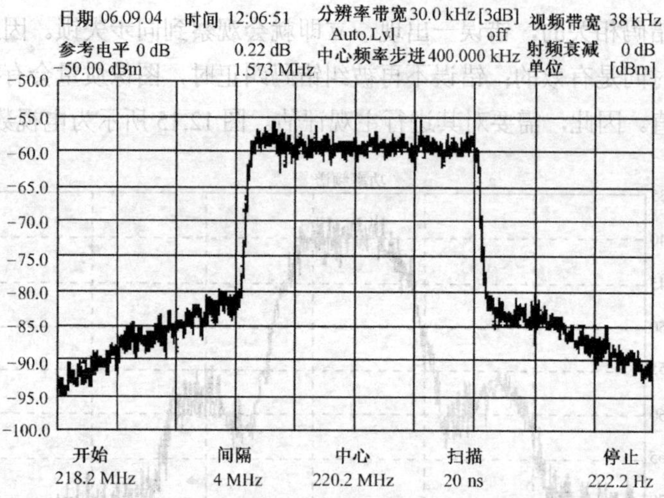


图 12.17　在 220.2 MHz 的 DAB 信道的闭路测试频谱

## 12.3　扩频调制

为了满足用户对数字蜂窝、个人通信系统（PCS）、无线专用小交换机（WPABX）、无线局域网（WLAN）以及卫星业务的要求，随着管理部门及业务提供部门的不断努力，扩频通信技术在商业无线电通信中的应用正在不断加强。由于认识到了扩频通信不断增长的重要性，ITU-R SM.1055 建议“扩展频谱的使用”已获得通过。其描述了三种类型的的扩频技术：直接序列（DSSS）；跳频（FHSS）；直接序列和跳频的混合制式（FH / DS）。

从军事上的仿噪声技术发展而来的扩频通信信号很难被常规的窄带扫描滤波接收设备检测到，因此具有一种被称为低截获概率（LPI）的特性，此外它对干扰有很强的抑制能力。这两种特性使扩频通信天生就具有防窃听、抗干扰的能力。扩频通信还有一些其他方面的特性，使得它对数字蜂窝和 PCS 具有特殊的吸引力。利用码分多址（CDMA）技术使用不同的码字，扩频通信能提供具有选择性的寻址能力，这就使得多个用户能同时在相同的频带上发射而不会对其他的扩频、非扩频用户发生过多的干扰。通过增加有效信道容量和频率复用，极大地提高了频谱利用效率。与常规的调制技术相比，扩频技术还有另一个有用的特性，它能在选择性衰落和多径衰落的场合改善通信质量。

扩频技术作为是一种调制技术，它具有下述特征：发送信号的能量一定占据比信息速率大得多的带宽，而且独立于信息速率。这就是数据信号在频带宽度上的“扩展”效应。

扩频调制一定独立于数据调制。这一特性就排除了把 FM 也作为扩频的一种形式的可能。简言之，扩频使用了比发送信息所必需的带宽要宽得多的带宽，这就降低了发送信号的信噪比（SNR）而能获得所要求的误码性能。这一技术的确有许多人们所期望的特性。

### 12.3.1　直扩 DSSS

直接序列扩频 DSSS 是一种典型的等幅波信号，由数据和扩展码联合调制而成。实际的调制形式可以是二进制相移键控（BPSK）、四相相移键控（QPSK），或 QPSK 的变型（如正交相移键控，OPSK）等。最常用的调制技术使用一种伪随机二进制序列（通常称为伪随机噪声，或 PN）来对二进制数据进行模二加。因为该 PN 序列调制了数据流，所以通常把它称为扩展码。此时，DSSS 信号的时域波形和频域功率谱与所采用的 PSK 调制信号一致。

PN 码中每一码元的持续时间为 $T_c$。PN 码的数学表达用函数 $C(t)$来表示，$C(t)$的每一个值都称作“切普”（chip），而$1/T_c$的值就是“切普”速率或钟频。用已经编码的消息信号对等幅波载波信号进行二相调制（在每一码元状态转换对载波相位改变 180°）来形成已调制的信号。然后已调信号经过带通滤波，转换到合适的射频频率，再发射出去。本节讨论接收 SNR 大于零时的 DSSS 信号的处理技术。

被 PN 序列调制后的 BPSK 信号在频域上具有抽样函数平方（$\sin^2 x / x^2$）的包络形状，实际信号如图 12.18（a）所示。已调信号的过零点带宽为$2/T_c$，典型的发射频谱如图 12.18（b）所示。扩展处理并不改变数据信号的总功率，但大大地减小了任一特定频率上的能量。测量 DSSS 信号的主要参数包括：载频、发射带宽、带内用户数、“切普”速率、调制类型、瞬时接收功率、到达角（测向）。

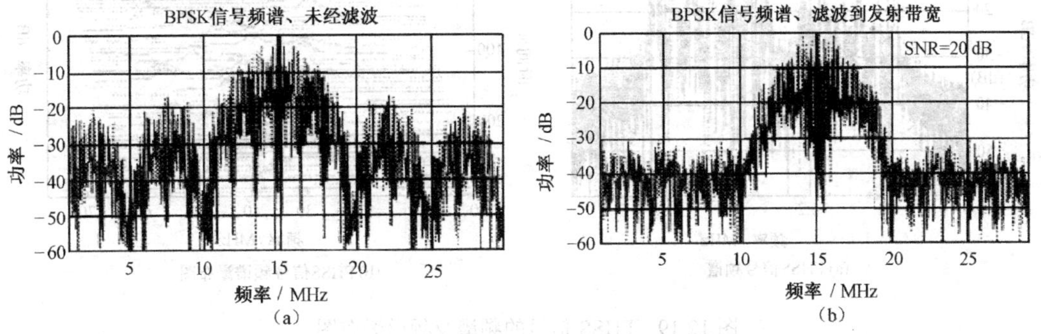


图 12.18 扩频 BPSK 调制信号的频谱

仅仅依据频谱形状来确定所获得的信号是 BPSK 还是 QPSK 是很困难的。如果 SNR 足够高，用数字星座就很容易观察信号的相位状态。

由于 DSSS 信号对常规接收和测向的设备而言呈现为宽带噪声，因此要检测、处理、定位这些信号就必须采用新的设备和技术。优选的技术是用相位干涉多信道（两个以上）宽带截获数字信号处理系统。需要一个数字系统来为每一个信道产生复数数据，并且至少对两个信道进行复数互相关操作。对低信噪比的 DSSS 信号，需要与很多秒时间内的信号相关。这就要求数字系统具有大的机载存储器以便能够连续存储若干秒的信号样值。存储器必须能存至少 1 秒钟的信号样点。

## 12.3.2 跳频 FHSS

FHSS 是另一种在宽得多的频带展宽信号的技术。信号以传统的方法调制，通常是移频键控（FSK）或某种形式的调幅（AM），然后用指定的方式在指定的时间改变载波频率以实现频率跳变。FHSS 的总带宽等于信号跳变的总范围加上信号的带宽，最小跳变频率间隔通常与已调信号的带宽相接近。载频通常取决于产生 PN 序列的移位寄存器的状态，该 PN 序列符合控制频率合成器规则。

有关的 FHSS 信号参数包括：全跳频带宽、最小跳间频率、跳速、跳相、采用的信号调制、瞬时接收功率、到达角（测向）。

大多数 FHSS 信号在两次跳变之间都有一个短暂的停顿。该信号可被 AM 检测到，产生一个脉冲流，用来测量跳速并同步跳变序列。可把每一次跳变的一部分隔离出来以进行频率测量。用一个覆盖所有跳频频段或一部分跳频频段的数字采样记录仪可以捕捉到跳频传输的短时过程。这是一种直接了当的处理方法，采用 A/D 转换器和通用的 DSP 频率测量技术，如 FFT 和相位光栅等。所采用的调制技术及其参数可以从对每一跳的分析中估计出来。

检测和处理 FHSS 信号的优选方法是用宽带数据获取及处理系统。覆盖许多次跳频的时间平均谱如图 12.19（a）所示。该谱图可用来估计跳变频率。识别 FHSS 信号的一种常规方法是用图 12.19（b）所示的三维频谱瀑布图，该图显示了一组连续的短时持续谱。谱的门限比峰值低 30 dB 以便于观察各信号分量。

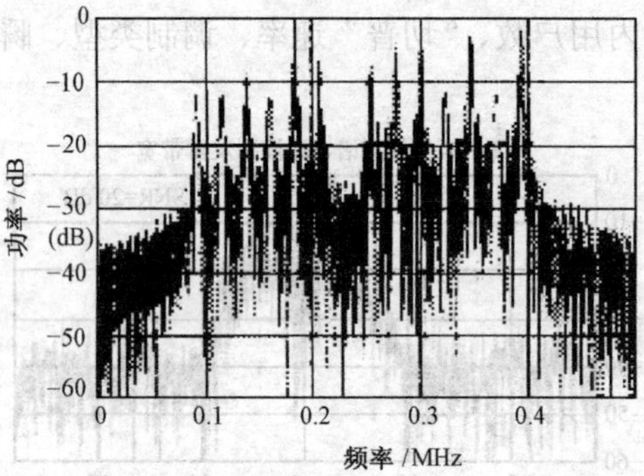

(a) FHSS信号频谱

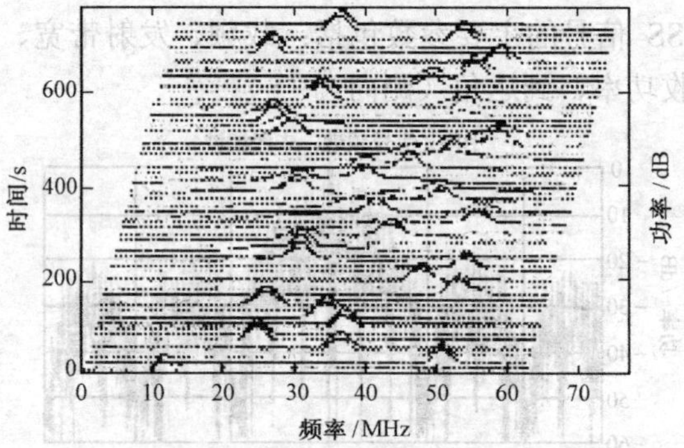

(b) FHSS信号频谱瀑布图

图 12.19　FHSS 信号的频谱及频谱瀑布图

可以对信号的每一次独立的跳变进行测向，然后综合起来得出方位线（LOB），从而改进了测向精度。对慢跳信号（>50 ms/跳）这是一种直接的 DSP 处理方法，采用常规测向设备。窄带测向系统等待跳变落在测向系统正在扫描（称为捕获方式）的一组有限的频率点上，然后对每一个频率（1跳）进行测向测量。该方法的缺点是做一次精确测量需要较长的时间。许多这样的系统都要求一个最小的信号持续时间以便检测信号，而且通常要求信号在一秒或几秒时间内保持活性以便对足够多的测量进行平均以获得精确的测向结果。除非窄带测向系统能以极快的速度（即很快的扫描速率）扫描活动的信道，否则检测出的跳频信号概率会比宽带系统低得多，因为窄带系统只能检测到所有可能发生跳频频点中的一小部分。对快跳（<10 ms/跳）信号，需要使用宽带获取数字信号处理设备及先进的算法。

当在同一频段存在多个 FHSS 信号时，需要采用先进的数字信号处理技术及算法，根据跳速、跳变持续时间、跳变相位以及到达角来识别和分离信号，因为所有信号都会呈现出同频道干扰。根据无线电台类型和网络来识别单个信号的系统也已存在，这些系统可以用来确定哪些用户正在通话。DSP 系统可以在频率、时间和相位上识别和分离出每一次跳变。对每一跳变都可计算出方位线，这就允许了信号的重组以获得更精确的信号参数以及对每一个信号的方位线计算。可以对每一个跳频测量瞬时功率。对数字信号处理（DSP）系统来说，这是最容易的事了。

为了更好地使用已经拥挤地频谱，扩频无线通信有着快速的发展。扩频信号能相当有效地免受窄带和宽带信号的干扰，工作在这些限制不太严的频带是比较理想的。

扩频产品的应用包括局域网及各种各样的无线电话。已经提议将扩频应用于数字声音广播（DAB）传输、高频远距离通信以及传播数字电话的地面微波链路。众所周知的一个应用例子便是 GPS 中的运用。军事应用的扩频收发信机在世界上的许多地方都能买到，这些收发信机覆盖了 HF、VHF、UHF 和 SHF 频段，既有 FHSS、DSSS 制式，也有 FH/DSSS 混合制式。这些电台正在民用市场寻找用户，预计这一状况会不断扩大。然而，扩频在蜂窝系统及 PCS 中的应用对监测业务产生的影响很可能是最大的。

# 习 题

1. 电磁频谱的概念是什么？

2. 电磁频谱依频率增加的顺序依次分为哪几个波段，其中无线电波的频率范围是多少？

3. 无线电波按十倍频的方式划分为哪些频带，其中 MF、HF、VHF 和 UHF 的频带中文名称、频率范围以及波长范围分别是多少？

4. 电磁频谱有哪些主要特性？

5. 电磁空间和电磁环境的概念是什么？

6. 电磁空间主要特性有哪些？

7. 什么是复杂电磁环境？

8. 复杂电磁环境由哪几个方面的电磁辐射构成？

9. 电磁频谱管理的概念是什么，有何特点？

10. 电磁频谱管理有哪些主要内容？

11. 电磁频谱管理的地位和作用如何？

12. 美军频谱管理体制是什么？

13. 电磁频谱管理的主要法规制度包括哪些？

14. 地球大气主要分为哪几层，各层有什么特点？

15. 电离层分为哪四层，其电子密度如何变化？

16. 电离层规则变化和不规则变化有哪些特性？

17. 什么是地波传播，有什么特点？

18. 什么是天波传播，有什么特点？

19. 什么是视距传播，有什么特点？

20. 什么是散射传播，有什么特点？

21. 电波传播的方式主要有哪几种？它们主要分别工作在哪些波段？

22. 什么是自由空间传播？

23. 什么是自由空间的基本传播损耗？

24. 两微波站相距 50 km，工作波长为 7.5 cm，计算自由空间路径损耗。地波传播具有哪些特性，这些特性形成的基本原理是什么？

25. 某 $\lambda_0 = 600$ m 的中波电台，辐射功率为 10 kW，天线使用短直立天线（$D_T = 2.5$），电波沿湿土地面（$\varepsilon_r = 10,\ \sigma = 10^{-2}$ s/m）传播，求距天线 300 km 处的场强（有效值）。

26. 若工作频率为 300 kHz，辐射功率为 250 W，天线使用短直立天线，电波沿干燥地面（$\sigma = 10^{-3}$ S/m，$\varepsilon_r = 4$）传播，式求 300 km 处的电场强度。

27. 电波的地下和水下传播有什么特点？

28. 分析电波通过电离层传播，电波频率 $f$、入射角 $\theta_0$ 和反射点的电子密度 $N_n$ 之间存在什么关系？

29. 天波传播时，最高频率 $f_{amx}$ 和临界频率 $f_c$ 指的是什么？它们之间有什么关系？

30. 什么是 MUF、LUF 和 OWF？它们随地理位置和昼夜、季节、年份有什么变化？日频和夜频换频时间应选在何时？

31. 短波天波传播模式有哪几种？

32. 什么是衰落，慢衰落与快衰落，各有什么特点？

33. 通常采用的抗衰落方法有哪些？

34. 什么是短波传播中的静区现象，如何减小静区？

35. 短波天波通信如何正确选择工作频率？

36. 解释下列现象：短波收音机夜间收到的电台多、信号强；中波收音机晚上可收到很远处电台的信号；短波电台夜间雷电干扰比白天严重。

37. 视距传播距离计算公式及其物理意义？

38. 什么是视线距离?其亮区、阴影区、半阴影区是如何划分的？

39. 某 7 GHz 微波通信设备，发射机功率为 10 W，收发天线增益均为 28 dB，接收机门限电平为−88 dBm，收发天线高度分别为 40 m 和 30 m，两端的馈损各共 2 dB，分路损耗共 3 dB。问（1）在考虑到大气折射情况下，在地面上最远通信距离为多少？（2）若接收站离发射站站距 $d = 40$ km，自由空间损耗为多少？（3）求接收功率及接收电平余量为多少？

40. 某 5 GHz 微波通信设备，发射机功率为 5 W，收发天线增益均为 25 dB，收发馈线损耗分别为 2 dB 和 1.5 dB，接收机门限电平为−85 dBm，收发天线高度分别为 30 m 和 15 m，问该通信设备在地面上的最远通信距离？如果收发距离为 35 km，求接收功率电平余量？

41. 同步卫星通信系统中，卫星距地面 36 000 km，工作频率 4 GHz，卫星天线增益 $G_T$ =16 dB，地面接收天线增益 $G_A$ =50 dB，地面接收系统馈线损耗 2 dB，接收机灵敏度 0.1 pW，卫星发射天线的输入功率最少多少 dBm?

42. 某电视台工作在 8 频道（ $f$ =187.5 MHz ），发射功率 1 kW，天线增益 $G$ =6 dB，天线高度 100 m，如接收天线高 10 m，问：（1）直视距离有多大？（2）电视台服务面积多大？（3）直视距离边界上场强有多大（只考虑直射波）？

43. 什么是第一菲涅尔区？左微波接力通信时对电路设计有何要求？

44. 地波、天波和视距传播的场强计算公式是什么，并说明它们的主要异同点？

45. 无线电波传播模型根据其来源可以分为哪三类？

46. 国际电信联盟（ITU）机构是如何设置的（画图）？

47. 国际电信联盟的主要宗旨和职责？

48. 国际频率登记的范围与作用是什么？

49. 国家无线电管理机构是如何设置的（画图）？

50. 国家无线电管理办公室的主要职责是什么？

51. 根据《中华人民共和国无线电管理条例》，对哪些违反无线电管理的行为可实施处罚？

52. 电磁频谱管理法规标准有什么作用，主要法规有哪些？

53.《无线电规则》的地位和作用如何？

54.《中华人民共和国无线电管理条例》的地位、作用以及主要内容是什么？

55.《中华人民共和国无线电频率划分规定》主要内容是什么？

56. 业余无线电管理的基本要求是什么？

57. 电磁频谱管理技术标准体系包括哪些主要内容？

58. 频率管理与频率划分的基本概念？

59. 什么是无线电业务？

60. 无线电业务是如何分类的，共有多少种业务？

61. 什么是航空移动（R）业务，什么是航空移动（OR）业务？

62. 无线电测定业务、无线电定位业务和无线电导航业务之间的区别和联系？

63. 保护频率和频段主要指哪些？

64. 世界无线电频率分为哪几个区，各包括哪些地方？

65. 国家无线电频率划分图（表）的作用是什么？
66. 国家无线电频率划分表中的脚注记录什么内容？
67. 国家无线电频率划分表中主要业务和次要业务如何表示？
68. 频率规划的概念是什么？
69. 频率规划有哪些程序？
70. 什么是信道规划，什么是需求规划？
71. 频率分配的概念是什么？
72. 我国公众移动通信系统使用频段是如何划分和分配的？
73. 频率指配的概念是什么？
74. 频率指配的基本方法有哪些？
75. 提高频谱利用率的手段有哪些？
76. 频率指配的权限如何规定，有什么要求？
77. 卫星轨道资源管理有哪些方法步骤？
78. 建立和运行空间卫星应考虑哪些因素？
79. 国际电联是如何规定卫星网路的申请的？
80. 我国对设置卫星网络申请和审查程序是什么？
81. 申请设置卫星网络时如何进行国际协调和登记？
82. 什么是无线电台站设备管理？
83. 无线电台站管理的主要内容是什么？
84. 中华人民共和国境内设置无线电台站审批权限是如何规定的？
85. 无线电台站设置管理程序是什么？
86. 我国无线电台站设置审批权限是如何规定的？
87. 无线电台站设置审批程序是什么？
88. 无线电台执照的主要内容包括哪些？
89. 电磁兼容分析的主要内容是什么？
90. EMC 的干扰分析和预测主要有哪几种类型？
91. 无线电台站使用管理的概念及主要内容是什么？
92. 无线电台站数据库的主要内容是什么？
93. 什么是无线电发射设备过程管理？
94. 无线电发射设备过程管理的方法有哪些？
95. 工业和信息化部无线电管理局的型号核准程序是什么？
96. 电磁波的极化分为哪几种类型，在实际应用中针对不同的极化方式要注意什么问题？
97. 常用单位 dB、dBW、dBm、dBmV、dBμV 各表示什么意义，相互之间有什么关系？
98. 表征天线增益的参数有哪些，它们之间有哪些区别和联系？
99. 什么是天线因子，有什么作用？
100. 什么是等效全向辐射功率？
101. 噪声系数的概念是什么？
102. 什么是无线电干扰？
103. 无线电台之间的相互干扰主要包括哪些？
104. 噪声分为哪几类？
105. 同频道干扰、邻道干扰、互调干扰、阻塞干扰和带外干扰的概念分别是什么？
106. 什么是射频防护比？

107. 互调干扰是怎样产生的？

108. 减小发射机互调干扰电平的主要措施包括哪些？

109. 推导用频道序号差值表示的三阶互调存在与否的关系表达式。

110. 判断频道序号为1、3、4、11、17、22、26的频道组和1、2、5、11、18、24、26的频道组是否存在三阶互调，为什么？

111. 判断频道序号为1、3、8、12、22、23、26的频道组和1、2、12、17、20、24、26的频道组是否存在三阶互调，为什么？

112. 阻塞干扰的概念是什么？

113. 为了避免出现阻塞干扰，需要注意哪些问题？

114. 同频道干扰、邻道干扰、互调干扰、阻塞干扰和带外干扰产生的原因与减小方法？

115. 无线电监测基本概念是什么，可分为哪几类？

116. 无线电频谱监测有什么目的和作用？

117. 无线电监测的主要内容有哪些？

118. 常规监测任务有哪些？

119. 什么是频道占用度？

120. 什么是频段占用度？

121. 无线电监测设备是如何分类的？

122. 监测设备主要性能指标包括哪些？

123. 监测站和监测网是如何分级的？

124. 国家无线电监测管理系统的逻辑结构是什么？

125. 从电磁频谱管理的角度，无线电干扰按干扰程度可分为哪几级？

126. 无线电干扰查处原则是什么？

127. 无线电干扰查处程序是什么？

128. 不同类型的干扰如何分析判别？

129. 无线电测向定位的基本概念是什么？

130. 无线电测向有哪些主要用途？

131. 测向设备由哪几部分组成？

132. 测向设备的分类方法有哪几种？

133. 测向机的主要性能指标包括哪些？

134. 无线电测向技术体制可分为哪几大类，分别包括哪些技术？

135. 利用爱得考克（Adcock）天线的幅度比较法测向原理是什么？

136. 干涉仪测向法测向原理和特点是什么？

137. 无线电定位方法主要有哪些，其优缺点如何？精密到达时间差定位的基本原理是什么？

138. 查找卫星地面干扰源的"双星定位方法"的基本原理是什么？

139. 频谱监测的测试参数主要包括哪些？

140. 常用的频率测量方法主要有哪些，各有什么优缺点？

141. 场强测量中应注意哪些事项？

142. 场强测量校准包括哪些，各有什么作用？

143. 场强和功率密度测量的天线有什么要求？

144. 测量设备和天线如何校准？

145. 必要带宽、占用带宽和$x$-dB带宽如何定义？

146. 什么是带外发射和杂散发射？

147. 对带宽测量设备有什么要求？

148. 幅度调制的远距离测量方法有哪些？

149. 频谱参数检测的基本概念是什么？

150. 频谱参数检测包括哪几类？

151. 频谱参数检测包括哪些主要内容？

152. 无线电检测一般包括哪些步骤？

153. 无线电检测主要包括哪些频谱参数，与无线电监测中的参数测量项目有何异同？

154. 频率容限的概念是什么？

155. 带外域和杂散域边界如何界定？

156. 发射机电磁频谱参数开场测量方式基本设备如何配置连接？

157. 发射机电磁频谱参数闭场测量方式基本设备如何配置连接？

158. 发射频率范围的测量方法和步骤是什么？

159. 功率测试包括的测量哪几种？

160. 载波及平均功率测量方法和步骤是什么？

161. 发射带宽测量方法和步骤是什么？

162. 带外域发射功率测量方法和步骤是什么？

163. 接收机邻道抑制测量方法和步骤是什么？

164. 模拟调制主要有哪几种？分别画出其信号的时域波形和频谱特性图。

165. 数字调制主要有哪几种？分别画出其信号的时域波形和频谱特性图。

166. 扩频调制包括哪几种？分别画出其信号的时域波形和频谱特性图。

# 附录A　频谱管理的术语与定义

下列术语和定义取自《中华人民共和国无线电频率划分规定》2014年版，依据为中国国家标准《无线电管理术语》（GB/T 13622—2012）和国际电信联盟《无线电规则》2012年版，这些术语与定义仅做统一称呼和理解其含义之用。

1. 一般术语（general terms）

**主管部门**（administration）：负责履行国际电信联盟组织法、国际电信联盟公约和行政规则中所规定的义务的任何政府部门或政府的业务机构。

**电信**（telecommunication）：利用有线、无线电、光或其他电磁系统所进行的符号、信号、文字、图像、声音或其他信息的传输、发射或接收。

**无线电**（radio）：对无线电波使用的通称。

**无线电波或赫兹波**（radio waves or Hertzian waves）：频率规定在3000GHz以下，不用人造波导而在空间传播的电磁波。

**无线电通信**（radiocommunication）：利用无线电波的电信。

**地面无线电通信**（terrestrial radiocommunication）：除空间无线电通信或射电天文以外的任何无线电通信。

**空间无线电通信**（space radiocommunication）：包括利用一个或多个空间电台或者利用一个或多个反射卫星，或利用空间其他物体所进行的任何无线电通信。

**无线电测定**（radiodetermination）：利用无线电波的传播特性测定目标的位置、速度和（或）其他特性，或获得与这些参数有关的信息。

**无线电导航**（radionavigation）：用于导航（包括障碍物告警）的无线电测定。

**无线电定位**（radiolocation）：用于除无线电导航以外的无线电测定。

**无线电测向**（radio direction-finding）：利用接收无线电波来确定一个电台或目标的方向的无线电测定。

**射电天文**（radio astronomy）：基于接收源于宇宙无线电波的天文学。

**协调世界时**（Coordinated Universal Time，UTC）：基于国际电联ITU-R TF.460-6建议书规定的以秒（SI）为单位的时间标度。对于国际电联《无线电规则》中的大部分实际应用而言，协调世界时（UTC）与本初子午线（经度0°）上的平均太阳时等效，该时间过去用格林尼治平均时（GMT）表示。

**（射频能量的）工业、科学和医疗（ISM）应用【**industrial，scientific and medical（ISM）applications（of radio frequency energy）**】**：能在局部范围内产生射频能量并利用这种能量为工业、科学、医疗、民用或类似领域提供服务的设备或器械的运用，但不包括电信领域内的运用。

2. 频率管理专用术语（specific terms related to frequency management）

**（频带的）划分**［allocation（of a frequency band）］：将某个特定的频带列入频率划分表，规定该频带可在指定的条件下供一种或多种地面或空间无线电通信业务或射电天文业务使用。

**（无线电频率或无线电频道的）分配**［allotment（of a radio frequency or radio frequency channel）］：将无线电频率或频道规定由一个或多个部门，在指定的区域内供地面或空间无线电通信业务在指定条件下使用。

**（无线电频率或无线电频道的）指配**［assignment（of a radio frequency or radio frequency channel）］：将无线电频率或频道批准给无线电台在规定条件下使用。

3. 无线电业务（radio services）

**无线电通信业务**（radiocommunication service）：为各种电信用途所进行的无线电波的传输、发射和（或）接收。（除非另有说明，无线电通信业务均指地面无线电通信。）

**固定业务**（fixed service）：指定的固定地点之间的无线电通信业务。

**卫星固定业务**（fixed-satellite service）：利用一个或多个卫星在处于给定位置的地球站之间的无线电通信业务。该给定位置可以是一个指定的固定地点或指定区域内的任何一个固定地点。在某些情况下，这种业务也可包括运用于卫星间业务（即卫星至卫星的链路），也可包括其他空间无线电通信业务的馈线链路。

**航空固定业务**（aeronautical fixed service）：为航空导航安全与正常、有效和经济的空中运输，在指定的固定地点之间的无线电通信业务。

**卫星间业务**（inter-satellite service）：在人造地球卫星之间提供链路的无线电通信业务。

**空间操作业务**（space operation service）：仅与空间飞行器的操作，特别是与空间跟踪、空间遥测和空间遥令有关的无线电通信业务。上述空间跟踪、空间遥测和空间遥令功能通常是空间电台运营业务范围内的功能。

**移动业务**（mobile service）：移动电台和陆地电台之间，或各移动电台之间的无线电通信业务。

**卫星移动业务**（mobile-satellite service）：在移动地球站和一个或多个空间电台之间的一种无线电通信业务，或该业务所利用的各空间电台之间的无线电通信业务，以及利用一个或多个空间电台在移动地球站之间的无线电通信业务。该业务也可以包括其运营所必需的馈线链路。

**陆地移动业务**（land mobile service）：基地电台和陆地移动电台之间，或陆地移动电台之间的移动业务。

**卫星陆地移动业务**（land mobile-satellite service）：其移动地球站位于陆地上的一种卫星移动业务。

**水上移动业务**（maritime mobile service）：海岸电台和船舶电台之间，船舶电台之间，或相关的船载通信电台之间的一种移动业务；营救器电台和应急示位无线电信标电台也可参与此种业务。

**卫星水上移动业务**（maritime mobile-satellite service）：其移动地球站位于船舶上的一种卫星移动业务；营救器电台和应急示位无线电信标电台也可参与此种业务。

**港口操作业务**（port operations service）：海（江）岸电台与船舶电台之间，或船舶电台之间在港口内或港口附近的一种水上移动业务。其通信内容只限于与作业调度、船舶运行和船舶安全以及在紧急情况下的人身安全等有关的信息。这种业务不用于传输属于公众通信性质的信息。

**船舶移动业务**（ship movement service）：在海岸电台与船舶电台之间，或船舶电台之间除港口操作业务以外的水上移动业务中的安全业务。其通信内容只限于与船舶行动有关的信息。这种业务不用于传输属于公众通信性质的信息。

**航空移动业务**（aeronautical mobile service）：在航空电台和航空器电台之间，或航空器电台之间的一种移动业务。营救器电台可参与此种业务；应急示位无线电信标电台使用指定的遇险与应急频率也可参与此种业务。

**航空移动（R）业务**［aeronautical mobile（R）service］：供主要与沿国内或国际民航航线的飞行安全和飞行正常有关的通信使用的航空移动业务。在此，R 为 route 的缩写。

**航空移动（OR）业务**［aeronautical mobile（OR）service］：供主要是国内或国际民航航线以外的通信使用的航空移动业务，包括那些与飞行协调有关的通信。在此，OR 为航路外 off-route 的缩写。

**卫星航空移动业务**（aeronautical mobile-satellite service）：移动地球站位于航空器上的卫星移动业务；营救器电台与应急示位无线电信标电台也可参与此种业务。

**卫星航空移动（R）业务**［aeronautical mobile-satellite（R）service］：供主要与沿国内或国际民航航线的飞行安全和飞行正常有关的通信使用的卫星航空移动业务。

**卫星航空移动（OR）业务**［aeronautical mobile-satellite（OR）service］：供主要是国内和国际民航航线以外的通信使用的卫星航空移动业务，包括那些与飞行协调有关的通信。

**广播业务**（broadcasting service）：供公众直接接收而进行发射的无线电通信业务，包括声音信号的发射、电视信号的发射或其他方式的发射。

**卫星广播业务**（broadcasting-satellite service）：利用空间电台发送或转发信号，以供公众直接接收（包括个体接收和集体接收）的无线电通信业务。

**无线电测定业务**（radiodetermination service）：用于无线电测定的无线电通信业务。

**卫星无线电测定业务**（radiodetermination-satellite service）：利用一个或多个空间电台进行无线电测定的无线电通信业务。这种业务也可以包括其操作所需的馈线链路。

**无线电导航业务**（radionavigation service）：用于无线电导航的无线电测定业务。

**卫星无线电导航业务**（radionavigation-satellite service）：用于无线电导航的卫星无线电测定业务。这种业务也可以包括其操作所必需的馈线链路。

**水上无线电导航业务**（maritime radionavigation service）：有利于船舶航行和船舶安全运行的无线电导航业务。

**卫星水上无线电导航业务**（maritime radionavigation-satellite service）：地球站位于船舶上的卫星无线电导航业务。

**航空无线电导航业务**（aeronautical radionavigation service）：有利于航空器飞行和航空器的安全运行的无线电导航业务。

**卫星航空无线电导航业务**（aeronautical radionavigation-satellite service）：地球站位于航空器上的卫星无线电导航业务。

**无线电定位业务**（radiolocation service）：用于无线电定位的无线电测定业务。

**卫星无线电定位业务**（radiolocation-satellite service）：用于无线电定位的卫星无线电测定业务。这种业务也可以包括其操作所必需的馈线链路。

**气象辅助业务**（meteorological aids service）：用于气象（含水文）的观察与探测的无线电通信业务。

**卫星地球探测业务**（earth exploration-satellite service）：地球站与一个或多个空间电台之间的无线电通信业务，可包括空间电台之间的链路。在这种业务中，包括由地球卫星上的有源遥感器或无源遥感器获得有关地球特性及自然现象的信息，以及从空中或地球基地平台收集同类信息，这些信息可分发给系统内的相关地球站；可包括平台询问。此种业务也可以包括其操作所需的馈线链路。

**卫星气象业务**（meteorological-satellite service）：用于气象的卫星地球探测业务。

**标准频率和时间信号业务**（standard frequency and time signal service）：为满足科学、技术和其他方面的需要而播发规定的高精度频率、时间信号（或二者同时播发）以供普遍接收的无线电通信业务。

**卫星标准频率和时间信号业务**（standard frequency and time signal-satellite service）：利用地球卫星上的空间电台开展与标准频率和时间信号业务相同目的的无线电通信业务。这种业务也可以包括其操作所需的馈线链路。

**空间研究业务**（space research service）：利用空间飞行器或空间其他物体进行科学或技术研究的无线电通信业务。

**业余业务**（amateur service）：供业余无线电爱好者进行自我训练、相互通信和技术研究的无线电通信业务。业余无线电爱好者系指经正式批准的、对无线电技术有兴趣的人，其兴趣纯系个人爱好而不涉及谋取利润。

**卫星业余业务**（amateur-satellite service）：利用地球卫星上的空间电台开展与业余业务相同目的的无线电

通信业务。

**射电天文业务**（radio astronomy service）：涉及射电天文使用的一种业务。

**安全业务**（safety service）：为保障人类生命和财产安全而常设或临时使用的无线电通信业务。

**特别业务**（special service）：未另做规定，专门为一般公益事业的特定需要而设立，且不对公众通信开放的无线电通信业务。

4. 无线电台与系统（radio stations and systems）

**电台（站）**（station）：为开展无线电通信业务或射电天文业务所必需的一个或多个发信机或收信机，或发信机与收信机的组合（包括附属设备）。每个电台应按其业务分类，在该业务中可以是常设或临时地操作。

**地面电台**（terrestrial station）：实现地面无线电通信的电台。除非另有说明，任何电台一般指地面电台。

**地球站**（earth station）：位于地球表面或地球大气层主要部分以内的电台，并拟与一个或多个空间电台通信；或通过一个或多个反射卫星或空间其他物体与一个或多个同类地球站进行通信。

**空间电台**（space station）：位于地球大气层主要部分以外的物体上，或者位于准备超越或已经超越地球大气层主要部分的物体上的电台。

**营救器电台**（survival craft station）：用于水上移动业务或航空移动业务，专为救生目的而设置在任何救生艇、救生筏或其他营救器上的移动电台。

**固定电台**（fixed station）：用于固定业务的电台。

**高空平流层电台**（high altitude platform station，HAPS）：位于 20～50 km 高度处，并且相对于地球在一个特定的标称固定点的某个物体上的电台。

**航空固定电台**（aeronautical fixed station）：用于航空固定业务的电台。

**移动电台**（mobile station）：用于移动业务，专供移动时或在非指定地点停留时使用的电台。

**移动地球站**（mobile earth station）：用于卫星移动业务，专供移动时或在非指定地点停留时使用的地球站。

**陆地电台**（land station）：用于移动业务，在固定点使用（不在移动时使用）的电台。

**陆地地球站**（land earth station）：用于卫星固定业务或有时用于卫星移动业务，位于陆地上某一指定的固定地点或指定的区域内，为卫星移动业务提供馈线链路的地球站。

**基地电台或基站**（base station）：用于陆地移动业务的陆地电台。

**基地地球站**（base earth station）：用于卫星固定业务或有时用于卫星陆地移动业务，位于陆地上某一指定的固定地点或指定的区域内，为卫星陆地移动业务提供馈线链路的地球站。

**陆地移动电台**（land mobile station）：用于陆地移动业务，能在一个国家或一个区域的地理范围内进行地面移动的移动电台。

**陆地移动地球站**（land mobile earth station）：用于卫星陆地移动业务，能在一个国家或一个区域的地理范围内进行地面移动的移动地球站。

**海（江）岸电台**（coast station）：用于水上移动业务的陆地电台。

**海岸地球站**（coast earth station）：用于卫星固定业务或有时用于卫星水上移动业务，位于陆地上某一指定的固定地点为卫星水上移动业务提供馈线链路的地球站。

**船舶电台**（ship station）：用于水上移动业务，设在非长久停泊的船舶上的移动电台，但不同于营救器电台。

**船舶地球站**（ship earth station）：用于卫星水上移动业务，设在船舶上的移动地球站。

**船载通信电台**（on-board communication station）：用于水上移动业务的一种低功率移动电台，用于船舶内部通信，或在救生艇演习或工作时用于船舶与其救生艇和救生筏之间的通信，或用于一组顶推、拖带船舶之间的通信，亦可用于列队和停泊的指挥。

**港口电台**（port station）：用于港口操作业务的海（江）岸电台。

**航空电台**（aeronautical station）：用于航空移动业务的陆地电台。在某些情况下，航空电台也可设在船舶或海面工作平台上。

**航空地球站**（aeronautical earth station）：用于卫星固定业务或有时用于卫星航空移动业务，位于陆地上某一指定的固定地点为卫星航空移动业务提供馈线链路的地球站。

**航空器电台**（aircraft station）：用于航空移动业务，设在航空器上的移动电台，但不同于营救器电台。

**航空器地球站**（aircraft earth station）：用于卫星航空移动业务，设在航空器上的移动地球站。

**广播电台**（broadcasting station）：用于广播业务的电台。

**无线电测定电台**（radiodetermination station）：用于无线电测定业务的电台。

**无线电导航移动电台**（radionavigation mobile station）：用于无线电导航业务，专供移动时或在非指定地点停留时使用的电台。

**无线电导航陆地电台**（radionavigation land station）：用于无线电导航业务，在固定点使用（不在移动时使用）的电台。

**无线电定位移动电台**（radiolocation mobile station）：用于无线电定位业务，专供移动时或在非指定地点停留时使用的电台。

**无线电定位陆地电台**（radiolocation land station）：用于无线电定位业务，在固定点使用（不在移动时使用）的电台。

**无线电测向电台**（radio direction-finding station）：利用无线电测向技术的无线电测定电台。

**无线电信标电台**（radiobeacon station）：用于无线电导航业务的一种电台，其发射是用来使某个移动电台能测定自己与信标电台的相对方位或方向。

**应急示位无线电信标电台**（emergency position-indicating radiobeacon station）：用于移动业务的一种电台，其发射是用来为搜索和救助工作提供方便。

**卫星应急示位无线电信标**（satellite emergency position-indicating radiobeacon）：用于卫星移动业务的一种地球站，其发射是用来为搜索和救助工作提供方便。

**标准频率和时间信号电台**（standard frequency and time signal station）：用于标准频率和时间信号业务的电台。

**业余电台**（amateur station）：用于业余业务的电台。

**射电天文电台**（radio astronomy station）：用于射电天文业务的电台。

**实验电台**（experimental station）：以发展科学或技术为目的而利用无线电波进行实验的电台。本定义不包含各种业余电台。

**船舶应急发信机**（hip's emergency transmitter）：为遇险、紧急或安全目的而在一个专用遇险频率上使用的船舶发信机。

**雷达**（radar）：以基准信号与从被测物体反射或重发来的无线电信号进行比较为基础的无线电测定系统。

**一次雷达**（primary radar）：以基准信号与从被测物体反射的无线电信号进行比较为基础的无线电测定系统。

**二次雷达**（secondary radar）：以基准信号与从被测物体重发来的无线电信号进行比较为基础的无线电测定系统。

**雷达信标**（racon，radar beacon）：同固定导航标志设在一起的收发信机，当其被某个雷达触发时，会自动送回一个鉴别信号，该信号能在触发雷达的显示器上提供距离、方位和识别等信息。

**三坐标雷达**（three coordinate radar）：能同时测定多个空间目标的三个坐标（距离、方位角和仰角或由此推导出的高度）的雷达（又称空间雷达）。

**脉冲雷达**（pulse radar）：发信机不连续工作，而是每经过一定时间间隔产生一个短促的高频脉冲的雷达。

**脉冲压缩雷达**（pulse compress radar）：发射时采用一个宽脉冲，接收时将这个宽脉冲压缩成窄脉冲的雷达。

**频率分集雷达**（frequency discerption-concentrate radar）：采用几个频率不同而频率偏移又不大的发射信号送往同一天线的雷达。

**仪表着陆系统**（instrument landing system，ILS）：对即将着陆及着陆过程中的航空器提供水平与垂直方向的引导，并在某些固定点上，指示出距着陆参考点距离的无线电导航系统。

**仪表着陆系统航向信标**（instrument landing system localizer）：仪表着陆系统中的水平引导系统，用以指示航空器与沿跑道轴线的最佳下降路线的水平偏差。

**仪表着陆系统下滑信标**（instrument landing system glide path）：仪表着陆系统中的垂直引导系统，用以指示航空器与最佳下降路线的垂直偏差。

**指点信标**（marker beacon）：用于航空无线电导航业务的发信机，它垂直发射一个鉴别图形，以此向航空器提供位置信息。

**无线电高度表**（radio altimeter）：航空器或空间飞行器上的无线电导航设备，用以测定航空器或空间飞行器离地球表面或其他物体表面的高度。

**无线电高空测候器**（radiosonde）：用于气象辅助业务，通常装在航空器、自由气球、风筝或降落伞上的一种用以发送气象数据的自动无线电发信机。

**自适应系统**（adaptive system）：可根据信道质量而改变其无线电特性的无线电通信系统。

**空间系统**（space system）：一组为特定目的而相互配合进行空间无线电通信的地球站和（或）空间电台。

**卫星系统**（satellite system）：使用一个或多个人造地球卫星的空间系统。

**卫星网络**（satellite network）：仅由一个卫星及与其相配合的多个地球站组成的卫星系统或卫星系统的一部分。

**卫星链路**（satellite link）：一个发射地球站与一个接收地球站通过一个卫星所建立的无线电链路。一条卫星链路由一条上行链路（上行线）和一条下行链路（下行线）组成。

**多卫星链路**（multi-satellite link）：一个发射地球站和一个接收地球站间通过两个或多个卫星，不经过任何其他中间地球站所建立的无线电链路。多卫星链路由一条上行链路、一条和多条卫星至卫星间链路及一条下行链路组成。

**馈线链路**（feeder link）：从一个设在给定位置上的地球站到一个空间电台，或从一个空间电台到一个设在某固定点的地球站的无线电链路，用于除卫星固定业务以外的空间无线电通信业务的信息传递。给定位置可以是一个指定的固定地点，或指定区域内的任何一个固定地点。

**标志信标**（sign beaconing）：用于航空无线电导航业务的一种发信机，它以垂直辐射的特殊方向图向航空器提供位置信息。

**特种电台**（special radio station）：用于无线电特别业务的电台。

**制式无线电台**（compulsory fitted radio station）：指为确保船舶、航空器的安全，在制造完成时必须安装在其上的无线电通信设备；也指按照统一规格装配在机车上的无线电通信设备。

## 5. 操作术语（operational terms）

**公众通信**（public correspondence）：向公众开放，且各电信局及电台所必须受理并予传输的任何电信。

**电报技术**（telegraphy）：一种目的在于将所发送的信息在到达时作为图形文件而予以记录的电信方式，所发送的信息有时可以以其他形式表示，也可以被存储起来供以后使用。

**电报**（telegram）：利用电报技术传送投递给收报人的书面材料。除另有规定外，该术语亦包括无线电报。本定义中电报技术一词的一般含义与公约中规定的相同。

**无线电报**（radiotelegram）：发自或发往移动电台或移动地球站的电报，它的全部或部分传输通路为移动业务或卫星移动业务的无线电通信信道。

**无线电用户电报呼叫**（radiotelex call）：发自或发往移动电台或移动地球站的用户电报呼叫，它的全部或部分传输通路为移动业务或卫星移动业务的无线电通信信道。

**频移电报技术**（frequency-shift telegraphy）：电报信号控制载波频率在预定的范围之内变化的调频电报技术。

**传真**（facsimile）：一种用于传输带有或不带有中间色调的固定图像的电报技术方式，其目的是使其以一种可长久保存的方式重现图像。

**电话技术**（telephony）：为传输和交换语音或其他声音信息而建立的一种电信方式。

**无线电话呼叫**（radiotelephone call）：发自或发往移动电台或移动地球站的电话呼叫，它的全部或部分传输通路为移动业务或卫星移动业务中的无线电通信信道。

**单工操作**（simplex operation）：在一条电信通路的两个方向上交替进行传输的一种工作方式，例如人工控制。

**双工操作**（duplex operation）：一条电信通路的两个方向能同时进行传输的工作方式。

**半双工操作**（semi-duplex operation）：电路的一端用单工操作，另一端用双工操作的一种工作方式。

**电视**（television）：传输静止或活动景物的瞬间图像的一种电信方式。

**个体接收（用于卫星广播业务）**（individual reception）：利用简单家庭用设备，特别是配有小型天线的家庭用设备来接收卫星广播业务的空间电台的发射。

**集体接收（用于卫星广播业务）**（community reception）：利用有时可能是复杂的且其天线大于个体接收天线的接收设备来接收卫星广播业务中的空间电台的发射，用于同一地点内的一般公众群体利用，通过分配系统覆盖一个有限区域。

**遥测技术**（telemetry）：利用电信在离测量仪器有一定距离的地方自动地显示或记录测量结果的技术。

**无线电遥测技术**（radiotelemetry）：使用无线电波的遥测技术。

**空间遥测技术**（space telemetry）：空间电台利用遥测技术传送由空间飞行器上所测得的结果，包括空间飞行器本身的功能等情况。

**遥令**（telecommand）：为了启动、更改或终止远距离设备的运行而利用电信传送的控制信号。

**空间遥令**（space telecommand）：为了启动、更改或终止在相关空间物体（包括空间电台）上设备的运行而利用无线电通信传送到空间电台的控制信号。

**空间跟踪**（space tracking）：利用除一次雷达外的无线电测定方法，测定空间物体的轨道、速度或瞬间位置以跟踪该物体的运动。

## 6. 发射与无线电设备的特性（characteristics of emissions and radio equipment）

**辐射**（radiation）：任何源的能量流以无线电波的形式向外发出。

**发射**（emission）：由无线电发信电台产生的辐射或辐射产物。注：一个无线电接收机本地振荡器辐射的能量就不是发射而是辐射。

**发射类别**（class of emission）：用标准符号标示的某发射的一组特性，例如主载波调制方式、调制信号、被发送信息的类型以及其他适用的信号特性。

**单边带发射**（single-sideband emission）：只传送一个边带的调幅发射。

**全载波单边带发射**（full carrier single-sideband emission）：载波不受到抑制的单边带发射。

**减载波单边带发射**（reduced carrier single-sideband emission）：载波受到一定程度抑制但仍可得到恢复并用于解调的单边带发射。

**抑制载波单边带发射**（suppressed carrier single-sideband emission）：载波全部被抑制，且不拟用于解调的单边带发射。

**带外发射**（out-of-band emission）：由于调制过程而产生的、刚超出必要带宽的一个或多个频率的发射，但杂散发射除外。

**杂散发射**（spurious emission）：必要带宽之外的一个或多个频率的发射，其发射电平可降低而不致影响相应信息的传输。杂散发射包括谐波发射、寄生发射、互调产物及变频产物，但带外发射除外。

**无用发射**（unwanted emissions）：包括杂散发射和带外发射。

**（发射的）带外域**［out-of-band domain（of an emission）］：是指刚超出必要带宽而未进入杂散域的频率范围，在此频率范围内带外发射为其主要发射产物。基于产生的源而定义的带外发射，主要产生在此带外域中，也会在杂散域中延伸一小部分。同样地，主要产生在杂散域中的杂散发射也可能在带外域中产生。

**（发射的）杂散域**［spurious domain（of an emission）］：带外域以外的频率范围，在此频率范围内杂散发射为其主要发射产物。

**指配频带**（assigned frequency band）：批准给某个电台进行发射的频带；其带宽等于必要带宽加上频率容限绝对值的两倍。如果涉及空间电台，则指配频带包括对于地球表面任何一点上可能发生的最大多普勒频移的两倍。

**指配频率**（assigned frequency）：指配给一个电台的频带的中心频率。

**特征频率**（characteristic frequency）：在给定的发射中易于识别和测量的频率。例如，载波频率可被指定为特征频率。

**参考频率**（reference frequency）：相对于指配频率，具有固定和特定位置的频率。此频率对指配频率的偏移与特征频率对发射所占频带中心频率的偏移具有相同的绝对值和符号。

**频率容限**（frequency tolerance）：发射所占频带的中心频率偏离指配频率或发射的特征频率偏离参考频率的最大容许偏差。频率容限以百万分之几或以若干赫兹表示。

**必要带宽**（necessary bandwidth）：对给定的发射类别而言，其恰好足以保证在相应速率及在指定条件下具有所要求质量的信息传输的所需带宽。

**占用带宽**（occupied bandwidth）：指这样一种带宽，在此频带的频率下限之下和频率上限之上所发射的平均功率分别等于某一给定发射的总平均功率的规定百分数$\beta/2$。除非 ITU-R 建议书对某些适当的发射类别另有规定，$\beta/2$ 值应取 0.5%。

**右旋（或顺时针）极化波**［right-hand（clockwise）polarized wave］：在任何一个垂直于传播方向的固定平面上，顺着传播方向看去，其电场向量随时间向右（顺时针方向）旋转的椭圆极化波或圆极化波。

**左旋（或逆时针）极化波**［left-hand（anticlockwise）polarized wave］：在任何一个垂直于传播方向的固定平面上，顺着传播方向看去，其电场向量随时间向左（逆时针方向）旋转的椭圆极化波或圆极化波。

**功率**（power）：凡提到无线电发信机等的功率时，根据发射类别，应采用以下的三种形式之一，并以设定的两种符号之一表示：峰包功率（$P_X$或$p_X$）；平均功率（$P_Y$或$p_Y$）；载波功率（$P_Z$或$p_Z$）。对于不同发射类别，在正常工作和没有调制的情况下，峰包功率、平均功率与载波功率之间的关系载明在可用作指导的 ITU-R 建议书中。应用于公式中时，符号 $p$ 表示以 W 计的功率，而符号 $P$ 表示相对于一基准电平以 dB 计的功率。

**（无线电发信机）峰包功率**［peak envelope power（of a radio transmitter）］：在正常工作情况下，发信机

在调制包络最高峰的一个射频周期内，供给天线馈线的平均功率。

**（无线电发信机）平均功率**［mean power（of a radio transmitter）］：在正常工作情况下，发信机在调制中以与所遇到的最低频率周期相比的足够长的时间间隔内，供给天线馈线的平均功率。

**（无线电发信机）载波功率**［carrier power（of a radio transmitter）］：在无调制的情况下，发信机在一个射频周期内供给天线馈线的平均功率。

**天线增益**（gain of antenna）：在指定的方向上并在相同距离上产生相同场强或相同功率通量密度的条件下，无损耗基准天线输入端所需功率与供给某给定天线输入端功率的比值。通常用分贝表示。如无其他说明，则指最大辐射方向的增益。增益也可按规定的极化来考虑。根据对基准天线的选择，增益分为：

（1）绝对或全向增益（$G_i$），这时基准天线是一个在空间中处于隔离状态的全向天线。

（2）相对于半波振子的增益（$G_d$），这里基准天线是一个在空间处于隔离状态的半波振子，且其大圆面包含指定的方向。

（3）相对于短垂直天线的增益（$G_v$），这时基准天线是一个比 1/4 波长短得多的、垂直于包含指定方向并完全导电的平面的线性导体。

**等效全向辐射功率（e.i.r.p，**equivalent isotropically radiated power）：供给天线的功率与指定方向上相对于全向天线的增益（绝对或全向增益）的乘积。

**（指定方向上的）有效辐射功率（e.r.p）**［effective radiated power（in a given direction）］：供给天线的功率与指定方向上相对于半波振子的增益的乘积。

**（指定方向上的）有效单极辐射功率（e.m.r.p）**［effective monopole radiated power （in a given direction）］：供给天线的功率与在指定方向上相对于短垂直天线的增益的乘积。

**对流层散射**（tropospheric scatter）：由于对流层物理特性的不规则性或不连续性而引起散射的无线电波传播。

**电离层散射**（ionospheric scatter）：由于电离层电离度的不规则性或不连续性而引起散射的无线电波传播。

7. 频率共用（frequency sharing）

**干扰**（interference）：由于一种或多种发射、辐射、感应或其组合所产生的无用能量对无线电通信系统的接收产生的影响，其表现为性能下降、误解或信息丢失，若不存在这种无用能量，则此后果可以避免。

**允许干扰**（permissible interference）：观测到的或预测的干扰，该干扰符合国家或国际上规定的干扰允许值和共用标准。

**可接受干扰**（accepted interference）：干扰电平虽高于规定的允许干扰标准，但经两个或两个以上主管部门协商同意，且不损害其他主管部门利益的干扰。

**有害干扰**（harmful interference）：危害无线电导航或其他安全业务的正常运行，或者严重地损害、阻碍或一再阻断按规定正常开展的无线电通信业务的干扰。

**射频保护比**（RF protection ratio）：为使接收机输出端的有用信号达到规定的接收质量，在规定的条件下所确定的接收机输入端的有用信号与无用信号的最小比值。

**协调区**（coordination area）：在与地面电台共用相同频率的地球站周围或与接收地球站共用相同双向划分频带的发射地球站周围的一个区域，用于确定是否需要协调。在此区域之外，不会超过允许干扰的电平，因此不需要协调。

**协调等值线**（coordination contour）：环绕协调区的线。

**协调距离**（coordination distance）：从与地面电台共用相同频率的地球站周围或与接收地球站共用相同双向划分频带的发射地球站的给定方位起算的一段距离，用于确定是否需要协调。在此距离之外，不会超过允许干扰电平，因此不需要协调。

**等效卫星链路噪声温度**（equivalent satellite link noise temperature）：折算到地球站接收天线输出端的噪声温度，它对应于在卫星链路输出端产生全部所测噪声的无线电频率噪声功率，但来自使用其他卫星的卫星链路的干扰和来自地面系统的干扰所造成的噪声除外。

**（可调卫星波束的）有效瞄准区**［effective boresight area（of a steerable satellite beam）］：用一个可调卫星波束瞄准线所瞄准到的地球表面的一个区域范围。单个可调卫星波束瞄准到的可能有一个以上的互不相连的有效瞄准区。

**（可调卫星波束的）有效天线增益等值线**［effective antenna gain contour（of steerable satellite beam）］：可调卫星波束瞄准线沿着有效瞄准区边缘移动所产生的天线增益等值线的包络线。

8. 空间技术术语（technical terms relating to space）

**深空**（deep space）：离地球的距离约等于或大于 $2\times10^{6}$ km 的空间。

**空间飞行器**（spacecraft）：飞往地球大气层主要部分以外的人造飞行器。

**卫星**（satellite）：围绕着另一个质量远大于其本身的物体旋转的物体，其运行主要并长久地由前者的引力决定。

**有源卫星**（active satellite）：载有用于发射或转发无线电通信信号的电台的卫星。

**反射卫星**（reflecting satellite）：用于反射无线电通信信号的卫星。

**有源传感器**（active sensor）：用于卫星地球探测业务或空间研究业务的一种测量仪器，通过它发射和接收无线电波以获得信息。

**无源传感器**（passive sensor）：用于卫星地球探测业务或空间研究业务的一种测量仪器，通过它接收自然界发出的无线电波以获得信息。

**轨道**（orbit）：由于受到自然力（主要是万有引力）的作用，卫星或其他空间物体的质量中心所描绘的相对于某参照系的轨迹。

**（地球卫星的）轨道的倾角**［inclination of an orbit（of an earth satellite）］：包含轨道的平面与地球赤道平面的夹角，它由地球赤道平面在轨道升交点按逆时针方向计决定，范围在 0～180°之间。

**（卫星的）周期**［period（of a satellite）］：一个卫星连续两次经过其轨道上的某特定点的间隔时间。

**远地点或近地点的高度**（altitude of the apogee or of the perigee）：远地点或近地点相对于一个用以代表地球表面的规定参考面上方的高度。

**地球同步卫星**（geosynchronous satellite）：运行周期等于地球自转周期的地球卫星。

**地球静止卫星**（geostationary satellite）：一个地球同步卫星的圆形及顺行轨道位于地球赤道平面上，并对地球保持相对静止的地球同步卫星。广义地说，这是一种对地球保持大致相对静止的地球同步卫星。

**地球静止卫星轨道**（geostationary-satellite orbit）：地球静止卫星所必须进入的轨道。

**可调卫星波束**（steerable satellite beam）：能重新进行再定点的卫星天线波束。

# 附录B 保护频率和频段

表 B.1 遇险和安全通信频率

| 序号 | 频 率 | 说 明 |
|---|---|---|
| 1 | 490kHz | 专用于海岸电台通过窄带直接印字电报直接向船舶发送气象和航行警报及紧急信息 |
| 2 | 500kHz | 使用莫尔斯无线电报的国际遇险呼叫频率 |
| 3 | 518kHz | 用于海岸电台自动窄带直接印字电报（国际 NAVTEX 系统）向船舶发送气象和航行警报及紧急信息 |
| 4 | 2174.5kHz | 使用窄带直接印字电报的国际遇险呼叫频率 |
| 5 | 2182kHz | 用于有人驾驶的空间飞行器的搜索和救援 |
| 6 | 2187.5kHz | 使用数字选择性呼叫的国际遇险频率 |
| 7 | 3023kHz | 用于有人驾驶的空间飞行器的搜索和救援 |
| 8 | 4125kHz | 补充用于遇险和安全以及呼叫和应答 2182kHz 载波频率 |
| 9 | 4177.5kHz | 使用窄带直接印字电报的国际遇险呼叫频率 |
| 10 | 4207.5kHz | 使用数字选择性呼叫的国际遇险频率 |
| 11 | 4209.5kHz | 专用于海岸电台通过窄带直接印字电报直接向船舶发送气象和航行警报及紧急信息 |
| 12 | 4210kHz | 发送水上安全信息（MSI）的国际频率 |
| 13 | 5680kHz | 用于有人驾驶的空间飞行器的搜索和救援 |
| 14 | 6215kHz | 补充用于遇险和安全以及呼叫和应答的 2182kHz 载波频率 |
| 15 | 6268kHz | 使用窄带直接印字电报的国际遇险呼叫频率 |
| 16 | 6312kHz | 使用数字选择性呼叫的国际遇险频率 |
| 17 | 6314kHz | 发送水上安全信息（MSI）的国际频率 |
| 18 | 8291kHz | 使用无线电话的遇险和安全通信频率 |
| 19 | 8364kHz | 用于有人驾驶的空间飞行器的搜索和救援 |
| 20 | 8376.5kHz | 使用窄带直接印字电报的国际遇险呼叫频率 |
| 21 | 8414.5kHz | 使用数字选择性呼叫的国际遇险频率 |
| 22 | 8416.5kHz | 发送水上安全信息（MSI）的国际频率 |
| 23 | 10003kHz | 用于有人驾驶的空间飞行器的搜索和救援，但其发射限制在±3kHz 频带内 |
| 24 | 12290kHz | 使用无线电话的遇险和安全通信频率 |
| 25 | 12520kHz | 使用窄带直接印字电报的国际遇险呼叫频率 |
| 26 | 12577kHz | 使用数字选择性呼叫的国际遇险频率 |
| 27 | 12579kHz | 发送水上安全信息（MSI）的国际频率 |
| 28 | 14993kHz | 用于有人驾驶的空间飞行器的搜索和救援，但其发射限制在±3kHz 频带内 |
| 29 | 16420kHz | 使用无线电话的国际遇险和安全通信频率 |
| 30 | 16695kHz | 使用窄带直接印字电报的国际遇险呼叫频率 |
| 31 | 16804.5kHz | 使用数字选择性呼叫的国际遇险频率 |
| 32 | 16806.5kHz | 发送水上安全信息（MSI）的国际频率 |
| 33 | 19680.5kHz | 发送水上安全信息（MSI）的国际频率 |
| 34 | 19993kHz | 用于有人驾驶的空间飞行器的搜索和救援，但其发射限制在±3kHz 频带内 |

（续表）

| 序号 | 频 率 | 说 明 |
|---|---|---|
| 35 | 22376kHz | 发送水上安全信息（MSI）的国际频率 |
| 36 | 26100.5kHz | 发送水上安全信息（MSI）的国际频率 |
| 37 | 121.5MHz | 用于有人驾驶的空间飞行器的搜索和救援 |
| 38 | 123.1MHz | 121.5MHz 航空应急频率的辅助频率 |
| 39 | 156.3MHz | 可用于从事协调搜索和救援作业的船舶电台和航空器电台之间的通信 |
| 40 | 156.525MHz | 使用无线电话的国际遇险和安全通信频率 |
| 41 | 156.650MHz | 用于船舶间航行安全通信 |
| 42 | 156.8MHz | 用于有人驾驶的空间飞行器的搜索和救援 |
| 43 | 243MHz | 用于有人驾驶的空间飞行器的搜索和救援 |
| 44 | 406～406.1MHz | 限于低功率卫星应急示位无线电信标 |
| 45 | 1530～1544MHz | 除了可用于例行的非安全用途的通信外，1530～1544MHz 还用于卫星水上移动业务空对地方向的遇险和安全通信 |
| 46 | 1544～1545MHz | 空对地限于遇险和安全通信，包括卫星应急示位无线电信标发射及其链路 |
| 47 | 1626.5～1646.5MHz | 除了可用于例行的非安全用途的通信外，1626.5～1646.5MHz 还用于卫星水上移动业务地对空方向的遇险和安全通信 |
| 48 | 1645.5～1646.5MHz | 地对空限于遇险和安全通信包括卫星应急示位无线电信标发射及其链路 |

## 表 B.2 （卫星）标准频率和时间信号业务频段

| | 序号 | 频 段 | 说 明 |
|---|---|---|---|
| 标准频率和时间信号业务频段 | 1 | 19.95～20.05kHz | 中心频率为 20kHz |
| | 2 | 2495～2501kHz | 中心频率为 2500kHz |
| | 3 | 2501～2502kHz | |
| | 4 | 2502～2505kHz | |
| | 5 | 4995～5003kHz | 中心频率为 5000kHz |
| | 6 | 5003～5005kHz | |
| | 7 | 9995～10003kHz | 中心频率为 10000kHz |
| | 8 | 10003～10005kHz | |
| | 9 | 14990～15005kHz | 中心频率为 15000kHz |
| | 10 | 15005～15010kHz | |
| | 11 | 19990～19995kHz | |
| | 12 | 19995～20010kHz | 中心频率为 20000kHz |
| | 13 | 24990～25005kHz | 中心频率为 25000kHz |
| | 14 | 25005～25010kHz | |
| 卫星标准频率和时间信号业务频段 | 序号 | 频 段 | 说 明 |
| | 1 | 400.05～400.15MHz | 发射限于 400.1MHz±25kHz 以内 |
| | 2 | 13.4～13.75GHz | 次要业务，且限于地对空 |
| | 3 | 13.75～14GHz | 次要业务，且限于地对空 |
| | 4 | 20.2～21.2GHz | 次要业务，且限于空对地 |
| | 5 | 25.25～25.5GHz | 次要业务，且限于地对空 |
| | 6 | 25.5～27GHz | 次要业务，且限于地对空 |
| | 7 | 30～31GHz | 次要业务，且限于空对地 |
| | 8 | 31～31.3GHz | 次要业务，且限于空对地 |

# 参考文献


[1] 徐子久，韩俊英．电波特性与无线电检测［M］．中国无线电管理，2002（06）．
[2] 周鸿顺，许光宁．短波无线电测向系统（I、II）［J］．中国无线电管理，2002（04，05）．
[3] 刘灿新，李景春．空间谱估计测向及其应用［J］．中国无线电管理，2001.04.
[4] 彭涛．无线电测向的误差分析及对策［J］．中国无线电管理，2002.(03).
[5] 徐子久，韩俊英．无线电测向体制概述［J］．中国无线电管理，2002.(03).
[6] 邓新蒲，祁颖松．相位差变化率的测量方法及其测量精度分析［J］．系统工程与电子技术，2001（01）．
[7] 林敏，龚铮权．天线阵通道不一致及阵元间互辑的有源校正法[J]．解放军理工大学学报（自然科学版），2001（08）．
[8] 刘庆彬，刘金霞．基于无线电测向的台站定位［J］．电波科学学报，2003（04）．
[9] 严明，田立生，等．用于高分辨率测向的噪声子空间抽取算法［J］．清华大学学报，1997，17（15）．
[10] 陈辉，王永良．空间谱估计算法结构及仿真分析［J］．系统工程与电子技术，2001（8）．
[11] 王铭兰，等．通信对抗原理［M］．北京：解放军出版社，1999.
[12] 袁孝康．相位干涉仪测向定位研究［J］．上海航天，1999（3）．
[13] 徐济仁，薛磊．最小二乘法用于多站测向定位的算法［J］．2001，16（2）．
[14] 单月晖，孙仲扛，黄甫堪．不断发展的无源定位技术［J］．航天电子对抗，2002（01）．
[15] 任丽萍．无线定位技术及应用［J］．现代通信，2001（8）．
[16] 杨文俊，江晓海．军事电磁频谱管理学习指南［M］．中国人民解放军电磁频谱管理委员会，2007.
[17] 吴德伟．现代航空导航系统．空军工程大学电讯工程学院，2008.
[18] 王汝群．战场电磁环境［M］．北京：解放军出版社，2006.
[19] 廖晓光．军事无线电管理概论［M］．北京：解放军出版社，2003.
[20] 沈树章．复杂电磁环境下的电磁频谱管理研究［J］．空军工程大学学报，2007，7（4）：48-52.
[21] 朱庆厚．无线电监测与通信侦查［M］．北京：人民邮电出版社，2005.
[22] 周鸿顺．频谱监测手册［M］．北京：人民邮电出版社，2006.
[23] 罗德与施瓦茨公司．便携式监测测量接收机EB200操作手册．2006.
[24] 陈东．军事电磁频谱管理概论［M］．北京：解放军出版社，2007.
[25] 陈东．电磁频谱工程［M］．北京：解放军出版社，2007.
[26] 陈东．无线电频谱监测［M］．北京：解放军出版社，2007.
[27] 曹祥玉，高军，曾越胜，等．微波技术与天线［M］．西安：西安电子科技大学出版社，2008.
[28] 国际电信联盟．ITU-R SM 系列建议，2015.
[29] 王汝群．战场电磁环境概论［M］．北京：解放军出版社，2010.
[30] 徐明远，陈德章等．无线电信号频谱分析［M］．北京：科学出版社，2007.
[31] 邵丽娜．基于认知无线电的动态频谱分配策略研究［D］．西安电子科技大学（硕士论文），2011.
[32] 杨洁，王磊．电磁频谱管理技术［M］．北京：清华大学出版社，2015.
[33] 张洪顺，王磊．无线电监测与测向定位［M］．西安：西安电子科技大学出版社，2011.
[34] 张学平，林远富．军事电磁频谱概论［M］．北京：解放军出版社，2012.
[35] 全军电磁频谱管理委员会办公室．美国电磁频谱管理［M］．北京：解放军出版社，2011.

[36] 全军电磁频谱管理委员会办公室．俄罗斯无线电管理［M］．北京：解放军出版社，2011．
[37] 中华人民共和国国务院、中央军事委员会．中华人民共和国无线电管理条例．1993-9．
[38] 中华人民共和国国务院、中央军事委员会．中华人民共和国无线电管制规定．2010-11．
[39] 中华人民共和国工业和信息化部．中华人民共和国无线电频率划分规定．2014-2．
[40] 中华人民共和国工业和信息化部无线电管理局．设置卫星网络空间电台管理规定．2010-09．
[41] 中华人民共和国工业和信息化部．业余无线电台管理办法．2012-11．
[42] 中华人民共和国工业和信息化部无线电管理局．无线电台执照管理规定．2010-09．